面向21世纪课程教材
普通高等教育农业农村部"十四五"规划教材
普通高等教育农业农村部"十三五"规划教材
全国高等农林院校"十三五"规划教材
全国高等农林院校教材经典系列
全国高等农业院校优秀教材

农业昆虫学

第 五 版

仵均祥　袁　锋　主编

非植物保护专业用

中国农业出版社

北京

第五版编写人员

主　编　西北农林科技大学　仵均祥　袁　锋
副主编　西北农林科技大学　李怡萍
编　者　西北农林科技大学　仵均祥　袁　锋　李怡萍
　　　　　　河　南　农　业　大　学　原国辉
　　　　　　吉　林　农　业　大　学　史树森
　　　　　　西　　南　　大　　学　　刘　怀
　　　　　　北　京　农　学　院　张志勇

第一版编写人员

主　编　吕锡祥（西北农学院）

副主编　尹汝湛（华南农学院）　　　王　辅（西南农学院）
　　　　　贺钟麟（河南农学院）

参　编　方振珍（浙江农业大学）　　邓德蔼（黑龙江农垦大学）
　　　　　王荫长（江苏农学院）　　　刘芳政（新疆八一农学院）
　　　　　刘传禄（华南农学院）　　　江汉华（湖南农学院）
　　　　　李学骝（浙江农业大学）　　李　参（浙江农业大学）
　　　　　李运甓（华中农学院）　　　李鸿昌（内蒙古农牧学院）
　　　　　李连昌（山西农学院）　　　吴荣宗（华南农学院）
　　　　　吴达璋（江苏农学院）　　　陆若篪（江苏农学院）
　　　　　陈其瑚（浙江农业大学）　　陆自强（江苏农学院）
　　　　　陆纯庠（内蒙古农牧学院）　张维球（华南农学院）
　　　　　张履鸿（东北农学院）　　　罗肖南（福建农学院）
　　　　　袁　锋（西北农学院）　　　郭预元（宁夏农学院）
　　　　　郭振中（贵州农学院）　　　莫蒙异（华南农学院）

审核者　丁文山（河南农学院）　　　牟本忠（内蒙古农牧学院）
　　　　　汪世泽（西北农学院）　　　范永贵（山东农学院）
　　　　　周　尧（西北农学院）　　　姚　康（华中农学院）
　　　　　黄日宗（江西共产主义劳动大学）

第二版编写人员

主　编　西北农业大学　吕锡祥
编　者　西北农业大学　吕锡祥　袁　锋　刘绍友
　　　　河南农业大学　贺钟麟
　　　　西南农业大学　轩静渊

第三版编写人员

主　编　西北农林科技大学　袁　锋
副主编　西北农林科技大学　仵均祥
编　者　西北农林科技大学　袁　锋　仵均祥
　　　　　　西　南　农　业　大　学　李云瑞
　　　　　　河　南　农　业　大　学　原国辉

第四版编写人员

主　编　西北农林科技大学　袁　锋
副主编　西北农林科技大学　仵均祥
编　者　西北农林科技大学　袁　锋　仵均祥　李怡萍
　　　　河 南 农 业 大 学　原国辉
　　　　吉 林 农 业 大 学　史树森
　　　　西 　南 　大 　学　刘　怀

第五版前言

高等院校非植物保护类涉农专业用教材《农业昆虫学》自1981年第一版出版发行以来，已经进行3次修订，内容不断精练完善，结构更加合理实用，先后荣获"2005年陕西省普通高等学校优秀教材一等奖"、中华农业科教基金会"2005年度全国高等农业院校优秀教材奖"等殊荣。2017年中国农业出版社决定进行第四次修订而成为第五版，并且第五版教材有幸被批准列入普通高等教育农业农村部"十三五"规划教材、全国高等农林院校"十三五"规划教材。

为了做好这次修订工作，2017年4月9—11日，在西北农林科技大学召开了编写会，中国农业出版社有关负责同志、第三版和第四版主编袁锋教授应邀也参加了会议。编写会上，各编者针对第五版主编之一仵均祥在会前征求各方面意见和建议的基础上拟订的"《农业昆虫学》（第五版）修改意见"各抒己见，最终确定，这次修订应该在保持前四版教材具有的思想性、科学性和实用性的基础上，以满足教学改革的需要，"少而精、紧密结合教学实际"为基本出发点，进行大幅度删减；根据学科发展，对相关内容进行剔旧换新、增加、修改完善，力争做到内容与时俱进；最终使内容条理逻辑性更强，图文更加简洁，重点更加突出，格式更加规范。编写会上，各编者针对修订大纲，逐章逐条、逐表逐图认真讨论，最后形成了各章节删减或增加、替换或修改内容清晰、字数明确的正式修改意见。会后，各位编者按照分工和修改意见的要求，认真完成各自的修订工作。初稿提交主编审阅后，对存在的个别问题再做修改完善，形成最终稿提交出版社。

第五版修订由仵均祥和袁锋任主编，负责修订第一章、第六章和第十章，并负责全书统稿；李怡萍任副主编，负责修订第二章、第三章和第四章；原国辉负责修订第十一章（其中"草地贪夜蛾"由仵均祥撰写）、第十二章和第十四章；刘怀负责修订第九章和第十七章；史树森负责修订第五章、第七章和第十六章；

张志勇负责修订第八章、第十三章和第十五章。

衷心感谢吕锡祥教授及第一版全体编写人员运筹帷幄，高瞻远瞩，构建了本教材的基本框架和主要内容，使本教材得到广大高等院校师生认可，在多年的选用竞争中立于不败之地，成为全国高等农林院校经典教材；衷心感谢袁锋教授多年来呕心沥血，根据科学技术飞速发展和教育教学改革的新形势，不断完善本教材的编写内容和编排风格，从而在国家、省级教材评比中能够屡获佳绩。在第五版修订过程中，全体编者努力继承吕锡祥教授、袁锋教授等老一辈学者开拓进取、精益求精的光荣传统，力争编写出紧跟时代步伐和科学发展与教育教学改革前沿的新教材。

由于科学发展日新月异，我们所知有限，书中叙述如有不妥之处仍在所难免，敬请读者批评斧正。

编 者

2020 年 9 月

第一版前言

本教材由全国16所农业院校部分教师参加编写。全书共分两篇。第一篇昆虫学基础，主要讲授昆虫的特征、体躯构造、解剖生理、生活习性、分类鉴定、生态环境、调查统计、预测预报和害虫防治的原理及方法，为初学本课程打下基础。第二篇农作物害虫，分别讲授地下害虫，粮、棉、油、糖、麻、烟、绿肥以及储粮害虫。每种害虫除介绍分布危害外，重点阐述其形态识别、生活史和习性、发生与环境的关系、主要测报方法和防治措施。在室内外实验的指导下，使同学学后能用之于实践。此外，各章节均配有必要的插图，文、图结合，便于同学自学。

我国幅员辽阔，害虫种类繁多，地区性差异很大。在讲授时，各校可根据当地农业害虫发生情况对本教材做适当取舍，不足之处，可编写补充教材解决。

在编写过程中，我们得到许多有关院校大力支持，提供资料，交流经验，并提出许多宝贵意见，谨致谢意。

编 者
1979年3月

基礎編一般

第二版前言

初版试用教材自1981年11月出版以来,在教学、科研和指导农业害虫防治实践等方面,已经发挥了应有的作用。但是随着现代科学技术的不断发展,随着我国农业经济体制改革的深入,随着教学改革深入的要求,农牧渔业部于1986年6月发出通告,要求本教材仍由原主编单位邀请3~5人,在原有试用教材的基础上进行修订改编工作,以便充实新的内容,克服原教材中存在的缺点,进一步提高教材质量,这是完全正确和适时的。

初版教材由全国16所高等农业院校28位农业昆虫学者集体编写而成。由于当时要求教材内容面向全国,参加编写的人员又多,因此国内各种农作物的主要害虫几乎应有尽有,因而教材篇幅过于庞大,很不适于农学专业对本门课程教学和学生学习的要求。在这次修订讨论和征求意见中,一致认为,除"昆虫学基础"部分应增新除旧,加强理论基础,仍按原来的系统进行编写外,"农作物害虫"部分,则应根据农学专业要求,只能编写主要作物的主要害虫,即粮、棉及油料作物等的主要害虫。至于烟、麻、糖及绿肥作物等的害虫则未列入。此类害虫各校可根据当地具体需要编写补充教材,则更切合实际需要。

此次修订,在各章的开头,首先写出简明的摘要,说明学习本章的主要内容及其目的性,为初学者对本章先有一个明确的概念,有利于提高学习兴趣和加深理解的作用。此外,在编写农作物害虫各论时,在编完每一类作物害虫的最后,有的还增加了总结性的系统综合防治措施,以便加深巩固学习效果,启发学生联系实际和独立思考的能力。试用教材中有些不正确的插图,本次也都做了修改;有些昆虫学名也做了订正。

在这次教材编写中,始终坚持贯彻少而精和理论联系实际的原则,结合农学专业的要求,加强教材的思想性、科学性和农业上的实用性,使教材得到进一步的提高。但是由于我们水平所限,错误和不足之处在所难免,希望读者指正。还需说明,在教材修订过程中,西南农业大学王辅和封昌远两位教授也提供许多宝贵意见,均致谢意!

编　者

第三版前言

本教材是教育部"面向21世纪高等农林教育教学内容和课程体系改革计划"项目的研究成果。

高等农业院校非植物保护专业用教材《农业昆虫学》的第一版，1979年由全国16所农业院校28位教师参加编写作为全国试用教材，1981年由农业出版社出版，使用5年，1986年农业部通知，由原主编单位邀请5位专家进行修订改编。第二版修订中坚持贯彻了少而精和理论联系实际的原则，结合非植物保护专业的特点，加强了教材的思想性、科学性和实用性，1990年由农业出版社出版，使用10年，印刷多达9次。这10年，由于科学技术的迅速发展，特别是农业生产产业结构和人才培养需求发生了巨大变化，第二版的一些内容已显陈旧，不能适应新的形势。2000年中国农业出版社提出对第二版修订改编，但此时，原主编单位西北农业大学（1999年合并为西北农林科技大学）的第二版主编吕锡祥教授故世，参编单位河南农业大学的贺钟麟教授也故去，西南农业大学的轩静渊教授退休，西北农业大学刘绍友教授调到西北大学工作并退休。第三版修订编写的主编由第一、二版参编者袁锋教授担任，邀请第二版参加修编单位推荐修编人员，经协商由西北农林科技大学仵均祥、西南农业大学李云瑞、河南农业大学原国辉三位教授参加，他们既年富力强，又有较多农业昆虫学教学经验。

第三版修订编写根据各人特长进行分工，袁锋任主编，拟定修订编写大纲，修订编写第一章至第五章，负责全书统稿。仵均祥任副主编，参加拟定修订编写大纲，修订编写第六章至第八章、第十章和第十三章，负责农作物害虫部分初步统稿。李云瑞修订编写第九章与十五章。原国辉负责修订编写第十一章、第十二章和第十四章。

第三版的修订编写，继续坚持少而精和理论联系实际的原则，提高教材的思想性、科学性和实用性，力争做到选材新颖，重点突出，简明扼要，图文并茂。其中：①绪论、昆虫分类、害虫防治原理与方法3章内容变动较多；②对农作物害虫的编排做了一些变化，增加了多食性害虫一章；③突出主要害虫，减少了一些次要害虫的内容；④增加一些新的害虫，如美洲斑潜蝇、温室白粉虱等；⑤主要科学名词后加注了英文；⑥一些农作物害虫学名根据新近研究做了修改，如棉铃虫、黄脸油葫芦、东方蝼蛄等，并注意订名人的变化和正确写法；⑦每章后增加思考题，帮助学生学习中思考，掌握重点和难点；⑧每章后增加主要参考文献，引导学生加深对主要内容的学习，掌握新的研究动向。

由于修订编写的时间要求紧迫，更由于我们水平有限，错误和不足之处在所难免，诚请读者批评斧正。

编 者

2001年3月

第四版前言

高等农业院校农学专业用教材《农业昆虫学》在第一、二版的基础上，修订为"面向21世纪课程教材"——第三版，2001年由中国农业出版社出版，由于内容更加精练完善，结构更加合理实用，2004年被评为中国农业出版社最畅销教材，2005年获"陕西省普通高等学校优秀教材"一等奖和中华农业科教基金会评选的全国高等农业院校优秀教材奖。在此基础上，中国农业出版社确定修编为全国高等农林院校"十二五"规划教材——第四版。这次修订继续坚持少而精和理论联系实际的原则，进一步提高教材的思想性、科学性和实用性。根据近年科学技术与高等农业教育事业的发展，剔旧换新，突出重点，简明扼要，以图助文。在以下方面做了主要修改。

一、总论部分

1. 把昆虫分类修改为六足动物总纲分类，介绍了近年来国内外整合六足动物分子与形态特征数据的系统发育研究和分类系统。六足动物总纲分为4纲：弹尾纲、原尾纲、双尾纲及昆虫纲。昆虫纲包括30目，同翅目与半翅目合并为半翅目，虱目与食毛目合并为虱目，增加了2002年世界新发现的螳䗛目。重要目介绍中增加了亚目、总科或科的系统发育支序图。

2. 昆虫呼吸系统中增加了鳞翅目幼虫等具有肺结构和功能的新概念。

3. 昆虫与人类关系部分增加了建筑物害虫。

4. 农业昆虫学成就与新动向部分增加了国家对农业重大害虫科学研究的支持与重要进展。

5. 昆虫致病微生物部分增加了立克次体病、原生动物病等。

6. 植物检疫部分介绍了农业部等2006年与2007年公布的检疫性有害昆虫名录。

二、农作物害虫部分

1. 增加了烟草害虫与药用植物害虫两章，以适应农业院校的农学系设有烟草专业、药用植物专业进行昆虫学教学或办有关学习班教学的需要。

2. 原有的农作物害虫章节根据新的研究进展：①修改了一些陈旧的学名；②主要害虫与次要害虫做了调整，删减或增加了一些害虫；③增加或强调了一些新的害虫防治方法，例如种植转基因 Bt 抗虫棉等。

三、每章的思考题根据内容变化做了修改或增补。

四、每章后的主要参考文献做了增减，主要是增加新的参考文献。

第四版修订仍由袁锋任主编，负责修订第一章至第五章和全书统稿；忤均祥任副主编，负责修订第六章至第八章和第十章并初步统稿；原国辉负责修订第十一章、第十二章和第十四章；刘怀负责修订第九章和第十六章；史树森负责新编第十七章；李怡萍负责修订第十三章，新编第十五章。

由于科学发展日新月异，我们所知有限，书中叙述如有不妥之处，敬请读者批评斧正。

袁　锋

2011 年 1 月

目 录

第五版前言
第一版前言
第二版前言
第三版前言
第四版前言

第一篇 总 论

第一章 绪论 ……………………………… 3
一、昆虫的主要特征及与近缘动物的区别 ………………………………… 3
二、昆虫与人类的关系 ……………… 4
三、农业昆虫学的任务 ……………… 7
四、农业昆虫学的主要研究内容 …… 7
五、我国农业昆虫学发展简况和主要成就 ………………………………… 8
六、农业害虫发生的新动向 ………… 9
思考题 ………………………………… 10

第二章 昆虫体躯的构造和功能 ……… 11
第一节 昆虫的头部 ………………… 11
一、昆虫头部的构造和分区 ………… 11
二、昆虫的触角 ……………………… 11
三、昆虫的眼 ………………………… 14
四、昆虫的口器 ……………………… 15
第二节 昆虫的胸部 ………………… 21
一、昆虫胸部的基本构造 …………… 21
二、昆虫胸足的构造和类型 ………… 22
三、昆虫翅的构造和变异 …………… 23
第三节 昆虫的腹部 ………………… 26

一、昆虫腹部的基本构造 …………… 26
二、昆虫外生殖器 …………………… 26
第四节 昆虫的体壁 ………………… 28
一、昆虫体壁的构造和特性 ………… 28
二、昆虫体壁构造与化学防治的关系 ………………………………… 29
第五节 昆虫的内部器官和功能 …… 29
一、昆虫消化系统 …………………… 30
二、昆虫排泄系统 …………………… 31
三、昆虫呼吸系统 …………………… 32
四、昆虫循环系统 …………………… 33
五、昆虫神经系统 …………………… 34
六、昆虫生殖系统 …………………… 36
第六节 昆虫的激素 ………………… 38
一、昆虫内激素 ……………………… 39
二、昆虫外激素 ……………………… 39
思考题 ………………………………… 40

第三章 昆虫的生物学特性 …………… 41
第一节 昆虫的繁殖方式 …………… 41
一、两性生殖 ………………………… 41
二、孤雌生殖 ………………………… 41
三、卵胎生和幼体生殖 ……………… 41

· 1 ·

四、多胚生殖 …………………… 42
第二节　昆虫的发育和变态 ………… 42
　　一、昆虫个体发育的阶段 ………… 42
　　二、昆虫的变态及其类型 ………… 48
　　三、昆虫内激素对生长发育和变态的
　　　　调控 …………………………… 50
第三节　昆虫的世代和年生活史 …… 50
　　一、昆虫的世代和年生活史 ……… 50
　　二、昆虫的休眠和滞育 …………… 51
第四节　昆虫的行为 ………………… 53
　　一、昆虫的趋性 …………………… 53
　　二、昆虫的食性 …………………… 53
　　三、昆虫的群集性 ………………… 54
　　四、昆虫的迁移性 ………………… 54
　　五、昆虫的假死性 ………………… 54
　　六、昆虫的拟态和保护色 ………… 54
思考题 ………………………………… 55

第四章　六足总纲的分类 ………… 56

第一节　昆虫分类的原理和意义 …… 56
第二节　六足总纲的系统发育 ……… 57
第三节　六足总纲分类系统与纲、
　　　　目特征 ……………………… 58
　　一、原尾纲 ………………………… 58
　　二、弹尾纲 ………………………… 59
　　三、双尾纲 ………………………… 59
　　四、昆虫纲 ………………………… 59
第四节　农业昆虫及螨类重要目、
　　　　科概说 ……………………… 62
　　一、直翅目 ………………………… 62
　　二、等翅目 ………………………… 64
　　三、缨翅目 ………………………… 65
　　四、半翅目 ………………………… 66
　　五、鞘翅目 ………………………… 71
　　六、脉翅目 ………………………… 74
　　七、鳞翅目 ………………………… 75
　　八、双翅目 ………………………… 82
　　九、膜翅目 ………………………… 85
　　十、蜱螨目 ………………………… 87

思考题 ………………………………… 89

第五章　昆虫与环境的关系及预测
　　　　预报 ………………………… 90

第一节　气候因素对昆虫的影响 …… 90
　　一、温度对昆虫的影响 …………… 90
　　二、湿度对昆虫的影响 …………… 93
　　三、温度和湿度对昆虫的综合
　　　　作用 …………………………… 94
　　四、光对昆虫的影响 ……………… 95
　　五、风对昆虫的影响 ……………… 96
第二节　土壤因素对昆虫的影响 …… 96
　　一、土壤温度对昆虫的影响 ……… 97
　　二、土壤湿度对昆虫的影响 ……… 97
　　三、土壤机械组成对昆虫的影响 … 98
　　四、土壤化学特性对昆虫的影响 … 98
第三节　生物因素对昆虫的影响 …… 98
　　一、生物因素的基本概念 ………… 98
　　二、食物因素对昆虫的影响 ……… 100
　　三、天敌因素对昆虫的影响 ……… 101
第四节　昆虫的种群动态 …………… 102
　　一、种群和种群基数 ……………… 102
　　二、种群的生态对策 ……………… 103
第五节　农业害虫的调查统计和预测
　　　　预报 ………………………… 103
　　一、农业害虫的调查统计 ………… 103
　　二、农业害虫的预测预报 ………… 105
思考题 ………………………………… 108

第六章　农业害虫防治的原理和方法 …… 109

第一节　植物检疫 …………………… 109
　　一、植物检疫的分类 ……………… 109
　　二、确定植物检疫对象的原则 …… 110
　　三、疫区和非疫区 ………………… 110
　　四、植物检疫的实施方法 ………… 110
第二节　农业防治 …………………… 112
　　一、农业防治的具体措施 ………… 112
　　二、农业防治的优缺点 …………… 114
第三节　生物防治 …………………… 114

一、生物防治的途径 …… 114
　　二、生物防治的优缺点 …… 116
第四节　物理机械防治 …… 116
　　一、诱集灭虫 …… 116
　　二、阻隔分离 …… 117
　　三、低温或高温灭虫 …… 117
　　四、人工机械捕杀 …… 117
　　五、其他新技术的应用 …… 117
第五节　化学防治 …… 118
　　一、杀虫剂的类别 …… 118
　　二、杀虫剂的剂型 …… 119
　　三、杀虫剂的施用方法 …… 121
　　四、杀虫剂的合理使用 …… 122
　　五、杀虫剂的残毒 …… 123
　　六、化学防治法的优缺点 …… 124
　　七、常用杀虫剂简介 …… 125
第六节　害虫综合治理 …… 133
　　一、害虫综合治理的概念和发展 …… 133
　　二、害虫综合治理的特点 …… 135
　　三、害虫的危害损失及经济损害允许水平 …… 136
　　四、制订害虫综合治理技术方案的原则和方法 …… 138
思考题 …… 139

第二篇　农作物害虫发生规律和防治技术

第七章　地下害虫 …… 143

第一节　蛴螬 …… 143
　　一、大黑鳃金龟 …… 144
　　二、暗黑鳃金龟 …… 146
　　三、铜绿丽金龟 …… 147
　　四、其他常见金龟甲 …… 147
第二节　金针虫 …… 148
　　一、沟金针虫 …… 149
　　二、细胸金针虫 …… 150
第三节　蝼蛄 …… 151
　　一、蝼蛄的形态特征 …… 151
　　二、蝼蛄的生活史和习性 …… 152
第四节　其他常见地下害虫 …… 152
第五节　地下害虫发生与环境的关系 …… 153
　　一、植被对地下害虫的影响 …… 153
　　二、土壤理化性质对地下害虫的影响 …… 154
　　三、气候条件对地下害虫的影响 …… 154
　　四、耕作栽培对地下害虫的影响 …… 154
　　五、天敌对地下害虫的影响 …… 154
　　六、其他因素对地下害虫的影响 …… 154
第六节　地下害虫虫情调查和综合治理技术 …… 155
　　一、地下害虫虫情调查方法 …… 155
　　二、地下害虫综合治理技术 …… 155
思考题 …… 157

第八章　多食性害虫 …… 158

第一节　地老虎 …… 158
　　一、地老虎的形态特征 …… 158
　　二、地老虎的生活史和习性 …… 160
　　三、地老虎的发生与环境的关系 …… 161
　　四、地老虎的虫情调查和综合治理技术 …… 162
第二节　黏虫 …… 163
　　一、黏虫的形态特征 …… 164
　　二、黏虫的生活史和习性 …… 164
　　三、黏虫的发生与环境的关系 …… 166
　　四、黏虫的虫情调查和综合治理技术 …… 167
第三节　东亚飞蝗 …… 168
　　一、东亚飞蝗的形态特征 …… 168
　　二、东亚飞蝗的生活史和习性 …… 169
　　三、东亚飞蝗的发生与环境的关系 …… 171
　　四、东亚飞蝗的虫情调查和综合治理技术 …… 171

第四节　草地螟 …………………… 173
　一、草地螟的形态特征 …………… 173
　二、草地螟的生活史和习性……… 174
　三、草地螟的发生与环境的关系 …… 175
　四、草地螟的虫情调查和综合治理
　　　技术 ……………………………… 176
第五节　温室白粉虱和烟粉虱 ……… 176
　一、温室白粉虱和烟粉虱的形态特征
　　　………………………………… 177
　二、温室白粉虱和烟粉虱的生活史和
　　　习性 …………………………… 177
　三、温室白粉虱与烟粉虱发生与
　　　环境的关系 …………………… 178
　四、温室白粉虱和烟粉虱的虫情调查
　　　和综合治理技术 ……………… 179
第六节　其他常见多食性害虫 ……… 180
思考题 ………………………………… 181

第九章　水稻害虫 …………………… 182

第一节　稻蓟螟 ……………………… 182
　一、稻蓟螟的形态特征 …………… 183
　二、稻蓟螟的生活史和习性……… 183
　三、稻蓟螟的发生与环境的关系 …… 187
　四、稻蓟螟的虫情调查和综合治理
　　　技术 ……………………………… 189
第二节　稻飞虱 ……………………… 191
　一、稻飞虱的形态特征 …………… 192
　二、稻飞虱的生活史和习性……… 193
　三、稻飞虱的发生与环境的关系 …… 195
　四、稻飞虱的虫情调查和综合治理
　　　技术 ……………………………… 196
第三节　稻叶蝉 ……………………… 197
　一、稻叶蝉的形态特征 …………… 197
　二、稻叶蝉的生活史和习性……… 199
　三、稻叶蝉的发生与环境的关系 …… 199
　四、稻叶蝉的虫情调查和综合治理
　　　技术 ……………………………… 200
第四节　稻弄蝶 ……………………… 200
　一、稻弄蝶的形态特征 …………… 201
　二、稻弄蝶的生活史和习性……… 201
　三、稻弄蝶的发生与环境的关系 …… 202
　四、稻弄蝶的虫情调查和综合治理
　　　技术 ……………………………… 203
第五节　稻纵卷叶螟 ………………… 203
　一、稻纵卷叶螟的形态特征 ……… 203
　二、稻纵卷叶螟的生活史和习性 …… 204
　三、稻纵卷叶螟的发生与环境的关系
　　　………………………………… 205
　四、稻纵卷叶螟的综合治理技术 …… 206
第六节　其他常见水稻害虫 ………… 206
第七节　水稻害虫综合治理 ………… 208
　一、种子处理 ……………………… 208
　二、秧田防治 ……………………… 209
　三、返青分蘖至圆秆期防治 ……… 209
　四、孕穗至灌浆期防治 …………… 209
　五、收获后期防治 ………………… 209
思考题 ………………………………… 209

第十章　小麦害虫 …………………… 211

第一节　小麦吸浆虫 ………………… 211
　一、小麦吸浆虫的形态特征 ……… 212
　二、小麦吸浆虫的生活史和习性 …… 213
　三、小麦吸浆虫的发生与环境的关系
　　　………………………………… 214
　四、小麦吸浆虫的虫情调查和综合
　　　治理技术 ……………………… 215
第二节　麦蚜 ………………………… 216
　一、麦蚜的形态特征 ……………… 217
　二、麦蚜的生活史和习性 ………… 217
　三、麦蚜的发生与环境的关系 …… 218
　四、麦蚜的虫情调查和综合治理技术
　　　………………………………… 219
第三节　小麦害螨 …………………… 220
　一、小麦害螨的形态特征 ………… 220
　二、小麦害螨的生活史和习性 …… 221
　三、小麦害螨的发生与环境的关系 …… 222
　四、小麦害螨的虫情调查和综合治理
　　　技术 ……………………………… 222

第四节 其他小麦常见害虫 …………… 223
第五节 小麦害虫综合治理 …………… 224
　一、备耕阶段的小麦害虫综合治理 … 224
　二、播种至秋苗阶段的小麦害虫综合
　　　治理 ……………………………… 224
　三、春季返青至拔节阶段的小麦害虫
　　　综合治理 ………………………… 224
　四、孕穗和抽穗阶段的小麦害虫综合
　　　治理 ……………………………… 225
　五、灌浆阶段的小麦害虫综合治理
　　　…………………………………… 225
思考题 …………………………………… 225

第十一章　禾谷类杂粮害虫 ………… 226

第一节　玉米螟 ………………………… 226
　一、玉米螟的形态特征 ……………… 227
　二、玉米螟的生活史和习性 ………… 227
　三、玉米螟的发生与环境的关系 …… 228
　四、玉米螟的虫情调查和综合治理
　　　技术 ……………………………… 229
第二节　草地贪夜蛾 …………………… 230
　一、草地贪夜蛾的形态特征 ………… 231
　二、草地贪夜蛾的生活史和习性 …… 231
　三、草地贪夜蛾的发生与环境的关系
　　　…………………………………… 232
　四、草地贪夜蛾的虫情调查和综合
　　　治理技术 ………………………… 233
第三节　条螟 …………………………… 234
　一、条螟的形态特征 ………………… 234
　二、条螟的生活史和习性 …………… 235
　三、条螟的发生与环境的关系 ……… 235
　四、条螟的虫情调查和综合治理技术
　　　…………………………………… 236
第四节　桃蛀螟 ………………………… 236
　一、桃蛀螟的形态特征 ……………… 237
　二、桃蛀螟的生活史和习性 ………… 237
　三、桃蛀螟的发生与环境的关系 …… 238
　四、桃蛀螟的虫情调查和综合治理
　　　技术 ……………………………… 239

第五节　二点螟 ………………………… 240
　一、二点螟的形态特征 ……………… 240
　二、二点螟的生活史和习性 ………… 241
　三、二点螟的发生与环境的关系 …… 242
　四、二点螟的虫情调查和综合治理
　　　技术 ……………………………… 242
第六节　玉米蚜 ………………………… 243
　一、玉米蚜的形态特征 ……………… 243
　二、玉米蚜的生活史和习性 ………… 244
　三、玉米蚜的发生与环境的关系 …… 245
　四、玉米蚜的虫情调查和综合治理
　　　技术 ……………………………… 245
第七节　其他常见禾谷类杂粮害虫 …… 246
第八节　禾谷类杂粮害虫综合治理 …… 247
　一、玉米和高粱害虫综合治理 ……… 247
　二、谷子和糜子害虫综合治理 ……… 248
思考题 …………………………………… 249

第十二章　薯类害虫 …………………… 251

第一节　马铃薯瓢虫 …………………… 251
　一、马铃薯瓢虫的形态特征 ………… 252
　二、马铃薯瓢虫的生活史和习性 …… 253
　三、马铃薯瓢虫的发生与环境的关系
　　　…………………………………… 253
　四、马铃薯瓢虫的虫情调查和综合
　　　治理技术 ………………………… 254
第二节　马铃薯麦蛾 …………………… 254
　一、马铃薯麦蛾的形态特征 ………… 255
　二、马铃薯麦蛾的生活史和习性 …… 255
　三、马铃薯麦蛾的发生与环境的关系
　　　…………………………………… 256
　四、马铃薯麦蛾的虫情调查和综合
　　　治理技术 ………………………… 257
第三节　甘薯麦蛾 ……………………… 257
　一、甘薯麦蛾的形态特征 …………… 258
　二、甘薯麦蛾的生活史和习性 ……… 258
　三、甘薯麦蛾的发生与环境的关系
　　　…………………………………… 259
　四、甘薯麦蛾的虫情调查和综合治

理技术 ……………………… 259
　第四节　其他常见薯类害虫 ……… 260
　第五节　薯类害虫综合治理 ……… 262
　　一、马铃薯害虫综合治理 ……… 262
　　二、甘薯害虫综合治理 ………… 263
　　三、山药害虫综合治理 ………… 264
　思考题 …………………………… 265

第十三章　棉花害虫 …………… 266

　第一节　棉蚜 …………………… 266
　　一、棉蚜的形态特征 …………… 267
　　二、棉蚜的生活史和习性 ……… 268
　　三、棉蚜的发生与环境的关系 … 269
　　四、棉蚜的虫情调查和综合治理技术
　　　　………………………………… 270
　第二节　棉铃虫 ………………… 271
　　一、棉铃虫的形态特征 ………… 272
　　二、棉铃虫的生活史和习性 …… 273
　　三、棉铃虫的发生与环境的关系 … 274
　　四、棉铃虫的虫情调查和综合治理
　　　技术 ……………………………… 275
　第三节　棉叶螨 ………………… 277
　　一、棉叶螨的形态特征 ………… 278
　　二、棉叶螨的生活史和习性 …… 278
　　三、棉叶螨的发生与环境的关系 … 279
　　四、棉叶螨的虫情调查和综合治理
　　　技术 ……………………………… 280
　第四节　棉红铃虫 ……………… 281
　　一、棉红铃虫的形态特征 ……… 281
　　二、棉红铃虫的生活史和习性 … 282
　　三、棉红铃虫的发生与环境的关系
　　　………………………………… 283
　　四、棉红铃虫的虫情调查和综合治理
　　　技术 ……………………………… 283
　第五节　棉盲蝽 ………………… 285
　　一、棉盲蝽的形态特征 ………… 285
　　二、棉盲蝽的生活史和习性 …… 286
　　三、棉盲蝽的发生与环境的关系 … 287
　　四、棉盲蝽的虫情调查和综合治理

　　　技术 ……………………………… 287
　第六节　其他常见棉花害虫 …… 288
　第七节　棉花害虫综合治理 …… 289
　　一、越冬期棉花害虫的综合治理 … 289
　　二、播种期棉花害虫的综合治理 … 289
　　三、苗期棉花害虫的综合治理 … 290
　　四、蕾铃期棉花害虫的综合治理 … 291
　思考题 …………………………… 291

第十四章　油料作物害虫 ……… 292

　第一节　蚜虫类 ………………… 292
　　一、油料作物蚜虫的形态特征 … 293
　　二、油料作物蚜虫的生活史和习性
　　　………………………………… 294
　　三、油料作物蚜虫的发生与环境的
　　　关系 …………………………… 295
　　四、油料作物蚜虫的虫情调查和
　　　综合治理技术 ………………… 295
　第二节　大豆食心虫 …………… 297
　　一、大豆食心虫的形态特征 …… 297
　　二、大豆食心虫的生活史和习性 … 297
　　三、大豆食心虫的发生与环境的关系
　　　………………………………… 298
　　四、大豆食心虫的虫情调查和综合
　　　治理技术 ……………………… 299
　第三节　豆荚螟 ………………… 300
　　一、豆荚螟的形态特征 ………… 300
　　二、豆荚螟的生活史和习性 …… 301
　　三、豆荚螟的发生与环境的关系 … 301
　　四、豆荚螟的虫情调查和综合治理
　　　技术 ……………………………… 302
　第四节　豆秆黑潜蝇 …………… 303
　　一、豆秆黑潜蝇的形态特征 …… 303
　　二、豆秆黑潜蝇的生活史和习性 … 303
　　三、豆秆黑潜蝇的发生与环境的关系
　　　………………………………… 304
　　四、豆秆黑潜蝇的虫情调查和综合
　　　治理技术 ……………………… 305
　第五节　菜蛾 …………………… 305

一、菜蛾的形态特征 …………… 306
　　二、菜蛾的生活史和习性 ……… 306
　　三、菜蛾的发生与环境的关系 …… 307
　　四、菜蛾的虫情调查和综合治理技术
　　　　………………………………… 307
　第六节　其他常见油料作物害虫 …… 308
　第七节　油料作物害虫综合治理 …… 311
　　一、大豆害虫综合治理 ………… 311
　　二、油菜害虫综合治理 ………… 312
　　三、花生害虫综合治理 ………… 313
　思考题 ……………………………… 314

第十五章　烟草害虫 ………………… 315
　第一节　烟蚜 ……………………… 315
　　一、烟蚜的形态特征 …………… 316
　　二、烟蚜的生活史和习性 ……… 317
　　三、烟蚜的发生与环境的关系 …… 317
　　四、烟蚜的虫情调查和综合治理技术
　　　　………………………………… 318
　第二节　烟草夜蛾 ………………… 318
　　一、烟草夜蛾的形态特征 ……… 318
　　二、烟草夜蛾的生活史和习性 …… 319
　　三、烟草夜蛾的发生与环境关系 …… 320
　　四、烟草夜蛾的虫情调查和综合治理
　　　　技术 …………………………… 321
　第三节　其他常见烟草害虫 ……… 321
　第四节　烟草害虫综合治理 ……… 322
　　一、苗床期烟草害虫综合治理 …… 322
　　二、大田烟草害虫综合治理 …… 323
　思考题 ……………………………… 324

第十六章　药用植物害虫 …………… 325
　第一节　红花指管蚜 ……………… 325
　　一、红花指管蚜的形态特征 …… 326
　　二、红花指管蚜的生活史和习性 … 326
　　三、红花指管蚜的发生与环境的关系
　　　　………………………………… 327
　　四、红花指管蚜的综合治理技术 …… 328
　第二节　枸杞负泥虫 ……………… 328

　　一、枸杞负泥虫的形态特征 …… 329
　　二、枸杞负泥虫的生活史和习性 …… 329
　　三、枸杞负泥虫的发生与环境的关系
　　　　………………………………… 330
　　四、枸杞负泥虫的虫情调查和综合
　　　　治理技术 ……………………… 330
　第三节　甘草萤叶甲 ……………… 331
　　一、甘草萤叶甲的形态特征 …… 331
　　二、甘草萤叶甲的生活史和习性 …… 332
　　三、甘草萤叶甲的发生与环境的关系
　　　　………………………………… 333
　　四、甘草萤叶甲的虫情调查和综合
　　　　治理技术 ……………………… 334
　第四节　马兜铃凤蝶 ……………… 334
　　一、马兜铃凤蝶的形态特征 …… 335
　　二、马兜铃凤蝶的生活史和习性 …… 336
　　三、马兜铃凤蝶的发生与环境的关系
　　　　………………………………… 337
　　四、马兜铃凤蝶的综合治理技术 …… 337
　第五节　药用植物其他常见害虫 …… 337
　第六节　药用植物害虫综合治理 …… 340
　　一、药用植物地下害虫综合治理 …… 340
　　二、药用植物刺吸害虫综合治理 …… 340
　　三、药用植物食叶害虫综合治理 …… 341
　思考题 ……………………………… 342

第十七章　储粮害虫 ………………… 343
　第一节　储粮害虫概述 …………… 343
　　一、储粮害虫的类别 …………… 343
　　二、储粮害虫的生物学特性 …… 343
　　三、储粮害虫的危害方式 ……… 344
　第二节　玉米象 …………………… 344
　　一、玉米象的形态特征 ………… 344
　　二、玉米象的生活史和习性 …… 345
　　三、玉米象的发生与环境的关系 …… 346
　第三节　麦蛾 ……………………… 346
　　一、麦蛾的形态特征 …………… 346
　　二、麦蛾的生活史和习性 ……… 347
　　三、麦蛾的发生与环境的关系 …… 347

第四节　谷蠹 …………………… 347	二、抽查 …………………………… 353
一、谷蠹的形态特征 …………… 348	三、选点抽样 ……………………… 353
二、谷蠹的生活史和习性 ……… 348	四、检出方法 ……………………… 354
三、谷蠹的发生与环境的关系 …… 349	第八节　储粮害虫综合治理 ……… 354
第五节　印度谷螟 ………………… 349	一、植物检疫 …………………… 354
一、印度谷螟的形态特征 ……… 349	二、清洁卫生防治 ……………… 354
二、印度谷螟的生活史和习性 …… 350	三、物理机械防治 ……………… 355
三、印度谷螟的发生与环境的关系	四、化学防治 …………………… 356
……………………………………… 351	五、生物防治 …………………… 359
第六节　其他常见储粮害虫 ……… 351	思考题 ………………………………… 361
第七节　储粮害虫调查方法 ……… 353	
一、现场检查 …………………… 353	**主要参考文献** ……………………… 362

第一篇 总论

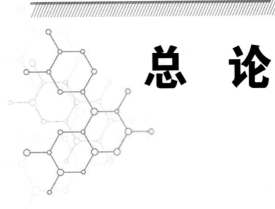

第一章 绪 论

农业昆虫学是一门研究农业害虫的发生、消长规律及其有效防治方法，从而保证农作物产量和品质的应用科学。农业害虫的种类虽然很多，但主要是属于植食性昆虫和一些植食性螨类，其中植食性昆虫占农业害虫种类的95%以上，是农业害虫研究最重要的对象。

一、昆虫的主要特征及与近缘动物的区别

昆虫属于节肢动物门（Arthropoda）的六足总纲（Hexapoda）。昆虫种类繁多，已知有100多万种，占动物界已知种的3/4以上。昆虫的种类不同，身体构造差别很大，但有共同特征，即六足总纲的特征：①体分头、胸和腹3个体段；②头部有1对触角和1对复眼，有的还有1~3个单眼；③胸部生有6足，大多数还有4翅，6足是最主要的特征，故称为六足总纲；④腹部由10节左右组成，末端有外生殖器（图1-1）。例如蝗虫、蝴蝶、蜜蜂等，都属于昆虫。

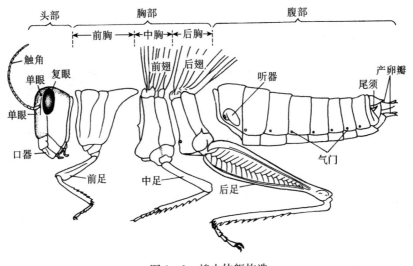

图1-1 蝗虫体躯构造
（仿西北农学院农业昆虫学教研组）

在节肢动物门中，除六足总纲外，还有肢口纲（Merostomata）、多足纲（Myriapoda）、甲壳纲（Crustacea）、蛛形纲（Arachnida）、有爪纲（Onychophora）等。在日常生产和生

活中，人们常见的蛛形纲的蜘蛛类、甲壳纲的虾和蟹类、多足纲的蜈蚣和马陆等与六足总纲的昆虫虽然常混合发生，但是其并不属于昆虫。

掌握昆虫的特征，将昆虫和其他近缘动物区别开是非常必要的。蛛形纲的蜘蛛，体分头胸部和腹部两个体部，有4对足，无翅，无触角。甲壳纲的虾和蟹，体分头胸部和腹部，有5对足，无翅。多足纲的蜈蚣，体分头部和胴部（胸部和腹部同形），身体各节都生1对足；马陆体也分头部和胴部两部分，但身体各节都生有2对足。而且这些动物都无翅，不符合昆虫的特征，所以都不是昆虫（图1-2）。

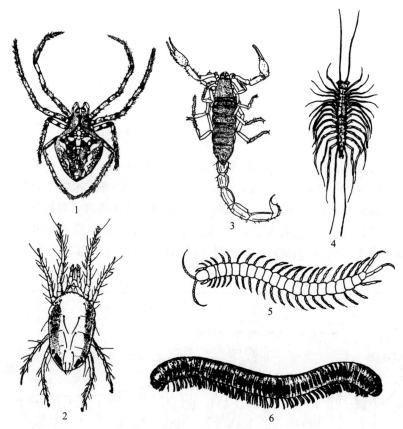

图1-2 与昆虫近缘的节肢动物的形态特征
1. 蜘蛛（蛛形纲） 2. 棉红蜘蛛（蛛形纲） 3. 蝎子（蛛形纲） 4. 蚰蜒（多足纲） 5. 蜈蚣（多足纲） 6. 马陆（多足纲）

(1~4仿管致和，5仿Eidmann，6仿Comstock)

二、昆虫与人类的关系

昆虫种类多，分布广，与人类关系非常密切。从分布来看，从赤道到两极，从地下到空中，从海洋到高山、沙漠，到处都有昆虫的足迹。考古发现，昆虫出现在地球上已有3.5亿年的历史，而人类的出现距今不过100万年。在人类出现以前，昆虫与其他动物和植物之间通过相互依存或相互竞争，在地球上和谐存在。人类出现以后，昆虫与人类之间建立了密切的关系，其中有些对人类是有害的，有些对人类是有益的。

（一）有害方面

1. 经济作物害虫　昆虫中有 48.2% 是植食性的。人类种植的各种经济植物，没有一种不受害虫危害，有的造成十分惊人的损失。常见农作物（例如小麦、水稻、禾谷类杂粮、棉花、油料作物、烟草和中药材等）的害虫，是本教材所要介绍的重点，其他诸如果树、蔬菜、林木、甘蔗、甜菜、茶树等，也都有大量的害虫危害，造成不少损失。

2. 卫生害虫　有些昆虫能直接危害人类，造成伤害；有些则能传播疾病，危害人的健康，甚至引起死亡。例如跳蚤、蚊子、虱子、臭虫、白蛉子等，不但直接吸取人们的血液，扰乱人的安宁，而且还能传播各种疾病。跳蚤是传播鼠疫的媒介昆虫，跳蚤传播的鼠疫 14 世纪在欧洲大流行，致 2 500 多万人死亡；清代在我国东北流行，造成 50 多万人死亡。其他如斑疹伤寒、脑膜炎、黄热病等，也都是蚊、蝇等传播的人类重大疾病。

3. 畜禽害虫　许多昆虫能危害家畜、家禽，例如牛虻、蚊子、苍蝇、虱子、跳蚤等，直接吸取畜禽的血液，影响它们的休息和健康。很多蝇类幼虫寄生于家畜的体内，造成蝇蛆病。例如牛瘤蝇幼虫寄生于牛的背部皮下，造成很多孔洞，影响牛的健康，降低牛皮价值。马胃蝇幼虫寄生在马的胃里，影响马的饮食和健康，降低其役用价值。有些昆虫还能传播畜禽的疾病，例如马的脑炎（病毒）、鸡的回归热（螺旋体）、牛马的锥虫病和焦虫病（原生动物）、犬的丝虫病（蠕虫）等，都是由各种吸血昆虫所传播的。

4. 传播植物病害　许多植物的病害是由昆虫传播的，特别是植物的病毒病，多数是由刺吸植物汁液的昆虫传播的。此外，昆虫也能传播细菌或真菌所引起的病害。1970 年麦蚜传播的小麦黄矮病，仅陕西省就造成小麦损失 1.5×10^8 kg。飞虱、叶蝉等能传播小麦小蘖病、水稻矮缩病、玉米条纹花叶病等。根据已有记载，由昆虫传播的植物病毒病有 400 多种，其中 170 多种是由蚜虫传播的，130 多种是由叶蝉传播的。由昆虫传病造成的损失，甚至比昆虫危害本身所造成的损失还大得多。

5. 建筑物害虫　人类建筑的房屋、江河堤围、水库土坝、铁路枕木、通信电缆等，都会遭受土栖、木栖或土木两栖白蚁的危害，引起房屋倒塌、堤坝漏水甚至垮坝决堤，造成严重灾害。特别是近年来，白蚁对房屋的危害有逐渐向北方扩展的趋势，足以引起人们的高度重视。由于白蚁对建筑物的危害具有广泛性、隐蔽性、严重性等特点，中华人民共和国成立后，在大中城市建立了白蚁防治研究机构，组建了专门的防治队伍，已经创造了许多行之有效的防治措施，对控制白蚁危害发挥了重要作用。

（二）有益方面

1. 工业用昆虫　一些昆虫的产品是重要的工业原料，例如家蚕、柞蚕的丝是绢丝工业的主体，我国早在 4 800 年前就已开始养蚕缫丝。多年来，我国蚕丝产量一直居世界首位，目前已达 $1.62 \times 10^5 \sim 2.68 \times 10^5$ t，在对外贸易中有重要意义。紫胶虫分泌的紫胶、白蜡虫分泌的白蜡、倍蚜的虫瘿五倍子所含鞣酸（单宁酸）都是重要的工业原料。从某些昆虫中可提取有用的酶类，例如从萤火虫中提取的荧光酶和从白蚁中提取的纤维水解酶已分别应用于医学和食品工业中。

2. 天敌昆虫　在自然界有许多捕食或寄生性昆虫，对农业害虫种群增长起控制作用，帮助人们防治害虫，也是人们用来开展害虫生物防治的重要资源。例如瓢虫、草蛉、食蚜蝇等，都能大量捕食各种蚜虫、叶螨和许多害虫的卵。赤眼蜂、小茧蜂、姬蜂、青蜂等，能把卵产在许多害虫的卵、幼虫、蛹的体内，并在其中生长发育而导致害虫死亡。

3. 传粉昆虫 显花植物中85%是由昆虫传播花粉的。在35目昆虫中，15目有访花习性，其中真正为植物授粉的有6目，其中最重要的是蜜蜂总科（Apoidea），在生产实践中发挥着重要作用。现在除利用家养蜜蜂为植物授粉外，也重视利用野生蜂，例如用壁蜂（Osmia）为苹果、梨等授粉，利用切叶蜂（Megachile）为苜蓿授粉，利用熊蜂（Bombus）为三叶草授粉，均已取得显著成效。

4. 药用昆虫 很多昆虫的虫体、产物或被真菌寄生的虫体可入中药，例如九香虫（一种蝽类）、桑螵蛸（螳螂卵）、冬虫夏草（蝙蝠蛾幼虫被虫草菌寄生）。《中国药用动物志》记载，药用昆虫有141种，归于12目49科。另外，也可利用某些虫体提取物的特殊生物化学成分制备新药，如蜂毒、斑蝥素、蜣螂毒素、抗菌肽等，其中有些对肿瘤细胞有明显抑制作用。

5. 观赏昆虫 昆虫中有些种类形态奇异，色彩艳丽，鸣声悦耳，或有争斗行为，可供人们观赏娱乐，给人以精神享受。蝴蝶是最受人们喜爱的观赏昆虫，被誉为"会飞的花朵"，用其制作的工艺品、蝴蝶画等具有很高的观赏价值和经济价值，斗蟋蟀、鸣虫蝈蝈（螽斯）自古以来就是各阶层人们的玩物。

6. 食品昆虫 很多昆虫是美味的食品佳肴。生物化学分析证明，虫体内含有丰富的蛋白质、脂肪等。昆虫作为食品起源于民间，有传统，例如东北人吃柞蚕蛹，云南人吃胡蜂蛹，广东人吃龙虱、稻蝗，山东人吃豆天蛾。世界各国的很多土著民族有吃昆虫的习惯。昆虫食品的研发已成为昆虫学发展的一个热点，以炸炒蚂蚁、蝗虫、蟑螂、蟋蟀等的昆虫宴在新加坡已登上餐馆大雅之堂。在我国许多地方的一些餐馆中，都有油炸黄粉虫、蚱蝉若虫、天蛾幼虫等的昆虫佳肴。

7. 饲用昆虫 几乎所有的昆虫都可作为动物饲料，特别是家畜、家禽的蛋白质饲料，但野生昆虫由于难以捕捉且数量少，无法满足大宗饲料加工的需求。近年来，国内外都在发展人工饲养技术，进行工厂化生产。笼养家蝇就是将家畜的粪便、人类的废物通过饲养家蝇转化为可利用的蛋白质饲料，是一种功利两全的昆虫产业，受到各国重视。

8. 环保昆虫 腐食性昆虫以动植物遗体或动物排泄物为食，是地球上的清洁工。埋葬甲群聚于鸟兽尸体下，挖掘土壤，将尸体埋葬；蜣螂将地表的动物粪便埋入土中，清洁环境。神农蜣螂（Catharsius molossus Meigen）曾被从中国引入澳大利亚，解决畜粪覆盖草原的问题。

9. 科研试材昆虫 许多昆虫由于生活周期短，个体小，易饲养，是生物学实验的首选材料。果蝇（Drosophila melanogaster Meigen）长期被作为遗传学研究材料，为遗传学发展做出了其他动物不可替代的贡献。吸血蝽（Rhodnius）是内分泌研究的极好材料，在生理学研究中发挥了重要作用。昆虫的一些器官（例如复眼等）形态功能奇妙，结构完善，成为仿生学研究的主要对象。一些水生昆虫（例如毛翅目、蜉蝣目）对水质敏感，成为水质污染监测的重要指示动物。

由上看出，昆虫和人类的关系非常密切，既有有害的一面，也有有益的一面。但昆虫对人类的益与害，不是绝对的，也会因条件不同而转化，例如寄生蝇类，寄生在害虫体内，对人类是益虫，但寄生在益虫体内，则对人类有害。又如蝴蝶，成虫可以观赏，但一些种类的幼虫危害农作物，又是害虫。天蛾、蚱蝉等取食经济植物，是害虫，但将其制成佳肴，经济效益非常可观。

总之，控制害虫的危害，充分利用有益昆虫，造福人类，就是研究昆虫学的目的和意义。

三、农业昆虫学的任务

农作物在生长发育，乃至农产品收获后储藏、运输的过程中，常常遭受到多种不利因子的危害，使产量降低，品质变劣，造成很大经济损失，甚至给人类带来灾难。这些不利因子中，害虫的危害是主要因子之一。自古以来，虫灾就与水灾和旱灾并列为农业生产的3大自然灾害。

人类自从从事农业生产活动开始，就遇到虫害问题；同害虫的斗争，时刻伴随着人类的农业生产活动。随着人类农业生产活动的发展，种植作物种类和品种的多样化，农产品交流贸易日渐增多，人类对农产品数量和品质的要求越来越高，农业害虫的防治任务也就越来越重。人们在农业生产实践中，为了更好地防治农业害虫，就要调查、研究农业害虫的发生规律，并针对害虫发生规律中的薄弱环节，采取行之有效的防治措施，农业昆虫学就应运而生。已有调查研究结果表明，我国有小麦害虫237种、水稻害虫385种、玉米害虫234种、大豆害虫240多种、油菜害虫118种、棉花害虫310多种、烟草害虫300多种、蔬菜害虫200多种、苹果、梨、桃、葡萄等北方常见果树害虫700多种；农作物每年因害虫危害造成的损失，粮食为5%~10%，棉花约为20%，蔬菜、水果高达20%~30%。

为了确保农业生产的高产、优质、高效，促进农业生产的可持续发展，对农业害虫及其危害及时发现，有效防治，是农业昆虫学的主要任务。

四、农业昆虫学的主要研究内容

从上述农业昆虫学的产生、发展和任务可以看出，农业昆虫学作为一门科学，主要内容是研究农业害虫及其危害的发生发展规律，提出科学地控制害虫危害与成灾的技术措施，及时有效地控制灾害，保护农业生产丰产丰收，满足人们对农产品数量和品质的需求，保障人类社会的可持续发展。所以农业昆虫学是一门基础理论广泛，实践应用性强，具有广阔发展前景的学科。

农业昆虫学的主要研究内容包括害虫、农作物和环境3个方面。首先是研究害虫，研究害虫的种类和鉴定、分布和危害、生活史和习性、发生和环境的关系、种群动态调查和预测预报、关键防治技术，涉及昆虫学的基本理论、基本知识和技术，包括昆虫分类学、昆虫行为学、昆虫生态学、昆虫生理学、昆虫毒理学、昆虫病理学、昆虫生物化学、农药学等相关学科。其次是研究农作物，一定的害虫发生在一定的农作物上，要研究了解某种害虫的发生规律，就要了解该害虫所危害农作物的生长发育过程及主要栽培措施，明确害虫发生与作物种类及栽培措施的关系，涉及作物栽培学、耕作学、遗传学、育种学、土壤肥料学等。第三是研究环境，农作物与害虫均生活在一定的环境中，构成环境的有非生物因素（例如温度、湿度、降水量、光照、风等）和生物因素（例如寄主植物、天敌等），均对害虫种群的发生、发展和成灾产生影响。深入研究环境因子对害虫发生的作用，揭示害虫成灾规律和调控机制，通过改善作物生长环境抑制虫口数量增长，这就涉及环境生态学、农业气象学、植物学、动物学等学科。

随着科学技术的发展，害虫综合治理理论和技术不断向更新、更高、更深发展，系统论、控制论、计算机、生物工程技术等新理论和新技术，正在源源不断地被应用在农业害虫的研究和防治实践中。

实践证明，农业昆虫学虽是一门实践性很强的应用学科，但却与许多基础理论、应用基础学科紧密相关。这些基础理论与应用基础学科的发展，推动和丰富了农业昆虫学的发展，农业昆虫学的发展也为这些学科提供很多新的研究课题。

五、我国农业昆虫学发展简况和主要成就

我国是世界上农业发展最早的国家之一，也是世界上研究昆虫最早的国家之一。远在4 800年前就已经养蚕造丝，3 000年前已经开始养蜂酿蜜，2 600年前就有治蝗和治螟的记载，1 800年前应用砷剂、汞剂和藜芦等杀灭害虫，1 600年前应用黄猄蚁（红树蚁）（*Oecophylla smaragdina* Fabricius）防治柑橘害虫，1 500年前就有稻麦"免虫""耐虫"抗虫品种的记载。但是防治农业害虫在我国成为一门科学，开始于20世纪初期。1911年北京中央农事试验场成立病虫害科，1917年江苏省成立治螟考察团，1922年创建江苏省昆虫局，1924年成立浙江省昆虫局，1933年中央农业实验所设立植物病虫害系，有些大学的农学院也开设病虫害系，对我国近代昆虫学的发展起了引领作用。然而，中华人民共和国成立以前，我国虽然在昆虫学研究和害虫防治实践方面取得了一些经验和成就，但并没有在农业生产中得到广泛的应用。中华人民共和国成立后，国家十分重视植物保护工作。从中央到地方均设有植物保护植物检疫机构，负责农业害虫防治和检疫工作。农业部成立植物保护局，领导全国植物保护工作。各省、地、县都设有植物保护机构，指导本地区病虫防治。中国科学院昆虫研究所（后改为动物研究所）、中国农业科学院植物保护研究所、各省份农业科学院植物保护研究所开展了全国范围内的害虫防治技术研究和应用工作。各农业大专院校都设立植物保护专业，培养了大批植物保护人才，为我国植物保护事业奠定了坚实的基础。

20世纪50年代到60年代初，是我国害虫防治蓬勃发展的时期。中华人民共和国成立初期，由于药械极为缺乏，只能采用传统的砷剂和植物源农药防治害虫，1950—1952年病虫防治面积仅 3.6×10^7 hm^2。1954年开始生产有机氯杀虫剂六六六、滴滴涕等，1958年开始生产一六〇五、一〇五九等有机磷杀虫剂，在害虫防治中发挥了巨大的作用。目前，我国有近500家农药原药生产企业，可以生产600多个原药品种，涵盖目前世界上可以生产的任何一种农药，折纯原药年产量突破 2.0×10^6 t，已经成为世界农药生产第一大国。在施药技术方面，1951年河北、安徽等地采用飞机喷药治蝗，这是我国农作物病虫害飞机防治的开端；1973年，开始应用超低容量喷雾技术；2010年研发出第一架植物保护无人机。特别值得提出的是，飞蝗是我国历史上众所周知的大害虫，每次成灾都在一些地区造成饥荒。中华人民共和国成立后，经过研究，采用"改治并举，综合治理"的策略，在短时间内基本就消除了蝗患，成为世界害虫防治史上的奇迹。采用"抗虫品种与药剂防治相结合"的方针，控制了小麦吸浆虫的危害，也达到世界害虫防治的先进水平。1950年广东推广以赤眼蜂防治蔗螟，1953—1955年湖北、四川、广东等地引进大红瓢虫和澳洲瓢虫防治吹绵蚧，1955年不少地区利用金小蜂防治棉红铃虫，都取得了很好的效果。

1960年前后，连续3年经济困难，植物保护人员被遣散，植物保护机构陷入瘫痪，病虫害扩大蔓延，给农业生产造成不可估量的损失。1962年，随着国家政策的调整，国民经

济逐步好转，植物保护事业又得到重新发展，机构恢复，人员归队，植物保护事业第 2 次兴起。1966 年随着"文化大革命"的开始，植物保护事业和其他工作一样，机构受到冲击，植物保护专业有的被取消，人员被批斗下放劳教，病虫害大肆猖獗。1978 年党的十一届三中全会以后，我国实行改革开放，以经济建设为中心，植物保护事业和全国其他各项事业一样，获得了新生。植物保护事业欣欣向荣，出现了前所未有的兴旺景象，农业害虫防治不论是基础理论研究，还是应用实践，都步入了世界先进水平的行列。概括起来，取得的主要成就如下。

① 基本上摸清了不同地区农业害虫的种类、分布及危害特点。大多数省（直辖市、自治区）进行了大规模农业害虫普查工作，出版了大量的农业害虫及害虫天敌专著、图谱、名录、手册等。

② 研究清楚了各地主要农业害虫的发生规律，并制定了适合当地生态条件的综合治理措施，遏制了大范围猖獗成灾的现象。

③ 害虫预测预报和综合治理理论和实践有了很大发展。全国各地积累了大量的害虫种群发生消长的基本资料，为今后进行科学预测、提高预报水平积累了有重要价值的数据。逐步改变了单纯依赖化学防治的状况，生物防治、抗虫品种的选育和推广、激素防治、不育技术防治等方面的研究和应用取得了长足的发展，取得了较大的经济效益、社会效益和生态效益。

④ 培养了一大批从事农业昆虫学科学研究和技术推广的专业技术人才，能及时发现和解决我国农业害虫防治工作中的各种问题，并推动我国农业昆虫学研究和应用水平不断向前发展。

六、农业害虫发生的新动向

尽管我国在农业害虫研究和防治工作中取得了很大成绩，但时代在前进，条件在变化，农业害虫的防治问题仍然是农业生产中最突出的问题之一。随着耕作栽培制度的不断变革、农作物品种的更换、农药的更新换代以及农村经营管理体制的改革，农业害虫的发生情况也在不断地发生变化。特别是随着对外贸易的发展，检疫性害虫或外来入侵生物传播扩散并猖獗危害的风险日渐增大。农业害虫的发生情况出现了一些新动向，集中表现为以下几个方面。

1. 一些得到控制的历史灾害性害虫再度猖獗 20 世纪 80 年代中期，黄淮流域小麦主产区小麦吸浆虫的再度猖獗就是典型的例子。进入 21 世纪，小麦吸浆虫仍在局部地区造成严重危害。此外，东亚飞蝗、玉米螟、水稻螟虫等自从 20 世纪 80 年代以来，在许多地方都表现了不断猖獗的趋势。

2. 一些历史上的次要害虫上升为主要害虫 例如棉铃虫、稻飞虱、麦蚜、稻纵卷叶螟、菜蛾等随着耕作栽培制度和农田生态环境的变化，对农业生产构成了新的威胁。棉铃虫在 20 世纪 90 年代前后成为黄河流域棉区棉花生产的灾害性害虫，稻飞虱已成为长江流域及以南地区水稻生产中最棘手的害虫问题。

3. r 对策害虫已成为我国农业害虫防治的重点 由于化学农药的持续使用及其对农田生态系统中生物群落组成的影响，当前农业生产中常发灾害性害虫绝大多数属于 r 对策害虫，例如麦长管蚜、桃蚜、棉蚜、棉花红蜘蛛、果树红蜘蛛、温室白粉虱和烟粉虱、稻飞虱、小绿叶蝉等。与此相对应，当前农业生产中常发灾害性害虫中，k 对策害虫种类则较少。

4. 外来入侵的害虫不断出现　20世纪80年代后，温室白粉虱在我国北方地区随设施栽培的出现和快速发展而猖獗成灾；美国白蛾、美洲斑潜蝇分别于20世纪80年代和90年代传入我国，给农林业生产造成了严重威胁。2003年在北京保护地辣椒上发现起源于美国和加拿大西部山区的西花蓟马，是国际上备受关注的检疫害虫。2019年年初，草地贪夜蛾进入我国，已成为我国农业生产中的一种季节性南来北往的常发性重要害虫。目前，入侵我国的外来生物有600多种，每年造成的经济损失达到2 000亿元。

5. 经济作物、园林花卉虫害问题突出　随农业产业结构的调整，经济作物、果树、蔬菜、中药材和园林花卉植物种植面积大幅度增加，与之相应的虫害问题非常突出，在许多地方已成为影响这些经济植物产量进一步提高、面积进一步扩大的关键限制因素之一。

农业害虫治理是农业生产的重要环节，在农业可持续发展中具有重要作用。随着我国改革的不断深入和社会经济的快速发展，不断深化和完善农业害虫治理技术理论和实践是保障我国粮食安全、生态安全和社会稳定的必要条件。尽管多年来的研究和实践，使我国在农业害虫的监测预警技术、生态调控技术、生物防治技术、化学防治技术、抗虫转基因作物利用技术等方面都取得了重要进展，建立了水稻、小麦、棉花、玉米、果树、蔬菜等各种作物的害虫综合治理技术体系，在农业生产上已经发挥和正在发挥着重要作用。特别是以基因工程、地理信息系统、全球定位系统和计算机网络技术等为代表的现代生物技术和信息技术，为农业害虫的综合治理带来了新的机遇，不仅大大提高了对农业害虫种群监测和预警的能力，而且在害虫暴发的有效防控中发挥了前所未有的作用。但是农业害虫的防治是一项长期、复杂而又艰巨的工作，"道高一尺，魔高一丈"的历史不断循环往复，广大植物保护科技工作者任重而道远，需要长期不懈的努力，为祖国的经济建设和繁荣富强做出新的更大贡献。

思　考　题

1. 昆虫的主要特征是什么？为什么把昆虫称为六足动物？
2. 昆虫与常见近缘动物如蜘蛛、蜈蚣、马陆等的主要区别是什么？
3. 昆虫的有益方面主要有哪些？昆虫的有害方面主要有哪些？
4. 农业昆虫学的主要任务是什么？
5. 农业昆虫学的主要研究内容包括哪些方面？
6. 我国在历史上应用益虫防治害虫的经典事例有哪些？
7. 中华人民共和国成立以来，我国在农业昆虫学研究和应用方面取得的主要成就有哪些？
8. 近年来农业害虫发生的新动向是什么？

第二章　昆虫体躯的构造和功能

研究昆虫体躯起源、发育、结构、功能和进化的科学称为昆虫形态学。昆虫种类不同，体躯构造和生理功能也有差别。了解昆虫一般体躯构造及其生理功能，对于掌握昆虫的生活习性、与生态环境的关系和害虫防治，具有极其重要的意义，是学习农业昆虫学需要掌握的最基本知识。

第一节　昆虫的头部

昆虫头部以膜质的颈与胸部相连，着生有触角、复眼、单眼、口器等器官，是昆虫感觉和取食的中心。

一、昆虫头部的构造和分区

昆虫的头壳外壁坚硬，多呈半球形。头壳上有沟和蜕裂线，把头部分为若干区。沟是头壳向内折陷而成的，蜕裂线是幼虫蜕皮时头壳裂开的地方。

昆虫头部通常可分为头顶、额、唇基、颊和后头。头的前上方是头顶，头顶前下方是额。头顶和额中间以人字形的头颅缝为界。额下方是唇基，额和唇基中间以额唇基沟为界。唇基下连上唇，其间以唇基上唇沟为界。颊在头部两侧，其前方与额相连，以额颊沟为界。头后方连接1条狭窄拱形的骨片是后头，其前方与颊相连，以后头沟为界。如果把头部取下，可看到1个孔洞，这是后头孔，消化道、神经等都从这里通向身体内部（图2-1）。

二、昆虫的触角

（一）触角的构造和功能

昆虫一般都有1对触角，着生在额的两侧。触角的形状随昆虫种类而异，但其基本构造都可分为柄节、梗节和鞭节3个部分（图2-2）。柄节是连在头部的一节。第2节是梗节，一般比较细小。梗节以后各节通称鞭节，通常是由许多小节或亚节组成。鞭节的小节数目和形状，随昆虫种类的不同而变化很大，因而形成各种类型的触角。

触角是昆虫的重要感觉器官，上面生有许多感觉器和嗅觉器。近距离起着接触感觉作用，决定是否停留或取食；远距离起嗅觉作用，能闻到食源气味或异性分泌的性激素气味，借此可找到所需的食物或配偶。例如二化螟可凭水稻散发出的稻酮气味找到水稻；菜粉蝶凭

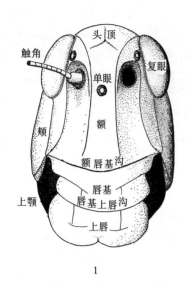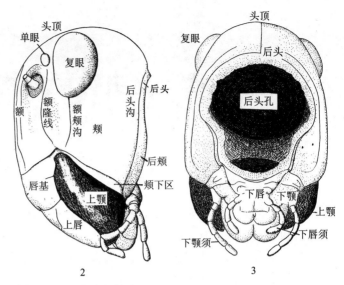

图 2-1 蝗虫头部构造
1. 正面 2. 侧面 3. 后面
（仿周尧）

芥子油的气味找到十字花科植物；许多蛾类的雌虫分泌的性激素，能引诱数千米外的雄虫飞来交尾。昆虫闻到某种气味飞来的现象，称为趋化性，可利用这种趋化性诱杀害虫。

有些昆虫的触角还有其他功能，例如雄蚊触角的梗节具有姜氏器（Johnston's organ），能听到雌蚊飞翔时发出的声波而找到雌蚊；雄芫菁的触角在交尾时能抱握雌体；水生仰泳蝽（*Notonecta* sp.）的触角能保持身体平衡；萤蚊（*Chaoborus* sp.）的触角能捕食小虫；水龟虫（*Hydrophilus* sp.）的触角能吸收空气等。

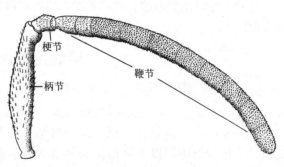

图 2-2 蜜蜂的触角
（仿周尧）

（二）触角的类型

昆虫触角的形状随种类而不同，常见的有以下类型（图 2-3）。

1. 刚毛状 刚毛状触角短小，基部两节粗壮，鞭节则细如刚毛，例如蝉和海蜻蜓的触角。

2. 丝状或线状 丝状或线状触角仅基部两节稍粗大，鞭节各小节大小相似，相连呈线状，例如蝗虫和蟋蟀的触角。

3. 念珠状 念珠状触角由许多圆珠形小节相连而成，例如白蚁和足丝蚁的触角。

4. 锯齿状 锯齿状触角的鞭节各节向一侧做锯齿状突出，形似锯齿，例如锯天牛和叩头甲的触角。

5. 栉齿状 栉齿状触角的鞭节各节向一侧做梳齿状突出，形似梳子，例如雄性绿豆象的触角。

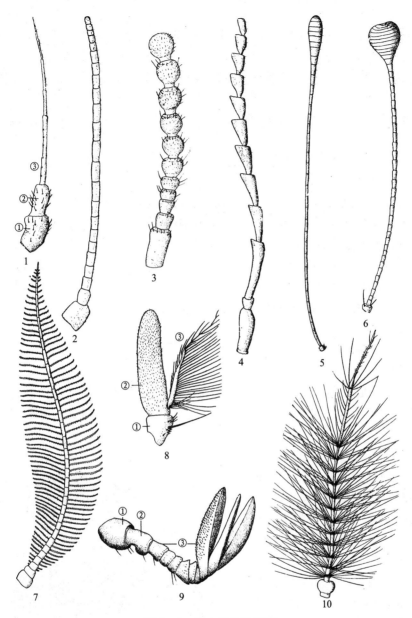

图 2-3 昆虫触角的类型

1. 刚毛状（海蜻蜓） 2. 丝状（飞蝗） 3. 念珠状（白蚁） 4. 锯齿状（锯天牛） 5. 棍棒状（菜粉蝶） 6. 锤状（长角蛉） 7. 羽毛状（樟蚕蛾） 8. 具芒状（绿蝇） 9. 鳃叶状（棕色鳃金龟） 10. 环毛状（库蚊）
①柄节 ②梗节 ③鞭节
（仿周尧）

6. 羽毛状 羽毛状触角的鞭节各节向两侧呈细羽状突出，形似鸟羽，例如一些蛾类的触角。

7. 膝状 膝状触角的柄节长，梗节小，鞭节各节与柄节形成膝状曲折，亦称为曲肱状触角，例如蜜蜂的触角。

8. 具芒状 具芒状触角短，鞭节只1节，并具1根刚毛状或芒状触角芒，例如绿蝇的触角。

9. 环毛状 环毛状触角的鞭节各节都生有一圈细毛,愈近基部的毛愈长,例如库蚊的触角。

10. 棍棒状 棍棒状触角的基部各节细长如杆,端部数节逐渐膨大,形似棍棒,例如菜粉蝶的触角。

11. 锤状 锤状触角的基部各节细长如杆,端部数节突然膨大如锤,例如长角蛉的触角。

12. 鳃叶状 鳃叶状触角的端部扩展成叶片状,相叠一起形似鱼鳃,例如金龟甲的触角。

昆虫种类不同,触角形状差异很大。因此触角在昆虫分类上经常用到。例如具有鳃叶状触角的,几乎都是金龟甲类;凡是具芒状的都是蝇类。此外,触角着生的位置、分节数目、长度比例、触角上感觉器的形状、数目和排列形式等,也常用于蚜虫、蜂的种类鉴定。

利用昆虫的触角,还可区别害虫的雌雄。例如小地老虎雄蛾的触角呈羽毛状,而雌蛾的触角为丝状。芫菁雄虫触角为栉齿状,雌虫的触角为锯齿状。很多蚊类、蛾类和甲虫类雄虫的触角,总比雌性的发达而复杂得多,都可用来区别雌雄。

三、昆虫的眼

(一) 复眼

全变态昆虫的成虫期,不全变态昆虫的若虫期和成虫期都具有复眼。复眼是昆虫的主要视觉器官,能看清物体,对于昆虫的取食、觅偶、群集、归巢、避敌等都起着重要的作用。

复眼由许多小眼组成(图2-4),每个小眼的表面称为小眼面。小眼面的数目因昆虫的种类而不同,例如家蝇的1个复眼有4 000多个小眼面,蜻蜓的复眼有2.8万多个小眼,一般小眼的数目越多,它的视力也越强。

昆虫的复眼因为由许多小眼聚合而成,所以小眼都被挤成六角形的小眼面。每个小眼的构造,在表面的是透明的角膜镜。角膜镜的下面连着圆锥形的晶体。角膜镜和晶体具有透光和聚光的能力。晶体下面连着有感光作用的视觉柱以及视觉细胞。此外,在每个小眼的周围,都包围着暗色的

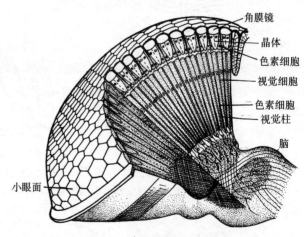

图2-4 昆虫复眼的模式构造
(仿周尧)

色素细胞。这种色素细胞能把小眼与小眼之间的透光作用互相隔离,以免外来光线反射到其他小眼里去,保证外来光线只能射入受光小眼的视觉柱上,这样每个小眼只接受外物的1个光点,在眼内造成1个物点形象,许多小眼都各自接受1个点像,就能凑成整个物体的影像。这样造成的影像称为镶嵌影像或点像。

（二）单眼

有些昆虫的成虫，头部除有 1 对复眼外，额区上部还生有 1～3 个单眼，称为背单眼。如椿象、蛾类多有 2 个背单眼；蜂类多有 3 个背单眼；也有不具背单眼的，例如盲蝽等。

全变态昆虫幼虫的头部两侧，一般各有 1～6 个单眼，称为侧单眼。例如叶蜂幼虫头部每侧只 1 个单眼，蛾类幼虫头部两侧各有 6 个单眼。这些单眼在发育到成虫阶段即消失，故又称为临时单眼。

单眼表面是 1 个凸起的角膜镜，下面连着晶体、角膜细胞和视杆（图 2-5）。根据单眼的构造和光学原理，单眼没有调节光度的能力，因此有人认为单眼是近视的，只能在一定的近距离才能造成物像。有人认为单眼只能辨别光线的强弱。近来认为单眼是一种激动性器官，可使飞行、降落、趋利避害等活动迅速实现。

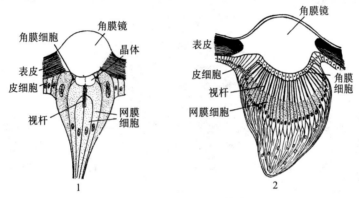

图 2-5　昆虫单眼的构造
1. 鳞翅目幼虫侧单眼剖面　2. 雄蚁背单眼剖面
（仿 Snodgrass）

（三）昆虫的视力和趋光性

昆虫的视力是比较近视的。蝶类只能辨别 1.0～1.5 m 距离的物体，家蝇的视距为 0.4～0.7 m，蜻蜓的视距为 1.5～2.0 m。

许多夜出活动的昆虫，对于灯光有趋向的习性，称为趋光性。相反，有些昆虫习惯于在黑暗处活动，一旦暴露在光照下，立即寻找阴暗处潜藏起来，这是避光性或负趋光性。了解昆虫的趋光或避光的习性，就可用以诱杀害虫。波长在 365 nm 左右的紫外光波的黑光灯，对许多昆虫具有强大的诱集力。这种光波在人眼看来是较暗的，但对许多昆虫却是一种最明亮的光线。诱集棉铃虫及其近缘种烟草夜蛾的光波长为 333 nm，设计这样波长的黑光灯，可以大大增加诱杀效果。

四、昆虫的口器

昆虫由于食性和取食方式不同，口器构造也发生相应的变化，形成各种类型的口器，一般分咀嚼式和吸收式两类。咀嚼式口器是最原始的形式，其他形式都是从这种口器演化而成的。

（一）咀嚼式口器

咀嚼式口器包括上唇、上颚、下颚、下唇和舌 5 个部分（图 2-6）。

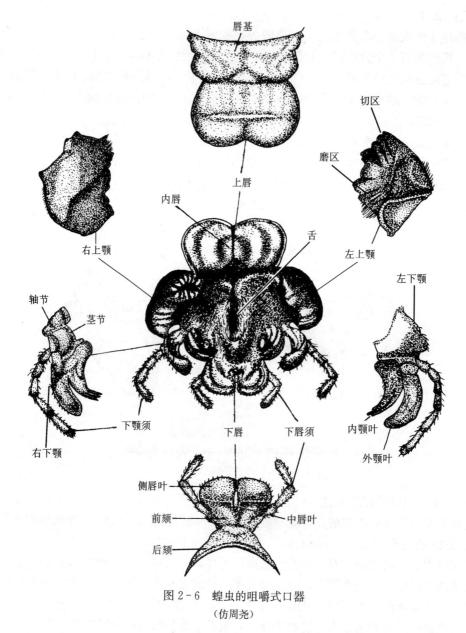

图 2-6 蝗虫的咀嚼式口器
（仿周尧）

1. 上唇 上唇是盖在口器上方的 1 个薄片，外面坚硬，里面有柔软的内唇，能辨别食物的味道。

2. 上颚 上颚在上唇的下方，是 1 对坚硬带齿的块状物，具有切区和磨区，能切断磨碎食物。

3. 下颚 下颚在上颚的下方，构造比较复杂，连接头壳的部分是轴节，下面连着茎节，茎节末端外侧有匙形的外颚叶，其内方有带齿刺的内颚叶。此外，在茎节外侧，还有 1 对 5 节的下颚须，具有嗅觉和味觉作用。下颚能帮助上颚取食，当上颚张开时，下颚就把食物往口里推送，以便上颚继续咬食。

4. 下唇 下唇在口器的底部，其构造相当于 1 对下颚合并而成，由后颏、前颏、侧唇叶、中唇叶和下唇须组成。下唇须的功用和下颚须相似。

5. 舌 舌在口器的中央，是1个囊状突出物，其后侧有唾腺的开口，能帮助吞咽食物。

许多甲虫和蝶蛾类幼虫是咀嚼式口器，能把植物咬成缺刻、穿孔或咬断吃光，例如蝗虫、黏虫等。有的能钻入植物内部，例如稻螟、玉米螟等。有的还能钻入叶片上下表皮之间蛀食叶肉，例如潜叶蝇、潜叶蛾、玉米铁甲虫等。还有吐丝卷叶在里面咬食的，例如各种卷叶虫。总之，具有这类口器的害虫，都能给作物造成机构损伤，危害性很大。

（二）吸收式口器

吸收式口器是由咀嚼式口器演化而来的。其特点是口器的某些部分特别延长，便于吸收液体养分。吸收式口器也随昆虫的种类而不同，危害作物最常见的是刺吸式口器，例如蚜虫、叶蝉、椿象等。此外还有虹吸式口器、舐吸式口器、锉吸式口器等。

1. 刺吸式口器 刺吸式口器的构造特点是下唇延长成1条喙管，喙管里面包藏2对细长的口针。外面的1对是由上颚延伸而成的，所以称为上颚针；里面的1对是由下颚延伸而成的，所以称为下颚针。下颚针的内侧各有两条纵沟，当左右两个下颚针嵌合在一起时，这两条纵沟便合成两条极细的管道。一条是排出唾液的唾管，另一条是吸取养分的食管。4条口针互相嵌合在一起，就成了刺入植物内部吸取汁液的口针。这种口器的上唇，多退化成小型片状物，盖在喙管基部的上面，下颚须和下唇须多退化或消失（图2-7）。

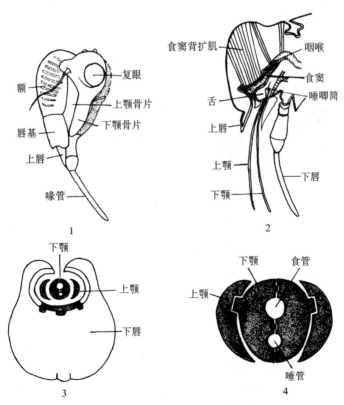

图 2-7 蝉的刺吸式口器
1. 头部侧面　2. 头部正中纵切面　3. 喙的横切面　4. 口针的横切面
（仿管致和等）

当刺吸式口器害虫取食时，先用喙管选定取食部位，并用喙管夹紧内部的口针，接着口针中的一根上颚针先刺入植物内部，随后另一根上颚针也刺入，同时两根下颚针也随着插入，这样连续不断地进行穿刺，直至植物内部有营养液的地方。但下唇（喙管）并不插入植物内部。

刺吸式口器，由于吸取植物汁液，所以在口腔和咽喉部分形成有力的抽吸结构。昆虫吸食时，头部食窦肌收缩，使口腔部分形成真空，因而汁液流入口腔，随即咽下。

昆虫刺吸植物汁液时，必须先把唾液注射到植物组织中，用唾液酶把结构复杂的养料分解为简单的成分，例如把淀粉分解为单糖、把蛋白质分解为氨基酸等，然后才能把它吸入体内，这种现象称为体外消化。

刺吸式口器害虫危害作物，一方面由于吸取植物营养液，使植物营养受损，发育不良；同时由于唾液酶的作用，破坏叶绿素，形成变色斑点，或使植物枝叶卷缩、形成瘿瘤，甚至枯萎而死。另一方面还能传播植物病害造成严重损失。据记载，由各种昆虫传播的病毒约 397 种。许多刺吸口器害虫传播病害所造成的损失，甚至比它直接危害还严重得多。

2. 虹吸式口器　蝶蛾类的口器是虹吸式口器（图 2-8）。这类口器的上唇、上颚和下唇的 2 对唇叶已退化或消失，下颚的内颚叶和下颚须也不发达，只有外颚叶极度延长合成 1 条中空的管子，平时卷曲在头的下方，取食时伸到花心吸取花蜜。这类口器除少数吸果蛾类能穿破果皮吸食果汁外，一般无穿刺能力。有些蛾类在成虫期不取食，喙甚至退化。但蝶蛾类昆虫的幼虫期却具有咀嚼式口器，许多是农业上的重要害虫。

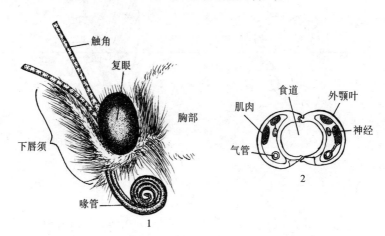

图 2-8　蝶的虹吸式口器
1. 侧面　2. 喙的横切面
（仿 Eidmann）

3. 舐吸式口器　蝇类的口器是舐吸式口器（图 2-9）。它的特点是上颚和下颚完全退化，下唇变成粗短的喙。喙的背面有 1 条小槽，内藏 1 条扁平的舌，槽面由上唇加以掩盖，喙的端部膨大形成 1 对富有展缩合拢能力的唇瓣。两唇瓣间有 1 条食道，唇瓣上有许多横列的小沟，这些小沟为食物的进口，取食时即由唇瓣舐吸物体表面的汁液，或吐出唾液湿润食物，然后加以舐吸。这类口器的昆虫都无穿刺破坏能力，但其幼虫是蛆，它有 1 对口钩却能钩烂植物组织吸取汁液。

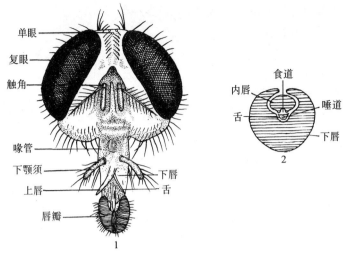

图 2-9 家蝇的舐吸式口器
1. 头部与舐吸式口器 2. 喙的横切面
(仿 Metcalf)

4. 锉吸式口器 这类口器为蓟马类所特有（图 2-10）。蓟马头部具有短的圆锥形喙，是由上唇、下颚和下唇形成的，内藏有舌，只有 3 根口针，由 1 对下颚和 1 根左上颚特化而成，右上颚已完全退化，形成不对称的口器。食道由两条下颚互相嵌合而成，唾道则由舌与下唇紧接而成。取食时左上颚针先锉破组织表皮，然后以喙端吸取汁液。被害植物常出现不规则的变色斑点、畸形或叶片皱缩卷曲等被害状，同时有利于病菌的入侵。

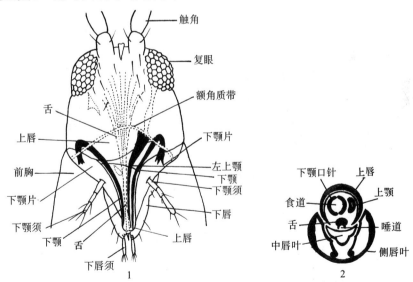

图 2-10 蓟马的锉吸式口器
1. 头部前面（示口针的位置） 2. 喙的横切面
(仿 Eidmann)

（三）幼虫的口器

有些昆虫的幼虫和成虫，其口器由于食性不同而有差异。例如蝶蛾类甚为明显，其成虫是虹吸式口器，而幼虫为咀嚼式口器，很多是农业上的重要害虫。

蝶蛾类幼虫的咀嚼式口器，上颚强大，用于切嚼食物；下颚、下唇和舌合并成下唇下颚复合体。下唇下颚复合体两侧为下颚，中央为下唇和舌合并而成，其尖端具有吐丝器（图2-11）。

蝇类幼虫的头部完全退化，它的取食口器仅有1对可以伸缩活动的口钩，两口钩间为食物的进口，取食时用骨化的口钩钩烂食物，然后吸取汁液（图2-12）。

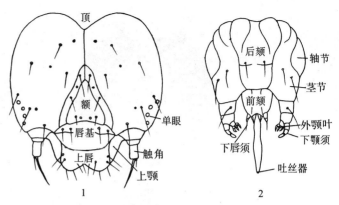

图 2-11 棉铃虫幼虫头部及口器构造
1. 头部正面 2. 下唇下颚复合体
（仿朱弘复等）

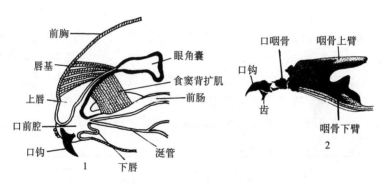

图 2-12 家蝇幼虫的口器
1. 头部纵切面 2. 幼虫的头咽骨
（仿 Snodgrass）

（四）口器类型与化学防治的关系

了解昆虫的口器构造、取食方式及危害状，不仅在害虫已经离去时，能够判断是哪一种害虫危害造成的，而且对于选择防治所用药剂也有重要作用。例如具有咀嚼式口器的害虫，由于它咬食吞下植物组织，如果把胃毒剂喷在作物上，或把毒药拌在它喜欢吃的东西上制成毒饵，当害虫吞食后就可中毒而死。但胃毒剂对刺吸口器的害虫则无效，因为它是用口针插入植物组织内部吸取汁液，喷在作物表面的药剂，不能进入肠胃引起中毒。因此必须改用触杀剂，例如拟除虫菊酯类杀虫剂等。这类药剂既能接触虫体进入体内杀死刺吸式口器的害虫，同时也能杀死咀嚼式口器的害虫。

还有一些内吸性杀虫剂，喷在植物叶片或拌在种子上，就被吸入作物或种子内部并转送到各部组织。当害虫刺吸植物汁液时，毒剂也随着吸入虫体而使害虫中毒而死。同时对以刺吸式口器害虫为食的天敌无伤害作用。有些杀虫剂兼具胃毒、触杀、内吸甚至熏杀作用，适于防治各种类型口器的害虫。

此外，了解害虫的危害方式，对于选择用药时机也有重要作用。例如咀嚼式口器的害虫,是钻蛀到作物内部危害的,某些刺吸式口器的害虫能够造成卷叶,因此用药防治就必须在尚未蛀入或尚未卷叶之前进行。

第二节 昆虫的胸部

胸部是昆虫的第2体段,由前胸、中胸和后胸3个体节组成。各胸节的侧下方均生1对足,分别称为前足、中足和后足。在中胸和后胸的背侧,通常各着生1对翅,分称为前翅和后翅。足和翅是昆虫的主要运动器官,所以胸部是昆虫运动中心。

一、昆虫胸部的基本构造

昆虫胸部由于承受足、翅的强大动力,所以体壁高度硬化,肌肉也特别发达。各节发达程度与足、翅发达程度有关。例如蝼蛄和螳螂的前足很发达,所以前胸很发达;蝇类和蚊类的前翅很发达,因此它们的中胸特别发达;蝗虫和蟋蟀的后足善跳跃,因而后胸也发达。

昆虫的每个胸节,都由4块骨板组成,背面的称为背板,两侧的称为侧板,腹面的称为腹板。此外,胸部骨板又被一些沟和缝划分为若干骨片,每条沟和骨片也各有其专门名称(图2-13)。这些骨片的形状、突起、角刺常用于昆虫种类的鉴定。

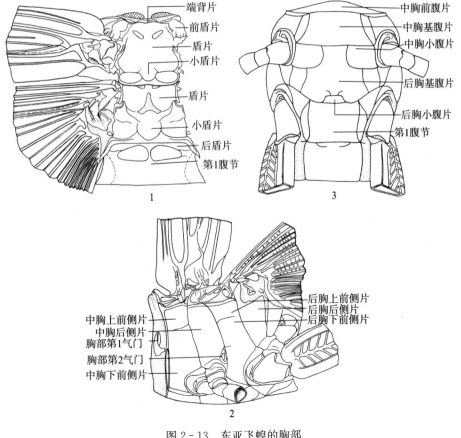

图2-13 东亚飞蝗的胸部
1.背面 2.侧面 3.腹面
(仿陆近仁和虞佩玉)

二、昆虫胸足的构造和类型

（一）昆虫胸足的构造

胸足是昆虫体躯上最典型的附肢，是昆虫行走的器官，由下列各部组成（图2-14）。

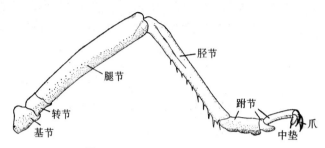

图2-14 昆虫胸足的基本构造
（仿周尧）

1. 基节 基节是连在胸部侧板下方足窝的一节，形状粗短。

2. 转节 转节是基部第2节，较小，呈多角形，可使足在行动时转变方向。少数昆虫的转节为2节，例如一些蜂类的胸足。

3. 腿节 腿节是最粗大的一节，能跳跃的昆虫腿节最发达。

4. 胫节 胫节通常细长，与腿节成膝状相连，常具成行的刺，端部常具能活动的距。

5. 跗节 跗节是胸足末端的几个小节，常由1～5个跗分节组成。

6. 前跗节 前跗节是跗节末端的附属器，包括1对爪和爪间的中垫。爪和中垫用于抓住物体。

（二）昆虫胸足的类型

昆虫的足多用于行走，但因生活方式和环境不同而在构造和功能上发生变化，形成各种类型的足（图2-15）。

1. 步行足 步行足的各节比较细长，适于爬行，例如蚜虫、步行虫等的足。

2. 跳跃足 跳跃足的腿节特别发达，胫节细长，适于跳跃，例如蝗虫和蟋蟀的后足。

3. 捕捉足 例如螳螂的前足是捕捉足，它的基节特别长，腿节腹面有1条沟槽，沟槽的两边有两列刺，胫节弯折时正好嵌入腿节的沟槽内，适于捕捉小虫。

4. 开掘足 例如蝼蛄的前足是开掘足，其胫节膨大宽扁，末端具齿，跗节呈铲状，便于掘土。

5. 游泳足 有些水生昆虫的足是游泳足，其各部宽扁如桨，适于游泳，例如龙虱的后足。

6. 抱握足 雄性龙虱的前足是抱握足，其跗节膨大且具吸盘，在交配时能抱握雌体。

7. 携粉足 例如蜜蜂的后足是携粉足，其胫节端部宽扁，边缘具长毛，形成携带花粉的花粉筐。同时第1跗节也特别膨大，内侧具多排横列刚毛，形成花粉梳，用于梳集花粉，形成携粉足。

第二章　昆虫体躯的构造和功能

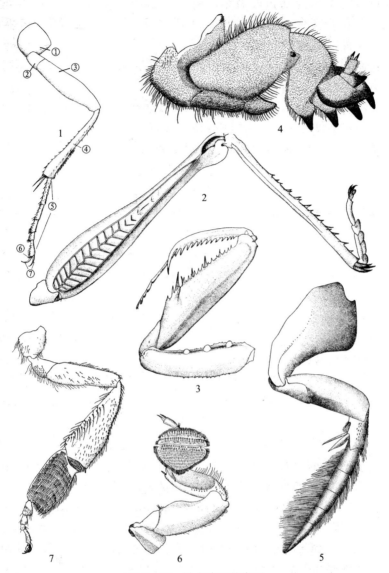

图 2-15　昆虫胸足的类型

1. 步行足（步行虫）　2. 跳跃足（蝗虫的后足）　3. 捕捉足（螳螂的前足）　4. 开掘足（蝼蛄的前足）　5. 游泳足（龙虱的后足）　6. 抱握足（雄龙虱的前足）　7. 携粉足（蜜蜂的后足）　①基节　②转节　③腿节　④胫节　⑤跗节　⑥中垫　⑦爪

（仿周尧）

三、昆虫翅的构造和变异

六足动物昆虫除少数种类外，绝大多数到成虫期都有两对翅。翅是昆虫飞翔的器官，因此对于觅食、求偶、营巢、育幼、避敌等都非常有利。

（一）昆虫翅的构造

昆虫翅一般多为膜质薄片，中间贯穿着翅脉，用于加强翅的强度。翅的形状多呈三角形，因而有3条边和3个角。在翅前方的边称为前缘，后面的边称为后缘，外面的边称为外缘；连接身体的角称为基角或肩角，前缘与外缘形成的角称为顶角，外缘与后缘间的角称为臀角。此外，昆虫的翅面有的生有褶纹，从而把翅面划分为几个区。例如从翅基到翅的外方有 1 条臀褶，因而把翅前部划分为臀前区，亦称为翅主区，是主要纵脉分布的区域；臀褶的后方为臀区，是臀脉分布的区域。有的在翅基后方，还有基褶划出腋区，轭褶划出轭区，可增强昆虫飞行的力量（图 2-16）。

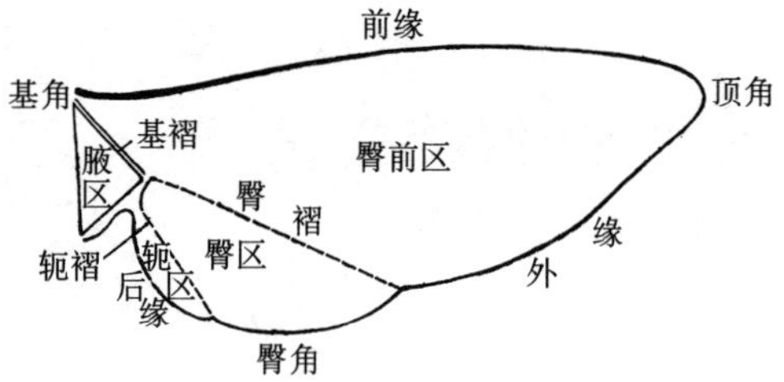

图 2-16 翅的缘、角和分区
（仿 Snodgrass）

（二）昆虫翅脉和假想模式脉序

昆虫翅上生有许多起支撑作用的翅脉，这些翅脉排列方式在各类昆虫中差别很大，面对错综复杂的脉序，昆虫学家曾用多种办法加以描述，提出一些命名方法，但只有 Comstock Needham (1898) 的假想原始脉序广为流行，称为康-尼系统。假想原始脉序又称为模式脉相，或标准脉相（图 2-17），并把各个脉支给以名称，用作鉴别各种昆虫的依据。

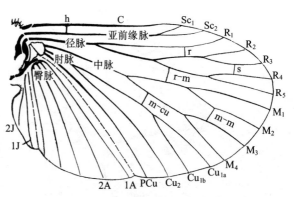

图 2-17 昆虫翅的假想模式脉序
（仿 Snodgrass）

翅脉有纵脉和横脉之分，纵脉是从翅基部伸到外缘的翅脉，横脉是横列在纵脉之间的短脉。模式脉相的纵脉和横脉都有一定的名称和缩写代号。由于纵脉和横脉的存在，把翅面划分为若干小区，每个小区称为翅室。翅室以前缘的纵脉命名，例如亚前缘脉后面的翅室称为亚前缘室，中脉后方的翅室称为中室等。有的翅室的四周完全为翅脉所封闭的，称为闭室；如有一边无翅脉，则称为开室。

（三）昆虫翅的变异

昆虫翅一般多为膜质，但有些昆虫由于适应它的特殊需要和功能而发生各种变异，最常见的有以下几种（图 2-18）。

1. 覆翅 蝗虫和蟋蟀类的前翅，加厚变硬如革质，休息时覆盖于后翅上面，但翅脉仍保留着，称为覆翅。

2. 鞘翅 各种甲虫的前翅，骨化坚硬如角质，翅脉消失，休息时两翅相接于背中线上，称为鞘翅。

3. 半鞘翅 椿象类的前翅，基部 2/3～1/2 加厚革质，端部则为膜质，称为半鞘翅。

4. 平衡棒 蚊蝇类的后翅，退化为小型棒状体，飞行时有保持身体平衡的作用，称为平衡棒。

5. 缨翅 蓟马的翅细而长，前后缘具有长的缨毛，称为缨翅。

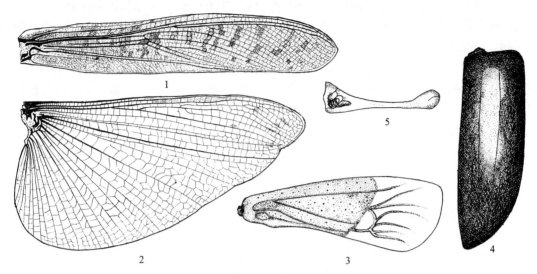

图 2-18 昆虫翅的类型

1. 覆翅（飞蝗的前翅） 2. 膜翅（飞蝗的后翅） 3. 半鞘翅（椿象的前翅） 4. 鞘翅（叩头甲的前翅） 5. 平衡棒（蝇的后翅）

（仿周尧等）

6. 鳞翅 蝶蛾的翅为膜质，翅面覆盖鳞片，称为鳞翅。
7. 毛翅 石蛾的翅为膜质，翅面布满细毛，称为毛翅。
8. 膜翅 蜂类、蝇类的翅为膜质透明，称为膜翅，飞蝗的后翅也是膜翅。

（四）昆虫翅的连锁

很多昆虫的前翅和后翅，凭借各种特殊构造相互连锁在一起，以增强飞行的效力。这种连锁构造统称翅连锁器（图 2-19）。常见的连锁器有以下几种。

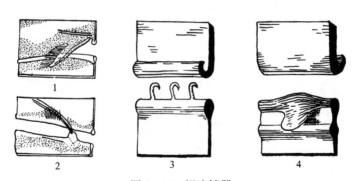

图 2-19 翅连锁器

1. 翅轭反面 2. 翅缰和安缰器反面 3. 后翅的翅钩和前翅卷褶 4. 前翅的卷褶和后翅的短褶

（仿 Eidmann）

1. 翅钩列 后翅前缘具有 1 列小钩，可钩住前翅后缘的 1 条卷褶，如蜜蜂后翅的翅钩列是向上钩的，前翅卷褶是向下的。另一种是前后翅都有卷褶，前翅后缘有一条向上卷的褶，后翅则有一段短而向下卷的褶，例如蝉等的翅。

2. 翅缰和安缰器 大部分蛾类后翅前缘的基部具有 1 根或几根鬃状翅缰（通常雄蛾只 1

根，雌蛾多为3根，可用于区别雌雄）；前翅反面，雌虫在亚前缘脉基部有1撮倒生的毛，雄虫亚前缘脉下方有1耳状骨片，为安缰器。飞翔时翅缰就插在安缰器内，使前翅和后翅联结一起。安缰器也称为系缰钩。

3. 翅轭 低等的蛾类（例如蝙蝠蛾）在前翅后缘的基部有1指状突出物，称为翅轭，伸在后翅前缘的反面，而以前翅臀区的一部分叠盖后翅前缘的正面，形似夹子，使前翅和后翅联结起来。

也有些昆虫，前翅和后翅都无连锁结构，各自独立的，如蜻蜓、白蚁等的翅。

第三节 昆虫的腹部

腹部是昆虫的第3个体段，前端与胸紧密相连，后端生有肛门和外生殖器等。腹内包藏各种脏器和生殖系统，是昆虫新陈代谢和生殖的中心。

一、昆虫腹部的基本构造

昆虫腹部一般由9～11节组成，各节只有背板和腹板，而无侧板。背板和腹板间以侧膜相连。各节之间也由柔韧的节间膜相连，因此腹节可以前后套叠，伸缩弯曲，以利于交配、产卵等活动。腹部前1～8节两侧各有气门1对，用于呼吸。有些种类在第10～11节上长着尾须，是一种感觉器官。

二、昆虫外生殖器

昆虫外生殖器是交配和产卵的器官，雌虫的外生殖器称为产卵器，雄虫的外生殖器称为交配器。

（一）昆虫雌性外生殖器

雌虫生殖孔多位于第8、9节的腹面，生殖孔周围着生3对产卵瓣，合成产卵器，卵由产卵器产出。在腹面的产卵瓣称为腹产卵瓣，由第8腹节附肢形成。在内方的产卵瓣称为内产卵瓣，由第9腹节附肢形成。在背方的产卵瓣称为背产卵瓣，是由第9腹节肢基片演化而成，例如螽斯的产卵器（图2-20）。

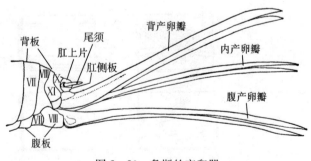

图2-20 螽斯的产卵器
（仿管致和等）

产卵器的构造、形状和功用，常随昆虫的种类而不同，例如蝗虫的产卵器是由背产卵瓣和腹产卵瓣组成的（图2-21），内产卵瓣退化为小突起，背腹两产卵瓣粗短，闭合成锥状，产卵时借两对瓣的张合动作，能把腹部逐渐插入土中产卵。

蜜蜂的毒刺（螫针），是由腹产卵瓣和内产卵瓣特化而成的，内连毒腺，成为御敌的工具，已经失去产卵的能力。有些具有产卵器的昆虫，产卵时用产卵器把植物组织刺破将卵产入，给植物造成很大的伤害，例如蝉、叶蝉和飞虱等。

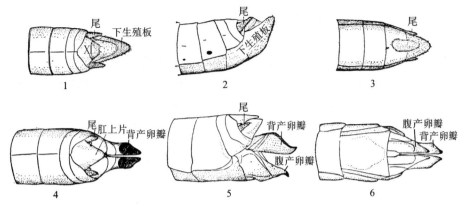

图 2-21 飞蝗腹部末端

1~3. 雄虫腹部末端（1. 背面 2. 侧面 3. 腹面） 4~6. 雌虫腹部末端（4. 背面 5. 侧面 6. 腹面）
（仿西北农学院农业昆虫学教研组）

（二）昆虫雄性外生殖器

昆虫交配器的构造比较复杂，具有种的特异性，以保证自然界昆虫不能进行种间杂交，在昆虫分类上常用作种和近缘类群鉴定的重要特征。

交配器主要包括阳具和抱握器。阳具由阳茎及其辅助构造组成，着生在第9腹节腹板后方的节间膜上，此膜内陷为生殖腔，阳具就隐藏在腔内。阳茎多为管状，射精管开口在阳茎的顶端。交配时借血液的压力和肌肉活动，能把阳茎伸入雌虫阴道内，把精液排入雌虫体内（图 2-22）。

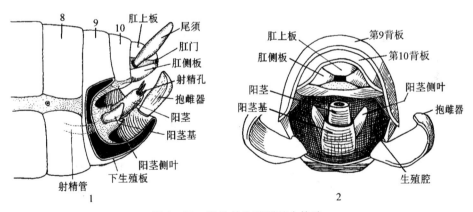

图 2-22 雄性外生殖器基本构造

1. 侧面（部分体壁已去掉，示其内部构造） 2. 后面
（1 仿 Weber, 2 仿 Snodgrass）

抱握器是由第9腹节附肢形成的，它的形状、大小变化很大，一般有叶状、钩状、弯臂状等，雄虫在交尾时用于抱握雌虫以便把阳茎插入雌虫体内，一般配对交配的昆虫多具有此器。

了解雌雄虫外生殖器的不同构造，一方面可用以鉴别昆虫的性别；另一方面可以将外生殖器，特别是雄虫的外生殖器，用于鉴别近缘种类。

第四节 昆虫的体壁

昆虫及其他节肢动物的骨骼长在身体的外面，而肌肉却着生在骨骼的里面，所以昆虫的骨骼系统称为外骨骼，亦称为体壁。体壁的功能是构成昆虫的躯壳，着生肌肉，保护内脏，防止体内水分蒸发，以及防止微生物和其他有害物质的侵入。此外，体壁上具有各种感觉器，与外界环境取得广泛的联系。

一、昆虫体壁的构造和特性

昆虫体壁由表皮层、皮细胞层和基底膜3部分组成（图2-23）。基底膜是紧贴在皮细胞层下的1层薄膜。皮细胞层是1层活细胞，虫体上的刚毛、鳞片、各种分泌腺体，都由皮细胞特化而来。表皮层是皮细胞层向外分泌的非细胞性物质层。体壁的特性和功能，主要与表皮层有关。

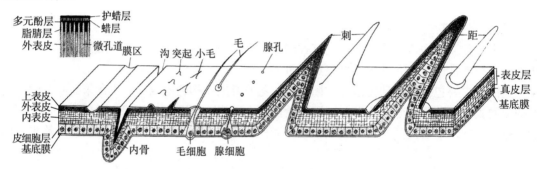

图2-23 昆虫体壁的构造及其附属物
（左上角图示上表皮分层）
（仿西北农学院昆虫学教研组）

表皮层也是一个分层结构，各种昆虫分层情况不同，但一般多分为3层，由内向外依次是内表皮、外表皮和上表皮。内表皮和外表皮中纵贯着许多微孔道。

内表皮是表皮中最厚的一层，一般无色柔软，富有延展曲折性。其化学成分主要是蛋白质和几丁质，其中蛋白质主要是能溶于水的节肢蛋白。几丁质是昆虫和其他节肢动物表皮中的特征成分，常以几丁质蛋白质的复合体的形式存在。几丁质是一种无色含氮的多糖类，由几百个乙酰氨基葡萄糖单位联结而成，化学式为 $(C_8H_{13}O_5N)_x$，化学性质很稳定，不溶于水和有机溶剂以及稀酸、浓碱中；但在浓无机酸中不但能溶解，而且能水解为氨基葡萄糖。说明几丁质是由许多乙酰氨基葡萄糖基团组成，如用氢氧化钾或氢氧化钠在高温下（160℃）处理，几丁质分子进行水解，脱去乙酰基形成几丁糖和乙酸，但被处理的表皮外貌不变。虫体死后长期不烂和几丁质有很大关系。自然界里唯一能分解几丁质的只是一种几丁细菌 Bacillus chitinovorus。

外表皮是由内表皮外层硬化而来的，是表皮中最坚硬的层次，主要化学组成是骨蛋白、几丁质、脂类等。由于存在黑色素，所以颜色较暗，一般呈深红棕色。初蜕皮的昆虫，体壁色浅柔软，就是因为外表皮还没有形成。外表皮的发达程度不同，使体壁分为骨片和膜区。膜区没有外表皮或外表皮不发达。

上表皮是表皮层最外的一层，一般厚度不超过1 μm，但仍可分为3层，从内到外是脂腈层、蜡层和护蜡层。有些昆虫在蜡层与脂腈层之间还有多元酚层，使上表皮由 4 层组成。脂腈层主要成分是脂蛋白类，称为脂腈素（cuticulin），色泽较暗而有色。上表皮中最重要的层次是蜡层，其主要成分是蜡质，类似蜂蜡。由于蜡质分子呈紧密的定向排列，具有防止体内水分蒸发和防止外界水分渗入虫体的作用，从而构成体壁的不透性。但蜡质有一定的熔化温度（一般为 30～60 ℃），如果以适当温度或有机溶剂进行处理，扰乱其分子排列，就能使体内水分迅速蒸发出来，使药物易于进入虫体把害虫杀死。护蜡层是蜡层外面的薄层，主要含有拟脂类的蜡质，有保护蜡层的作用。

微孔道贯穿于内表皮和外表皮间，有直筒形、螺旋形或顶分支的细管，在表皮形成过程中起输送作用。表皮形成后，微孔道中充满原生质或硬化物质，成为表皮的支柱。微孔道也是药剂进入虫体的孔道。

各种昆虫的体躯上，常有各种颜色、斑点和花纹，可用于识别各种昆虫。这些色彩和花纹是由昆虫皮层中具有的各种色素形成的。

昆虫的体色主要有两种：①色素色，又称为化学色，是由各种色素体引起的，例如黑色素、血红素、嘌呤基色素、叶绿素及其衍生物等；②结构色，又称为物理色，是由昆虫体表结构特化形成的，例如薄的蜡层、凹刻、沟纹、脊起或鳞片等，引起光线的曲折、反射和折射而呈各种不同的色彩，这类颜色常具闪光。常见的柳紫闪蛱蝶［*Apatura ilia*（Denis et Schiff.）］、大紫蛱蝶［*Sasakia charonda*（Hewitson）］，它们的翅从正面看去呈橙红色，再换一个角度看就呈紫色，就是由于翅面上具有特殊的沟纹，引起折光使色发生闪变的结果。以上两种体色，经常同时混合存在，因而使昆虫的色彩更加绚丽多姿。

二、昆虫体壁构造与化学防治的关系

有的杀虫剂必须接触虫体并透过体壁进入体内，才能起到杀虫作用。但昆虫体表具有微毛、小刺、鳞片等，使药液不易接触虫体，特别是体壁表皮层具有一层蜡质，使药液更不易黏着虫体，不能穿透体壁就起不到杀虫作用。此外，昆虫的种类和龄期也与化学防治具有密切关系。一般体壁坚厚，蜡层特别发达的，药剂就难于附着和穿透虫体把虫杀死。就同一种昆虫而言，幼龄幼虫比老龄幼虫体壁薄，容易触药致死，所以要治虫于幼虫 3 龄之前。此外，在一个昆虫身体上各个部分的体壁厚薄也不一样，例如膜区比骨片部分薄，感觉器官是最薄的部分，昆虫的口器、触角、翅、跗节、节间膜和气孔等，都是药剂容易透过的部位。了解昆虫体壁的构造和特性，对于用药防治害虫很有指导意义。

人工合成的杀虫剂，都是根据昆虫体壁特性而制造的。例如有机磷杀虫剂、拟除虫菊酯类等，都对昆虫体壁具有强烈的亲和力，能很好地附着体壁，使药剂的毒效成分溶解于蜡质，为药剂进入虫体打开通道，所以能很快杀死害虫。

人工合成的灭幼脲类，也是根据体壁特性制造的。这类药剂具有抗蜕皮激素的作用，当幼虫吃下这类药物后，体内几丁质的合成受到阻碍，不能生出新的表皮，因而使幼虫蜕皮受阻而死。

第五节　昆虫的内部器官和功能

昆虫内部器官按生理功能分为消化系统、排泄系统、呼吸系统、循环系统、神经系统、生殖系统、内分泌系统等。各系统除执行其特殊功能外，还互相配合完成昆虫个体的生命活动和繁衍种族。

昆虫的体腔里充满血液，称为血腔，一切器官都浸浴在血液里。整个体腔又由上下两个纤维隔膜分成3个小腔，也称为血窦。上面的隔膜称为背隔，下面的隔膜称为腹隔。

背隔上方的背血窦，因为心脏循环系统在其中，所以又称为围心窦。腹隔下方的腹血窦，因为神经系统在其中，所以又称为围神经窦。背隔与腹隔之间的腔最大，包括消化系统、排泄系统、呼吸系统和生殖系统的各种脏器，所以又称为围脏窦（图2-24）。

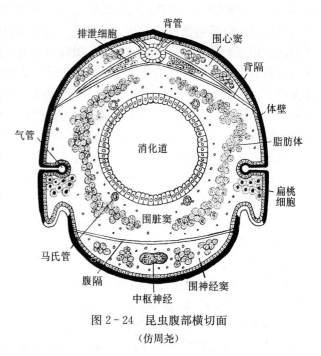

图2-24 昆虫腹部横切面
（仿周尧）

一、昆虫消化系统

（一）昆虫消化系统的构造和功能

昆虫消化系统由前肠、中肠和后肠组成。前肠前接咽喉，后连中肠，是接受、运送和暂时储藏食物的部分，并有部分消化作用，主要由一对涎腺分泌的唾液进行消化。咀嚼式口器的昆虫在前肠有的还有嗉囊和砂囊，用于储藏和磨碎食物。前肠的后方是中肠，是消化食物和吸收养分的主要器官，内部生有泌吸细胞，能分泌消化液，分解食物和吸收养料，起着胃的作用。中肠的前端有贲门瓣，后端有幽门瓣，防止食物的逆流。有些昆虫（例如蝗虫等），中肠前端肠壁向外方突出形成胃盲囊，可增加中肠的分泌和吸收面积。中肠的后面是后肠，以马氏管为界，主要功能是吸收食物残渣中的水分，还可分为大肠、小肠和直肠3部分，最后是肛门（图2-25）。

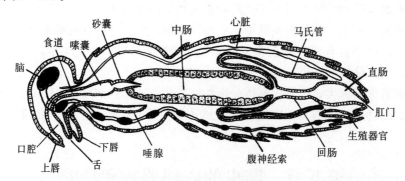

图2-25 昆虫纵剖面模式
（仿管致和、吴维均和陆近仁）

昆虫的种类不同，营养方式也有差异，因而消化道发生很大的变化。一般取食固体的咀嚼式口器昆虫，消化道比较粗短；以液体为食的刺吸口器昆虫，消化道比较细长，而且口腔和咽喉部分往往形成有力的抽吸汁液的机构。

（二）昆虫消化食物的特点

昆虫消化食物，主要依赖消化液中各种消化酶的作用，把糖、脂肪、蛋白质等分别水解为单糖、甘油和脂肪酸及氨基酸等，才被肠壁吸收。这种分解消化作用，必须在稳定的酸碱度下才能进行。各种昆虫中肠的酸碱度也不一样，例如蝶蛾类幼虫中肠的pH多为8.5～9.9，蝗虫中肠的pH为5.8～6.9，甲虫中肠的pH为6～6.5，蜜蜂中肠的pH为5.6～6.3。同时昆虫肠液还有很强的缓冲作用，不因食物中的酸或碱而改变中肠的酸碱度。

（三）昆虫消化生理与防治的关系

了解昆虫的消化生理对于选用杀虫药剂具有一定的指导意义。例如药剂被害虫吃进肠内能否溶解和被中肠吸收，直接关系到杀虫效果。药剂在中肠的溶解度与中肠液的酸碱度关系很大。例如酸性砷酸铝（$PbHAsO_4$），在碱性溶液中易于溶解，因此对中肠液是碱性的菜青虫等药效很好；反之，碱性砷酸钙[$Ca_3(AsO_4)_2 \cdot Ca(OH)_2$]易溶于酸性溶液中，对于中肠液是碱性的菜青虫则缺乏杀虫效力。同样杀螟杆菌的有毒成分伴孢晶体能够杀死菜青虫也是这个道理。

近年来研发的拒食剂，能影响害虫的食欲和消化能力，使害虫不能继续取食，以至饥饿而死。生物碱类对昆虫有拒食作用，例如茼蒿素生物碱类似物对小菜蛾和斜纹夜蛾幼虫具有一定的拒食作用，番茄苷对菜粉蝶幼虫具有拒食活性。

二、昆虫排泄系统

（一）昆虫的主要排泄器官

昆虫的排泄系统主要是马氏管。马氏管着生在消化道的中肠与后肠交界处，是一些浸溶在血液里的细长盲管，内与肠管相通。它的功用相当于高等动物的肾脏，能从血液中吸收各组织新陈代谢排出的废物，例如尿酸钠和尿酸钾等。这些废物被吸入马氏管后便流入后肠，经过直肠时大部分的水分和盐基被肠壁回收，以便保持体内水分的循环利用，形成的尿酸便沉淀下来，随粪便一同排出体外。

马氏管的形状和数目随昆虫种类而不同，少的只有2条，例如介壳虫等；多的可达150条以上，例如飞蝗、蜜蜂等。一般数目少的管道就长，数目多的管道就短，这样可使马氏管与体内血液保持一定的接触面，以利于对排泄物的吸收。但也有些昆虫的马氏管已退化，例如蚜虫等。

（二）昆虫的其他排泄机能

昆虫的排泄除通过马氏管外，还借助脂肪体进行。昆虫的体腔与各器官间，有一种能积聚尿酸盐化合物结晶的脂肪细胞，称为尿盐细胞，这种细胞与脂肪体细胞的构造和来源相同，只是功用不同，能够吸收储存体内的代谢产物，但平时不能排出体外。此外，昆虫体内还有一种双核细胞，称为肾细胞，能吸取血液中的废物加以分解，把一部分沉淀物储存在细胞内，把另一部分可溶性物质排出细胞，再通过马氏管的吸收排出体外。

昆虫的蜕皮也具有排泄的作用，因为蜕去的表皮中含有皮细胞排出的含氮化合物和含钙化合物，以及色素等分解产物，所以也有一定的排泄作用。

三、昆虫呼吸系统

(一)昆虫呼吸系统的基本构造

昆虫的呼吸系统主要由许多具有弹性的气管组成,由气门开口于身体两侧,进行气体交换。气管主干通常有2、4或6条,纵贯体内两侧,主干间有横气管相连。由主干再分出许多分支,愈分愈细,最后分成许多微气管,分布到各组织的细胞间或细胞内,把氧气直接送到身体各部分(图2-26)。

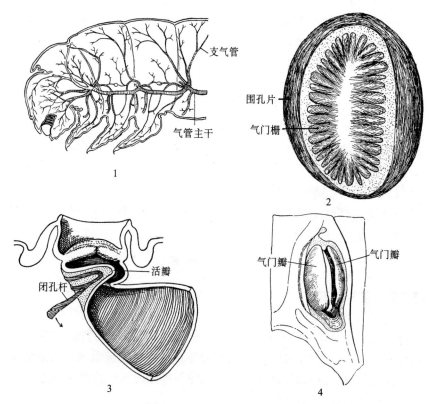

图2-26 昆虫的呼吸器官

1. 鳞翅目幼虫身体前段气管分布情况 2. 夜蛾幼虫气门 3. 夜蛾幼虫气门的剖面(示开关装置) 4. 蝗虫胸部气门(示开关装置)

(1、3、4仿Snodgrass,2仿周尧)

(二)昆虫气门的构造和形式

昆虫气门是体壁内陷的开口,一般多为10对,即中胸和后胸各1对,腹部第1~8节各1对。但由于昆虫生活环境不同,气门数目和位置因而发生变化,常见的有以下5种形式。

1. 全气门式 全气门式昆虫胸部有2对(鳞翅目胸部只1对属此式)气门,腹部有8对气门,例如蝗虫和大多数陆生昆虫属全气门式。

2. 两端气门式 两端气门式昆虫只有胸部1对气门和腹部最末节1对气门开放,例如双翅目蝇类的幼虫属这种类型。

3. 前气门式 前气门式昆虫只有胸部第1对气门开放,例如蚊虫的蛹,其气门位于呼吸管的末端,呼吸时伸出水面吸取氧气。

4. 后气门式 后气门式昆虫只有腹部最后 1 对气门开放,大多数水生昆虫属此式,例如蚊类和水生甲虫的幼虫,一些寄生性蝇类幼虫亦属此式。

5. 无气门式 无气门式昆虫的气门全部封闭或完全没有气门,例如很多水生昆虫和许多内寄主的蜂类幼虫。此类昆虫多用体壁或气管鳃进行呼吸。

气门多为圆形或椭圆形的开孔,有的具有骨化围孔片,有的气门腔内具有绒毛状或栅状的过滤结构,能防止空气中的尘土进入。有些昆虫的气门还有关闭装置,当昆虫在不良气体中时,气门就紧密地关闭起来,以免不良气体进入体内。

长期以来,人们认为昆虫呼吸系统是进行气体交换的场所,几乎所有昆虫都靠体内的气管系统进行呼吸。然而 20 世纪 90 年代,加拿大昆虫学家 M. Locke(1998)提出鳞翅目幼虫具有适应血细胞进行气体交换的肺(lung)结构。李怡萍、刘惠霞等(2009,2010)研究了 8 目 37 科 62 种昆虫,证明肺在鳞翅目幼虫中普遍存在,膜翅目叶蜂科幼虫的气管具有肺的功能。

(三)昆虫呼吸作用与防治的关系

昆虫的呼吸作用主要靠空气的扩散和虫体呼吸运动通风的帮助,使空气由气门进入气管、支气管和微气管,最后达到各组织间和细胞内。扩散作用是由于气管内和体外氧与二氧化碳分压的不同而进行的气体交换。呼吸运动是腹节的交替扩张和收缩,帮助气管系统进行气体交换。呼吸运动的快慢,随多种因子而变化,一般在高温情况下比低温呼吸次数多。呼吸强度常用呼吸系数表示,即吸入氧气和排出二氧化碳之比(O_2/CO_2),比值愈大,说明呼吸强度愈强。

既然昆虫的呼吸是靠通风扩散,那么当空中含有毒气时,毒气也就随着空气进入虫体,使其中毒而死,这就是使用熏蒸杀虫剂的基本原理。同时毒气进入虫体与气孔关闭情况有密切关系,在一定温度范围内,温度愈高,昆虫愈活跃,呼吸愈强,气门开放也愈大,施用熏蒸杀虫剂效果就愈好。这也就是在天气热、温度高时,熏蒸害虫效果好的主要原因。此外,在空气中二氧化碳增多时,也会迫使昆虫呼吸加强,引起气门开放,因此在冷天气温低时,使用熏蒸剂防治仓库害虫,除了提高仓内温度外,还可采用输送二氧化碳的办法,刺激害虫呼吸,促使气门开放,达到熏杀的目的。

昆虫的气门一般都是疏水性的,水分不会侵入气门,但油类却极易进入。油乳剂的作用,除能直接穿透体壁外,大量是由气门进入虫体的。因此油乳剂是杀虫剂较好而广泛应用的剂型。

此外,有些黏着展布剂(例如肥皂水、面糊水等),可以机械地把气门堵塞,使昆虫窒息而死。

四、昆虫循环系统

(一)昆虫循环系统的构造

昆虫是属于开放式循环的动物,也就是血液循环不是封闭在血管内,而是充满在整个体腔,浸浴着内部器官。它的循环器官,只是在身体背面下方有一条前端开口、后端封闭的背血管。

背血管的前段称为大动脉,前端伸入头部,开口于脑的后方或下方。背血管的后段称为心脏,伸至腹部,由一连串的心室组成,心室又由心门与体腔相通。血液通过心门进入心脏，由于心脏和背隔及腹隔有节奏的收缩，使血液向前流动，由大动脉的开口喷出，流到头部及体腔内部。当心室扩张时，血液又由心门流入心室。心门具有活塞作用的心门瓣，当心室收缩时，心门瓣即自行关闭，使血液只能向前流动。各心室之间也有防止血液回流的心室瓣，因此血液在背血管内可以不断向前流通。心脏有节奏的收缩和扩张，加上背隔和腹隔的波动，以及辅助搏动器官的作用，使血液在虫体内做定向流动，便形成血液的循环（图2-27）。

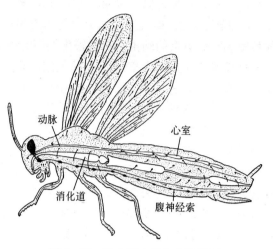

图2-27 昆虫背血管和血液循环
（箭头表示血液流动的路线）
（仿周尧）

昆虫的血液中，没有像高等动物血液中的血红素，所以多为绿色、黄色或无色。血液中的血细胞类似高等动物的白细胞。昆虫血液的主要作用是把中肠消化后吸收的营养物质，由血液携带运输给身体各部组织，同时把各组织新陈代谢的废物运送到马氏管排出体外。血液还有运送内分泌的激素和消灭细菌的作用。昆虫的孵化、蜕皮和羽化，也有赖于血压的作用把旧表皮涨破脱出。由于昆虫的血液中没有血红素，所以不能担负携带氧气的任务，昆虫的供氧和排碳作用，主要由气管系统进行。

（二）杀虫剂对昆虫血液循环的影响

杀虫剂对昆虫血液循坏是有影响的。烟碱能扰乱血液的正常流动，抑制心脏的扩张，使心脏最后停止搏动于收缩期。除虫菊素和氰酸气能降低昆虫血液循环的速率，以至心脏停止搏动。有机磷类杀虫剂具有抑制胆碱酯酶的作用，在低浓度下，能增加心脏搏动的速率和幅度，在较高的浓度下，则抑制心脏搏动，并停止于收缩期使昆虫死亡。

五、昆虫神经系统

昆虫的一切生命活动，例如取食、交尾、趋性、迁移等，都受神经系统的支配。同时，昆虫通过身体表面的各种感觉器官，感受外界的各种刺激，又通过神经系统的协调，支配各器官做出适当的反应，进行各种生命活动。

（一）昆虫神经系统的基本构造

昆虫的神经系统包括中枢神经系统、交感神经系统和周缘神经系统。

1. 中枢神经系统 昆虫中枢神经系统包括脑、咽下神经节和纵贯于腹血窦中的腹神经索（图2-28）。脑由前脑、中

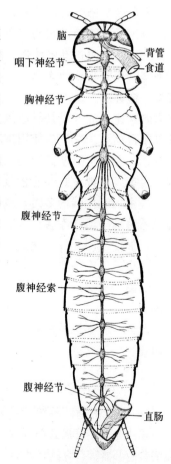

图2-28 昆虫中枢神经系统
（仿Snodgrass）

脑和后脑组成，有神经与复眼、单眼、触角、额和上唇相连。后脑的下方两侧生出两条围咽神经索与位于咽喉下方的咽下神经节联结。咽下神经节的神经通至口器的上颚、下颚和下唇。腹神经索，一般有11个神经节，其中胸部3个、腹部8个，每个神经节间由纵行腹神经索相连，并由腹神经节分出神经通到足、翅、尾须等处，调节昆虫的活动。

2. 交感神经系统 昆虫交感神经系统亦称为内脏神经系统，由额神经节发出的一对额神经索与后脑相连，并由1对额神经索的中央生出1条逆走神经，沿咽喉背面通过脑下伸到前肠、涎腺、背血管等处，控制内部器官的活动（图2-29）。

3. 周缘神经系统 昆虫周缘神经系统分布在体壁部分，位于真皮细胞层下，呈蛛网状分布，

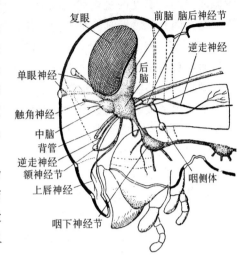

图2-29 昆虫头部及前胸神经系统侧面
（仿周尧）

包括来自中枢神经的神经末梢，有的连接在感觉器上，其功能是把外来刺激所产生的冲动传至中枢神经系统，以便做出适当的反应。

构成昆虫神经系统的基本单位是神经元或神经细胞（图2-30）。一个神经元包括1个神经细胞和由此所生出的神经纤维。由神经细胞分出的主支称为轴状突，由轴状突分出的副支称为侧支。轴状突和侧支的末端均分成树枝状，称为端丛。另外，从神经细胞本身生出神经纤维，称为树状突。1个神经细胞可能只有1个主支，也可能有2个或2个以上的主支，这样分别形成单极神经元、双极神经元或多极神经元。按其功能又可分为感觉神经元、运动神经元和联络神经元。神经节是神经细胞和神经纤维的集合体，神经是成束的神经纤维，内由感觉神经元的神经纤维和运动神经元的神经纤维所组成，可以传导外部的刺激和内部反应的冲动作用。

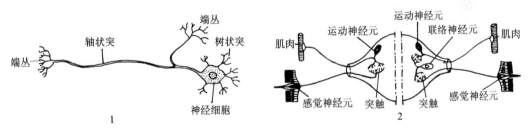

图2-30 昆虫神经元（1）和反射弧（2）
（1仿Snodgrass，2仿Энлманн）

（二）昆虫的感觉器

昆虫对环境条件刺激的反应，必须依靠身体的感觉器接受外界的刺激，通过神经系统与反应器发生一定的联系，然后才能做出适当的反应，形成各种习惯性行为和趋避活动。昆虫对刺激反应的感觉器可分为感触器、味觉器、嗅觉器、听觉器和视觉器5种。

1. 感触器 感触器分布于身体表面和附肢上，在触角、下颚须、下唇须、跗节和尾须上特别多。这类感触器通常呈毛状，有的是刺状或鳞状，内部连着感觉神经细胞，能感受空

气极微的振动、温度的变化和接触物的性状，以便决定其行动。生活在洞穴中的昆虫，视力常受限制，而其感触器则特别发达，用以代替眼的作用。

2. 味觉器 味觉器多分布在口器的内唇、舌、下颚须、下唇须等部分。这些感觉器有的呈锥形，有的呈板状，由于常有腺细胞的存在，有腺液湿润味觉器的表面，所以易于辨别化学性刺激。有些昆虫的味觉器生在足的跗节上，例如蛱蝶、粉蝶、蜜蜂、金蝇等，当其前足和中足的跗节接触到花蜜或糖液时，便产生味觉，伸展其喙管取食。

3. 嗅觉器 嗅觉器主要分布在触角上，雄蜜蜂的一根触角上有嗅觉器 3 万多个，一种雄金龟甲的一根触角上有 5 万多个嗅觉器。由于昆虫触角具有许多嗅觉器，所以嗅觉力特别锐敏。此外，在昆虫的下颚须和下唇须上也有嗅觉器的分布。嗅觉器多为毛状、栓状和板状。有时很多栓状嗅觉器共同集合在一个窝内，形成瓮状嗅觉器，例如蝇类触角，飞翔时竖起，使这些嗅觉器承受气流中的气味，借以寻觅食源。

4. 听觉器 听觉器主要为鼓膜听器，普遍存在于具有发音能力的昆虫身上，例如蝗虫第 1 腹节两侧具有鼓膜听器，蟋蟀、螽斯的前足胫节基部也有鼓膜听器。在雄蚊触角的梗节中，有一种姜氏器（Johnston's organ）具有听觉作用，能听到雌蚊飞时发出的声音。

5. 视觉器 视觉器主要是昆虫的复眼，它能感觉光线的强弱，辨别某些颜色和不同的光波，特别对短波光的感受更为敏锐，并且还能辨别物像。此外，单眼也有感光能力，并有激发作用，增强复眼的视觉能力。

（三）昆虫神经系统的传导作用

神经系统是具有兴奋和传导性的组织，它能接受外界刺激而迅速发生兴奋冲动，通过神经纤维而传导到脑或其他反应组织，同时产生一定的反应。脑是统一协调昆虫行为和内部生理活动的主要机构，但其他神经节也有它的自主性，例如把昆虫的脑部去除后，躯体虽不能完整而正常地活动，但由于胸神经节的存在，仍可由胸神经节支配足和翅的动作。

昆虫神经传导的理化过程是十分复杂的，有冲动传播电位说和冲动传播化学说等。

（四）昆虫神经系统功能与害虫防治

对神经系统的研究，使人们较深刻地理解了昆虫的习性行为和生命活动，对于防治害虫具有重要指导意义。目前使用的有机磷杀虫剂，例如毒死蜱、辛硫磷等都是属于神经性毒剂。它的杀虫机制就是破坏乙酰胆碱酯酶的分解作用，使昆虫受刺激后，在神经末梢突触处产生的乙酰胆碱不得分解，使神经传导一直处于过度兴奋和紊乱状态，破坏了正常的生理活动，以至麻痹衰竭失去知觉而死。此外，害虫神经系统引起的习性反应，例如伪死性、迁移性、趋光性、趋化性等，都可用于害虫的防治。

六、昆虫生殖系统

昆虫生殖系统担负着繁殖后代、延续种族的任务。由于雌雄性别不同，生殖器官的构造和功能差别很大。

（一）昆虫雌性生殖器官的基本构造

昆虫雌性生殖器官由 1 对卵巢及其相连的输卵管、藏精囊、生殖腔、附腺等组成（图 2-31）。卵巢由若干卵巢管构成，卵巢管是产生卵子的地方，一般有 4 条、6 条或 8 条，有的多达 100～200 条。卵巢管的末端集合成 1 条系带，用于附着在体壁上。卵巢管的基部集中开口于侧输卵管，两条侧输卵管又汇合成总输卵管，开口于生殖孔，再外为生殖腔。在生殖腔的背面连接1个藏精囊,能把一次交配获得精子保存在囊中,使以后所产的卵都由此获得受精。藏精囊上生有藏精囊腺,其分泌液可使精子长期存活。在生殖腔上还有1对生殖附腺,其分泌物能把产出的卵子黏着在物体上,或把许多卵黏着一起形成卵块,有的形成卵鞘或卵囊,把卵包在里面。

雌性昆虫在性器官成熟时,能分泌性外激素引诱雄虫飞来交配,可以利用这种性外激素诱杀雄虫,使其失去交配受精的机会。此外,还可根据解剖观察雌虫卵巢管内卵子发育情况,预测其产卵危害时期。江苏农学院植物保护系病虫测报站和上海棉铃虫协作组对地老虎、黏虫、

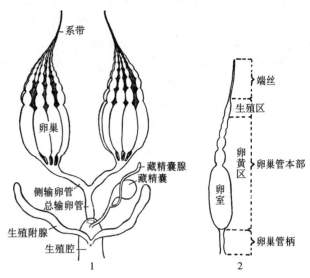

图 2-31 昆虫雌性生殖系统
1. 雌性生殖器官　2. 1个卵巢管
（仿 Snodgrass）

棉铃虫等的抱卵情况做了仔细的解剖观察,并提出卵巢分级标准,可为预测预报提供参考。

（二）昆虫雄性生殖系统的基本构造

昆虫雄性生殖系统由1对睾丸及其相连的输精管、储精囊、射精管、阴茎和生殖附腺组成（图2-32）。每个睾丸包含许多睾丸管,精子就是在睾丸管发育生成的。当精子成熟时,

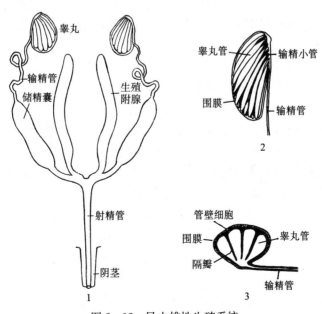

图 2-32 昆虫雄性生殖系统
1. 雄性生殖器官　2. 睾丸构造　3. 睾丸纵切面
（仿 Snodgrass）

就通过输精管进入储精囊,储精囊是暂时储存精子的地方。生殖附腺能分泌腺液,在昆虫交配时,利于精子的排出和活动。有些昆虫在排出精子时,生殖附腺能分泌黏液包围精子,形成精包或精珠,可以帮助精子移动并保存其生活力。这种精包在蛾类中,交配1次即射入1个,因此根据雌蛾藏精囊中找到的精包数,就可知道雌蛾的交配次数。

(三)昆虫交尾和受精

交尾是雌昆虫与雄昆虫两性结合的过程,有些昆虫在羽化后性腺已经成熟,可以很快地进行交尾,如某些蛾类。但大多数昆虫在成虫羽化后,性腺尚未成熟,需要继续取食"补充营养",性器官成熟才能交尾,例如蝗虫、椿象和甲虫等。有的昆虫一生只交配1次,例如小麦吸浆虫;有的一生可交配数次,例如某些蛾类。

昆虫在交尾时,雄虫把精子射入雌虫生殖道内,并储存于藏精囊中。雌虫接受精子后,不久即开始排卵。由于卵巢管内的卵是先后依次成熟的,成熟的卵被排到藏精囊的开口时,一些精子就从藏精囊中释放出来,便与排出的卵相结合。精子从卵的受精孔进入卵内,然后精核与卵核互相结合,这个过程称为受精。除少数昆虫外,正常受精的卵能孵化为幼虫,未受精的卵则不能孵化。因此利用某些方法使卵不得受精,造成不育,也是防治害虫的一个途径。

利用不育技术防治害虫在近几十年来取得了很大的成就。由于这种方法比直接杀死害虫更有效,而且不会杀死天敌和污染环境,所以很受国内外的重视。在生产实践中已有不少成功的事例。目前使用的方法有射线不育、化学不育、激素不育和闪光不育等。

此外,利用遗传工程培育一些杂交不育后代,或生理上有缺陷的品系,释放到田间,使其与正常的防治对象杂交,便可造成害虫种群的自然灭亡。例如利用昆虫细胞质的不亲和性造成不育,雌雄个体虽能交配,但精核与卵核不能结合,仍然不能形成受精的个体;还可使人工造成染色体的断裂,然后使其易位或倒位并重新互相接合,造成不育的新品系,然后释放到田间。近几年来在国外利用尖音库蚊染色体易位纯系雄虫在野外大量释放,在消火此蚊方面已取得很大的效果。

(四)卵巢发育在害虫预测预报上的应用

在害虫预测预报中,常根据成虫卵巢发育和抱卵情况,预测其产卵时期和幼虫孵化盛期,以便确定防治的有利时机。例如黏虫、斜纹夜蛾、草地螟等,当诱蛾器发现成虫时,可取若干雌蛾解剖腹部,检查其卵巢发育情况,为了便于区分卵巢管内卵子发育程度,通常多采用三级分类法:一级为卵未形成级,卵巢管内还分辨不出小的卵粒;二级为卵粒可辨级,肉眼能看到卵巢管内的卵粒形状,卵粒小于产出的卵;三级为卵粒成熟级,肉眼能看到卵巢管内卵粒大小接近于已产出的卵,并堆积于总输卵管内,说明即将产卵。根据山东经验,第2代黏虫成虫发生量急剧上升,三级卵量占50%以上时,向后推迟9~10 d即为3龄幼虫发生盛期;若三级卵量在50%以下,则向后推迟10~11 d,就是3龄幼虫发生盛期,据此可以选择采卵或用药防治的时期,消灭幼虫于3龄危害之前。

第六节 昆虫的激素

昆虫的激素是体内腺体分泌的一种微量化学物质,起支配昆虫的生长发育和行为活动的作用。按激素的生理作用和作用范围可分内激素和外激素两类。

一、昆虫内激素

昆虫内激素分泌于体内,其功能是调节内部生理活动,例如位于昆虫脑中的脑神经分泌细胞,能分泌脑激素。脑激素流入体液中,刺激位于前胸气门内侧气管上的前胸腺,分泌出能够促使昆虫蜕皮的蜕皮激素。脑激素也能活化位于咽喉附近的咽侧体(参见图 2-29),分泌保幼激素,使昆虫保持幼龄生理状态,抑制蜕皮和变态。在正常情况下,保幼激素和蜕皮激素受脑神经分泌细胞的生理协调控制,幼虫期得以正常发育和蜕皮,但到最后 1 龄,体内保幼激素停止分泌。在蜕皮激素单独作用下,体内潜藏的成虫器官就开始生长发育,蜕皮后即变为成虫。

二、昆虫外激素

昆虫外激素是腺体分泌物挥发于体外,作为种内个体间传递信息之用的激素,故又称为信息激素。昆虫的外激素种类很多,已知有性外激素、示踪外激素、警戒外激素、群集外激素等。

1. 性外激素 昆虫在性成熟后,能分泌性外激素,引诱同种异性个体前来交配,故又称为性信息激素。在空气中只要微量存在性外激素,就能把同种异性个体引来。蛾类性外激素的分泌腺通常在第 8 腹节与第 9 腹节的节间膜背面,腺体是由上表皮内陷而成的囊状体,如用小刀或其他用具把第 8 腹节与第 9 腹节挤压,在肛乳突上方就见到 1 个外翻的白色小球,这就是性分泌腺向外翻出形成的。雌虫的性外激素是引诱雄虫的。有的雄虫也能分泌性外激素引诱雌虫,并能激发雌虫接受交尾。雄虫性外激素的分泌腺多位于翅上、后足或腹部末端,例如蝶类和甲虫等。

利用性外激素防治害虫已展示了广阔的前景。这种方法主要利用雌虫性外激素诱杀雄虫,使雌虫得不到与雄虫交配的机会,因而所产下的卵都是未受精的卵,不能孵化。自从 1960 年在舞毒蛾中第 1 次分离出性外激素以来,已经发现 300 多种昆虫能分泌性外激素,到现在已有数十种经过化学分析鉴定并进行人工合成,有些已作为商品出售。我国对多种害虫的性外激素也做了人工合成工作,例如棉红铃虫、梨小食心虫、稻螟、稻瘿蚊、黏虫、玉米螟、棉铃虫、梨大食心虫、印度谷螟等,有的已用于诱杀雄虫,在农业生产上发挥作用。

2. 示踪外激素 示踪外激素亦称为标迹信息素。家白蚁的工蚁的腹腺,能分泌这种激素。在它觅到食源的路上,隔一定距离排出,其他工蚁等就能沿着这条嗅迹找到所探索的食源。此种激素与云芝(*Polystictus versicolor* Linn.)等真菌感染而腐烂的木屑中的提取物相类似,已用于白蚁的防治。此外,蜜蜂工蜂用上颚腺分泌示踪激素,按一定距离滴于蜂巢与蜜源植物之间的叶上或小枝上,其他工蜂也能随迹而来找到食源。

3. 警戒外激素 警戒外激素亦称为报警激素。蚂蚁受到外敌侵害,即散出这种激素,其他蚂蚁闻到这种激素,就前来参加战斗。蚜虫受到天敌攻击时,腹管就排出报警激素,其他蚜虫闻到这种激素就逃避或跌落逃生。

4. 群集外激素 蜜蜂为社会性昆虫,有分工,工蜂与蜂王失去联络时,蜂王上颚腺即分泌这种激素,其他工蜂闻到这种激素便飞集到蜂王的周围。小蠹虫、谷斑皮蠹等,也能分泌这类激素,招引其同类群集在一处。

思 考 题

1. 名词解释
   额唇基沟 翅连锁器 几丁质 血腔 昆虫内激素 昆虫外激素 背血管 大动脉
2. 概括分析你观察到的昆虫触角，其构造上有什么共性？主要有哪些类型？触角的功能是什么？
3. 昆虫的复眼与单眼有什么不同？
4. 昆虫咀嚼式口器的基本构造与取食特点是什么？与咀嚼式口器相比较，刺吸式口器、虹吸式口器、舐吸式口器与锉吸式口器发生了哪些变化？各自的取食特点是什么？
5. 昆虫足的基本构造是什么？适应不同的生活环境，发生了哪些变化，形成哪些基本类型？
6. 昆虫翅模式脉相有哪些主要纵脉和横脉？翅室命名的原则是什么？
7. 简述昆虫雌雄的识别特征。
8. 昆虫体壁有哪些功能与特性？这些特性的形成与体壁哪些层次及化学成分有关？
9. 昆虫消化系统分为哪几个部分？各部分的主要功能是什么？了解昆虫的消化系统与害虫防治有什么关系？
10. 昆虫呼吸系统的构造特点是什么？昆虫有肺结构吗？如何根据昆虫呼吸特点指导害虫防治？
11. 昆虫的神经系统构造包括哪些主要系统？昆虫对外界刺激反应的基本路线是什么？
12. 昆虫雌性与雄性生殖系统的基本构造有什么不同？如何用来指导害虫预测预报？
13. 什么是昆虫内激素？昆虫有哪些主要内激素？其功能各是什么？
14. 什么是昆虫外激素？昆虫有哪些主要外激素？其功能各是什么？

第三章 昆虫的生物学特性

昆虫生物学是研究昆虫个体发育过程中的生命特性的科学，每种昆虫都有其特殊的生长发育、繁殖方式和习性行为，即种性。也就是说，每种昆虫都有其生物学特性。种的生物学特性是在长期演化过程中形成的。掌握昆虫的生物学特性，对于研究经济昆虫是非常重要的，如能找出害虫生活史中的薄弱环节，或对一些习性在防治时加以利用，就可使防治工作收到事半功倍的效果；对于益虫，能进行人工饲养繁殖或加以保护利用。

第一节 昆虫的繁殖方式

一、两性生殖

绝大多数昆虫是雌雄异体，通过两性交配后，精子与卵子结合，雌性产下受精卵，每粒卵发育成1个子代个体，这样的繁殖方式，称为两性卵生。这是昆虫繁殖后代最普遍的方式。

二、孤雌生殖

卵不经过受精而发育成新个体的繁殖方式称为孤雌生殖，又称为单性生殖。有些昆虫没有雄虫或雄虫极少，完全或基本上以孤雌生殖进行繁殖，例如一些蓟马、介壳虫、粉虱等。也有一些昆虫是两性生殖和孤雌生殖交替进行的，称为异配生殖或世代交替。例如许多蚜虫，从春季到秋季，连续10多代都是孤雌生殖，一般不产生雄蚜，只是当冬季来临前才产生雄蚜，雌雄交配，产下受精卵越冬。在正常进行两性生殖的昆虫中，偶尔也出现未受精卵发育成新个体的现象，例如家蚕、飞蝗等。又如蜜蜂，雌雄交配后，产下的卵并非都受精，这是因为卵通过阴道时，不是所有的卵都能从储精囊中获得精子而受精。凡受精卵皆发育为雌蜂，未受精卵孵出的皆为雄蜂。

三、卵胎生和幼体生殖

卵胎生是指卵在母体内成熟后，并不排出体外，而是停留在母体内进行胚胎发育，直到孵化后，直接产下幼虫。例如蚜虫的孤雌生殖就是卵胎生方式。卵胎生能对卵起保护作用。

另外有少数昆虫，母体尚未达到成虫阶段还处于幼虫时期，就进行生殖，称为幼体生殖。凡进行幼体生殖的，产下的都不是卵，而是幼虫，故幼体生殖可以看成是胎生的一种方式。进行幼体生殖的有一些瘿蚊。

四、多胚生殖

多胚生殖是由1个卵发育成两个或更多的胚胎（图3-1），每个胚胎发育成1个新个体，最多的1个卵可孵出3 000个幼虫。这种生殖方式常见于一些寄生蜂，例如小蜂科、小茧蜂科、姬蜂科等的一些种类。多胚生殖是对活体寄生的一种适应，可以利用少量的生活物质和在较短的时间内繁殖较多的后代个体。

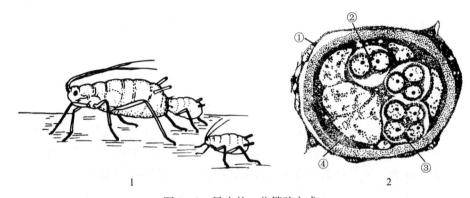

图3-1 昆虫的一些繁殖方式
1. 卵胎生（蚜虫） 2. 多胚生殖（跳小蜂）（①不定形围膜 ②、③胚胎 ④营养膜）
(1仿西北农学院农业昆虫学教研组，2仿Martin)

第二节 昆虫的发育和变态

昆虫的个体发育过程，划分为胚胎发育和胚后发育两个阶段。胚胎发育是从卵发育成为幼虫（若虫）的发育期，又称为卵内发育。胚后发育是从卵孵化后开始至成虫性成熟的整个发育期。

一、昆虫个体发育的阶段

（一）卵期

卵是昆虫胚胎发育的时期，也是个体发育的第1阶段，昆虫的生命活动从卵开始，卵自产下后到孵出幼虫（若虫）所经历的时间称为卵期。

1. 卵的结构 昆虫的卵是一个大型细胞，最外面包着1层坚硬的卵壳，表面常有特殊的刻纹。卵壳内为1层薄膜，称卵黄膜，里面包着大量的营养物质——原生质和卵黄。卵黄充塞在原生质网络的空陷内，但紧靠在卵黄膜下的原生质中无卵黄，这部分原生质称为周质，又称为边缘原生质。在未受精的卵中，卵核位于中央。卵的顶端有1或几个小孔，称为卵孔，卵孔是受精时精子通过的地方，故又称为精孔（图3-2）。

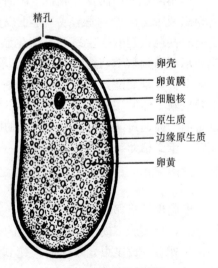

图3-2 昆虫卵的构造
(仿Johannsen和Butt)

2. 卵的形状和产卵方式　卵的大小因虫种而异。最小的直径只有 0.02 mm，最长的可达 7 mm。卵的形状一般为卵圆形（例如豆芫菁的卵）或肾形（例如东亚飞蝗的卵）。但也有半球形（例如棉铃虫的卵）、圆球形（例如甘薯天蛾的卵）、桶形（例如稻绿蝽的卵）、附柄形等（图 3-3）。

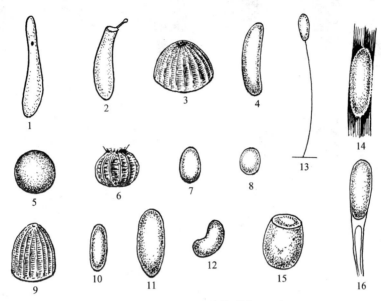

图 3-3　昆虫卵的形状

1. 长茄形（飞虱）　2. 袋形（三点盲蝽）　3. 半球形（小地老虎）　4. 肾形（蝗虫）　5. 球形（甘薯天蛾）　6. 篓形（棉金刚钻）　7. 椭圆形（蝼蛄）　8. 椭圆形（大黑金龟子）　9. 半球形（棉铃虫）　10. 长椭圆形（棉蚜）　11. 长椭圆形（豆芫菁）　12. 肾形（棉蓟马）　13. 附柄形（草蛉）　14. 被有绒毛的椭圆形卵块（三化螟）　15. 桶形（稻绿蝽）　16. 双瓣形（豌豆象）

（仿河北师范大学生物系植保教研组）

产卵的方式，有的是单粒或几粒散产，例如棉铃虫和稻弄蝶；有的多粒聚产在一起，成卵块，例如玉米螟和黏虫。有的将卵裸露产在植物叶片表面上（例如棉铃虫），有的将卵隐蔽产在植物组织中（例如叶蝉和飞虱）。即使是裸产的卵，也以各种方式加以保护，例如三化螟的卵以绒毛保护；螳螂的卵以卵鞘保护；豌豆象的卵产在豆荚表面，往往 2 卵上下重叠，下面的卵少受寄生蜂侵害；草蛉产卵时，先分泌一点黏胶，随之腹部上翘拉成一条细丝，将卵产在细丝顶端，防止被其他昆虫吃掉（图 3-4）。

3. 卵的发育和孵化　两性生殖的昆虫，卵在母体生殖腔内完成受精过程，产出体外以后，如果环境条件适宜，便进入胚胎发育期，逐渐发育形成幼虫。在卵内完成胚胎发育后，幼虫破壳而出的过程，称为孵化（图 3-5）。一批卵（卵块）从开始孵化到全部孵化结束，称为孵化期。孵化时幼虫用上颚或特殊的破卵器突破卵壳。有些种类的幼虫初孵化后有取食卵壳的习性。卵期的长短，因虫种、季节或环境不同而异，短的只有 1~2 d，长的可达数月之久。

对农业害虫来说，从卵孵化为幼虫就进入危害期，所以消灭卵就是一项重要的预防措施。

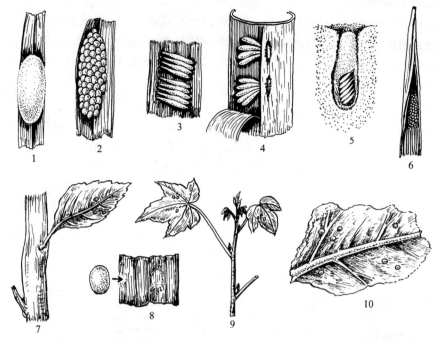

图 3-4 害虫产卵的方式和场所

1～6. 聚产 [1. 产在叶面被有绒毛（三化螟） 2. 产在叶面排成鱼鳞状（二化螟） 3. 产在叶鞘内（黑尾叶蝉） 4. 产在叶鞘中脉内（白背飞虱） 5. 产在土中（蝗虫） 6. 产在干枯的卷叶中（黏虫）] 7～10. 散产 [7. 产在植物基部叶片背面（小地老虎） 8. 产在叶片内部（铁甲虫） 9. 产在顶叶叶面上（棉铃虫） 10. 产在叶片背面（红蜘蛛）]

（仿河北师范大学生物系植保教研组）

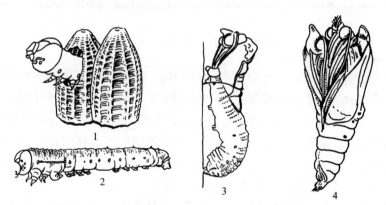

图 3-5 菜粉蝶的孵化、蜕皮、化蛹和羽化

1. 孵化　2. 蜕皮　3. 化蛹　4. 羽化

（仿周尧）

（二）幼虫期

从卵孵化出来到成虫特征出现之前的整个发育阶段称为幼虫期。一些昆虫一生发育经过卵→幼虫→成虫 3 个阶段，这些昆虫幼虫的形态和生活习性常常相似，故常把这样的幼虫称为若虫。若虫期为自卵孵化到若虫变为成虫所经过的时间。一些昆虫一生发育经过卵→幼虫→蛹→成虫 4 个阶段，幼虫和成虫形态截然不同，幼虫均无复眼和翅芽，

生活习性也和成虫不同,真正的幼虫常指这样发育的幼虫,其幼虫期系指自卵孵化到变为蛹所经过的时间。

幼虫期或若虫期,一般长为15~20 d,长的自几个月到2年,北美的一种蝉的若虫在土中生活长达17年之久。昆虫幼虫的显著特征是大量取食,迅速生长,增大体积,积累营养,完成胚后发育。幼虫的生长和蜕皮相伴随,就是说,自卵中孵出的幼虫,随着虫体的增长,经过一定时间,重新形成新表皮,将旧表皮脱去,这种现象称为蜕皮,脱下来的皮称为蜕。每次蜕皮后急剧生长,后渐趋缓慢,到下次蜕皮前几乎停止生长。昆虫蜕皮前常不食不动,每蜕皮1次,体质量和体积都显著增大,食量也增加,形态也发生相应的变化。从卵孵化到第1次蜕皮前称为第1龄幼虫(若虫),以后每蜕皮1次,幼虫增加1龄,所以计算虫龄是蜕皮次数加1。两次蜕皮之间所经历的时间称为龄期。在正常情况下,各种昆虫幼虫期经过多少龄,通过饲养观察可以确定。在获得各龄幼虫的标本后,测定和记录头宽和体长,记载体色变化、腹足发生等情况,以后即可根据这些资料鉴别幼虫的龄期,其中头宽是主要的依据。

昆虫幼虫一般蜕皮4~5次,即5~6龄。但有的蜕皮次数很多,例如华北蝼蛄若虫,蜕皮14~15次,即有15~16龄。随着龄期的增长,食量增加,危害愈烈,抗逆力增强。防治害虫必须抓紧在3龄前进行。

上文已述,经过蛹期发育阶段的幼虫,其外部形态特征和生活习性与成虫截然不同。幼虫无复眼和翅芽,按其胚胎发育和胚后发育的适应,体型分为4种类型(图3-6)。

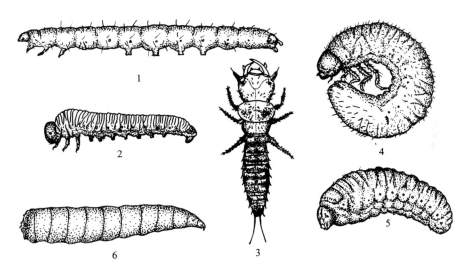

图3-6 幼虫的类型

1~2. 多足型(1. 苹褐卷叶蛾 2. 叶蜂) 3~4. 寡足型(3. 步甲 4. 蛴螬) 5~6. 无足型(5. 象甲 6. 萝卜蝇)

(仿周尧等)

1. 原足型 原足型幼虫的腹部未分节或分节尚未完成,胸足为简单的突起,口器发育不全,不能独立生活,例如寄生蜂的早龄幼虫。

2. 多足型 多足型幼虫有3对胸足,多对腹足,头发达,口器为咀嚼式。例如鳞翅目幼虫有3对胸足、5对腹足,腹足端还有趾钩;叶蜂幼虫有3对胸足、6~8对腹足。

3. 寡足型 寡足型幼虫只有3对胸足而无腹足，头发达，口器为咀嚼式。有的行动敏捷，例如步甲的幼虫；有的行动迟缓，例如金龟甲的幼虫。

4. 无足型 无足型幼虫胸足和腹足均无，多生活在食物易得的场所，行动器官和感觉器官退化。根据头的发达程度又可分为显头无足型（头发达，例如象甲、蚊子的幼虫）、半头无足型（头后半部缩在胸内，例如虻的幼虫）、无头无足型（头很退化，完全缩入胸内，仅外露口钩，例如蝇的幼虫）。

（三）蛹期

蛹期是一些昆虫幼期转变成为成虫的过渡时期。

1. 化蛹 末龄幼虫后期（常称为老熟幼虫），快要变蛹时，先停止取食，将消化道内的残留物排光，迁移到适当场所，体躯逐渐缩短，活动减弱，准备化蛹，称为预蛹，所经历的时间称为预蛹期。预蛹进行最后一次蜕皮变成蛹的过程称为化蛹。从化蛹到羽化出成虫所经历的时间为蛹期。适当的高温、高湿有利于昆虫化蛹。蛹期一般为7~14 d，但越冬蛹的蛹期可长达数月之久。蛹在发育过程中，根据体色变化，可分为几个发育阶段，称为蛹的分级。进行害虫预测预报时，根据各级蛹的发育进度，可以较准确地预测成虫发生期，指导害虫防治。

2. 蛹期的变化 蛹期外面处于静止状态，但蛹体内却进行激烈的生理变化。在这个时期，由于异化作用和同化作用这对矛盾的激化，引起虫态的剧烈改变，使各种组织、器官都要重新"改造"。蛹期出现的足、翅等外部器官，在幼虫期以器官原基（或称为器官芽）的形式存在于体壁的表皮细胞层，呈囊状或其他形状的内陷或仅是一群细胞，在末龄幼虫期才迅速生长，到预蛹末期便突出体外，但此时仍被幼虫的旧表皮包藏着，表面看不出变化，一旦蜕去幼虫皮后，便显出蛹的形态。蛹体也发生激烈的变化，大部分幼虫期的组织和器官经过分解而重新产生成虫期的组织和器官（图3-7）。内部器官同样是由器官原基发生的。

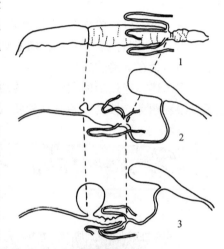

图3-7 夜蛾消化系统的改造
1. 幼虫期 2. 蛹期 3. 成虫期
（仿 Snodgrass）

3. 蛹的类型 初化蛹时，蛹体色淡，以后体壁变硬而呈现特有的颜色。蛹通常分为3类（图3-8）。

（1）离蛹 离蛹又称为裸蛹，其附肢和翅不紧贴在蛹体上，可以活动，腹节也能自由活动，例如金龟甲的蛹。

（2）被蛹 被蛹的附肢和翅紧贴在体上不能活动，腹部多数节也不能活动，因为化蛹时分泌黏液，硬化后在外面形成1层硬膜。蝶、蛾的蛹大多数属此类型。

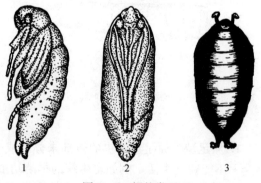

图3-8 蛹的类型
1. 离蛹（甲虫） 2. 被蛹（蛾） 3. 围蛹（蝇）
（仿周尧等）

(3) 围蛹　围蛹为蝇类所特有，第3～4龄幼虫的蜕硬化形成蛹壳，内有离蛹。

蛹外观看是不活动的虫期，缺乏逃避敌害的能力，但内部进行着剧烈的组织解离和组织发生，易受不良环境的影响，是害虫防治工作中可利用的环节之一。

(四) 成虫期

1. 羽化　末龄若虫蜕皮变为成虫或由蛹壳破裂变为成虫，称为羽化。成虫从羽化起直到死亡所经历的时间，称为成虫期。成虫期是昆虫个体发育过程的最后1个阶段，也是交配、产卵、繁殖后代的生殖时期。初羽化的成虫，体壁尚未硬化，身体较柔软而色浅，翅短而厚。随后，成虫吸入空气，并借肌肉收缩和血液流向翅内的压力，使翅伸展，待翅和体壁硬化以后，即能飞翔。

2. 性成熟　有些昆虫在幼虫期已摄取了足够的营养，羽化为成虫时，性器官已发育完全，并具有成熟的精子或卵子，羽化后不需取食，短期内即可进行交配和产卵。这类昆虫，在成虫期一般不取食，甚至口器退化或残留痕迹，而且寿命往往也较短，雌虫产卵后不久即死亡，例如三化螟。有些昆虫，羽化后生殖器官还未发育完全，必须继续取食某些营养物质，经过一段时间，生殖器官逐渐发育成熟后，才能交配产卵。这种成虫期对性成熟不可缺少的取食，称为补充营养。这类昆虫的成虫寿命较长，如果成虫是植食性的，其危害性也较大，例如金龟子、蝗虫、叶甲类等。

雌成虫和雄成虫从羽化到性成熟开始交配所经的时间，称为交配前期。雌成虫从羽化到第1次产卵所经的时间，称为产卵前期。雌虫交配后产卵的数量称为繁殖力。雌成虫和雄成虫的比例称为性比。在农作物害虫防治中，为把成虫防除在产卵之前，了解其产卵前期的习性是有实际意义的。对于成虫期需要补充营养的种类，可在其喜食的植物上防治，例如地老虎、黏虫等的成虫，有取食花蜜作为补充营养的习性，可利用糖醋酒液进行诱杀。

3. 交配和产卵　许多种昆虫在性成熟期，由一定的腺体分泌性外激素（又称为性信息素），引诱同种异性来交配。昆虫交配后，雌虫体内生殖器官的储精囊内储存了雄虫输入的精液，待雌虫产卵时，才释放出少量精液，在生殖道内完成受精过程。因此昆虫可以1次交配而多次产卵，也可多次交配多次产卵。但大多数昆虫的卵在卵巢内分批成熟而多次产出。产卵次数和产卵期的长短因虫种而异，也受环境条件影响。产卵期短的只有1～2 d，长者可达数月以上。昆虫的生殖能力是相当强的，每头雌虫可产卵数十粒至数百粒，很多蛾类可产卵千粒以上，例如1头黏虫雌蛾可产卵1 000～2 000粒或以上。

各种昆虫对产卵场所有一定的选择，一般来说，总是选择对幼虫取食有利的地方。例如寄生蜂或寄生蝇多产卵在寄主的体表或体内；捕食性昆虫常把卵产在离捕食对象较近的地方；植食性昆虫则按其习性，分别把卵产在植物的叶片、花、果、茎、根或接近植物的土中。很多昆虫在产卵时由内生殖器官的附腺分泌胶状物质，把卵粒粘着在物体上，有些种类还由分泌物形成胶质卵囊或纤维状的覆盖物以保护卵粒。通常雄虫在交配后不久即死亡，而雌虫要等到把卵产完才死亡。所以成虫的寿命，一般雌的长，雄的短。

4. 性二型和多型现象　大多数昆虫雌成虫和雄成虫的形态相似，主要区别是生殖器官，称为第1性征。有些昆虫雌成虫和雄成虫在触角形状、身体大小、颜色及其他形态上有明显的区别，称为第2性征。例如独角犀、锹形甲的雄虫，头部具有雌虫没有的角状突起或特别发达的上颚（图3-9）。介壳虫和蓑蛾，雌虫无翅，雄虫有翅；舞毒蛾雌蛾体大色浅（淡褐色），触角栉齿状，不明显，雄蛾体小色深（暗褐色），触角羽状；小地老虎的触角，雌蛾为线状，雄蛾为羽状。像这样雌雄两性在形态上有明显差异的现象，又称为性二型或雌雄异型。

有些昆虫，在同一个种群中，除了雌雄异型以外，即在同一性别中，还有不同的类型，称为多型现象。多型主要表现在体躯构造、形态、颜色等的不同，例如蚜虫类有雌、雄性蚜和营孤雌生殖的有翅胎生雌蚜及无翅胎生雌蚜；稻飞虱的雌成虫和雄成虫中各有长翅型和短翅型；蜜蜂在同一巢中有蜂王、雄蜂和职蜂；白蚁在同一巢中，有生殖能力的是蚁后、蚁王和有翅生殖蚁等，无生殖能力的是工蚁和兵蚁，蚁巢中王和后只有1对，它们在巢内有严格的分工，过着社会性生活（图3-10）。营社会性生活的还有蚂蚁。

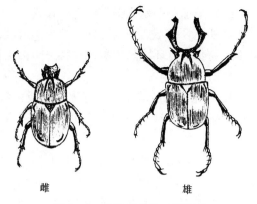

图3-9 锹形甲的性二型现象
（仿周尧）

二、昆虫的变态及其类型

昆虫在胚后发育过程中，从幼期状态转变为成虫状态的现象，称为变态，这是昆虫的显著特征之一。

昆虫种类繁多，变态多样，学者们对变态类型的划分，意见不完全一致。但综合起来，有以下5个基本类型。

（一）增节变态

幼期和成虫期除个体大小和性器官的发育程度不同外，腹部节数在初孵幼虫时为9节，到成虫时增为12节，为增节变态。仅原尾目进行这样的增节发育。

（二）表变态

从初孵幼虫到成虫，变化不明显，仅个体增大、性器官成熟、触角和尾须节数增多，成虫期继续蜕皮，为表变态。例如弹尾目、双尾目、缨尾目属于此变态类型。

（三）原变态

原变态为蜉蝣目所特有。从幼虫到成虫期要经过一个亚成虫期。亚成虫期性已成熟，看

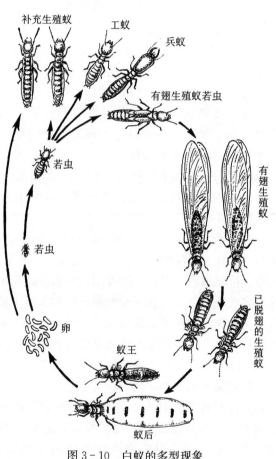

图3-10 白蚁的多型现象
（仿蔡邦华等）

成是成虫期的继续蜕皮，为原变态。其幼虫为多足型。

(四) 不全变态

发育仅经过卵、幼虫和成虫3个阶段，为不全变态。成虫的特征随着幼虫的生长而出现，幼虫属寡足型，有翅芽和复眼，成虫不再蜕皮。农业昆虫很多目属于此类变态，如盲蝽（图3-11）。

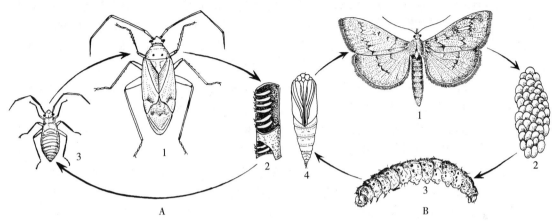

图3-11 昆虫的变态

A. 不全变态（苜蓿盲蝽）（1. 成虫　2. 卵　3. 若虫）　B. 全变态（玉米螟）（1. 成虫　2. 卵　3. 幼虫　4. 蛹）

（仿吕锡祥）

不全变态又可分为以下3个亚型。

1. 渐变态　渐变态的幼虫期与成虫期的体形、生境、食性等相似，幼虫期虫态称为若虫。直翅目、螳螂目、半翅目等陆栖昆虫均为渐变态。

2. 半变态　半变态的幼虫期与成虫期的生境不同，幼虫期为水生，体形、呼吸器官、取食器官、行动器官、行为等与成虫不同。蜻蜓目等为半变态，幼虫期虫态称为稚虫。

3. 过渐变态　幼虫期向成虫期转变要经过一个不食又不太动的似蛹虫龄，比渐变态显得复杂，称为过渐变态，例如缨翅目、半翅目粉虱科与雄性介壳虫均属过渐变态。

(五) 全变态

全变态昆虫经过卵、幼虫、蛹和成虫4个发育阶段。幼虫期和成虫期外部形态、内部器官、生活习性与成虫均不相同。幼虫往往有成虫期所没有的临时性器官，同时隐藏有成虫期的复眼和翅芽，经过蛹期的剧烈改造，才变为成虫（图3-11）。

全变态昆虫中，一些营寄生生活的类群，幼虫各个虫龄间形态、生活方式等明显不同，出现2个到多个不同形态与生活方式的幼虫，称为复变态，例如鞘翅目的芫菁科和步甲科、脉翅目的螳蛉科、膜翅目的姬蜂科等。例如芫菁科，成虫为植食性；幼虫大多取食蝗卵，第1龄幼虫有发达的胸足，为三爪蚴，活泼，能寻找土中的蝗卵，进入蝗虫卵囊中取食，逐渐变得行动迟缓；第2龄起为蛴螬型，胸足退化；第5龄体壁坚韧，胸足更加退化，为不活动的"拟蛹"；第6龄又为蛴螬型，而后化蛹。

5种基本变态类型反映昆虫进化过程中经历的几个重要阶段：多足真蚴→六足蚴虫（原尾目）→无翅真虫（衣鱼目）→有翅原变态类（蜉蝣目）→不全变态类（半翅目等）→全变态类（鳞翅目），后两个变态类是昆虫进化最高级最成功的类群，农业昆虫绝大多数属于这两类。

三、昆虫内激素对生长发育和变态的调控

昆虫的生长、蜕皮、变态等生理活动机能，主要受到3种内激素的调节和控制。这3种内激素是位于昆虫脑中的脑神经细胞分泌的脑激素、位于咽喉附近的咽侧体分泌的保幼激素和位于前胸气门内侧气管上的前胸腺分泌的蜕皮激素。脑激素经过体液运送到咽侧体和前胸腺附近，就能刺激二者分泌各自的激素，如果脑激素不分泌时，则后二者也不再分泌激素。所以脑激素是一种促激素（又称为活化激素）。保幼激素的主要作用是保持幼虫的特征，抑制成虫特征的出现，但在成虫期却又具有促进性器官发育的作用。蜕皮激素主要促进龄期间的蜕皮和成虫等的发育，加速向成虫变态。在保幼激素和蜕皮激素同时存在、共同作用下只能引起昆虫的蜕皮，仍保持幼虫的特征。到幼虫发育最后1龄时，保幼激素的分泌量相对减少或停止，这时，蜕皮激素分泌量增加，幼虫的内部组织器官系统就开始分解，成虫迅速生长，蜕皮后变为蛹，蛹的保幼激素的量更少，因此成虫特征得到充分发育，蛹蜕皮后变为成虫。成虫期前胸腺退化崩解，因而成虫体内再没有蜕皮激素，成虫也就不再蜕皮。这时，咽侧体恢复活动，分泌大量的保幼激素，促进性器官的发育。因此保幼激素又称为保幼生殖激素。这3种内激素在昆虫整个生长发育和变态过程中，起着相互联系、相互抑制的作用。

利用内激素可以人为地控制昆虫的发育和变态。从20世纪60年代起，昆虫激素的研究发展十分迅速，人工合成的保幼激素及其类似物，很多已经商品化，应用于蚕丝增产和害虫防治。

第三节 昆虫的世代和年生活史

一、昆虫的世代和年生活史

昆虫的生活周期，从卵发育开始，经过幼虫、蛹到成虫性成熟产生后代的个体发育史，称为1个世代，即1代，完成1个生命周期的发育史，称为代生活史。昆虫在整个1年中的发生经过，例如发生的代数、各虫态出现的时间、和寄主植物发育阶段的配合、越冬情况等，称为年生活史。1年发生1代的昆虫，它的年生活史，就是1个世代；1年发生多代的昆虫，年生活史就包括几个世代。有些昆虫的生活史，需要2年或多年才能完成1代。世代的计算，是由卵到成虫，但有许多昆虫，常常以幼虫、蛹或成虫越冬，到次年出现的幼虫、蛹或成虫，都不算当年的第1代，而是前一年的最后1个世代，这一代特称为越冬代。要到卵期才算当年第1代的开始。

昆虫的年发生世代数和各虫态发育历期，因种类和环境条件而不同。例如小麦吸浆虫1年只发生1代；三化螟1年发生3～4代；棉蚜1年可发生20～30代；而华北蝼蛄3年才完成1代。又如黏虫在东北1年发生2～3代，在华北1年发生3～4代，在华中1年发生5～6代，在华南1年发生6～8代。昆虫在适温范围内，温度增高时，发育加快，完成1代所需的时间缩短。在同一地区内，同种昆虫，1年发生的世代数，也因耕作制度和气候条件的变化而有所不同。

凡1年发生多代的昆虫，往往因发生期参差不齐，成虫羽化期和产卵时间长，出现第1代和后几代混合发生的现象，造成上下世代间界限不清，称为世代重叠。1年中发生的代数越多，世代重叠现象越普遍。此外，由于昆虫生长发育不整齐，到最后世代常发生局部世

代，例如三化螟的最后1代，常受秋季短日照的影响，一部分3~4龄幼虫开始滞育，另一部分预蛹或蛹期的继续发育转化为下一世代，称为局部世代。上述两种现象，造成防治上的困难。

昆虫的年生活史，可以用文字来记载，也可以用各种图解的方式绘成生活史图或发生历，如将害虫的发生危害与寄主植物的生育期结合绘制成图，更可一目了然（图3-12）。

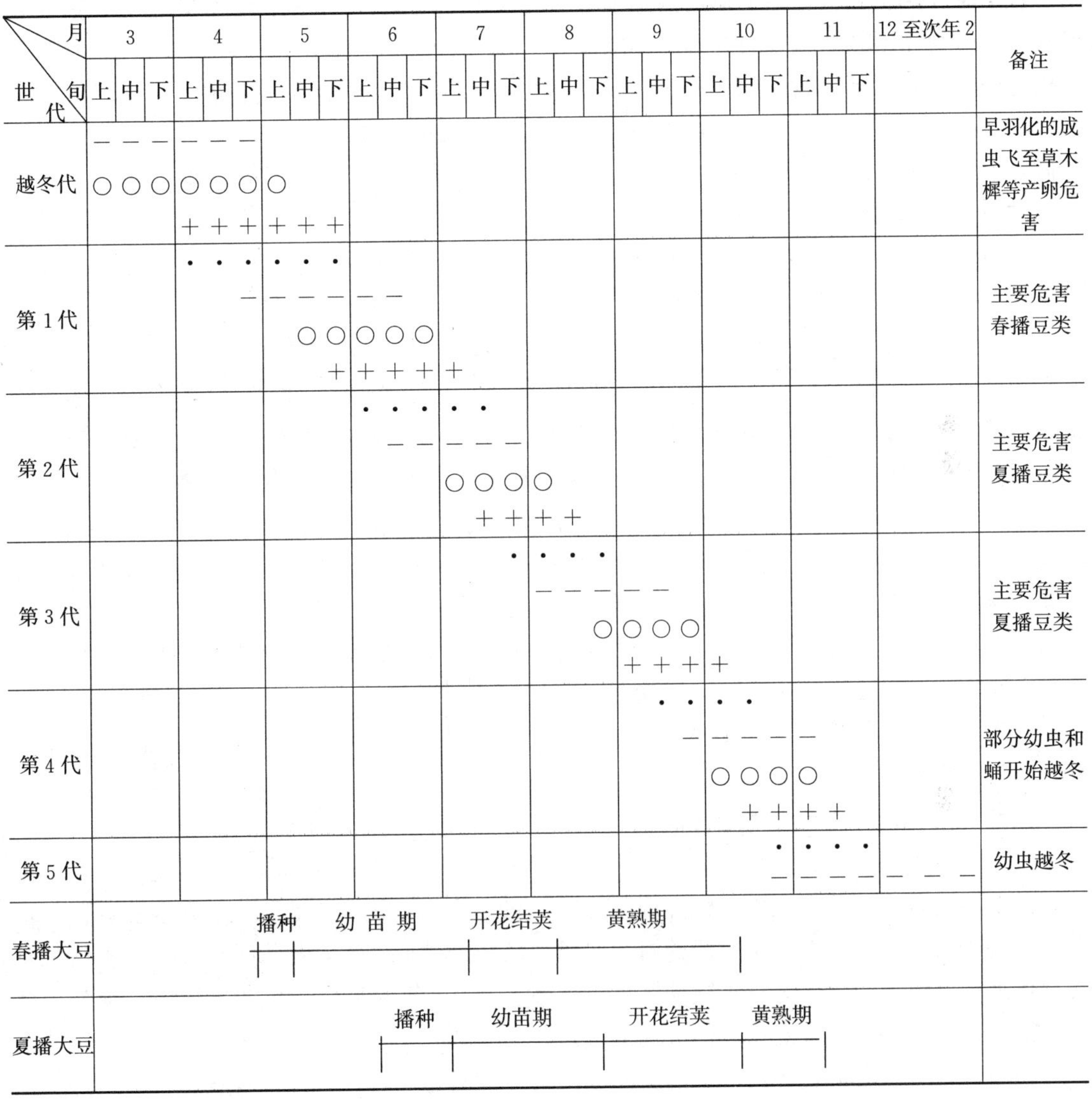

世代＼月旬	3 上 中 下	4 上 中 下	5 上 中 下	6 上 中 下	7 上 中 下	8 上 中 下	9 上 中 下	10 上 中 下	11 上 中 下	12至次年2	备注
越冬代	− − − ○ ○ ○	− − − ○ ○ ○ + + +	○ + + +								早羽化的成虫飞至草木樨等产卵危害
第1代		· · ·	− − − ○ ○ ○	− ○ + + + +							主要危害春播豆类
第2代				· · · − − −	○ ○ ○ + + + +						主要危害夏播豆类
第3代					· · · − − −	○ ○ ○ + + + +					主要危害夏播豆类
第4代						· · · − − −	○ ○ ○ ○ + + + +				部分幼虫和蛹开始越冬
第5代								· · · − −	− − −		幼虫越冬
春播大豆		播种	幼苗期		开花结荚		黄熟期				
夏播大豆			播种	幼苗期		开花结荚		黄熟期			

图3-12 豆小卷叶蛾发生经过与寄主植物发育关系
·卵 —幼虫 ○蛹 ＋成虫
（仿吕锡祥）

二、昆虫的休眠和滞育

昆虫或螨类在1年生长发育过程中，常出现暂时停止发育的现象，这种现象，从其本身的生物学与生理上来看，可区分为2大类：休眠和滞育。

（一）昆虫休眠

昆虫休眠是种在个体发育过程中对不良环境条件的一种暂时的适应性，当这种环境条件一旦消除而能满足其生长发育的要求时，便可立即停止休眠而继续生长发育。在温带及寒带地区，每年冬季严寒来临之前，随着气温下降，植物枯死或落叶而造成昆虫食物缺乏，各种昆虫都找寻适宜场所进行休眠，称为休眠越冬或冬眠。等到来春气候温暖，昆虫又开始活动。在干旱或热带地区，在干旱或高温季节，有些昆虫或螨类，也会暂时停止活动，进入夏眠状态，称为休眠越夏或夏眠，等到环境适宜，再开始活动。处在越冬或越夏状态的昆虫，如果给予适宜的生活条件，仍可恢复活动。有休眠特性的害虫有小地老虎、黏虫、斜纹夜蛾、甜菜夜蛾、稻纵卷叶螟、东亚飞蝗等。昆虫在休眠越冬期间，抗寒力的大小、死亡率的高低，因越冬场所和越冬虫态或虫龄而异。

（二）昆虫滞育

昆虫滞育是系统发育过程中内部生理机能与外界环境条件间不断矛盾统一的结果，是一种比较稳定的遗传性。在个体发育期间，在一定季节、一定的发育阶段进行滞育。在滞育期间，即使给予良好的生活条件，也不能解除昆虫的滞育，必须经过较长的滞育期，并要求有一定的刺激因素，滞育昆虫才能重新恢复生长。一年中光周期的变化，是引起滞育的主要因素。自然界的光周期变化有两个方向，冬至到夏至是日照由短到长的变化，夏至到冬至是日照由长到短的变化。感受光周期信号的虫期称为感受虫期，是在滞育虫期之前，例如玉米螟，感受虫期为3～4龄幼虫，而滞育虫期为5龄幼虫。引起昆虫种群中50%个体进入滞育的光周期称为临界光周期。昆虫滞育分为两种基本类型：①短日照滞育型，即在短于临界光周期的条件下产生滞育，以滞育越冬，例如玉米螟、棉铃虫、二化螟等的滞育；②长日照滞育型，即在长于临界光周期的条件下产生滞育，滞育越夏，例如大地老虎、麦红吸浆虫等的滞育。也有少数昆虫属于中间型，即光照时间过短或过长均可引起滞育，例如桃小食心虫。温度、湿度、食料等生态因子对滞育也有影响。例如对短日照滞育型昆虫，高温能抑制滞育，低温能引起滞育。

按照严格程度，滞育分为专性滞育（obligatory diapause）和兼性滞育（facultative diapause）。专性滞育是指昆虫在每个世代的一定阶段，每个个体均进入滞育，例如大豆食心虫等，是长期适应1年只能发生1代环境条件的结果，均为1年1代的昆虫。兼性滞育受环境条件影响较明显，发生在一定阶段的滞育，可由环境条件所左右，都为1年2代或多代的昆虫，例如棉铃虫、三化螟等。不同地区发生代数不同，1年中最后1代或2代中，部分个体进入滞育，另一部分继续发育，形成局部世代。

昆虫进入滞育后，要经过一定的时间和条件才能解除，转入积极发育状态，这个过程称为复苏。

（三）昆虫的休眠期和滞育期的特点

在休眠或滞育之前，昆虫有一定生理准备，例如体内脂肪含量增加，含水量减少，呼吸代谢降低，抗逆力增强，对寒冷、干旱、药剂的抵抗力都增高，虫体进入一定的越冬或越夏场所。例如玉米螟以老熟幼虫在玉米秆中越冬，麦红吸浆虫在土中越夏和越冬。

了解昆虫休眠或滞育的特点，以及害虫越冬、越夏的场所，对害虫发生和危害的预测，开展防治是有指导意义的。

第四节 昆虫的行为

昆虫的行为是生命活动的综合表现，是通过神经活动对刺激的反应。这种反应，是由于感受器所接受的环境刺激及虫体分泌的外激素（又称信息激素），如性引诱激素、聚集激素、追踪激素、告警激素等的协同影响和作用下，表现出适应其生活所需的种种行为。这些行为，是由于自然选择的结果，为种内个体所共有。

一、昆虫的趋性

昆虫的趋性（taxis）是通过神经活动对外界环境刺激所表现的"趋""避"行为，按刺激物的性质，常见有趋光性和趋化性2种类型。

（一）昆虫趋光性

昆虫通过视觉器官，趋向光源的反应行为，称为趋光性，反之则为负趋光性。例如夜出活动的夜蛾、螟蛾、蝼蛄、金龟子有正趋光性；很多在白昼日光下活动的蝶类、蚜虫等，对灯光为负趋光性。

（二）昆虫趋化性

昆虫通过嗅觉器官对于化学物质的刺激而产生的反应行为，称为趋化性。趋化性也有正负之分，这对昆虫取食、交配、产卵等活动，均有重要意义，例如菜白蝶趋向含有芥子油气味的糖苷化合物的十字花科蔬菜产卵。

许多害虫在未交配前，由腺体分泌性外激素，引诱异性来交配，有的是雌虫分泌引诱雄虫，例如棉红铃虫、金龟子、沟金针虫等；有的是雄虫分泌引诱雌虫，例如棉象鼻虫、蝶类等。性外激素的引诱有效距离约在1 km，已有人工提纯或合成的性外激素，在害虫预测预报和防治中应用。例如对红铃虫采用迷向法来防治，即在田间释放过量的人工合成性诱剂，弥漫在大气中，使雄虫无法辨识哪里有雌蛾，从而干扰雌蛾与雄蛾的正常交尾行为。

二、昆虫的食性

（一）按取食食物的性质分类

昆虫在生长发育过程中，不断取食。昆虫种类繁多，与食性的分化分不开。按照取食食物的性质，可分为以下4种类型。

1. 植食性 植食性是指以植物的活体为食，植食性昆虫多是经济植物的害虫，例如玉米螟。

2. 肉食性 肉食性是指以小动物或其他昆虫活体为食，肉食性昆虫多为益虫。按取食方式，肉食性又分为捕食性（例如螳螂捕食蚜虫）和寄生性（例如寄生在玉米螟幼虫体上的寄生蜂）。

3. 腐食性 腐食性是指以动植物尸体、粪便等为食。

4. 杂食性 杂食性是指既食植物又食动物，例如蟋蟀等为杂食性昆虫。

（二）按取食范围的广窄分类

在上述食性分化的基础上，还可按取食范围的广狭再分。例如植食性昆虫再分为：①单食性，即只取食1种植物，例如三化螟只取食水稻，豌豆象只取食豌豆；②寡食性，一般只取食1科或近缘几科的若干种植物，例如菜粉蝶只危害十字花科植物和近缘的木樨科植物；③多食性，能取食不同科的许多植物，例如玉米螟可取食40科181属200多种植物。

昆虫的食性有一定的稳定性，但不是绝对的，有一定的可塑性。例如原先取食的植物缺乏时，会被迫取食其他植物，逐渐产生新的食性。

三、昆虫的群集性

大多数昆虫都是分散生活的，但有些种类有大量个体高密度聚集在一起的习性，即群集性。它又可分为临时群集和永久群集。临时群集是指在某个虫态或个段时间群集在一起，以后就散开，例如很多瓢虫，越冬时群集在石块缝中、建筑物的隐蔽处或落叶层下，到春天就分散活动。永久群集是指终生群集在一起，例如飞蝗有群居和散居两型。群居型飞蝗，从卵块孵化为蝗蝻（若虫）后，密度增大，由于各个体间视觉和嗅觉器官的相互刺激，就形成蝗蝻的群居生活方式，在成群迁移活动中，很难用人工方法把个体分散，到羽化成蝗后，乃成群迁飞危害。但是这种群居性也是相对的，如果经过防治，留下少数个体，它们不能经常从其他个体得到习惯的刺激，就失去群居的习性而变为散居的生活方式。

农业害虫的大量群集必然造成猖獗危害。但如果掌握了它们的群集规律，人们就可以利用它们的群集行为来集中消灭。

四、昆虫的迁移性

不少农业害虫，在其发生过程中，有成群结队地大范围迁移危害的习性，根据其迁移发生的特点，可分为以下2种类型。

1. 季节性迁移　例如黏虫、小地老虎、稻纵卷叶螟、稻褐飞虱、草地螟、白背飞虱等，在一年的发生过程中，像候鸟一样，季节性地从北向南迁移或从南向北迁移。这些昆虫成虫开始迁飞时，雌性的卵巢还没有发育，大多数没有交尾产卵。这种迁移是昆虫的一种适应性，其目的是寻找更适宜的发生环境，有助于种群的大量繁衍和种的延续生存。这类昆虫又称为迁飞性昆虫。

2. 大发生时的迁移　例如蝗虫等，当种群大发生，群居型个体大量出现而进行大范围的迁移。但如果种群数量处于一个较低的水平，则不存在这种现象，即其迁移发生主要受种群密度的影响，而不受气候因素的影响。

了解害虫的迁移性，查明它的来龙去脉以及扩散、迁移的时期，对害虫的预测预报和防治具有重大意义。

五、昆虫的假死性

假死性是昆虫受到异常刺激时，立即卷缩不动或坠落地面假死，状似"休克"的习性。假死性是一种非条件反射，是昆虫逃避敌害的一种适应性。金龟甲成虫均有假死性。人们可以利用昆虫的假死性进行捕杀。

六、昆虫的拟态和保护色

1. 昆虫拟态　拟态是指一种动物与另一种动物很相像，好像一种动物"模拟"另一种动物，因而获得保护自己的好处。从生物学意义来讲，拟态分为两个主要类型：①贝次拟态，就是一种可食物种模拟一个不可食物种，例如食蚜蝇拟态有螫刺的蜂。贝次拟态对拟态昆虫有利，而对被模拟者不利。②缪勒拟态，一个不可食物种（不可食程度较小）模拟另一个不可食物种（强烈不可食），捕食动物只要误食其一，以后二者均不受捕食动物所害。缪勒拟态对二者均有利，例如蜂类之间的相互拟态。

2. 昆虫保护色　保护色是指某些动物有着与其生活环境背景相似的颜色，这样有利于躲避捕食者的视线，从而保护自己。例如青草丛中的中华蚱蜢，体为绿色，但生活在枯草中则为灰褐色，随环境颜色的改变而变换体色。昆虫的保护色常与形态和生活背景相似联系在一起，例如尺蠖幼虫斜立于树枝上，其颜色和形态均酷似树木枯枝。有些昆虫既具有同环境背景相似的保护色，又具有同环境背景成鲜明对比的警戒色。例如蓝目天蛾停息时以褐色的前翅覆盖腹部和后翅，与树皮颜色相似；当受到袭击时，突然张开前翅，展现出颜色鲜明而有蓝眼状斑的后翅；这种突然变化，往往使袭击者受到惊吓，而蓝目天蛾乘机逃离。

昆虫的上述特性，是研究农业害虫发生规律时应特别注意的，有些可用来设计防治方法。

思　考　题

1. 名词解释

孤雌生殖　多胚生殖　孵化　羽化　化蛹　幼虫期　世代重叠　临界光周期　变态　性二型　多型性

2. 昆虫的繁殖方式有哪几种？
3. 昆虫个体发育分为哪几个阶段？
4. 昆虫幼虫分为哪几种类型？
5. 昆虫的蛹分为哪几种类型？
6. 常见昆虫属于哪两个变态类型？其胚后发育过程有什么不同？
7. 昆虫生长的特点是什么？哪些内激素调控昆虫的生长发育和变态？
8. 为什么要研究和了解主要害虫的年生活史？应掌握害虫年生活史的哪些重要环节？
9. 昆虫的休眠与滞育有什么共性和区别？引起昆虫滞育的主要环境因子是什么？
10. 什么叫昆虫的趋性？在害虫防治中应该如何利用昆虫的趋性？
11. 研究和防治农业害虫，应特别注意昆虫的哪些行为和特性？

第四章 六足总纲的分类

农业昆虫，包括很多对农作物有益的昆虫和有害的昆虫种类。研究农业昆虫，首先必须认识它，知道它的名称，了解它在自然界中的地位，这属于昆虫分类学的范畴。

第一节 昆虫分类的原理和意义

已知昆虫 100 多万种，不仅种类繁多，而且有变态。同种昆虫，有成虫、幼虫等几个虫态，成虫还有性二型、多型性、季节型等。对于如此多样的昆虫，不加系统整理，害虫防治和益虫利用的研究就无从下手。昆虫分类学就是用科学的方法，从形态、生物学、生理、生态等方面加以研究，通过比较分析，找出一种（类群）昆虫的特殊性，识别种类，又通过概括归纳，找出几种（类群）的共同性，归成大的类群，整理出一个系统，即分类系统。

昆虫的分类系统是自然界客观实际的反映，正像达尔文在生物进化论中阐述过的那样，生物（包括昆虫在内）都是由低级到高级、由简单到复杂进化来的，各种昆虫之间都存在着或近或远的亲缘关系。亲缘关系越接近，它们的形态特征、对环境的要求、生活习性、生理特性、遗传特性等也越近似。这些特性或特征都是不同种或类群鉴别的依据。分类系统就是在找出亲缘关系基础上建立起来的自然系谱。

学习和研究昆虫分类学，使人们能够把种类繁多的昆虫分析得条理清楚，从而对不认识的种类，通过一定线索加以认识，知道名称；而且可由亲缘关系推断出和哪些种类生活习性比较相似，了解其发生发展规律和防治办法。昆虫分类学能够直接或间接为调查昆虫区系、研究益虫和害虫的发生规律、进行预测预报、做好植物检疫、防治害虫和利用益虫服务，故昆虫分类学是学习和研究农业昆虫学的基础科学。

昆虫分类和其他动物分类一样，以形态特征、生物学特性、生态特性、生理特性等为基础，根据特性与共性的辩证关系，运用比较分析和概括归纳的思维方法进行工作。一方面运用比较分析找出特性，区分不同的虫种或类群；另一方面又运用概括归纳找出共性，将亲缘相近的种类或类群抽象概括为一级比一级更大的类群。所以共性和特性的对立统一是分类的根据，分类通过共性和特性的对立对比而进行，建立反映进化历史过程的分类系统是分类的核心。

怎样进行比较分析与概括归纳？科学的方法就是进行系统发育研究，绘制系统发育支序图。现代昆虫分类学家提出的较好分类系统，大多是建立在利用支序分类学原理与方法进行系统发育研究、绘制系统发育支序图的基础上提出的分类系统，富有理论根据。

昆虫属于动物界节肢动物门的六足总纲，总纲下又分为纲、目、科、属、种几个主要分类阶梯，或称为分类阶元。种是分类基本阶元。集合亲缘相近的种为属，集合亲缘相近的属为科，集合亲缘相近的科为目，集合亲缘相近的目为纲。在实际工作中，这些主要分类阶元不够用时，常在目、科之上增加总目、总科，在目、科、属之下增加亚目、亚科、亚属，以适应具体需要。

分类阶元是生物分类的排序等级或水平，分类单元是排列在分类阶元上的具体生物类群，有特定的名称和分类特征。例如蚜科（Aphididae）是排列在科级的具体分类单元的蚜虫类群，其名称是蚜科（Aphididae），其分类特征是有腹管和尾片。

不同物种有生殖隔离。种由居群所组成。和其他分类单元的区别在于种是分类的基本单元，又是繁殖单元。亚种是种下分类单元。门、纲、目、科、属是种上分类单元，不是繁殖单元。种也是分类基本对象。

每个种都有一个科学名称，称为学名，学名用拉丁文书写，种的学名由属名和种加名组成，这就是国际上通用的双名制。除属名第 1 个字母大写外，其余均小写。印刷时学名排成斜体，抄写时在学名下加横线以示区别。学名后加上定名人的姓氏，全写或缩写，第 1 个字母大写，印刷时排正体，抄写时下边不加横线，例如棉蚜的学名为 *Aphis gossypii* Glover。

同一属的种类并提时，后面种的属名可以缩写，例如棉蚜（*Aphis gossypii* Glover）和玉米蚜（*A. maidis* Fitch）。

有些昆虫的学名，定名人姓氏外加括弧，说明这个种是这个人先定名的，但当时放在别的属中，而后来有人研究移到这个属中。

种下分为亚种，亚种的学名则在种名后加第 3 个拉丁文，也用小写，排成斜体，例如东亚飞蝗为飞蝗（*Locusta migratoria* Linn.）的一个亚种，学名为 *Locusta migratoria manilensis*（Meyen），这称为三名制。

科级（包括总科、科、亚科、族）的学名为单名制，由模式属名加词尾而成，科加词尾 -idae，亚科加词尾 -inae，族加词尾 -ini，总科加词尾 -oidea，只要辨识词尾，就知属于哪个秩级的分类阶元，例如蚜属（*Aphis*）所属总科、科、亚科、族的名称分别为 Aphidoidea、Aphididae、Aphidinae、Aphidini。

第二节　六足总纲的系统发育

进入 21 世纪，科学家们把形态特征与分子测序的数据信息结合起来进行系统发育研究。Wheeler 等（2001）详细整合六足总纲各代表类群以及外群多足纲与甲壳纲的 275 个形态特征、1 000 bp 的 18S rDNA、350 bp 的 28S rDNA 测序数据资料，对六足总纲代表各目的 122 个分类单元、作为外群的多足纲与甲壳纲的 6 个代表性分类单元进行了系统发育分析，提出了六足总纲的系统发育分支序图。

Klass 等（2003）对 2002 年发现的螳䗛目（Mantophasmatodea）与近似的螳螂目、䗛目、直翅目昆虫进行了外生殖器形态与 820 bp 的 COI 与 450 bp 的 16S rDNA 测序数据结合的系统发育研究，提出了这几个目的系统发育支序图。

尹文英等于 2002 年选择原尾虫独具的特征和分群有关的重要特征，包括假眼、精子超微结构、马氏管细微结构、外生殖器等，进行原尾纲重新分群的特征分析，将原尾纲分为蚖目（Acerentomata）、华蚖目（Sinentomata）、古蚖目（Eosentomata）与10科。

综合上述Wheeler等（2001）、Klass等（2003）、尹文英等（2002）的六足总纲系统发育研究与支序图，绘制六足总纲系统发育支序图（图4-1）。

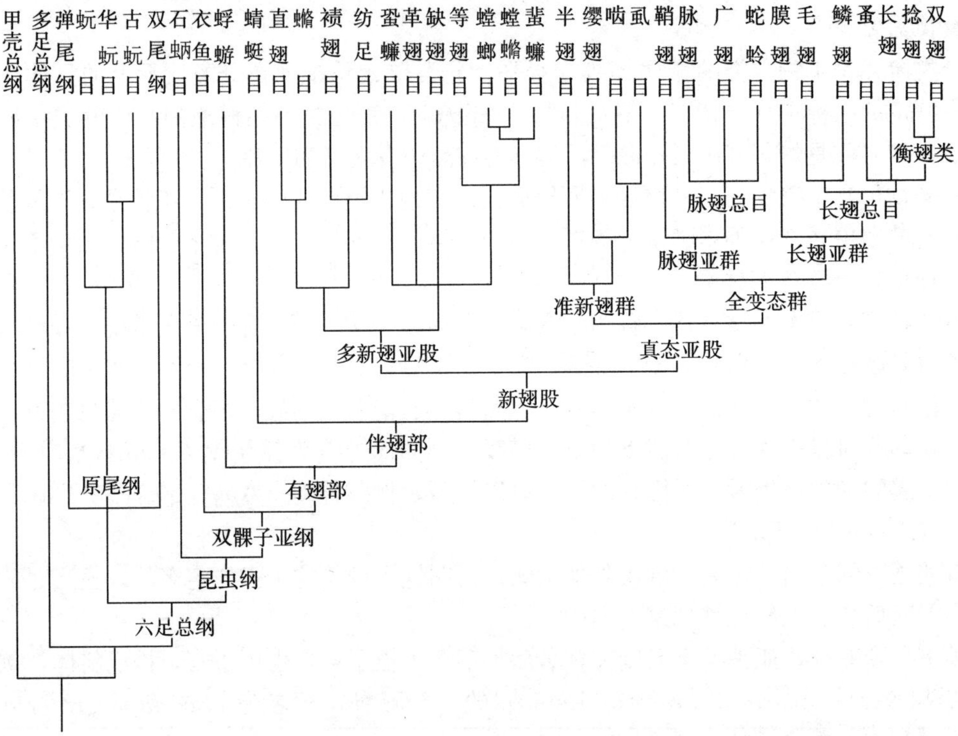

图 4-1 六足总纲系统发育支序
（仿袁锋，2006）

第三节 六足总纲分类系统与纲、目特征

六足总纲体分头、胸和腹3段，胸部有胸足3对，成为运动的中心。

一、原 尾 纲

原尾纲（Protura）属增节变态；口器为内藏式，上颚与下颚分别位于头腔内的上颚与下颚袋中，多为咀嚼式口器，少数为刺吸式口器；无复眼和单眼；无触角；前足特别长，向头前伸出；腹部具12节，第1~3节各生1节或2节短的腹足遗迹，无尾。原尾纲分为下述3目。

1. 蚖目 蚖目（Acerentomata）的中胸和后胸的背板有中刚毛1对；无气孔与气管系统。

2. 华蚖目 华蚖目（Sinentomata）的中胸和后胸的背板缺中刚毛，无气孔，或各有1对气孔，但气孔内缺气孔龛。

3. 古蚖目 古蚖目（Eosentomata）的中胸和后胸的背板有中刚毛，两侧各生1对气孔或气孔退化，气孔内有气孔筅。

二、弹 尾 纲

弹尾纲（Collembola）属表变态；口器为内颚式；有分节的触角；无真正的复眼，小眼分散排列；腹部具6节，第1节有黏管，第3节有握弹器，第4节有弹器，为特化的附肢；无尾；例如跳虫。

4. 弹尾目 弹尾目（Collembola）的特征同弹尾纲。

三、双 尾 纲

双尾纲（Diplura）属表变态；口器属内颚式，为咀嚼式口器；头的后颊部向下延伸，包住上颚、下颚和下唇基部；有分节的念珠状触角；缺复眼和单眼；腹部具11节，第1～7节腹板上生有成对的刺突或泡囊；尾须1对，线状或铗状；例如双尾虫、铗尾虫。

5. 双尾目 双尾目（Diplura）的特征同双尾纲。

四、昆 虫 纲

昆虫纲（Insecta）的口器为外颚式；马氏管发达。

（一）单髁子亚纲

单髁子亚纲（Monocondylia）的上颚只1个后关节；为表变态。

6. 石蛃目 石蛃目（Archaeognatha）昆虫的头部有丝状分节的触角；口器属外颚式，为咀嚼式口器；复眼发达，位于头背前方，单眼1对；第2～3对胸足基节上有针突（stylet）；腹部具11节，每节的腹板上有成对的刺突或泡囊；尾须1对，尾须间有中尾丝。石蛃目昆虫通称为石蛃。

（二）双髁子亚纲

双髁子亚纲（Dicondylia）的上颚有前后2个关节。

Ⅰ. 衣鱼部 衣鱼部（Zygentoma）昆虫为原生无翅。

7. 衣鱼目 衣鱼目（Zygentoma）昆虫头部有丝状分节的触角；口器为外颚式，为咀嚼式口器；有退化的复眼；常缺单眼；胸足基节上无刺突；腹部具11节，有的腹板上有成对的刺突或泡囊；尾须1对，尾须间有中尾丝；成虫期仍进行蜕皮。衣鱼目昆虫通称为衣鱼。

Ⅱ. 有翅部 有翅部（Pterygota）昆虫有翅2对，或为次生无翅。

8. 蜉蝣目 蜉蝣目（Ephemeroptera）昆虫体中型，细长，脆弱；口器为咀嚼式；触角呈刚毛状；前翅发达，后翅小，翅脉多，除纵脉外，还有很多插脉和横脉，休息时翅竖立在背上；尾须1对，长，有的还有中尾丝；属原变态，有亚成虫期，幼期水生，多足型，腹部有附肢变成的鳃，通称蜉蝣。

9. 蜻蜓目 蜻蜓目（Odonata）昆虫体中到大型；头活动，口器为咀嚼式；触角呈刚毛状；中胸和后胸倾斜，腹细长如杆；翅长，为膜质而透明，脉纹呈网状，有翅痣和翅结，休息时翅向身体两侧平伸，或竖立于背上；属半变态，稚虫水生，下唇特化成面罩，以致成虫和幼期口器截然不同，故有异口类之称；幼期以直肠鳃或尾鳃呼吸，属寡足型幼虫；例如蜻蜓、豆娘。

10. 襀翅目 襀翅目（Plecoptera）昆虫小到中型，体扁长而柔软；口器为咀嚼式，上颚有的退化；触角呈丝状多节；翅2对，为膜质，前翅中脉和肘脉间有横脉，后翅臀区大，休息时平放于腹背上；足具跗节3节；尾1对，丝状，多节或1节；属半变态，幼期水生，有的有气管鳃，通称襀翅虫。

11. 纺足目 纺足目（Embioptera）昆虫小到中型，体扁长而柔软；口器为咀嚼式；触角呈丝状或念珠状；胸部长，几乎与腹部等长；雌无翅；雄有翅2对，翅长，翅脉简单，前翅和后翅的翅脉和形状相似，休息时平放于腹背；跗节具3节，前足第1跗节特别膨大，能分泌丝而结网；属渐变态，成虫与幼虫期栖境相同，通称足丝蚁。

12. 直翅目 直翅目（Orthoptera）昆虫中到大型；口器为标准咀嚼式；前胸背板发达；一般有翅2对，前翅为覆翅，后翅为膜质，臀区大，也有无翅或短翅的；后足多为跳跃足，有的前足为开掘式；雌虫产卵器通常发达，呈刀状、剑状或锥状；属渐变态；例如蝗虫（蝗）、螽斯（螽）、蟋蟀（蟋）、蝼蛄等。

13. 蜻目 蜻目（Phasmatodea）昆虫中到大型，细长如竹枝，或扁平似树叶；口器为咀嚼式；前胸短，中胸长，后胸与腹部第1节愈合，腹部长；有翅或无翅，有的前翅短，呈鳞片状；渐变态；例如竹节虫、叶蜻。

14. 蜚蠊目 蜚蠊目（Blattaria）昆虫中到大型，头宽扁；口器为咀嚼式；前胸大，盖住头部；有翅或无翅，有翅的前翅为覆翅，后翅为膜质，臀区大，休息时翅平置于体背；尾须1对；雄虫第9节腹板上有1对刺突；属渐变态，成虫和幼期生活于阴暗处；卵粒为卵鞘所包，通称蜚蠊（蟑螂）。

15. 螳螂目 螳螂目（Mantodea）昆虫中到大型；头活动，三角形；口器为咀嚼式；前胸长；前足为捕捉足，中足和后足步行足；前翅为覆翅，后翅为膜质，臀区大，休息时平放于腹背上；尾须1对；雄虫第9节腹板上有1对刺突；属渐变态，若虫和成虫均捕食性，卵粒为卵鞘所包，通称为螳螂（螳）。

16. 螳䗛目 螳䗛目（Mantophasmatodea）昆虫的头为下口式，口器为咀嚼式；触角呈丝状，多节；无单眼；无翅；胸部每节背板均稍盖过其后背板；前胸侧板大，完全露出；足的跗节为5节，基部4节具跗垫，端跗节中垫很大，有1列长毛；尾须1节；雌产卵器明显超过下生殖板；前足和中足的腿节有成列的刺，有捕食功能；属渐变态，捕食性；通称螳䗛。螳䗛目为2001年在非洲发现的新目，我国尚未发现。

17. 等翅目 等翅目（Isoptera）昆虫小到中型，为多型性社会昆虫；口器为咀嚼式；触角呈念珠状；有翅型有翅2对，前翅和后翅大小、形状相似，翅狭长，可沿基缝脱落，纵脉多，缺横脉；属渐变态，少数种类雌虫也分泌卵鞘，通称白蚁（螱）。

18. 革翅目 革翅目（Dermaptera）昆虫中型，体长而坚硬；头为前口式，口器为咀嚼式；触角呈丝状；前胸大而略呈方形；有翅或无翅，有翅的前翅短小而为革质，后翅大而为膜质，休息时后翅褶藏于前翅下，仅露出少部分；尾须1对，或特化成坚硬的钳状；属渐变态，通称蠼螋。

19. 蛩蠊目 蛩蠊目（Grylloblattodea）昆虫中型，体扁而细长；头为前口式，口器为咀嚼式；触角细长；无翅；3对足为步行足，跗节具5节；有长而分节的尾须1对；产卵器发达；雄虫第9腹节有刺突；变态不明显，通称蛩蠊；我国于1986年在长白山发现，2009年在新疆发现。

20. 缺翅目 缺翅目（Zoraptera）昆虫体小柔软；口器为咀嚼式；触角具9节，呈念珠状；有无翅型和有翅型，无翅型无单眼、无复眼，有翅型有复眼和单眼；翅 2 对，膜质，翅脉简单，纵脉 1~2 条；足跗节具 2 节；尾须 1 节；属渐变态，通称缺翅虫；我国于 1973 年在西藏发现。

21. 啮目 啮目（Psocoptera）昆虫体小柔软；口器为咀嚼式；触角呈丝状；前胸细小如颈；有无翅的、短翅的和有翅的，有翅的翅 2 对，均为膜质，前翅大，有翅痣，横脉少，后翅小；无尾须；属渐变态，通称啮虫。

22. 虱目 虱目（Phthiraptera）包括过去的食毛目（Mallophaga）和虱目（Anoplura）。虱目昆虫微小到小型，触角 3~5 节；口器为咀嚼式或刺吸式；胸部 3 节愈合或中胸和后胸愈合；无翅；足为攀登足，跗节为 1~2 节，爪 1 个或 2 个；无尾；无产卵器；属渐变态；寄生于鸟类或哺乳动物体外；通称虱。

23. 缨翅目 缨翅目（Thysanoptera）昆虫微小到小型，体细长而扁平；口器为锉吸式，左右不对称；翅 2 对，狭长，纵脉 1~2 条，边缘有长缨毛，也有无翅和 1 对翅的；跗节 1~2 节，端部有泡；属过渐变态，通称蓟马。

24. 半翅目 半翅目（Hemiptera）包括过去的同翅目（Homoptera）与半翅目（Hemiptera）。半翅目昆虫小到大型；头后为口式；口器为刺吸式，由头的前方或头的腹面伸出，折向后方，上颚和下颚变为口针；有无翅型和有翅型，有翅型翅 2 对，前翅为半鞘翅或覆翅，后翅为膜质；属渐变态；例如椿象（蝽）、蝉、木虱、粉虱、蚜虫、介壳虫等。

25. 鞘翅目 鞘翅目（Coleoptera）昆虫小到大型，体坚硬；头为前口式或下口式，口器为咀嚼式；前翅为鞘翅，后翅膜质；足的跗节多为 5 节；属全变态或复变态，通称甲虫。

26. 广翅目 广翅目（Megaloptera）昆虫中到大型；头为前口式，口器为咀嚼式，有的雄虫上颚特别发达；翅 2 对，为膜质，翅脉呈网状，纵脉在翅的边缘不分叉；无尾须；属全变态，捕食性，幼虫水生，例如鱼蛉、泥蛉。

27. 蛇蛉目 蛇蛉目（Raphidioptera）昆虫小到中型；头部延长，后部缩小如颈，为前口式；口器为咀嚼式；前胸细长；翅 2 对，为膜质，前翅和后翅形状相似；翅脉呈网状，有翅痣；雌产卵器细长如针；属全变态，幼期和成虫均为捕食性，通称蛇蛉。

28. 脉翅目 脉翅目（Neuroptera）昆虫小到大型；头为下口式，口器为咀嚼式；翅 2 对，为膜质，前翅和后翅形状相似，脉纹呈网状，纵脉在翅的边缘分叉；属全变态或复变态，成虫和幼虫为捕食性；例如草蛉、蚁蛉。

29. 毛翅目 毛翅目（Trichoptera）昆虫小到中型，外形像蛾；口器为咀嚼式，但无咀嚼能力；翅 2 对，为膜质，被毛，翅脉接近标准脉序；属全变态，幼虫水生，通称石蛾。

30. 鳞翅目 鳞翅目（Lepidoptera）昆虫小到大型；口器为虹吸式；翅 2 对，为膜质，被鳞片和毛；属全变态，成虫和幼虫陆生，少数幼虫营半水生生活；例如蝴蝶和蛾。

31. 长翅目 长翅目（Mecoptera）昆虫小到中型；头向下延伸呈喙状；口器为咀嚼式；翅 2 对，狭长，有翅痣，前翅和后翅形状相似，翅脉接近标准脉序；雄虫腹末向上弯曲，末端膨大呈球状；属全变态，成虫和幼虫为捕食性；例如蝎蛉。

32. 蚤目 蚤目（Siphonaptera）昆虫体微小到小型，侧扁而坚韧，无翅；头小，与胸部密接；无单眼，复眼小或无；口器为刺吸式；足基节粗大，腿节发达，适于跳跃，跗节具

5节；属全变态，寄生于哺乳动物或鸟类体外，通称蚤。

33. 双翅目 双翅目（Diptera）昆虫小到大型；口器为刺吸式或舐吸式；翅1对，前翅为膜质，后翅变成平衡棒（halter）；属全变态或复变态，例如蚊、虻、蝇。

34. 捻翅目 捻翅目（Strepsiptera）昆虫小型，雌雄异型；雄虫有翅有足，自由活动；触角具4～7节，至少第3节有1旁枝，向侧面伸出，有的第4～6节也有旁枝，使触角呈栉状；前翅小而呈平衡棒，后翅大而为膜质，具脉纹3～8条，呈放射状。雌虫终生寄生，头胸部愈合，坚硬，露出寄主体外，腹部膜质而呈袋状，翅、足、触角、复眼、单眼均缺如。捻翅目昆虫属复变态，通称捻翅虫。

35. 膜翅目 膜翅目（Hymenoptera）昆虫微小到大型；口器为咀嚼式或嚼吸式；翅2对，为膜质，前翅大，后翅小，以翅钩列连接，翅的纵脉特化或退化；产卵器锯齿状或特化成蜇刺；属全变态或复变态，例如蚂蚁、蜜蜂、锯蜂、胡蜂等。

这35目六足动物中，有9个目在农业害虫的防治及益虫的利用上关系最为密切，它们是直翅目、等翅目、缨翅目、半翅目、鞘翅目、脉翅目、鳞翅目、双翅目和膜翅目。

第四节 农业昆虫及螨类重要目、科概说

一、直翅目

直翅目（Orthoptera）昆虫包括常见的蝗虫、蟋蟀、蝼蛄、螽斯等（图4-2）。

(一) 直翅目的形态特征

直翅目昆虫身体中至大型；头多为下口式；触角多为丝状；口器为标准咀嚼式；前胸大而明显，中胸与后胸愈合；前翅狭长，革质，为覆翅；后翅为膜质，臀区大，休息时呈扇状折叠在前翅之下；脉纹多是直的；有些种类为短翅型或无翅；后足多为跳跃足；产卵器发达，呈剑状、刀状或凿状；常有发音器，靠前翅特殊部位互相摩擦，或后足腿节与前翅刮擦而发音；听器位于腹部第1节两侧或前足胫节基部之侧。

(二) 直翅目的生物学特性

直翅目昆虫营卵生，卵多呈圆柱形，略弯曲，或长圆形。卵产在土中或植物组织中，有的数个聚产在一起，有的集中成卵块，外被保护物。

直翅目昆虫属渐变态，若虫的形态、生活环境和取食习性与成虫相似。若虫一般5个龄期，发育过程中触角有增节现象，第2龄后出现翅芽，若虫后翅放在前翅上面，这点可用来与短翅型种类成虫相区别。触角的节数和翅的发育程度可作为鉴别若虫龄期的依据。

直翅目昆虫多生活在地面上，有的生活在土中，有些生活于树上。多数具有跳跃能力，飞翔力不强；但少数种类飞翔力强，例如飞蝗成群迁飞时可随气流飞翔数百千米，甚至数千千米。直翅目昆虫1年发生1代，也有1年发生2代的，还有2～3年完成1代的；一般以卵越冬，多有保护色；多为植食性，少数捕食其他昆虫或小动物。

(三) 直翅目常见科的主要特征

对直翅目分亚科、总科、科的分类系统，迄今没有统一的看法，很多类群作为总科、科还是亚科，有不同意见。本书采用2亚目12总科26科的分类系统。此处介绍与农业生产关系密切的科的特征。

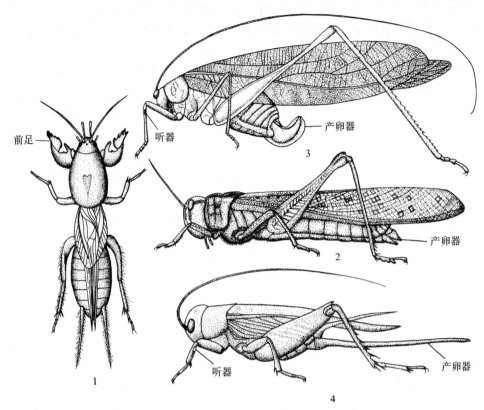

图 4-2 直翅目昆虫主要科的代表
1. 蝼蛄科（华北蝼蛄） 2. 蝗科（东亚飞蝗） 3. 螽斯科（日本螽斯） 4. 蟋蟀科（油葫芦）
（仿周尧）

1. 螽斯科 螽斯科（Tettigoniidae）昆虫触角呈丝状，细长，多节，比体长。前足胫节上有听器。产卵器短而阔，刀状，由3对产卵瓣组成；跗节具4节（图4-2）。螽斯科昆虫为植食性，有的为肉食性；产卵在植物组织中；危害农作物的有中华露螽，取食豆、瓜等；观赏的鸣虫有络纬螽（纺织娘）。

2. 蟋蟀科 蟋蟀科（Gryllidae）昆虫体粗壮；触角比体长；产卵器细长，剑状；跗节具3节；听器在前足胫节上（图4-2）。蟋蟀科昆虫多数1年发生1代，成虫在夏秋间盛发，多发生在低洼、河边、杂草丛中，雄虫昼夜发出鸣声；危害农作物的，北方主要是各种油葫芦、棺头蟋；华南主要是大蟋蟀。

3. 蝼蛄科 蝼蛄科（Gryllotalpidae）昆虫的触角短；前足粗壮，为开掘足，胫节阔，有4个大齿，跗节基部有两个大齿，适于挖掘土壤和切断植物根部；后足腿节不甚发达，不能跳跃；后翅长，伸出腹末如尾状；产卵器不露出体外；听器在前足胫节上，状如裂缝（图4-2）。蝼蛄科昆虫为多食性地下害虫，我国北方以华北蝼蛄为主，南方以东方蝼蛄为主。

4. 锥头蝗科 锥头蝗科（Pyrgomorphidae）昆虫的头顶圆锥形；颜面极倾斜，与头顶呈锐角；触角短于体长，剑状；前胸有腹板突；听器位于腹部第1节；产卵器短而凿状；农田常见种有短额负蝗、长额负蝗等。

5. 斑腿蝗科 斑腿蝗科（Cantantopidae）昆虫的触角短于体长，丝状；后足腿节外侧有羽状隆线；有前胸腹板突；水稻重要害虫有中华稻蝗、无齿稻蝗等；其他农田常见种有短星翅蝗、棉蝗等。

6. 斑翅蝗科 斑翅蝗科（Oedipodidae）昆虫的触角短于体长，丝状；前胸无腹板突；前翅一般有中闰脉，其上有发音齿。农业重要斑翅蝗科害虫飞蝗（*Locusta migratoria* Linn.）在我国有3个亚种，历史上记载大发生成灾的主要是东亚飞蝗，分布于我国东部广大平原，中华人民共和国成立后已消灭其发生基地，其危害已被控制；亚洲飞蝗分布于蒙新高原的低洼地方；西藏飞蝗分布于西藏和青海。飞蝗有群居型和散居型两个生态型，两个生态型在形态和生活习性上有一定差别。群居型对农作物有毁灭性危害。这两个生态型可以互变，引起变型的原因主要是环境条件和虫口密度。

7. 网翅蝗科 网翅蝗科（Arcypteridae）昆虫的触角呈丝状，前胸无腹板突，前翅中脉区无闰脉；危害竹、水稻的有黄脊竹蝗、青脊竹蝗等。

8. 蝗（剑角蝗）科 蝗（剑角蝗）科（Acrididae）昆虫的头顶圆锥形或球形，颜面倾斜，与头顶形呈锐角；触角剑状，扁平，从基部到端部逐渐变狭；后足腿节中区有羽状隆线；农田常见种如中华蚱蜢，危害烟草等。

9. 菱蝗（蚱）科 菱蝗（蚱）科（Tetrigidae）昆虫体小型，触角多为丝状；前胸背板特别发达，多向后延伸覆盖腹部部分或全部；跗节为2-2-3式；农田常见种如日本菱蝗。

10. 蚤蝼科 蚤蝼科（Tridactylidae）昆虫的前足胫节扩大，有刺，适于开掘；中足扁平，长于前足；后足腿节膨大，适于跳跃，胫节端部有2个能活动的长片，能助跳跃；跗节为2-2-1式；口器前伸，似前口式；触角具12节；农田常见种如日本蚤蝼。

二、等 翅 目

等翅目（Isoptera）昆虫通称白蚁，简称蠦。

（一）等翅目的形态特征

等翅目昆虫体小至中型，白色、淡黄色直至黑色；触角呈念珠状；口器为咀嚼式；头壳背面有1头盖缝，一般是1道横线和1条纵线汇合成T形或Y形，有的2缝汇合处有凹下或突起部分，为额腺的开口处，称为囟；分为有翅、短翅及无翅的几个类型。具翅者，2对翅狭长，为膜质，大小、形状及脉序相似，故称为等翅目。白蚁的翅，经一度飞翔后即脱落，脱落部位在翅基肩缝处，残存部分称为翅鳞；跗节4节或5节；尾须1对（图4-3）。

（二）等翅目的生物学特性

等翅目昆虫为多型性社会性昆虫，营群栖生活。在一个蚁巢中有几百到几百万只个体，从形态和机能上可分为生殖和非生殖两大类型，每类型下又分为若干品级。

1. 生殖类型 生殖类型又称为繁殖蚁；体型较大，有发育完全的生殖器官，主要起交配产卵的作用。由于来源和形态上的不同，分为以下3个品级。

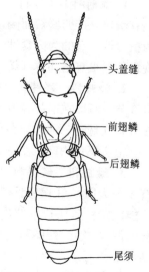

图4-3 一种木白蚁脱翅后的雌成虫
（仿 Light）

（1）原始蚁王和蚁后　原始蚁王和蚁后是有翅成虫经群飞脱翅配对后进行繁殖的个体，是新群体的创始者。其体色较深，体壁较硬，有发达的复眼和单眼，中胸和后胸各有残存的翅鳞。

（2）短翅补充蚁王和蚁后　短翅补充蚁王和蚁后只在部分种类中发现。其体壁较软，有复眼，中胸和后胸背面有类似若虫状态的短小翅芽。

（3）无翅补充蚁王和蚁后　无翅补充蚁王和蚁后也只在部分种类中发现。其体色较淡，淡黄或白色，体壁更软，没有复眼，没有翅芽。

2. 非生殖类型　非生殖类型包括以下两个品级。

（1）兵蚁　兵蚁又称为卫蚁，有雌雄之分，而不能生殖，有发达的上颚，对蚁群起保卫作用。

（2）工蚁　工蚁又称为职蚁，也有雌雄之分，不起繁殖作用，担负采食、筑巢、喂食、照料幼蚁、搬运蚁卵等维持群体生活的任务。

等翅目昆虫取食活的植物体、干枯的植物、真菌等，根据筑巢的地点分为木栖性的（依木筑巢，蚁巢与土壤没有联系）、土栖性的（依土筑巢，蚁巢不能脱离土壤）和土木两栖性的（可在木中或在地下或地面筑巢，是建筑物的主要害虫类群）。

（三）等翅目常见科的主要特征

全世界等翅目昆虫超过3 000多种，我国有400多种，分为6科，常见有以下2科。

1. 鼻白蚁科　鼻白蚁科（Rhinotermitidae）昆虫头部有囟，前胸背板较头狭窄；兵蚁及工蚁的前胸背板平，无前隆起部分；有翅成虫一般有单眼；前翅鳞远大于后翅鳞；重要种类如曲颚乳白蚁（*Coptotermes curvignathus* Holmgren）。

2. 白蚁科　白蚁科（Termitidae）昆虫头部有囟；前胸背板狭于头；兵蚁及工蚁前胸背板的前中部分隆起；前翅鳞略大于后翅鳞；多为地栖性；危害农林植物和木材的如黑翅土白蚁，筑巢在地下，危害电杆、铁路枕木、生长的树木、甘蔗等作物。

三、缨翅目

缨翅目（Thysanoptera）昆虫通称蓟马。

（一）缨翅目的形态特征

缨翅目昆虫体微到小型，体长为0.5～2.0 mm，很少超过7 mm；体黑色、褐色或黄色；头略为后口式；口器为锉吸式，能锉破植物表皮，吮吸汁液；触角具6～9节，呈线状，略带念珠状，一些节上有感觉器；翅狭长，边缘有长而整齐的缘毛，脉纹最多只有2条纵脉；足的末端有泡状中垫，爪退化；雌性腹部末端圆锥形而腹面有锯状产卵器，或圆柱形而无产卵器（图4-4）。

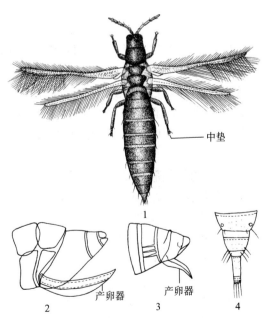

图4-4　缨翅目昆虫常见科特征
1. 棉蓟马成虫　2. 纹蓟马科腹部末端　3. 蓟马科腹部末端　4. 皮蓟马科腹部末端

（仿周尧等）

（二）缨翅目的生物学特性

缨翅目卵很小，有的产在植物组织内，产卵处表面略为隆起，有的产在植物表面或缝隙中；属过渐变态，若虫经过4个龄期，第3龄出现翅芽，到末龄不食不动，触角向后放在头上，有的分称为"前蛹"和"蛹"，似全变态的裸蛹。缨翅目一般两性生殖，很多种类无雄虫，进行孤雌生殖。

多为植食性，少数肉食性，捕食其他小虫，在花上常发现。

（三）缨翅目常见科的主要特征

全世界记载缨翅目昆虫有6 000多种，我国记载有300多种，常见的有以下3科。

1. 纹蓟马科 纹蓟马科（Aeolothripidae）昆虫的触角9节；前翅较宽，有横脉，至少有2条纵脉伸达翅端，翅面有微毛；雌虫产卵器呈锯状，端部向上弯曲。例如纹蓟马，多在豆科植物上捕食蚜虫、其他蓟马等。

2. 蓟马科 蓟马科（Thripidae）昆虫的触角6~8节；前翅狭而尖，至少有2条纵脉伸达翅端，翅面有微毛；雌虫产卵器呈锯状，端部向下弯曲。例如棉蓟马，危害棉花、葱和烟草。稻蓟马是水稻主要害虫。外来入侵害虫西花蓟马[*Frankliniella occidentalis* (Pergande)]起源于美国和加拿大的西部山区，2003年在北京发现，危害辣椒、黄瓜等经济植物。

3. 管蓟马科 管蓟马科（Phlaeothripidae）昆虫的触角8节，少数种类为7节，有锥状感觉器；有翅或无翅，翅脉退化，或只有1条不达翅端的纵脉，翅面无微毛。雌虫无锯状产卵器，腹部末端两性均呈管状，生有较长的刺毛；例如稻管（禾谷）蓟马、中华蓟马等。

四、半翅目

我国昆虫学工作者过去多把同翅目（Homoptera）与半翅目（Hemiptera）作为两个不同目对待，20世纪60年代以来，随着比较形态学、分子数据、化石材料、系统发育等研究，证明同翅目与半翅目是一个单系群，只能合并为半翅目（Hemiptera），包括胸喙亚目（木虱、粉虱、蚜虫、介壳虫）、蝉亚目（蝉、叶蝉、沫蝉、角蝉）、蜡蝉亚目（蜡蝉、飞虱）、鞘喙亚目（膜翅蝽）及异翅亚目（椿象）5亚目，已得到国内外学者的公认。

（一）半翅目的形态特征

半翅目昆虫体型多样，小到大型，体长为1.5~110 mm；复眼大；单眼2~3个，或缺如；头为后口式，口器为刺吸式，喙具1~4节；触角呈鬃状或线状；前翅半鞘翅或质地均一，膜质或革质；足的跗节具1~3节（图4-5）。

（二）半翅目的生物学特性

半翅目昆虫大多数生活在植物上，刺吸寄主汁液，被刺吸处出现斑点，变黄、变红，或组织增生，畸形发展，形成卷叶、肿疣或虫瘿。很多种类能传播植物病毒病，对经济植物传毒造成的危害比刺吸危害还大。少数生活于土壤中，加害植物根部。极少数为肉食性，捕食小型昆虫。也有一部分生活在水中，捕食小鱼和水中昆虫。有少数种类生活在室内，如臭虫，吸吮人血，传播疾病。

半翅目昆虫多为渐变态，少数为过渐变态，例如粉虱、雄性介壳虫等；营两性卵生，有

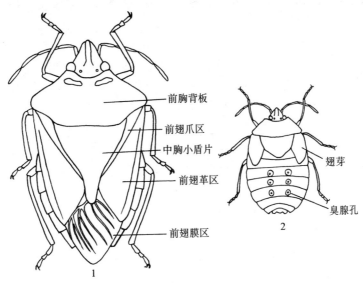

图 4-5 半翅目昆虫的体躯结构
1. 成虫　2. 若虫
（仿杨惟义）

的还进行孤雌生殖，繁殖很快。产卵有两种方式，一类如蝉、飞虱、叶蝉等，产卵在植物组织中，造成危害；另一类如蚜虫等，产卵在植物表面。卵多为长椭圆形或椭圆形、鼓形，有的卵有卵盖，单产或聚产。1年发生1代或多代，多以卵越冬。

（三）半翅目常见科的主要特征

全世界已知半翅目昆虫有80 000多种，我国已知5 000多种，常见科的主要特征如下。

1. 木虱科　木虱科（Psyllidae）昆虫的喙着生于前足基节之间或之后；两性均有翅；前翅皮革质或膜质，R脉、M脉与Cu脉基部愈合，形成主干，到近中部分成3支，到近端部每支再分为2支；后翅膜质，翅脉简单；跗节具2节（图4-6）。木虱科昆虫多数加害木本植物，例如中国梨木虱是梨和苹果害虫。

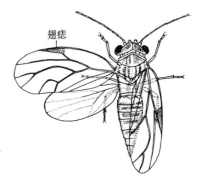

图 4-6　木虱科
（仿周尧）

2. 粉虱科　粉虱科（Aleyrodidae）昆虫体小型，喙着生于前足基节之间或之后；两性均有翅，表面被白色蜡粉；复眼小，分为上下两群；触角具7节；前翅翅脉简单，R脉、M脉与Cu脉合并在一条短的主干上；后翅只有1条纵脉；跗节2节（图4-7）。常见种类如危害柑橘的柑橘刺粉虱、近年来在温室和塑料大棚中成为栽培蔬菜重要害虫的温室白粉虱和烟粉虱等。

3. 蚜科　蚜科（Aphididae）昆虫的触角通常为6节，末节分为基部和鞭部两部分，末节基部顶端和末前节近顶端各有1圆形的原生感觉孔，第3至6节有次生感觉孔；有翅蚜前翅大，后翅小；腹部第6节上有1对圆柱

图 4-7　粉虱科
（仿周尧）

状突起，称为腹管，腹末突起称为尾片（图 4-8）；重要害虫如麦长管蚜、麦二叉蚜、棉蚜、高粱蚜等。

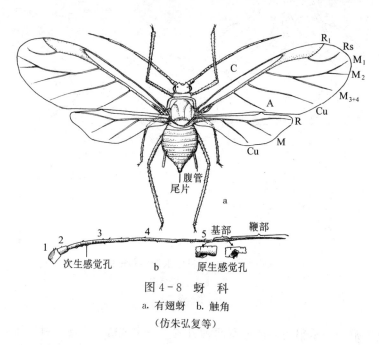

图 4-8 蚜 科
a. 有翅蚜 b. 触角
（仿朱弘复等）

4. 绵蚧科 绵蚧科（Monophlebidae）昆虫的雌成虫多数体型大，皮肤柔软，胸部和腹部分节明显；触角节数可多达 11 节；口器和足发达；腹气门有 2～8 对，如缺时，常缺前数对；腹部末端肛管长，内端硬化并具有成圈蜡孔，无肛环；有的种类在生殖器形成蜡质的卵囊。雄虫具复眼；触角丝状，共 10 节，第 3 节以上每节常呈双瘤式或三瘤式；翅黑色或烟煤色，能纵褶；腹末常有成对向后突出的肉质尾瘤（图 4-9）。绵蚧科昆虫生活在植物的枝叶表面，例如草履蚧，危害多种果树和林木。

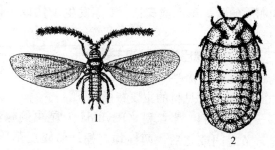

图 4-9 绵蚧科（草履蚧）
1. 雄性 2. 雌性
（仿周尧）

5. 粉蚧科 粉蚧科（Pseudococcidae）昆虫的雌虫体长或圆形，皮肤柔软，分节明显，被有蜡粉；腹部末节有 2 个瓣状突起，其上各生 1 根刺毛，分别称为臀瓣和臀瓣刺毛；肛门周围有骨化的环，上生 6 根刺毛，分别称为肛环和肛环刺毛。雄虫没有复眼。甘蔗粉蚧在南方危害甘蔗甚烈。

6. 蚧科 蚧科（Coccidae）昆虫的雌虫腹部末端有臀裂，肛门有肛环，肛环上有孔纹与 6～10 根刚毛，肛门上有 1 对三角形板。雄成虫有翅，腹末有 2 根长蜡丝。我国特有的产蜡昆虫白蜡虫属于蚧科。

7. 胶蚧科 胶蚧科（Kerriidae）昆虫的雌成虫体圆球形或梨形，柔软，体节几乎全部融合；肛环发达，上有肛孔与 10 根刚毛。雄成虫有翅或无翅，触角具 10 节；腹末有 2 根长蜡丝。有名的产紫胶昆虫紫胶虫［*Karria lacca*（Kerr）］属于胶蚧科。

8. 盾蚧科 盾蚧科（Diaspididae）昆虫的雌成虫体分为前后两部分，前部由头、前胸和中胸组成，其余体节组成后部，后部除臀板外，分界明显，腹末几节愈合成臀板，无肛环；体外被盾形介壳，由分泌物和若虫的蜕皮组成。雄虫有翅，触角具10节，腹末无蜡丝。盾蚧科种类多，寄主范围广，是果树、林木、花卉常见的害虫，例如矢尖蚧。

9. 蝉科 蝉科（Cicadidae）昆虫体大型，触角呈鬃状；单眼3个，排成三角形；前足为开掘足；前翅为膜质，脉纹粗；雄虫腹部第1节有发音器。成虫刺吸汁液，产卵刺伤植物组织，对果树枝条造成伤害。若虫生活在土壤中，加害植物根部。若虫蜕可入药，称为蝉蜕。北方常见蝉科昆虫有蚱蝉、蟪蛄（图4-10）、蟪姑等，南方常见的有黄蟪姑、红蝉（红娘子）等，可作药用。

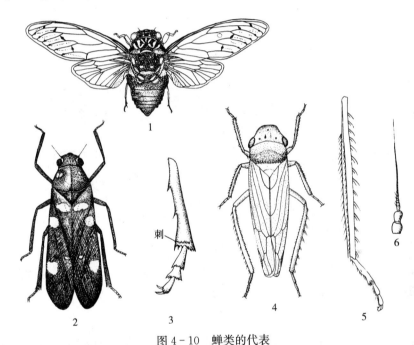

图4-10 蝉类的代表

1. 蝉科（蟪蛄） 2～3. 沫蝉科（稻黑斑赤沫蝉：2. 成虫 3. 后足胫节） 4～6. 叶蝉科（大青叶蝉：4. 成虫 5. 后足胫节 6. 触角）

（仿周尧）

10. 沫蝉科 沫蝉科（Cercopidae）昆虫体中型；单眼2个，位于头冠；前翅比体长，为革质；后翅膜质；后足胫节有1～2个侧刺，第1～2跗节有端刺。若虫能分泌泡沫保护自己，故有吹泡虫之称。常见沫蝉科害虫有稻黑斑赤沫蝉（图4-10），有的地方称为雷火虫。

11. 叶蝉科 叶蝉科（Cicadellidae）昆虫体小型，具有跳跃能力；单眼2个或无；触角呈刚毛状；前翅为革质，后翅为膜质；后足胫节下方有两列刺状毛。若虫横行。叶蝉科昆虫为多食性，加害多种作物，常见害虫有棉二点叶蝉、稻黑尾叶蝉、大青叶蝉（图4-10）等。

12. 飞虱科 飞虱科（Delphacidae）昆虫体小型，能跳跃，触角呈锥状；翅透明，不少种类有长翅型和短翅型个体；后足胫节末端有扁平的距（图4-11）；常见害虫有稻灰飞虱、褐飞虱、白背飞虱等。

13. 猎蝽科 猎蝽科（Roduviidae）昆虫的喙3节，基部弯曲，不紧贴于头下；前翅膜区基部有2翅室（图4-12）；多为捕食性昆虫（益虫）。

14. 盲蝽科 盲蝽科（Miridae）昆虫为小型种类；触角具4节；无单眼；前翅分为革区、楔区、爪区和膜区4部分，膜区脉纹围成2个翅室（图4-12）。盲蝽科的绿盲蝽、苜蓿盲蝽等危害棉花，黑肩绿盲蝽（*Cyrtorrhinus lividpennis* Redt.）为稻飞虱的重要天敌。

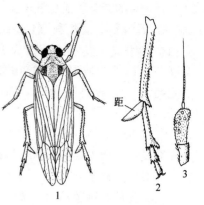

图4-11 飞虱科（稻灰飞虱）
1. 雌成虫　2. 后足胫节　3. 触角
（仿周尧）

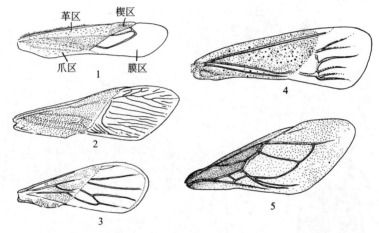

图4-12 常见蝽类主要科的前翅特征
1. 盲蝽科　2. 缘蝽科　3. 长蝽科　4. 蝽科　5. 猎蝽科
（仿周尧）

15. 姬蝽科 姬蝽科（Nabidae）昆虫体较小；喙长，4节；触角具4节（少数具5节）；前胸背板狭长，前面有横沟；半鞘翅膜片上有4条纵脉形成2~3个长形闭室，并由它们分出一些短的分支。姬蝽科昆虫为捕食性益虫，例如华姬蝽（*Nabis sinoferus* Hsiao）。

16. 花蝽科 花蝽科（Anthocoridae）昆虫体小或微小；常有单眼；触角具4节；半鞘翅有明显的缘片和楔片，膜片上有简单的纵脉1~3条。花蝽科的常见种类小花蝽（*Orius minutus* Linn.）捕食棉蚜、棉叶螨、棉铃虫等害虫的卵。

17. 长蝽科 长蝽科（Lygaeidae）昆虫体小至中型，狭长；触角具4节；有单眼；前翅无楔片，膜区上有4~5条简单的脉纹（图4-12）。长蝽科昆虫在东北有危害高粱的高粱长蝽，在南方有危害甘蔗的甘蔗异背长蝽。

18. 缘蝽科 缘蝽科（Coreidae）昆虫的个体一般较狭，两侧略平行；触角具4节；前翅膜区有多数分叉的纵脉，从1条基横脉上生出（图4-12）；例如粟小缘蝽、稻棘缘蝽、稻蛛缘蝽等。

19. 蝽科 蝽科（Pentatomidae）昆虫体小到大型；触角具 5 节，通常有 2 个单眼；半鞘翅分为革区、爪区和膜区 3 部分，膜区上有多条纵脉，多从 1 条基横脉上生出（图 4-12）；中胸小盾片大，至少超过前翅爪区的长度。蝽科昆虫有危害水稻的稻缘蝽、危害烟草的斑须蝽等。

五、鞘 翅 目

鞘翅目（Coleoptera）昆虫通称甲虫或䖬。

（一）鞘翅目的形态特征

鞘翅目昆虫小至大型，皮肤坚硬；口器为咀嚼式；触角多样，呈线状、棒状等；无单眼；前胸发达，常常露出三角形的中胸小盾片；前翅硬化、角质，为鞘翅，休息时放于腹背上，盖住大部分腹部；后翅膜质，折叠在鞘翅下面；亦有短翅的、完全无后翅的；跗节多为 5 节，少数 4 节或 3 节。

（二）鞘翅目的生物学特性

鞘翅目昆虫的卵呈圆形或圆球形等，属全变态，有些为复变态。幼虫一般体狭长；头部发达，坚硬；口器为咀嚼式。蛹为裸蛹。

鞘翅目昆虫多数为陆生，也有水生的；多为植食性，也有肉食性或腐食性的。幼虫为主要取食危害时期，但不少种类成虫期还取食危害（如叶甲）；成虫大多有趋光性、假死性。

（三）鞘翅目常见科的主要特征

鞘翅目已知约 36 万种，分为 20 个总科，我国已记载约 28 300 种。

1. 虎甲科 虎甲科（Cicindelidae）昆虫体中型，色鲜艳；头大，复眼突出，前胸不宽于头；翅发达，飞翔迅速，但有的种类无后翅。幼虫体细长，白色，有毛疣；头部坚硬，上颚发达；腹节第 5 节背面有 1 对倒逆的钩刺，钩住洞壁，固定虫体。成虫和幼虫为捕食性，例如多型虎甲、中华虎甲等。

2. 步甲科 步甲科（Carabidae）昆虫体小到大型，色一般幽暗，亦有闪烁金属光泽者；头为前口式，比前胸狭；足细长，适于步行；后翅通常退化，不能飞翔。幼虫体长，活泼，无上唇，上颚突出；第 9 腹节背面有 1 对尾突。成虫和幼虫以昆虫、蚯蚓、蜗牛为食；常见的如中华广肩步甲、黄缘步甲等。

3. 叩头甲科 叩头甲科（Elateridae）昆虫体狭长，略扁，末端尖削，头紧嵌在前胸上；触角锯齿状；前胸背板后侧角突出成锐刺，前胸腹板中间有 1 个尖锐的刺，嵌在中胸腹板的凹陷内（图 4-13），成虫仰卧时，依靠前胸的弹动而跃起；各足跗节具 5 节。幼虫称为金针虫，细长，圆柱形，略扁；黄色或黄褐色，皮肤光滑坚韧，头和末节特别坚硬；有 3 对胸足；大多生活在土壤中，取食植物的根、块茎和播下的种子。叩甲科昆虫有沟叩头甲、细胸叩头甲、褐纹叩头甲等。

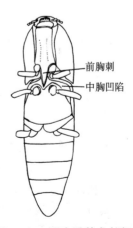

图 4-13 叩头甲科成虫腹面
（仿周尧）

4. 皮蠹科 皮蠹科（Dermestidae）体小至中型，呈卵圆形或长形；触角短，具 5~11 节，呈棒状或锤状；跗节具 5

节。幼虫体被长短不一的毛。成虫和幼虫都喜食干燥动物尸体或其他产品，如皮革、毛、昆虫标本等，以及干燥的植物性物质、粮食等，为仓库、标本室等处害虫。如谷斑皮蠹为检疫害虫。

5. 瓢甲科 瓢甲科（Coccinellidae）昆虫体中等，呈卵圆形，背面隆起，翅鞘上有黄色、红色、黑色等斑纹；触角为球杆状；跗节呈拟3节（隐4节）。幼虫有3对胸足，很活泼，体上常有枝刺、毛疣，或有蜡质丝状分泌物（图4-14）。成虫和幼虫为肉食性，是农作物害虫的重要天敌，例如七星瓢虫、异色瓢虫等。成虫和幼虫为植食性，是农作物的害虫，例如马铃薯瓢虫。

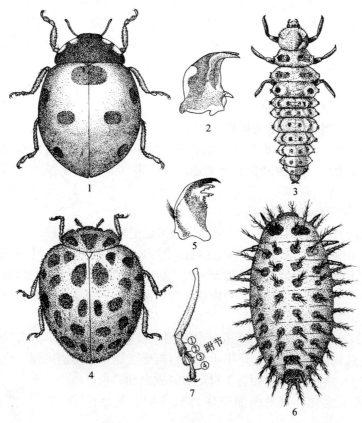

图4-14 瓢甲科的代表及特征

1～3. 瓢虫亚科（七星瓢甲）(1. 成虫 2. 上颚 3. 幼虫) 4～6. 食植瓢虫亚科（马铃薯瓢甲）(4. 成虫 5. 上颚 6. 幼虫) 7. 瓢甲科足的胫节和跗节

（仿周尧）

6. 拟步甲科 拟步甲科（Tenebrionidae）昆虫体多数呈扁平，坚硬，暗褐色或黑色；头小，部分嵌入前胸背板前缘内；触角呈线状或锤状；跗节为5-5-4式。幼虫多细长，稍扁，体壁坚韧，极似金针虫，故有伪金针虫之称，区别在头部有上唇，气门简单，圆形。成虫和幼虫为植食性或腐食性。拟步甲科昆虫中，大田作物害虫有网目拟步甲等，储粮害虫有黄粉虫、杂拟谷盗等。

7. 芫菁科 芫菁科（Meloidae）昆虫体中型，柔软，头大，很多种类翅短，色多灰暗，少数有鲜艳的光泽；跗节为5-5-4式；属复变态。幼虫第1龄活泼，蛞型，第2龄至第4龄为蛴螬式，第5龄为拟蛹，第6龄又为蛴螬式。成虫为植食性，主要害虫有豆芫菁。芫菁科成虫体含斑蝥素（cantharidin），为强烈发泡剂，有利尿作用，中药斑蝥即眼斑芫菁及大斑芫菁的虫体制品，可以治癌。

8. 天牛科 天牛科（Cerambycidae）昆虫体长形，略扁；触角特别长；复眼肾形，围着触角的基部；足跗节为隐5节（即似4节）。幼虫体长，圆柱形，扁，前胸背板大而扁平，其他胸节和腹节的背腹面有骨化区或突起；胸足退化，留有遗迹。幼虫多钻蛀树木的根、茎，深入木质部，成不规则的隧道，有孔通向外面，排出粪粒。危害农作物的天牛科害虫麻天牛，是大麻、苎麻等的害虫。

9. 叶甲科 叶甲科（Chrysomelidae）昆虫体小至大型，多呈卵圆形，亦有长形的，多有美丽的金属光泽，故有金花虫之称；复眼圆形；触角呈线状；跗节为隐5节；有些种类后足发达，善跳。幼虫体形多样。成虫和幼虫均为植食性，多取食叶片；也有一些蛀茎或取食根部。例如危害十字花科蔬菜和油菜的叶甲科害虫有各种黄条跳甲、大猿叶虫、菜蓝跳甲等。

10. 豆象科 豆象科（Bruchidae）昆虫体小，呈卵圆形，坚硬，被有鳞片；触角呈锯齿状、梳状或棒状；复眼大，前缘凹入呈U形；鞘翅末端截形，腹部末端露出；跗节为隐5节。老熟幼虫白色或黄色，柔软肥胖，向腹面微弯曲；足退化，呈疣状突起；气门圆形；均危害豆科植食种子，例如豌豆象专食豌豆，蚕豆象专食蚕豆，绿豆象可食绿豆、蚕豆、豇豆、豌豆等。四纹豆象［*Callosobruchus maculatus* (Fabricius)］为检疫害虫，可危害豇豆、绿豆、扁豆等多种豆类。

11. 鳃角金龟科 鳃角金龟科（Melolonthidae）昆虫体小至大型，一般呈椭圆形或略呈圆筒形；触角通常具10节，呈鳃叶状，即末端3~5节向一侧扩张成瓣状，合起来呈锤状；前足为开掘足；跗节5节。幼虫称为蛴螬，身体柔软，皮肤多皱，有细毛，腹部末端圆形，向腹面弯曲，全体呈C形（图4-15）。幼虫生活在土壤中，常将植物根咬断，为地下害虫一个主要类群，例如华北大黑鳃金龟、棕色鳃金龟（图4-15）、黑皱鳃金

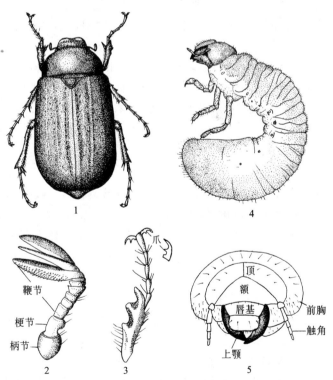

图4-15 鳃角金龟科（棕色鳃金龟）
1. 成虫 2. 触角 3. 前足胫节及爪 4. 幼虫 5. 幼虫头正面
（仿周尧）

龟等。

12. 丽金龟科 丽金龟科（Rutelidae）昆虫和鳃角金龟科相似，多美丽有金属光泽，和鳃角金龟科的主要区别在于后足胫节有2个端距；爪一般不相等，后足尤为显著。常见丽金龟科种类有四纹丽金龟、铜绿丽金龟等。

13. 花金龟科 花金龟科（Cetoniidae）与鳃角金龟科和丽金龟科的区别在于体阔，背面平，中胸腹板有圆形的向前突出；翅鞘侧缘有凹入，身体从这里露出一部分。花金龟科昆虫白天活动，常钻到花内取食花粉和花蜜，故称为花潜；例如小青花潜、白星花潜等。

有的将上述3科（鳃角金龟科、丽金龟科和花金龟科）归为金龟甲科（Scarabaeidae），科下分许多亚科。

14. 象甲科 象甲科（Curculionidae）昆虫通称象鼻虫，体小至大型，头部有一部分延伸成象鼻状，口器为咀嚼式，着生于延伸成喙的端部；触角弯曲成膝状，具10～12节，末端3节呈锤状；跗节为隐5节（图4-16）。幼虫体肥而弯曲，头部发达，无足，体表面光滑或有皱纹。成虫和幼虫为植食性，有食叶的、钻茎的、蛀根的、蛀果或种子的，也有卷叶或潜叶的；主要害虫有棉尖象甲（图4-16）、稻象甲、玉米象、甜菜象甲等。

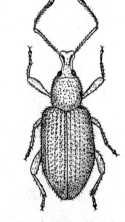

图4-16 象甲科（棉尖象甲成虫）
（仿西北农学院农业昆虫学教研组）

15. 蚁象甲科 蚁象甲科（Cyladidae）昆虫和象甲科的区别在于触角不呈膝状，具10节，末端稍粗，缺乏明显的锤状部，主要害虫有甘薯小象甲，在我国南方严重危害甘薯，为检疫对象。

六、脉 翅 目

脉翅目（Neuroptera）昆虫包括草蛉、粉蛉、蚁蛉等。

（一）脉翅目的形态特征

脉翅目昆虫的头为下口式；口器为咀嚼式；触角呈线状、念珠状、梳状或棒状；前胸短小；前翅和后翅均为膜质，大小和形状相似，脉纹多呈网状，边缘多分叉，少数种类脉纹简单；跗节为5节。

（二）脉翅目的生物学特性

脉翅目昆虫的卵为椭圆形或倒卵形，有的有长柄。脉翅目昆虫为全变态。幼虫有3对发达的胸足，行动活泼，口器外形像咀嚼式，但其上颚下颚左右各合成尖锐的长管，用来咬住猎物，吮吸其体液。蛹为裸蛹，外有丝茧。

成虫和幼虫均为捕食性，捕食蚜虫、介壳虫、红蜘蛛（螨类）、叶蝉、木虱、粉虱、蝶蛾幼虫、甲虫幼虫、卵，甚至对金龟子、蝼蛄等大型昆虫也能捕食。

（三）脉翅目在农业上重要的科

全世界已知脉翅目昆虫超过4 500种，我国已记载约700多种，隶属2亚目5总科14

科，与农作物关系密切的益虫主要属于草蛉科。

草蛉科（Chrysopidae）成虫中等大小，体细长，柔弱，草绿色、黄白色、灰白色；复眼有金属光泽；触角长，呈线状；翅多无色透明，少数有褐斑。卵有长柄。幼虫呈纺锤形，触角细长，上颚长而略弯，无齿；体两侧多有瘤突，丛生刚毛（图4-17）。草蛉科昆虫喜捕食蚜虫，故有蚜狮之称。蛹包被在白色圆形的茧中。成虫有趋光性。农田常见的草蛉都属于草蛉属（*Chrysopa*），主要有大草蛉、丽草蛉、中华草蛉等。

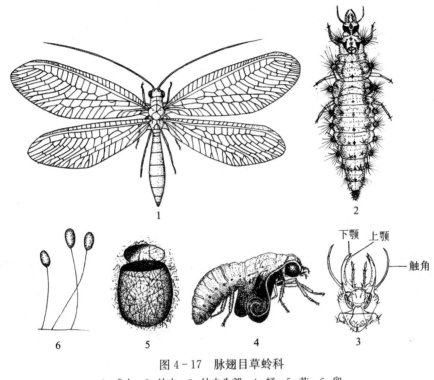

图4-17 脉翅目草蛉科
1.成虫 2.幼虫 3.幼虫头部 4.蛹 5.茧 6.卵
（仿杨集昆等）

七、鳞 翅 目

鳞翅目（Lepidoptera）昆虫包括蝶类和蛾类，是农作物害虫中最重要的类群。

(一) 鳞翅目的形态特征

鳞翅目昆虫体小至大型，密被鳞片；触角呈线状、梳状、羽状或棍棒状；复眼发达，单眼2个或无；口器为虹吸式。前翅一般比后翅大，翅脉具13～14条，最多15条；后翅翅脉最多10条，很少和前翅一样；翅的基部中央由脉纹围成一个大型翅室，称为中室；端部有横脉的称为闭式，横脉不完全的称为开式。前翅上的鳞片组成一定的斑纹，分线和斑两类，线根据在翅面上的位置由基部向端部顺次称为基横线、内横线、中横线、外横线、亚缘线和缘线，斑按形状称为环状纹、肾状纹、剑状纹、楔状纹等；后翅常有新月纹，位置在中室端部（图4-18）。少数种类无翅或有短翅。

鳞翅目昆虫属全变态。卵多为圆球形、半球形、椭圆形或扁平，表面有颗粒、刺突或刻

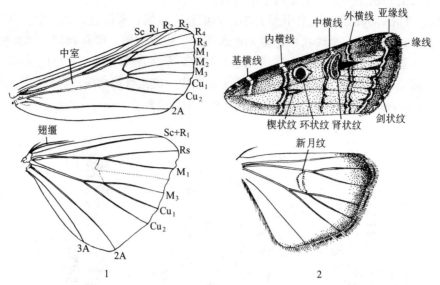

图 4-18 鳞翅目成虫翅的脉相和斑纹（以小地老虎为例）
1. 脉相 2. 斑纹
（仿周尧）

纹（图 4-19）。

幼虫为毛虫式，又称为蠋式。体呈圆柱形，柔软；头部坚硬，每侧有 6 个单眼，唇基大而呈三角形，额很狭且呈人字形；口器为咀嚼式，下唇叶变成一中间突起，称为吐丝器，用于吐丝；除 3 对胸足外，一般有腹足 5 对，着生于腹部第 3～6 节和第 10 节上，第 10 节上的腹足称为肛足（图 4-20）。腹足的对数有不同变化。腹足底面有钩状刺，称为趾钩，趾钩依长度不同可分为单序、二序和三序，依排列形式分为全环式、缺环式、二横带式和中列式（图 4-21），趾钩的变化是幼虫种类和科鉴别的重要依据。幼虫体上常有斑线

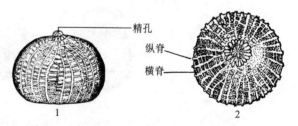

图 4-19 鳞翅目卵的特征（以小地老虎为例）
1. 侧面观 2. 顶部
（仿西北农学院农业昆虫学教研组）

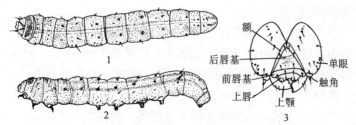

图 4-20 鳞翅目幼虫的特征（以小地老虎为例）
1. 背面 2. 侧面 3. 头的正面
（仿西北农学院农业昆虫学教研组）

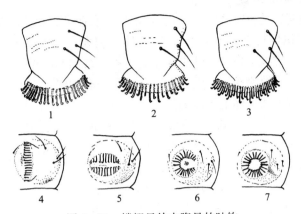

图 4-21 鳞翅目幼虫腹足的趾钩
1. 单序 2. 二序 3. 三序 4. 中列式 5. 二横带式 6. 缺环式 7. 全环式
(仿西北农学院农业昆虫学教研组)

和毛，纵线以所在位置称为背线、亚背线、气门上线、气门线、气门下线、基线、侧腹线和腹线（图 4-22）。

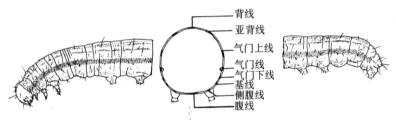

图 4-22 鳞翅目幼虫体上的斑线（以黏虫为例）
(仿西北农学院农业昆虫学教研组)

鳞翅目的蛹为被蛹，腹末的刺状突起称为臀棘（图 4-23）。

（二）鳞翅目的生物学特性

鳞翅目成虫和幼虫食性不同。成虫一般不危害植物，以花蜜为食，可帮助植物授粉。少数蛾类喙末端坚硬尖锐，能刺破桃、苹果、柑橘等果皮，吸收汁液，造成一定危害，称为吸果蛾类。

卵多产在幼虫所取食的植物上。幼虫一般5个龄期，绝大部分为植食性，少数种类为捕食性或寄生性。

老熟幼虫化蛹在植物上、土中或其他隐蔽处，有些种类化蛹前结成丝茧，或造土室。

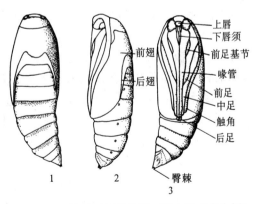

图 4-23 鳞翅目蛹的特征（以小地老虎为例）
1. 背面 2. 侧面 3. 腹面
(仿西北农学院农业昆虫学教研组)

(三) 鳞翅目常见科的主要特征

全世界已知的鳞翅目昆虫有 20 万种以上，常见与农业害虫相关的有以下 18 科。

1. 蝙蝠蛾科　蝙蝠蛾科（Hepialidae）昆虫体小到大型，粗壮多毛，口器退化，喙短；触角短，雌虫呈丝状，雄虫呈梳状。幼虫体粗壮，有皱纹和毛疣；具腹足 5 对，趾钩为全环式；生活在树木茎干中或植物根间。蝙蝠蛾科常见种类有蝙蝠蛾，中药中的冬虫夏草就是真菌虫草菌寄生于蝙蝠蛾等幼虫体上生成的。

2. 麦蛾科　麦蛾科（Gelechidae）昆虫体小型，颜色暗淡；触角第 1 节上有刺毛排列呈梳状；下唇须向上弯曲伸过头顶，末节尖细；前翅狭长，端部尖；后翅外缘凹入或倾斜，顶角突出，后缘有长毛。幼虫圆柱形，白色或红色，趾钩为全环式或二横带式，二序。主要麦蛾科害虫有麦蛾、棉红铃虫、马铃薯块茎蛾、甘薯麦蛾等。

3. 卷蛾科　卷蛾科（Tortricidae）昆虫体小到中型，多为褐色或棕色；前翅多数呈长四边形，少数呈狭长形，静止时保持屋脊状、钟罩状；有些种类前翅有前缘褶；小卷蛾亚科（Olethreutinae）的后翅肘脉上大多有栉毛；卷蛾亚科（Tortricinae）大多无栉毛。幼虫圆柱形，体色变化大，前胸气门前的骨片上有 3 根毛；肛门上方多有臀栉；有卷叶、缀叶、蛀果或蛀食种子的习性。卷蛾科昆虫多数为果树害虫，危害农作物的有如棉褐带卷蛾、大豆食心虫、豆小卷叶蛾、大麻食心虫等。

4. 螟蛾科　螟蛾科（Pyralidae）昆虫体小到中型，细长，柔弱，腹部末端尖削，鳞片细密紧贴，体显得比较光滑；下唇须长，伸出头的前方；翅三角形，后翅臀区发达，臀脉 3 条。幼虫体细长，光滑，毛稀少，趾钩为二序，很少三序或单序，排成缺环式，只少数排成全环式；前胸气门前毛 2 根。幼虫喜欢隐蔽，习性基本分为卷叶做苞、钻蛀茎秆、蠹食果实种子、取食储藏物、夜盗性。螟蛾科和农业关系特别密切，主要害虫有玉米螟、三化螟等。

5. 尺蛾科　尺蛾科（Geometridae）昆虫体小到大型，细长；翅薄而宽大，外缘有的凹凸不齐；后翅第 1 条脉纹的基部分叉，臀脉只 1 条；有的雌虫无翅或翅退化。幼虫只有腹足 2 对，着生于第 6 节和第 10 节上，行动时身体一屈一伸，尺蠖、步曲的名称即由此而来。幼虫拟态性强，多为树木害虫，危害农作物的有大造桥虫等。

6. 钩翅蛾科　钩翅蛾科（Drepanidae）昆虫外形似尺蛾，区别在于前翅顶角常呈钩状尖出；后翅第 1 条脉纹基部弧形，到中室外与第 2 条脉相接近或接触。幼虫具腹足 4 对，臀足常退化，肛上板末端多尖出；趾钩为单序或二序中列式。钩翅蛾科昆虫多危害阔叶树；危害农作物的有荞麦钩翅蛾，在一些山区严重危害荞麦。

7. 夜蛾科　夜蛾科（Noctuidae）是鳞翅目中最大的科，有 40 000 多种。夜蛾科昆虫体中到大型，色多深暗；体粗壮，毛蓬松；前翅三角形，密被鳞片，形成色斑，前翅中室顶角有副室；后翅较前翅阔，后翅第 1 条脉在翅近基部处与中室有一点相接触后又分开，造成 1 个小型基室。幼虫体粗壮，光滑，无毛，腹足通常为 5 对，少数为 3 对或 4 对，趾钩为中列式单序，前胸气门前毛片上有 2 根毛；植食性；白天蜷曲潜伏土中，夜间出来活动，故有夜盗虫、地老虎之称，例如大地老虎、小地老虎、黄地老虎；少数在植物表面活动取食，例如黑点银纹夜蛾；也有的钻蛀茎秆或果实，例如棉铃虫、稻大螟等。

8. 毒蛾科　毒蛾科（Lymantriidae）和夜蛾相似，但触角为梳状；休息时多毛的前足伸在前面特别显著；腹部末端有毛丛；前翅中室后缘脉纹呈 4 分叉；后翅第 1 条脉在中室 1/3 处与中室相接触后又分离；有的雌虫无翅或翅退化。幼虫体被长短不一的毛簇，毛有毒；腹部第 6 节和第 7 节背面中央有 1 个分泌腺；趾钩为单序中列式；多危害树木，有的危害农作物，例如豆毒蛾、甘蔗毒蛾等。

9. 舟蛾科 舟蛾科（Notodontidae）和夜蛾相似，区别在于前翅 M_3 脉从中室横脉的中间伸出，中室后缘脉纹呈三叉式；后翅第 1 条脉纹不与中室相接触。幼虫大多颜色鲜艳，背面有显著的峰突；具腹足 4 对；臀足退化或特化成枝状，栖息时一般只靠腹足固着，头尾翘起，其状如舟，故有舟形虫之称。舟蛾科昆虫大多数危害树木，也有危害农作物的，例如高粱舟蛾等。

10. 灯蛾科 灯蛾科（Arctiidae）也和夜蛾科相似，区别在于触角为线状或梳状；前翅中室后缘脉纹 4 分叉式；后翅第 1 条脉纹和中室前缘有长距离的愈合。幼虫体上有突起，上生浓密的毛丛，毛长短较一致；背面无分泌腺。常见灯蛾科种类有黄腹灯蛾和红缘灯蛾，危害棉花等；美国白蛾为国内外重要检疫害虫。

11. 天蛾科 天蛾科（Sphingidae）昆虫体大型，粗壮，纺锤形，末端尖削；触角中部加粗，末端弯曲成钩状；前翅大而狭，顶端尖而外缘倾斜；后翅较小。幼虫粗大；胴部每节分为 6~8 个小节；第 8 腹节是有 1 尾状突起，称为尾角。重要天蛾科种类有豆天蛾、甘薯天蛾等。

12. 蚕蛾科 蚕蛾科（Bombycidae）昆虫体中型，粗壮，触角羽状；翅宽阔。幼虫有尾角，身体每节最多分为 2~3 小节。蚕蛾科主要种类有家蚕（*Bombyx mori* Linn.），是有名的产丝益虫。

13. 天蚕蛾科 天蚕蛾科（Saturniidae）亦称为大蚕蛾科。天蚕蛾科昆虫体型特别大；色多绚丽；翅上一般有透明的斑，某些种类后翅有长的尾角。幼虫粗壮，体多枝刺，趾钩为中列式二序。常见天蚕蛾科种类有樗蚕、蓖麻蚕等。

上述 13 科属于蛾类，蛾类主要科的脉相见图 4-24。蛾类夜晚活动；触角端部不膨大；飞翔时前翅和后翅以翅缰连接，休息时翅置于体两侧。

下面 5 科属于蝶类，蝶类重要科的代表见图 4-25，重要科的脉相见图 4-26。蝶类白天活动；触角端部膨大，呈棒状；飞翔时前翅和后翅以贴合式连接，休息时翅直立于背上。

14. 弄蝶科 弄蝶科（Hesperiidae）昆虫体小至中型，粗壮，色深暗；触角端部尖出，弯成小钩；前翅 R 脉直接由中室分出。幼虫头大，身体纺锤形，前胸细瘦呈颈状；腹足趾钩三序或二序，环式；腹部末端有臀栉。幼虫常吐丝缀联数叶片做苞，在内取食危害。弄蝶科主要害虫有直纹弄蝶、隐纹稻弄蝶、稻小黄斑弄蝶等。

15. 凤蝶科 凤蝶科（Papilionidae）昆虫体中至大型，颜色显著，多为黄色或黑色，有红色、绿色、蓝色等色斑；触角呈棒状，基部互相接近；翅为三角形，后翅外缘呈波状，有尾状突起；前翅 Cu 脉与 A 脉间有 1 条基横脉；后翅 Sc 脉与 R_1 脉在基部造成 1 个亚前缘室，上面有 1 条肩脉，A 脉只 1 条。幼虫身体多数光滑，前胸背中央有臭角，遇惊时翻出体外，呈 Y 状；趾钩为中列式，二序或三序。常见的凤蝶科昆虫为金凤蝶。

16. 粉蝶料 粉蝶料（Pieridae）昆虫体中型，白色或黄色，有黑色或红色斑点；前翅三角形，后翅卵圆形；前翅具臀脉 1 条，后翅具臀脉 2 条。幼虫圆柱形，细长，表面有很多小突起和次生毛；绿色或黄色，有的有纵线；头大，胴部每节分为 4~6 小节；趾钩为中列式，二序或三序。粉蝶科昆虫有菜粉蝶、大菜粉蝶、云斑粉蝶等。

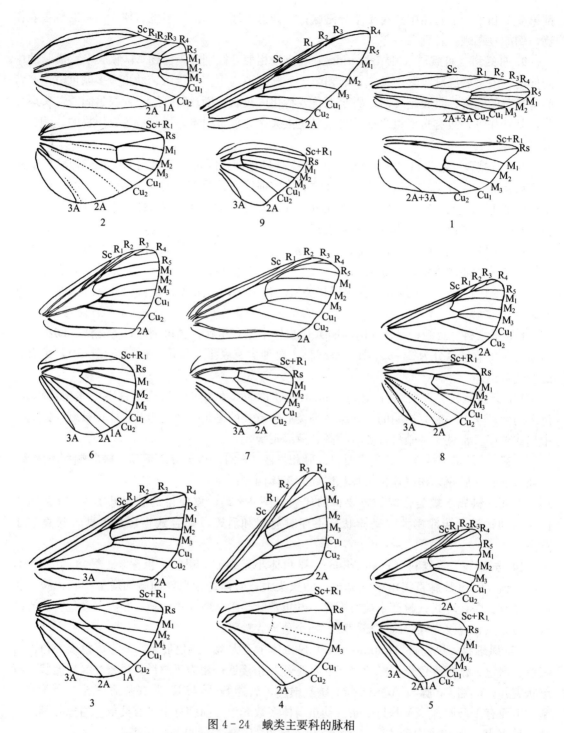

图 4-24 蛾类主要科的脉相

1. 麦蛾科（棉红铃虫） 2. 卷蛾科（苹果卷蛾） 3. 螟蛾科（玉米螟） 4. 尺蛾科（苜蓿尺蛾） 5. 钩翅蛾科（荞麦钩翅蛾） 6. 毒蛾科（舞毒蛾） 7. 舟蛾科（苹果舟蛾） 8. 灯蛾科（黄腹灯蛾） 9. 天蛾科

(仿周尧等)

17. 蛱蝶科 蛱蝶科（Nymphalidae）昆虫体中型或大型，有各种鲜艳的色斑，闪光，

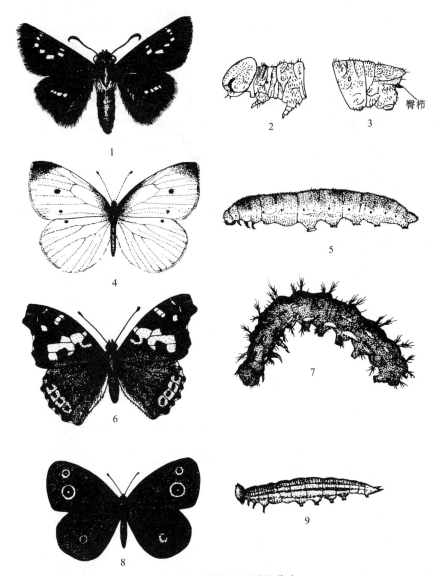

图 4-25 蝶类重要科的代表

1～3. 弄蝶科（直纹稻弄蝶）(1. 成虫　2. 幼虫头胸部　3. 尾端臀栉)　4～5. 粉蝶科（菜粉蝶）(4. 成虫　5. 幼虫)　6～7. 蛱蝶科（大红蛱蝶）(6. 成虫　7. 幼虫)　8～9. 眼蝶科（稻眼蝶）(8. 成虫　9. 幼虫)

（仿周尧等）

显得格外美丽；前足很退化，常缩起不起作用；触角端部特别膨大；前翅的中室闭式，后翅的中室开式。幼虫头部常有突起，胴部常有成对的棘刺；腹足趾钩为中列式，三序，很少二序。重要蛱蝶科种类有大红蛱蝶和小红蛱蝶，均危害苎麻。

18. 眼蝶科　眼蝶科（Satyridae）昆虫体小或中型，颜色多不鲜艳，翅上常有大小的眼状斑纹；前足退化；前翅脉纹基部膨大。幼虫体纺锤形，前胸和末端消瘦而中部肥大；头比前胸大，分为2瓣或有2个角状突起；肛板呈叉状；胴部各节再分小节；趾钩为中列式，单序、二序或三序。眼蝶科昆虫有危害水稻的稻眼蝶。

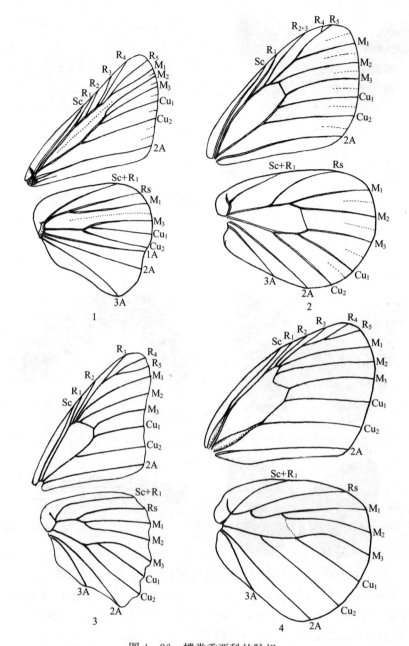

图 4-26 蝶类重要科的脉相
1. 弄蝶科（直纹稻弄蝶） 2. 粉蝶科（菜粉蝶） 3. 蛱蝶科（小红蛱蝶） 4. 眼蝶科（稻眼蝶）
（仿周尧等）

八、双 翅 目

双翅目（Diptera）昆虫包括蚊、虻、蝇等。

（一）双翅目的形态特征

双翅目昆虫体小至大型；口器为刺吸式或舐吸式；触角长而多节，或短而节少，或仅有

3节而呈具芒状；复眼大，单眼3个；只有1对发达的膜质前翅，后翅特化成平衡棒，平衡棒只在飞翔时起平衡作用；足的跗节具5节；雌虫腹部末端数节能伸缩，成为伪产卵器。

(二) 双翅目的生物学特性

双翅目昆虫属全变态。卵一般呈长圆卵形。幼虫为无足型。蛹为离蛹、被蛹或围蛹。双翅目昆虫喜欢潮湿的环境，有些种类幼虫生活在水中。幼虫为植食性、腐食性、粪食性、捕食性或寄生性。双翅目昆虫中，有些是农作物害虫，有些是家畜寄生性害虫，有些是寄生性或捕食性益虫，有些种类成虫吸食人畜血液，传播各种疾病。

(三) 双翅目常见科的主要特征

全世界已知双翅目昆虫约11万种，我国已知11 000多种。

1. 摇蚊科 摇蚊科（Chironomidae）昆虫体小至微型，柔弱；触角细长，具14节，多毛，基节膨大，雄性的呈羽状；后胸有纵沟；足细长，前足特别长，休息时举起；翅狭，前面的脉纹较明显。幼虫细长，具12节，胸部第1节和腹部末节各有1伪足突起，多生活在水中。稻摇蚊危害水稻；危害绿萍的摇蚊种类很多，通称萍摇蚊。

2. 瘿蚊科 瘿蚊科（Cecidomyiidae 或 Itonididae）昆虫体瘦弱，足细长；触角长，具10～36节，呈念珠状，上生长毛，雄性的常有环丝；复眼发达，或左右愈合成1个；前翅阔，只有3～5条脉纹，横脉很少，基部只有1个闭室。幼虫体纺锤形，或后端较钝；头很退化；有触角，中胸腹板上通常有剑骨片，是弹跳器官。重要瘿蚊科害虫有麦红吸浆虫（图4-27）、麦黄吸浆虫、糜子吸浆虫、稻瘿蚊等。

3. 盗虻科 盗虻科（Asilidae）又称为食虫虻科。盗虻科昆虫体细长，多刺毛；头顶凹陷而复眼突出；触角短，具3节，第3节有分节遗迹或具端刺。幼虫为半头型。蛹为被蛹。成虫和幼虫均捕食小虫，吸食其汁液。常见的盗虻科昆虫有中华盗虻。

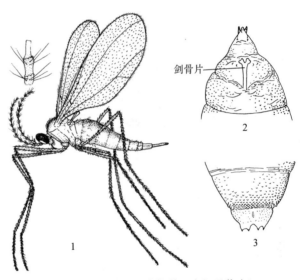

图4-27 双翅目瘿蚊科（麦红吸浆虫）
1. 雌性成虫及触角之一节 2. 幼虫前端 3. 幼虫后端
（仿西北农学院农业昆虫学教研组）

4. 食蚜蝇科 食蚜蝇科（Syrphidae）昆虫体小至大型，外形像蜂，具蓝色、绿色等金属光泽和各种彩色斑纹；头大，与胸部约等宽；复眼大，雄的为合眼式；前翅有与外缘平行的横脉，使径脉和中脉的缘室成闭室；径脉和中脉之间有1条两端游离的伪脉。成虫常在花上或芳香植物上飞舞，取食花蜜。幼虫为蛆式，长而略扁，后端截形，皮肤粗糙，体侧有短的突起；有的后端有鼠尾状呼吸管。食蚜蝇科昆虫食性复杂，多为捕食性，大量捕食蚜虫、介壳虫、粉虱、鳞翅目小幼虫等，常见的有大灰食蚜蝇。

5. 潜蝇科 潜蝇科（Agromyzidae）昆虫体小型，长为1.5～4.0 mm，黑色或黄色；翅前缘脉只有1个折断处，中脉间有2闭室，后方有1个小臀室。幼虫为蛆式，体长为4～

5 mm，潜伏叶内取食。潜蝇科昆虫有豌豆潜叶蝇、小麦潜叶蝇等。

潜蝇科及其他双翅目重要科的代表见图 4-28。

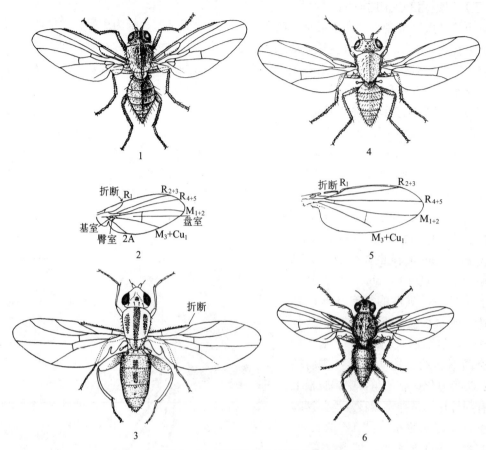

图 4-28 双翅目重要科的代表

1～2. 潜蝇科（小麦潜叶蝇）(1. 成虫　2. 翅脉)　3. 秆蝇科（麦秆蝇）　4～5. 水蝇科（麦鞘毛眼水蝇）(4. 成虫　5. 翅脉)　6. 种蝇科（种蝇成虫）

（仿西北农学院农业昆虫学教研组）

6. 秆蝇科　秆蝇科（Chloropidae）昆虫体微小或小型，多数为绿色或黄色；翅前缘脉只有1个断裂处；中脉间只有1个翅室，后面无臀室。幼虫圆柱形，长约6 mm，口钩明显，多数沿蛀草本植物茎内。重要秆蝇科害虫有麦秆蝇。

7. 水蝇科　水蝇科（Ephydridae）昆虫体小型，体色暗，翅前缘脉有2个折断处。幼虫纺锤形，身体末端延长成管状；多数水生。水蝇科昆虫有稻水蝇、麦鞘毛眼水蝇等。

8. 种蝇科　种蝇科（Anthomyiidae）亦称为花蝇科。种蝇科昆虫体小至中型，细长多毛，呈黑色、灰色或黄色；翅脉全是直的。幼虫为蛆式，圆柱形，后端截形，有6～7对突起；大多数为腐食性，加害农作物的有根蛆类（Hylemyia spp.）。

9. 寄蝇科　寄蝇科（Tachinidae）昆虫体中等大小，粗壮，呈黑色或褐色，和种蝇科的区别在其翅中脉第1分支向前弯曲；也很像常见的家蝇（蝇科 Mucidae），但后盾片发达，露在小盾片外呈1圆形突起；触角芒常光滑。幼虫为寄生性，多寄生于鳞翅目幼虫和蛹，以及其他昆虫体上。

九、膜翅目

膜翅目（Hymenoptera）昆虫包括各种蜂和蚂蚁。

（一）膜翅目的形态特征

膜翅目昆虫体微小到大型；色一般深暗，但也有鲜艳而具金属光泽的；口器为咀嚼式，但蜜蜂的口器为嚼吸式；触角为线状、棍棒状或膝状；翅为膜质，前翅大于后翅，以翅钩列联结，翅脉特化；腹部第1节常并入胸部，称为并胸腹节，有的第2腹节细小，呈细腰状，称为腹柄；跗节5节；雌性具有发达的产卵器，具有锯、凿或针刺等功能（图4-29）。

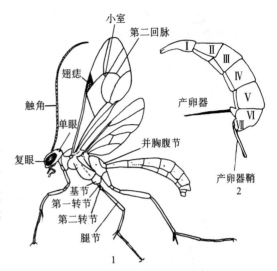

图4-29 膜翅目的形态特征（单色姬蜂）
1. 雄性成虫侧面 2. 雌性成虫腹部
（仿西北农学院农业昆虫学教研组）

（二）膜翅目的生物学特性

膜翅目昆虫为全变态。卵多为卵圆形或香蕉状。幼虫，食叶性的为伪蠋式，和鳞翅目幼虫相似，但腹足无趾钩，头部额区不呈人字形，头的每侧只有1个单眼（图4-30）；蛀茎的种类足常退化；其他种类的幼虫无足。蛹为裸蛹，有茧或筑巢保护起来。

图4-30 膜翅目伪蠋式幼虫（黄翅菜叶蜂）
1. 侧面 2. 头正面
（仿西北农学院农业昆虫学教研组）

膜翅目昆虫为植食性或肉食性，肉食性的有捕食性和寄生性。就整个目而论，膜翅目昆虫对人类的益处多于害处，有害的是一些食叶的和钻蛀的类群。益处主要有3个方面：①作为农作物重要的授粉者；②寄生和捕食种类能控制害虫，在以虫治虫方面起很大作用；③蜜蜂是知名的蜂蜜和蜂蜡生产者。

（三）膜翅目常见科的主要特征

膜翅目昆虫全世界已知约145 000种，我国已知的有近12 500种。

膜翅目重要科的代表见图4-31。

1. 叶蜂科 叶蜂科（Tenthredinidae）昆虫体粗壮，胸腹部广接，不收缩成腰状，第1腹节不与后胸合并；触角呈线状；前胸背板后缘深深凹入；前足胫节有2个端距；产卵器锯状；足的转节有2节。幼虫伪蠋式，具腹足6～8对，位于腹部第2～8节和第10节上，无

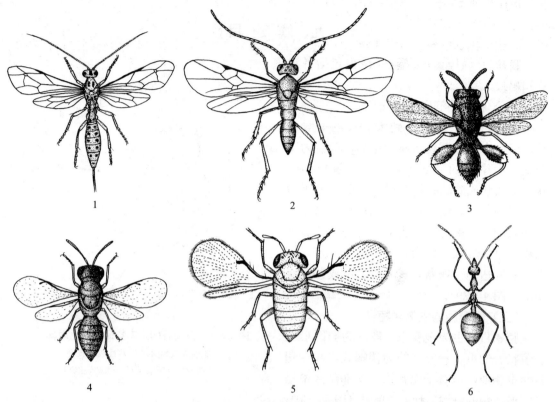

图 4-31 膜翅目重要科的代表
1. 姬蜂科（螟黑点疣姬蜂） 2. 茧蜂科（螟蛉绒茧蜂） 3. 小蜂科（广大腿小蜂） 4. 金小蜂科（黑青小蜂） 5. 纹翅小蜂科（松毛虫小蜂） 6. 蚁科（红树蚁）

（仿中国科学院动物研究所等）

趾钩；食叶。叶蜂科昆虫有麦叶蜂、黄翅菜叶蜂等。

2. 茎蜂科 茎蜂科（Cephidae）昆虫体细长；胸腹部广接，不收缩成腰状，第 1 腹节不与后胸合并；触角呈线状；前胸背板后缘平直；前足胫节只有 1 个端距；足的转节有 2 节。产卵器短，能收缩。幼虫无足，皮肤有皱纹；白色，腹末有尾状突起；蛀食植物茎秆；例如麦茎蜂。

3. 姬蜂科 姬蜂科（Ichneumonidae）昆虫体小至大型；胸部与腹部连接处收缩呈细腰状，腹部第 1 节与后胸合并为并胸腹节；触角呈线状，具多节；前翅第 2 列翅室的中间 1 个特别小，称为小翅室；有回脉 2 条。卵多产于鳞翅目幼虫体内，例如螟黑点疣姬蜂寄生于玉米螟等体内。

4. 茧蜂科 茧蜂科（Braconidae）昆虫小或微小型；触角呈线状；和姬蜂科的区别在于回脉 1 条或缺；腹部一般不很长。卵产于寄主体内，幼虫为内寄生，有多胚生殖现象；在寄主体内或体外，或附近结黄色或白色小茧化蛹。例如寄生于麦长管蚜等的麦蚜茧蜂，在寄主体内化蛹；寄生于夜蛾类幼虫的螟蛉绒茧蜂，在寄主附近结茧化蛹。

5. 小蜂科 小蜂科（Chalcididae）昆虫体小或极微小；触角多呈膝状，端部膨大；前翅脉纹退化，只有 1 条；后足腿节膨大，下缘有齿或刺，胫节弯曲、末端生 2 个端距。小蜂科昆虫寄生于鳞翅目、鞘翅目等幼虫和蛹中，例如广大腿小蜂寄生于红铃虫、玉米螟等多种害虫。

6. 金小蜂科 金小蜂科（Pteromalidae）昆虫体小型，多为金绿色、金蓝色或金黄色，有金属光泽；触角具13节；前翅脉纹退化，只有1条；后足腿节不膨大，胫节只有1个端距。金小蜂科昆虫寄生于鳞翅目、双翅目昆虫，例如用来防治红铃虫的黑青小蜂（*Dibrachys cavus* Walker）。

7. 纹翅小蜂科 纹翅小蜂科（Trichogrammatidae）亦称为赤眼蜂科或斑翅卵蜂科。纹翅小蜂科昆虫体微小型，长为0.3~1.0 mm，黑色到浅褐色；触角膝状，具3节、5节或8节；前翅宽，翅面微毛排成纵的行列；后翅狭，呈刀状。纹翅小蜂科昆虫寄生于各种昆虫卵内，例如各种赤眼蜂。

8. 蚁科 蚁科（Formicidae）昆虫是熟知的蚂蚁，体小到中型，呈黑色、褐色、黄色、红色等色；腹部第1节或第1节和第2节呈结状；具多态性，营群栖生活。有些种类为肉食性，捕食小虫，例如红树蚁（又称为黄猄蚁）（*Oecophylla smaragdina* Fabr.）是我国劳动人民在唐代就用来防治柑橘害虫的种类，成为世界上以虫治虫最早的例证；红蚂蚁（又称为竹筒蚁）能取食60种以上害虫。蚁科不少种类与蚜虫、角蝉等有共栖关系。

9. 胡蜂科 胡蜂科（Vespidae）昆虫体中到大型，黄色或红色；翅狭长，休息时能纵褶起来。成虫为捕食性，也能加害苹果、葡萄等果实，取食汁液。常见胡蜂科种类有普通长脚胡蜂等。

10. 蜜蜂科 蜜蜂科（Apidae）昆虫体生密毛，毛多分枝；头胸一样宽，后足为携粉足，成为采集与携带花粉的器官。人工饲养的蜜蜂科昆虫为中国蜜蜂和意大利蜜蜂。

十、蜱 螨 目

与农作物有关的害虫或益虫多属于六足总纲昆虫，但也有一部分属于蛛形纲（Arachnida）蜱螨目（Acarina）。

（一）蜱螨目的特征

蜱螨目与昆虫的主要区别是在于：体不分头、胸、腹3段；无翅，无复眼，或只有1~2对单眼；有足4对（少数有足2对或3对）；变态经过为卵→幼螨→若螨→成螨。与蛛形纲其他动物的区别在于：体躯通常不分节，腹部宽阔且与头胸相连接。

（二）蜱螨目的形态

蜱螨目成螨体通常为圆形或卵圆形，一般由4个体段构成，即颚体段、前肢体段、后肢体段、末体段（图4-32）。颚体段即头部，生有口器，口器由1对螯肢和1对足须组成，口器分为刺吸式和咀嚼式两类。刺吸式口器的螯肢端部特化为针状，称为口针；基部愈合成片状，称为颚刺器；头部背面向前延伸形成口上板，与下口板愈合成1根管子，包围口针。咀嚼式口器的螯肢端节连接在基节的侧面，可以活动，整个螯肢呈钳状，可以咀嚼食物。前肢体段着生前面两对足，后肢体段着生后面两对足，合称肢体段。足由6节组成：基节、转节、腿节、膝节、胫节和跗节。末体段即腹部，肛门和生殖孔一般开口于末体段腹面。

（三）蜱螨目的生物学特性

蜱螨目多为两性卵生，发育阶段雌雄有别，雌性经过卵、幼螨、第1若螨、第2若螨到成螨；雄性则无第2若螨期。幼螨有足3对，以后有足4对。有些种类进行孤雌生殖。繁殖迅速，1年发生少则 2~3 代，多则 20~30 代。

（四）蜱螨目常见科的主要特征

蜱螨目重要科的特征见图 4-32。

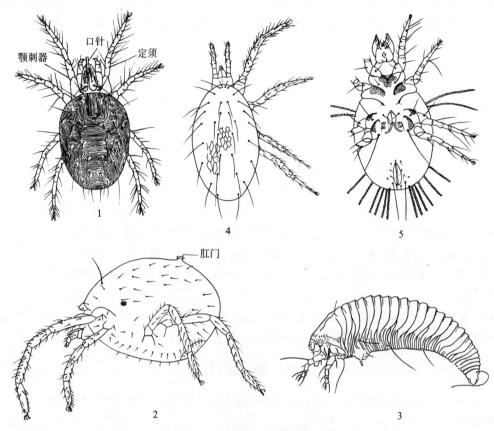

图 4-32 蜱螨目重要科特征
1. 叶螨科 2. 真足螨科 3. 瘿螨科 4. 植绥螨科 5. 粉螨科（腹面）
（仿周尧等）

1. 叶螨科 叶螨科（Tetranychidae）成螨体长在 1 mm 以下，梨形，雄虫一般后端较尖；前面略呈肩状，口器为刺吸式。叶螨科为植食性，通常生活在植物叶片上，刺吸汁液，有的能吐丝结网，例如危害棉花的朱砂叶螨、危害小麦的麦岩螨（麦长腿红蜘蛛）等。

2. 真足螨科 真足螨科（Eupodidae）也称为走螨科，成螨体长为 0.1~1.0 mm，呈圆形，为绿色、黄色、红色或黑色；皮肤柔软，有细线或细毛；口器为刺吸式；肛门开口于体背面；例如麦背肛螨（麦圆红蜘蛛）。

3. 瘿螨科 瘿螨科（Eriophyidae）成螨体极微小，长约 0.1 mm，蠕虫形，狭长；足 2 对；前肢体段背板大，呈盾状；后肢体段和末体段延长，分为很多环纹。瘿螨科危害果树和农作物的叶片或果实，刺激受害部变色或变形或形成虫瘿；例如危害小麦的小麦瘿壁虱，即所谓的糜花，在陕北和甘肃常发生。

4. 植绥螨科 植绥螨科（Phytoseiidae）成螨体小，为椭圆形，呈白色或淡黄色；足须跗节上有两叉的特殊刚毛；雌虫螯肢为简单的剪刀状，雄虫的螯肢的活动趾上有一导精管；

背板完整，着生刚毛 20 对或 20 对以下；为捕食性，例如智利小植绥螨、纽氏钝绥螨，在果园试用于防治叶螨。

5. 粉螨科　粉螨科（Acaridae 或 Tyroglyphidae）成螨体白色或灰白色；口器为咀嚼式；前体段与后体段之间有 1 缢缝；足的基节与身体腹面愈合为 5 节。粉螨科为仓库中最常见的害虫，例如粉螨、卡氏长螨等。

思 考 题

1. 名词解释

   学名　双名制　三名制　分类阶元　分类单元　六足总纲　昆虫纲
2. 六足总纲分为多少纲与目？分纲和目的根据是什么？哪些目与农业生产关系密切？
3. 直翅目的主要识别特征是什么？常见的直翅目农业害虫有哪几类？分属哪些科？
4. 等翅目的主要识别特征是什么？其危害特点是什么？
5. 缨翅目的主要识别特征是什么？常见的缨翅目害虫有哪些？其危害特点是什么？
6. 半翅目的主要识别特征是什么？其危害植物有些什么特点？包括哪几类重要害虫？
7. 鞘翅目昆虫的主要识别特征是什么？常见的农业鞘翅目害虫和益虫各属于哪些科？
8. 鳞翅目昆虫有哪些共同特征？蝶和蛾如何区别？鳞翅目幼虫的特征是什么？常见的鳞翅目农业害虫各属于哪科？
9. 双翅目昆虫有哪些共同特征？如何区分蝇、蚊、虻？常见的双翅目农业害虫各属于哪科？
10. 膜翅目昆虫的共同特征是什么？农业上有哪些重要益虫和害虫属于膜翅目？各属于什么科？
11. 螨类和昆虫有什么区别？农业上的主要有害螨类属于哪些科？

第五章 昆虫与环境的关系及预测预报

研究昆虫与环境之间关系的科学称为昆虫生态学（insect ecology）。其目的是通过了解环境条件对昆虫生命活动的影响，进一步分析在环境条件作用下昆虫种群盛衰的变化，从而明确昆虫种群消长的动态规律，判断其地理分布、数量变化及其起作用的主导因素。可见，研究阐明昆虫与环境的关系是预测预报和防治农业害虫的理论基础。

环境条件是由各种生态因素构成的，按自然特征可分为气候因素、土壤因素和生物因素3类。各种生态因素之间有着密切的联系，共同构成昆虫的生活环境，综合地作用于昆虫。

第一节 气候因素对昆虫的影响

气候因素包括温度、湿度、光、风等。其中对昆虫影响较大的是温度和湿度。

一、温度对昆虫的影响

温度是气候因素中对昆虫影响最显著的因素，因为昆虫是变温动物（poikilotherm），体温随周围环境温度的变化而变动。在很大程度上环境温度支配着昆虫新陈代谢的速率。

（一）昆虫对温度的一般反应

1. 昆虫对温度反应的温区划分 昆虫的生长发育、繁殖等生命活动是在一定的温度范围内进行的，这个范围称为昆虫的适宜温区或有效温区。不同种昆虫有效温区不同，温带地区的昆虫一般在8～40℃。

在有效温区内，有一个最适于昆虫生长发育和繁殖的温度范围，称为最适温区，一般在22～30℃。有效温区的下限是昆虫开始生长发育的温度，称为发育起点温度，一般为8～15℃。有效温区的上限是昆虫因温度过高而生长发育被明显抑制的温度，称为高温临界，一般为35～45℃或更高些（图5-1）。

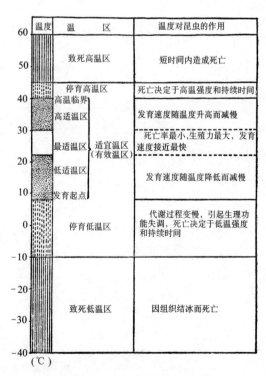

图5-1 温带地区昆虫对温度的反应与温区的划分
（仿西北农学院农业昆虫学教研组）

昆虫在发育起点以下的一定温度范围内并不死亡，因温度低而呈休眠状态，当温度恢复到有效温区内，仍可恢复生长发育，因此在发育起点以下有一个停育低温区。温度再下降，昆虫因过冷而死亡，这个温度范围称为致死低温区，一般在零下若干度。同样，在高温临界以上有一个停育高温区，在此温度范围内昆虫的生长发育因温度过高而停滞。温度再高，昆虫因过热而死亡，即进入致死高温区，一般在45℃以上（图5-2）。

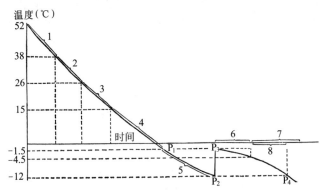

图5-2 温度与昆虫状态的关系

1. 高温昏迷区 2. 高适温区 3. 低适温区 4. 低温昏迷区 5. 体液过冷 6. 体液在冻结 7. 体液结冰 8. 假死状态 P_1. 体液开始过冷却 P_2. 过冷却临界点 P_3. 体液冰点 P_4. 死亡

（仿 Бахметьев）

2. 温度与昆虫状态的关系 应该指出，昆虫生长发育最快的温度不一定是最适宜的温度。因为昆虫在一定的高温下生长发育很快，但它的生殖力、生活力却显著降低，成虫的寿命缩短，这样的温度条件从生长发育速度来看是最适宜的，但从种的繁荣来看，则不及较低一些的温度条件更为适宜。

低温导致昆虫体液结冰，使原生质脱水、遭受机械损伤和生理机能被破坏而导致死亡。在绝大多数情况下，虫体内的水分结冰是不可逆的变化。自然界中许多昆虫能忍耐比零度低很多的温度而不死亡，主要是在寒冬之前，它们就做好越冬准备，大量积累脂肪和糖类，减少细胞和体液中的水分，排净体内粪便，并且隐蔽在温度变化较小的环境，降低呼吸强度，停止生长发育，进入休眠或滞育状态。当严寒来临时，由于虫体体液浓度高，可使冻结点降低，加上虫体不动、体液较纯净和均匀冷却等造成的过冷却现象，使冻结点降得更低，一直到温度低于这个过冷却点，才引起体内结冰（图5-2）。因此昆虫在越冬阶段的耐寒性比在生长发育阶段的耐寒性强得多。

3. 昆虫对温度反应的影响因素 昆虫对环境温度的反应和适应范围，因各种类及温度环境特征不同而不同。

（1）昆虫种类 不同昆虫种类、性别、发育阶段及生理状态等对环境温度适应或忍受的幅度（即范围）存在差异。例如二化螟适应和忍受低温的幅度比三化螟大得多；黏虫卵、幼虫、蛹和成虫的发育起点温度分别为13.1℃、7.7℃、12.6℃和9.0℃；一般虫体内含水量高，脂肪量少时，抗低温能力差。

（2）温度变化的速度和持续时间 一般地说，环境温度骤变常使昆虫对高温或低温的适应范围缩小；过高或过低温度持续的时间越长，对昆虫的伤害作用越大。

(3) 季节　通常秋季越冬前或春季越冬后的虫体抵抗低温能力比越冬期虫体要差，因此春季和秋季的寒流对昆虫常有较大的杀伤力。

（二）温度与昆虫发育的关系

在一定温度范围内，昆虫的发育速率和温度呈正相关，温度增高则发育速率加快，而发育所需时间缩短，也就是说，发育时间和温度呈负相关。

1. 有效积温法则　昆虫完成一定发育阶段（某个虫期或1个世代）需要一定的热量积累，完成这个发育阶段所需的温度积累值是一个常数。对昆虫发育起作用的温度是发育起点以上的温度，称为有效温度（effective temperature），有效温度的积累值称为有效积温（effective accumulative temperature），以 d·℃（日度）为单位。可以下面的公式表示。

$$K=N(t-C)$$

或

$$N=\frac{K}{t-C}$$

式中，K 是有效积温，N 是发育天数，t 是环境温度，C 是发育起点温度，$(t-C)$ 是有效温度。如果将发育天数 N 改为发育速度 v，即 N 的倒数为 v，代入上式则得

$$v=\frac{t-C}{K}$$

或

$$t=C+Kv$$

上述后一个公式是一个回归直线方程，其中 K 和 C 是常数，其计算方法为

$$K=\frac{\sum vt-\frac{\sum v\sum t}{N}}{\sum v^2-\frac{(\sum v)^2}{N}}$$

$$C=\bar{t}-K\bar{v}$$

式中，$\sum$ 是合计号，$\bar{t}$ 和 $\bar{v}$ 是 t 和 v 的平均数。下面以不同温度下黏虫卵发育速度的试验数据为例，求算有效积温（K）和发育起点温度（C）（表5-1）。

表5-1　黏虫卵发育起点温度及有效积温的计算

试验温度（t,℃）	发育时间（d）	发育速度（v）	vt	v^2
15	15	0.066 7	1.000 5	0.004 4
18	9	0.111 1	1.999 8	0.012 3
20	7	0.142 9	2.858 0	0.020 4
25	3.45	0.289 9	7.247 5	0.084 0
30	3.01	0.332 2	9.966 0	0.110 4
合计 108		0.942 8	23.071 8	0.231 5
平均 21.6		0.188 6		

将表5-1数值代入公式，得

$$K=\frac{23.071\,8-\dfrac{0.942\,8\times108}{5}}{0.231\,5-\dfrac{(0.942\,8)^2}{5}}=\frac{2.707\,3}{0.053\,7}=50.4\ (d\cdot ℃)$$

$$C=21.6-50.4\times0.188\,6=12.1\ (℃)$$

计算结果，黏虫卵的发育有效积温是 50.4 d·℃，发育起点温度是 12.1 ℃。

昆虫发育速度与温度的直线关系只限于一定的适宜温度范围之内，超过这个范围，在整个有效温区内二者的关系呈 S 形曲线，这种关系可用逻辑斯谛曲线表示。

2. 有效积温法则的应用

（1）推测某昆虫在不同地区发生的世代数　知道了某种昆虫完成 1 个世代发育的有效积温（K），再利用各地的气象资料，计算出当地有效积温的总和（K_1），以 K_1 除以 K，便可推断这种昆虫在该地区 1 年发生的世代数（N）。例如小地老虎完成 1 个世代的有效积温（K）为 504.47 d·℃，南京地区常年有效总积温（K_1）为 2 220.9 d·℃，则南京地区 1 年可能发生的代数 $N=K_1/K=2\,220.9/504.47=4.4$（代）。据南京饲养观察，可发生 4～5 代，预测代数与实际发生代数基本一致。

（2）预测发生期　已知某种害虫或某个虫期有效积温和发育起点温度，便可根据有效积温法则进行发生期预测。例如已知黏虫卵的发育起点温度是 12.1 ℃，有效积温是 50.4 d·℃，卵产下当时的平均气温是 20 ℃，代入有效积温公式即可预测出 6 d 多孵出幼虫，即

$$N=\frac{50.4}{20-12.1}=6.38\ (d)$$

（3）控制昆虫的发育进度　在田间释放寄生蜂等益虫用以防治害虫时，根据释放日期的需要，便可按公式 $t=\dfrac{K}{N}+C$ 计算出室内饲养益虫的需要温度，通过调节温度来控制益虫的发育进度，恰在合适的日期释放出去。

（4）预测害虫的地理分布　如果当地有效积温不能满足某种害虫 1 个世代的有效积温（K），这种害虫则因不能完成个体发育而无法在该地生存。

3. 有效积温法则应用的局限性　应用有效积温法则，有时会引起误差，在实际工作中应注意下列情况：①有滞育阶段的昆虫，不能应用有效积温法则预测发生；②有效积温法则只能反映昆虫在适温区的发育情况，反映不出过高或过低温度对昆虫发育的延缓或阻滞作用；③昆虫的发育不仅受温度影响，还受湿度、食料等其他环境因子的影响；④昆虫实际生活环境的小气候温度和气象资料有一定差别。

（三）温度对昆虫其他方面的影响

温度对昆虫的生殖、寿命、行为活动等方面也有影响。在比较合适的温度范围内，昆虫的性成熟较快。在低温下，成虫多因性腺不能成熟或不能进行性活动等原因，很少产卵。过高的温度常引起不孕，特别是引起雄性不育。一般情况下，昆虫的寿命随温度的升高而缩短。在适温范围内，昆虫的活动速度随温度升高而增强。昆虫的飞行对温度的反应更为灵敏。

二、湿度对昆虫的影响

湿度也是影响昆虫生长发育及行为活动的重要气候因素之一。大气中的湿度主要取决于

降水，而小气候的湿度还与灌溉、河流、地下水、植被状况等有密切关系。降水和湿度随地理区域的不同有很大差异，即使在同一地理环境中，每年、每月的变化也不一样。因此降水和湿度是很不稳定的因素。

（一）昆虫获得、失去和保持水分的方式

昆虫获取水分最主要的途径是取食，取食的食物含水多时，虫体含水也多；取食含水少的食物时，虫体含水也少。有些昆虫，例如蝗虫、蝶、蛾、蜂等还有直接饮水以补充体内水分不足的习性。在食物的消化过程中，昆虫还可利用有机物质在消化道内分解时所产生的水分，这点对取食含水很少的食物的昆虫尤为重要。此外，昆虫的体壁也可以从环境直接吸收水分；有的昆虫卵能通过卵壳吸收外界的水分。

昆虫主要通过排泄失去水分。有些昆虫，例如蚜虫、飞虱、介壳虫等在排出体内多余糖分的同时也排出水分。昆虫的体壁虽然保水能力较强，但部分水仍在蒸腾作用下透过体壁丢失掉了，特别是刚刚蜕皮的昆虫或软体昆虫，丢失水分的速度更快。在呼吸过程中通过气门进行气体交换时也使体内水分散失。

（二）昆虫对湿度适应性的类型和特点

根据昆虫栖境的水湿特点，可以划分为水生性、湿生性和陆生性。

1. 水生性种类 诸如稻水象甲、稻摇蚊、稻水蝇等的幼虫生活在泥水环境中，排水晒田是防治水生害虫的有效方法。

2. 湿生性种类 湿生性种类是在土壤中和潮湿的地方栖居生活的种类，例如地下害虫、跳虫等。这类昆虫长期生活在湿度较大的环境中，体壁透水性较强，不耐干旱；淹水的条件也对它们不利。

3. 陆生性种类 陆生性种类繁多，情况比较复杂，对环境湿度适应性差异较大。陆生昆虫包括玉米螟、潜叶蝇、天牛等潜蛀类昆虫，蚜虫、介壳虫、螨类等刺吸类昆虫，以及菜粉蝶、小菜蛾等裸露生活的咀嚼式口器昆虫。

（三）湿度对昆虫的影响

湿度影响昆虫体内水分的蒸发以及虫体的含水量，对虫体的体温和代谢亦有影响。

1. 影响成活率 在昆虫卵孵化、幼虫蜕皮、化蛹、羽化时，如果大气湿度过低，往往大量死亡。有时因湿度过低还造成产在植物上的卵块脱落干死。

2. 影响生殖力 干旱影响昆虫性腺的发育，是造成雄性不育的一个原因，也影响交尾和雌虫产卵量。

3. 影响发育速度 有些昆虫在不同湿度下的发育速度有变化。但是一般湿度对于昆虫发育速度的影响不如温度的影响那么重要。

三、温度和湿度对昆虫的综合作用

温度和湿度是环境中两个相互影响的因子，综合作用于昆虫。不同的温度和湿度组合对昆虫生长发育会产生不同的影响。就某种昆虫而言，在适宜的温度范围内，可因湿度条件不适宜而对其生长发育不利；同样，在适宜的湿度范围内，也可因温度条件不适宜而对其生长发育不利。在一定的温度和湿度范围内，相似的温度和湿度组合具有相近的生物效能。

（一）温湿系数及其应用

温度和湿度组合常用温度和湿度的比值来表示，称为温湿系数。一般用当地平均相对湿

度与平均温度之比表达,其表达式为

$$Q=\frac{RH}{t}$$

式中,RH 是平均相对湿度,t 是平均温度。

温湿系数的应用必须限制在一定湿度和温度范围内,超过一定范围,虽然数值相同,对昆虫的作用可能不一致。

(二) 气候图及其应用

根据 1 年中各月份的温度和湿度组合,以纵轴代表月平均温度,横轴代表月总降水量或平均相对湿度,可以制成气候图(climate figure)。气候图代表一个地方 1 年中的温度和湿度环境特征,可借以研究环境温度和湿度对昆虫数量和分布的影响。

图 5-3 表示地中海实蝇在巴勒斯坦特拉维夫地方 2 年的气候图。1927 年该虫危害严重,该年 4—11 月的温度和湿度组合都处于最适温湿范围。1932 年各月温度和湿度组合都在最适温湿范围以外(主要是湿度太低),因此该年发生少。

应该指出,气候图仅考虑到温度和湿度两个因素,所以在应用上有一定局限性。用于分析昆虫的发生和分布时,仍应结合其他因素综合考量。

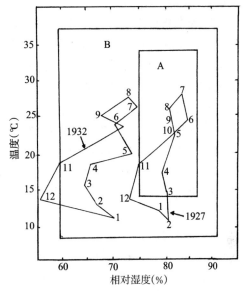

图 5-3 地中海实蝇的气候图
A. 矩形内是最适温度和湿度范围 B. 矩形内是不很适合的温度和湿度范围
(仿 Bodenheimer)

四、光对昆虫的影响

光对昆虫的作用基本上包括光的波长、光照周期和光照度 3 个方面。

(一) 光的波长

光是一种电磁波,因为波长不同,显出各种不同的性质。太阳光通过大气层到达地面的波长为 290~2 000 nm,人眼能见的光只限于波长为 390~800 nm。昆虫辨别光波的能力与人不同,能见光的波长在 250~650 nm,也就是说,它们不能看到红光,却可看到人眼看不到的紫外线(图 5-4)。有些红色花能反射紫外光,昆虫对它们也有识别能力。

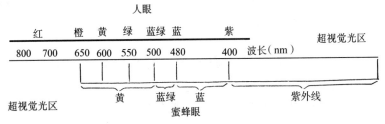

图 5-4 人和蜜蜂视觉对于不同光波识别能力的比较
(仿 Frisch)

昆虫的趋光性与波长关系最为密切。二化螟对波长为 330～400 nm 的光趋性最强，常用的黑光灯波长是 365～400 nm，比普通白炽灯诱虫效果好得多；而棉铃虫和烟草夜蛾以波长为 330 nm 的光诱集效果最好。人们正是利用不同昆虫对光波的选择性，设计和改进黑光灯的诱虫效果。

（二）光照周期

光照周期指昼夜交替时间在 1 年中的周期变化，是季节周期的时间表。昆虫的年生活史、滞育、世代交替，蚜虫的季节性多型现象，稻纵卷叶螟成虫的迁飞等均与光周期变动有密切关系。S. D. Beck 总结了昆虫的光周期，认为一切季节性的或地理的光周期现象，都是以光的日周期为基础的；光的日周期变化为生物的外界环境提供了信号，同时也引起生物体内时间性的组织做同步反应，也称为光周期反应；而生物体内的光周期反应也正是生物物候现象的机制，也是对生物气候的一种适应性。昆虫的光周期反应建立在环境的光周期节律对其内在生物节律过程影响的基础上，这种内在生物节律过程是生物体内时间性组织的一种功能反应，称为生物钟（bioclock），它控制着昆虫生理机能的节律，从而使昆虫的行为活动表现出时间性的节律反应。它与外界日光周期节律的信号密切关联。

关于昆虫滞育与光周期的关系，见本书第三章。

（三）光照度

光照度即光的辐射能量，主要影响昆虫昼夜节律行为、飞翔、交尾产卵、取食、栖息等。依昆虫活动与光照度的关系，可分 4 类：白天活动的（例如蝇、蝶、蚜虫等）、夜间活动的（例如夜蛾等）、黄昏活动的（例如小麦吸浆虫等）和昼夜活动的（例如某些天蛾等）。了解这些可为人们确定田间调查和防治时间提供依据。

五、风对昆虫的影响

风对昆虫的生长发育无直接影响，但对昆虫的扩散迁移，特别是远距离迁飞有较大影响。

善飞的昆虫，大多在微风或无风的晴天飞行，当风超过 15 km/h 时，所有的昆虫都停止飞行。东亚飞蝗在微风时迎风飞行，在三级以上的风时改为顺风飞行，其前进方向和上下波动幅度都随风力大小而增减。

由于我国一年内各季节气压分布的特点，形成了高空大气环流季节性变化，即春夏季为西南季风，从秋季起则西北风盛行。这对我国几种重要农业害虫的南北往返迁飞有很大影响。例如我国在 20 世纪 60 年代初即已查明，黏虫在淮北不能越冬，北方各地的虫源是由南方迁飞来的。即黏虫每年春夏季由南向北，秋季再由北向南循环迁移，其迁飞途径和降落，主要与气流、冷锋有关。近年来褐飞虱迁飞与气流和风的关系的研究表明，这种害虫在我国东半部春夏季由南向北，秋季又由北而南迁飞，每年周而复始，循环往复。

第二节　土壤因素对昆虫的影响

土壤是昆虫的一个特殊生态环境，有些昆虫终生生活在土壤中，有很多昆虫以某个虫态或几个虫态生活在土中。

土壤是由固体颗粒、水和空气所组成。这 3 种物态的不同组合构成土壤不同的温度、湿度、通气状况、机械组成和化学特性,这些都与生活在土壤中的昆虫有密切的关系。

一、土壤温度对昆虫的影响

土壤温度主要影响土中生活昆虫的生长发育和栖息活动。

土壤温度主要取决于太阳的辐射热,有机物质腐烂时也产生热,但热量很小。白天土表接受太阳辐射,热由土表向土内传导,晚上土壤辐射散热,由土内向外传导,因此土壤表层温度昼夜变化很大,甚至超过气温的变化,而愈往土壤深层变化愈小,在地面下1m深处,昼夜几乎没有什么温差。同样的道理,土壤温度1年中的变化也是表层大于深层。土壤类型、物理性质以及土表覆盖情况等都会影响土壤温度的高低。

土壤昆虫在土中的活动往往随着适温层的变动而垂直迁移。秋季温度下降时,昆虫向下层移动,气温愈低,在土壤中潜伏愈深。春季天气渐暖时,昆虫向上层移动。由表5-2可以看出沟金针虫在土中的活动与温度的关系。

表5-2 沟金针虫幼虫活动与土壤温度的关系

(引自钟启谦等,1958,北京)

时期	10 cm处土壤温度(℃)	潜土深度或活动情况
11月下旬	1.5	在27~33 cm处越冬
3月中旬	6.7	开始上升活动
3月下旬	9.2	小麦返青,开始危害
4月上中旬	15.1~16.6	危害盛期
5月上旬	19.1~23.3	移向13~17 cm深处,土壤温度低时也上升危害
6月	28.0	下移至24 cm深处越夏
9月下旬至10月上旬	17.8	上升至土表危害秋播幼苗

土壤昆虫不仅随着土壤温度的季节性变化而上下移动,而且也随一天中土壤温度的变化而在土中上下移动。

了解土壤温度变化和土壤昆虫垂直迁移活动的规律,可以更好地预测预报和防治土壤中的害虫。

二、土壤湿度对昆虫的影响

土壤湿度包括土壤水分和土壤空隙内的空气湿度,主要取决于降水和灌溉。土壤空气中的湿度,除表层外一般总是处于近饱和状态,因此土壤昆虫不会因土壤湿度过低而死亡。许多昆虫的不活动虫期(卵期和蛹期)常常以土壤作为栖境,避免了大气干燥对它的不利影响。

土壤湿度左右着土壤昆虫的分布,例如细胸金针虫、小地老虎主要危害地区限于含水量较多的水浇地或低洼地,沟金针虫适于旱地草原,多种拟步甲适于荒漠草原的干旱砂地。

土壤湿度与地下害虫的活动危害有密切的关系。例如沟金针虫在春季干旱年份,虽然土壤温度已适于活动,但是由于表土层缺水,其幼虫的上升活动会受到抑制。水分过多也不利于地下害虫的生活。例如发现金针虫危害后,田里及时灌水,可迫使金针虫逃离水浸,从而起到暂时防虫保苗的作用。如果实行水旱轮作，使田里有一个长期的淹水条件，可以显著减少旱作阶段的地下害虫。

在土壤中越冬的昆虫，出土的数量和时间，受土壤湿度的影响很显著。例如小麦红吸浆虫幼虫在3—4月若遇到土壤水分不足，就会停止化蛹，继续滞育，若土壤长期干燥，甚至可滞育数年。

在土壤中产卵的昆虫，产卵时对土壤湿度有一定的要求。例如东亚飞蝗能在含水量为8%～22%的土壤中产卵，砂土的适宜含水量是10%～20%，壤土的适宜含水量是15%～18%，黏土的适宜含水量是18%～20%。

此外，土壤湿度大时往往促进昆虫致病微生物的发展，使土内昆虫得病死亡，因而减少土壤内的虫口。

三、土壤机械组成对昆虫的影响

土壤机械组成主要影响昆虫在土壤中的活动。例如葡萄根瘤蚜能在结构疏松的团粒结构土壤（例如黏质壤土）和石砾土壤中严重危害葡萄根部。因为这样的土壤具有1龄若虫活动蔓延的空隙。而砂质壤土无团粒结构，流动性大，1龄若虫无法在其中活动，因而不能存活。蝼蛄喜欢生活在含砂质较多而湿润的土壤中，尤其是经过耕翻而施有厩肥的松软田地里，在黏性大而结实的土中发生很少。也有些昆虫，例如黄守瓜等幼虫却偏好黏土的环境，因而在黏土中的化蛹率和羽化率都高。

四、土壤化学特性对昆虫的影响

土壤酸碱度影响一些昆虫的分布。例如小麦红吸浆虫幼虫最适宜生活在pH为7～11的土壤内，在pH为3～6的范围内不能生活，所以小麦红吸浆虫主要发生在偏碱性土壤中。

土壤含盐量对一些昆虫的分布有一定影响。例如东亚飞蝗在土壤含盐量0.5%以下的地区常年发生，土壤含盐量为0.7%～1.2%的地区是扩散区，土壤含盐量为1.2%～2.5%的地方则无东亚飞蝗分布，因为东亚飞蝗产卵对土壤含盐量有选择性。

在农田里施用不同的肥料，对土壤害虫的数量和种类组成影响很大。施用有机肥料，特别是施未经腐熟的有机肥料较多的土壤，地下害虫的虫口密度往往较大。这是因为蝼蛄、蛴螬、种蝇等以有机肥料为食料，成虫趋于在这样的土壤中产卵，因此增加了虫口密度。田间直接施用氨水，对地下害虫有一定的驱避作用甚至杀伤作用。

第三节 生物因素对昆虫的影响

生物因素是指环境中一切有生命活动的生物，它们之间存在着相互依存和相互制约的关系。农业害虫本身是农田生物因素的组成部分，又和农田其他生物有着密切联系。生物因素既影响昆虫的生长发育、繁殖和分布，又影响昆虫的种群数量变化。

一、生物因素的基本概念

（一）食物链和食物网

自然界生物之间的最基本关系是食物联系，又称为营养联系。

食物联系通常以植物为起点，植物从土壤中吸收水分和矿质营养，从空气中吸收二氧化碳，在阳光作用下，经过光合作用，合成有机物质而形成植物体。植食性昆虫通过取食植物获得营养物质和能量，而植食性昆虫又是肉食性昆虫的营养物质和能量的来源。这种以植物为起点的彼此依存的食物联系的基本结构，称为食物链（food chain）。食物链的环节最少3个，多的达5~6个。

在自然界，单纯直链式的食物链是不存在的，总是由许多交错联系的食物链结合在一起，构成多分支的结构，就称为食物网（food web）。图5-5就是棉田食物链和食物网中的一部分。

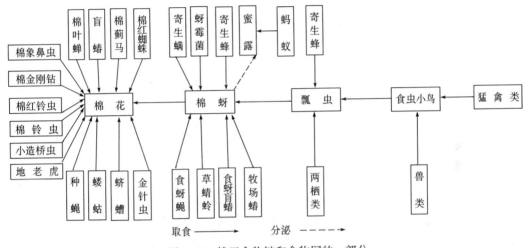

图5-5 棉田食物链和食物网的一部分
（仿西北农学院农业昆虫学教研组）

（二）生物群落

在一定的地域内，相互联系的动植物等生物组合形成了该地域内特定的生物组合结构，这个结构的总和称为生物群落（biocommunity）。生物群落由若干个食物网联系而成。生物群落并非杂乱无章的动物和植物集合，而是有层次和结构的总体。

（三）生态系统

在一定的气候和土壤条件下，生物群落与非生物因子相互作用形成一个自然综合体结构，并能凭借这种结构进行物质循环和能量转换，具有相互依存和相互制约的功能，生态学上将这种自然综合体称为生态系统（ecosystem）。植物是生态系统中的基础组成成分，能够进行光合作用合成有机物质，故植物是生态系统中的生产者。植物是植食性动物建造其机体的能量和物质来源，肉食性动物又以植食性动物为其建造机体的能量和物质来源，故动物在生态系统中为消费者。消费者依其营养水平可区分为初级消费者（例如植食性动物）、次级消费者（例如肉食性动物），依此类推，还有第三级消费者、第四级消费者等。在自然条件下，植物的枯枝落叶、动物的排泄物和尸体遗留在地面上，经过腐食性或尸食性动物和微生物的分解，使复杂的有机物转变成简单的有机物和无机物，使自然环境得到净化。腐食性或尸食性动物和微生物称为分解者。分解者所分解的物质以单质或简单化合物的形式进入土壤表层，可供植物吸收利用，或在地壳运动中森林和动物被埋入地下深层，经长年累月转化为矿质能源。这种物质循环和能量转化过程，构成了生态系统的基本功能（图5-6）。

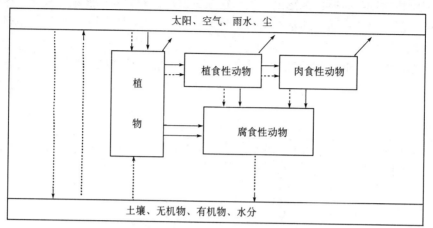

图5-6 陆地生态系统结构及功能
（实线箭头表示能量流动，虚线箭头表示物质循环）
（仿南京农学院）

（四）农业生态系统

农业生态系统是人类以农作物为中心，人为地重新改建起来的一类生态系统，是由所有存在于栽培植物地区的生物群落与周围环境所组成的单位，它受人类各种农业、工业、社会及娱乐等方面活动的影响而改变。也可以说，农业生态系统是在人类社会经济体系作用下，以农业植物群落和人类农业经济活动为中心而建立的生态系统。根据农业植物群落的不同，又可分为农田生态系统、森林生态系统、牧场生态系统等。农业生态系统和自然生态系统相比，其特殊点在于：①生产者层次简单，大多以1种作物为主，人为地排除植物种间竞争，以使该种作物获得最大产量，因此群落结构比较简单；②以1种或几种作物为生产目的，经常人为地限制植物群落的变迁，植被的组成经常在人为条件下不连贯地被更新；③由于植物产品不断被人类取走，营养物质不能自我补充，需以施肥方式从系统外补充；④生态系统单纯而不稳定。

由于农业生态系统中作物群体的单纯性，和其相联系的昆虫类群也变得单纯，少数种类由于获得了较好的营养条件而个体数量剧增，成为当地的重要害虫。再加上人为地施用化学农药，使植物相和昆虫相变得更为单纯，趋于不稳定，一旦环境条件对某种害虫发育繁殖有利，在短期内就暴发成灾。所以生态系统的多样性和稳定性，是农田生态系统害虫治理中值得重视的中心问题。

二、食物因素对昆虫的影响

（一）昆虫的食性和食性分化

昆虫在长期演化过程中，形成了对食物的不同适应性，即食性。

按照食物的性质和来源，昆虫的食性分为植食性、肉食性、腐食性、尸食性和粪食性5类。植食性昆虫多为农业害虫，肉食性昆虫多为害虫的天敌。后3类（腐食性、尸食性和粪食性）虽与农业生产的直接益害关系不明显，但在生态系统中起着清除动植物残体的作用，是初级分解者。

按取食范围的大小，昆虫的食性分为单食性、寡食性、多食性和杂食性。

(二) 食物对昆虫的影响

尽管寡食性昆虫和多食性昆虫，能够取食多种植物，但每种昆虫都有其最嗜食的植物种类，取食嗜食植物时，昆虫发育快，死亡率低，生殖力高。例如用东亚飞蝗做试验，用其在自然界嗜食的一些禾本科和莎草科植物饲喂它的若虫时，发育期长短和死亡率都差不多；用其在自然界所不嗜食的油菜饲喂，死亡率即大为增加，发育期也延长了，但仍有一部分蝗蝻可以完成生活史；如用豌豆、绿豆、甘薯等饲喂，则不能完成发育；如以棉花饲养，到2龄时全部死亡。

取食同一种植物的不同器官，影响也不相同。例如棉铃虫取食棉株的不同器官，对幼虫期总食量、发育天数、死亡率、蛹体质量、羽化率都有显著影响，营养效应以棉铃最好，嫩叶次之，蕾又次之，大叶最差。甚至同种植物的不同发育阶段，也有不同影响。

(三) 植物抗虫性对昆虫的影响

经过长期的自然选择和人工选择，栽培植物种内产生了不同的品种。有些品种，由于它们的生物化学特性，或形态特征，或组织解剖特征，或物候特点，或生长发育的特点，使某种害虫不去产卵或取食危害，或不能在上面很好地生长发育，或虽能正常生长发育，但不危害农作物的主要部分，或虽危害主要部分，但对农作物丰产无显著影响，这些品种，人们说它有抗虫性。植物抗虫性是某些植物或品种所具有的遗传特性，这种特性影响着植物或品种受害虫危害后造成的最终损失程度。

抗虫性是植物与害虫在外界环境条件作用下斗争结果的表现形式，可表现为不选择性、抗生性与耐害性，统称为抗虫性三机制。

所谓不选择性（nonpreference），即在害虫发生数量相同的条件下，一些品种少或不被害虫选择前来产卵、取食。例如一些小麦品种，由于花器的内颖与外颖扣合紧密，使红吸浆虫幼虫不能侵入危害，使麦黄吸浆虫成虫不能产卵。抗生性（antibiosis）系指昆虫取食一些寄主品种时，发育不良，体型变小，体质量减小，寿命缩短，生殖力降低，死亡率增加。例如一些玉米品种，由于抗螟素含量高，抑制玉米螟幼虫取食，促使其死亡率提高。耐害性（tolerance）系指有些作物品种受害后，有很强的增殖或补偿能力，使害虫造成的损失很低。例如一些谷子品种，虽也被粟灰螟幼虫钻蛀，造成枯心，但由于分蘖力强，可以补偿被害苗的损失。

选育和利用抗虫品种是农业害虫综合治理最经济和有效的措施。

三、天敌因素对昆虫的影响

在自然界，昆虫常被微生物侵染或被其他动物捕食寄生而致死，这些微生物和食虫动物就是昆虫的天敌（natural enemy）。利用天敌是害虫综合治理的主要措施之一。

(一) 致病微生物对昆虫的影响

昆虫致病微生物包括细菌、真菌、病毒、立克次体、原生动物、线虫等。

1. 细菌 细菌种类很多，按是否形成芽孢，分为芽孢杆菌和无芽孢杆菌。重要的昆虫致病细菌有苏云金芽孢杆菌（*Bacillus thuringiensis*），其有19个变种，杀螟杆菌、青虫菌、

7216等都是其变种。昆虫感染苏云金芽孢杆菌后症状不完全相同，但共同特征是病菌从口腔入侵，感病后昆虫行动迟缓，食欲减退，烦躁不安，口腔和肛门常有排泄物，导致败血症，死后虫体一般发黑，软化腐烂，有臭味。

2. 真菌 常见的昆虫致病真菌有白僵菌（*Beauveria bassiana*），可引起昆虫的僵病。白僵菌寄主范围很广，可侵染鳞翅目、鞘翅目、半翅目、膜翅目、直翅目及螨类等200多种寄主。另外，还有虫霉属（*Entomophthora*）可引起蝇霉、蝗霉、蚜霉，虫草菌属（*Cordyceps*）可产生冬虫夏草、蛹虫草等。多数真菌孢子的萌发和致病需要高湿度，只有在高湿多雨的情况下才能流行。

3. 病毒 昆虫感染的病毒主要有核多角体病毒、质多角体病毒、颗粒病毒、多形体病毒、无包含体病毒。病毒通过口腔感染，染病昆虫表现出食欲减退，行动迟缓，最后腹足紧抓寄主植物枝梢，体下垂而死，体液无臭味，可与细菌性病害相区别。

4. 立克次体 立克次体是介于病毒与细菌之间的微生物，对昆虫致病性较强的是立克次小体属（*Rickettsiella*），代表种是日本丽金龟立克次小体（*Rickettsiella popilliae*），主要侵染幼虫的脂肪体，并产生大量双折射性聚合晶体，最终导致寄主死亡。染病幼虫呈蓝色，故称为蓝病。

5. 原生动物 最常见感染昆虫的原生动物是微孢子虫，例如家蚕微孢子虫（*Nosema bombycis*）、蜜蜂微孢子虫（*Nosema apis*）等。微孢子虫对蝗虫等害虫也有一定控制作用，飞蝗微孢子虫（*Nosema locustae*）已作为微生物杀虫剂在生产使用。

6. 线虫 寄生于昆虫的线虫很多，主要属于索线虫科（Mermithidae，常见于蝗虫、甲虫、飞虱等体内）、新线虫科（Neoaplectanidae，其寄主范围广，寄生效果好，杀死寄主快，使用安全）。

（二）食虫动物对昆虫的影响

昆虫的动物天敌可分为捕食性和寄生性两类。

捕食性天敌包括食虫鸟类、青蛙、刺猬、鼹鼠、蜥蜴、蜘蛛、捕食性昆虫等。其中种类最多、数量最大的还是捕食性昆虫，例如螳螂、蜻蜓、步甲、虎甲、瓢虫、草蛉、粉蛉、胡蜂、食虫虻、食蚜蝇、猎蝽、花蝽等。许多捕食性昆虫已被利用在生产上大面积害虫防治。例如澳洲瓢虫（*Rodolia cardinalis*）被很多国家引进用于防治柑橘吹绵蚧。

寄生性天敌主要是膜翅目和双翅目昆虫的寄生性种类，例如姬蜂、茧蜂、小蜂、细蜂、寄蝇等。种类很多，其中生产上大面积用来防治害虫的有松毛虫赤眼蜂（*Trichogramma dendrolimi*）、丽蚜小蜂（*Encarsia formosa*）等。

第四节 昆虫的种群动态

一、种群和种群基数

种群（population）是指在一定空间（区域）内同种个体的集合体，即同种个体的群体，是物种存在的基本单位。同一种群内的个体之间相互联系比不同种群的个体更为密切。种群反映了构成该种群的个体的生物学特性，也就是说，种群既具有与个体相类似的一般生物学特性，例如具有出生（或死亡）、寿命、性别、年龄（虫态或虫期）、基因型、繁殖、滞育等性状。而且种群具有群体的生物学属性，例如出生率、死亡率、平均寿命、性比、年龄组配、基因频率、繁殖率、迁移率、滞育率等，这些特征都反映了一个群体的概念，是个体相应特征的一个统计量，反映了该种群中个体的集中（平均）相应特征。种群作为一个群体结构，还有个体所不具备的特征，例如种群密度和数量动态，以及因种群扩散或聚集而形成的空间分布型。

当研究昆虫的种群动态时，往往要估测一定时间内的种群数量。首先要查清一定空间内种群的起始数量，即种群的基数。基数可以按时间起算，例如春季的越冬基数；也可以按生活史中的1个世代或虫态起算。可以将种群中所有年龄组配的个体总数作为基数，也可以只把某个虫态的个体数作为基数。

由于昆虫个体数量多，一般采用抽样调查法来估算总体的数量。

二、种群的生态对策

在自然界，物种对生态环境的适应策略称为生态对策（ecological strategy）。生态学中根据生态对策将农业害虫常分为 r 类害虫和 k 类害虫。

r 类害虫的特点是具有较高的繁殖力，大发生频率高，在种群遭到环境影响或人为干扰后恢复的能力强，能迅速从低密度上升到高密度。r 类害虫的许多种类迁移性强。例如棉蚜、棉红蜘蛛、小地老虎均属于此类，所以常为暴发性害虫。

k 类害虫的特征是具有较低的繁殖力，种群经常处于低密度水平，但有时也成为重要害虫，它们往往直接侵袭农作物的果实、枝干等，抗御天敌的能力强，死亡率低，例如苹果蠹蛾等。

了解害虫的生态对策，是制定害虫综合治理策略的重要根据。

第五节 农业害虫的调查统计和预测预报

研究农业昆虫，解决害虫防治和益虫利用等问题，首先必须掌握昆虫种群在时间和空间上的数量变化，只有通过深入调查统计，掌握数据，才能对情况做出正确的分析判断。

预测预报是做好害虫防治工作的重要基础。进行害虫预测预报，首先要具备害虫及其生态环境方面足够的技术资料，这些资料来自多年的观察和研究，只有积累定点、定期系统观察的丰富资料，才能从中找出害虫种群变动的规律。其次要掌握和运用各种数理统计方法，才能对丰富的资料进行科学分析，得出正确的预测结论。目前，遥感雷达等技术已经用于病虫监测，计算机网络技术发展突飞猛进，这些现代信息技术为害虫预测预报工作提供极大方便。

一、农业害虫的调查统计

（一）昆虫田间分布型和取样方法

1. 昆虫的田间分布型 昆虫种群在田间的分布状况，常因种类、虫态、发生阶段（早、中或后期）而不同，也随地形、土壤、被害植物的种类、栽培方式等而变化。调查昆虫在田间的发生情况，先弄清这种昆虫在田间的分布型，采用相应的调查方法，调查结果就更符合田间实际情况。常见的昆虫田间分布型有随机分布型和非随机分布型（图5-7）。

(1) 随机分布型　随机分布也称泊松分布（Poisson distribution），通常是稀疏的分布，个体之间的距离不等，但总体分布较均匀，调查取样时每个个体出现的概率相等。例如三化螟的成虫及其卵块在水稻田的分布、盲蝽成虫在棉田的分布均属此型。

(2) 非随机分布型　非随机分布型是不均匀的分布，又可分为核心分布型和嵌纹分布型。

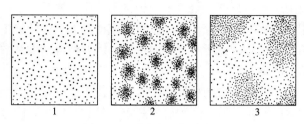

图 5-7　昆虫的田间分布型
1. 随机分布型　2. 核心分布型　3. 嵌纹分布型
（仿西北农学院农业昆虫学教研组）

① 核心分布型：核心分布型也称为奈曼分布型（Neyman distribution）。核心分布型的昆虫在田间分布呈很多小集团，形成核心，并自核心呈放射状蔓延，核心之间是随机的，例如玉米螟、二化螟幼虫及其危害稻株在田间的分布。

② 嵌纹分布型：嵌纹分布型也称为负二项分布型（negative binomial distribution）。嵌纹分布型的昆虫在田间呈不规则的疏密相间状态。例如三化螟幼虫在稻田虫口密度大时，多个核心互相接触，逐渐形成嵌纹分布。

2. 昆虫田间调查取样方法　常用的取样法是随机取样法。"随机"并不是"随便"而是按照一定的取样方式，间隔一定的距离，选取一定数量的样点。样点内全面计数，不得随意变换，以避免调查者的主观成分。随机取样方法主要包括下述几种（图 5-8）。

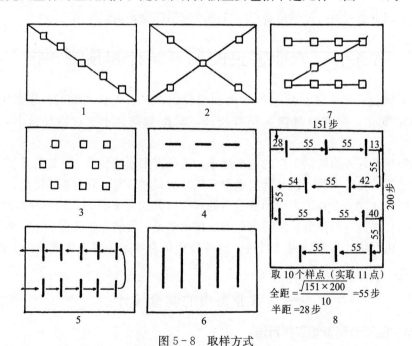

图 5-8　取样方式
1～2. 对角线取样　3～4. 棋盘式取样　5～6. 分行取样　7. Z字形取样　8. 等距取样
（仿西北农业学院农业昆虫学教研组等）

(1) 对角线取样法　此法适用于密集的或成行的植物和随机分布的结构，有单对角线和双对角线两种。

(2) 棋盘式取样法　此法适用于密集的或成行的植物和随机分布的结构。

(3) 分行取样法　此法适用于成行的植物和核心分布的结构。

(4) Z字形取样法　此法适宜于嵌纹分布型的结构。

(二) 田间虫情的表示方法

1. 以虫口表示　根据所调查对象的特点，调查害虫在单位面积、单位时间、单位容器或一定寄主单位上出现的数量。

(1) 地上部的虫口　抽样检查单位面积、单位植株或单位器官上害虫的卵（或卵块）数或虫（幼虫、若虫或成虫）数。需在害虫发生季节、最易发生的时期或越冬期进行。例如对黏虫常调查每平方米的幼虫数，对麦田蚜虫常调查平均百株蚜虫数（百株蚜量）。

(2) 地下部的虫口　挖土或淘土，调查统计单位面积一定深度内害虫的数目，必要时进行分层调查。例如对金针虫、蛴螬、拟地甲等地下害虫和桃小食心虫、李小食心虫等幼虫或蛹在土内休眠等的调查，常挖取土壤调查每平方厘米土中的虫数。

(3) 飞翔的昆虫或行动迅速不易在植株上计数的昆虫　这类昆虫有飞虱、叶蝉等。有趋光（和色）性、趋化性的昆虫可用黑光灯、糖蜜诱杀器、黄皿诱集器等进行诱捕，以单个容器逐日诱集数表示。网捕是调查这类害虫田间虫口的常用方法，标准捕虫网柄长为1 m，网口直径为33 cm，来回扫动180°为1复次，以平均1复次或10复次的虫数表示。

2. 以作物受害情况表示

(1) 被害率　被害率表示作物的株、秆、叶、花、果实等受害的普遍程度，不考虑每株（秆、叶、花、果等）的受害轻重，只要受害计数时都同等对待。

$$被害率=\frac{被害株（秆、叶、花、果）数}{调查总株（秆、叶、花、果）数}\times 100\%$$

(2) 被害指数　许多害虫对植物的危害只造成植株产量的部分损失，植株之间受害轻重程度不等，用被害率表示并不能说明受害的实际情况，因此往往用被害指数表示。在调查前先按受害轻重分成不同等级，然后分级计数，代入下面公式计算。

$$被害指数=\frac{各级值\times 相应级的株（秆、叶、花、果）数的累计值}{调查总株（秆、叶、花、果）数\times 最高级值}\times 100\%$$

(3) 损失率　被害指数只能表示受害轻重程度，但不直接反映产量的损失。产量的损失应以损失率表示，计算公式为

$$损失率=\frac{损失系数\times 被害率}{100}$$

其中

$$损失系数=\frac{健株单株产量-被害株单株产量}{健株单株产量}\times 100\%$$

二、农业害虫的预测预报

农业害虫的测预报是以害虫发生规律为基础，根据当前害虫的发生数量和发育状态，结合气候条件、作物发育等情况进行综合分析，判断害虫未来发生的动态趋势，保证及时、经济、有效地防治害虫。影响害虫种群发生动态的因子多种多样，关系错综复杂，这些因子对不同种害虫的影响也很不一致。因此需要针对具体的害虫深入调查研究，进行具体的分析，

特别要找到对害虫发生起决定性作用的主导因子,只有这样才能用简便易行的方法对害虫的发生做出较准确的预测。

农业害虫预测预报根据预测内容可分为发生期预测、发生量预测和分布蔓延区域预测。

(一) 发生期预测

农业害虫的发生时期按各虫态可划分为始见期、始盛期、高峰期、盛末期和终见期。预报时着重始盛期、高峰期和盛末期3个时期。1973年全国农作物病虫害预测预报工作会议上将上述3个时期分别定为:出现20%时为始盛期,出现50%时为高峰期,出现80%时为盛末期。

发生期预测按时间长短分为短期预测(20 d以内)、中期预测(20 d到1个季度)、长期预测(1个季度以上)。

1. 期距预测法 期距一般是指各虫态出现的始盛期、高峰期或盛末期间隔的时间距离。它可以是由一个虫态到下一个虫态,或者是由一个世代到下一个世代的时间间隔。不同地区、不同季节、不同世代的期距差别很大,每个地区应以本地区常年的数据为准,其他地区的数据不能随便代用。这需要在当地有代表性的地点或田块进行系统调查,从当地多年的历史资料中总结出来。有了这些期距的经验数据或历年平均值,就可依此来预测发生期。

(1) 诱集法 利用昆虫的趋性、潜藏、产卵等习性,进行诱集。例如设置诱虫灯诱集各种蛾类、金龟甲等,设置谷草把诱集黏虫成虫等。每年从预测对象始见期到终见期止,长期设置,逐日计数,同时应注意积累气象资料,以便对照分析。

(2) 田间调查法 在害虫发生阶段,定期、定点(甚至定株)调查其发生数量,统计各虫态的比例,将逐期统计的比例顺序排列,便可看出害虫发育进度的变化规律,发生的始期、盛期、末期及期距。

(3) 人工饲养法 对于一些在田间不便观察的害虫或虫态,可以在调查的基础上结合进行人工饲养观察。饲养条件应该控制在尽量接近害虫在自然界发育的条件。根据各虫态(及龄期)发育的饲养记录,统计分析出平均发育期。

2. 有效积温预测法 在适宜害虫生长发育的季节里,温度的高低是左右害虫生长发育快慢的主导因素。只要了解了某种害虫某虫态或全世代的发育起点温度和有效积温及当时田间的虫期发育进度,便可根据近期气象预报的平均温度条件,推算这种害虫某虫态或下一世代的出现期(计算方法见本章第一节)。

3. 物候预测法 物候是指各种生物现象出现的季节规律性,是季节气候(例如温度、湿度、光照等)影响的综合表现。许多生动而形象化的农谚与害虫发生期有关,例如河南对小地老虎的观察有"桃花一片红,发蛾到高峰;榆钱落,幼虫多",对黏虫有"柳絮纷飞蛾大增"等说法。

(二) 发生量预测

害虫种群数量的变化规律是生态学研究的核心课题。特别是对于暴发性害虫,有的年份它们销声匿迹,甚少危害,有的年份却大肆猖獗,到处成灾,摸清其种群数量消长的规律最为重要。预测害虫发生量的方法包括有效基数预测法、经验指数预测法和形态指标预测法。

1. 有效基数预测法 有效基数预测法是目前应用比较普遍的一种方法,此法根据上一代的有效虫口基数、生殖力、存活率来预测下一代的发生量,对一化性害虫或1年中发生2~4代的害虫预测效果比较好,特别是在耕作制度、气候、天敌数量比较稳定情况下应用较好。

根据害虫前一代的有效虫口基数，推算后一代的发生量，常用下式计算繁殖数量。

$$P = P_0 \left[e \cdot \frac{f}{m+f} \cdot (1-M) \right]$$

式中，P 为繁殖数量（即下一代的发生量），P_0 为上一代虫口基数，e 为每头雌虫平均产卵数，$f/(m+f)$ 为雌虫比例（f 为雌虫数，m 为雄虫数），M 为死亡率（包括卵、幼虫、蛹、生殖前成虫），$1-M$ 为生存率［可为 $(1-a)(1-b)(1-c)(1-d)$，a、b、c 和 d 分别代表卵、幼虫、蛹和生殖前成虫的死亡率］。

例如某地秋蝗残蝗密度为每平方米 0.05 头。雌虫占总虫数的 45%，雌虫产卵率为 90%，每头雌虫平均产卵 240 粒，越冬死亡率为 55%，预测来年夏蝗蝗蝻密度。

夏蝗蝗蝻密度 $=0.05 \times 240 \times 45\% \times 90\% \times (1-55\%) = 2.2$（头/m²）

2. 经验指数预测法 经验指数是在研究分析影响害虫猖獗发生的主导因素时得出来的。

例如河南省开封地区根据 1959—1963 年的资料分析表明，第 1 代玉米螟发生量和 4—5 两月温湿系数呈正相关。温湿系数（x）与有虫株率（y）的关系式即预测式，其为

$$y = 22.7x - 25$$

每当 4—5 月温湿系数增加或减少 0.1 时，则第 1 代有虫株率将增加或减少 2.27%。4—5 月温湿系数达 4 以上，就有大发生的可能。

3. 形态指标预测法 昆虫对外界环境条件的适应也会在其内部构造和外部形态特征上表现出来。例如不同的体型、生殖器官、性比变化、脂肪含量等都会影响下一代或下一虫态的数量和繁殖力。可以把蚜虫、飞虱等常见害虫的形态指标作为数量预测指标及迁飞预测指标，推断种群数量动态。

例如华北地区棉蚜群体中有翅成蚜、若蚜占总蚜量的比例，当在双目解剖镜下观察达 38%～40%，或肉眼观察达 30% 左右时，将在 7～10 d 后大量迁飞扩散。

（三）分布蔓延区域预测

随着全球气候变暖，许多害虫的发生分布区域也发生变化，外来生物入侵种类与日俱增。通过害虫分布蔓延区域的预测，可以更好地了解当地害虫可能扩散蔓延到的区域和入侵害虫潜在的分布区域以及发生趋势。

1. 预测害虫扩散蔓延的区域 知道了某种害虫各虫期的生存条件后，就可以预测它可能分布到的区域。影响害虫分布蔓延区域的生态因子中，食料和气象因子常具有决定性作用。气象因子中又以温度和湿度对害虫分布的影响最为重要，可利用气候图法进行分析预测。

2. 预测迁飞性害虫可能扩散到的区域 有迁飞习性的害虫，在了解它们迁飞规律的基础上，根据迁飞前虫群的食料状况、虫群密度、虫体内部器官的发育状况、迁飞路线、成虫的活动能力以及主要影响迁飞的气象因子等，可以预测它在一定时期内可能蔓延到的区域。

3. 预测入侵性害虫的潜在分布区域 近年来，从国外传入国内的害虫种类与日俱增，根据传入害虫原发地的主要气候条件，对具有潜在威胁的入侵害虫进行适生性分析，可以预测其潜在分布区域和可能发生危害的程度。

思 考 题

1. 名词解释

   昆虫生态学　生态可塑性　过冷却现象　气候图　食物链　食物网　生物群落　生态系统

2. 昆虫对温度的反应可划分为哪些温区？各温区对昆虫的作用是什么？
3. 什么是有效积温法则？其在昆虫研究和预测中如何应用？应用中应注意哪些问题？
4. 光对昆虫怎么产生影响？
5. 昆虫的致病微生物有哪些主要类群？昆虫感染细菌病、真菌病、病毒病后症状有什么不同？
6. 昆虫的动物天敌有哪些类群？捕食和寄生怎样区别？
7. 昆虫的寄生性天敌昆虫主要有哪些昆虫类群（目、科）？
8. r 类害虫和 k 类害虫的特点各是什么？
9. 昆虫田间分布有哪几个基本型？各型的基本特点是什么？
10. 在田间调查农业害虫，常用哪些抽样方法？各抽样方法的特点和适用性如何？
11. 预测害虫的发生期，有哪些主要方法？
12. 预测害虫的发生量，有哪些基本方法？
13. 害虫分布蔓延区域预测的意义有哪些？

第六章 农业害虫防治的原理和方法

农业害虫防治的历史与人类社会从事农业生产的历史一样源远流长。在数千年的害虫防治实践中，人类既有失败的教训，更有成功的经验。科学技术的飞速发展，为害虫防治理论和方法的进步提供了支撑。农业害虫防治方法按其作用原理和应用技术，可分成 5 大类：植物检疫、农业防治、生物防治、物理机械防治和化学防治。

第一节 植物检疫

每种农作物的病、虫、杂草都有一定的地理分布范围，但也有远距离传播和扩大分布的可能。病、虫、杂草的传播途径主要有自然传播和人为传播两种，前者通过自身飞翔、爬行或随风力、流水等途径进行传播；而后者主要是通过植物种子和苗木、植物产品及其包装、运输工具等的调运来完成，是在人类活动的参与下进行的。人为传播的病、虫、草害在原产地一般常受到天敌的控制，发生较轻或大发生后能及时有效地得到控制，但传入一个新的地区后，如果环境和寄主条件适宜，又缺乏有效的天敌加以控制，非常容易猖獗危害。植物检疫（plant quarantine）就是依据国家法规，对调出和调入的植物及其产品等进行检验和处理，以防止人为传播的危险性病、虫、杂草传播扩散的一种强制性措施。所以植物检疫又称为法规防治（legislative control），是一种保护性、预防性措施。

一、植物检疫的分类

（一）按管辖区域分类

按照管辖区域分类，植物检疫可分为对外检疫和对内检疫。

1. 对外检疫 对外检疫也称为国际检疫（international quarantine），是为了防止危险性病、虫、杂草传入国内或带到国外，由国家在沿海港口、国际机场以及国际间交通要道等处，设置植物检疫或商品检查站等机构，对出入口岸及过境的农产品等进行检验和处理。

2. 对内检疫 对内检疫也称为国内检疫（intra-national quarantine），是为了防止国内原有的或新从国外传入的危险性病、虫、杂草在国内各省、直辖市、自治区之间由于交换、调运种子、苗木及其他农产品而传播并扩大蔓延，其目的是将其封锁于一定范围内，并加以彻底消灭。国内检疫由各省、直辖市、自治区的植检机构会同邮局、铁路、公路、民航等有关部门，根据各地人民政府公布的对内检疫对象名单和检疫办法进行。

（二）按检疫对象分类

按照检疫对象分类，植物检疫可分为害虫检疫、病害检疫和草害检疫。

1. 害虫检疫 害虫检疫的目的是防止危险性害虫通过植物及植物产品的携带而传播扩散。

2. 病害检疫 病害检疫的目的是防止危险性植物病原菌通过植物及植物产品的携带而传播扩散。

3. 草害检疫 草害检疫的目的是防止危险性杂草通过植物及植物产品的携带而传播扩散。

二、确定植物检疫对象的原则

植物检疫对象是根据每个国家或地区为保护本国或本地区农业生产的实际需要和当地农作物病、虫、杂草发生的特点而制定的，不同国家或地区所规定的检疫对象是不同的，但确定植物检疫对象的原则是一致的：①必须是在经济上造成严重损失而防治又极为困难的危险性病、虫和杂草；②必须是主要依靠人为传播的危险性病、虫及杂草；③必须是国内或地区内尚未发生或分布不广的危险性病、虫及杂草。

三、疫区和非疫区

疫区（pest area）就是某种检疫对象发生危害的地区，也称为该种植物检疫对象的疫区。

非疫区（pest-free area）又称为保护区，就是某种检疫对象还没有发生的地区，必须采取检疫措施，防止人为地将检疫对象传入这个地区。非疫区也称为防止某种检疫对象传入的保护区。

疫区和非疫区的划定，包括范围的大小，均应慎重考虑，既要有利于生产，又要能有效地防止检疫对象的传播扩散，并应根据情况的变化及时加以调整。

四、植物检疫的实施方法

（一）制定法规

植物检疫法规（条例）是植物检疫实施的依据。植物检疫法规是由国家立法机构制定的，与其他法律（条例）具有同等的效力。自20世纪初以来，世界各国为了保护本国农业生产的安全，绝大多数都制定了植物检疫法。我国现行的植物检疫法规是在1982年国务院颁布的《中华人民共和国进出口动植物检疫条例》和1983年颁布的国内《植物检疫条例》的基础上，分别于1991年10月第七届全国人民代表大会常务委员会第二十二次会议通过的我国第一部动植物检疫法《中华人民共和国进出境动植物检疫法》和1992年修订补充的《植物检疫条例》。1996年12月，国务院颁布的《中华人民共和国进出境动植物检疫法实施条例》，细化了动植物检疫法中的原则规定。农业农村部和林业部（现为国家林业和草原局）还根据检疫条例的规定，制定了实施细则。各省、自治区、直辖市可根据条例及其实施细则，结合当地具体情况，制定实施办法。

（二）确定检疫对象

检疫对象是实施检疫的具体目标。当然，在确定检疫对象前，必须进行充分的调查研究和科学论证，同时还要考虑国家间的具体利益和要求。此外，也允许由于情况和需要的变化而做出修订，但这仍需经过规定的程序办理和批准才能生效。

中华人民共和国成立以来，我国国内植物检疫对象名单和对外植物检疫对象种类先后经过了多次修改（表6-1和表6-2）。目前，根据我国加入世界贸易组织后，国际贸易日益频繁，外来生物入侵形势更加严峻的客观实际，2020年11月4日农业农村部发布了第351号公告，公布了最新版《全国农业植物检疫性有害生物名单》和《应施检疫的植物及植物产品名单》，包括有害生物31种，其中有害昆虫9种。农业部、国家质量检验检疫总局于2007年5月29日以农业部公告第862号发布实施的《中华人民共和国进境植物检疫性有害生物名录》包括检疫性有害生物435种，其中包括有害昆虫246种、软体动物6种。

表6-1 国内植物检疫对象种类变迁

序号	发布年份	病害	害虫	杂草	合计
1	1957	8	12	2	22
2	1966	15	13	1	29
3	1983	8	7	1	16
4	1995	12	17	3	32
5	2006	21	17	5	43
6	2020	19	9	3	31

注：本表不含各省补充检疫对象种类。

表6-2 我国病虫草害对外植物检疫对象种类变迁

序号	发布年份	病害	害虫	杂草	合计
1	1954	8	12	2	22
2	1966	15	13	1	29
3	1980	8	7	1	16
4	1986	12	17	3	32
5	1992	53	27	4	84
6	1997	175	149	34	358
7	2007	142	252（含蜗牛）	41	435

（三）检疫检验

检疫检验一般可分为入境口岸检验、原产地田间检验和隔离种植检验3种方式。入境口岸检验是指调运的农产品到达进口国口岸后的检查检验。原产地田间检验是指进口国派人赴出口国农产品原产地进行实地调查。隔离种植检验主要是指入境后的检验，通常可以采取检疫苗圃、隔离试种圃和检疫温室来实施。

（四）疫情处理

经过检疫检验一旦发现疫情，根据植物检疫原则，可以采取禁止入境、退货、就地销毁，或者限定一定的时间或指定的口岸、地点入境，也有采取改变用途（例如将种用改为加工用）的方法进行处理。对处于休眠期或生长期的植物材料，可用化学农药进行处理或采用热处理的办法。对于已入侵的危险性病、虫、杂草，在其尚未蔓延传播前，要迅速划为疫区，严密封锁，采取铲除受害植物或其他除灭的方法处理，这是检疫处理中的最后保证措施。

我国加入世界贸易组织后,国内、国际人员交往和农产品调运日益频繁,植物检疫工作的重要性日显突出。要做好植物检疫工作,不仅植物检疫部门工作人员要有高度的责任感,而且需要各部门的协作,把局部和整体、当前和长远的利益结合起来,共同把关,以杜绝危险性病、虫、杂草的传播蔓延。

第二节 农业防治

农业防治(cultural control)是根据农田环境、寄主植物与害虫之间的相互关系,利用一系列栽培管理技术,有目的地改变某些因子,有利于作物的生长发育,而不利于害虫,从而达到控制害虫的发生和危害,保护农业生产的目的。农业防治是有害生物综合治理的基础。

一、农业防治的具体措施

1. 合理的作物布局 农作物的合理布局,不仅有利于充分利用土壤肥力、光照和其他环境资源,提高农作物的产量,而且可以创造不利于害虫发生的环境,抑制害虫的大发生。例如在北方果园,桃梨混栽或相邻的果园,梨小食心虫发生比较严重,这是因为第1~2代梨小食心虫主要危害桃梢,而第3~4代转移到梨树上危害梨果,桃梨混种正好为梨小食心虫提供了丰富的食料资源,有利于其种群增长。

2. 合理轮作和间作套种 轮作对单食性或寡食性害虫可以起到恶化营养条件的作用。例如东北实行禾本科作物与大豆轮作,可抑制大豆食心虫的发生。不少地区实行稻麦轮作可抑制地下害虫;有些地区实行棉麦套种、棉蒜间作可大大减轻棉蚜的危害。但间作套种不当会加剧害虫危害,例如棉花和芝麻间作易造成叶螨大发生。

3. 深耕土壤与晒土灭虫 深翻土壤防治害虫主要是改变土壤的生态条件,抑制其生存。将原来在土壤深层的害虫翻至地表,破坏了潜伏场所,通过日光曝晒或冷冻致死;有些原来在土壤表层的害虫被翻入深层不能出来而死。例如棉铃虫蛹原在表层土壤4~6 cm处蛹室越冬,冬季深翻可能破坏其蛹室和使蛹损伤而大量死亡。

4. 调节播种期 昆虫对于寄主的发育阶段具有选择性,适当调节播期可能躲避某些害虫危害。据新疆伊犁地区经验,调节油菜播种期可躲避蓝跳甲的危害,油菜为耐寒性作物,3~5℃就开始发芽,而蓝跳甲的活动需在平均温度11℃以上,因此早播可躲过蓝跳甲危害的危险期——子叶期。

5. 合理施肥与灌溉 合理施肥是作物获得高产的有力措施,同时在防治害虫上有多方面作用,可以改善农作物营养条件,提高抗寒及补偿能力;能加速植物受虫伤害组织的愈合;或改良土壤状况,恶化土壤害虫生活条件;还可直接杀死害虫等。施肥不当,例如在农田施用未经腐熟的有机肥,会招引金龟甲、种蝇等害虫产卵,加重危害。

适时合理灌水,也可以控制某些害虫的发生。例如春季麦田发生红蜘蛛危害时,可以结合灌水振落杀死。灌水还可以杀死棉铃虫蛹等。

6. 加强田间管理 田间管理是各种增产措施的综合运用,同时对防治害虫具有特别重要的作用。例如适时中耕除草,切断害虫营养桥梁,恶化生存环境,可有效地防治害虫;适时间苗定苗，拔除虫苗，及时整枝打杈，摘除虫果及带虫老叶，可以防治棉蚜、棉铃虫、温室白粉虱及食心虫类害虫；清洁田园，及时将枯枝、落叶、落果等清除并集中处理，可消灭许多潜伏的害虫。

7. 植物抗虫性的利用及抗虫品种选育 植物抗虫性是植物的某些品种所具有的可以降低害虫最终危害程度的可遗传特性。同种害虫对同种作物不同品种的危害程度并不一致，在同样环境条件下，有些品种受害极严重，而另一些品种受害较轻甚至不受害，这常常是由于品种间的抗虫性差异所致。

利用品种的抗虫性选育抗虫品种是害虫综合治理的一个重要途径。选育抗虫品种的方法很多，包括选种、杂交、引种、诱发突变、嫁接。最常用的是品种间杂交，现有的品种很多是用这种方法选育出来的。随着现代生物技术的发展，国内外都在开展抗虫基因工程的研究。1983年美国首例转基因植物培育成功。1996年始，转基因作物在全球商业化应用，至2015年已有26种转基因作物（不包括香石竹、玫瑰和矮牵牛）的363个转化体获准商业化种植或环境释放。1996—2015年，全球转基因作物商业化种植面积从 1.7×10^6 hm^2 增加到 1.797×10^8 hm^2，增长了100倍，农民收益超过了1 500亿美元。

我国于1997年开始批准转基因抗虫棉商业化种植，2011年抗虫棉占棉花种植总面积的71.5%，2012年占80%，2013年占90%，2014年占93%，2015年96%，累计推广 2.47×10^7 hm^2（3.7×10^8 亩）。

除Bt基因外，许多来源于植物的抗虫基因的转入表达研究也已取得实质性进展，这些基因包括蛋白酶（例如丝氨酸蛋白酶、硫醇蛋白酶）抑制基因、α淀粉酶抑制基因、植物凝集素（例如雪花莲凝集素）基因等。目前转蛋白酶抑制剂基因的植物至少已有20多种，主要有烟草、马铃薯、水稻、棉花、番茄、苜蓿、杨树等，其靶标害虫主要是鳞翅目、鞘翅目和半翅目害虫，所转基因主要是 $CpTI$ 及 $PI-II$ 基因。这类植物源的蛋白酶抑制物比细菌来源的Bt毒蛋白种类多、活性高、杀虫范围广，而且害虫不易产生抗性，可能更有开发和利用价值。植物外源凝集素是非免疫来源的糖蛋白，能使细胞聚集或沉淀糖蛋白。已查明来自不同植物的多种凝集素对半翅目、鞘翅目、鳞翅目和双翅目昆虫有毒性。已获得的转凝集素基因的抗虫植物至少有14种，主要有玉米、马铃薯、烟草、油菜、水稻、番茄等，靶标害虫主要是鳞翅目和半翅目害虫。

大多数国家对转基因生物研究与产业化政策日趋积极，把发展生物技术作为支撑发展、引领未来的战略选择，力求抢占新一轮经济和科技革命的先机与制高点。印度2007年制定"生物技术发展战略"，英国2010年制定"生物科学时代：2010—2015战略计划"，俄罗斯2012年制定"2020年生物技术发展综合计划"，德国2013年制定"生物经济发展战略"，日本制定了"战略创新推进计划"。农业转基因技术研发已成为世界各国增强农业核心竞争力的战略抉择。我国对转基因的态度和做法也十分明确，那就是"积极研究、坚持创新、慎重推广、确保安全"，实现了总体跨越、部分领先。

抗虫品种一般可较长期地起抗虫作用，具有专化性较强、对环境安全、应用方便等优点，与害虫综合治理中的其他措施有很强的相容性，并具有很大的潜在经济效益。但是作物抗虫性的利用也有一些局限性，例如培育抗虫品种需要较长的时间、害虫生物型的出现将在时间和空间上限制某些品种的应用、相互矛盾的抗虫特性（某些植物的特性对于某些害虫可以起到抗性作用，但却导致对其他害虫的敏感性）等有待不断克服和改进。

二、农业防治的优缺点

(一)农业防治的优点

1. 节省人力、物力和财力　农业防治在绝大多数情况下是结合必要的栽培管理技术措施进行的,不需要增加额外的人力、物力和财力。

2. 有利于保持生态平衡　农业防治对其他生物和环境的破坏作用最小,基本不产生明显的不良影响。

3. 对害虫的发生具有预防作用,符合植物保护工作方针　农业防治大多是从预防的角度出发,加之措施多样化,能从多个方面对害虫的发生起抑制作用。

4. 易于被群众所接受,防治规模大　试验一旦证明某种措施有效且结合农业生产过程进行,往往比较容易被群众接受并大面积推广。

(二)农业防治的缺点

1. 与农业生产有关　有些农业防治措施与丰产要求有矛盾,或与耕作制度有矛盾。

2. 限制因素较多　一些农业防治所采用的具体措施地域性、季节性比较强,限制了其大面积推广;同时,农业防治措施的防虫效果表现缓慢或不十分明显,特别是在害虫大发生时往往不能及时解决问题。

第三节　生物防治

利用有益生物及其代谢产物防治害虫的方法称为生物防治(biological control)。

在自然界,生物之间是相互依存、相互制约而存在的,主要是通过取食和被取食的关系而连接在一起,使生物之间保持着一个动态的平衡,这是生物防治的理论依据。早在公元304年,我国广东农民就利用黄猄蚁(*Oecophylla smaragdina*)防治柑橘害虫,并一直沿用至今。1888年澳洲瓢虫(*Rodolia cardinalis*)被从澳大利亚引入美国并成功地控制了柑橘吹绵蚧(*Icerya purchasi*)的严重危害,是害虫生物防治史上的一个里程碑,揭开了害虫生物防治的新篇章。1919年,Smith正式提出"通过捕食性、寄生性天敌昆虫及病原菌的引入增殖和释放来压制另一种害虫"的传统生物防治概念。目前,生物防治不仅利用传统的有益昆虫、病原微生物和其他有益动物,而且包括辐射不育、人工合成激素及基因工程等新技术、新方法。

一、生物防治的途径

(一)保护利用自然天敌昆虫和有益动物

在自然界,各种害虫的自然天敌昆虫和捕食动物种类很多。天敌昆虫可分为两大类:捕食性天敌昆虫和寄生性天敌昆虫。常见捕食性天敌昆虫有蜻蜓、螳螂、猎蝽、刺蝽、花蝽、草蛉、瓢虫、步行虫、食虫虻、食蚜蝇、胡蜂、泥蜂等;常见寄生性天敌昆虫有寄生蜂和寄生蝇等;常见其他捕食动物有各种鸟类、蜘蛛及捕食螨类、青蛙、蟾蜍等。可采取各种保护措施促进自然天敌种群的增长,以加大对农业害虫的自然控制能力。例如选用对天敌杀伤力小的农药防治害虫;麦棉间套种并用选择性农药防治小麦上的害虫,以利于小麦上的天敌增殖和向棉田转移;棉田种植油菜诱集天敌带;果园内种植一些寄生性天敌的蜜源植物;用巢箱招引大山雀、灰喜鹊等栖息，以啄食一些林木害虫等。

（二）人工繁殖和田间释放天敌

当本地天敌的自然控制力量不足时，尤其是在害虫发生前期，可在室内人工大量繁殖和田间释放天敌，以控制害虫的危害。例如在玉米田或果园释放赤眼蜂，防治玉米螟或苹果卷叶蛾等；在温室内释放丽蚜小蜂防治温室白粉虱；在棉花仓库内释放金小蜂防治越冬期棉红铃虫；在果园中释放草蛉防治蚜虫等。近年来有关捕食螨的研究与应用越来越多，目前我国已有10多个单位或企业生产捕食螨产品，并有多个产品应用于害虫防治。

（三）天敌的引种驯化

有些害虫在当地缺少有效天敌，可从外地或外国引种，引进后通过人工培养繁殖，进行防治害虫的试验、示范和推广，这往往有一个驯化适应的过程。近百年来，国家间引进天敌事例很多。例如澳洲瓢虫1888年由澳大利亚引进美国，此后，苏联、新西兰、中国等40多个国家相继引进，都获成功。1926—1930年苏联由意大利引进苹果绵蚜小蜂，抑制了苏联国内苹果绵蚜的猖獗发生。1947年美国从中国引进岭南金小蜂，防治橘红圆蚧取得很大成功。我国湖北省防治柑橘吹绵蚧所用的大红瓢虫是1953年从浙江省引入的，后又被四川、福建、广西等地引入，也均获得成功。

（四）昆虫病原微生物的利用

引起昆虫疾病的微生物有真菌、细菌、病毒、原生动物及线虫等多种类群，许多已经在生产上广泛应用。苏云金芽孢杆菌（Bt）是世界范围内应用最广的昆虫病原微生物杀虫剂。随着现代生物技术的发展，科学家们又成功地将Bt毒素蛋白基因通过基因工程的方法转入植物中，培育成抗虫品种。球孢白僵菌是近年来研究与应用最多的杀虫真菌，我国登记注册的球孢白僵菌产品已达13个。全球已从11目43科的1 100多种昆虫中分离获得了1 690多株昆虫病毒，我国已建成日产棉铃虫幼虫5万头，年产30 000 kg棉铃虫病毒杀虫剂的工厂4座。昆虫病原线虫也能够工厂化批量生产，并在桃小食心虫、木蠹蛾等害虫的防治中取得了很好的效果。

（五）利用昆虫激素防治害虫

利用昆虫激素防治害虫是害虫生物防治的一个新途径。国内外对多种昆虫激素进行了分离、结构测定及人工合成，并对一批重要农林害虫进行了防治试验，取得了不少成果。目前已开发出多种产品，并进入商业应用。其中研究和利用较多的主要是保幼激素和性外激素。

1. 保幼激素的应用 保幼激素（juvenile hormone，JH）的活性很高，制成杀虫剂后，很少剂量就可达到良好的防治效果。自从1967年美国Roller正式合成天蚕蛾的保幼激素后，保幼激素的研究进展很快，现已合成了5 000多种保幼激素类似物，其中ZR-777对菜缢管蚜、麦长管蚜、棉蚜和落叶松球蚜有很好的效果，ZR-515对麦蚜有很好的效果，Ro-3108对梨圆蚧、橘臀纹粉蚧、康氏粉蚧、柑橘盾蚧、棕色卷蛾、舞毒蛾等均表现了良好的试验防治效果。

2. 性外激素的应用 性外激素（sexual pheromone）又称为性信息素，人工合成的性外激素通常称为性诱剂。目前性外激素在害虫治理中的应用可分为害虫监测和害虫控制两大类。害虫监测是了解害虫扩散分布、发生趋势和确定防治适期的基础。昆虫性外激素化合物具有很强的诱集能力，并且有高度专化性，提供了一种有效地监测特定害虫出现时间和数量的有效方法。害虫控制就是利用性外激素直接防治害虫。在生产上，通过大量设置性外激素诱捕器来诱杀田间害虫，通常是诱杀大量雄虫，通过降低雌虫交配率来控制害虫。此外还可以利用性外激素来干扰雌雄间交配，称为迷向防治技术。其原理是在田间大量放置害虫性外激素，让环境中充满性外激素气味，雄虫就会丧失寻找雌虫的定向能力，致使田间雌虫与雄虫之间的交配率大大降低，从而使下一代虫口密度急剧下降。

近几年，我国在利用金纹细蛾性诱剂控制金纹细蛾、用棉铃虫性诱剂控制棉铃虫等害虫的危害上起到了一定的作用。此外，我国还有梨小食心虫、桃小食心虫、苹小卷蛾、枣黏虫、苹果蠹蛾、白杨透翅蛾、槐小卷蛾、亚洲玉米螟、二化螟、大螟、条螟、二点螟、棉红铃虫、小地老虎等 30 多种昆虫的性外激素在虫情测报上推广应用，对指导防治发挥了重要作用。

(六) 昆虫不育原理及其应用

利用辐射源或化学不育剂处理害虫，破坏害虫的生殖腺，杀伤生殖细胞；或者用杂交方法改变害虫遗传的性质等造成害虫不育，大量释放这种不育性个体，使之与野外的自然个体进行交配从而使后代不育，经过累代释放，使害虫种群数量逐渐减少，最后导致种群绝灭。

自从 20 世纪 50 年代国外采用辐射技术不育成功地防治了螺旋蝇［*Cochliomyia hominivorax*（Coquerel）］之后，引起了世界各国的广泛注意，以后又在防治地中海实蝇［*Ceratitis capitata*（Wiedemann）］和苹果蠹蛾［*Laspeyresia pomonella*（Linn.）］方面获得了显著的防治效果。我国贵州省惠水县在 33.3 hm^2（500 亩）橘园中，1987 年和 1989 年分别释放 56 272 头和 95 320 头辐射不育柑橘大实蝇，释放比分别为 12.5∶1 和 45∶1，使柑橘大实蝇虫果率由常年的 5%～8%下降到 0.005%，防治效果十分显著。

二、生物防治的优缺点

生物防治法的优点是对人畜及农作物安全，不杀伤天敌及其他有益生物，不会造成环境污染，往往能收到较长期的控制效果，天敌资源丰富，一般费用较低。但是生物防治也有局限性，例如杀虫作用较缓慢、杀虫范围较窄、受气候条件影响较大、一般不容易批量生产、储存运输也受限制。

第四节　物理机械防治

物理机械防治（physical and mechanical control）是指利用各种物理因子、人工或器械防治害虫，包括捕杀、诱杀、趋性利用、温湿度利用、阻隔分离及激光照射等新技术的应用。这种方法一般简便易行，成本较低，不污染环境，既可用于预防害虫，也能在害虫已经发生时作为应急措施，可与其他措施协调进行。

一、诱集灭虫

可利用害虫的趋光性、趋化性和其他一些习性进行诱杀。例如利用一些夜蛾、螟蛾、金龟甲等成虫的趋光性进行灯光诱杀，特别是利用高压荧光灯（高压汞灯）诱杀棉铃虫，在其大发生时降低田间落卵量效果显著。利用蚜虫等对银色的负趋性，在田间铺设银灰色塑料薄膜带以驱蚜。利用蚜虫、白粉虱等对黄色的趋性，田间设置黄皿或黄板，进行预测预报或防治。利用一些害虫趋化性、对栖息和越冬场所的要求，以及对植物产卵、取食等趋性而进行诱杀，常用半萎蔫的杨树枝叶诱集棉铃虫成虫；在诱蛾器皿内置糖醋酒液，或加以适量的杀虫剂以诱杀多种夜蛾科成虫；性诱剂诱杀害虫雄成虫；用马粪诱集蝼蛄；用谷草把诱集黏虫产卵；树干缚草等诱集一些林果害虫越冬等，都是诱集和杀灭害虫行之有效的方法。

二、阻隔分离

可根据害虫活动习性，人为设置障碍，阻止其扩散蔓延和危害。例如果实套袋可防止果树食心虫产卵和幼虫蛀害；树干涂胶、刷涂白剂，可防止一些害虫产卵和危害；在瓜秧的根茎周围铺沙或废纸，可防止黄守瓜产卵；在粮食表面覆盖草木灰、糠壳或惰性粉，可阻止储粮害虫的侵入；利用虫体与谷粒体积和密度的不同，采用过筛或风扇等措施使粮、虫分离等。

三、低温或高温灭虫

在北方可利用自然低温杀死储粮害虫，例如在冬季严寒干燥的天气，打开粮仓阴面的窗子，使冷空气进入，仓温降低在 3～10 ℃ 范围内，对一般储粮害虫都有杀伤作用。禾谷类粮食在入仓前暴晒或夏季在太阳直射下晒粮（温度可高达近 50 ℃），对储粮害虫有致死作用。用开水浸烫豌豆或蚕豆种，经 25～30 s，然后在冷水中浸数分钟，可杀死里面的豌豆象或蚕豆象，而不影响种子发芽。

四、人工机械捕杀

可利用人工或简单的器械捕杀害虫。例如可人工抹卵或捏杀老龄幼虫；根据金龟甲等有假死性，可振落捕杀；围打有群集习性的蝗蝻；用铁丝钩杀蛀入树干内的天牛幼虫；随犁捡杀花生蛴螬；拉网捕杀小麦吸浆虫等成虫；摘除虫果；冬季或早春刮树皮消灭一些越冬害虫等。

此外，应用辐射能直接杀死害虫或影响其生殖生理引起不育，例如 γ 射线、红外线、激光等生物物理技术灭虫。但技术复杂，成本过高，仍处于试验研究阶段。

五、其他新技术的应用

1. 核辐射技术　利用核辐射带电粒子（例如质子、电子）或不带电粒子（例如 X 射线、γ 射线、中子），在一定辐射剂量范围内处理害虫，均能导致不育，或者导致发生遗传变异，或者导致死亡。目前研究较多的主要有 γ 射线和电子束。20 世纪 40 年代，美国军事当局最早采用核辐射技术解决军用食品供给中的虫害问题。第二次世界大战后，这种技术得到迅速发展。当前世界上已有 50 多个国家开展这方面的研究。

γ 射线是一种波长极短的电磁波，有很强的穿透能力，具有极强的灭菌杀虫能力。目前用来照射的射线源主要是钴 60（^{60}Co）和铯 137（^{137}Cs），两种同位素都能放出穿透力极强的 γ 射线，但 ^{60}Co 应用更多。

2. 激光技术　激光技术是 20 世纪 60 年代初发展起来的一门科学技术。1965 年加拿大就开始研究用激光控制害虫，目前已研究对多种害虫的作用。激光对生物体作用主要包括光效应、热效应、压力效应、电磁场效应和生物效应。在防治储粮害虫中主要是热效应、电磁场效应和光效应起作用。Ramos 等对杂拟谷盗 [*Tribolium confusum*（Herbst）]、赤拟谷盗［Tribolium castaneum（Herbst）］、玉米象、谷蠹和锯谷盗（Oryzaephilus surinamensis Linn.）等5种重要的储粮害虫进行研究，表明激光防治储粮害虫潜力巨大。

3. 微波技术 微波处理是一种无污染的环保型除害处理方法，自1945年美国雷声公司研究人员发现微波的热效应后，Webber等1946年第一次提出用微波能量控制害虫，目前微波主要用于谷物干燥、种子处理、水分测定、害虫防治等方面。微波灭虫具有速度快、效果明显的特点，基本上不影响产品品质，不污染食品和环境。

4. 红外线处理杀虫 利用红外线处理杀虫，主要是红外线为一种电磁波，能穿透不透明的物体而在其内部加热使害虫致死。利用高频电流和微波加热的电场温度增高，提高加热效率，减少对处理物的影响，并造成害虫迅速死亡。

有关核辐射技术、激光技术、微波技术、红外线处理杀虫等方面的研究，在防治储粮害虫、木材及土壤害虫方面均做了大量的试验。近代生物物理学的发展，为害虫的预测预报及防治技术水平的提高创造了良好的条件。

第五节 化学防治

化学防治（chemical control）就是利用化学农药防治害虫。化学农药的范围很广，根据作用对象可分为杀虫剂、杀鼠剂、杀线虫剂、杀菌剂、除草剂以及植物生长调节剂等。在杀虫剂中有专门用于杀螨的一类化学药剂特称为杀螨剂。在所有的化学农药中，以杀虫剂的种类最多，用量最大。化学防治是防治害虫最常用的方法，它在害虫的综合治理中占有相当重要的位置。

一、杀虫剂的类别

（一）按原料来源及成分分类

1. 无机杀虫剂 无机杀虫剂主要由天然矿物质原料加工、配制而成，故又称为矿物性杀虫剂，例如磷化铝。

2. 有机杀虫剂 有机杀虫剂是主要由碳氢元素构成的一类杀虫剂，且大多数可用有机化学合成方法制得，目前所用的杀虫剂绝大多数属于这一类。有机杀虫剂通常又根据其来源及性质分成以下类别。

（1）天然（自然界存在的）有机杀虫剂

① 植物性杀虫剂：植物性杀虫剂有烟草、除虫菊、鱼藤、印楝等。

② 矿物油杀虫剂：矿物油杀虫剂主要指由矿物油类加入乳化剂或肥皂加热调制而成的杀虫剂，例如石油乳剂等。

（2）微生物杀虫剂 微生物杀虫剂主要指用微生物体或其代谢产物制成的杀虫剂，例如苏云金芽孢杆菌（Bt）乳剂、白僵菌粉剂、棉铃虫核型多角体病毒（NPV）制剂等。

（3）人工合成有机农药 人工合成有机农药即用化学手段工业化合成生产的可作为杀虫剂的有机化合物。按其功能基团或结构核心又可分为：有机氯杀虫剂、有机磷杀虫剂、有机氮杀虫剂、有机硫杀虫剂等。

（二）按作用方式分类

1. 胃毒剂 昆虫把胃毒剂吞食后会引起中毒作用。药剂被吞食到达中肠后，被中肠细胞层所吸收，然后通过肠壁进入血腔，并通过血液流动很快传至全身，引起中毒。

2. 触杀剂 触杀剂无须昆虫吞食，只要接触虫体就可发挥毒杀作用。药剂可以从昆虫的表皮、气孔、附肢等部位进入虫体内。

3. 熏蒸剂 熏蒸剂以气体形式通过昆虫的呼吸系统进入虫体内，从而发挥毒杀作用。

4. 内吸剂 内吸剂施用到植物体上后，先被植物体吸收，然后传导至植物体的各部，害虫吸食植物的汁液后即可中毒。

5. 拒食剂 拒食剂可影响害虫的味觉器官，使其厌食或宁可饿死而不取食，最后因饥饿、失水而逐渐死亡，或因摄取营养不足而不能正常发育。

6. 驱避剂 驱避剂施用于被保护对象表面后，依靠其物理作用、化学作用（例如颜色、气味等）使害虫不愿接近或发生转移、潜逃现象，从而达到保护寄主植物的目的。

7. 引诱剂 引诱剂使用后依靠其物理作用、化学作用（例如光、颜色、气味、微波信号等）可将害虫诱聚而有利于消灭。

8. 不育剂 不育剂使用后使害虫丧失繁殖能力，但还能与田间正常的个体进行交配，交配后的正常个体也不能繁殖，经过连续多次防治，使害虫的种群密度逐渐降低。

9. 生长发育调节剂 生长发育调节剂能控制和调节害虫的生长发育，例如保幼激素类似物、蜕皮激素类似物等。

将上述杀虫剂的这些作用分别称为胃毒作用、触杀作用、熏蒸作用、内吸作用、拒食作用、驱避作用、引诱作用、不育作用和生长发育调节作用。有些无机杀虫剂和植物性杀虫剂的杀虫作用比较简单，例如砷制剂只有胃毒作用，石硫合剂和除虫菊只有触杀作用。而有机合成杀虫剂常具2~3种杀虫作用，例如亚胺硫磷有胃毒作用及触杀作用两种，敌敌畏除有强烈的熏蒸作用外，还具有较强的触杀作用和胃毒作用。

（三）按毒性分类

杀虫剂的毒性是指对人、畜等高等动物的毒害作用。毒性大小常以大鼠口服急性致死中量（LD_{50}）表示，单位为 mg（药剂）/kg（虫体质量）。杀虫剂的口服 LD_{50} 越小，毒性越大；LD_{50} 越大，则越安全。根据 LD_{50} 值的大小，可将杀虫剂分成以下几类。

1. 特毒杀虫剂 特毒杀虫剂又称为极毒杀虫剂，大鼠口服急性 LD_{50} 小于或等于 1 mg/kg。

2. 高毒杀虫剂 高毒杀虫剂的大鼠口服急性 LD_{50} 在 1~50 mg/kg。

3. 中等毒性杀虫剂 中等毒性杀虫剂的大鼠口服急性 LD_{50} 在 50~500 mg/kg。

4. 低毒杀虫剂 低毒杀虫剂的大鼠口服急性 LD_{50} 在 500~5 000 mg/kg。

5. 微毒杀虫剂 微毒杀虫剂的大鼠口服急性 LD_{50} 在 5 000~10 000 mg/kg。

6. 实际无毒杀虫剂 实际无毒杀虫剂的大鼠口服急性 LD_{50} 大于 10 000 mg/kg。

二、杀虫剂的剂型

目前使用的杀虫剂多为有机合成杀虫剂，这类杀虫剂的特点是：作用强、用量少，一般每公顷地1次施用原药几百克至上千克即已够用。另一个特点是多数不能溶解在水里。因此要想把这样少量的药剂均匀施用到较大的面积上，就必须经过加工制成适合兑水或加入一些填充料的剂型，使药剂具有高度的分散性，才便于使用。有机合成杀虫剂的剂型主要的有下列几种。

1. 粉剂 粉剂为喷粉或撒粉用的剂型。粉剂为一种微细的粉末，常用杀虫剂或杀菌剂的粉剂，其粉末有95%能通过200目筛，粉粒直径在100 μm以下。粉剂中除原药外，还有填充料。例如2%杀螟松粉剂，除含有2%的有效成分外，其余都是填充粉。

2. 可湿性粉剂 可湿性粉剂为喷雾用的剂型，也是一种微细的粉末。其规格要求99.5%的粉粒能通过200目筛，即粉粒的直径应在74 μm以下。可湿性粉剂中除原药外，还有湿润剂及填充粉。可湿性粉剂的药效期比粉剂长，黏着力也比粉剂强。

3. 乳剂（乳油） 乳剂（乳油）为喷雾用的剂型。有机合成农药的乳剂主要包括3种成分：原药、有机溶剂和乳化剂。这种乳剂都是均匀一致、透明的油状液体，不含水，因此常称为乳油。乳剂加水后即形成乳状液，然后喷雾。乳剂的油珠很小，喷洒到植物体上后，乳剂中的水分蒸发，小的油珠便迅速扩展到原来油珠10~15倍的面积上，形成一个薄的油膜，既能起杀虫作用，又不伤害植物。

乳剂中因含有油类物质，故其黏着性及渗透性（渗透昆虫表皮或植物表面）均较强，因而其药效持久，杀虫作用也较强，故同浓度的乳剂比一般悬浮液的杀虫效果好。

4. 水剂（水溶性剂） 水溶性药剂可不必加工直接制成水剂，使用时加水即可。水剂农药成本低，但不耐储藏，湿润性也差，除内吸药剂外，残效期也较短。

5. 悬浮剂 悬浮剂包括浓悬浊剂、流动剂、水悬剂、胶悬剂，是难溶于水的固体农药与助剂经过研磨，分散在水介质中的悬浊液，是农药加工的一种新剂型。其有效成分的含量一般为5%~50%，平均粒径一般为3 μm左右。悬浮剂有以下优点：①无粉尘危害，对操作者和环境安全；②以水为分散介质，没有由有机溶剂产生的易燃和药害问题；③与可湿性粉剂相比，允许选用不同粒径的原药，以便使制剂的生物效果和物理稳定性达到最佳；④在水中扩散良好，可直接制成喷雾液使用；⑤密度大，包装体积小；⑥分散性和展着性都比较好，悬浮率高，黏附在植物体表面的能力比较强，耐雨水冲刷，因而药效比可湿性粉剂显著且持久；⑦具有粒子小、活性表面大、渗透力强、配药时无粉尘、成本低、药效高等特点，且兼有可湿性粉剂和乳油的优点，可被水湿润，加水稀释后悬浮性好。

6. 颗粒剂 颗粒剂即把药剂加工成粒径为0.25~1.50 mm的颗粒状。颗粒剂的组成有两部分：农药和载体。载体即填充料，是形成颗粒的主体，但没有杀虫作用。工业颗粒剂有粒状、柱状等，目前多为柱状。

颗粒剂也可土法自制，其载体用沙子、黏土、炉灰渣、碎砖末、锯末等，先用30目及60目两种筛筛出载体，然后喷上农药或混拌农药即成。此法制成的颗粒剂可用于防治玉米螟、地下害虫、杂草地的害虫等。

7. 缓释剂 缓释剂是一种新的剂型，它是用物理方法或化学方法把杀虫剂储存于杀虫剂的加工品中，使杀虫剂有控制地、缓慢地释放出来而起到杀虫作用。其优点是：①延长了药剂的残效期，可以减少施药次数；②由于具有边释放、边起作用和边分解的特点，可以减少农药的残毒和对环境的污染；③可使某些剧毒农药低毒化，例如一种微粒胶囊剂就是缓释剂，它是在农药微粒的外面包上一层塑料外衣，胶囊很小，一般为40~50 μm，但大小可根据需要而定。

8. 烟剂 烟剂是指用杀虫剂原药、燃料（例如木屑粉、淀粉等）、氧化剂（又称为助燃剂，例如氯酸钾、硝酸钾等）、消燃剂（例如陶土、滑石粉等）制成的粉状混合物（细度全部通过80目筛）。常加工制成袋装或罐装，有的在其上插一引火线（用含有硝酸钾的牛皮纸制成）。点燃后，可以燃烧，但没有火焰，杀虫剂有效成分因受热而汽化，在空气中受冷却又凝聚成固体微粒（直径一般为 1~2 μm），可沉积至植物体上对害虫有良好的触杀作用和胃毒作用，又可通过害虫的呼吸道使之中毒。烟剂的使用受环境（尤以气流）影响很大，一般用于防治密闭环境中的害虫，例如保护地、森林、仓库和卫生害虫。

杀虫剂的其他剂型还有超低量喷雾剂（一般为含有效成分 20%~50% 的油剂，不需稀释而直接喷洒）、片剂（将杀虫剂原粉、填料和辅助剂制成片状，例如磷化铝片剂，在空气中吸湿而放出磷化氢以防治仓库害虫）等。

三、杀虫剂的施用方法

1. 喷粉法　喷粉法是将粉剂杀虫剂用喷粉器进行喷施的方法。喷粉法工效高，但由于粉粒飘逸散失比较严重，其使用范围已明显缩小。

2. 喷雾法　喷雾法是用压力（液压或气压）或离心力使药液通过适当的喷雾机械部件分散成雾珠的方法。根据雾化的程度和单位面积的喷雾量可分为高容量喷雾法（每公顷喷雾量在 500 L 以上，雾滴直径为 200 μm 以上）、低容量喷雾法（每公顷喷雾量在 5~500 L，雾滴直径为 80~200 μm）和超低容量喷雾法（每公顷喷雾量小于 5 L，雾滴直径为 50~80 μm）。喷雾法的药液在植物上的沉积率和回收率均高于喷粉法，特别是低容量喷雾法和超低容量喷雾法的细雾点，沉积率和回收率很高。

3. 泼浇法　泼浇法又称为浇灌法，把农药加入较大量的水中，在较远的距离用粪勺等容器向作物上均匀泼浇的方法。也可结合施肥来进行施药，每公顷泼浇药液 6 000~7 500 kg。尤以南方防治水稻上的多种害虫常用此法进行。例如把敌百虫加入粪水中结合施肥泼浇防治蔬菜苗期的黄条跳甲，效果很好。

4. 种苗处理　用粉剂或高浓度药液混拌种子、种薯（拌种），或用药液浸渍种子、种薯（浸种），或菜苗在移栽前用药剂处理（幼苗处理）等均属于种苗处理，主要用于防治地下害虫及苗期害虫。

粉剂拌种最好使用拌种器，以 30 r/min 的速度拌 3~4 min 即可。拌匀后需稍停片刻再把种子倒出，以免药粉飞扬。拌种的药量一般为种子质量的 0.2%~1.0%。如用乳剂拌种，可先用少量水稀释药剂，然后用喷雾器喷洒在种子上，边喷边翻动，药液喷完后再继续翻动，直至种子全部湿润，然后再用草席、草袋等覆盖一定时间，待药液全部被种子吸收后再行播种。

5. 土壤处理　土壤处理是指将药剂施入土壤，使土壤带毒，以发挥杀虫作用。土壤处理多在播种前或菜苗移栽前进行，常用于防治地下害虫和苗期害虫。一般做法有两种：①全面处理，即将药剂先施在土壤表面，然后翻耙至土壤中，或用播种机或施肥机直接将药剂施入土壤；②局部处理，即将药剂撒入播种沟或播种穴中，这种方法用药比较节省，但作业不如全面处理方便。

6. 施毒土和颗粒剂　此法是指将毒土或颗粒剂直接撒布在作物上或作物的根际周围，用以防治地下害虫、苗期害虫或蚜虫等。毒土的做法很简单，即将药剂与一定数量的细土（或细沙）混拌即成，用土量为每公顷 300~450 kg，土量过少时不易撒布均匀。

7. 施毒饵　将药剂与害虫喜食的饵料混拌一起制成毒饵，然后将其撒入田间，引诱害虫取食而发挥杀虫作用，主要用于防治地下害虫或活动性较强的害虫。

8. 熏蒸法　熏蒸法是利用熏蒸剂或挥发性较强的药剂，进行熏蒸处理，以防治害虫的方法。此法主要用于仓库害虫或温室蔬菜害虫的防治,例如用敌敌畏熏蒸杀死温室粉虱等。

9. 烟雾法 烟雾法是指使农药经过燃烧法(烟剂)或分散法(雾剂)在大气中形成烟(微粒大小在 1 μm 以下)或雾(微粒大小在 1~2 μm)杀虫的方法。烟雾法受气流影响很大,一般在仓库、温室、塑料大棚以及森林、果园等郁闭良好的环境中使用。

此外,还有包衣法(用 1 种或多种农药和黏合剂混合后涂布于种子表面,形成药膜)、茎干处理法(例如涂茎、树干包扎、注射等)、农作物药液滴心法、设置诱虫药带法等。

10. 新技术的应用 近年来,随互联网技术的普遍应用,农药使用技术也在与时俱进,不断发生变化。"滴滴打药"就是农业领域的"滴滴打车",农户用手机下单,就会有专业植物保护公司接单,帮农民施药。特别是随我国农村劳动力结构的变化,无人机施药已成为害虫防治的重要手段之一。事实上,早在 1921 年美国俄亥俄州就采用飞机喷药防治梓天蛾(*Ceratomia catalpae*);我国在中华人民共和国成立之初为了及时有效控制东亚飞蝗灾害,也曾利用飞机大面积喷洒农药进行防治。施药无人机是随现代农业的发展而研发的专门用于喷洒农药防治植物病虫害的一种施药器械。1990 年,日本率先推出世界上第一架植物保护无人机。随后,植物保护无人机在日本、美国等发达国家得到了快速发展。2010 年,我国无锡汉和航空技术有限公司率先研发出国内第一架植物保护无人机,并应用于南方水稻种植区病虫害防治。目前,我国已经有很多从事农用无人机生产与服务的企业。

无人机施药的优点:①速度快、效率高。无人机施药速度相当于人工喷雾的 200~250 倍,对防治大面积突发灾害性病虫害效果最好。②防治效果好。人工机械防治,由于喷洒的雾滴颗粒大,中靶标的雾滴少,防治效果不太理想。无人机施药使用超低容量喷头,雾化程度高,雾滴颗粒小,中靶标的雾滴多,杀伤率高。③可以有效解决人工难以操作的难题。有的作物(例如玉米、高粱、甘蔗等)和果树、林木类,植株高大,人工施药不便,使用无人机则有其独特的优点。④用药量少,费用低。无人机施药的药剂使用量仅为 600~750 g/hm^2,是传统防治方法用药量的 1/4,大大节约了药剂使用量。同时随社会经济的发展,劳动力成本日益上升,人工施药不仅成本越来越高,而且农忙时劳动力短缺的现象屡见不鲜。⑤用水量少,解决了山区、旱地水源不便的困难。大田农作物利用背负式常规喷雾器防治病虫害,喷药液量一般在 600 L/hm^2;背负式机动喷雾机在 225 L/hm^2;植物保护无人机施药的药液量仅为 7.5~15.0 L/hm^2(超低量喷雾)。

无人机施药的缺点:①防治效果受风等气象条件的影响很大;②当作物或树木的冠层较厚时,药液不容易沉降到下部,对于发生于冠层中下部的害虫防治效果较差。

四、杀虫剂的合理使用

正确、合理地使用各种杀虫剂,才能发挥杀虫剂安全、经济、有效的作用;反之,就会产生事倍功半的效果,甚至造成不应有的损失。科学合理地使用化学农药,一般应注意如下几个问题。

1. 对症用药 杀虫剂的种类很多,各种药剂都有一定的使用范围和防治对象。要根据田间害虫种类和特性及寄主植物的种类,按照杀虫剂的性能,选用相应的杀虫剂。

2. 适时用药 在采取防治措施时,不仅要考虑经济阈值,还应抓住害虫的薄弱环节施药。例如初孵幼虫和低龄幼虫抗药力差,是进行化学防治的有利时机;蛀果类害虫的防治应抓住蛀果之前的关键时期进行。

3. 精确掌握用药浓度和用量 杀虫剂的浓度和用量是根据害虫对象、作物生育时期及施药方法等确定的。由于各种条件千差万别，在大面积施药前，应事先做好农药的试验，找出适宜的用药浓度和用药量，既可杀死害虫，又能保护天敌，不可盲目地提高农药的使用浓度和用量。

4. 恰当的施药方法 只有根据所用农药的特性、害虫发生的特点、作物特点，选用恰当的施药方法，才能达到防治效果好、用药少、持效期长的目的。

5. 保证施药质量 施药时力求均匀周到，叶片正反面均要着药。尤其是对蚜虫、红蜘蛛等多在叶片背面活动的害虫，施用触杀剂时，施药不周则很难保证防治效果。施药时不要有丢行漏株现象。

6. 注意气候条件 施药效果与气候因素也有密切关系，一般应在无风或微风天气施药。同时还要注意气温的高低，气温低时多数有机磷制剂效果不好，应在气温较高的午前或午后施药。气温高时药效虽好，但易引起药害，因此应避免在中午施药。

7. 合理混用药剂 两种以上杀虫剂混用，往往可以互补缺点，发挥所长，起到增效作用或兼治两种以上害虫，并可节省劳动力。杀虫剂混用也是克服害虫抗药性的有力措施。但是并非所有药剂都可互相混用，混用不当会降低药效，甚至产生药害。杀虫剂一般不能与碱性农药混合使用。

8. 交替施药 同种作物长期连续使用一种杀虫剂，害虫易产生抗药性。因此提倡不同类型的杀虫剂交替或轮换使用。

9. 坚决禁止使用国家禁用的药剂 为了保障农产品质量安全，2002年，农业部令2002第17号发布了《农药限制使用管理规定》，并分别以农业部公告第194号（2002年）、第199号（2002年）、第274号（2003年）、第322号（2003年）、第632号（2006年）、第671号（2006年）、第1157号（2009年）、第1586号（2011年）对高毒农药的生产、销售和使用进行了强制性限制。目前，国家明令禁止甲胺磷、甲基对硫磷、对硫磷、久效磷、磷胺、六六六、滴滴涕、毒杀芬、二溴氯丙烷、杀虫脒、二溴乙烷、除草醚、艾氏剂、狄氏剂、汞制剂、砷类、铅类、敌枯双、氟乙酰胺、甘氟、毒鼠强、氟乙酸钠、毒鼠硅、苯线磷、地虫硫磷、甲基硫环磷、磷化钙、磷化镁、磷化锌、硫线磷、蝇毒磷、治螟磷和特丁硫磷共33种农药在农业生产中继续使用；同时规定甲拌磷、甲基异柳磷、内吸磷、克百威、涕灭威、灭线磷、硫环磷和氯唑磷8种高毒农药不得用于蔬菜、果树、茶树、中草药材上，三氯杀螨醇和氰戊菊酯不得用于茶树上；撤销氟虫腈除卫生用、玉米等部分旱田种子包衣剂外用于其他方面的登记；撤销氧乐果、水胺硫磷在柑橘树，灭多威在柑橘树、苹果树、茶树、十字花科蔬菜，硫线磷在柑橘树、黄瓜，硫丹在苹果树、茶树，溴甲烷在草莓、黄瓜上的登记。任何农药产品都不得超出农药登记批准的使用范围。

五、杀虫剂的残毒

（一）杀虫剂的残毒

随着杀虫剂使用范围的扩大和使用量的增加，尤其一些性质较稳定不易分解的杀虫剂和毒性较高的农药，不仅直接污染作物使农产品具有残毒，而且还污染环境（土壤、水和大气），更增加了农产品包括食品中的残毒，对人类健康带来威胁。因此农药的"公害"和环境保护问题已引起许多国家的重视。

1. 杀虫剂在作物上的残毒 杀虫剂施用到作物上后，一部分残留在作物体的表面，一部分被作物体吸收；散落在土壤中的杀虫剂和直接施入土壤中的杀虫剂，也能被作物根部吸收再进入作物体内。这些残留在作物体内外的杀虫剂，由于阳光、雨、露、空气以及植物体内酶的作用等逐渐分解消失，但其分解速度有快有慢，致使作物收获时，往往仍有少量的杀虫剂及其有毒代谢产物残存，这就是杀虫剂在作物上的残毒。这种带有少量杀虫剂及有毒物质的农产品，作为食物可进入人体，作为饲料可进入家畜、家禽体内，最后也进入人体。这些有毒物质虽然一般不能引起急性中毒，但长期食用，逐渐积累，有可能引起慢性中毒。

2. 杀虫剂对土壤的污染 很多杀虫剂在土壤中的分解速度已被测定过，其中氨基甲酸酯类和有机磷农药分解速度较快，而有机氯杀虫剂及含无机元素的杀虫剂分解缓慢，可在土壤中残存多年。例如几类主要农药在土壤中的半衰期，氨基甲酸酯类为 0.02～0.10 年，有机磷农药为 0.02～0.20 年，有机氯农药为 2～4 年，而含铅、砷、铜、汞的农药则为 10～30 年。可见，经常不断地向农田撒布大量杀虫剂，尤其是撒布性质较稳定的杀虫剂，土壤中杀虫剂的残毒就会越来越重。

3. 杀虫剂对水的污染 在农作物上撒药时，由于多种因素影响，只有 10% 左右的农药可附着在作物上，其他大部分落入地表或飞散在空气中，降雨后一部分农药随地表水的流动而流入江、河、湖、海中，污染水体，危害水生生物（例如藻类、鱼、虾、贝类等），并通过食物链的生物富集作用，使农药残留浓度逐渐提高到数百倍甚至数万倍。

（二）农药允许残留量及安全间隔期

1. 农药允许残留量 农产品上常有一定数量的农药残留，但其残留量有多有少，如果这种残留量不超过某种程度，就不至于引起对人的毒害，这个标准称为农药允许残留量或农药残留限度。

2. 农药安全间隔期 根据农药在作物上的允许残留量，结合其他条件，就可制定出某种农药在某种作物收获前最后 1 次使用的时间。在这个日期使用某种农药，在收获时，作物上的农药残留量不会超过规定的残留标准。这两者之间相隔的日期，称为安全间隔期。安全间隔期的长短，与药剂种类、作物种类、地区条件、季节、施用次数、施药方法等因素有关。

六、化学防治法的优缺点

1. 化学防治的优点 化学防治法具有许多优点：①收效快，防治效果显著。它既可在害虫发生之前作为预防性措施，以避免或减轻害虫的危害，又可在害虫发生之后作为急救措施，迅速消除害虫的危害。②使用方便，受地区及季节性的限制较小。③可以大面积使用，便于机械化。④杀虫范围广，几乎所有害虫均可利用杀虫剂来防治。⑤杀虫剂可以大规模工业化生产，远距离运输，且可长期保存。

2. 化学防治的缺点 由于杀虫剂的品种多，用量大，多种杀虫剂又有不同程度的毒性，因此大规模使用，特别是在不合理使用的情况下，常会造成人畜中毒事故、植物药害、杀伤有益生物以及污染环境等；长期使用化学防治后还会引起害虫产生抗药性，使害虫更加难于防治。

七、常用杀虫剂简介

(一) 新烟碱类杀虫剂

新烟碱类杀虫剂源于植物源农药烟碱,早在1890年就作为天然杀虫剂用于防治半翅目害虫蚜虫等,吡虫啉是第一个成功开发的烟碱类杀虫剂。烟碱和新烟碱类杀虫剂都是作为神经后突触烟碱乙酰胆碱受体的激动剂作用于神经系统。由于新烟碱类杀虫剂与常规杀虫剂没有交互抗性,其不仅具有高效、广谱及良好的根部内吸、触杀作用和胃毒作用,而且对哺乳动物毒性低,对环境安全,可有效防治半翅目、鞘翅目、双翅目和鳞翅目等的害虫,对用传统杀虫剂防治产生抗药性的害虫也有良好的活性。新烟碱类杀虫剂既可用于茎叶处理,也可用于土壤处理、种子处理,因此引起了人们的广泛关注,成为杀虫剂研究开发的一大热点。

1. 吡虫啉 吡虫啉(imidacloprid)具有触杀作用、胃毒作用和内吸作用,尤其具有优异的根部内吸传导作用,主要用于防治刺吸式口器害虫,例如飞虱、叶蝉、蚜虫、蓟马等;也可用来防治白蚁和土壤害虫、一些咀嚼式口器害虫(例如稻水象甲、马铃薯叶甲等);对线虫和红蜘蛛无活性。吡虫啉制剂有5%乳油、10%乳油、20%乳油、10%可湿性粉剂、20%可湿性粉剂、25%可湿性粉剂、50%可湿性粉剂、70%可湿性粉剂、350 g/L悬浮剂、480 g/L悬浮剂、600 g/L悬乳剂、40%水分散性粒剂、65%水分散性粒剂和70%水分散性粒剂等。

2. 噻虫啉 噻虫啉(thiacloprid)具有较强的内吸作用、触杀作用和胃毒作用,与常规杀虫剂(例如拟除虫菊酯类、有机磷类、氨基甲酸酯类杀虫剂)无交互抗性,主要用于防治刺吸式口器害虫,例如飞虱、叶蝉、蚜虫、蓟马等。噻虫啉制剂有40%悬乳剂、48%悬乳剂、30%水分散性粒剂、36%水分散性粒剂、50%水分散性粒剂、2%微囊悬乳剂和3%微胶囊悬乳剂。

3. 噻虫胺 噻虫胺(clothianidin)具有很强的内吸作用和渗透作用,是一种高效、安全、高选择性的新型杀虫剂,主要用于防治水稻、蔬菜、果树及其他作物上的蚜虫、叶蝉、蓟马、飞虱等半翅目、鞘翅目、双翅目和某些鳞翅目害虫,与常规农药无交互抗性,是替代高毒有机磷农药的又一品种,有可能成为世界性大型杀虫剂品种。噻虫胺制剂有50%水分散性粒剂。

4. 噻虫嗪 噻虫嗪(thiamethoxam)具有胃毒作用、触杀作用和内吸作用,用于叶面喷雾及土壤灌根处理,施药后迅速被内吸并传导到植株各部位,对刺吸式口器害虫(例如蚜虫、飞虱、叶蝉、粉虱等)具有良好的防治效果。噻虫嗪制剂有21%悬乳剂和25%水分散性粒剂。

5. 烯啶虫胺 烯啶虫胺(nitenpyram)具有内吸作用和渗透作用,用量少,毒性低,持效期长,对作物安全,被广泛用于园艺和农业上防治各种半翅目害虫,持效期可达14 d左右。烯啶虫胺制剂有10%水剂、20%水剂、20%水分散性粒剂、10%可溶液剂和50%可溶粒剂。

6. 啶虫脒 啶虫脒(acetamiprid)具有触杀作用和胃毒作用,内吸性强,可用于土壤处理和叶面喷雾,可有效控制作物尤其是蔬菜、果树和茶树上的半翅目、缨翅目和鳞翅目害虫,对蚜虫有特效。啶虫脒制剂有3%乳油、5%乳油、10%乳油、25%乳油、3%可湿性粉剂、5%可湿性粉剂、10%可湿性粉剂、20%可湿性粉剂、70%可湿性粉剂、20%可溶性粉剂、3%微乳剂、5%微乳剂和10%微乳剂。

(二) 苯基吡唑类杀虫剂

苯基吡唑类杀虫剂杀虫谱广，对害虫以胃毒作用为主，兼有触杀作用和一定的内吸作用，其杀虫机制在于阻碍昆虫 γ-氨基丁酸控制的氯化物代谢，因此对蚜虫、叶蝉、飞虱、鳞翅目幼虫、蝇类、鞘翅目等的重要害虫有很高的杀虫活性，对作物无药害；施于土壤也能有效地防治玉米根叶甲、金针虫和地老虎，叶面喷洒对小菜蛾、菜粉蝶、稻蓟马等均有高水平防治效果，且持效期长。

1. 氟虫腈 氟虫腈 (fipronil) 又名锐劲特，对蚜虫、叶蝉、飞虱、鳞翅目幼虫、蝇类、鞘翅目等的重要害虫有很高的杀虫活性，同时对卫生害虫蟑螂也有较好的防治效果；与现有杀虫剂无交互抗性。目前该药剂仅限于卫生害虫和玉米等部分旱田作物种子包衣剂使用，其制剂有5%种子处理悬乳剂。

2. 乙虫腈 乙虫腈 (ethiprole) 对多种咀嚼式口器和刺吸式口器害虫有效，持效期较长，其制剂有9.7%悬浮剂。

(三) 季酮酸类杀虫杀螨剂

季酮酸 (tetronic acid) 类杀虫杀螨剂是拜耳公司在筛选除草剂的基础上发现的一类新型杀虫杀螨剂。该类杀虫杀螨剂作用机制独特，为脂质合成抑制剂，对幼虫、幼螨以及卵具有优异的防治效果，与现有杀螨剂之间无交互抗性，对环境十分安全，是近年来杀虫杀螨剂研究领域的热点。

1. 螺虫乙酯 螺虫乙酯 (spirotetramat) 是具有双向内吸传导性能的杀虫剂，可在植物体内上下移动，抵达叶面和树皮，其杀虫谱广，持效期长，可有效防治各种刺吸式口器害虫。螺虫乙酯制剂有22.4%悬乳剂。

2. 螺螨酯 螺螨酯 (spirodiclofen) 具有触杀作用，无内吸作用，对螨的各个发育阶段都有效，可用于柑橘、葡萄等果树和茄子、辣椒、番茄等茄科作物的螨害治理。此外，对梨木虱、榆蛎盾蚧以及叶蝉等害虫有很好的兼治效果。螺螨酯制剂有240 g/L悬乳剂。

(四) 双酰胺类杀虫剂

双酰胺类杀虫剂是近年来杀虫剂研究领域的热点，它作用于昆虫的鱼尼汀受体，对幼虫具有胃毒作用，兼有触杀作用；对成虫主要具有触杀作用；对低龄幼虫具有极高活性，对高龄幼虫具有高活性，对成虫具有中等活性；与传统农药无交互抗性，对非靶标生物安全，与环境相容性好，成为目前最有市场潜力的杀虫剂品种。

1. 氯虫苯甲酰胺 氯虫苯甲酰胺 (chlorantraniliprole) 对鳞翅目害虫幼虫活性高，杀虫谱广，持效性好，耐雨水冲刷。氯虫苯甲酰胺制剂有5%悬乳剂、20%悬乳剂和35%水分散性粒剂。

2. 氟虫双酰胺 氟虫双酰胺 (flubendiamide) 对鳞翅目害虫有广谱防治效果，与现有杀虫剂无交互抗性，非常适宜于已对现有杀虫剂产生抗性害虫的防治；对幼虫防治效果非常突出，对成虫防治效果有限，无杀卵作用。氟虫双酰胺渗透进入植株体内后通过木质部略有传导，耐雨水冲刷。其制剂有20%水分散性粒剂。

(五) 有机磷酸酯类杀虫剂

有机磷酸酯类杀虫剂是当前世界上品种最多的一类杀虫剂。有机磷酸酯类杀虫剂脂溶性强，能溶于多种有机溶剂，易挥发，对酸性及中性物质稳定，在碱性液中则分解失效。这类农药大多兼有触杀作用、胃毒作用和熏蒸杀虫作用。其毒性强，杀虫范围广，且多数兼有杀螨作用。有机磷酸酯类杀虫剂的最大优点是在自然界和生物体内易于分解失效，故无大的残毒问题。

1. 敌百虫 敌百虫（trichlorfon）是毒性低、杀虫谱广的有机磷酸酯类杀虫剂。在弱碱中可转变成敌敌畏，但不稳定，很快分解失效。敌百虫对植物具有渗透性，但无内吸传导作用，适用于防治水稻、麦类、蔬菜、茶树、果树、桑树、棉花、绿萍等作物上的咀嚼式口器害虫，以及家畜寄生虫、卫生害虫。使用时应注意玉米、苹果（"曙光""元帅"品种的早期）对其敏感，高粱、豆类特别敏感，易产生药害，不宜使用。敌百虫制剂有30%乳油、40%乳油、80%可溶性粉剂和90%可溶性粉剂。

2. 敌敌畏 敌敌畏（dichlorvos）除有触杀作用和胃毒作用外，兼具熏蒸作用，对半翅目、鳞翅目害虫有较强的击倒力；施药后易分解，残效短，无残留，适于茶树、桑树、烟草、蔬菜、收获前的果树、仓库、卫生害虫的防治。使用时应注意对高粱、月季易产生药害，不宜使用；对玉米、豆类、瓜类幼苗及柳树较敏感，使用稀释倍数不能低于800倍，应先做试验。敌敌畏制剂有48%乳油、77.5%乳油、15%烟剂、22%烟剂和30%烟剂。

3. 毒死蜱 毒死蜱（chlorpyrifos）具有触杀作用、胃毒作用和熏蒸作用；在叶片上残留期不长，但在土壤中残留期较长，因此对地下害虫防治效果好；对烟草、蔬菜有药害，禁止在烟草、蔬菜上使用。毒死蜱制剂有40%乳油、20%水乳剂、40%水乳剂、30%水乳剂、30%微囊悬乳剂、20%微囊悬乳剂、36%微胶囊悬乳剂、15%微乳剂、25%微乳剂、30%微乳剂、40%微乳剂、0.5%颗粒剂、3%颗粒剂、5%颗粒剂、10%颗粒剂、15%颗粒剂、20%颗粒剂、15%烟雾剂和30%可湿性粉剂。

4. 马拉硫磷 马拉硫磷（malathion）具有良好的触杀作用和一定的熏蒸作用，其毒性低，残留期短，对刺吸式口器和咀嚼式口器害虫都有效，适用于防治烟草、茶树和桑树等的害虫，也可用于防治仓库害虫。马拉硫磷制剂有45%乳油、70%乳油、84%乳油和25%油剂。

5. 辛硫磷 辛硫磷（phoxim）杀虫谱广，击倒力强；田间使用时因对光不稳定，很快分解失效，所以残效期很短，残留危险性极小，叶面喷雾残效期一般为2~3 d。辛硫磷制剂有0.3%颗粒剂、1.5%颗粒剂、3%颗粒剂、5%颗粒剂、20%乳油、40%乳油、56%乳油、70%乳油、60%乳油、30%微囊悬乳剂和35%微胶囊悬乳剂。

6. 三唑磷 三唑磷（triazophos）为广谱杀虫剂，具有强烈的触杀作用和胃毒作用，杀卵作用明显，渗透性较强，无内吸作用；用于水稻等多种作物防治多种害虫，禁止在烟草、蔬菜上使用。三唑磷制剂有20%乳油、30%乳油、40%乳油、30%水乳剂、15%微乳剂和20%微乳剂。

（六）拟除虫菊酯类杀虫剂

拟除虫菊酯类杀虫剂是以天然除虫菊素为模板而人工合成的一类在化学结构、生物活性和作用机理等方面相类似的化合物。这类化合物对害虫高效甚至超高效，以触杀作用为主，兼有胃毒作用，有一定的拒食活性，无内吸毒杀作用。大部分品种对害虫的药效表现出明显的负温系数现象。拟除虫菊酯类杀虫剂对人畜毒性较低，但对黏膜刺激性大；对鱼等水生动物毒性高，对天敌昆虫也不安全；对植物无残留毒性；易碱解，在环境中易降解，基本无残留毒害，是一类非常优秀的杀虫剂。

1. 氯氰菊酯 氯氰菊酯（cypermethrin）药效迅速，残效期长，对一些害虫有杀卵作用，但对螨类和盲蝽防治效果差；不能与波尔多液混合使用。其制剂为10%乳油。

2. 高效氯氰菊酯 高效氯氰菊酯（beta-cypermethrin）属中毒、广谱杀虫剂，具有触杀作用和胃毒作用；杀虫活性为氯氰菊酯的1~3倍，击倒速度快，防治效果更好；防治对象与氯氰菊酯相同。其制剂有2.5%乳油、4.5%乳油、10%乳油、3%水乳剂、4.5%水乳剂、10%水乳剂、4.5%微乳剂、5%微乳剂和10%微乳剂。

3. 溴氰菊酯 溴氰菊酯（deltamethrin）属中毒、广谱、高效杀虫剂，具触杀作用和胃毒作用，并对害虫有一定的驱避作用和拒食作用，击倒速度快，但无杀螨作用。其制剂有2.5%可湿性粉剂、5%可湿性粉剂、25 g/L乳油、50 g/L乳油和2.5%水乳剂。

4. 高效氯氟氰菊酯 高效氯氟氰菊酯（lambda-cyhalothrin）属高效、广谱、快速杀虫剂，对害虫有强烈的胃毒作用和触杀作用，也有驱避作用，对螨类也很有效；耐雨水冲刷；可防治鳞翅目、鞘翅目、半翅目、双翅目等多种农业害虫和卫生害虫。其制剂有2.5%可湿性粉剂、10%可湿性粉剂、15%可湿性粉剂、25%可湿性粉剂、25 g/L乳油、50 g/L乳油、10%水分散性粒剂、2.5%水乳剂、5%水乳剂、10%水乳剂、2.5%微胶囊悬浮剂、23%微胶囊悬浮剂、2.5%微乳剂、5%微乳剂、8%微乳剂、2.5%微乳剂、2%悬浮剂和2.5%悬浮剂。

5. 联苯菊酯 联苯菊酯（bifenthrin）属广谱杀虫杀螨剂，作用迅速，残效期长，虫螨并发时使用防治效果尤好；气温低时，也不影响其药效发挥，可在春、秋季气候凉爽时施用。其制剂有100 g/L乳油、25 g/L乳油、2.5%水乳剂、4.5%水乳剂、10%水乳剂和4%微乳剂。

6. 氰戊菊酯 氰戊菊酯（fenvalerate）对鳞翅目幼虫防治效果好，对直翅目、半翅目等害虫也有较好的防治效果，但对螨无效。该药剂不能在蔬菜、果树、茶树、中草药上使用。其制剂有20%乳油、25%乳油和40%乳油。

7. 甲氰菊酯 甲氰菊酯（fenpropathrin）为杀虫杀螨剂，杀虫谱广，残效期长，对多种叶螨有良好效果是其最大特点，但无内吸、熏蒸作用。制剂有10%乳油、20%乳油。

（七）氨基甲酸酯类杀虫剂

氨基甲酸酯类杀虫剂和有机磷酸酯类杀虫剂虽属于两种不同类型的化合物，但同是强力的乙酰胆碱酯酶活性抑制剂。氨基甲酸酯类杀虫剂的杀虫范围没有有机氯、有机磷酸酯类杀虫剂广，一般不能用于防治螨类和介壳虫，但可有效地防治叶蝉、飞虱、蓟马、棉蚜、棉铃虫、棉红铃虫、玉米螟等以及对有机氯和有机磷产生抗性的一些害虫，对鱼类比较安全，对人畜的毒性比较小。

1. 丁硫克百威 丁硫克百威（carbosulfan）在昆虫体内代谢为有毒的呋喃丹起杀虫作用，具内吸性，对昆虫具有触杀作用和胃毒作用，持效期长，杀虫谱广。其制剂有5%颗粒剂、5%乳油、20%乳油和35%种子处理干粉剂。

2. 抗蚜威 抗蚜威（pirimicarb）具触杀作用、熏蒸作用和渗透作用，能防治除棉蚜以外对有机磷酸酯类杀虫剂产生抗性的所有蚜虫。抗蚜威杀虫迅速，施药后数分钟即可杀死蚜虫，因而对预防蚜虫传播的病毒病有较好的作用；残效期短，对作物安全，不伤天敌，对蜜蜂安全，是害虫综合治理的理想药剂。其制剂有25%可湿性粉剂、50%可湿性粉剂、25%水分散剂和50%水分散粒剂。

3. 克百威 克百威（carbofuran）属广谱、内吸杀虫杀线虫剂，与乙酰胆碱酯酶的结合不可逆，因而毒性高。该药被植物根系吸收，传送到各器官，以叶部积累较多；只能用于土壤处理防治线虫，不能在蔬菜、茶树、烟草、果树、中草药上使用。其制剂有5%颗粒剂。

（八）昆虫生长调节剂类杀虫剂

昆虫生长调节剂类杀虫剂是一类特异性杀虫剂，使用后不直接杀死昆虫，而是干扰昆虫的正常发育，使昆虫个体生活能力降低、死亡，进而使种群数量下降。这类杀虫剂包括保幼激素、抗保幼激素、蜕皮激素和几丁质合成抑制剂等，目前用于防治农业害虫和卫生害虫的主要药剂是保幼激素类似物和几丁质合成抑制剂。该类药剂为迟效型，应在害虫发生早期使用，一般施药后3～4 d见效。

1. 灭幼脲 灭幼脲（chlorbenzuron）属苯甲基脲类杀虫剂，低毒，可抑制昆虫表皮几丁质合成，阻碍其正常蜕皮。其主要具胃毒作用，触杀作用次之；防治鳞翅目害虫效果尤好，残效期为15～30 d。其制剂为20%可湿性粉剂、25%可湿性粉剂和25%悬浮液。使用时如悬浮液有沉淀现象，要摇匀后再加水稀释。

2. 虫酰肼 虫酰肼（tebufenozide）为非甾族新型昆虫生长调节剂，对鳞翅目幼虫有极高的选择性和药效。其制剂有10%悬浮剂、20%悬浮剂、30%悬浮剂和10%乳油。

3. 杀铃脲 杀铃脲（triflumuron）具有胃毒作用和触杀作用，抑制几丁质的合成。其制剂有5%乳油、5%悬浮剂、20%悬浮剂和40%悬浮剂。

4. 除虫脲 除虫脲（diflubenzuron）对鳞翅目、鞘翅目、双翅目多种害虫有效。其制剂有5%可湿性粉剂、25%可湿性粉剂、75%可湿性粉剂、5%乳油和20%悬浮剂。

5. 氟铃脲 氟铃脲（hexaflumuron）抑制昆虫表皮几丁质合成，具有很高的杀虫和杀卵活性，而且速效。其制剂有5%乳油、15%水分散性粒剂和20%水分散性粒剂。

6. 氟啶脲 氟啶脲（chlorfluazuron）抑制昆虫表皮几丁质合成，阻碍昆虫正常蜕皮，影响卵孵化和幼虫蜕皮，使蛹发生畸形，成虫羽化受阻；对蚜虫、叶蝉、飞虱无效。其制剂有5%乳油、50 g/L乳油和10%水分散性粒剂。

7. 灭蝇胺 灭蝇胺（cyromazine）具有强内吸传导作用，可使双翅目幼虫和蛹形态上发生畸变，成虫羽化不全或受抑制。其制剂有20%可溶性粉剂、50%可溶性粉剂、30%可湿性粉剂、50%可湿性粉剂、70%可湿性粉剂、75%可湿性粉剂和10%悬浮剂。

8. 氟虫脲 氟虫脲（flufenoxuron）主要抑制昆虫表皮几丁质合成，使之不能正常蜕皮或变态而死。成虫接触药后，产的卵一般不能孵化，孵化的幼虫也会很快死亡。其制剂有50 g/L可分散液剂。

（九）沙蚕毒素类杀虫剂

按照沙蚕毒素的化学结构，仿生合成了一系列农用杀虫剂的类似物，统称为沙蚕毒素类杀虫剂，也是人类开发成功的第一类动物源杀虫剂。沙蚕毒素类杀虫剂对害虫具有很强的触杀作用和胃毒作用，还具有一定的内吸作用和熏蒸作用，有些种类还具有拒食作用；可用于防治多种作物上的多种食叶害虫和钻蛀性害虫，有些种类对蚜虫、叶蝉、飞虱、蓟马、螨类等刺吸式口器害虫也有良好的防治效果。

1. 杀虫双 杀虫双（bisultap）具有较强的触杀和胃毒作用，兼有内吸作用和一定的杀卵作用及熏蒸作用。昆虫接触和取食药剂后，最初反应不明显，但表现出迟钝、行动缓慢、失去侵害作物的能力、停止发育、虫体软化、瘫痪，直至死亡。其制剂有18%水剂、22%

水剂、25%水剂、29%水剂、3%颗粒剂和3.6%颗粒剂。

2. 杀螟丹 杀螟丹（cartap）的胃毒作用强，同时具有触杀和一定的拒食作用及杀卵作用，残效期较长，杀虫谱广；对害虫击倒较快，但常有复苏现象。与一般有机氯类杀虫剂、有机磷酸酯类杀虫剂、拟除虫菊酯类杀虫剂和氨基甲酸酯类杀虫剂不易产生交互抗性。其制剂有50%可溶性粉剂、95%可溶性粉剂和98%可溶性粉剂。

（十）植物源杀虫剂

植物源杀虫剂是一类利用含有杀虫活性物质的植物的某些部分或提取的有效成分而制成的杀虫剂。其具有高效、低毒或无毒、无污染、选择性高、不使害虫产生抗药性等优点，符合农药从传统的有机化学物质向"环境和谐农药"或"生物合理农药"转化的发展趋势。

1. 除虫菊素 除虫菊素（pyrethrin）对害虫具有触杀作用、胃毒作用和驱避作用，兼有杀螨活性。其制剂有1.5%水乳剂和5%乳油。

2. 苦参碱 苦参碱（matrine）具有触杀作用和胃毒作用，属广谱性天然植物源农药，害虫一旦触及即导致中枢神经麻痹，继而虫体蛋白质凝固，堵死虫体气孔，使害虫窒息而死；对人、畜低毒。其制剂有0.3%水剂、0.5%水剂、0.6%水剂、1.3%水剂和2%水剂。

3. 烟碱 烟碱（nicotine）具有胃毒作用、触杀作用和熏蒸作用，并具有杀卵作用。其制剂有10%乳油。

4. 印楝素 印楝素（azadirachtin）对昆虫有拒食作用，可干扰产卵，干扰昆虫变态而使其无法蜕变为成虫，驱避幼虫及抑制其生长发育。其制剂有0.3%乳油、0.5%乳油、0.6%乳油、0.7%乳油和0.8%乳油。

5. 藜芦碱 藜芦碱（veratrine）具有触杀作用和胃毒作用，抑制中枢神经而致害虫死亡，药效可持续10 d以上。其制剂有0.5%可溶液剂和0.5%可湿性粉剂。

6. 苦皮藤素 苦皮藤素（celangulin）具有麻痹作用、拒食作用、驱避作用、胃毒作用和触杀作用，其制剂有0.5%乳油和1%乳油。

7. 鱼藤酮 鱼藤酮（rotenone）是一种历史比较久的植物源杀虫剂，对害虫有触杀作用和胃毒作用。鱼藤酮见光易分解，在空气中易氧化，在作物上残留时间短。对环境无污染，对天敌安全。其制剂有2.5%乳油、4%乳油和7.5%乳油。

（十一）微生物源杀虫剂

微生物源杀虫剂是利用微生物的代谢产物制成的一类杀虫剂，与植物源农药一样，具有高效、低毒或无毒、无污染、选择性高、不使害虫产生抗药性等优点。

1. 阿维菌素 阿维菌素（avermectin）是由灰色链霉菌（*Streptomyces avermitilis*）发酵产生的一类具有杀虫、杀螨、杀线虫活性的化合物，可渗入植物组织表皮下，害虫取食后2～4 d死亡；致死作用较慢，与常用药剂无交互抗性。其制剂有0.5%乳油、1%乳油、1.8%乳油、3.2%乳油、5%乳油、1.8%微乳剂、3%微乳剂、5%微乳剂、0.5%可湿性粉剂、1%可湿性粉剂和1.8%可湿性粉剂。

2. 甲氨基阿维菌素苯甲酸盐 甲氨基阿维菌素苯甲酸盐（emamectin benzoate）以胃毒作用为主，无内吸作用，但能有效地渗入作物表皮组织，因而具有较长残效期；在土壤中易降解，无残留，在常规剂量范围对有益昆虫及天敌、人、畜安全。其制剂有0.2%乳油、0.5%乳油、1%乳油和1.5%乳油。

3. 伊维菌素 伊维菌素（ivermectin）是以阿维菌素为先导化合物，通过双键氢化、结构优化而开发成功的新型合成农药,其作用方式及防治对象与阿维菌素基本相同。其制剂有0.5%乳油。

4. 浏阳霉素 浏阳霉素(liuyangmycin)为触杀性杀虫剂,对螨类具有特效,对蚜虫也有较高的活性,多与有机磷酸酯类杀虫剂、氨基甲酸酯类杀虫剂混配使用防治螨类及蚜虫;对天敌昆虫及蜜蜂比较安全,无致畸、致癌、致突变性。其制剂有10%乳油和20%乳油。

5. 乙基多杀菌素 乙基多杀菌素(spinetoram)是由放线菌刺糖多孢菌发酵产生的,具有胃毒作用和触杀作用,主要用于防治鳞翅目害虫(例如小菜蛾、甜菜夜蛾)及缨翅目害虫(蓟马)等。其制剂有60 g/L悬浮剂。

6. 多杀菌素 多杀菌素(spinosad)是在刺糖多胞菌发酵液中提取的一种无公害高效生物杀虫剂,具有触杀作用和胃毒作用,且对叶片有较强的渗透作用,对一些害虫还有一定的杀卵作用,但无内吸作用。多杀菌素能有效防治咀嚼式口器害虫,对刺吸式口器害虫和螨类的防治效果较差。尚未发现其与其他杀虫剂存在交互抗药性。其制剂有5%悬乳剂、2.5%悬乳剂、48%悬浮剂和20%水分散性粒剂。

(十二)其他化学合成杀虫剂

1. 吡蚜酮 吡蚜酮(pymetrozine)为吡啶类或三嗪酮类杀虫剂,具有触杀作用和内吸作用,对多种作物上刺吸式口器害虫表现出优异的防治效果,既可用于叶面喷雾,也可用于土壤处理。其制剂有50%水分散性粒剂和25%可湿性粉剂。

2. 虫螨腈 虫螨腈(chlorfenapyr)为新型吡咯类化合物,主要抑制二磷酸腺苷(ADP)向三磷酸腺苷(ATP)的转化,具有胃毒作用及触杀作用,叶面渗透性强,有一定的内吸作用,具有杀虫谱广、高效、持效期长、安全的特点。其制剂有10%悬浮剂。

3. 唑虫酰胺 唑虫酰胺(tolfenpyrad)为新型吡唑杂环类杀虫杀螨剂,可阻止昆虫氧化磷酸化作用,具有杀卵、抑食、抑制产卵及杀菌作用。其制剂有15%乳油。

4. 茚虫威 茚虫威(indoxacarb)具有触杀作用和胃毒作用,对各龄期幼虫都有效,适用于防治十字花科蔬菜的菜青虫、小菜蛾、甜菜夜蛾,以及棉花上的棉铃虫等。其制剂有30%水分散性粒剂和150 g/L悬浮剂。

5. 丁醚脲 丁醚脲(diafenthiuron)为一种新型杀虫杀螨剂,具有内吸作用和熏蒸作用,选择性强,可以控制对氨基甲酸酯类杀虫剂、有机磷酸酯类杀虫剂和拟除虫菊酯类杀虫剂产生抗性的蚜虫、叶蝉、烟粉虱等,还可以控制小菜蛾、菜粉蝶和夜蛾危害;可以与大多数杀虫剂和杀螨剂混用。其制剂有50%可湿性粉剂、15%乳油、25%乳油、30%乳油、25%悬浮剂、43.5%悬浮剂和50%悬浮剂。

(十三)杀螺剂

1. 杀螺胺 杀螺胺(niclosamide)具有胃毒作用和触杀作用,既杀灭成螺也杀灭螺卵;按正常剂量使用,对鸭安全,对益虫无害,但对鱼和浮游生物有毒。其制剂有70%可湿性粉剂。

2. 杀螺胺乙醇胺盐 杀螺胺乙醇胺盐(niclosamide ethanolamine)具有胃毒作用,既杀灭成螺也杀灭螺卵;对人畜毒性低,对作物安全。其制剂有25%可湿性粉剂、50%可湿性粉剂、70%可湿性粉剂和80%可湿性粉剂。

3. 四聚乙醛 四聚乙醛(metaldehyde)具有胃毒作用和触杀作用,对福寿螺、蜗牛和蛞蝓有一定的引诱作用,主要用于防治稻田福寿螺和蛞蝓。其制剂有5%颗粒剂、6%颗粒剂和10%颗粒剂。

4. 螺威 螺威（TDS）系植物源农药，其制剂有4%粉剂。

（十四）杀螨剂

用于防治螨类的药剂，一般只能杀螨而不能杀虫。兼有杀螨作用的杀虫剂种类较多，例如氧乐果、敌敌畏等，但它们的主要活性是杀虫，不能称为杀螨剂，有时也称为杀虫杀螨剂。

1. 溴螨酯 溴螨酯（bromopropylate）的杀螨谱广，持效期长，触杀性较强，无内吸作用，对成螨、若螨、幼螨和卵均有一定的杀伤作用；毒性低，对天敌、蜜蜂及作物比较安全。其制剂有500 g/L乳油。

2. 噻螨酮 噻螨酮（hexythiazox）为噻唑烷酮类新型杀螨剂，对植物表皮皮层具有较好的穿透性，但无内吸传导作用，具有强的杀卵、杀幼螨和若螨特性，对成螨无效，但对接触到药液的雌成螨所产的卵具有抑制孵化的作用；对叶螨防治效果好，对锈螨和瘿螨防治效果较差。其制剂有3%水乳剂、5%乳油和5%可湿性粉剂。

3. 唑螨酯 唑螨酯（fenpyroximate）具有强烈的触杀作用，速效性好，持效期较长，对害螨的各个螨态均有良好的防治效果，对人畜中等毒性，对鱼虾贝类毒性较高。其制剂有5%乳油、5%悬浮剂、20%悬浮剂和28%悬浮剂。

4. 哒螨灵 哒螨灵（pyridaben）为新型速效、广谱杀虫杀螨剂，触杀性强，无内吸传导作用和熏蒸作用；对叶螨、全爪螨、跗线螨、锈螨和瘿螨的各个螨态均有较好的防治效果；对哺乳动物毒性中等，对鸟类低毒，对鱼、虾和蜜蜂毒性较高。其制剂有15%可湿性粉剂、20%可湿性粉剂、40%可湿性粉剂、6%乳油、10%乳油、15%乳油、10%微乳剂、15%微乳剂、20%微乳剂、30%悬浮剂和20%粉剂。

5. 三唑锡 三唑锡（azocyclotin）是触杀作用较强的广谱性杀螨剂，可杀灭若螨、幼螨、成螨和夏卵，对冬卵无效。其制剂有20%可湿性粉剂、25%可湿性粉剂、70%可湿性粉剂、50%水分散性粒剂、80%水分散性粒剂、20%悬浮剂、40%悬浮剂、8%乳油和10%乳油。

（十五）熏蒸杀虫剂

熏蒸杀虫剂是易于汽化的液体或固体，有的是压缩气体，以气体状态直接通过昆虫表皮或气门进入气管，使昆虫中毒而发挥毒杀作用。熏蒸剂所产生的有毒气体，其扩散、渗透性优于固体或液体，在仓库、温室、果树、苗木、秧苗、土壤、培养室等环境中使用时，能较好地扩散到隐蔽的部位，杀死隐蔽性的害虫。目前，粮食保管灭虫主要使用磷化铝，植物检疫熏蒸处理主要使用溴甲烷。

1. 磷化铝 磷化铝（aluminium phosphide）纯品为白色结晶，工业品为灰绿色或褐色固体，无气味，干燥条件下稳定，易吸水而分解产生磷化氢。磷化氢为无色具有电石或大蒜异臭味的气体，在空气中含量高时会引起自燃，对人有剧毒。其制剂有56%片剂和56%粉剂，主要用于防治仓库害虫和害螨，并用于熏杀林木蛀干害虫（例如天牛等）；禁止在蔬菜、果树、大田作物上使用。

2. 溴甲烷 溴甲烷（methyl bromide）纯品在常温下为无色气体，工业品（含量为99%）经液化装入钢瓶中，为无色或带有淡黄色的液体；属高毒、广谱杀虫剂，也是较早用于防治储粮害虫的熏蒸剂；主要用在植物检疫上，快速扑灭一些进口果品中携带的检疫性害虫；禁止在草莓、黄瓜等作物上使用。

第六节 害虫综合治理

一、害虫综合治理的概念和发展

(一) 害虫综合治理概念的提出

农业害虫的发生发展是人类从事农业生产活动的产物。随人类由渔猎生活发展到定居种植作物，农作物害虫问题也就随之出现了。害虫综合治理（integrated pest management, IPM）概念是在总结人类以前害虫防治的经验教训、特别是20世纪40—60年代单一依赖化学药剂防治导致"三R"问题[抗性（resistance），即长期单纯大量施用广谱性杀虫剂，导致害虫的抗药性增强，防治效果下降；再猖獗（resurgence），即大量杀伤天敌引起害虫再猖獗和次要害虫上升为主要害虫；残毒（residue），即对环境的污染和农产品的残毒也越来越严重]愈来愈突出的情况下发展起来的。

早期的害虫综合防治（integrated pest control, IPC）是从20世纪50年代提出的"把生物防治与化学防治结合起来"以及加拿大人把他们的研究称为"喷雾改良计划"开始的。类似的名词还有谐调防治（harmonic）、协调防治（coordinate）、互补防治（complementary control）等。其目的是改进杀虫剂的使用方法，使之对天然存在的有益生物造成的伤害最小，让它们尽可能地发挥潜在的控制效力。然而，直至60年代以后，害虫综合治理才得到公众的普遍承认和接受。

(二) 害虫综合治理的定义

1967年联合国粮食及农业组织（FAO）在罗马召开的害虫综合治理专家小组会议上，给出的定义为：害虫综合治理（IPC）是一种害虫管理系统，依据害虫种群动态与其环境间的关系，尽可能协调运用适当的技术和方法，使害虫种群保持在经济损害允许水平以下。

事实上，早在20世纪50年代初，我国就将综合治理的理念应用于蝗虫防治实践中，并提出了"改治并举、防治结合"，根治东亚飞蝗的防治策略。1975年春，农林部在河南新乡召开的全国植物保护工作会议上，确定"预防为主，综合治理"为我国植物保护工作的方针，并对其做了如下解释：把"防"作为植物保护工作的指导思想，在综合防治中，要以农业防治为基础，因地制宜地合理应用化学防治、生物防治、物理防治等措施，达到经济、安全、有效地控制病虫害的目的。

1979年，我国生态学家马世骏教授根据国外害虫综合治理的发展动态，对上述定义做了适当的修改：从生态系统的整体观点出发，本着预防为主的指导思想和安全、有效、经济、简便的原则，因地因时制宜，合理运用农业的、生物的、化学的、物理的方法，以及其他有效的生态手段，把害虫控制在不足以危害的水平，以达到保护人畜健康和增产的目的。

(三) 害虫综合治理与全部种群治理和大面积种群治理的区别

害虫综合治理无疑是害虫防治史上的又一次革命，使害虫防治进入了一个全新的时期，但由于不同种类害虫的危害特点不同，防治要求和达到的目标不同，因此在害虫综合治理（IPM）发展的同时，人们也提出了一些其他的防治策略，其中影响比较大的有全部种群治理（total population management, TPM）和大面积种群治理（areawide population management, APM）。害虫综合治理（IPM）、全部种群治理（TPM）和大面积种群治理

（APM）三者的主要区别见表6-3。

表6-3 IPM、TPM、APM的主要区别

策 略	IPM	TPM	APM
防治依据	经济阈值	无	经济阈值
采用方法	综合	综合	综合
防治效果	＜经济阈值	100%	100%
适用范围	大多数农林害虫	卫生害虫	局部发生害虫

后来，国内外学者又提出了害虫生态调控策略。例如1996年，美国国家研究委员会的有关专家在总结了人们对农药应用、生物防治和病虫害抗性的认识和实践的基础上，提出以生态学为基础的害虫管理体系，即在管理下的生态系统中用有益、安全、持久的方法防治害虫，注意自然过程，重视生物防治，种植抗性作物，使用窄谱农药。害虫综合治理和生态调控策略或以生态学为基础的害虫管理体系在理论基础上是一致的，均要求根据生态学、经济学和生态调控论的基本原理，按照功能高效、结构和谐、持续调控、经济合理的原则，强调充分发挥农田生态系统内一切可以利用的能量，综合使用各种生态调控手段，对生态系统及其作物-害虫-天敌食物链的功能流（能流、物流、价值流）进行合理的调节和控制，变对抗为利用，变控制为调节，化害为利，将害虫防治与其他增产技术融合为一体，通过综合、优化、设计和实施，建立实体的生态工程技术，从整体上对害虫进行生态调控，以达到害虫综合治理的真正目的——农业生产的高效、低耗和可持续发展。

（四）害虫综合治理研究的热点和发展趋势

1. 重视害虫暴发的生态学机制研究，以此作为害虫管理的基础 害虫管理的实质是一个生态学问题。国内外都非常重视害虫暴发的生态学机制研究，并以此作为害虫管理的基础。目前国内外的研究重点主要在以下几个方面。

① 以化学生态学为核心，着重研究植物、害虫和天敌3个营养级的相互作用机制，即研究它们之间的协同进化、行为调节及相互作用关系。

② 应用分子生物学方法，从分子水平探明昆虫发育、生殖、迁飞、抗性等的机制。

③ 应用地理信息系统（geographical information system，GIS）及遥感技术（remote sensing，RS），研究害虫在较大范围内的迁移扩散规律。

④ 研究天敌保护利用的生态学基础。

⑤ 研究害虫种群的调控机制和技术。

2. 强调发挥农田生态系统中自然因素的控制作用 据Pimental（1992）报道，在自然生态系统中，天敌的控害作用在50%以上，作物抗性和其他生态因素的调控作用占40%，天敌与抗性的综合控害作用超过80%。

3. 发展高新技术和生物合理制剂，尽可能减少使用化学农药 近年来，生物技术、遗传工程的发展，为害虫管理提供了广阔的前景，同时也为尽可能地少用化学农药奠定了基础。目前，以下两个领域尤为引人注目。

① 利用遗传工程技术，将抗虫基因导入作物体内，使作物对害虫产生抗性。最为典型的是将苏云金芽孢杆菌有杀虫活性的结晶蛋白（ICP）基因转入作物体内，使其具有苏云金

芽孢杆菌的杀虫作用，这已在番茄、玉米、烟草、水稻、棉花等作物上获得成功。

② 利用基因工程技术，修饰微生物（例如病毒）本身基因以提高其对害虫的感染力，或与异源病毒重组以扩大其宿主范围，或将外源激素、酶和毒素基因导入杆状病毒基因组以增强其致病作用。

在无公害生物合理制剂的发展方面，微生物制剂如 Bt 乳剂、棉铃虫核型多角体病毒（NPV）制剂、植物源农药、昆虫生长调节剂、昆虫拒食剂和性信息素是现代杀虫剂研究和发展的方向。至 2003 年已有 2 000 多种昆虫的性信息素被鉴定出来；至 2007 年，仅夜蛾科公布性信息素的就有 17 个亚科 462 种，性信息素组分共计 130 种化合物。

综上所述，害虫综合治理已进入了一个新的阶段，未来害虫综合治理的研究将沿着以农田生态系统或区域性生态系统为对象，以大量信息管理为基础，以发展新技术为重点，以生态调控为手段，以整体效益为目标，以可持续发展为方向的目标向前发展。

二、害虫综合治理的特点

1. 允许害虫在经济损害允许水平下继续存在 以往害虫防治的目的在于消灭害虫，现代害虫综合治理已经摒弃这种理念。害虫综合治理的哲学基础是容忍，允许少数害虫存在于农田生态系中。事实上，某些害虫在经济损害允许水平以下继续存在是合乎需要的，它有利于维持生态多样性和遗传多样性，它们为天敌提供食料或中间寄主。

2. 以生态系统为管理单位 害虫在田间并不是孤立存在的，它们与生物因素和非生物因素共同构成一个复杂的、具有一定结构和功能的生态系统。改变系统中任何基本成分都可能引起生态系统的扰动。当对某些有害生物进行防治时，任何措施都有可能影响其他有害生物乃至生态系统的变化。害虫综合治理就是要求控制生态系统，使害虫数量维持在经济损害允许水平以下，而又要避免生态系统受到破坏。

3. 充分利用自然控制因素 在全部昆虫中，植食性昆虫约占 48.2%，捕食性昆虫占 28%，寄生性昆虫占 2.4%，腐食性昆虫占 17.3%，杂食性或其他食性的昆虫约占 4.1%。在植食性昆虫中，约有 90% 虽然取食植物，但并不造成严重危害，这主要是由于大多数害虫自身的生物学特性和自然界存在的自然控制因子的抑制作用。害虫综合治理应高度重视生态系统中与害虫数量变化有关的自然因素的作用。

4. 强调防治措施间的相互协调和综合 害虫综合治理的基本策略是在一个复杂系统中协调使用多种措施，而这些措施的具体应用则有赖于特定农业生态系统及其相关害虫的生物学与生态学特性。一般来说，生物防治、农业技术防治等不与自然控制因素发生矛盾，有时还有利于自然控制，因此是应该优先采用的方法。而化学防治往往与自然控制因素发生矛盾，它不但杀死害虫，同时也杀死害虫的天敌，因此应尽量少用化学防治，除非没有别的替代办法。

但就目前而言，非化学防治不但不能完全取代化学防治法，而且多数害虫都还必须依赖化学防治。估计 90% 左右的害虫的主要控制手段仍是化学防治。

5. 强调害虫综合治理体系的动态性 农业生态系是一个动态系统，害虫种群及其影响因素也是动态的，因此害虫综合治理计划应随害虫问题的发展而改变，而不能像传统的杀虫剂防治体系那样采用"防治历"的方法进行防治。

6. 提倡多学科协作 因为生态系统的复杂性，在害虫综合治理策略的制订和实施过程中，需要多学科进行合作。例如对害虫种群特性的了解，需要昆虫学方面的知识；对作物抗虫性的了解，需要作物遗传学方面的知识；对环境特性的了解，需要气象学方面的知识；要了解生态系统中各复杂因子的相关系统，需要应用系统工程学方面的知识；进行害虫综合治理效果的评价，需要有生态学、经济学和环境保护学方面的知识。

随着害虫综合治理水平的提高，系统分析、数学模型和信息技术对制订最佳防治对策很有帮助。在系统分析的基础上，努力发展计算机模型，以便获得最佳的管理对策。要建立这样一个复杂的系统，没有多学科协作是难以进行的。

7. 经济效益、社会效益和生态效益全盘考虑　防治害虫的最终目的是为了获得更大的效益，如果防治费用大于害虫危害的损失，那么防治就没有必要。害虫综合治理在追求经济效益的同时，也追求生态效益与社会效益的最大化。

三、害虫的危害损失及经济损害允许水平

（一）害虫对作物的经济危害

在农田生态系统中，作物与害虫分属于两个不同的营养水平，它们之间是取食与被取食的关系。从经济分析的角度来说，即危害与被危害的关系。

害虫对作物的经济危害包括直接的和间接的、当时的和后续的等多种。不同的害虫种类，有各自特定的危害时期、危害部位和危害方式，因而造成危害损失的程度就有显著的差异。同一种害虫危害不同作物也会造成不同程度的损失。这不仅与作物本身的生物特性有关，而且也取决于人们所要收获的部位。这些损失最终集中表现在农作物的产量和品质上。

害虫对作物的危害程度与害虫的种群密度有密切关系，在一般情况下，害虫种群密度越大，作物受害损失越重，但是并不一定完全呈直线关系。同时，害虫危害程度还与害虫的发育阶段有关，一般来讲，虫龄越大，危害越重。但也有许多害虫的成虫完全不取食。因此尽管在大多数情况下，作物受害程度与害虫种群密度的变化是一致的，但并不总是如此。

当害虫危害作物的非收获物部分时（间接危害），或危害期和收获期在较长时间内不吻合，作物产量与害虫危害之间的关系往往呈现图6-1a中的情况（实线部分）。因为作物通常有相当大的补偿能力，表现出害虫低水平的间接危害对作物最终产量的形成没有影响。

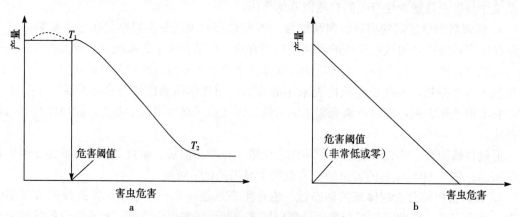

图6-1　害虫危害与产量之间的关系
a. 间接危害　b. 直接危害
（仿陈杰林，有修改）

随着危害水平的提高,当达到作物不能忍受的水平时,产量便开始下降,此时害虫的危害程度即为危害阈值,在曲线上形成一个拐点(T_1)。害虫危害超过危害阈值后,随着害虫危害程度的增加产量逐渐降低(图6-1a中的斜线部分),当害虫危害达到一定程度(T_2)时,产量不再降低而趋于平缓或达到饱和。

作物的补偿作用不但发生在个体水平上,还存在着群体补偿现象。如果作物早期受害,则因受害株生育弱小,相邻的健株便获得更大或更多的空间、土壤、光照、养分和水分,会长得比一般植株更旺盛,从而起到补偿作用。如果受害株率并不很高,且分布高度分散,则补偿作用往往较大,整个群体不会引起显著的减产。

另外,有一种较为特殊的情况(图6-1a中虚线部分),较轻的害虫危害不但不致减产,反而起到了间苗和控制徒长而使作物略有增产作用,即所谓超越补偿作用。例如危害果树的花和幼果的害虫,在开花、坐果过多的树上,一定数量的害虫能起疏花疏果的作用,对果树的产量不但没有影响反而使其有所增加。

当害虫直接危害作物的收获部位时,往往呈现图6-1b的情况。作物产量与害虫危害呈近似直线关系。在这种情况下,危害阈值是非常低的(或等于零)。随着害虫种群数量增加,产量呈直线下降,最终达到零。例如当饲料作物受到食叶性害虫危害时,摄食量即减产量,二者近乎呈直线关系。

上述3种情况是比较一般化的模式,事实上害虫危害与作物产量形成之间的关系很复杂,而且它们都受外界条件的影响。同一受害水平在不同作物品种、不同生育阶段、不同环境条件下,产量损失可能不同。小麦在灌浆期受蚜害时,如果遇干旱减产明显,如果水分供应充分,则减产较少。如果一种作物有多种害虫同时发生,则往往产生更加复杂的相互作用。

(二)作物受害损失估计

对作物受害损失做出准确的估计,是制订科学的防治指标的依据。测定作物受害损失的基本方法有下面几种。

1. 田间实际调查法 通过田间实际调查测定害虫危害所造成的损失是作物受害损失估计最简单的方法,即选择害虫自然危害的田块和使用杀虫剂保护而未受害的田块,根据危害程度分级调查,直接推算出作物的受害损失。

2. 模拟试验 模拟试验是人为模拟害虫危害,造成不同级别的作物受害程度,再间接推算作物的受害损失。例如分析食叶害虫的危害,多采用摘叶或剪叶进行模拟;测定棉铃虫的危害损失,可采用人工摘蕾铃的方法进行模拟。

3. 人为接虫控制危害试验 在人为控制的条件下接入一定量的害虫,让其危害一定的阶段,然后测定受害程度和产量损失。对于繁殖力极强的刺吸式口器害虫,例如蚜虫、螨类等,其被害状难以分辨,往往以虫量或危害日为依据,进行受害损失测定。

(三)经济损害允许水平和经济阈值

1. 经济损害允许水平和经济阈值的概念 经济损害允许水平(EIL)是指由防治措施增加的产值与防治费用相等时的害虫密度。经济阈值(ET)又称为防治阈值,我国习惯称为防治指标,是指害虫的某一密度,在此密度下应采取控制措施,以防止害虫种群数量继续增长,达到造成经济损害允许水平所允许的密度。

作为指导害虫防治的经济阈值,必须定在害虫到达经济损害允许水平之前,因而必须预先确定害虫的经济损害允许水平，然后根据害虫的增长曲线（预测性的）求出需要提前进行控制的害虫密度，这个害虫密度便是经济阈值（或防治指标）。

2. 经济损害允许水平的确定　经济损害允许水平的确定涉及生产水平、产品价格、防治费用、防治效果及社会能接受的水平等多种因素，其原则为允许相当于防治费用的经济损失。确定经济损害允许水平的常用模型有以下几种。

（1）固定经济损害允许水平模型　其表达式为

$$T=\frac{C}{PDE}$$

式中，T 为经济损害允许水平，C 为防治成本，P 为产品价格，D 为单位虫量所造成的损失，E 为防治效果。

（2）Chiang 氏通用模型　Chiang（1979）认为，经济损害允许水平的确定，通常应包括影响害虫田间种群消长及作物受害形成过程的若干因素，提出的数学模型为

$$T=\frac{C}{EYPR_yS}\times F_c$$

式中，T、C、E、P 的含义与上相同；Y 为产量；R_y 为害虫危害引起的产量损失；S 为害虫的生存率；F_c 为临界因子，通过校正防治费用进一步确定经济损害允许水平范围界限的因子。

（3）害虫复合体经济损害允许水平模型　害虫复合体经济损害允许水平模型即多种害虫共同危害时的经济损害允许水平。害虫混合种群（或称为复合体）一般指所涉及害虫的危害特点、防治技术相同或相似，然后以其中某种害虫（一般选择相对重要的那种）为标准，进行同质化或标准化转换，计算其混合发生时的经济损害允许水平。

目前生产上推行的经济阈值，大多数来自植物保护工作者的经验总结或者是在对害虫与作物之间的关系在特定条件下进行研究后取得的，存在一定的局限性，但对生产仍然具有一定的指导作用。

3. 防治适期的确定　确定防治适期的原则，一般以防治费用最少，防治效果最好，且防治手段简便为标准。一般来讲，食叶性害虫以低龄幼虫（若虫）期为防治适期，钻蛀性害虫以侵入茎、果之前为防治适期，蚜虫、螨类等 r 对策的害虫，则以种群突增期前或点片发生阶段为防治适期。

四、制订害虫综合治理技术方案的原则和方法

不同作物、不同害虫（或害虫复合体）、不同地域的生产水平、生态条件各异，害虫综合治理技术方案因地而异。同时，随时间的变化，害虫综合治理技术方案也不可能是一个长期不变的模式。但是一个完善的综合治理体系的建立，仍然存在着一般的指导原则和方法。

1. 分析各种害虫在生态系中的地位，确立防治重点和兼治对象　一般说来，一种作物可能有多种害虫，但能经常发生、造成严重危害的种类却很少。在设计综合治理方案时，应紧紧抓住主要害虫的防治，兼治次要害虫。

关键性害虫，即主要防治对象并不是一成不变的。由于人们对生态系统的干扰，例如不加选择地使用杀虫剂，或农田生态系发生大的变化，使某些次要害虫上升为主要害虫。

2. 发展可靠的监测技术 害虫综合治理的实质就是监测与控制。它要求在预测害虫种群达到经济阈值时才采取人为控制措施。

由于气候条件、作物生长、自然天敌和其他因素随时都在变化，害虫种群数量也在不断变化。所以必须对生态系统中的害虫种群和与种群数量有关的环境条件进行监测，获取害虫及其环境的动态信息，预测害虫发生情况，预测可能采取的控制措施的效果及对生态系统的影响等。只有通过监测，才能知道是否确实需要对害虫进行控制，也只有通过监测，才能在综合治理中最大限度地利用自然控制作用。

3. 做出压低关键性害虫平衡位置的方案 马世骏（1979）提出"本着预防为主，化害为利和综合利用的原则"，选择压低关键性害虫平衡位置的方案应符合"安全、有效、经济、简易"的原则。为达到这个目的，一般要求优先单独或联合使用以下3种基本控制措施。

① 改变害虫的生存环境，通过增强各生物防治因素的效能，破坏害虫繁殖、取食和隐蔽场所，或使其变成无害的种类。

② 采用抗虫或拒虫品种，不一定要求高抗，有时甚至低抗品种也很有效。

③ 考虑引进或建立新的自然天敌种群，包括寄生物、捕食者、病原微生物等。

一般情况下，利用控制环境、抗性品种和自然天敌3个方面的配合，便可有效地控制害虫种群，用不着进行防治。有很多成功的例子是用农事操作的综合实施来完成的。

思 考 题

1. 名词解释

经济阈值　植物检疫　对外检疫　对内检疫　农业防治　生物防治　物理机械防治　化学防治　胃毒作用　触杀作用　熏蒸作用　内吸作用　三"R"　IPM　APM　TPM　农药允许残留量　农药安全间隔期　经济损害允许水平　不选择性　抗生性　耐害性

2. 何为植物检疫？作为植物检疫对象应具备哪些特点？

3. 何谓农业防治？农业防治主要包括哪些途径？

4. 何谓植物抗虫性？简述植物抗虫性的机制。

5. 害虫生物防治的途径包括哪些方面？生物防治有何优缺点？

6. 何为物理机械防治？目前常用防治害虫的物理机械法有哪些？

7. 按功能基团或结构核心，杀虫剂可分为哪些类型？各举几例。

8. 按作用方式，杀虫剂可分为哪些类型？试列出最常用的10～20种杀虫剂的作用方式。

9. 我国植物保护工作的方针是什么？简述其含义和特点。

10. 何为经济损害允许水平？何为经济阈值？害虫对作物的危害损失可分为哪3种类型？

11. 试比较 IPM、TPM 和 APM 三者之间的区别。

12. 简述害虫综合治理的发展趋势。

02 | 第二篇

农作物害虫发生规律和防治技术

第七章 地下害虫

地下害虫是指活动危害期或主要危害虫态生活在土壤中，主要危害作物种子和地下根、茎部分的一类害虫，亦称为土壤害虫，是农业害虫中的一个特殊生态类群。我国已知地下害虫320多种，分属于昆虫纲的8目32科，包括蛴螬、金针虫、蝼蛄、地老虎、根蛆、拟地甲、根蚜、根蟠、根象甲、根叶甲、根天牛、根蚧、白蚁、蟋蟀、弹尾虫等近20类。其中以蛴螬、金针虫、蝼蛄、地老虎（见第八章）4类发生面积广，危害程度重，是地下害虫中常发性、灾害性的类群，其他类群一般发生较轻或在局部地区造成较大的危害。

地下害虫主要发生于我国北方地区或南方以旱作农业为主的地区，其中尤以黄淮海地区发生严重，常是许多地方农业生产中常发的关键害虫，如不及时防治就会猖獗成灾。地下害虫在长期适应进化过程中形成了其独特的发生危害特点：①生活周期长，例如蛴螬、金针虫、蝼蛄等主要地下害虫，一般短则1年发生1代，长则2～3年甚至4～5年发生1代。②寄主种类多，因为地下害虫中的绝大多数都是多食性害虫，不仅严重危害多种农作物，而且也可对林果苗木、蔬菜、草皮、药材等造成严重危害。③危害严重，一年当中有春秋两个危害高峰期，其中以春季危害最重，常造成缺苗断垄，对生产影响很大。近年来，由于北方许多地方连续出现暖冬现象，在一些地方发生地下害虫冬初严重危害越冬麦苗，且造成较大面积麦苗枯死的现象。④与土壤环境关系密切，因为土壤是地下害虫生存活动的场所。土壤的结构、有机质含量、酸碱度及温度和湿度条件等对地下害虫的发生危害都有很大的影响。耕作制度对地下害虫的发生也起重要的作用。

全球气候变暖导致干旱等自然灾害频发，同时也加重了地下害虫发生与危害。近年来推广的秸秆还田、少耕、免耕等保护性耕作方式，有利于恢复土壤肥力和农业可持续发展，但由于这些技术措施导致农田环境更加有利于地下害虫的发生，甚至局部地区发生猖獗危害。2009年在黄泛区农场夏大豆田蛴螬密度高达92.6头/m^2。目前，地下害虫的防治仍以化学防治为主，提高和完善地下害虫的综合治理技术，避免单纯依赖化学农药，仍是今后地下害虫防治研究的主要任务。

第一节 蛴螬

蛴螬俗称壮地虫、白土蚕、地漏子等，是鞘翅目金龟甲总科幼虫的通称，为地下害虫中种类最多、分布最广、危害最重的一大类群。我国已经记载的蛴螬种类有100多种，其中常见的有30余种，尤以大黑鳃金龟、暗黑鳃金龟（*Holotrichia parallela* Motschulsky）、铜绿丽金龟（*Anomala corpulenta* Motschulsky）等发生普遍而严重。一个地区多种蛴螬常混合发生，全国以黄淮海地区受害最为严重。

蛴螬属多食性害虫，主要危害麦类、玉米、高粱、薯类、豆类、花生、甜菜、棉花等大田作物和蔬菜、果树、林木的种子、幼苗及根茎，食害播下的种子或咬断幼苗的根、茎，咬断处断口整齐，轻则缺苗断垄，重则毁种绝收。咬食花生嫩果或马铃薯、甘薯、甜菜的块茎和块根，不但造成减产，而且容易引起病菌的侵染。许多种类的成虫还喜食作物、果树及林木的叶片、嫩芽、花等，特别是喜食苹果、梨、葡萄等果树叶片和花的金龟甲常成为重要的果树害虫。

一、大黑鳃金龟

大黑鳃金龟属鞘翅目鳃金龟科，是蛴螬中最常见的种类之一，在国外分布于蒙古、俄罗斯、朝鲜、日本；在我国除西藏尚未报道外，广布于各地。大黑鳃金龟是由几个近缘种组成的，依其在国内主要分布区域分别命名为东北大黑鳃金龟（*Holotrichia diomphalia* Bates），是东北旱粮耕作区的重要地下害虫；华北大黑鳃金龟［*Holotrichia oblita* （Faldermann）］，是黄淮海地区的重要地下害虫；华南大黑鳃金龟（*Holotrichia sauteri* Moser），是东南沿海地区常见地下害虫；江南大黑鳃金龟［*Holotrichia gebleri* （Faldermann）］；四川大黑鳃金龟（*Holotrichia szechuanensis* Chang）等（图7-1）。

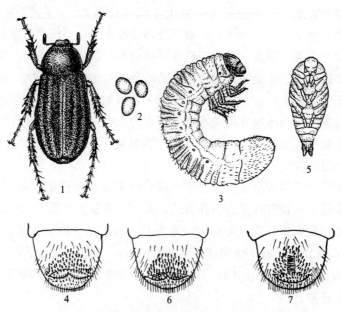

图7-1 大黑鳃金龟、暗黑鳃金龟和铜绿丽金龟

1～5. 大黑鳃金龟（1. 成虫 2. 卵 3. 幼虫 4. 幼虫臀节腹面 5. 蛹） 6. 暗黑鳃金龟（幼虫臀节腹面） 7. 铜绿丽金龟（幼虫臀节腹面）

（1、2、3、5仿河南农学院，4、6、7仿北京市农业科学院等）

(一) 大黑鳃金龟的形态特征

1. 成虫 成虫体长为 16~22 mm，宽为 8~11 mm，黑色或黑褐色，具光泽。触角具 10 节，鳃片部 3 节呈黄褐或赤褐色，约为其后 6 节之长度。翅鞘每侧有 4 条明显的纵肋。前足胫节具外齿 3 个，内方具距 2 根；中足和后足胫节末端具距 2 根。臀节外露，背板向腹下包卷，与腹板相会于腹面。雄虫臀前节腹板中间具明显的三角形凹坑；雌虫具 1 个横向枣红色菱形隆起骨片。

2. 卵 卵为长椭圆形，长约为 2.5 mm，宽约为 1.5 mm，初产呈白色略带黄绿色光泽，孵化前呈近圆形，能清楚地看到 1 对略呈三角形的棕色上颚。

3. 幼虫 老熟幼虫体长为 35~45 mm，头宽为 4.9~5.3 mm。头部前顶每侧有刚毛 3 根，其中冠缝每侧 2 根，额缝上方近中部各 1 根。内唇端感区刺多为 14~16 根，感区刺与感前片之间除具有 6 个较大的圆形感觉器外，尚有 6~9 个小圆形感觉器。肛腹板复毛区无刺毛列，70~80 根钩状毛由肛门孔处开始散乱排列。

4. 蛹 蛹体长为 21~23 mm，宽为 11~12 mm。初蛹为白色，随发育过程色渐深至红褐色。

(二) 大黑鳃金龟的生活史和习性

1. 生活史 大黑鳃金龟在我国华南地区 1 年发生 1 代，以成虫在土中越冬；在其他地区均是 2 年发生 1 代，成虫和幼虫均可越冬，但存在局部世代现象，即部分个体 1 年可以完成 1 代。在 2 年发生 1 代的地区，越冬成虫在春季 10 cm 土壤温度达 14~15 ℃ 时开始出土，10 cm 土壤温度达 17 ℃ 以上时成虫盛发。5 月中下旬日平均温度为 21.7 ℃ 时田间始见卵，6 月上旬至 7 月上旬日平均温度为 24.3~27.0 ℃ 时为产卵盛期，产卵末期在 9 月下旬。卵期为 10~15 d，6 月上中旬卵开始孵化，卵孵化盛期在 6 月下旬至 8 月中旬。幼虫除极少部分当年化蛹羽化完成 1 代外，大部分在秋季土壤温度低于 10 ℃ 时即向深土层移动，5 ℃ 以下时全部进入越冬状态。据江苏赣榆县 1983 年调查，6 月中旬孵化的幼虫，9 月 11 日化蛹率占 4.4%，约 20% 的幼虫进入预蛹期，于 10 月初羽化为成虫。越冬幼虫翌年春季 10 cm 土温上升至 5 ℃ 时开始活动，13~18 ℃ 是其最适活动温度，6 月初开始化蛹，6 月下旬进入化蛹盛期，化蛹深度在 20 cm 左右；蛹期为 20 d 左右，7 月开始羽化，7 月下旬至 8 月中旬为成虫羽化盛期。羽化成虫即在土中潜伏越冬。由此可见，大黑鳃金龟种群的越冬虫态既有成虫又有幼虫，以幼虫越冬为主的年份，次年春季麦田和春播作物受害重，而夏秋作物受害轻；以成虫越冬为主的年份，次年春季受害轻，夏秋受害重。对某种作物而言，出现隔年严重危害的现象，群众谓之"大小年"，这种现象在辽宁、河北等地非常明显。大黑鳃金龟在东北地区的生活史与土中垂直活动规律见图 7-2。

2. 主要习性 大黑鳃金龟成虫于傍晚出土活动，20:00—21:00 活动最盛，22:00 以后逐渐减少。趋光性弱，一般灯下诱到的虫量仅占田间实际出土虫量的 0.2% 左右。具假死性，受振动或惊扰即假死坠地。飞翔力弱，活动范围一般以虫源地为主，主要集中在田边、沟边或地头等非耕地，因此虫量分布相对集中，常在局部地区形成连年危害的老虫窝。大黑鳃金龟喜食腊条、杨树、大豆、花生、甘薯等树木和作物的叶片，并产卵于这些树木附近田块或作物田内。单雌产卵量为 32~188 粒，平均为 102 粒，散产于土壤 6~15 cm 深处，每次产卵 3~5 粒，多者 10 多粒，相互靠近，在田间呈核心分布。

幼虫有 3 个龄期，全部在土壤中度过，随一年四季土壤温度变化而上下潜移。以 3 龄幼

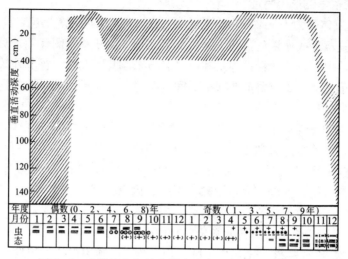

图 7-2 大黑鳃金龟的生活史及在土中垂直活动规律
+成虫 ・卵 —、=、≡示1、2、3龄幼虫 ⊙蛹 (—)和(≡)越冬态
（仿张治良等）

虫历期最长，危害最重。

二、暗黑鳃金龟

暗黑鳃金龟属鞘翅目鳃金龟科，在国外分布于俄罗斯远东地区、朝鲜和日本；在我国除西藏和新疆未见报道外，其余各地均有分布，为长江流域及其以北旱作农业区的重要地下害虫，尤以黄淮海地区发生严重。

（一）暗黑鳃金龟的形态特征

1. 成虫 成虫体长为17～22 mm，宽为9.0～11.5 mm；呈长卵形，暗黑色或红褐色，无光泽。前胸背板前缘具有成列的褐色长毛。鞘翅两侧缘几乎平行，每侧4条纵肋不显。腹部臀节背板不向腹面包卷，与肛腹板相会于腹末。

2. 卵 初产卵长约为2.5 mm，宽约为1.5 mm，呈长椭圆形；发育后期呈近圆球形，长约为2.7 mm，宽约为2.2 mm。

3. 幼虫 3龄幼虫体长为35～45 mm，头宽为5.6～6.1 mm。头部前顶每侧有刚毛1根，位于冠缝侧。内唇端感区刺多为12～14根，感区刺与感前片之间除具有6个较大的圆形感觉器外，尚有9～11个小圆形感觉器。肛腹板后部覆毛区无刺毛列，只有散乱排列的钩状毛70～80根。

4. 蛹 蛹体长为20～25 mm，宽为10～12 mm。腹部背面具发音器2对，分别位于腹部第4节与第5节交界处和第5节与第6节交界处的背面中央。尾节呈三角形，2尾角呈钝角岔开。

（二）暗黑鳃金龟的生活史和习性

1. 生活史 暗黑鳃金龟1年发生1代，多数以3龄老熟幼虫筑土室越冬，少数以成虫越冬。以成虫越冬的成为翌年5月出土的虫源；以幼虫越冬的，一般春季不危害，于4月初至5月初开始化蛹，5月中旬为化蛹盛期。蛹期为15～20 d，6月上旬开始羽化，羽化盛期在6月中旬,7月中旬至8月中旬为成虫活动高峰期。7月初田间始见卵,产卵盛期为7月中旬。卵期为8~10 d,7月中旬开始孵化,7月下旬为孵化盛期。初孵幼虫即可危害,秋季为幼虫危害盛期。

2. 主要习性 成虫晚上活动,趋光性强,飞翔速度快,先集中在灌木上交配,20:00—22:00为交配高峰,22:00以后群集于高大乔木上彻夜取食,喜食加拿大杨、榆、椿、梨、花生、大豆、苹果、甘薯等的叶片。黎明前入土潜伏,具隔日出土习性。

三、铜绿丽金龟

铜绿丽金龟属鞘翅目丽金龟科,在国外分布于俄罗斯远东地区、朝鲜和日本;在我国除西藏和新疆未见报道外,其余各地均有分布,以气候较湿润而多果树、林木的地区发生较多。

(一) 铜绿丽金龟的形态特征

1. 成虫 成虫体长为19~21 mm,宽为10~11.3 mm。头、前胸背板、小盾片和翅鞘呈铜绿色,有光泽,但头、前胸背板色较深,呈红铜绿色。前胸背板两侧缘、鞘翅的侧缘、胸及腹部腹面均为褐色或黄褐色。翅鞘每侧有4条明显的纵肋。前足胫节具外齿2个,较钝。前足和中足的大爪分叉,后足的大爪不分叉。凡臀板基部中间具1个三角形黑斑的皆为雄性。新羽化雄虫腹板呈白色,雌虫腹板呈黄白色。

2. 卵 初产卵为长椭圆形,长约为1.8 mm,宽约为1.4 mm,呈乳白色;孵化前近呈圆形,表面光滑。

3. 幼虫 老熟幼虫体长为30~33 mm,头宽为4.9~5.3 mm。头部前顶每侧具刚毛6~8根,排成一纵列。内唇端感区刺多为3根,少数4根;感区刺与感前片之间具圆形感觉器9~11个,其中3~5个较大。肛腹板复毛区刺毛列由长针状刺毛组成,每侧多为15~18根,两列毛尖大部分彼此相遇和交叉,刺毛列的后端少许叉开些。

4. 蛹 蛹体长为18~22 mm,宽为9.6~10.3 mm。雄蛹臀节腹面阳基侧突与阳茎呈四裂状突起,外侧两裂片为阳基侧突,内二裂为阳茎。雌蛹臀节平坦,生殖孔位于基缘中间。

(二) 铜绿丽金龟的生活史和习性

1. 生活史 铜绿丽金龟1年发生1代,以幼虫越冬。越冬幼虫在春季10 cm土壤温度高于6 ℃时开始活动,3—5月有短时间危害,成虫出现始期为5月下旬,6月中旬进入活动盛期。产卵盛期在6月下旬至7月上旬。7月中旬为卵孵化盛期,孵化幼虫危害至10月中旬进入2~3龄期,当10 cm土壤温度低于10 ℃时开始下潜越冬。室内饲养观察表明,卵期、幼虫期、蛹期和成虫期分别为7~13 d、313~333 d、7~11 d和25~30 d。

2. 主要习性 铜绿丽金龟成虫昼伏夜出,趋光性强,先行交配,然后取食,喜食杨、柳、苹果、梨、核桃、丁香、海棠、杏、葡萄、豆类、桑、榆等的叶片。

四、其他常见金龟甲

农田常见金龟甲种类较多,一个地区常数种或数十种混合发生。在我国各地,其他常见金龟甲的发生特点见表7-1。

表 7-1 其他常见金龟甲的发生规律

种　类	分布特点	生活史	主要习性
棕色鳃金龟 (*Holotrichia titanis*) (鞘翅目鳃金龟科)	主要分布于东北、华北和西北地区，为干旱瘠薄、灌溉条件差的耕作区的主要地下害虫	2年发生1代，成虫和幼虫均可越冬。4月上旬至5月上旬为越冬成虫出土盛期，5月中旬为卵盛期，幼虫于第2年7—8月化蛹、羽化并进入越冬	成虫黄昏时开始出土，觅偶交配；雄虫不取食，雌虫少量取食；天黑以后潜入土中
云斑鳃金龟 (*Polyphylla laticollis*) (鞘翅目鳃金龟科)	主要分布于东北、华北和西北地区，长江流域各地也有少量分布	3~4年发生1代，以幼虫越冬。越冬老熟幼虫6月化蛹，6月中旬出现成虫，延续至8月中旬	成虫交配产卵前昼伏夜出，趋光性强，雄虫尤甚；交配产卵后为白天取食，夜间迁飞；喜食玉米、杨、榆树叶及柳树枝的表皮和黑松的针叶
黄褐丽金龟 (*Anomala exoleta*) (鞘翅目丽金龟科)	主要分布于东北、华北和西北部分地区，砂壤土地带、黄河故道发生严重	1年发生1代，以幼虫越冬，成虫盛发于5月下旬至6月中旬（北京）或7月下旬至8月上旬（包头以北）	成虫昼伏夜出，傍晚开始出土交配、取食，至23:00停止取食，黎明4:00左右持续取食至天亮；趋光性弱，喜食杏树花、叶及杨、榆、大豆、花生等的叶片
毛黄鳃金龟 (*Holotrichia trichophora*) (鞘翅目鳃金龟科)	主要分布于东北南部、黄河流域和长江流域中下游地区，危害较重	1年发生1代，以成虫、少数蛹和老熟幼虫越冬。越冬成虫3月下旬始见，4月为活动盛期，5月中旬始见新一代幼虫，6月开始危害持续至10月上旬化蛹、羽化	成虫昼伏夜出，多不取食，趋光性弱，喜在砂壤和轻壤、保水性较差的丘陵及部分土质疏松、通透性强、排水性好的平川水浇地栖息繁殖
中华弧丽金龟 (*Popillia quadriguttata*) (鞘翅目丽金龟科)	分布于全国绝大多数地区	1年发生1代，以3龄幼虫越冬。越冬幼虫4月中旬活动，5月下旬进入危害盛期，成虫盛发于6月中旬至7月中旬	成虫白天活动，发生盛期常群聚取食、交配，并有成群迁移危害的特点；喜食栗子树、山葡萄等的叶片，咬食叶肉，留下叶脉
黑绒鳃金龟 (*Serica orientalis*) (鞘翅目鳃金龟科)	主要分布于东北、华北和西北地区，尤以山区发生严重	1年发生1代，以成虫越冬。越冬成虫以4月末至6月上旬为活动盛期	成虫昼伏夜出，飞翔力强，有雨后出土习性和趋光性，喜食榆、杨、柳等的叶片；幼虫以腐殖质和幼根为食，对作物危害不大
苹毛丽金龟 (*Proagopertha lucidula*) (鞘翅目丽金龟科)	主要分布于东北、华北及陕西、江苏、安徽、四川等地，多发生在果园附近植被较密、湿松土壤中	1年发生1代，以成虫越冬。越冬成虫于春季平均气温为9~10℃时出土，4月底至5月初盛发，集中于开花略迟的果树上食害花芽	成虫白天活动，以上午10:00以后气温上升时活动最盛，低空飞翔；喜食杏、桃、苹果、小榆树等的花、芽；具假死性

第二节 金针虫

金针虫俗称节节虫、铁丝虫、铜丝虫等，成虫俗称叩头虫，为鞘翅目叩甲科幼虫的通称。我国记载有600~700种金针虫，但农田常见种类主要有3种：沟金针虫（*Pleonomus canaliculatus* Faldermann)、细胸金针虫（*Agriotes fuscicollis* Miwa）和褐纹金针虫（*Melanotus caudex* Lewis）。其中以沟金针虫和细胸金针虫发生危害最为严重。

金针虫成虫只取食一些禾谷类和豆类等作物的嫩叶，不造成严重危害。幼虫长期生活于土壤中，危害麦类、玉米、高粱、谷子、薯类、甜菜、豆类、棉花、甘蔗及各种蔬菜和林木幼苗等，咬食播下的种子或幼苗须根、主根及茎的地下部分，使其生长不良甚至枯死。一般受害苗主根很少被咬断，被害部不整齐而呈丝状，这是金针虫危害后造成的典型害状。此外，金针虫幼虫还能蛀入块茎或块根，有利于病原菌的侵入而引起腐烂。在我国北方旱作麦区，麦苗受害率一般达10%～15%，个别地区可达50%以上，可对农业生产构成严重威胁。

一、沟金针虫

沟金针虫主要分布于东北、华北、西北和部分华东地区的13个省份。其中以旱作区域中有机质较为缺乏而土质较为疏松的粉砂壤土和粉砂黏壤土地带发生较重，是我国中部和东部旱作地区最重要的地下害虫之一。

（一）沟金针虫的形态特征

沟金针虫的形态特征见图7-3。

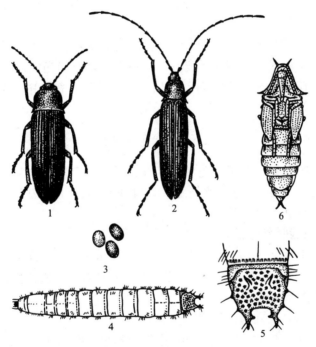

图7-3 沟金针虫
1. 雌成虫 2. 雄成虫 3. 卵 4. 幼虫 5. 幼虫腹部末端 6. 蛹
（1、2、3、6仿魏鸿钧等，4、5仿西北农学院农业昆虫学教研组）

1. 成虫 雌虫体长为16～17 mm，宽为4～5 mm；雄虫体长为14～18 mm，宽约为3.5 mm。身体栗褐色，密被褐色细毛。雌虫触角具11节，黑色锯齿形，长约为前胸的2倍；鞘翅长约为前胸的4倍，其上纵沟明显，后翅退化。雄虫触角具12节，丝状，长达鞘翅末端；鞘翅长约为前胸的5倍，其上纵沟较明显，有后翅。

2. 卵 卵为椭圆形，长约为0.7 mm，宽约为0.6 mm，呈乳白色。

3. 幼虫 老熟幼虫体长为20～30 mm，宽约为4 mm，体形宽而扁平，呈金黄色。体节宽大于长，从头至第9腹节渐宽；由胸背至第10腹节背面中央有1条细纵沟。尾节背面有略近圆形之凹陷，并密布较粗点刻；两侧缘隆起，具3对锯齿状突起。尾端分叉，并稍向上弯曲，各叉内侧均有1个小齿。

4. 蛹 蛹体长为15～17 mm，宽为3.5～4.5 mm；呈纺锤形，末端瘦削，有刺状突起。

（二）沟金针虫的生活史和习性

1. 生活史 沟金针虫一般3年发生1代，少数2年发生1代，也有4～5年或更长时间才能完成1代；以成虫和幼虫在土中越冬，一般越冬深度为15～40 cm，最深可达100 cm左右。越冬成虫3月初在10 cm土壤温度为10 ℃左右时开始出土活动，3月中旬至4月上旬，10 cm土壤温度稳定在10～15 ℃时达活动高峰。产卵期从3月下旬至6月上旬，5月上中旬为卵孵化盛期，孵化幼虫危害至6月底然后下潜越夏。待9月中下旬秋播开始时，又上升到表土层活动，危害至11月上中旬，然后在土壤深层越冬。第2年3月初，越冬幼虫开始上升活动，3月下旬至5月上旬危害最重。随后越夏、秋季危害、越冬，直至第3年8—9月，幼虫老熟，钻入15～20 cm土中做土室化蛹。蛹期为12～20 d，9月初开始羽化为成虫。成虫当年不出土，仍在土室中栖息不动，第4年春才出土交配、产卵，成虫寿命约为220 d。

2. 主要习性 成虫昼伏夜出，白天潜伏在麦田或田旁杂草中和土块下，晚上出来交配、产卵。雄虫不取食；雌虫偶可咬嚼少量麦叶。雄虫善飞，有趋光性；雌虫无后翅，不能飞翔，行动迟缓，只能在地面或麦苗上爬行。卵散产于3～7 cm深土中，单雌平均产卵200多粒，最多可达400多粒。

二、细胸金针虫

细胸金针虫在我国主要分布于黑龙江、吉林、辽宁、宁夏、甘肃、陕西、内蒙古、河北、山西、山东、河南等地，其中以水浇地、湿润的低洼过水地、江河沿岸的淤地、有机质较多的黏土地带发生较重。

（一）细胸金针虫的形态特征

1. 成虫 成虫体长为8～10 mm，宽为2.5～3.2 mm，呈暗褐色，被黄色细毛，有光泽。触角第1节粗长，第2节球形，自第4节起略呈锯齿状。前胸背板长略大于宽，后缘角伸向后突出如刺。鞘翅末端较尖。

2. 卵 卵为近圆形，呈乳白色。

3. 幼虫 老熟幼虫体长为20～25 mm，呈淡黄褐色，有光泽，细长如圆筒形；尾节圆锥形，近基部两侧各有1个褐色圆斑，其下方有4条褐色纵纹。

4. 蛹 蛹体长为8～9 mm，呈浅黄色。

（二）细胸金针虫的生活史和习性

1. 生活史 细胸金针虫2～3年发生1代，以成虫和幼虫在20～40 cm深土中越冬。陕西关中地区多数2年发生1代，春季当10 cm土壤温度平均为7.6～11.6 ℃时，越冬成虫出土活动，4月中下旬为成虫活动盛期，5月上旬是产卵盛期，卵期为13～38 d。5月中下旬为卵孵化盛期，初孵幼虫短时间危害后开始越夏，9月下旬回到表土层危害，当10 cm土壤温度降至3.5 ℃时潜入土中越冬。次年越冬幼虫活动较早，10 cm土壤温度达到4.8 ℃时，越冬幼虫开始出土活动，3—5月是幼虫危害盛期。7月老熟幼虫在土中化蛹，8月是成虫羽化盛期，羽化的成虫即在土中越冬。

2. 主要习性　细胸金针虫成虫昼伏夜出，活动能力较强，对禾本科草类刚腐烂发酵时所散发出的气味有趋性，常群集于草堆下；喜食小麦叶片，其次为苜蓿、小蓟等，取食叶肉的幼嫩组织。卵主要散产于 0～3 cm 的表土层，每雌产卵量多为 30～40 粒。幼虫耐低温；对土壤湿度的要求偏高，低于 5% 时幼虫不能生存。

第三节　蝼　　蛄

蝼蛄俗称拉拉蛄、土狗子、蜊蛄，属直翅目蝼蛄科，全世界约 40 种；我国记载有 6 种，其中分布广泛、危害严重的主要有 2 种：东方蝼蛄（*Gryllotalpa orientalis* Burmesiter）和华北蝼蛄（*Gryllotalpa unispina* Saussure）。

东方蝼蛄分布于全国各地，发生危害最为普遍。华北蝼蛄在我国分布于北纬 32°以北地区，北方各地普遍发生，尤以华北、西北地区干旱瘠薄的山坡地和塬区危害严重。

蝼蛄是最活跃的地下害虫，成虫和若虫均危害严重，咬食各种作物种子和幼苗，特别喜食刚发芽的种子，造成严重缺苗断垄；也咬食幼根和嫩茎，扒成乱麻状或丝状，使幼苗生长不良甚至萎蔫死亡。特别是蝼蛄善在土壤表层爬行，往来乱窜，隧道纵横；造成种子架空不能发芽，幼苗吊根失水干枯而死。"不怕蝼蛄咬，就怕蝼蛄跑"就是这个道理。

一、蝼蛄的形态特征

蝼蛄的形态特征见图 7-4。

（一）东方蝼蛄

1. 成虫　东方蝼蛄成虫体长为 30～35 mm，呈黄褐色，密被细毛，腹部近纺锤形。前足腿节下缘平直；后足胫节内上方有等距离排列的刺 3～4 个（或 4 个以上）。

2. 卵　卵为椭圆形，初产时长约为 2.8 mm，宽约为 1.5 mm；孵化前长约为 4 mm，宽约为 2.3 mm。初产卵呈乳白色，渐变为黄褐色，孵化前为暗紫色。

3. 若虫　若虫共 8～9 龄。初孵若虫体长约为 4 mm，头胸细，腹部大，呈乳白色。2～3 龄以后若虫体色接近成虫，末龄若虫体长约为 25 mm。

（二）华北蝼蛄

1. 成虫　华北蝼蛄成虫体长为 39～50 mm，呈黑褐色，密被细毛，腹部近圆筒形。前足腿节下缘呈 S 形弯曲；后足胫节内上方有刺 1～2 个（或无刺）。

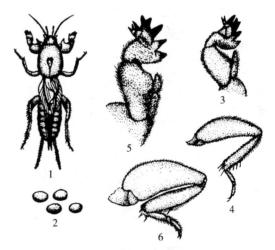

图 7-4　东方蝼蛄和华北蝼蛄
1～4. 东方蝼蛄（1. 成虫　2. 卵　3. 前足　4. 后足）
5～6. 华北蝼蛄（5. 前足　6. 后足）

2. 卵　卵呈椭圆形，初产时长为 1.6～1.8 mm，宽为 1.3～1.4 mm，以后逐渐膨大；孵化前长为 2.4～3.0 mm，宽为 1.5～1.7 mm。初产卵呈黄白色，后变黄褐，孵化前呈深灰色。

3. 若虫 若虫共13龄。初孵若虫体长为3.6~4.0 mm，头胸细，腹部大，呈乳白色，复眼呈淡红色，以后体色逐渐变深，5~6龄若虫体色与成虫相似。末龄若虫体长为36~40 mm。

二、蝼蛄的生活史和习性

（一）生活史

蝼蛄生活史一般较长，1~3年才能完成1代，均以成虫和若虫在土中越冬。

东方蝼蛄在华中、长江流域及其以南各地1年发生1代；在华北、东北及西北约需2年才能完成1代。在黄淮海地区2年发生1代区，越冬成虫5月开始产卵，盛期在6—7月；卵经15~28 d孵化；至秋季若虫发育至4~7龄，深入土中越冬；第2年春季恢复活动，危害至8月，然后开始羽化为成虫。若虫共9龄，若虫期长达400 d以上。当年羽化的成虫少数可产卵，大部分越冬后至第3年才产卵。成虫寿命达8~12个月。

华北蝼蛄在全国各地均是3年左右完成1代。在黄淮海地区，越冬成虫6月上中旬开始产卵，7月初孵化；孵化若虫到秋季达8~9龄，深入土中越冬；第2年春季越冬若虫恢复活动并继续危害，秋季以12~13龄若虫越冬；直至第3年8月以后若虫陆续羽化为成虫。新羽化成虫当年不交配，危害一段时间后即进入越冬状态，至第4年5月才交配产卵。室内饲养观察，其卵期的最短、平均和最长分别为11 d、17 d和23 d，若虫期的最短、平均和最长分别为692 d、736 d和817 d，成虫期的最短、平均和最长分别为278 d、378 d和451 d。

（二）主要习性

蝼蛄昼伏夜出，晚上21:00—23:00为活动、取食高峰，具强趋光性和趋化性。利用黑光灯在无月光、无风、闷热的夜晚，可诱到大量东方蝼蛄，而且雌性多于雄性；华北蝼蛄因虫体笨重，飞翔力弱，常落于灯下周围地面。

蝼蛄对具有香甜味的物质趋性强，嗜食煮至半熟的谷子和棉籽以及炒香的豆饼和麦麸等，对马粪、未腐熟的有机肥等也有一定的趋性。蝼蛄对产卵场所有严格的选择性。东方蝼蛄喜欢潮湿，多集中在沿河两岸、池塘和沟渠附近产卵；产卵前先在5~20 cm深处做窝，窝中仅有1个长椭圆形卵室，雌虫在卵室周围约30 cm处另做窝隐蔽，每雌产卵60~80粒。华北蝼蛄多在轻盐碱地内缺苗断垄、无植被覆盖的干燥向阳、地埂畦堰附近或路边、渠边和松软的油渍状土壤中产卵，而禾苗茂密、郁蔽之处产卵少，1头雌虫通常挖1个卵室，也有挖2个的；产卵量少则数10粒，多则上千粒，平均为300~400粒。

初孵若虫有群集性，东方蝼蛄初孵若虫3~6 d后分散危害，华北蝼蛄初孵若虫3龄后才分散危害。

第四节 其他常见地下害虫

农田地下害虫除上述3类外，常见的还有根蛆、沙潜、根蝽、夜蛾类等，在一些地区也可造成严重危害。在我国各地，其他常见地下害虫的发生特点见表7-2。

表 7-2 其他常见地下害虫的发生规律

种类	分布特点	生活史	主要习性
种蝇 [*Delia platura* (Meigen)]（双翅目花蝇科）	主要分布于东北、内蒙古、河北、河南、山东、山西、陕西、湖北、四川等地，主要危害十字花科蔬菜	在北京1年发生3代，以蛹在土中越冬。越冬代成虫3—4月羽化，幼虫期一般为8 d，蛹期一般约为15 d，化蛹深度一般为7.5 cm	成虫喜在晴朗的白天活动，喜食花蜜、蜜露和腐烂的有机质；卵多产于土中或近地面的有机肥料上；幼虫孵化后即危害寄主的种子或幼苗
网目沙潜（*Opatrum subaratum* Faldermann）（鞘翅目拟步甲科）	主要分布于东北、华北和西北地区，长江流域各地也有少量分布，寄主范围广，多种作物、蔬菜、苗木等均可受害	1年发生1代，以成虫在土中、杂草根际和枯枝落叶下越冬。越冬成虫2月中下旬开始活动，4月下旬至5月下旬为产卵盛期，6月中下旬幼虫开始老熟，并于土中做土室化蛹，成虫11月陆续潜土越冬	越冬成虫在出土活动的同时产卵，卵散产于1~4 cm土中。成虫主要取食萌发的种子和作物幼苗，造成缺苗断垄；幼虫取食幼苗嫩茎、嫩根，并能钻入根茎内取食，造成幼苗枯萎甚至死亡。成虫羽化后当年不交尾
麦根蝽（*Stibaropus formosaus* Takado et Yamagihara）（半翅目土蝽科）	分布于东北、华北、西北东部及南方个别地方，以陕西北部、河南、山东、辽宁西部等地沿河流两岸的砂壤土中发生严重	在我国北部地区一般2年完成1代，以成虫和若虫在土中越冬。陕西榆林地区越冬成虫产卵盛期在7月上旬至下旬，10月下旬若虫开始下潜越冬；越冬若虫7月下旬开始羽化，当年羽化成虫直接过冬	交配、产卵活动均在土中20~30 cm深处，一般交配1次，个别2次；卵散产，产卵量较少，仅数粒或数十粒；成虫和若虫均可分泌臭液；耐寒、耐饥力强，自然死亡率低，可通过雨水漂泊、随土搬运、根茬移动、成虫飞翔、爬行等传播蔓延
二点委夜蛾 [*Athetis lepigone* (Moschler)]（鳞翅目夜蛾科）	主要分布于河北、河南、山东、山西、陕西、安徽、江苏等地，在黄淮海地区夏玉米田发生危害严重	在黄淮海地区1年发生4代，主要以老熟幼虫做茧越冬。在山西，越冬代成虫于4月中下旬出蛰，第1代、第2代和第3代成虫高峰分别出现在6月中下旬、7月下旬和9月中下旬	成虫和幼虫均昼伏夜出。成虫喜欢在阴凉潮湿的环境栖息，可借风进行扩散；喜欢在麦茬麦地而覆盖物多的地块产卵；幼虫在田间呈聚集分布，3龄前缺少第1、2对腹足，行走似造桥虫，具有转株危害的习性

第五节 地下害虫发生与环境的关系

地下害虫的发生危害受多种环境因素的影响，除植被、气候、天敌、地势、耕作栽培制度和管理措施诸因素外，与土壤的理化性质也有密切的关系。

一、植被对地下害虫的影响

1. 自然植被对地下害虫的影响 非耕地状态下的自然植被，由于土壤长期未经耕翻，不受农事活动的影响，有机质丰富，植被多样性高，是各种地下害虫自然生息的场所，虫口密度明显高于耕地。

2. 作物植被对地下害虫的影响 在耕地状态下的农作物植被，大豆、花生、甘薯等作物田蛴螬密度大；小麦等禾本科作物田金针虫数量较多；蔬菜地蝼蛄发生重。

二、土壤理化性质对地下害虫的影响

1. 土壤温度对地下害虫的影响 土壤温度的变化主要影响地下害虫在土中的垂直分布，从而影响到地下害虫的危害程度。地下害虫在土中危害活动的最适温度为 15～20 ℃，因而在一年当中出现春、秋两次危害高峰。

2. 土壤湿度对地下害虫的影响 土壤湿度的变化不仅与地下害虫的危害活动有关，而且影响地下害虫的分布。从全国来看，地下害虫种类分布是北方多于南方，危害程度是旱地重于水田。多数地下害虫活动的最适土壤含水量为 15%～18%。一般来说，棕色鳃金龟、黑皱鳃金龟、华北蝼蛄、沟金针虫、沙潜等喜欢比较干燥的土壤；而铜绿丽金龟、大黑鳃金龟、暗黑鳃金龟、东方蝼蛄、细胸金针虫等喜欢比较湿润的土壤。

3. 土壤质地对地下害虫的影响 土壤质地对地下害虫发生也有显著影响。据调查，蛴螬类的发生是淤泥地虫量高于壤土地，砂土地的虫量最少；沟金针虫适生于有机质较少较疏松的粉砂壤土和粉砂黏壤土中；而细胸金针虫则在有机质较多的黏土中危害严重；蝼蛄类以盐碱地虫口密度最大，壤土地次之，黏土地最小。

三、气候条件对地下害虫的影响

气候条件主要影响地下害虫成虫的出土活动。同时，通过影响土壤的物理性质，影响地下害虫在土中的活动和危害。例如大黑鳃金龟成虫出土的适宜温度是日平均气温 12.4～18 ℃，若日平均温度低于 12 ℃，则基本不出土。已经出土的成虫，当遇到不利的气候条件时即重新入土潜伏。风雨或低温过后，天气转为风和日暖，常出现成虫出土盛期。

四、耕作栽培对地下害虫的影响

精耕细作、深翻改土，不仅对地下害虫有很大的机械杀伤作用，而且可将各虫态翻至土表，风吹日晒、鸟雀啄食或其他不良因素致其死亡。

凡是施用未经腐熟的有机肥或秸秆直接还田的地块，地下害虫都比较严重。因为有机肥料是蛴螬、蝼蛄等喜欢取食的食料，同时其挥发出来的气味，又能引诱成虫飞来产卵。

五、天敌对地下害虫的影响

天敌对地下害虫的发生具有一定的控制作用。地下害虫的天敌种类很多，例如已发现蛴螬乳状菌在我国许多地区都有自然分布。除此之外，其他多种病原细菌、真菌、病毒等也可感染地下害虫。金龟长喙寄蝇能寄生于多种蛴螬，土蜂是蛴螬的外寄生性天敌，短鞘步甲喜食蝼蛄及其卵，黄褐螳螂捕食东方蝼蛄，蟾蜍、青蛙、蜥蜴、蜘蛛、鸟类等都是捕食地下害虫的能手。

六、其他因素对地下害虫的影响

地势及农田周边环境等因素也影响地下害虫发生。如背风向阳地金龟子等虫量高于迎风背阳地；坡岗地的虫量高于平地；靠近林木、果园、荒地、渠岸、坟墓、菜地、村庄等的农田，一般地下害虫发生较重。

第六节 地下害虫虫情调查和综合治理技术

一、地下害虫虫情调查方法

(一) 种类及其密度调查

1. 挖土调查 挖土调查可同时明确地下害虫发生的种类和田间密度，是地下害虫种类和数量调查中最常用的方法。调查蝼蛄、金针虫、蛴螬等较大型种类时，每个样方大小一般为 50 cm×50 cm，深度为 20~30 cm；调查麦根蝽、沙潜等小型种类时，样方大小一般为 33 cm×33 cm。取样方式取决于地下害虫在田间的分布型。例如蛴螬多属聚集分布，一般采用对角线 5 点取样或 Z 形型取样或棋盘式取样为宜。样点数目依调查面积而定，一般 1 hm² 以内取 5 点，1 hm² 以上每增加 0.67 hm²，样点增加 1~2 个。

2. 灯光诱集 从越冬成虫开始出土活动时起，至秋末越冬止或在主要种类的成虫发生期利用黑光灯进行诱测。

3. 食物诱集 根据地下害虫的趋性，采取穴播食物诱集法调查可减轻挖土调查强度。冬播或春播前，每隔 50 cm 播种 1 穴小麦或玉米，当发现幼苗受害后，挖土检查，估算相对虫量。

(二) 危害程度调查

掌握地下害虫田间危害情况，是实施田间补救措施的依据。调查时间依作物而异，一般春播作物在出苗后和定苗期各调查 1 次。冬小麦应在越冬前和返青、拔节期各调查 1~2 次。重点地块为系统掌握资料，应自作物受害后开始，每隔 3~5 d 调查 1 次，直至地下害虫停止危害为止。调查方法是选择不同土壤类型、不同作物进行随机取样，每次调查 10~20 个点。条播小麦每点调查 1 行，长为 1~2 m；散播小麦每点调查 33 cm×33 cm；株距较大作物（例如玉米等）调查长度可适当增加，也可调查一定株数。

二、地下害虫综合治理技术

地下害虫是国内外公认的较难防治的一类害虫。地下害虫的防治应贯彻"预防为主，综合治理"的植物保护方针，根据虫情，因地因时制宜，将各项措施协调运用，做到地下害虫地上治、成虫和幼虫结合治、田内害虫田外选择治，控制地下害虫的危害在经济损害允许水平以下。

地下害虫的防治指标因种类、地区不同，各地报道差异较大，综合各地报道，提出地下害虫的防治指标如下（供参考）：蝼蛄为 1 200 头/hm²，蛴螬为 30 000 头/hm²，金针虫为 45 000 头/hm²。在自然条件下，蝼蛄、蛴螬、金针虫等地下害虫混合发生，防治指标以每公顷 22 500~30 000 头为宜。

(一) 农业防治

1. 农田建设 搞好平整土地、深翻改土等农田基本建设，消灭沟坎荒坡，植树种草，消灭地下害虫的滋生地，创造不利于地下害虫发生的环境。

2. 合理轮作 合理轮作可以明显地减轻地下害虫危害。据山东、山西等地经验，禾本科作物与非禾本科作物轮作（例如麦棉轮作）防治麦根蝽，轮作 1 年危害大大减轻，轮作 2 年虫量只残留极少数，轮作 3 年基本绝迹。

3. 深耕翻犁　播前翻耕土壤，通过机械杀伤、曝晒、鸟雀啄食等一般可杀死蛴螬、金针虫 50%～70%；秋播前机耕翻地后，仅多 1 次圆盘耙耙地即可杀死蛴螬 40% 左右。

4. 合理施肥　各种有机肥料腐熟后方可施用，否则易招引金龟甲、蝼蛄等产卵；化学肥料深施既能提高肥效，又能因腐蚀、熏蒸作用起到一定杀伤地下害虫的作用。

5. 适时灌水　作物生长期间适时灌水，迫使上升土表的地下害虫下潜或窒息而死亡，可以减轻危害。

（二）物理防治

1. 灯光诱杀　蝼蛄、金龟甲、金针虫雄虫等具有较强的趋光性，利用黑光灯进行诱杀，效果显著。试验表明，黑绿单管双光灯（一半绿光、一半黑光）诱杀效果更为理想。

2. 堆草诱杀　针对细胸金针虫和蟋蟀等地下害虫，采用田间堆小草堆诱集法，傍晚每公顷堆放 300～750 个草堆，早晨进行捕杀。为了减少捕杀的麻烦，可在草堆下撒布适量杀虫剂。

（三）生物防治

在播种期，采用毒土法，可利用白僵菌粉剂 15 kg/hm^2，拌细沙均匀撒施于种子上，然后立即覆土；也可用绿僵菌颗粒剂 45 kg/hm^2 直接随种子播种覆土。

在作物生长期（蛴螬成虫始发期）也可用白僵菌粉剂 15 kg/hm^2 或绿僵菌粉剂 3.4 kg/hm^2 进行田间地表喷雾。

（四）化学防治

1. 种子处理　种子处理方法简便，用药量低，对环境安全，是保护种子和幼苗免遭地下害虫危害的理想方法。常用方法有：①种子包衣，选择防治地下害虫的专用种衣剂进行种子包衣，简便易行，效果好；②闷种，可用 30% 毒死蜱微胶囊悬浮剂拌种，用药量为种子量的 0.1%～0.2%，以保护种子和幼苗。播种时先用种子量的 5%～10% 的水将药剂稀释，然后用喷雾器均匀喷拌于种子上，堆闷 6～12 h，使药液充分渗透到种子内即可播种。

2. 土壤处理　结合播前整地，用药剂处理土壤。常用方法有：①将药剂拌成毒土均匀撒施或喷施于地面，然后浅锄或犁入土中；②撒施颗粒剂；③将药剂与肥料混合施入，即使用肥料农药复合剂；④沟施或穴施等。常用药剂有 50% 辛硫磷乳油、48% 毒死蜱乳油等，每公顷 3 750～4 500 mL；5% 辛硫磷颗粒剂等，每公顷 37.5 kg。乳油和粉剂农药除可喷雾或喷粉施药外，还可按每公顷用药量拌 300～450 kg 细土制成毒土撒施；颗粒剂可拌和 300～375 kg 细沙或煤渣撒施。

3. 毒饵诱杀　毒饵诱杀是防治蝼蛄和蟋蟀的理想方法之一。利用 90% 晶体敌百虫或 40% 乐果乳油等，用药量为饵料量的 1%。先用适量水将药剂稀释，然后拌入炒香的谷子、麦麸、豆饼、米糠、玉米碎粒等饵料中，每公顷施用 22.5～37.5 kg。配制敌百虫毒饵时，应先用少量温水将敌百虫溶解，再加冷水至所需量。

4. 药枝诱杀　利用长 20～30 cm 的榆、杨、刺槐的树枝，浸于 40% 毒死蜱乳油 30～50 倍液中，于傍晚每公顷插 150～300 枝。或用上述树叶每公顷 150～225 小堆，其上喷洒 40% 毒死蜱乳油或 50% 辛硫磷乳油 800～1 000 倍液，对多种金龟甲诱杀效果良好。

5. 喷施药剂　许多金龟甲有取食补充营养习性，在成虫发生季节药剂防治，不仅可以减轻危害，还可减少田间蛴螬发生量。

（1）喷粉　选用 1.5% 乐果粉、2.5% 敌百虫粉等，每公顷 15～30 kg。

(2) 喷雾 2.5%溴氰菊酯乳油 3 000 倍液、20%甲氰菊酯乳油 2 000 倍液等喷洒在寄主植物上，对多种食叶金龟甲均有较好的防治效果。

思 考 题

1. 简述地下害虫的发生特点。
2. 常见危害农作物的蛴螬种类有哪些？蛴螬危害作物的害状有何特点？
3. 试述大黑鳃金龟的发生规律。
4. 金龟甲有哪些主要习性？其危害特点和蛴螬有何不同？
5. 农田常见金针虫有哪些种类？
6. 金针虫危害小麦造成的害状有何特点？
7. 试述沟金针虫的发生规律。
8. 华北蝼蛄和东方蝼蛄的分布有何不同？试述蝼蛄的年生活史特点。
9. 简述影响地下害虫发生的主要因素。
10. 药剂拌种或盖种防治地下害虫常用药剂是什么？简述其技术要点。
11. 试以蛴螬、金针虫或蝼蛄三者之一为主要防治对象，设计一个综合治理方案。

第八章 多食性害虫

多食性害虫为食性广泛、可取食危害多科植物的一类害虫。其种类多，分布广，易于暴发，危害严重，是一类重要的农业害虫。其中许多种类（例如黏虫、地老虎、东亚飞蝗等）为世界性害虫，是农业害虫防治的重点对象。

第一节 地 老 虎

地老虎俗称土蚕、切根虫、夜盗虫，属鳞翅目夜蛾科，是农作物的重要害虫。全国已知292种，危害农作物的有20多种，其中以小地老虎［*Agrotis ypsilon* (Rottemberg)］分布最广，危害最重，全国各地普遍发生；其次是黄地老虎［*Agrotis segetum* (Denis et Schiffermüller)］在我国北方地区分布普遍，常与小地老虎混合发生。

地老虎可危害多种粮食、棉花、蔬菜、烟草等作物，以及中药材、果树、林木的幼苗，低龄幼虫昼夜均可取食作物的子叶、嫩叶和嫩茎。3龄后昼伏夜出，高龄幼虫可将幼苗近地表部位咬断，造成缺苗断垄甚至毁种重播。

一、地老虎的形态特征

（一）小地老虎的形态特征

小地老虎的形态特征见图8-1。

1. 成虫 小地老虎成虫体长为16～23 mm，翅展为42～54 mm。雌蛾触角呈丝状；雄蛾触角基半部呈双栉齿状，端半部呈丝状。前翅为暗褐色，前缘及外横线至中横线部分，有的个体可达内横线，呈黑褐色。肾形纹、环形纹和楔形纹均镶黑边；肾形纹外侧有1个尖端向外的楔形黑斑，至外缘线内侧有两个尖端向内的楔形黑斑。后翅呈灰白色，翅脉及外缘为黑

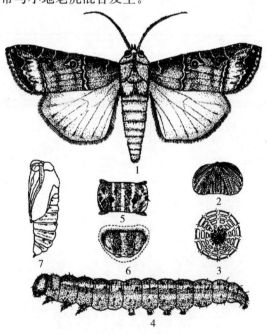

图8-1 小地老虎
1. 成虫 2. 卵 3. 卵顶部花纹 4. 幼虫 5. 幼虫第4腹节背面 6. 幼虫臀板 7. 蛹

（仿西北农学院）

褐色。

2. 卵 卵为半球形，高约为 0.5 mm，直径约为 0.6 mm，表面有纵横相交的隆线，有些纵线 2~3 叉型；初产卵呈乳白色，后变黄褐色，有红晕圈，孵化前有黑点。

3. 幼虫 末龄幼虫体长为 37~50 mm，头宽为 3.2~3.5 mm；体呈黄褐色至黑褐色，表皮粗糙，布满大小不等的颗粒。头部后唇基呈等边三角形，颅中沟很短，额区直达颅顶，顶呈单峰。腹部第 1~8 节背面各有 4 个毛片，后两个比前两个大 1 倍以上。臀板呈黄褐色，有两条明显的深褐色纵带。

4. 蛹 蛹体长为 18~24 mm，呈红褐色至暗褐色。腹部第 4~7 节基部有 1 圈刻点，背面的大而色深。腹末具臀棘 1 对。

(二) 黄地老虎的形态特征

黄地老虎的形态特征见图 8-2。

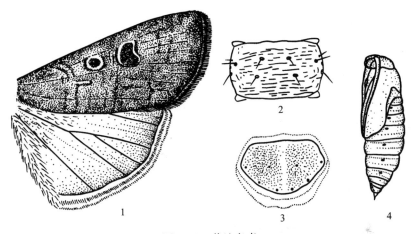

图 8-2 黄地老虎
1. 成虫的前翅和后翅 2. 幼虫第 4 腹节背面 3. 幼虫臀板 4. 蛹
(仿南京农业大学等)

1. 成虫 黄地老虎成虫体长为 14~19 mm，翅展为 32~43 mm。雌蛾触角呈丝状；雄蛾触角基部 2/3 为双栉齿状，端部 1/3 为丝状。前翅为黄褐色，散布小黑点，各横线为双条曲线，但多不明显；肾形纹、环形纹和楔形纹很明显，各具黑褐色边而中央为暗褐色。后翅为灰白色，外缘为淡褐色。

2. 卵 卵呈半球形，高约为 0.5 mm，直径约为 0.7 mm；表面具纵隆线 16~20 条，一般不分叉。

3. 幼虫 末龄幼虫体长为 33~43 mm，头宽为 2.8~3.0 mm。体呈黄褐色，表皮多皱，颗粒不显。头部后唇基三角形底边略大于斜边，颅中沟无或很短，额区直达颅顶，呈双峰。腹部背面具毛片 4 个，前后两个大小相似。臀板中央有 1 个黄色纵纹，将臀板划分为两块黄褐色大斑。

4. 蛹 蛹体长为 15~20 mm，腹部第 4 节背面中央有稀小不明显的刻点，第 5~7 节刻点小而多，背面和侧面刻点大小相同。腹末具臀棘 1 对。

二、地老虎的生活史和习性

(一) 小地老虎的生活史和习性

1. 生活史 小地老虎每年发生世代数因地区、气候条件而异,在我国从北到南 1 年发生 1~7 代(表 8-1)。

表 8-1 小地老虎在各地每年发生代数和发生期

地 区	每年发生代数	发 蛾 期						
		越冬代	第1代	第2代	第3代	第4代	第5代	第6代
广西南宁	7	3月中旬	4月中旬	5月下旬至6月上旬	6月下旬至7月中旬	8月上旬至8月下旬	9月中旬至9月下旬	11月上旬至11月下旬
重庆	5	3月上旬至5月上旬	4月上旬至5月上旬	5月中旬至6月下旬	7月下旬至8月上旬	8月下旬至10月上旬		
江西南昌	5	3月中旬至4月下旬	6月上旬	7月上旬至7月下旬	7月下旬至8月上旬	9月上旬至11月		
江苏南京	5	3月上旬至4月下旬	5月下旬至6月中旬	7月上旬至8月上旬	8月上旬至9月上旬	10月中旬至10月下旬		
河南郑州	4	3月上旬至4月下旬	5月下旬至7月上旬	7月上旬至8月中旬	9月上旬至10月上旬			
陕西汉中	4	3月上旬至4月中旬	5月中旬至7月上旬	7月上旬至8月下旬	8月下旬至10月下旬			
北京通州	4	3月下旬至5月上旬	5月中旬至6月中旬	7月上旬至8月上旬	8月下旬至9月上旬			
甘肃兰州	4	3月上旬至5月中旬	5月中旬至6月中旬	7月上旬至8月中旬	8月下旬至9月中旬			
宁夏银川	4	3月下旬至5月中旬	6月上旬至7月上旬	8月上旬至9月中旬	10—11月			
山西大同	3	4月中旬至6月中旬	7月上旬至8月上旬	8月下旬至9月上旬				
内蒙古呼和浩特	3	3月下旬至5月中旬	6月中旬至8月中旬	8月中旬至10月下旬				
黑龙江嫩江	1	5月上旬至6月中旬	6月下旬至7月下旬					
新疆墨玉	1	8—9月	10—11月					

小地老虎是一种迁飞性害虫。在南岭以南,1月份平均气温高于 8 ℃ 的地区,终年繁殖危害;南岭以北至北纬 33°以南地区,有少量幼虫和蛹越冬;在北纬 33°以北,1月份平均温度 0 ℃ 以下地区,不能越冬。因此我国北方地区小地老虎越冬代成虫均由南方迁入。由于南方越冬面积大,生态环境不同,春季羽化进度不一,造成北方越冬代成虫的发蛾期长、蛾峰多、蛾量大的特点。例如在山东省南部地区,个别年份 2 月即始见成虫,多数年份在 3 月中旬至 4 月中旬为成虫盛发期,该代成虫可延续至 5 月上旬。

据南京 1960 年测定,小地老虎各虫态的过冷却点,卵为 $-6.7 \sim -12.3$ ℃,1~6 龄幼

虫分别为 $-6.8\sim-10.4$ ℃、$-3.8\sim-4.4$ ℃、$-2.4\sim-4.8$ ℃、$-2.8\sim-3.2$ ℃、$-0.8\sim-3.8$ ℃和$-0.6\sim-1.8$ ℃，蛹为 $-4.6\sim-8.6$ ℃，成虫为 $-3.0\sim-5.6$ ℃；卵、幼虫、蛹、成虫和全世代发育起点温度分别为 7.98 ℃、$10.60\sim11.36$ ℃、$10.90\sim11.52$ ℃、$11.55\sim13.25$ ℃ 和 $11.50\sim12.18$ ℃；卵期、幼虫期、蛹期、成虫期和全世代的有效积温分别为 68.85 d·℃、257.90 d·℃、193.93 d·℃、48.93 d·℃ 和 504.47 d·℃。

2. 主要习性 小地老虎成虫昼伏夜出，白天多栖息于草丛、土缝等隐蔽处，从傍晚19:00至凌晨5:00进行取食、交配和产卵等活动。在春季傍晚气温达 8 ℃ 时即开始活动，温度越高，活动的虫量与范围越大，大风的夜晚不活动。小地老虎成虫具强趋光性和趋化性，尤其对波长为 350 nm 的光趋性更强，对发酵的酸甜气味和萎蔫的杨树枝把有较强趋性，喜食花蜜和蚜露。成虫羽化后 $1\sim2$ d 开始交配，多数在 $3\sim5$ d 内进行，一般交配 $1\sim2$ 次，少数交配 $3\sim4$ 次。交配后第 2 天即产卵。卵产在土块及地面缝隙内的占 60%$\sim$70%，产在土面的枯草茎或须根、草秆上的占 20%，产在杂草和作物幼苗叶片反面的占 5%$\sim$10%。卵散产或数粒产在一起，单雌产卵量为 1 000 多粒，多的可达 2 000 粒以上，少的仅数十粒，分数次产完。在成虫高峰出现后 $4\sim6$ d，田间相应出现 $2\sim3$ 次产卵高峰，产卵历期为 $2\sim10$ d，多数为 $5\sim6$ d。成虫寿命，雌蛾为 $20\sim25$ d，雄蛾为 $10\sim15$ d。

幼虫共 6 龄，少数为 $7\sim8$ 龄。孵化后先食卵壳，然后爬至杂草或作物幼苗心叶剥食叶肉，2 龄食成孔洞，3 龄咬食叶片成缺刻或食去生长点；$1\sim3$ 龄昼夜活动取食；$4\sim6$ 龄昼伏夜出，白天潜伏于土中，夜间活动危害，将幼苗齐地咬断、蚕食，清晨则连茎带叶拖入穴中继续取食；$5\sim6$ 龄为暴食期，食量占总食量的 90% 以上。小地老虎幼虫耐饥力较强，3 龄以前耐饥力为 $3\sim4$ d，3 龄以后可达 15 d。在缺乏食物或种群密度过大时，个体间常自相残杀。幼虫对泡桐叶有一定趋性，但取食后对生长发育不利。幼虫老熟后，常选择比较干燥的土壤筑土室化蛹。

（二）黄地老虎的生活史和习性

1. 生活史 黄地老虎每年发生世代数因地区而异，在黑龙江 1 年发生 2 代，在陕西关中 1 年发生 3 代，在山东济南和江苏南通均 1 年发生 4 代；主要以幼虫越冬，少数以蛹越冬。越冬场所主要为麦田、绿肥田、菜田及田埂、沟渠、堤坡附近等地的 $2\sim15$ cm 深处，以 $7\sim10$ cm 深处最多。

多数地区以第 1 代幼虫危害最重，主要危害棉花、玉米、高粱、烟草、大豆、麻、蔬菜等春播作物，其他世代发生则较少。

2. 主要习性 黄地老虎成虫对黑光灯有一定的趋性，但对一般的白炽灯趋性很弱；趋化性弱，对糖醋酒液无明显趋性，却喜食洋葱花蜜作为补充营养。卵散产在干草棒、须根、土块以及芝麻、苘麻及杂草的叶片背面，其中干草棒和须根上的卵量可占 70% 以上。

三、地老虎的发生与环境的关系

（一）气候因素对地老虎的影响

适于地老虎活动的气温为 $7\sim29.2$ ℃，高于 30 ℃ 或低于 5 ℃ 幼虫经 2 h 可大量死亡。气温 $18\sim26$ ℃、相对湿度 70% 左右或土壤含水量 15%$\sim$20%，最适于地老虎的发生，气温 $10\sim20$ ℃ 适于小地老虎越冬代成虫迁入。当相对湿度小于 45% 或幼虫孵化盛期 1 次性降水量在 30 mm 以上时，初孵幼虫成活率很低。

（二）土壤因素对地老虎的影响

地势高、地下水位低、土壤板结、碱性大的地区，小地老虎发生轻；重黏土或砂土也不利于小地老虎发生。而地势低洼、地下水位高（夜潮地）、土壤比较疏松的砂质壤土，易透水、排水快的地区，则适于小地老虎的繁殖。因此我国南部沿江、滨海棉区及沿湖、沿滩、沿河及内涝、低洼地区，小地老虎发生多，危害重，例如洪泽湖、微山湖湖区等地。

（三）地貌和植被对地老虎的影响

蜜源植物的多少直接影响地老虎的产卵量。例如小地老虎在蜜源植物丰富的情况下，单雌产卵量可达1 000~4 000粒，而蜜源植物稀少或缺的情况下，则仅产几十粒甚至不产卵。因此我国北方凡靠近果园、菜园、槐树林等的农田或杂草多的地块，地老虎发生严重。据报道，在贵阳小地老虎第1代幼虫在马兰、艾蒿、刺儿菜、旋花等野生植物上密度最大，作物以甜菜、苕子密度最大。新疆莎车地区，黄地老虎越冬幼虫以冬麦田密度最大，白菜田次之，马铃薯田再次之，苜蓿田密度最小。

（四）耕作制度对地老虎的影响

水旱轮作不利于地老虎发生，旱作地区则发生重。田间管理粗放，杂草丛生的农田，有利于地老虎发生。不同茬口对地老虎的发生也有影响，前茬为绿肥或套作绿肥田的棉田、玉米田，虫口密度大，受害重；前茬为小麦的棉田或麦套棉的棉田地老虎发生也较轻。

（五）天敌对地老虎的影响

地老虎的天敌种类很多，捕食性的有蚂蚁、蟾蜍、步甲、虻、草蛉、鼬鼠、鸟类、蜘蛛等，寄生性的有姬蜂、寄生蝇、寄生螨、线虫和病原细菌、病毒等。其中控制作用较大的种类有中华广肩步甲、甘蓝夜蛾拟瘦姬蜂、夜蛾瘦姬蜂、螟蛉绒茧蜂、夜蛾土蓝寄蝇等。

四、地老虎的虫情调查和综合治理技术

（一）地老虎的虫情调查方法

参考全国农业技术推广服务中心编著的《农作物有害生物测报技术手册》中"小地老虎测报调查方法"进行地老虎的虫情调查，要点如下。

1. 成虫诱测法 早春至秋末，利用黑光灯、人工蜜源或性诱剂诱蛾，逐日记载诱集结果。

2. 卵和幼虫调查法 当成虫始发期开始，每3 d调查1次，选择有代表性的作物田各1~2块，随机9点取样，每点1 m^2，仔细检查草棒、根茬须根和土块上的卵及杂草和作物苗上的卵与低龄幼虫，同时检查被截苗及其附近土下的大龄幼虫。统计卵和各龄幼虫量及被害苗率。

根据虫情调查数据，可以进行发生期和发生量预测。当成虫量急增，雌虫率达10%时，即为发生始盛期；雌虫率为50%时，即为发生高峰期；成虫量急降至峰期蛾量的10%左右时，即为发生末期。从地老虎蛾峰日起，加上产卵前期和卵期至2龄，即为孵化至3龄幼虫盛发期，即幼虫防治适期。

实践中，也可以利用有效积温法或物候法进行预测。山东等地流传着"桃花一片红，发蛾在高峰；榆钱落，幼虫多"的农谚，即指桃花盛开期即为小地老虎发蛾盛期；榆钱落，即为小地老虎幼虫大量孵化危害期。

地老虎的发生量和危害程度主要受虫源基数、气候、天敌、人为等因素的影响。一般而言，越冬代成虫蛾量大、前一年秋季雨水多、沿湖及沿河内涝地区秋季积水时间长、退水较晚、耕作粗放、杂草多、春季第 1 代卵孵化盛期无大雨或低温出现,则有利于小地老虎发生。

(二) 地老虎的综合治理技术

1. 除草灭虫 在春播前进行春耕、细耙等整地工作,可消灭部分卵和早春的杂草寄主。在作物幼苗期或幼虫 1～2 龄时结合松土,清除田内外杂草,均可消灭大量卵和幼虫。

2. 诱杀成虫 利用黑光灯、糖醋酒液、杨树枝把或性诱剂等在成虫发生期均可进行诱杀。

3. 捕杀幼虫 对高龄幼虫,可在清晨扒开被害株的周围或畦边、田埂阳坡表土,进行捕杀,也可用新鲜泡桐叶诱集捕杀。

4. 药剂防治 地老虎的防治指标为棉花、马铃薯、辣椒等稀植作物每平方米有幼虫（或卵）0.5 头（粒）,小麦、谷子、高粱、玉米、麻类、芝麻等密植作物每平方米有幼虫（或卵）1 头（粒）,被害苗率在定苗前为 5%～8%,定苗后为 3%～4%。当虫口密度达到防治指标时,应及时用药防治,一般在第 1 次防治后,隔 7 d 左右再施 1 次药,连续施药 2～3 次。防治 1～2 龄幼虫可喷雾或撒毒土,防治 3 龄以上幼虫可撒施毒饵诱杀。常用药剂和使用方法主要有以下几种。

(1) 毒土、毒沙 用 75% 辛硫磷乳油、50% 敌敌畏乳油和 20% 除虫菊酯乳油分别以 1:300、1:1 000 和 1:2 000 的比例,拌成毒土或毒沙,每公顷撒施 300～375 kg,对低龄幼虫和高龄幼虫均有效。

(2) 喷雾 用 48% 乐斯本乳油 1 500 倍液、50% 辛硫磷乳油 1 000 倍液及拟除虫菊酯类杀虫剂按说明进行地面喷洒,或用 90% 晶体敌百虫 1 000 倍液、50% 敌敌畏乳油 2 000 倍液在作物幼苗（高粱禁用）或杂草上喷雾。

(3) 毒饵诱杀 将谷子、麦麸、豆饼糁或谷糠炒香,用 90% 晶体敌百虫或 75% 辛硫磷乳油,按饵料的 1% 药量和 10% 水稀释后拌入制成毒饵,于傍晚顺垄撒于地面,每公顷用量为 60～75 kg。也可用以上述药剂稀释 10 倍,喷拌在切碎的鲜草或小白菜上制成毒草,于傍晚成小堆撒放在田间,每公顷用 225～300 kg。

5. 生物防治 地老虎的天敌种类很多,应加以保护利用。地老虎颗粒体病毒对黄地老虎的防治效果明显。

第二节 黏 虫

我国黏虫种类有 60 多种,其中以黏虫 [*Leucania separata* (Walker)] 发生普遍,危害严重。黏虫又名剃枝虫、粟黏虫、行军虫、五色虫等,属鳞翅目夜蛾科,在我国分布极广,除局部地区外,各地均有发生。黏虫是一种迁飞型暴食性害虫,主要危害麦类、谷子、水稻、玉米、高粱、糜子、甘蔗、芦苇、禾本科牧草等,大发生时也危害豆类、白菜、甜菜、麻类和棉花等。黏虫为典型的食叶性害虫,1～2 龄时仅食叶肉,将叶片食成小孔;3 龄后蚕食叶片形成缺刻;5～6 龄为暴食期。黏虫大发生时,常将作物叶片全部食光,穗部咬断,造成严重减产甚至绝收。近年来,黏虫猖獗成灾的频率明显加大,其中 2012 年东北、华北、西北发生面积达 3.333×10^6 hm²,对玉米生产造成了严重影响。

除黏虫外,常见种类还有劳氏黏虫 [*Leucania loreyi* (Duponchel)]、白脉黏虫 (*Leucania venalba* Moore)、谷黏虫 (*Mythimna zeae* Duponchel) 等。其中谷黏虫主要在新疆发

生，劳氏黏虫和白脉黏虫常与黏虫混合发生，但多以黏虫为主。

一、黏虫的形态特征

黏虫的形态特征见图8-3。

1. 成虫 黏虫成虫体长为15～17 mm，翅展为36～40 mm，头部和胸部为灰褐色，腹部呈暗褐色。前翅呈灰黄褐色、黄色或橙色，内横线往往只现几个黑点；环纹与肾纹呈两个淡黄色圆斑，界限不显著；肾纹后端有1个白点，其两侧各有1个黑点；外横线为1列黑点；亚缘线自顶角内斜至M_2脉为1条暗黑色条纹，外缘线为1列黑点。后翅呈暗褐色，向基部色渐淡。雄蛾体稍小，体色较深。

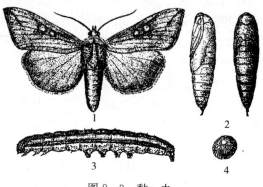

图8-3 黏虫
1. 成虫 2. 蛹 3. 幼虫 4. 卵
（仿浙江大学）

2. 卵 卵呈馒头形，稍带光泽，直径约为0.5 mm，表面具六角形有规则的网状脊纹。卵初产时为白色，孵化前呈黄褐色至黑褐色。卵粒单层排列成行，常产于叶鞘缝内或枯卷叶内，在谷子和水稻叶片尖端产卵时，则常常成卵棒。

3. 幼虫 老熟幼虫体长可达38 mm，体色多变，有各种色彩，发生量小时，体色较浅，大发生时体呈浓黑色。头部中央沿蜕裂线有一个八字形黑褐色纹。幼虫体表有许多纵行条纹，背中线呈白色，边缘有细黑线，两侧有两条红褐色纵线条，两纵线间均有白色纵行细纹。腹面为污黄色，腹足外侧具有黑褐色斑。

4. 蛹 蛹呈红褐色，体长为19～23 mm。腹部第5～7节背面近前缘处有横列的马蹄形刻点，中央刻点大而密，两侧渐稀。尾端有1对粗大的刺，刺的两旁各有短而弯曲的细刺两对。雄蛹生殖孔在腹部第9节，雌蛹生殖孔位于腹部第8节。

二、黏虫的生活史和习性

（一）黏虫的生活史

黏虫在生长发育过程中无滞育现象，条件适合时终年可以繁殖，在我国北方地区不能越冬。我国各地每发生的黏虫世代数因地区纬度而异，纬度愈高，发生世代数愈少。在我国东半部地区的发生大体上可以划分为表8-2所示的5种类型。

表8-2 我国东半部地区黏虫发生区的划分

发生区	地理范围	主害世代	危害盛期	危害作物	越冬情况
2～3代区	北纬39°以北，东北、内蒙古东南部、河北东北部、山东东部、山西中北部及北京等地区	第2代，有时第3代也重	6月中旬至7月上旬，7—8月	小麦、谷子、玉米、高粱、水稻	尚未发现越冬虫态
3～4代区	北纬36°～39°，山东西北部、河北中西南部、山西东部、河南东北部、天津	第3代	7—8月	谷子、玉米、水稻、高粱	尚未发现越冬虫态

(续)

发生区	地理范围	主害世代	危害盛期	危害作物	越冬情况
4~5代区	北纬33°~36°，江苏、上海、安徽、河南中南部、山东南部、湖北北部	第1代（个别年份第3代）	4~5月（7—8月）	小麦、谷子、水稻、玉米、高粱	漯河、荆州有个别越冬蛹（或残虫），一般查不到越冬虫态
5~6代区	北纬27°~33°，湖北中南部、湖南、江西、浙江、福建北部、江苏和安徽南部	第5代；其次为第1代	9—10月；3—4月	晚稻、早稻、小麦	1月8~3℃等温线间无冬眠，0~3℃时以幼虫、蛹在稻草堆下、根茬、田埂、草地越冬
6~8代区	北纬27°以南，广东和广西东南西部、福建东部南部、海南及台湾等地区	越冬代、第1代、第5代（或第6代）	1—2月、3—4月和9—10月	小麦、玉米、晚稻	无越冬现象

　　黏虫在我国西半部地区每年发生世代数，随纬度和海拔高度的增高而递减，多者为6~8代，少者为1~2代，但大部地区均属2代常发区。例如甘肃省可划分为3个类型发生区：陇南3~4代区、中部及陇东2~3代区、河西及甘南高原1~2代区，以上3个区均以第2代幼虫危害麦类、玉米、高粱和谷子等作物，其余各代仅零星发生，一般不造成危害。

　　陕西省也可划分为3个发生区：秦岭以南4~5代区（主要以第1代于5月中下旬危害小麦、春玉米等）、关中和延安以南3~4代区（第2代偶发成灾，第3代局部危害）、延安以北长城沿线2~3代区（为2代常发区，于6月下旬至7月危害小麦、玉米和谷子）。

（二）黏虫的主要习性

　　1. 成虫习性　黏虫成虫昼伏夜出，白天潜伏在柴草堆垛及麦、稻丛间等隐蔽环境，傍晚及夜间出来取食、交尾和产卵等；但在阴天或饥饿状况下，白天也有飞出觅食的现象。成虫羽化后，须补充营养并在适宜的温度和湿度条件下才能正常发育和交配产卵。成虫喜好的蜜源植物很多，主要有桃、梨、杏、苹果、刺槐、紫穗槐、大葱、油菜、小蓟、苜蓿等30多种；也取食蚜虫、介壳虫等昆虫分泌的蜜露、腐烂水果的汁液、发酵的粉浆、胡萝卜和甘薯的汁液、酒糟等；对糖醋酒混合液的趋性很强；对普通灯光的趋性不强，但对黑光灯有较强的趋性。黏虫繁殖力强，单雌产卵量为1 000~2 000或更多粒，最多可产3 000粒。雌蛾产卵对植物种类与部位的选择性很强，在小麦上多产在上部3~4片叶尖端或枯叶及叶鞘内；在谷子上多产在枯心苗和中下部干叶的卷缝或上部的干叶尖上，有时也产在玉米穗的苞叶、花丝等部位；在水稻上多产在叶尖部位，尤其在枯黄叶上产卵特多。卵粒一般排列成行，由分泌的胶质互相粘成块，随胶质干涸而使叶纵卷成棒状。每块卵粒数不等，多的可达200~300粒。

　　2. 幼虫习性　初孵幼虫先取食卵壳，群集在原处不动，经一定时间便开始分散。夜间活动较多，阴天和虫口密度较大时，白天也能活动危害。幼虫食性很杂，主要危害禾本科作物或杂草。1~2龄幼虫取食叶肉，形成麻布眼状小条斑（不咬穿下表皮）；3龄以后将叶缘咬成缺刻，此时有假死和潜入土中的习性。1~2龄幼虫被惊动或生活环境不适时，即吐丝下垂，随风飘散，或仍沿丝爬回原处。3龄以上幼虫被惊动时，立即落地，身体蜷曲不动，安静后再爬上作物，或就近钻到松土里。低龄幼虫在谷子上常躲在心叶、穗轴和裂开的叶鞘内或中下部茎叶丛间；在小麦上常躲在心叶或中下部干叶；在玉米、高粱等高秆作物上，常躲在喇叭口、叶腋和穗部苞叶内，有时也躲在叶背或枯叶的卷缝中。大发生时，4龄以上幼虫常由于虫口密度过大或环境不适，群集向外迁移。6龄幼虫老熟后，钻到作物根际1～2 cm深的松土中，结土茧化蛹。

3. 迁飞规律 黏虫在我国东部地区每年有4次大的迁飞活动，其中春季和夏季有2次从低纬度向高纬度地区或从低海拔向高海拔地区迁飞危害；夏末至秋季有2次回迁，即从高纬度向低纬度或从高海拔向低海拔地区迁飞危害。

① 5～6代（主要在华中）和6～8代（主要在华南）区的越冬代成虫于春季2—4月陆续羽化，羽化盛期在3月中下旬，除小部分留在本区继续繁殖外，大部向北迁飞到江淮流域4～5代区，也有一部分继续向北迁飞到华北3～4代和东北等地2～3代区，成为这些地区第1代黏虫的外来虫源，但因作物发育期偏晚，故一般发生较轻。由于4—5月的气候和小麦等作物长势等条件比较适合黏虫发生，所以常引起第1代幼虫大发生，而其他世代发生则轻。

② 4～5代区（或3～4代区）的第1代幼虫多发生于4—5月，5月中旬到6月上中旬陆续化蛹羽化，5月下旬至6月上旬为羽化盛期。成虫羽化后除小部分留在本区继续繁殖外，大部分成虫向北迁飞到东北或西北，或向西迁飞到西南2～3代区繁殖危害，构成这些地区第2代黏虫危害的外来虫源。原在2～3代区发生的第1代幼虫因发生时期较晚，群体发育进度也慢，须到6月中下旬才能羽化，故本地虫源对2代大发生不起重要作用。

③ 2～3代区的第2代幼虫多在6月上中旬到7月上中旬发生，7月中下旬化蛹羽化，除少数成虫留在本区繁殖外，大部分又向南迁飞到华北3～4代区繁殖危害，形成该区主要危害代即第3代的外来虫源。原在3～4代区发生的第2代黏虫有两种情况，即大多数年份发生数量较少，且群体发育偏迟，直到8月中下旬才陆续羽化，形成后期出现的本地虫源；有的年份，尤其是麦套玉米播种后，给第2代黏虫提供了新的食物，则使第2代黏虫发生危害日趋严重。

④ 3～4代区的第3代发生在7—9月，8月下旬至9月上中旬大部分化蛹羽化，除极少数成虫留在本地繁殖外，绝大部分再向南迁飞到5～6代区及6～8代区繁殖危害，形成该区9—10月的主要危害代（第5代或第6代）的外来虫源。

三、黏虫的发生与环境的关系

（一）气候因子对黏虫的影响

气候对黏虫的发生影响很大，卵、幼虫、蛹、成虫产卵和整个世代的发育始点温度分别为12.0～14.2 ℃、0.4～9.0 ℃、11.5～12.5 ℃、8.2～9.8 ℃和8.6～10.6 ℃；卵、幼虫、蛹、成虫和整个世代的发育有效积温分别为45.3 d·℃、402.1 d·℃、121.0 d·℃、111.0 d·℃和685.2 d·℃。黏虫不耐0 ℃以下和35 ℃以上的温度，各虫态适宜的温度在10～25 ℃，适宜的相对湿度在85%以上，即黏虫发育喜欢温暖高湿的条件，高温、干旱则不利于发生。一般降雨有利于黏虫发生，但在成虫发生期和产卵期，暴雨对黏虫种群数量的影响较大。

（二）食物因子对黏虫的影响

黏虫幼虫尤其喜好小麦、鸡脚草、芦苇等禾本科植物，在寄主植物丰富时对其生长发育有利。在成虫发生期蜜源植物的多寡也决定黏虫发生的轻重。

(三) 栽培管理技术对黏虫的影响

栽培制度和栽培技术，对黏虫的发生也有很大影响。一般水肥条件好，作物长势茂密的农田，黏虫发生重。随着栽培制度的改变，栽培技术的提高，例如增施肥料、加大作物密度、扩大灌溉面积、扩大间作、套种面积等，都使田间覆盖度增大，使田间小气候更适合于黏虫所要求的生态条件，从而使黏虫大发生的频率提高。

(四) 天敌因子对黏虫的影响

黏虫的天敌种类很多，据统计，多达120种以上，寄生性天敌主要有黑卵蜂、赤眼蜂、黄茧蜂、绿绒茧蜂、螟蛉悬茧姬蜂、黏虫绒茧蜂等，捕食性天敌有中国曲胫步甲、赤背步甲等。这些天敌对黏虫的发生有一定的抑制作用。

四、黏虫的虫情调查和综合治理技术

(一) 黏虫的虫情调查方法

参考全国农业技术推广服务中心编著的《农作物有害生物测报技术手册》中"黏虫测报调查方法"进行黏虫的虫情调查，要点如下。

1. 诱测成虫 春季用糖醋酒液诱蛾器诱蛾，夏季改用杨树枝把或黑光灯诱蛾。自各代成虫发生初期起，逐日调查统计诱蛾量及雌雄比，并解剖雌蛾卵巢发育进度和抱卵量。

2. 卵量调查 应用谷草把诱卵和田间查卵等方法，每3 d检查记载1次。

3. 幼虫调查 掌握在幼虫2龄盛期检查黏虫幼虫和天敌密度，定防治地块；查黏虫和天敌发育进度，定防治适期。

根据诱蛾结果，可以进行发生期预测。由发蛾高峰日起，加上卵期、1～2龄幼虫的历期，即为3龄幼虫发生盛期，也是用药防治的关键时期。根据诱蛾量或田间卵量，结合气象预报进行分析，可以进行发生量预测。在黏虫发生季节，尤其是产卵和孵化期多雨、高湿、温度适宜时常会大发生。山东等地第1代黏虫发生量预报以4月蛾量激增日起连续5 d每个诱蛾器诱蛾总量为500头，一、二类麦田有卵3块/m^2以上为大发生年。第3代黏虫以7月下旬至8月初，自蛾量激增日起，10个杨枝把连续3 d诱蛾量在100头以上，雌蛾卵巢发育多达3级以上，并多次交尾；夏谷平均有卵5块/m^2以上，玉米、高粱平均有卵10块/百株以上，即为大发生年。

(二) 黏虫的综合治理技术

1. 诱杀成虫 在成虫发生期，每0.13～0.20 hm^2设置1个糖醋酒液诱杀盆，或每公顷设30～45个杨枝把或谷草把，或每公顷设置高压汞灯1盏，可明显降低田间落卵量和幼虫密度。

2. 诱卵和采卵 自成虫产卵初期开始，麦田每公顷插小谷草把150把诱卵，每2 d换1次，将换下来的谷草把烧毁。谷田在卵盛期，可顺垄采卵，连续进行3～4遍，可显著减轻田间虫口密度。

3. 药剂防治 黏虫防治适期应掌握在3龄以前，防治指标因危害作物而异。例如山东将黏虫危害损失率控制在5%以下的动态防治指标为：麦田（第1代），一类麦田为3龄幼虫25头/m^2，二类麦田15头/m^2；套种夏玉米（第2代），4叶1心期40头/百株，7叶1心期80头/百株；第3代，套种夏玉米150头/百株，夏直播玉米120头/百株，夏谷20头/m^2。

防治黏虫的化学药剂种类很多。常用的有90%晶体敌百虫1 000倍液、48%乐斯本乳油1 500倍液、50%辛硫磷乳油1 500～2 000倍液、2.5%溴氰菊酯乳油3 000倍液等。

以上药剂虽然杀虫效果明显，但对天敌的杀伤也较严重，因此当虫口密度较低、发现较早时，也可选用特异性杀虫剂例如25%灭幼脲3号胶悬剂50～100 mg/L喷雾，防治效果在90%以上，持效期达20 d左右。另外，Bt乳剂400～500倍液防治效果也可达90%以上，且对天敌杀伤力较小。

第三节　东亚飞蝗

蝗虫俗称蚂蚱，属直翅目蝗总科，全世界已知1万多种，我国有1千多种。蝗虫不仅种类多，而且优势种数量大，危害严重，其中飞蝗是蝗虫灾害中最严重的种类，广泛分布于亚洲、非洲、欧洲和大洋洲。在我国分布的飞蝗主要是东亚飞蝗（*Locusta migratoria* Linn.），属直翅目斑翅蝗科，有东亚飞蝗［*Locusta migratoria manilensis*（Meyer）］、亚洲飞蝗（*Locusta migratoria migratoria* Linn.）和西藏飞蝗（*Locusta migratoria tibetensis* Chen）3个亚种。其中东亚飞蝗分布于我国北纬42°以南至南海和云南，西起甘肃南部和四川，东至海滨及台湾，以黄淮海平原为主要蝗区，是我国蝗虫灾害中最严重的亚种；亚洲飞蝗分布于新疆、内蒙古、东北地区和甘肃的河西走廊；西藏飞蝗仅分布于西藏和青海南部地区。

东亚飞蝗大发生时，遮天蔽日，所到之处，禾草一空。中华人民共和国成立前东亚飞蝗灾害与水灾、旱灾并称为3大自然灾害。据史料记载，我国自公元前707年至1949年的2 656年间，发生东亚飞蝗灾害的年份达804年，平均每3年就大发生1次。中华人民共和国成立后，对蝗区实行了"改治并举、防治结合"的治蝗方针，基本控制了东亚飞蝗的猖獗发生。但自20世纪80年代以来，由于气候条件和耕作制度发生了较大的变化，致使部分地区蝗灾回升，且有逐年加重的趋势。例如1988年以来，在天津、微山湖和海南蝗区均多次发生东亚飞蝗起飞现象，虽经大力防治控制了危害，但已向人们敲响了可能发生蝗灾的警钟。1998年夏，河南中牟、河北白洋淀以及山东8个地市的31个县（市、区）发生严重的夏蝗，仅山东的发生面积就达2.24×10^5 hm²，蝗蝻密度一般为20～30头/m²，最高达3 300头/m²，中央及地方各级政府对此十分重视，经及时全力防治，才未造成蝗虫的起飞。

东亚飞蝗嗜食禾本科和莎草科杂草及作物，其中以芦苇、稗、红草（荻）为最喜食，作物主要为小麦、玉米、粟、稻、高粱等；一般不取食双子叶植物。成虫和蝻咬食叶片和嫩茎，大发生时可将作物食成光秆或连秆也全部食光，造成颗粒无收。

一、东亚飞蝗的形态特征

东亚飞蝗的形态特征见图8-4。

1. 成虫　东亚飞蝗成虫的体长，雄为32.4～48.1 mm，雌为38.6～52.8 mm；前翅长，雄为34.0～43.8 mm，雌为44.65～55.9 mm。体常为绿色或黄褐色。头顶与颜面形成圆弧状，颜面垂直，无头侧窝。触角为丝状，呈淡黄色。上颚为青蓝色。前胸背板中隆线发达，略呈弧状隆起（散居型）或较平直（群居型）；两侧常具棕色纵纹，群居型更明显。前翅为

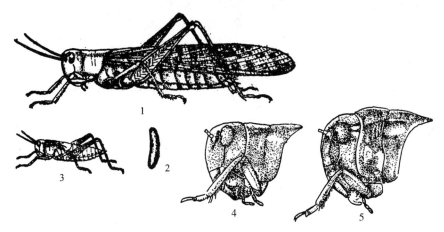

图 8-4 东亚飞蝗
1. 成虫 2. 卵 3. 若虫 4. 群居型头胸部 5. 散居型头胸部
(仿西北农学院)

褐色,具有许多暗色斑纹;后翅为本色。后足腿节内侧基半部为黑色,近端部具黑环,胫节为红色,外缘具刺 10~11 个。

2. 卵囊及卵 卵囊为黄褐色,呈长筒形,长为 45~67 mm,中间略弯,上部稍细;上部 1/5 为海绵状胶质,下部含卵粒,卵粒间以胶质黏结。每块卵囊有卵 45~85 粒,最多 200 粒,呈 4 行斜向排列。卵粒呈香蕉状,长为 6.5 mm,宽为 1.6 mm 左右。

3. 蝻(若虫) 若虫共 5 龄。1 龄若虫体长为 0.5~1.0 cm,前胸背板后缘呈直线,翅芽不明显。2 龄若虫体长为 0.8~1.4 cm,前胸背板开始向后延伸,稍见前翅芽和后翅芽。3 龄若虫体长为 1.0~2.0 cm,前胸背板前缘开始向前伸,后缘显著向后延并掩盖中胸,翅芽显著,后翅芽略大,呈三角形。4 龄若虫体长为 1.6~2.5 cm,前胸背板后缘更向后延伸掩盖中胸和后胸的背面,翅芽长达腹部第 2 节左右,向背上靠近。5 龄若虫体长为 2.6~4.6 cm,前胸背板后缘掩盖中胸和后胸的背面,长达腹部第 4~5 节,前翅芽狭长并为后翅芽所掩盖,向背上合垄。

二、东亚飞蝗的生活史和习性

(一)东亚飞蝗的生活史

东亚飞蝗无滞育习性,每年发生代数与时间因各地气温而异,在北京以北 1 年发生 1 代,在黄淮海地区 1 年发生 2 代,在江淮地区 1 年发生 2~3 代,在江西、广东、广西和台湾 1 年发生 3 代,在海南 1 年发生 4 代。东亚飞蝗在各地均以卵在土下 4~6 cm 处的卵囊内越冬。

在 2 代区,越冬卵于 4 月底至 5 月中旬孵化,5 月上中旬为孵化盛期。夏蝻期为 40 d 左右,其中 1 龄约为 7 d,2~4 龄各为 8~9 d,5 龄 10 d。成虫 6 月中旬至 7 月上旬羽化,称为夏蝗,寿命为 55~60 d。夏蝗产卵前期为 15~20 d,7 月上中旬为产卵盛期。卵期约为 20 d,7 月中旬至 8 月上旬孵化为秋蝻。秋蝻期约为 30 d,于 8 月中旬至 9 月上旬羽化为成虫,羽化盛期为 8 月中下旬,称为秋蝗,寿命为 40 d 左右,产卵前期仍为 15~20 d,9 月为产卵盛期。大部分地区和年份即以该代卵越冬，而在该区南部的秋旱温高年份，部分卵于9月中旬前后可以孵化为第2代秋蝻，10月中下旬羽化，但因冬季低温降临，成虫也不能产卵而被冻死。由此增加了当年的危害，却减少了来年夏蝗的虫源基数。

（二）东亚飞蝗的主要习性

1. 取食 东亚飞蝗取食与气候和龄期有关。在干旱季节，由于东亚飞蝗要从大量的食物中获取较多的水分供其生命活动，因此食量大，危害重。一般夏季早晨日出后半小时开始取食，中午因气温过高停食，下午16:00至日落前食量最大，日落后和阴雨天或大风天取食甚少。每头一生可取食267.4 g，蝗蝻龄期越大，食量越多；成虫期食量最大，尤以交配前期更显著。因此撒施毒饵时，应据其取食规律进行。

2. 产卵 雌成虫交配后7～10 d开始产卵，活动性显著减弱。产卵时多选择植被稀疏，覆盖度在25%～50%，土壤含水量为10%～22%，含盐量为0.1%～1.2%，且土壤结构较坚硬的向阳地带。先用腹部凭借两对产卵瓣钻土成孔，在4～6 cm深度处形成卵室，然后将卵逐粒产出，并分泌胶质性腺液体粘结成卵块。产卵毕，排出大量性腺液封闭卵室孔口，最后用后足拨土掩盖孔口后方离去。每雌一般产卵4～5块，每块平均含卵约65粒，一生产卵300～400粒。

3. 群聚迁移或迁飞 东亚飞蝗群居型蝗蝻2龄前常集中于植物上部，2龄后喜群集于裸露地或稀草地。开始先由少数蝗蝻跳动，然后引起条件反射，四周的蝗蝻随之跳跃集中，由小群汇成大群，最后，向着与阳光垂直的同一方向迁移。途中，蝗群不断扩大。迁移时间多在晴天的9:00—16:00，当遇阴雨天、浓云密布、中午地面温度超过40 ℃或日落后，均停止迁移。

群居型成虫迁飞多发生在羽化后5～10 d的性成熟前期。开始有蝗群的少数个体在空中盘旋试飞，逐渐带动蝗群飞旋，蝗群越聚越大，连续试飞2～3 d，即可定向迁飞。微风时常逆风飞，大风时则顺风飞，可持续飞行1～3个昼夜。由于取食、饮水，在飞行中可降落，下雨时亦可迫降。飞行距离可达数百千米，高度可达1 000 m以上。

4. 东亚飞蝗的变型 东亚飞蝗在生长发育过程中，受种群密度和生态条件的影响，引起生活习性、生理机能和形态的一系列变化，经1～2次蜕皮，形成群居型和散居型，并且两型相互转变，其过渡时期常称为中间型或转变型，由散居型向群居型转变的中间型称为转群型，反之则称为转散型。

东亚飞蝗变型现象不仅发生于两代之间，且在同一代不同虫期间亦能发生。低密度的散居型，当密度增加到一定程度时，个体间经常接触，通过视觉、听觉、嗅觉和触觉器官的感受作用，相互发生条件反射，使活动性更加频繁，进而使体内神经系统剧烈活动，内分泌发生许多改变，新陈代谢增强，体内脂肪体的同化作用逐渐提高，体温也随之上升，有利于产生黑色素或红色素沉积于体表皮层，导致体色加深，从而更能吸收光能而提高体温，加大感受性和活动性。剧烈运动的结果，使其各部形态结构发生改变，便转变为群居型。相反，当群居型经防治或大部分蝗群迁出后，当地残蝗密度很低时，常因停止了个体间的接触和条件反射，便恢复原来的正常生活，则又能转化为散居型。

东亚飞蝗的变型是它在长期进化过程中自然选择而遗传下来的一种生态对策，例如群居型的脂肪体多、水分少，运动器官发达，新陈代谢强，适于迁飞，但卵巢管少而小，产卵少；而散居型则相反。因此两型的转化有利于其种群数量的调节和种的繁衍生存。

三、东亚飞蝗的发生与环境的关系

(一) 我国的蝗区分类

经常发生及适合发生飞蝗的地区称为蝗区,而飞蝗迁入后不能定居繁殖的地区称为扩散区。根据蝗区的生态环境,我国将蝗区分为以下 5 种类型。

1. 滨湖蝗区 滨湖蝗区主要有山东的微山湖和东平湖、江苏的洪泽湖和高宝湖、河北的白洋淀、天津的北大港、新疆的博斯腾湖和艾比湖及布伦托海、内蒙古乌梁素海和哈素海等。此外,许多大中型水库已成为蝗区。

2. 沿海蝗区 沿海蝗区主要有渤海蝗区和黄海蝗区。沿海蝗区一般为海拔 3~5 m、距海水 10~20 km 的地带。渤海蝗区由河北的滦河口至山东的龙口附近;黄海蝗区由江苏的临洪河口至长江口附近。

3. 内涝蝗区 内涝蝗区呈点片分布于我国各地地势低洼、雨水排放不畅、易发生内涝的地区。其中,面积较集中的重要蝗区主要有河北的保定、河南的新乡和开封、山东的菏泽和聊城、天津的西部等。

4. 河泛蝗区 河泛蝗区主要包括黄河、黄河故道、淮河、新沂河、卫河、永定河等大中型时令河和废河的河道。

5. 热带稀树草原蝗区 热带稀树草原蝗区主要分布于海南的低海拔稀树草原地区,多处于以热带粮食作物为中心的台地、阶地和平原地带。与上述 4 类蝗区的成因不同,热带稀树草原蝗区是人为不合理的伐林造田,使土地裸露加剧、干旱频率增加、地理景观破坏所形成的新蝗区。

(二) 东亚飞蝗发生的环境影响因素

1. 降雨与水文对东亚飞蝗的影响 东亚飞蝗多发生在水旱交替的低海拔地区,这些地区不仅年降水量较少,而且雨水多集中于夏季,形成明显的旱季和雨季。当雨季或汛期来临时,河、湖和水库水位急剧上升,甚至决口泛滥,地势低洼农田也积水内涝。当旱季来临或汛期过后,水位迅速下降,露出大片滩地,滋生大量芦苇、稗草、荻草、莎草等飞蝗喜食植物,或因内涝耕作粗放形成荒地,飞蝗便择其产卵繁殖。例如山东省自 1985 年后,旱情持续发展,至 1988 年,微山湖裸滩达十余万公顷,致使飞蝗密度逐年递增,发生面积逐年扩大,1989 年大发生,造成严重的灾害。

2. 温度对东亚飞蝗的影响 东亚飞蝗的适宜发育温度为 20~42 ℃,以 28~34 ℃最适宜。发育始点温度为 18 ℃,在 25~35 ℃变温下,卵、1~5 龄蝻和成虫产卵前期的有效积温分别为 272 d·℃、63.6 d·℃、68 d·℃、63.5 d·℃、84.7 d·℃、127.7 d·℃ 和 232.3 d·℃。

3. 天敌对东亚飞蝗的影响 蝗虫的天敌已记载有 68 种,捕食性天敌有鸟类、蛙类、蜥蜴、蜘蛛类、蚁类、步甲等,寄生性天敌有杀蝗菌、线虫、绒螨、寄生蜂、寄生蝇等。

四、东亚飞蝗的虫情调查和综合治理技术

(一) 东亚飞蝗的虫情调查方法

参考全国农业技术推广服务中心编著的《农作物有害生物测报技术手册》中"东亚飞蝗测报调查方法"进行东亚飞蝗的虫情调查,要点如下:

1. 查卵 在残蝗活动过的地方，自 4 月初（夏蝗）和 7 月初（秋蝗）开始，每 10 d 挖查 1 次蝗卵，随机取样，每点 1 m²，每次挖卵不少于 5 块，待孵化初期改为每 5 d 挖查 1 次。将卵粒充分混合，从中取 50 粒，放入 10% 漂白粉液中浸泡 2~3 min，待卵壳溶薄后取出，用清水洗净，用强光透视或解剖检查胚胎发育程度，统计各发育期所占比例，用期距法预测孵化盛期。同时，根据调查结果，预测发生程度。

2. 查蝻 自出土始期，在各生境中随机 10 点取样，每点 11 m²，每 3~5 d 定点调查 1 次，统计蝗蝻平均密度、各龄所占比例和变型情况，预测 1~3 龄蝻的虫口密度、发生期和群迁的可能性。当蝻出土盛期 3 d 后，全面普查，落实发生面积和防治面积。普查时，内涝区每 1.3 hm² 设 1 个取样点，其他蝗区每 3.3 hm² 设 1 个取样点，每点 11 m²，徒步目测。

3. 查残蝗 调查防治后的残蝗密度的目的在于了解防治效果和预测下代的发生密度和面积。其方法同查蝻，夏蝗在防治后和产卵盛期各查 1 次，秋蝗在防治后、产卵盛期和末期各查 1 次。当每公顷有蝗 90 头时，即算残蝗面积。

（二）东亚飞蝗的综合治理技术

东亚飞蝗的综合治理必须贯彻"改治并举，根除蝗患"的治蝗方针。"改"是因地制宜改造蝗虫发生基地的自然环境，消灭适合其发生繁殖的生态条件；"治"是在加强蝗情监测的基础上，当种群密度达防治指标时，采用有效的灭蝗方法，及时控制蝗害。

东亚飞蝗的防治适期为卵孵化出土盛期至 3 龄前。防治指标为夏蝗 0.3 头/m²，试行 0.45 头/m²；秋蝗 0.45 头/m²。

1. 改造蝗区 蝗区形成系自然因素的综合作用，人为改变蝗区主要因素间的关系或清除其中的因素，可使之向有利于人类的方向发展，消灭飞蝗基地。主要措施有以下几点。

（1）兴修水利 疏通河道、稳定水位，搞好排灌配套系统，达到涝能排，旱能浇，从根本上解决因旱涝形成的蝗区。

（2）垦荒种植 开垦荒地，整田改土，精耕细作，因地制宜地改种水稻、棉花、大豆、苜蓿、小麦、玉米，或植树造林。一则可提高植被覆盖度，改变田间小气候和昆虫群落结构，这样不利于蝗虫产卵和蝻的生长发育与存活，而有利于天敌数量的增加，有效地控制蝗虫种群。二则因植物种类的改变，造成蝗虫食物不适或缺乏，种群数量也受到抑制。

（3）保护利用天敌 充分利用好当地优势天敌，发挥它们的自然控制蝗虫种群的能力。在有条件的地区，研究引进如线虫、微孢子虫、蝗霉等天敌，以便有效地控制东亚飞蝗种群。

（4）农林牧渔综合开发 有条件的蝗区应大搞综合开发，减少蝗区面积，以便根除蝗患。

2. 药剂防治 严格掌握防治适期和防治指标，狠治夏蝗，扫清残蝗，减少秋蝗虫源基数。当点片发生时，用毒饵或机动喷雾器等地面喷药防治；当高密度大面积发生时，立即动员群众或飞机喷雾治蝗，防止群迁或迁飞。

（1）药剂封锁 为防止蝗群大量迁入农田危害，可用 50% 马拉硫磷乳油，每公顷 1 500~2 250 mL，在农田周边常规喷雾或超低容量喷雾，药带宽为 20 m，保护农田效果好。

（2）喷药灭蝗 地面防治可选用 50% 马拉硫磷乳油或 80% 敌敌畏乳油等，每公顷 1 500 mL；或 2.5% 溴氰菊酯油剂、5% 卡死克（氟虫脲）水剂、30% 辛氰乳油等，每公顷 450 mL。飞机喷药可用 75% 马拉硫磷乳油超低容量喷雾，每公顷 1 500 mL 左右；或与

2.5%溴氰菊酯乳油 1∶1 混合,每公顷 300~600 mL。

(3) 毒饵诱杀 当药械不足或植被稀疏时,用毒饵防治效果好。将麦麸(或米糠、玉米糁、高粱糁、马粪等)100 份、清水 100 份、90%晶体百敌虫等 0.15 份混合拌匀,每公顷用 15~22.5 kg(以干料计)。也可用飞蝗喜食的鲜草 100 份,切碎加水 30 份,拌入以上药剂,每公顷用 112.5 kg。根据东亚飞蝗的取食习性,在取食前均匀撒布。毒饵随配随用,不宜过夜,阴雨、大风和气温过高或过低时不宜施用。

第四节 草 地 螟

草地螟[*Loxostege sticticalis* (Linnaeus)]又名网锥额野螟、甜菜网螟、黄绿条螟,属鳞翅目螟蛾科。草地螟是北温带干旱少雨气候区的一种间歇性暴发成灾的害虫,分布范围广,在我国主要分布在东北、华北和西北地区。20 世纪 50 年代草地螟在我国内蒙古、山西、陕西、黑龙江等地有不同程度的发生。1979—1980 年在西北、华北、东北、内蒙古曾连续两年大发生,1982 年特大发生,河北、山西、内蒙古、吉林和黑龙江 5 省份发生面积为 7.0×10^6 hm^2,损失达数十亿元。经过一段间歇后,1995 年又在山西、河北、内蒙古的局部地区严重危害,成灾面积达数万公顷。1996 年除上述地区外,黑龙江也开始大发生,发生面积超过 1.0×10^6 hm^2,成灾面积超过 1.0×10^5 hm^2。2008 年奥运会前夕,草地螟成虫成群结队迁入北京上空,对奥运会的顺利举办构成了严重威胁,经过各级政府及广大植物保护技术人员的共同努力,采用灯光诱杀等一系列技术措施,成功地控制了其对奥运会的影响。

草地螟幼虫食性极广,寄主植物达 35 科 200 多种;嗜食甜菜和豆科植物,对麻类、马铃薯、瓜菜、玉米、高粱等作物,杨、柳、榆等幼树及多种杂草亦能危害。初孵幼虫在叶背剥食叶肉,2~3 龄幼虫群居心叶危害,3 龄以后食量大增,可将叶片食光。大发生时,每株受害作物上的幼虫有几十头至 100 头以上,多者可达 450 多头;每平方米草地有虫十几头至 700 头以上,多者超过 6 000 头,造成成片甜菜等作物幼苗及牧草死亡。幼虫进入 4~5 龄暴食期后,如食物缺乏,可成群迁移,攀爬墙壁,故有二黏虫之称。

一、草地螟的形态特征

草地螟的形态特征见图 8-5。

1. 成虫 草地螟成虫呈黑褐色,为中小型蛾,体长为 10~12 mm,翅展为 18~20 mm。颜面突起呈圆锥形,下唇须向上翘起,触角呈丝状。前翅呈灰褐色,翅面有暗斑,外缘有黑色点状条纹,近前中后部有八字形黄白色斑,近顶角处有 1 个长形黄白色斑。后翅呈灰色,沿外缘有两条黑色平行纹。静止时,两前翅叠成三角形。

2. 卵 卵呈椭圆形,长为 0.8~1.0 mm,宽为 0.4~0.5 mm。卵面略凸,初产呈乳白色,有光泽。

3. 幼虫 老熟幼虫体长为 19~21 mm,呈灰绿色。头部为黑色带白斑,体背面及侧面有明显暗色纵带,带间有黄绿色波状细纵线。腹部各节有明显刚毛肉瘤,毛瘤部为黑色,有两层同心的黄白色圆环。

4. 蛹 蛹体长为 15 mm 左右,藏在袋状丝质茧内。茧上端有孔,用丝封住,茧外附有

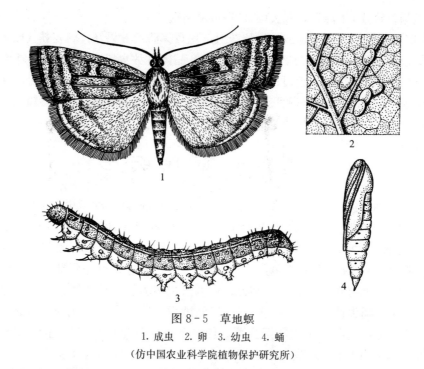

图 8-5 草地螟
1. 成虫 2. 卵 3. 幼虫 4. 蛹
（仿中国农业科学院植物保护研究所）

细碎沙粒，茧长为 20～30 mm。

二、草地螟的生活史和习性

（一）草地螟的生活史

草地螟在我国1年发生1～4代，其中在青海湟源1年发生1代，在黑龙江、吉林和华北北部一般1年发生2代，在陕西武功1年发生3～4代；以老熟幼虫在土中结丝茧越冬，次年春季化蛹，羽化。在内蒙古、山西北部、河北张家口一带及黑龙江，一般年份越冬代成虫5月中下旬出现，6月上中旬盛发，成虫产卵前期为4～5 d。第1代卵发生于6月上旬至7月下旬，卵期为4～6 d。第1代幼虫发生于6月中旬至7月中下旬，6月下旬至7月上旬是严重危害期。幼虫共5龄，在平均气温为18～20 ℃时，1龄龄期为3～6 d，2龄龄期为2～4 d，3龄龄期为2～4 d，4龄龄期为2～5 d，5龄龄期为3～5 d；全幼虫期一般为20 d左右。幼虫入土到羽化约14 d。第1代成虫7月中旬至8月为盛发期，9月为末期。第2代幼虫于8月上旬至9月下旬发生，幼虫期为17～25 d，一般危害不大，陆续入土过冬，少数可在8月化蛹，再羽化为第2代成虫，不经产卵而死。

草地螟的大发生具有一定的周期性。我国自中华人民共和国成立后，第1次大发生是在1953—1959年，第2次大发生是在1978—1983年，第1周期和第2周期间隔20年。但据苏联的研究结果，草地螟的大发生周期为10～13年，平均为11年。

（二）草地螟的主要习性

1. 成虫习性 草地螟成虫白天潜伏在草丛及作物田内，受惊动时可进行高1 m、长3～7 m的近距离飞行。据此习性，可进行步测和网捕。成虫活动最适宜的温度是20～25 ℃。夜间20:00—23:00活动最盛。

成虫飞翔、取食、产卵或是在草丛中停栖隐蔽等活动，均以大小不等、高度密集的个体群形式出现，具有群集性。草地螟成虫有强烈的趋光性。成虫羽化后，需要补充营养，多选择夏至草、白花荠菜、丁香、洋槐等为蜜源植物。成虫产卵，在气温偏高的条件下，常选择凉爽的地方产卵；在气温偏低的条件下，则选择背风向阳的地方产卵；在气温适宜条件下，则选择小气候较湿润又有成片的幼虫喜食寄主的地方产卵。对植被选择也较严格，特别喜在嫩绿多汁液、耐盐碱的杂草上产卵。卵多产在藜科、锦葵科、茄科、菊科杂草及作物的叶片背面，距地面 8 cm 处较多。卵单产或 3~5 粒呈覆瓦状排列。单雌产卵数十粒至百余粒，多者达 800 多粒。

2. 幼虫习性 初孵幼虫先在杂草上取食，以后转移到作物上危害。幼虫有吐丝结网的习性。1~2 龄幼虫有吐丝下垂的习性。通常 3 龄开始结网，一般 3~4 头结一个网；4 龄末至 5 龄常单独结网分散危害。幼虫老熟后，钻入土层 4~9 cm 处做袋状茧，竖立于土中，在茧内化蛹。幼虫性活泼，受惊即扭动逃离。大发生时幼虫能成群迁移达数千米。

3. 迁飞 草地螟种数数量有急剧变动现象，蛾群同期会出现突增、突减等现象。海上航捕、雌蛾卵巢解剖观察等研究证明，草地螟成虫可做远距离迁飞。通常在黄昏后，微风或地表温度出现逆增现象时，成虫大量起飞，上升距地面 50~70 m 高，在这个气层里随着气流，能迁飞到 200~300 km 或更远的地方，在迁飞过程中完成性成熟。如果中途遇气流回旋，可被迫下降，形成新的繁殖中心，发生突增现象。

三、草地螟的发生与环境的关系

（一）气候因素对草地螟的影响

温度和湿度是影响草地螟发生的重要因素。越冬幼虫在越冬茧内可忍耐 -31 ℃的低温，但在春季化蛹阶段，如遇低温则易冻死，因此春寒对越冬代成虫的发生量有抑制作用。越冬代成虫的发生期与 4—5 月的平均气温关系密切，一般在旬平均气温 15~17 ℃、≥10 ℃积温高于 80 d·℃时开始羽化，积温为 150~200 d·℃时则大量羽化。在成虫盛发期，温度直接影响成虫的生殖力，成虫在 5 d 内，连续每天 4 h 温度为 30~35 ℃、相对湿度为 55%~60%时，雌虫产卵量减少 34%~80%，有些卵失去生活力。炎热、干旱的气候条件，还能使雄虫不育。湿度和降雨对草地螟的性成熟和生殖力影响也很大，相对湿度为 60%~80%时，生殖力最高；相对湿度低于 40%时，雌蛾生殖力减退或不孕。

第 1 代幼虫的发生与 6 月温度和湿度及降雨关系密切。幼虫发育的最适平均温度为 20 ℃或稍高，相对湿度为 60%~70%，在此条件下，整个幼虫期仅为 9~14 d。在温度适宜的条件下，相对湿度若低于 50%，大量幼虫会死亡。

（二）食物因素对草地螟的影响

草地螟成虫发生期蜜源植物的多少决定着产卵量的大小，蜜源既提供充足的营养，又提供足够的水分。另外，幼虫期的营养对成虫影响也较大，若幼虫获得适宜的食料（例如藜科植物），蛹体质量可达 30 mg 以上，羽化的成虫寿命长、产卵量大、生殖力强；若食料不适宜，蛹体质量在 30 mg 以下，成虫则寿命短、产卵量小、生殖力弱。

（三）天敌对草地螟的影响

草地螟的天敌种类很多，国外报道有 70 多种，其中赤眼蜂用于防治草地螟效果较好。在我国，草地螟主要的天敌类群有寄生蝇、寄生蜂、白僵菌、细菌类以及捕食性的蚂蚁、步行甲、鸟类等，自然寄生率一般为6%～7%，有时高达50%～60%左右。

（四）田间管理对草地螟的影响

精耕细作，不利于草地螟发生。反之，田间管理粗放，杂草丛生，则有利于发生。

四、草地螟的虫情调查和综合治理技术

（一）草地螟的虫情调查方法

草地螟发生区生态条件复杂，虫情调查可按照全国农业行业标准《农区草地螟预测预报技术规范》（NY/T 1675—2008）进行，主要内容包括冬前、冬后基数调查，成虫、卵和幼虫发生动态的系统调查等。或者参照全国农业技术推广服务中心编著的《农作物有害生物测报技术手册》中"草地螟测报调查方法"进行。根据虫情调查资料进行发生程度和发生期预报。

（二）草地螟的综合治理技术

1. 农业防治

（1）耕翻整地　在草地螟集中越冬地区，采取秋翻、春耕、耙糖、冬灌等措施，可明显压低越冬虫源基数，减轻第1代幼虫发生量。

（2）除草灭卵　成虫产卵之前，将田间、地埂中的杂草（特别是藜科杂草）及时清除，并深埋处理，可有效地减少田间虫口密度。

（3）加强田间管理　草地螟幼虫入土后，及时采取中耕、灌水等措施，对压低种群数量也有明显效果。

2. 封锁虫源，防止幼虫迁移　在受害严重的田块周围挖沟或喷施成药带，以封锁有虫地块，阻止幼虫迁移危害。

3. 化学防治　草地螟防治适期应掌握在幼虫进入3龄以前。在作物上的防治指标，大豆为30～50头/m^2，甜菜为3～5头/株，油用亚麻为15～20头/m^2，向日葵为30～50头/m^2。

常用化学药剂可选用2.5%溴氰菊酯乳油、20%杀灭菊酯乳油或20%除虫菊酯乳油的2 000～3 000倍液，也可选用50%辛硫磷乳油1 000～1 500倍液、80%敌敌畏乳油1 000～1 500倍液等，采用常规喷雾，每公顷用稀释液750～900 kg。也可选用2.5%敌百虫粉等喷粉，每公顷22.5 kg。

此外，Bt乳剂、灭幼脲等对草地螟也有明显的防治效果。

第五节　温室白粉虱和烟粉虱

温室白粉虱 [*Trialeurodes vaporariorum* （Westwood）] 和烟粉虱 [*Bemisia tabaci* (Gennadius)] 均属半翅目粉虱科。二者均是世界性害虫，在我国广泛分布于各地，特别是自20世纪80年代以来，随北方地区设施农业的发展，种群数量逐渐上升，已成为温室和露地栽培蔬菜、花卉的重要害虫，并有扩大蔓延的趋势。

温室白粉虱和烟粉虱均是多食性害虫。温室白粉虱有寄主82科281种，我国有70科270种，主要危害温室栽培的黄瓜、番茄、茄子、西葫芦等蔬菜，亦危害露地的菜豆、茄子、芹菜以及观赏植物的倒挂金钟、绣球、月季、一串红、牡丹等。烟粉虱有寄主10科50

多种，主要危害甘薯、豆类、棉、番茄、茄子、辣椒、烟草、黄瓜、无花果、扶桑等；成虫和若虫均吸食植物汁液，使被害处形成黄斑，并分泌蜜露，诱发霉烟病，使枝叶发黑脱落。烟粉虱还可传播蜀葵、烟草、番茄等缩叶病毒及茄黄缩叶病毒等，常常引起更严重的危害，被国际上称为超级害虫。

一、温室白粉虱和烟粉虱的形态特征

温室白粉虱和烟粉虱的形态特征见表8-3和图8-6、图8-7。

表8-3 温室白粉虱和烟粉虱的形态特征

虫态	温室白粉虱	烟粉虱
成虫	体淡黄色，翅面有白色蜡粉，外观呈白色。雄成虫停息时两翅平坦合拢，雄成虫内缘则向上翘，翅叠于腹背成屋脊状	体淡黄白色，体长为0.85～0.91 mm，翅白色，披蜡粉无斑点，前翅脉1条不分叉，静止时左右翅合拢呈屋脊状
卵	椭圆形，有细小卵柄，初产时淡黄色，孵化前变黑。每卵块一般有卵15～20粒	长梨形，有小柄，与叶面垂直，大多散产于叶片背面。初产时淡黄绿色，孵化前颜色加深，呈深褐色
若虫	长卵圆形，扁平，淡绿色，外表有白色长短不齐的蜡丝，2根尾须较长	共3龄，淡绿至黄色。第1龄若虫有触角和足，能爬行迁移。第1次蜕皮后，触角及足退化，固定在植株上取食。第3龄蜕皮后形成蛹，蜕下的皮硬化成蛹壳
伪蛹	椭圆形，扁平，中央略高，黄褐色，体背有5～8对长短不齐的蜡丝，体侧有刺	椭圆形，有时边缘凹入，呈不对称状。管状孔三角形，长大于宽。舌状器匙状，伸长盖瓣之外。在有毛的叶片上蛹体背面具刚毛，在光滑无毛的叶片上蛹体背面不具长刚毛

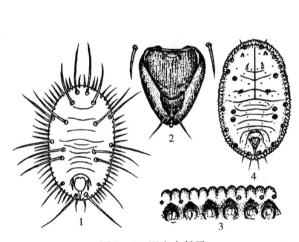

图8-6 温室白粉虱
1.若虫 2.管状孔及第8节刺毛位置 3.外缘锯齿及分泌突起 4.伪蛹

（仿宫武）

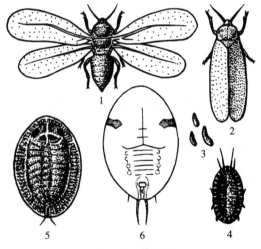

图8-7 烟粉虱
1.成虫 2.成虫休息状 3.卵 4.若虫 5.伪蛹 6.蛹壳

（仿河南农业大学）

二、温室白粉虱和烟粉虱的生活史和习性

温室白粉虱和烟粉虱在温室内1年发生10～12代；在北京地区1年发生9代（包括冬季温室内发生的3代），在室外不能越冬，而以各种虫态通过各种渠道进入温室、花窖或养

花者居室内繁殖过冬；在山东济南能以成虫和蛹在背风向阳处及花卉、杂草上越冬。

在北京、天津一带，早春当室外条件适合其生活时，温室中的温室白粉虱和烟粉虱越冬成虫可以通过通风口、门窗逐渐外迁至阳畦和露地蔬菜上取食危害，也可通过蔬菜定植带虫下田。温室白粉虱和烟粉虱从温室向四周扩散的方式是由点到面，由近到远。如在天津5月份调查，距温室5 m、10 m、20 m、30 m和70 m的各点上，20片黄瓜叶上的成虫数分别为79头、54头、36头、6头和2头，愈近温室的虫口密度愈大，但随着时间的推移，扩散范围越来越大。北京郊区，4月露地蔬菜开始出现成虫，但增长缓慢，7—8月大量繁殖，8—9月危害严重，10月下旬气温下降时虫口减退，部分成虫再飞回温室。其他虫态也可通过秧苗或带有温室白粉虱和烟粉虱寄主的农产品进入温室，繁殖越冬，从而完成全年的侵害循环。世代发生有严重的重叠现象。

温室白粉虱和烟粉虱成虫喜聚栖在植物幼嫩的叶片背面活动产卵，一般不飞翔，但在受惊后可迁移他处；对黄色有强烈的趋性。温室白粉虱和烟粉虱的生殖方式为有性生殖和孤雌生殖，有性生殖可产生雌虫，孤雌生殖产雄虫，种群中雌雄性比接近2.5∶1。孤雌生殖和雌虫占优势对种群增殖具有重要意义。雌虫羽化后1~3 d产卵，卵大多数产在叶片背面，少数产在叶片正面或茎上，15~30粒排列成环状或散产，卵柄插入寄主组织内，卵面覆有白色蜡粉。每雌一生平均产卵120~130粒，最多达534粒。

温室白粉虱具有趋嫩叶产卵的习性，随着作物新叶生长，成虫亦逐步上移产卵，由于早产的卵发育早，因此在植株不同的层次出现不同的虫态，由上到下依次为新产下的卵→变黑的卵→初龄若虫→伪蛹及新羽化的成虫。

初孵若虫先在叶面爬行一段时间，寻找到适宜场所后，口器即插入叶片组织开始取食。1龄若虫蜕皮后，足和触角退化，不再活动，营固定生活。3龄若虫成熟后蜕皮为伪蛹，经几天后伪蛹壳破裂成T字形羽化为成虫。

三、温室白粉虱与烟粉虱发生与环境的关系

（一）气候因素对温室白粉虱与烟粉虱的影响

温室白粉虱与烟粉虱均是耐高温、怕低温的害虫种类，在高温条件下容易大发生并猖獗成灾。温室白粉虱与烟粉虱生长发育和繁殖最适宜的温度为25~30 ℃，卵、高龄若虫和"蛹"对高温的抗性很强。比较而言，烟粉虱可忍耐40 ℃高温，而温室白粉虱一般只忍耐33~35 ℃。这是烟粉虱在夏季依然猖獗的主要原因。

温室白粉虱与烟粉虱均不耐低温，特别是在我国北方地区，冬季的低温使其在田间自然条件下不能安全过冬。

（二）栽培管理对温室白粉虱与烟粉虱的影响

20世纪70年代中期，特别是20世纪80年代以来，随着我国北方地区设施农业的快速发展，北方地区冬季保护地栽培面积不断扩大，温室中小生境的气候不仅有利于温室白粉虱与烟粉虱的生长发育和繁殖，而且为其在我国北方地区的越冬创造了有利条件，这是造成温室白粉虱与烟粉虱自20世纪80年代以来在我国北方地区大发生的主要原因。

（三）寄主植物对温室白粉虱与烟粉虱的影响

温室白粉虱与烟粉虱均是多食性害虫，均可对多种以蔬菜为主的多种植物造成严重危害，特别是对茄科、豆科、葫芦科蔬菜等危害尤为严重，这些作物如果大面积邻作或混合种

植，对温室白粉虱与烟粉虱的猖獗发生极为有利。

(四) 不合理的药剂使用对温室白粉虱与烟粉虱的影响

温室白粉虱与烟粉虱由于年发生世代数多，繁殖速度快，抗药性强。一是对农药容易产生抗药性，在多次连续使用同一种或同一类药剂进行防治的情况下更是如此。二是当作物上各种虫态混合发生时，防治更为困难，这是该虫之所以能猖獗危害的主要原因之一。

四、温室白粉虱和烟粉虱的虫情调查和综合治理技术

(一) 温室白粉虱和烟粉虱的虫情调查方法

选有代表性的蔬菜种植小区4个，各不小于367 m^2。每小区采用5点法放置诱虫黄板，每点安放1块已划好有方格、规格为20 cm×30 cm的黄色诱虫板，4个小区共20块诱虫黄板。诱虫黄板放置高度以其下端略高于寄主植物顶部为宜。每10 d更换诱虫黄板1次，详细记录每块诱虫黄板上的成虫数量（如果成虫很多，可挑选其中若干个方格进行统计，记录每平方厘米成虫的数量）。该方法可随生产季节周年进行，以监测粉虱成虫周年发生的情况。

根据田间系统调查与诱虫黄板监测到的粉虱害虫的发育进度情况，采用期距法和历期法预测下代的发生期。根据田间粉虱的发生数量，结合天气条件、作物长势、天敌情况以及历年的历史资料，做出粉虱害虫发生程度预测。

在利用诱虫黄板监测粉虱成虫发生数量时，若发现成虫的数量达到0.25~0.50头/cm^2，就应采取生物防治的方法；若成虫的数量达到3~4头/cm^2，就应采取化学防治的方法。

虫情调查也可直接进行田间调查。在调查时，若发现成虫的数量达到0.5~2.0头/叶片，就应采取生物防治的方法，例如释放寄生蜂或瓢虫、草蛉等；当成虫的数量达到5~6头/叶片时就应采取化学防治的方法。

(二) 温室白粉虱和烟粉虱的综合治理技术

1. 农业防治

(1) 培养无虫苗 育苗温室力求无虫，或熏蒸灭虫后再育苗，保证定植苗不带虫。

(2) 清除残株落叶 生产温室定植前应彻底清除前茬作物的残株、杂草，生长期内打下的枝杈、枯黄老叶要带出室外及时销毁，以减少虫源和防止再度侵害。

(3) 尽量避免混栽 特别是避免黄瓜和番茄混栽，否则会加重危害。

2. 药剂防治 如果作物在温室定植时，明显发现秧苗上有成堆卵块，作物生长后期就会受到危害，应勤加检查，及时防治。

(1) 熏蒸或熏烟法 每公顷温室用80%敌敌畏乳油2 250 mL，加水14 L稀释后，喷拌木屑40 kg，均匀撒于行间，密封门窗，熏1.0~1.5 h，温度控制在30 ℃左右。或每公顷温室用80%敌敌畏乳油6.0~7.5 kg，浇洒在锯木屑等载体上，再加一块烧红的煤球熏烟。

(2) 烟雾法 用东方红-18型弥雾机配上发烟器进行烟雾杀虫。药剂可用溴氰菊酯、速灭杀丁、敌敌畏、马拉硫磷等。一般温室每公顷用液量为1 500 mL，农药使用剂量（有效成分）因农药品种而异。

(3) 常规喷雾 常规喷雾常用药剂有1.8%阿维菌素乳油450~600 mL/hm^2、10%吡虫啉可湿性粉剂37.5~75.0 g/hm^2、3%啶虫脒乳油37.5~75.0 mL/hm^2，均对粉虱有特效；

2.5%联苯菊酯乳油、4.5%高效氯氰菊酯乳油、25%阿克泰水分散性粒剂、50%氟啶虫胺腈水分散粒剂、22.4%螺虫乙酯悬浮剂等亦有较好的效果。隔5~7 d喷1次，连喷3~4次，可控制危害。

3. 生物防治 利用丽蚜小蜂（*Encarsia formosa* Gahan）防治温室白粉虱在国外获得显著的效果，成为国际生物防治获得成功的实例之一。我国于1978年底从英国引进，在北京进行防治试验，也取得了较好的效果。丽蚜小蜂要在害虫低密度情况下释放，因对药剂敏感，释放后不能再施农药。

我国利用人工繁殖的中华草蛉防治温室白粉虱也有研究报道，每公顷释放中华草蛉卵135万、90万和45万时，虫口减退率分别为83.5%、72.3%和68.2%，而对照增长率高达181.8%。此外，据荷兰报道，应用粉虱座壳孢菌（或称赤座霉菌 *Aschersonia aleyrodis*）防治温室白粉虱，施药后7 d，卵和初孵若虫的感染率达90%左右。

4. 诱杀成虫 利用趋黄习性，用透明塑料涂上黄色染料，再涂上10号机油，可粘杀粉虱成虫。

第六节 其他常见多食性害虫

其他多食性害虫见表8-4。

表8-4 其他常见多食性害虫

种类	分布和危害特点	生活史和习性	防治要点
美洲斑潜蝇（*Liriomyza sativae* Blanchard）（双翅目潜蝇科）	国外分布于各大洲的43个国家和地区，其中以南美洲和北美洲分布较普遍；在我国除青海、西藏和黑龙江外，其他地方均有发生。瓜类、豆类、茄类蔬菜是其嗜食寄主，危害后仅在叶片正面可见蛀道，蛀道中的虫粪多呈虚线状排列	1年发生8~16代。在黄河流域可以在温室大棚内越冬；在广州全年可持续发生，有世代重叠现象。在北方地区5月在保护地形成第1个危害高峰，9月在露地形成第2个危害高峰。25~32℃为最适生存温度；在南方，6月下旬至9月是主要危害时期。成虫羽化后经2~3 d交配并产卵，卵产于叶片组织内，叶表面呈球状微隆起。卵孵化后，幼虫立即潜食叶肉，虫道曲折形成白色条纹。幼虫老熟后脱叶化蛹，蛀道端部看不到蛹，因此与豌豆潜叶蝇的危害状可明显区分	1. 避免连片种植该虫嗜食蔬菜 2. 集中处理老残叶蔓减少虫源 3. 利用诱虫黄板和粘蝇纸诱杀成虫 4. 单叶有幼虫5头时或幼虫2龄前（虫道很小）采用1.8%阿维菌素乳油、10%灭蝇胺悬浮剂等喷雾防治
豌豆潜叶蝇（*Phytomyza horticola* Gourean）（双翅目潜蝇科）	国外主要在非洲、美洲、大洋洲、欧洲和亚洲等地区有分布；在我国除西藏尚无该害虫的报道外，其他各省份均有分布。为多食性害虫，主要危害豌豆、蚕豆、莴苣、十字花科蔬菜等多种蔬菜，主要以幼虫潜叶危害，在叶片上形成虫道，严重时致叶片干枯	在华北1年发生4~5代，在南方1年发生12~18代，主要以蛹或幼虫在被害叶片内越冬，在华南地区终年繁殖，以春季危害较重。在北方越冬代成虫春季4月羽化出现，幼虫主要危害阳畦菜苗、豌豆及其他豆类蔬菜，5—6月危害最重，夏季气温较高时虫量减少，秋季虫量再次回升但危害较轻；有世代重叠现象。成虫白天活动，夜晚隐藏在隐蔽处。卵散产于幼嫩绿叶背面边缘的叶肉里，产卵处出现灰白点状斑痕。初孵幼虫随即向叶片内部潜食叶肉，形成曲折迂回虫道。虫道内虫粪呈点状排列，幼虫老熟后在虫道末端化蛹	防治方法参照美洲斑潜蝇

(续)

种类	分布和危害特点	生活史和习性	防治要点
黄脸油葫芦 [*Teleogryllus emma* (Ohmachi et Matsumura)]（直翅目蟋蟀科）	在我国分布极广，几乎各地都有，发生较多的省份有安徽、江苏、浙江、江西、福建、河北、山东、山西、广东、广西、贵州、云南、西藏和海南。为多食性害虫，喜食多种植物的叶片，咬成缺刻、孔洞	1年发生1代，以卵在土中越冬。在北京地区，越冬卵于4月底至5月下旬陆续孵化，4月下旬至8月初为若虫发生期，成虫于5月下旬起陆续羽化；10月上旬成虫产卵越冬；一般在6—8月是危害盛期。成虫昼伏夜出，有弱趋光性。雌雄同穴，善鸣好斗，有时自相残杀。雌虫交配后2～6 d开始产卵，卵产于杂草较多的向阳田埂等处的2 cm左右土层中。成虫寿命平均为145.3 d；若虫共6龄，若虫期为20～25 d	1. 选用炒熟的麦麸、米糠或南瓜、蔬菜，按1％用量取晶体敌百虫加少量水稀释均匀然后拌制毒饵，傍晚撒施洞穴附近诱杀 2. 因喜栖居于薄层草堆中，可在田间堆草诱集成虫和若虫，早晨进行捕杀。在小草堆中放入毒饵，效果更好 3. 在发生季节，人工进行捕杀

―― 思 考 题 ――

1. 小地老虎和黄地老虎的分布有何特点？简述小地老虎的越冬特点。
2. 简述小地老虎的主要习性。影响小地老虎大发生的主要因素有哪些？
3. 黏虫为何又称为剃枝虫和行军虫？其危害有何特点？
4. 黏虫在我国东部地区的发生危害有何规律？简述其季节迁飞特点。
5. 东亚飞蝗在我国分布有哪几个亚种？各亚种的分布有何特点？
6. 何为蝗区？简述我国蝗区的类型及特点。
7. 根治蝗灾的根本途径是什么？试分析其原因。
8. 草地螟的发生危害有何特点？影响草地螟大发生的主要因素是什么？
9. 温室白粉虱和烟粉虱的发生危害有何特点？20世纪80年代以来，温室白粉虱为什么在我国北方地区发生愈来愈重？
10. 美洲斑潜蝇危害有何特点？如何进行综合治理？
11. 简述黄脸油葫芦的生活史和防治技术。
12. 试选小地老虎、黏虫和东亚飞蝗三者之一为防治对象，设计一个综合治理方案。

第九章 水稻害虫

水稻是我国主要的粮食作物，播种面积占粮食作物播种总面积的 26%，产量占粮食作物总产量的 43%。危害水稻的害虫在我国已知的有 385 种，常见的有 30 多种；我国农作物重大害虫中，水稻害虫超过半数。

在这些害虫中按取食危害特点分类，可分为钻蛀危害类、吸食汁液和刮食叶肉类、咬食叶片呈缺刻或孔洞类、啃食叶肉残留表皮类、潜叶危害类、蛀食心叶和生长点类以及危害花、种子、幼芽和稻根类。

按危害性与普遍程度分类，可分为常年发生且危害严重（是我国水稻的重要害虫，例如三化螟、二化螟、大螟、褐飞虱、灰飞虱、白背飞虱、黑尾叶蝉、白翅叶蝉、稻纵卷叶螟、稻蓟马等）、局部发生但危害严重（例如川西盆地边缘的稻苞虫、广西的稻瘿蚊等）、局部地区有发生但危害较轻（例如稻负泥虫、稻铁甲虫，多发生于山区）、普遍发生但危害不重（例如稻双带夜蛾、稻眼蝶等）、间歇性大发生（例如黏虫；检疫性害虫，如稻水象甲，20 世纪 80 年代末在我国北方稻区始见，进入 21 世纪以来已扩散到西南、华中稻区）。

上述水稻害虫的主、次及发生分布格局不是一成不变的。这种变化随着全球大气候的变化、栽培制度和栽培技术的变革、品种的改良、新防治技术和新农药的利用等不断发生变化。

第一节 稻 蛀 螟

稻蛀螟通称水稻螟虫，俗称水稻钻心虫，我国稻区水稻螟虫有三化螟 [*Tryporyza incertulas* (Walker) 或 *Scirpophaga incertulas* (Walker)]、二化螟 [*Chilo suppressalis* (Walker)]、大螟 [*Sesamia inferens* (Walker)]、褐边螟 (*Catagela adjurella* Walker) 和台湾稻螟 [*Chilotraea auricilia* (Dudgeon)]，均属鳞翅目，除大螟属夜蛾科外，其他 4 种均属螟蛾科。前 3 种发生普遍，尤以三化螟和二化螟对水稻危害严重。后 2 种局部发生，危害较轻。

水稻螟虫皆以幼虫蛀入稻株茎秆中取食组织，致使苗期、分蘖期呈现枯心苗、孕穗期成为死穗苞，抽穗期出现白穗，黄熟期成为虫伤株。二化螟、大螟还可在叶鞘内蛀食，形成枯鞘。水稻受螟害后有一定的补偿作用，以分蘖临界期到最高分蘖期补偿能力强；分蘖期以后则无补偿作用。

三化螟属热带性昆虫，在国外分布于南亚次大陆、东南亚和日本南部；在我国南方稻区皆有分布，北方已达北纬38°，以沿海和长江流域平原稻区受害重。三化螟是单食性昆虫，在我国广大稻区，仅取食水稻。

二化螟属温带性昆虫，在我国分布北达黑龙江克山县，南至海南岛，东起台湾，西至云南南部和新疆北部的主要稻区。二化螟为多食性昆虫，主要寄主有水稻、茭白、甘蔗、高粱、玉米、小麦、粟、稗、慈姑、蚕豆、油菜、游草等。

我国水稻螟害与栽培制度关系密切，栽培制度由单纯改向复杂，三化螟种群趋于上升，二化螟凋落；反之由复杂改为单纯则有利于二化螟的发生而不利于三化螟。

一、稻蛀螟的形态特征

三化螟和二化螟的主要形态特征见表9-1和图9-1、图9-2。

表9-1 三化螟和二化螟的主要形态特征

虫态		三化螟	二化螟
成虫	体长	雄虫9 mm，雌虫12 mm	雄虫10~12 mm，雌虫12~15 mm
	翅展	雄虫18~23 mm，雌虫24~36 mm	雄虫20~25 mm，雌虫25~31 mm
	翅	前翅三角形，雌的呈黄白色，翅中央有1黑点；雄的呈灰黄色，翅中央有1小黑点，翅顶角有1列黑点组成的斜纹，外缘有1列7~9个小黑点；后翅灰白色或白色	前翅长方形，翅面有褐色不规则小点，外缘有7个小黑点；雄蛾前翅中央还有1个灰黑色斑点，下面有3个同色斑点；后翅白色
	卵	卵块似半粒霉豆，呈椭圆形；卵粒叠3层，初产时为乳白色，后渐变黑色，表面覆盖黄褐毛层	卵块由多个椭圆形扁平的卵粒排成鱼鳞状，外覆胶质；卵初产时为白色，后变茶褐色，近孵化时为黑色
老熟幼虫	体长	20~30 mm	20~30 mm
	体色	头为褐色，胸腹部为黄绿或淡黄色，背中线为暗绿色；前胸背板有新月形斑，或深褐色	头呈褐色，体背有5条棕红色纵线
	腹足	不发达，趾钩21~36个，为1行单序扁圆形	腹足较发达，趾钩51~56个，为1行三序环形
蛹	形状	瘦长，头顶钝圆	圆筒形
	体长	10~15 mm	11~17 mm
	体色	初为乳白色、黄白色，后变为淡黄褐色，有银色光泽	初化蛹体为白色至淡黄色，后变棕色，前期背面可见5条纵线
	其他	后足很长，雌伸达腹部5~6节处，雄达第7~8节，一般外覆薄茧	后足末端与翅芽等长，第10节末端近方形

二、稻蛀螟的生活史和习性

（一）三化螟的生活史和习性

在我国三化螟分布区内，每年发生的世代数，从南向北或从平原向高原逐渐减少，有2~7个世代的变异，在海拔1 800 m以上的地区1年发生2~3代；在长江流域以北至目前分布北限，1年发生3代；在长江流域中下游，1年发生3~4代；在华中大部、华东中南部、台湾北部、四川盆地、云贵高原一部分、广东、广西北部，1年发生4代；在北纬22°~25°，1年发生4~5代；在北纬20°~22°，1年发生5~6代；在海南岛东南沿海地区，

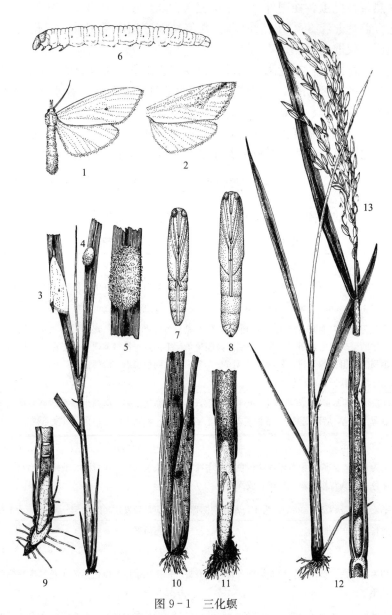

图 9-1 三化螟

1. 雌成虫 2. 雄成虫前后翅 3. 雌虫停息在稻叶上 4~5. 稻叶上的卵块 6. 幼虫 7. 雄蛹 8. 雌蛹 9. 幼虫在稻桩内过冬（部分剖开） 10. 幼虫咬的羽化孔 11. 在稻桩内化蛹状 12. 枯心苗 13. 白穗

（仿华南农学院）

1年发生7代。

三化螟以老熟幼虫在稻桩内越冬。越冬前体内含水量降低，脂肪量增加，体液变绿。随着气温的降低而向茎下钻行，蛀入土表稍下的茎节内，或吐丝附着在地下茎的内壁上，做丝隔保护自己，在其内越冬，丝隔可多至7~8层。越冬过程中体内脂肪量渐少，含水量上升。翌春气温在16℃时开始化蛹。

成虫多在夜间羽化，羽化后飞到秧田或本田交配产卵，性比约1∶1。成虫白天静伏，

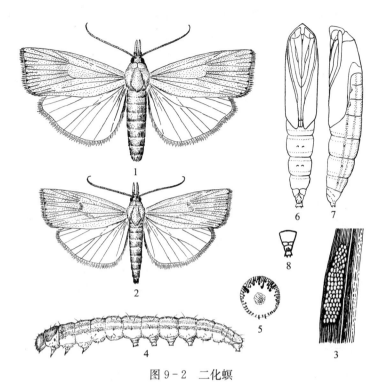

图 9-2 二化螟
1. 雌成虫 2. 雄成虫 3. 卵块 4. 幼虫 5. 幼虫腹足趾钩 6~7. 雌蛹 8. 雄蛹腹部末端
(1、2仿日本昆虫图鉴，5仿西北农学院，余仿浙江农业大学)

雌虫停于稻株的中上部，雄虫多隐于基部，晚上活动；飞行力与趋光性强，特别是无风、闷热的黑夜扑灯蛾数多，而明月、大风大雨夜扑灯的少。羽化后1~3 d交配，以晚22:00最盛；交配次数，雄蛾为1~5次，雌蛾为1~3次。交配后，次晚产卵，以第2~3天产卵量大，多数可产卵块3块以上，每个卵块含卵30~180粒。成虫有趋绿产卵的习性，故生长浓绿茂密、面积大的稻田着卵多。

卵块多产于植株上部2~3叶的叶尖部；第2代卵块在叶片正反面的分布略同，第3代卵块近2/3分布于叶背面。

蚁螟孵化以黎明和上午为多，初孵幼虫先咬破卵块上胶质和绒毛或咬破卵块底部叶片穿孔而出。蚁螟多先爬向叶尖，吐丝飘荡到附近稻株分散钻蛀，有的自上而下爬到稻茎基部近水面处，或落水面漂浮到其他植株，咬孔蛀入。普通一头蚁螟侵入一稻株，从孵出到侵入，平均需时40~50 min，这段暴露于稻株茎叶上的时间是利用触杀剂毒杀蚁螟的好时机，特别是要防止白穗产生的世代更是如此。从一个卵块孵出的幼虫，都在附近稻株侵害，因而田间形成枯心群（团）或白穗群。卵块密度大时，则各群连接成片。

蚁螟能侵入危害不同生育时期的水稻，分蘖期、圆秆期、孕穗期和破口期的侵入存活率分别约为81%、53%、75%和79%。不同的生育时期水稻受螟害，表现不同的被害状，苗期和分蘖期为枯心苗，圆秆期后为枯心苗，孕穗期为枯孕穗，出穗后为白穗、半白穗和虫伤株等。分蘖期、孕穗期和破口期有利于蚁螟侵入，对水稻产量影响较大。

幼虫在植株茎内可穿节危害，取食茎内白色柔嫩组织，大量取食前必先在叶和茎节部位做环状切断咬断大部分维管束，称为断环，不久稻株即出现青枯或白穗，幼虫于断环上方取食组织。幼虫有转株危害习性，一生转株1~3次，以3龄转株最盛；每次侵入一新稻株必定造成断环。转株多在蜕皮后不久，以夜间转株多，方式有多种，以负叶囊的最普通。叶囊是由幼虫卷合叶尖造成的，幼虫藏身于叶囊内，伸出头胸移动，找到新株后，在离水面2~3 cm处吐丝将叶囊固定于叶鞘上，幼虫随即钻蛀，整个过程约需2 h。三化螟各世代均以初孵幼虫入侵死亡率为最高，中后期幼虫转株死亡率次之；但影响种群数量的第1关键因素是转株死亡率，而初孵幼虫入侵死亡率次之。

幼虫龄数因地区不同而不同，长江流域以4龄为主，但南方常有相当多数量的5龄幼虫，甚至有6龄以上的。老熟幼虫大多数蛀食到稻茎基部10 cm以下做薄茧化蛹，化蛹时大多数头部向上，少数头部向下。化蛹前老熟幼虫在所处位置上方的稻茎上咬1个残留1层薄膜的羽化孔，成虫羽化后破膜而出。越冬幼虫只在稻桩内化蛹。蛹的历期与气温关系密切。早春越冬代蛹历期最长，可达18~20 d，而夏、秋季蛹期一般为8~10 d。

幼虫的化蛹进度和蛹的发育进度是预测预报的重要依据。根据蛹色（尤其是复眼的颜色）的变化，结合当时气温变化，可准确地推测出螟蛾的羽化日期，指导防治。

在25 ℃下三化螟各虫态的历期，卵为7.76~7.84 d，幼虫为25.34~26.58 d，蛹为10.85~11.93 d，成虫为4.74~5.20 d。

（二）二化螟的生活史和习性

二化螟在我国1年发生1~5代，在我国北纬44°以北的黑龙江哈尔滨，1年发生1代；在北纬32°~36°的陕西（南郑）、河南（信阳）、安徽（皖北）、湖北（鄂北）、四川（半高地区）和江苏（苏北）等地，1年发生2代；在北纬26°~32°的长江流域稻区，例如四川（南部）、湖北（中部和南部）、湖南、安徽（南部）、江西、浙江、福建（东北部）等地，1年发生3~4代；在北纬20°~26°的福建（南部）、江西（南部）、湖南（南部）、广东、广西等地，1年发生4代；在北纬20°以南的海南岛，则每年发生5代；在地势复杂的云南、贵州高原地带，因受海拔高度和温度的影响，1年发生2~4代。

二化螟以4~6龄幼虫在稻桩、稻草、茭白、野茭白、三棱草及杂草中越冬。越冬幼虫抗低温力强。越冬幼虫体外无茧，稻茎上无丝隔，活动力强，环境不适即可迁移。到春季在稻桩中越冬的未成熟幼虫（4~5龄），还会爬出转移蛀入麦类、蚕豆、油菜的茎秆内危害，并在茎秆内化蛹成蛾。化蛹起点温度比三化螟低，春季气温达11 ℃时，越冬幼虫开始化蛹。越冬幼虫化蛹的特点是：一旦环境条件适宜各龄幼虫均能直接化蛹，在温度与光照变化相同的情况下，领先进入始盛蛹的不是6~7龄虫群体，而是5龄虫群体。所以影响越冬代化蛹进度的不是虫龄分布，而是气候条件。

由于二化螟越冬环境复杂，越冬幼虫化蛹、羽化时间很不整齐，一般在茭白中因营养丰富，越冬的幼虫化蛹、羽化最早，稻桩中次之，再次为油菜和蚕豆，稻草中最迟，田埂杂草比稻草更迟，其羽化期依次推迟10~20 d。所以越冬代发蛾期很不整齐，常持续2个月左右，从而使其他各代发生期也拉得很长，形成多次发蛾高峰，造成世代重叠现象，给预测预报和防治工作都带来困难。

二化螟成虫的习性和飞行力，大致与三化螟相似，白天潜伏于稻丛基部及杂草中，夜间活动，趋光性强。灯下诱得的雌蛾比雄蛾多，而雌蛾多是未产过卵或未产完卵的。成虫羽化后当晚或次晚交配产卵。雌蛾喜在叶色浓绿及粗壮高大的稻株上产卵，所以杂交水稻的受害程度重于常规品种。每雌蛾产2~3个卵块,每个卵块有卵40~80粒,每雌能产卵100~200或以上。成虫平均寿命,在22.2℃时为4~5 d,在29.4℃时为2~3 d。

成虫产卵位置,各代均以叶片为主,占96.9%~99.0%,产在叶鞘上的为极少数。卵多产于叶片的下半部,产于叶背面的卵更靠近叶基部,产于正面的距基部较远。产卵叶位和在叶上的位置因世代和水稻生育时期的不同而有变化,水稻生育程度高的,产卵叶位也高,例如分蘖期产于1~3叶,圆秆以后产于2~5叶;苗期叶正面卵分布多,以后叶背面卵分布渐多。

蚁螟孵出后,一般沿稻叶向下爬行或吐丝下垂,从叶鞘缝隙侵入,或在叶鞘外面选择一定部位蛀孔侵入。蚁螟侵入危害与水稻生育时期的关系,虽不如三化螟那样显著,但其侵入多寡和侵入后的存活率仍随水稻生育时期不同而有一定的差异。一般分蘖期和孕穗期侵入率和存活率都高,而圆秆期以后则较低。二化螟侵蛀水稻能力比三化螟强,圆秆期侵入率也较高,抽穗成熟期也能侵蛀危害。

水稻从秧苗期至成熟期,都可遭受二化螟的危害。其被害症状,随水稻生育时期的不同而有差异。蚁螟孵化后,首先群集在叶鞘内危害,蛀食叶鞘内部组织,一个叶鞘内有虫少则几头,多则百余头,被害叶鞘成水渍状枯黄,形成枯鞘。2龄以后幼虫开始蛀入稻株内部食害,在分蘖时期,咬断稻心,造成枯心苗。孕穗期危害造成死孕穗,抽穗期危害造成白穗,乳熟期至成熟期危害造成虫伤株。虫伤株的外表与健穗虽无甚差别,但会造成大量瘪谷,影响产量。

二化螟幼虫第1代多为6龄,第2~3代多为7龄。幼虫期,在平均温度23℃时为44.4 d,在28℃时为35.6 d,在30℃时为30.5 d。

越冬代老熟幼虫在稻桩和稻草中化蛹,其他各代在稻茎内或叶鞘内化蛹。化蛹前在寄主组织内壁咬1个羽化孔,仅留1层表皮膜,羽化时破膜而出。蛹期生理转化旺盛,耗氧量大,灌水淹浸,会引起蛹大量死亡,可利用这一点,在幼虫即将化蛹时,结合水稻生长需要,先排水降低水位,使幼虫在稻株基部出蛹,然后再灌水3~4 d,越冬代淹水10 d,可使大部分蛹淹死。蛹期,在平均气温20℃为13.5 d,在25℃时为9 d,在28℃时为7.1 d,在30℃时为6.6 d。

三、稻蛀螟的发生与环境的关系

(一)气候对稻蛀螟的影响

三化螟各虫期的适宜温度范围是20~27.5℃,卵孵化的适宜温度为20~27.5℃,蚁螟侵入的适宜温度为20~35℃,蚁螟生长的适宜温度为22.5~27.5℃,幼虫化蛹和羽化的适宜温度为20~32.5℃,产卵的适宜温度为22.5~27.5℃。卵、幼虫和蛹的发育起点温度分别是16.0℃,12.0℃和15.0℃,卵期、幼虫期和蛹期的有效积温分别为81.1 d·℃、507.2 d·℃和103.7 d·℃,1个世代的有效积温是692.0 d·℃。越冬期间不同月的三化螟越冬幼虫的发育起点温度和有效积温是有变化的,它们随着时间的推移而呈下降趋势。温度对三化螟的世代数和危害的影响最为显著。16℃以上的温度属于该虫发育的有效温度,春季气温回升到16℃以上的日期来得越早,有效积温也越高,每年发生世代数就越多。春季低温多雨时,越冬幼虫化蛹和羽化延迟,发生量减少;反之,春季温暖干燥,越冬幼虫化蛹和羽化会提早,发生量增多。越冬场所过于干燥,对三化螟不利,不仅会推迟化蛹,而且有致死作用。稻桩被翻出、曝晒时，其中幼虫和蛹极易干死。冬季低温对三化螟越冬幼虫的存活有一定的影响，1月低温达−4～−20℃的条件下，持续2～3 d，三化螟越冬幼虫死亡率达95%。三化螟卵在42℃以上和17℃以下超过3 h都不能孵化，相对湿度60%以下亦不能孵化。温暖潮湿对蚁螟的孵化和侵入有利，但超过40℃时，侵入率降低；侵入后气温高、水温高时，枯心苗内幼虫极易死亡。其他因子例如降水量对三化螟的世代数与危害程度有影响。

二化螟卵的发育起点温度和有效积温分别为11.8℃和83.5 d·℃，全幼虫期的发育起点温度和有效积温分别为9.8℃和567.6 d·℃，预蛹的发育起点温度和有效积温分别为12.8℃和50.7 d·℃，蛹的发育起点温度和有效积温分别为10.9℃和118.9 d·℃，成虫产卵前期的发育起点温度和有效积温分别为14.6℃和30.1 d·℃，全世代（雌）的发育起点温度和有效积温分别为10.7℃和811.5 d·℃。

二化螟卵适宜的孵化温度为23～26℃、相对湿度为85%～100%；12℃以下不能孵化，温度过高（33℃）或过低（10℃）对胚胎发育都有影响，尤其胚胎发育前阶段影响更为显著。春季温暖湿度正常时，二化螟幼虫死亡率低，发生期早，数量多，危害重；春季低温多雨时，延迟发生。夏季高温（30℃以上）干旱对二化螟幼虫发育不利。温度在35℃以上时，羽化的蛾多成畸形，幼虫不能孵化出壳；稻田水温持续几天在35℃以上时，幼虫死亡率可达80%～90%。因此温度较低的丘陵山区发生严重。据安徽的研究，7—10月为引起种群数量年变化的关键，7—8月的平均温度为引起种群变化的主导因子。

夏秋季台风暴雨、稻田受浸，稻株内的幼虫和蛹会大量死亡。在螟蛾或蚁螟盛发期，暴风雨亦有抑制作用。

短日照是诱发三化螟、二化螟滞育的主要因子。三化螟卵和各龄幼虫均有一定感应光周期的效应，3龄幼虫是光周期反应的重要感应虫期。两种螟虫的临界光长为13 h左右。低温有促进滞育的作用，高温则有抑制作用，不过温度只起修饰作用。

（二）食料对稻蛀螟的影响

水稻是影响水稻螟虫发生和危害的极其重要的因素。螟害程度的轻重，一是取决于螟虫的数量，二是取决于水稻的危险生育时期即分蘖期和孕穗期。若两者相配合，螟害发生严重。

不同的水稻生育时期，招引三化螟蛾的能力不同，因而在不同类型的田块，卵块的分布不平衡，本田多于秧田，分蘖期和孕穗期特别产卵多，可比其他生育时期多数倍甚至数十倍。研究表明，秧苗期对螟虫入侵危害有明显的抑制。

水稻品种和长势亦与吸引螟蛾产卵有关，施氮肥多、生长茂密、叶片宽大的产卵多，水育秧田多于旱育秧田，杂交水稻受害重于常规稻。不同的水稻生育时期对螟虫的存活率、发生速度和繁殖力有不同影响。秧苗内生长的幼虫，其存活率比本田低30%～50%，发育速度亦慢，且化蛹很少。移栽返青期幼虫死亡率高。本田各生育时期，对幼虫营养状况不同，幼虫发育速度差异很大。

二化螟食性杂，寄主多，不同寄主间营养状况不同，都会影响二化螟的发生期和发生量，例如以茭白或野茭白为食料的发育速度快，发生期比水稻为食料的早，甚至可增加1个世代，雌蛾寿命长，产卵量比以水稻为食料的多1～2倍。

水稻栽培制度（包括水稻茬口、品种布局、栽培方式和栽插期）与水稻螟虫种群数量的消长和危害有密切的关系，具体体现在凡是使水稻分蘖期和孕穗期与螟虫盛孵期相遇、种植结构复杂、布局混乱而为螟虫提供过渡桥梁田的耕作类型，螟虫种群数量大，水稻受害重，三化螟由于食性单一尤为突出。

我国水稻栽培制度和相应的螟害情况各地有较大差异，大体上可分以下几种类型。

1. 早稻、中稻、晚稻混栽 混栽为螟虫提供了桥梁田，有利于螟害的发生，又可分为以下两种情况。

① 以中稻为主，迟中稻田比例大，推广了杂交水稻及多蘖壮秧技术的区域，3 种螟害（三化螟、二化螟和大螟）都重。中稻迟栽迟熟田面积越大，第 2 代二化螟和第 3 代三化螟危害越重。

② 以双季稻为主，中稻迟熟面积很小的地区，由于压低了虫源，桥梁田少，第 1 代虫不易找到适宜的产卵和繁殖场所，第 3 代三化螟危害呈下降的趋势。

2. 双季稻集中区 在双季稻集中区，三化螟危害呈下降趋势，这是因为第 2 代三化螟盛蛾期正值早稻齐穗期，适宜的产卵繁殖和生存的场所少，故晚稻螟害轻。若这个地区小春干田面积大，特别是麦稻稻、油稻稻田的面积大，则有效虫源大，二季晚稻的螟害加重，第 3 代和第 4 代三化螟和大螟发生量大。双季稻区栽插早的矮秆粗壮早稻品种受第 1 代二化螟危害重。

3. 一季稻地区 一季稻地区主要为丘陵、山区和气温低的稻区，以三化螟或二化螟危害迟栽迟熟的中稻为主，第 2 代和第 3 代危害较重，早栽水稻则受二化螟第 1 代的危害。

改变水稻播栽期，使它与螟虫配合的关系发生改变，对螟害程度有影响。例如江苏早稻早播早栽，常能避过第 2 代蚁螟盛孵期，螟害减轻，中稻早栽也有可能减轻第 2 代和第 3 代螟害。四川适时栽插的中稻受螟害轻，而迟栽的重。广东中部双季稻区，晚稻切忌过早移植，否则螟害重，大暑后移植则危害轻。

许多栽培技术都影响螟害程度，例如稻种混杂、生长不齐时，易受螟害时间拖长，螟害加重；壮秧移植时，返青、分蘖、抽穗、成熟均可提早，能减轻螟害。肥水管理得当时，水稻生长健壮整齐，螟害轻；管理不当时，稻株不及时转色，螟害加重。双季早稻及时收割，随即翻耕灭茬，可减少次代螟虫的发生量并缩短其发生期。

（三）天敌对稻蛀螟的影响

螟虫的天敌种类很多，对抑制其发生数量有一定的作用。天敌中捕食性的有青蛙、蜻蜓、步行虫、隐翅虫、虎甲、蜘蛛、鸟类等，属于寄生性的有各类寄生蜂、病原微生物，其中已知最重要的是卵寄生蜂和早春时期使疫病流行的病原微生物例如白僵菌，有些地方线虫亦相当重要。

卵寄生蜂有稻螟赤眼蜂、等腹黑卵蜂、长腹黑卵蜂和螟卵啮小蜂等 4 种。赤眼蜂有复寄生，而黑卵蜂则无。螟卵啮小蜂为寄生性兼捕食性。寄生三化螟幼虫的寄生蜂主要有中华茧蜂等 8 种，还有褐腹瘦姬蜂等 11 种姬蜂。

四、稻蛀螟的虫情调查和综合治理技术

（一）稻蛀螟虫情调查的内容和方法

水稻螟虫的调查参照《水稻二化螟测报调查规范》（GB/T 15792—2009）进行。主要内容如下。

1. 灯光诱测 于越冬代幼虫始盛蛹后 1 周开始,至该年末代螟蛾终见后 1 周停止;每天天黑起开灯,次日天亮关灯。按螟种分别记载灯下诱集的雌蛾和雄蛾数及气象情况。诱蛾灯位置应常年固定,使历史资料具可比性。

2. 螟害率和虫口密度调查 按水稻类型、品种、栽插期、抽穗期或按螟害轻、中、重分成几个类型,每类型选择有代表性的田 3 块,每块田用平行跃进法取样 200 丛,记载被害株数;将被害株连更根拔起剥查,记载其中的幼虫数、蛹数、活虫数和死虫数。同时调查 20 丛稻的分蘖或有效穗数;测量 10 个行距和丛距。推算各田螟害率和虫口密度,再可推算出平均螟害率和虫口密度,例如

$$枯鞘率=[查得枯鞘数/(20\text{丛分蘖数}\times 10)]\times 100\%$$

$$每公顷活幼虫数=每公顷稻丛总数\times 查得活幼虫数/200$$

3. 发育进度调查 发育进度调查从各代化蛹始盛期前开始,至盛末期止,每隔 3~5 d 查 1 次。如上选各类型田 2~3 块,在选中田中连根拔起被害株剥查,每次剥查活虫 50 头以上。分别记载各龄幼虫数、各级蛹数,计算各龄幼虫及各级蛹所占比例。

4. 卵块密度和孵化进度调查 如上各类型田各选代表 2 块,每块固定 500~1 000 丛,秧田调查 10~20 m^2,在各代蛾始盛期、高峰期和盛末期后 2 d 各调查 1 次卵块密度和孵化进度。记载卵块数,推算单位面积卵块密度。将着卵株连根拔起,按类型田分别栽于田角,每天下午定时观察 1 次,至全部卵孵化止,记载孵化卵块数,计算当天孵化率和总孵化率。

(二)稻蛀螟的综合治理技术

水稻螟虫的防治,应根据螟虫的发生规律和水稻栽培制度及生长情况,采用防、避、治的综合治理措施;药剂防治则采取挑治轻害代、普治重治重害代的办法。

1. 消灭越冬虫源,压低虫口基数,控制第 1 代螟虫发生量 水稻收割后及时翻耕灌水淹没稻桩,杀死稻桩内幼虫;清除冬季无水作稻田内的稻桩;春前处理完玉米、高粱等二化螟、大螟寄主稿秆;次春及早翻耕灌水灭蛹,铲除田边杂草。

2. 调整水稻布局,改进栽培技术 在保证高产前提下,采取调整品种布局、改单双混栽的布局为大面积双季稻或一季稻,减少三化螟辗转增殖危害的桥梁田。选择螟虫少的田块作为绿肥留种田。采用纯种、适时栽插、加强田间管理等措施,使水稻生长整齐,令螟虫盛发期与水稻分蘖期及孕穗期错开。培育、选用优良抗虫品种,合理用肥,避免氮肥过量。

3. 人工防除及设置诱杀田 结合中耕除草,人工摘除卵块,拔除枯心株、白穗株;在大面积稻田中,以 5%~10% 的田提前栽插,加强肥水管理,使生长茂盛,诱集大量螟蛾产卵,集中消灭。

4. 生物防治

(1)保护天敌 着重合理用药,减少药剂杀伤天敌以发挥天敌的自然控制螟害的作用。与采摘卵块相结合,将摘回卵块放在寄生蜂保护器内,既可减少虫源,又可促进寄生蜂群落的回升。

(2)微生物农药的利用 例如用杀螟杆菌(每 500 g 菌粉含 2.6×10^{10} 孢子)防治三比螟,每公顷用土法生产产品 1.5 kg 左右或工业产品 280~500 g,混合少量化学农药,在广东、广西有的县曾收到良好效果。

(3)性诱剂防治 将初羽化的雌蛾 5 头左右,放在网笼内,网笼放在水盆架上,离水面

3~4 cm。水中适量放入洗衣粉以降低表面张力,晚间放到田间可引诱大量雄蛾飞来落水而死。人工合成性诱剂的试验,也在进行,有的通过生物测定已取得一定效果。

5. 药剂防治 二化螟的防治指标常以枯鞘率来确定。单季稻二化螟的防治指标,第1代早稻为7%~8%,常规中稻为5%~6%,杂交稻为3%~5%;第2代各类水稻均为0.6%~1.0%。据重庆的经验,防治二化螟一般在初见枯心时施药,可以有效地消灭幼虫在3龄以前。关于秧田的防治指标,据西南农业大学研究,四川杂交稻和常规中稻混栽地区,当蚁螟盛孵期,枯鞘率达0.1%以上时,应进行防治。对于大螟,凡处于孕穗期的水稻,用查"白穗斑"(剑叶鞘内侧的卵块隐迹)来确定施药日期。

常用药剂种类有氯虫苯甲酰胺、甲维盐、阿维菌素、茚虫威等,但需科学使用,以防螟虫抗药性的产生。

第二节 稻飞虱

稻飞虱又称为稻虱,别名火蜢、火旋、化秆虫等,属半翅目飞虱科。我国危害水稻的飞虱主要有3种:褐飞虱 [*Nilaparvata lugens* (Stål)]、白背飞虱 [*Sogatella furcifera* (Horvath)] 和灰飞虱 [*Laodelphax striatellus* (Fallén)]。其中以褐飞虱发生和危害最重,白背飞虱次之。20世纪70年代以来,由于栽培制度的变更,高产耐肥品种尤其是杂交水稻的大面积推广以及氮肥和化学农药的大量使用,稻飞虱的危害逐年加重,已成为亚洲水稻产区的头号害虫。

稻飞虱分布很广,我国各稻区都有发生,3种飞虱由于食性及对温度的要求和适应性的不同,在地理分布和各稻区的发生危害情况也有所不同。褐飞虱为南方性种类,在长江流域以南各地发生危害较重,云南、贵州、四川和重庆4个省份则主要分布在海拔1 700 m以下稻区。白背飞虱分布比褐飞虱广,但仍以长江流域为主,北方稻区亦偶尔猖獗危害。灰飞虱属广跨偏北种类,几乎全国各地都有分布,但以华东、华中、华北、西南等地发生危害较重,华南稻区发生较少。

褐飞虱食性单一,在自然情况下,其寄主仅有水稻和普通野生稻。白背飞虱的寄主植物有水稻、白茅、早熟禾、稗等。灰飞虱寄主植物有水稻、大麦、小麦、看麦娘、游草、稗、双穗雀稗等。

稻飞虱成虫和若虫都能危害,在稻丛下部刺吸汁液,消耗稻株养分,并从唾液腺分泌酚类物质和多种水解酶,引起稻株中毒萎缩。稻飞虱产卵时,其产卵器能划破水稻茎秆和叶片组织,使稻株丧失水分,另外由于刺吸取食,可在稻株上残留很多不规则的伤痕,影响水分和养分的输送,同化作用因而减弱。水稻严重受害时,稻丛基部常变黑发臭,甚至整株枯死。水稻孕穗至抽穗期受害后,稻叶发黄,植株矮小,或形成死孕穗,影响抽穗或结实率;乳熟期田间常因严重受害而呈点片枯黄,甚至成片倒伏,造成谷粒千粒重下降,瘪粒增加,甚至颗粒无收。另外,稻飞虱的分泌物常招致霉菌的滋生,也影响水稻的光合作用和呼吸作用。

灰飞虱除本身危害水稻以外,尚可传播水稻矮缩病、条纹叶枯病、小麦丛矮病、玉米粗缩病等。褐飞虱在我国台湾和东南亚各国能传播草丛矮缩病。另外,飞虱危害的伤口常是小球菌核病直接侵入稻株的途径。

一、稻飞虱的形态特征

3种稻飞虱的形态比较见表9-2和图9-3、图9-4。

表9-2　3种稻飞虱的主要形态特征

虫态	特征	灰飞虱	白背飞虱	褐飞虱
成虫	体长	雄虫为3.5 mm 雌虫为4.0 mm 短翅型雌虫为2.6 mm	雄虫为3.8 mm 雌虫为4.5 mm 短翅型雌虫为3.5 mm	雄虫为4.0 mm 雌虫为4.5～5.0 mm 短翅型雌虫为3.8 mm
	体色	雄虫灰黑色，雌虫黄褐或黄色，短翅型雌虫淡黄色	雄虫灰黑色，雌虫和短翅型雌虫灰黄色	褐色、茶褐色或黑褐色
	主要特征	雄虫小盾片黑色，雌虫小盾片淡黄色或土黄色，两侧有半月形的褐色或黑褐色斑	头顶突出，小后片两侧黑色，雄虫小后片中间淡黄色，翅末端茶色；雌虫小后片中间姜黄色	头顶较宽，褐色，小盾片褐色，有3条隆起线，翅浅褐色
卵	卵长	0.75 mm	0.80 mm	0.89 mm
	卵形	茄子形	尖辣椒形	香蕉形
	卵块主要特征	2～5粒，前部单行，后部挤成双行，卵帽稍露出	5～10粒或更多，前后呈单行排列，卵帽不露出	10～20粒或更多，呈行排列，前部单行，后部挤成双行，卵帽稍露出
3～5龄若虫	体长	1.5～2.7 mm	1.7～2.9 mm	2.0～3.2 mm
	体色	乳白色、淡黄色等	石灰色	黄褐色
	主要特征	胸部中间的纵带变成乳黄色，两侧显褐色花纹，第3～4腹等节背面有八字形淡色纹，腹末较钝圆，翅芽明显	胸部和腹部背面有云纹状斑纹，腹末较尖，翅芽明显	腹背第3～4节白色斑纹扩大，第5～7节各有几个山字形浓色斑纹，翅芽明显

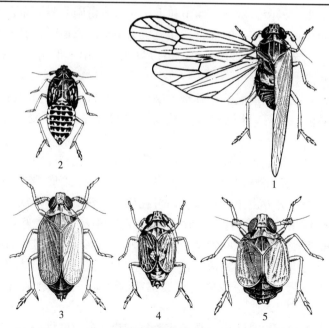

图9-3　褐飞虱

1. 长翅型雄虫　2. 5龄若虫　3. 长翅型雌虫　4. 短翅型雄虫　5. 短翅型雌虫

（仿西北农学院）

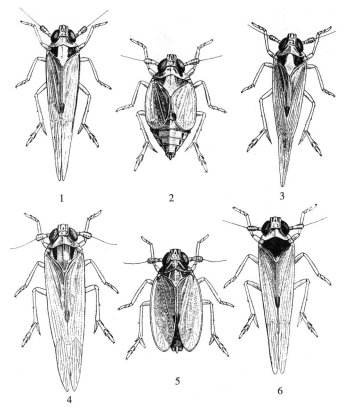

图 9-4　白背飞虱和灰飞虱

1～3. 白背飞虱（1. 长翅型雌虫　2. 短翅型雌虫　3. 长翅型雄虫）　4～6. 灰飞虱（4. 长翅型雌虫　5. 短翅型雌虫　6. 长翅型雄虫）

（仿西北农学院）

二、稻飞虱的生活史和习性

（一）褐飞虱的生活史和习性

1. 发生世代　褐飞虱完成 1 世代的起点温度为 11.7 ℃，有效积温为 401.5 d·℃。在 25～26 ℃下，卵和若虫的历期分别平均为 7.4 d 和 14.9 d；在 26～28 ℃下，短翅型成虫产卵前期为 2～3 d，长翅型成虫的产卵前期为 3～5 d，成虫寿命为 15～25 d。在发生期间，一般约经 1 个月完成 1 个世代，北纬 19°以南褐飞虱可终年繁殖，每年可发生 13 代左右，其他地区随迁入期早迟、总有效积温高低和栽培制度差别而有所不同。

2. 越冬及初次虫源　褐飞虱系南方性害虫，越冬分布大体以 1 月 12 ℃等温线、冬季极端低温不低于 2～3 ℃为界线。褐飞虱在我国的越冬情况可划分为 3 个地带：①安全越冬带，为北纬 21°以南、1 月平均温度 16 ℃以上的地区，褐飞虱终年繁殖，无越冬现象；②少量间歇越冬带，为北纬 25°左右、1 月平均温度为 10～16 ℃的地区，暖冬年份各虫态能在再生稻、落谷自生苗上存活，但数量极少，不能成为次年的主要虫源；③不能越冬地区，为北纬 25°以北、1 月平均温度低于 10 ℃的地区，初次虫源皆非本地虫源。

3. 迁飞　褐飞虱为迁飞性昆虫，在我国广阔的稻区内有明显的同期突发现象。研究表明，我国南方稻区越冬虫量极少，主要虫源来自亚洲中南半岛，最初的虫源地在湄公河三角洲，直接迁出地为红河三角洲。在3月下旬至5月，褐飞虱随西南气流由虫源地迁入，降落在广东和广西的南部和西南部及云南南部。在上述地区早稻上繁殖2~3代，于6月早稻黄熟时向北迁飞，主降在南岭发生区（北回归线以北至北纬26°~28°）；7月中下旬从南岭区迁入长江流域及以北地区，可达北纬36°~37°的山东半岛及更北的地区；9月中下旬至10月上旬，当我国北方中稻黄熟收获时则随东北气流向南回迁。飞虱的迁飞主要是依靠气流，因此随着各年气候的变化其迁飞的路线有所变化，且迁飞的过程中，随时都可随下沉气流或降雨而降落。褐飞虱种群的大多数个体在黄昏起飞，其起飞降落过程基本不受垂直气流的影响。

4. 生活习性 褐飞虱为单食性昆虫，仅取食水稻。成虫和若虫喜阴湿，怕直射阳光，一般都在稻丛下部叶鞘上群集取食、产卵、栖息，但当虫口密度大、下部食料恶化时亦可移至叶面或穗颈上取食和产卵。

短翅型成虫是定居型、繁殖型，不能飞，繁殖力强，寿命长，产卵量比长翅型多1~2倍。短翅型数量增多是造成严重危害的预兆。长翅型能飞、善跳，但产卵量少，长翅型成虫的发生，说明飞虱将大量迁移。褐飞虱对植株营养状况改变的反应很灵敏，黄熟期水稻诱导长翅型分化。

成虫于晚上和清晨羽化，不久即可交配，雌成虫和雄成虫均能发出由寄主茎秆传播的鸣声，用于交尾前的个体间通信。成虫有趋光性和趋绿性。成虫产卵部位随水稻生育时期变化而转换，在青嫩的稻株上产于叶鞘中央肥厚处较多，在水稻衰老时产于叶片基部中脉组织内较多，产卵痕迹初呈黄白色，后渐变为褐色条斑。每雌可产卵360~700粒。

（二）白背飞虱的生活史和习性

白背飞虱和褐飞虱一样，属于迁飞性害虫。但越冬范围比褐飞虱稍广，其越冬北界在北纬26°左右，我国初期虫源主要由热带地区迁来。其每年发生世代常随纬度降低和气温的上升而增多，1年可发生2~8代。成虫初次迁入期，从南向北推迟，有世代重叠现象。

白背飞虱在生活习性上与褐飞虱十分相似。白背飞虱雌虫亦有长翅型和短翅型的分化，但雄虫仅为长翅型，未发现有短翅型雄虫。白背飞虱长翅型成虫的飞翔力强，在长距离迁飞过程中可穿越锋面气流而波及较远，其1次迁飞范围比褐飞虱广。雌虫繁殖能力比褐飞虱低，一般一头雌虫可产卵85粒左右，田间每代种群增长倍数较低，为2~4倍。白背飞虱群集拥挤的习性较差，田间虫口密度稍高时即迁飞转移。雌虫除产卵于水稻植株外，尚喜在稗草上产卵。成虫和若虫栖息部位较高，并有部分低龄若虫可在幼嫩心叶取食。

白背飞虱在23.7℃和30.1℃时，卵历期分别为9.5 d和6.3 d；在21℃和29℃时，若虫期分别为29.8 d和18.1 d；成虫寿命为14~20 d。

（三）灰飞虱的生活史和习性

灰飞虱抗寒力和耐饥力强，1年发生7~8代，在我国各发生地区均可安全越冬。灰飞虱在南方稻区可以若虫、成虫或卵在麦田、绿肥田及田边、沟边禾本科杂草或再生稻上越冬；在华北等北方稻区则以若虫在田边草丛、稻根丛或落叶下越冬，并以背风向阳、温暖、潮湿处最多。在南方稻区，越冬虫态常3月开始活动，从越冬场所迁入已萌芽的草地和麦田。第1代成虫于5月中下旬羽化，以长翅型成虫占优势，迁入早稻秧田和早栽大田繁殖危害。在华北稻区，越冬若虫于4月中旬至5月中旬羽化，迁向发育期推迟而幼嫩的麦田产卵繁殖，第1代成虫于5月下旬至6月中旬羽化，迁入水稻秧田和早栽大田以及玉米田繁殖。

灰飞虱寄主范围广，不耐高温且喜通透性良好的环境；在田间生长嫩绿的稻田成虫数量多。卵一般产于寄主下部叶鞘内，少数产于叶片中肋基部和嫩茎内。在稻田，成虫可在稗上产卵，在麦田内有时在看麦娘上的产卵量高于麦株。少数灰飞虱成虫亦可随气流远距离迁飞。

灰飞虱在21～26℃时，卵期为7～11 d；在22～23℃时，若虫期为18 d；在18～30℃时，成虫寿命为8～30 d。

三、稻飞虱的发生与环境的关系

稻飞虱在1年中发生的早迟、轻重与迁入时期、迁入虫量、气候条件、食料和天敌有密切的关系。若迁入早、虫量大、气候及食料条件适宜、田间短翅型成虫比例高、数量大、天敌控制力不足则常暴发成灾。

（一）稻飞虱的迁入期和迁入量

褐飞虱和白背飞虱是迁飞性害虫，当年的发生情况直接与初始虫源的迁入期和迁入量有关。迁入主峰早，基数大，则稻飞虱发生早、主害代发生量大，危害严重。虫源地稻飞虱的发生情况会直接影响迁入地的稻飞虱的发生。

（二）气候对稻飞虱的影响

1. 温度对稻飞虱的影响 褐飞虱生长发育的适宜温度为20～30℃，最适范围为26～28℃，高于30℃或低于20℃对成虫繁殖、卵孵化和若虫的生存都有不利的影响，因此一般盛夏不热，而晚秋温度偏高则有利于褐飞虱的发生。

白背飞虱对温度适应范围较广，在30℃高温和15℃较低的温度下都能正常生长、发育。灰飞虱则耐低温能力强，而对高温的适应性差，其发育最适温度在25℃左右。冬季低温对灰飞虱越冬若虫不会造成很大死亡，但夏季高温对其发育、繁殖和生存都不利，这在南方稻区十分明显。

2. 雨水和湿度对稻飞虱的影响 褐飞虱和白背飞虱属喜湿的种类，因此多雨及高湿（相对湿度在80%以上）对其发生有利。6—9月降雨日多、雨量适中特别有利于褐飞虱的发生，尤其在6月底至7月上旬卵盛孵期，若雨日多、降雨强度小，虫口数量可数十倍地增长；若7月中旬后突然干旱，预兆当地可能暴发成灾。但大暴雨对稻飞虱有冲刷作用。湿度偏低有利于灰飞虱发生。因此一般在生长茂密的田中和长期有水的田块，有利褐飞虱和白背飞虱发生。田边及通风透光良好田块，有利灰飞虱发生。干旱对白背飞虱不利，洪涝对褐飞虱不利，淹水使褐飞虱的卵孵化率明显下降，尤其是淹水和高温的互作可杀死稻株内的绝大部分褐飞虱卵。淹水能使褐飞虱的取食量、产卵量和生殖率都明显下降。同时，淹水使稻株内游离氨基酸含量明显下降，总糖含量明显增加，从而对褐飞虱的生长发育不利。虫源地的降水量对我国褐飞虱和白背飞虱的迁入量有决定性的影响。

3. 全球气候异常对稻飞虱的影响 有研究认为，稻飞虱的发生与厄尔尼诺-南方涛动事件（ENSO事件）有关。研究结果表明，在南方涛动强烈异常的当年，我国褐飞虱将为大发生年；在厄尔尼诺或拉尼娜事件的当年，为中到大发生年；在厄尔尼诺-南方涛动事件的间歇期，为轻发生年。

（三）食料对稻飞虱的影响

在水稻不同生育阶段，以孕穗至开花期间的水稻对褐飞虱的生长发育和繁殖最为有利，此时水稻植株中水溶性蛋白含量高，田间虫口密度迅速上升。而白背飞虱则以水稻分蘖期和孕穗至抽穗前最适宜。稻飞虱的大发生取决于短翅型成虫出现的迟早和数量的多寡。营养条件适宜或虫口密度小时，短翅型成虫数量增加，反之，则长翅型成虫数量增加。大量短翅型成虫的出现是稻飞虱大发生的预兆。

水稻对稻飞虱的抗性差异为野生稻＞常规稻＞杂交稻；粳稻对褐飞虱敏感，对白背飞虱较有耐虫性。近年来矮秆、耐肥、杂交品种的推广和耕作制度、栽培技术的变革，对稻飞虱的发生影响较大，尤其是使褐飞虱的发生和危害明显上升。水稻迟栽可导致稻飞虱种群增大，直播可使褐飞虱和灰飞虱猖獗，偏施氮肥和过度密植亦有利于稻飞虱的发生；而免耕法则可发挥飞虱天敌的控制作用。

(四) 农药对稻飞虱的影响

国内外大量研究证明，大量使用农药是20世纪70年代以来稻飞虱猖獗的主要原因之一。已证明不少化学杀虫剂有诱导褐飞虱再猖獗的作用，其诱导作用表现在以下几个方面：①刺激褐飞虱的生殖力，提高产卵量和雌虫比例；②增加褐飞虱的取食率；③不合理地大量使用、长期使用单一农药、施用方法不当等都会破坏稻飞虱与天敌、稻飞虱与竞争种间的生态平衡，增强稻飞虱的抗药性，导致稻飞虱的猖獗。

(五) 天敌对稻飞虱的影响

稻飞虱的天敌种类很多，对稻飞虱有很大的控制作用。常见的捕食性天敌有蜘蛛、步甲、瓢虫、蜻类等；寄生性天敌包括稻虱缨小蜂类、褐腰赤眼蜂及其他小蜂类等卵寄生蜂和螯蜂类成虫和若虫寄生蜂，以及稻虱线虫、白僵菌等。

四、稻飞虱的虫情调查和综合治理技术

(一) 稻飞虱的虫情调查

稻飞虱的虫情调查方法参照《稻飞虱测报调查规范》（GB/T 15794—2009），主要内容如下。

1. 越冬状况调查 已查明能在当地越冬的地区，应调查当地主要越冬场所及其冬后有效虫量，以确定当年实际越冬北界。并了解主要虫源上一年9—12月的气象及稻飞虱的发生情况，为分析当年初次虫源提供依据。

2. 消长动态调查 以田间调查为主，结合灯诱和网捕，互相印证，综合分析稻飞虱消长动态。

（1）灯诱 从当地早发年份成虫初见期前10 d开始点灯，至终见期后10 d止。

（2）田间系统调查 本田从返青期开始至黄熟期结束，选各类型稻田2块，采用平行多点跳跃法或随机分散取样法，定田不定点，逢5逢10调查。分蘖期每田查25点，每点查4丛，共100丛；孕穗至黄熟期，每田查10~20点，每点查1~2丛，共20~40丛。迁入初期，须增加调查次数和样点，以掌握迁入始期和第1次迁入盛期。初期主要调查迁入量，可用目测法；其他时期用盘拍法，并参照《稻飞虱测报调查规范》（GB/T 15794—2009）进行调查和统计分析。

（3）虫情普查 在各代防治前，进行1次虫情普查，以验证上述调查结果，并确定重点防治类型田。防治5~7 d后，普查残虫量，以决定是否需要继续防治。

(二) 稻飞虱的综合治理技术

1. 农业防治

① 冬季结合积肥，彻底清除杂草，消灭灰飞虱越冬虫源；结合秧田和本田除草，彻底

拔除稗，消灭部分虫卵。

② 合理布局，同品种、同稻型连片种植，避免插花田。采用合理的栽培管理措施，例如浅水灌溉、适时晒田、不长期积水。合理施肥促进稻株正常生长，避免贪青徒长，防止坐蔸。无白叶枯病地区，晚稻秧苗移栽前1周，放浅秧田水，使稻飞虱成虫产卵部位下降，移栽前2d放深水淹灌（不超过秧心）24h，可杀死大量虫卵。

③ 培育、选用抗虫品种。近年我国不少科研单位利用野生稻资源培育出了一系列抗稻飞虱的品系或株系；抗稻飞虱的基因亦已成功地转移到水稻内。

2. 生物防治 保护天敌，例如青蛙、稻田蜘蛛等。在南方稻区放养小鸭对防治稻飞虱效果较好。据四川调查，水稻混栽地区早稻田，当蜘蛛和稻飞虱的比例为1:4，晚稻田为1:8~9时，可不用药防治。早熟水稻收获后，可于田中散布草把，然后灌浅水，逼蜘蛛上草，人工助迁到迟熟水稻田内。

3. 药剂防治 灰飞虱以治虫防病为目标，采取狠治第1代，控制第2代的防治策略，集中将其歼灭在秧田和本田初期，以控制直接传毒。白背飞虱防治以治虫保苗为目标，采取治上压下，狠治大发生前1代的策略，控制暴发成灾。褐飞虱防治以治虫保穗为目标，采取狠治大发生前1代，挑治大发生当代的策略。目前常用药剂种类有吡蚜酮、烯啶虫胺、吡虫啉、毒死蜱等。

第三节 稻叶蝉

稻叶蝉又称为浮尘子，属半翅目叶蝉科，是我国稻作的一类重要害虫。在我国危害水稻的叶蝉有黑尾叶蝉 [*Nephotettix cincticeps* (Uhler)]、白翅叶蝉 [*Empoasca subrufa* (de Motschulsky)] 等10多种，以黑尾叶蝉和白翅叶蝉发生最普遍，危害最重。黑尾叶蝉在我国稻区皆有分布，白翅叶蝉主要分布在长江以南稻区，两种叶蝉皆以南方稻区发生较为严重。黑尾叶蝉以成虫和若虫群集稻株茎秆刺吸液汁，也可在叶片和穗上取食，对水稻生产的危害类似稻飞虱。黑尾叶蝉还是水稻普通矮缩病、黄矮病、黄萎病等的重要传病媒介。白翅叶蝉在叶片上刺食，被害叶初呈白色斑点，后变成褐色斑点，严重时整叶干枯，形同火烧。叶蝉类的主要寄主为禾本科作物和杂草，例如水稻、小麦、大麦、稗、甘蔗、茭白、游草、看麦娘等。

一、稻叶蝉的形态特征

黑尾叶蝉和白翅叶蝉的主要形态特征见表9-3和图9-5、图9-6。

表9-3 黑尾叶蝉和白翅叶蝉的主要形态特征

虫态	特征	黑尾叶蝉	白翅叶蝉
成虫	体长	4.0~4.5 mm	3.5 mm
	体色	黄绿色	头部和胸部橙黄色
	主要特征	头顶有两条黑色细横线；前胸背板黄绿色，后半部色较深；雄虫胸部和腹部黑色，前翅鲜绿色，末端黑色；雌虫腹部腹面黄白色，翅末端淡黄褐色	前翅膜质半透明，被有白色蜡质物，故呈白色，有虹彩；腹部背面暗褐色，腹面及足黄色

(续)

虫态	特征	黑尾叶蝉	白翅叶蝉
卵	卵长	1.2 mm	0.65 mm
	卵形	黄瓜形	瓶形
	主要特征	绝大多数平产于稻株叶鞘内侧表皮内,少数产于叶片中肋内,一般10多粒呈单行排列	散产于叶片中肋的空腔内,每个空腔产卵1粒
若虫	体色	淡绿色、黄绿色	淡黄绿色,半透明
	主要特征	体两侧浓褐色,各胸节和腹部第2～8节背面有两列小黑点。5龄雄若虫翅芽和小盾片黄绿色,腹背黑色;雌若虫翅芽黄色,腹部黄绿色	复眼紫褐色,体背多长毛

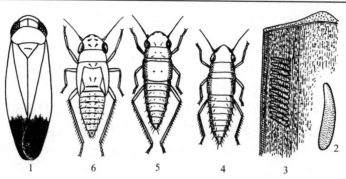

图9-5 黑尾叶蝉
1.成虫 2.卵 3.产在叶组织内的卵块 4.1龄若虫 5.3龄若虫 6.5龄若虫
(1仿葛钟麟,2、3仿福建农学院,4、5、6仿张景欧)

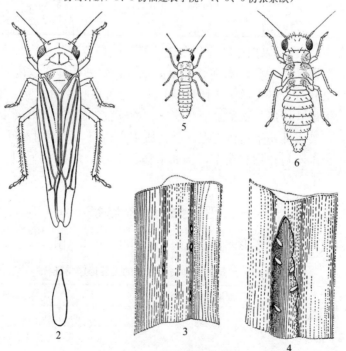

图9-6 白翅叶蝉
1.成虫 2.卵 3.产卵叶的叶面(示裂缝) 4.叶背(示卵在中肋组织内的情况) 5.1龄若虫 6.3龄若虫
(仿黄邦侃等)

二、稻叶蝉的生活史和习性

(一) 黑尾叶蝉的生活史和习性

黑尾叶蝉1年发生4~8代，主要稻区发生世代重叠，以第3~5代发生数量大，危害重。黑尾叶蝉以大龄若虫在绿肥田、小春田、田边和沟边的杂草上越冬，若天气晴朗，气温在12.5 ℃以上，还可活动取食；3月中旬以后陆续羽化为成虫，迁飞到早稻秧田，在秧苗上产卵，后被带到本田；羽化迟的越冬代成虫，则直接迁飞到本田危害。

成虫多在清晨或上午10:00前羽化。成虫趋光性强，趋嫩绿稻田；白天栖息于稻株下部，晚上到叶片上危害；羽化后7~8 d产卵，多数卵产于叶鞘组织内，单雌产卵最多可达50多个卵块，700多粒；平均10余块，120多粒。卵多在上午7:00—9:00孵化，若虫共5龄。

卵期在24~25 ℃时为8~11 d；若虫期在23~25 ℃时为20~25 d；成虫寿命，在25~27 ℃时为13~14 d，越冬成虫可达120~170 d。

(二) 白翅叶蝉的生活史和习性

白翅叶蝉1年发生3~4代，以成虫在小麦田、绿肥田、田边、沟边禾本科杂草上越冬。冬季温度较高的年份，越冬成虫仍可活动、取食、交配，甚至使小麦苗期严重受害。次年3月下旬天气转暖时，迁入早稻秧田、早稻本田和中稻本田内取食产卵。

成虫多在上午羽化，成虫活泼、善飞，具趋嫩性，趋光性强；需补充营养，产卵期长，卵产于叶中肋肥厚部分的组织内，散产，每雌产卵量为30~60粒或更多。卵上午8:00左右孵化最盛。若虫共5龄，初孵若虫喜潜伏在心叶内危害，低龄若虫会横爬但不会跳，多数时候栖息于叶背取食。

气温在25.6~29.1 ℃时，平均产卵前期为14.9 d；在26.8~28.3 ℃时，卵期平均为5.0~5.3 d；在27.8~29.5 ℃时，若虫期平均为18.1~19.5 d。成虫寿命比较长，在25.6~29.1 ℃时为15~30 d，越冬成虫可达7个月。

三、稻叶蝉的发生与环境的关系

1. 气候对稻叶蝉的影响 黑尾叶蝉发生的适宜温度为28 ℃，适宜相对湿度为75%~90%；冬春霜冻、寒冷多雨时，死亡率高；冬春温暖干燥则有利于越冬，死亡率低，越冬基数大，有利于大发生。

白翅叶蝉生长、发育的适宜温度是20~25 ℃，适宜的相对湿度为85%~90%。白翅叶蝉抗寒力低，冬春低温霜冻时，越冬死亡率高；气温偏高年份，死亡率低，越冬虫口基数大。

若7月雨水适中、8—9月干旱，则稻叶蝉的发生量大，例如川东南地区的伏旱常是稻叶蝉大发生的预兆。

2. 食料对稻叶蝉的影响 栽培制度方面，小春作物种植面积大时，稻叶蝉越冬场所广，其越冬虫口基数增高。单季稻与双季水稻混栽、品种混杂、生育期不整齐则桥梁田多，食料丰富，各代成虫可互相辗转迁移扩散，有利于叶蝉发生，虫口增长快，危害重；一般双季连作稻区比混栽区发生轻。密植、肥多、生长茂盛、嫩绿郁闭、小气候湿度增大，有利于稻叶蝉的生长发育和繁殖，虫口多。水稻对稻叶蝉的抗性差异是：籼稻＞粳稻＞糯稻。

3. 天敌对稻叶蝉的影响 稻飞虱的捕食性天敌一般也能捕食叶蝉。稻叶蝉的寄生性天敌有叶蝉卵赤眼蜂类和小蜂类，例如褐腰赤眼蜂，寄生率相当高，8月寄生率高达50%以上；成虫和若虫的寄生性天敌有双翅目的趋稻头蝇等。病原菌有白僵菌，寄生率可达70%~80%。

四、稻叶蝉的虫情调查和综合治理技术

（一）稻叶蝉的虫情调查

稻叶蝉的虫情调查方法与稻飞虱虫情调查方法基本相同，参考稻飞虱的虫情调查方法进行。

（二）稻叶蝉的综合治理技术

稻叶蝉的综合治理应以农业防治为主，结合保护天敌和药剂防治进行。

① 压低越冬虫源，具体措施是结合冬、春季积肥，铲除田边杂草，减少虫源。
② 因地制宜，改革耕作制度，避免混栽，减少桥梁田；选用抗虫品种。
③ 合理肥水管理和合理密植，防止水稻贪青徒长。
④ 在成虫盛发期利用灯光诱杀。
⑤ 药剂防治，常用药剂种类和施药方法参照稻飞虱药剂防治方法。

第四节 稻 弄 蝶

我国危害水稻的弄蝶达13种以上，主要有直纹稻弄蝶［*Parnara guttata*（Bremer et Grey）］、隐纹谷弄蝶［*Pelopidas mathias*（Fabricius）］、曲纹稻弄蝶（*Parnara ganga* Evans）、幺纹稻弄蝶［*Parnara bada*（Moore）］和南亚谷弄蝶［*Pelopidas agna*（Moore）］，均属鳞翅目弄蝶科。

上述5种稻弄蝶中，以直纹稻弄蝶分布最广，遍及华北、长江流域及华南水稻产区，以南方稻区发生较普遍，局部地区发生严重；隐纹谷弄蝶次之，几乎各稻区均有分布；曲纹稻弄蝶分布于云南、四川、湖北、湖南、贵州、江西、广东、广西等地；幺纹稻弄蝶及南亚谷弄蝶仅发生于云南、贵州、江西、湖南及华南。

稻弄蝶皆以幼虫取食稻叶。直纹稻弄蝶、曲纹稻弄蝶和幺纹稻弄蝶幼虫取食时，吐丝将稻叶缀合成苞，故俗称稻苞虫；而南亚谷弄蝶和隐纹谷弄蝶幼虫并不做苞，亦被通称为稻苞虫。弄蝶是暴食性害虫，幼虫取食叶片成缺刻或将全叶吃光，使稻株矮小，成熟期延迟，稻穗缩短，每穗粒数减少，千粒重降低；危害严重时还可食害、咬断穗子枝梗，对水稻产量影响很大。大发生时，甚至田坎上的杂草和附近的高粱、玉米叶片也被吃光。

直纹稻弄蝶主要危害水稻，也取食高粱、玉米、麦类、茭白等作物，并能在游草、芦苇、狗尾草、稗、蟋蟀草等多种杂草上取食存活。该虫对氮素营养要求比较严格，喜危害处于分蘖、圆秆期的水稻。隐纹谷弄蝶幼虫还可危害甘蔗、竹子。

20世纪60年代前，稻弄蝶是主要的水稻害虫，60年代后期至70年代初发生较轻，1972年以后发量又上升，在四川盆地边缘稻区、贵州稻区仍是主要害虫之一。

这里重点介绍直纹稻弄蝶。

一、稻弄蝶的形态特征

直纹稻弄蝶的主要形态特征见图9-7。

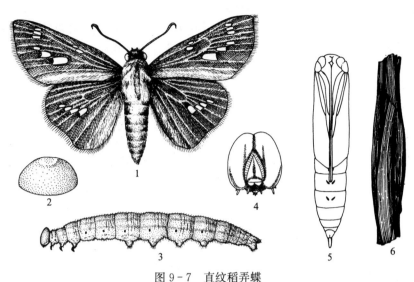

图9-7 直纹稻弄蝶
1. 成虫 2. 卵 3. 幼虫 4. 幼虫头部正面 5. 蛹 6. 叶苞
（1仿中国农业科学院，余仿浙江农业大学）

1. 成虫 成虫体长为17～19 mm，翅展为28～40 mm，体和翅为黑褐色，头胸部比腹部宽，略带绿色。前翅具7～8个半透明白斑排成半环状，下边一个大。后翅中间具4个白色透明斑，呈直线或近直线排列。翅反面色浅，斑纹与正面相同。

2. 卵 卵为褐色，呈半球形，直径为0.9 mm。初产卵呈灰绿色，后具玫瑰红斑，顶花冠具8～12瓣。

3. 幼虫 末龄幼虫体长为27～28 mm，头呈浅棕黄色，头部正面中央有山字形褐纹，体呈黄绿色，背线为深绿色，臀板为褐色。

4. 蛹 蛹呈淡黄色，体长为22～25 mm，呈近圆筒形，头平尾尖。

二、稻弄蝶的生活史和习性

直纹稻弄蝶在我国从北到南，1年发生3～8代，在北方稻区1年发生2～3代，在黄河以南长江以北1年发生4～5代，在长江以南南岭以北1年发生5～6代，在南岭以南1年发生6～8代，在四川1年发生4～6代。

在南方稻区，直纹弄蝶以老熟幼虫于背风向阳的稻田边、低湿草地、水沟边、河边等处的杂草中结苞越冬，其越冬场所分散；在黄河以北，则以蛹在向阳处杂草丛中越冬。

越冬幼虫翌春小满前化蛹羽化为成虫后，主要在野生寄主上产卵繁殖1代，少数在早稻上产卵，以后的成虫飞至稻田危害，迟熟中稻、一季稻和双季晚稻受害严重。末代幼虫除危害双季晚稻外，多数生活于野生寄主上，天冷后即以幼虫越冬。

成虫白天活动，夜晚、阴雨天、大风天、盛夏中午阳光强烈、气温过高时则伏于树叶背面、花丛、稻丛、草丛等隐蔽场所。直纹弄蝶成虫飞行力极强，飞行高、远、快；需补充营养，嗜食花蜜，例如千日红、芝麻等的花蜜。羽化后，经 1～4 d 开始交配，交配后 1～3 d 开始产卵；有趋绿产卵的习性，喜在生长旺盛、叶色浓绿的稻叶上产卵。水稻分蘖至圆秆期的产卵量大于孕穗期，且幼虫成活率高。卵散产，多产于寄主叶的背面，一般 1 叶仅有卵 1～2 粒；少数产于叶鞘。单雌平均产卵量为 200 粒。

初孵幼虫先咬食卵壳，然后爬至叶片边缘近叶尖处咬 1 个缺刻，吐丝缀合叶缘卷成小苞，在苞内取食；清晨前或傍晚，或在阴雨天气时常爬出苞外咬食叶片，不留表皮，大龄幼虫可咬断稻穗小枝梗。3 龄前食量小；5 龄食量最大，约占总食量的 86%；且 3 龄后抗药力强。各龄幼虫在蜕皮前或气候变化时有咬断叶苞坠落，随苞漂流的习性，靠岸后弃苞爬行，或寻找避风所，或再择主结苞。幼虫探出虫苞，若受惊则迅即退回或假死坠落。幼虫共 5 龄，老熟后，有的在叶上化蛹，有的下移至稻丛基部化蛹，大多是重新缀叶结苞化蛹。蛹苞缀叶 3～13 片，苞的两端紧密而细小，略呈纺锤形。老熟幼虫可分泌出白色棉状蜡质物，遍布苞内壁和身体表面。化蛹时，一般先吐丝结薄茧，将腹两侧的白蜡质物堵塞于茧的两端，再蜕皮化蛹。

各虫态的发育起点温度，卵为 12.6 ℃，幼虫为 9.3 ℃，蛹为 14.9 ℃，成虫为 15.9 ℃。卵期，在 25.8 ℃时为 4.3 d；幼虫期在 25.4 ℃时为 28.9 d；蛹期，在 26.1 ℃时为 8.1 d。成虫寿命一般为 5 d，最长为 24 d；产卵前期为 3～4 d。

三、稻弄蝶的发生与环境的关系

直纹稻弄蝶有年间间歇性发生和同一地区局部猖獗危害的现象。影响其发生的条件有以下几个。

1. 气候对直纹稻弄蝶的影响 直纹稻弄蝶的最适发育温度为 24～28 ℃，最适发育相对湿度为 80% 以上。温度低于 20 ℃或高于 32 ℃、相对湿度低于 65%，不利于其发生。某年是否大发生，取决于以下两个条件：①冬春气温高低、冬季气温偏高时，越冬虫量大。凡常年 12 月和翌年的 1—2 月这 3 个月的平均气温在 5 ℃以下的地区，越冬死亡率高；冬季 3 个月平均温度在 10 ℃以上的地区，冬季幼虫在晴天还可出苞取食。②6—8 月，特别是 7—8 这 2 个月的降水量和温度及湿度条件。稻弄蝶喜生活于适宜温度和较高湿度的环境，高温、高湿对其不利。例如在 22～24 ℃时，每雌平均产卵量可达 110 粒；在 28～30 ℃时，每雌平均产卵量仅为 84 粒；温度在 30 ℃以上、相对湿度大于 90% 时雌虫则产生不育现象。高温低湿情况下，成虫羽化束翅蛾增多，初孵幼虫死亡率高。雨天多，不利于该虫的各种寄生性天敌的活动，减少了天敌寄生的机会。若当年雨水分配均匀，不亢热，特别是 7 月雨水又多时，加之 7—8 月食料丰富，就有猖獗成灾的可能。

2. 地势对直纹稻弄蝶的影响 凡阴山、背风、湿度较高的地形，直纹稻弄蝶危害重；凡开阔、向阳、当风的稻田，湿度较小，温度较高，直纹稻弄蝶危害较轻。

3. 食料和蜜源对直纹稻弄蝶的影响 凡房屋周围、靠近菜地或接近山林、周围蜜源丰富的稻田，均较一般稻田受害重。早播、早栽、早抽穗的稻田受害轻；反之受害重。迟熟品种，施肥不当，贪青、深水灌溉的稻田受害重。

4. 天敌对直纹稻弄蝶的影响 除常见的稻田害虫捕食性天敌外，常见卵寄生蜂有拟澳洲赤眼蜂、稻螟赤眼蜂、黑卵蜂等，寄生率为 5.3%～14.7%；寄生幼虫和蛹的寄生蜂有弄蝶绒茧蜂、稻苞虫寄生蝇和弄蝶凹眼姬蜂，8—9 月田间幼虫寄生率为 30.3%～75.7%，寄主多在 3～5 龄时被杀死。此外，还有螟蛉悬茧姬蜂等寄生蜂 20 多种、寄生蝇 10 多种。

四、稻弄蝶的虫情调查和综合治理技术

(一) 稻弄蝶的虫情调查

1. 花圃诱虫 花圃面积 50 m^2 左右,种植诱集力强的开花植物,例如千日红、芝麻、马缨丹、布荆等。于各代成虫盛发期前,每天下午 16:00—17:00 定时观察 30 min,目测并记载飞来虫次。

2. 田间调查 每 100 丛有幼龄幼虫 10~15 头者,为防治对象田。当 1~2 龄幼虫占调查总虫数的 90% 或每 100 丛有初结苞 5~8 个时,即为施药适期。

(二) 稻弄蝶的综合治理技术

1. 农业防治 防除田间杂草,消灭越冬幼虫。选用高产抗虫早熟品种,合理安排迟熟、中熟、早熟品种的播栽期,使分蘖、圆秆期避过第 3 代幼虫发生期。加强田间管理,合理施肥,对冷浸田、烂泥田要增施热性肥料,干湿间歇,浅水灌溉,促进水稻早熟。

2. 天敌防治 应保护利用天敌。

3. 药剂防治 在山区以喷粉防治,早晨或傍施药晚效果较好。常用药剂种类有氯虫苯甲酰胺、甲维盐、阿维菌素、茚虫威等,但需科学使用,以防害虫抗药性的产生。

第五节 稻纵卷叶螟

稻纵卷叶螟 (*Cnaphalocrocis medinalis* Guenée) 又称为刮青虫、白叶虫、小苞虫,属鳞翅目螟蛾科,原是间歇性、局部性害虫,20 世纪 60 年代以来在全国范围内的危害程度明显上升,特别是 20 世纪 70 年代以来多次大发生,已成为我国部分稻区的一种常发灾害性害虫;全国各稻区皆有分布和危害,但以南方稻区发生量大,受害重。

稻纵卷叶螟主要危害水稻,幼虫在分蘖期、孕穗期和抽穗期危害叶片。水稻受害后千粒重降低,空瘪率增加,生育时期推迟,一般减产 20%~30%,重的达 50% 以上,大发生时稻叶一片枯白,甚至颗粒无收。稻纵卷叶螟还能危害粟、甘蔗、玉米、高粱、小麦等作物,并取食游草、双穗雀稗、马唐、芦苇、狗尾草等杂草。

一、稻纵卷叶螟的形态特征

稻纵卷叶螟的形态特征见图 9-8。

1. 成虫 成虫体长为 8~9 mm,翅展为 18 mm,体呈黄褐色。前翅和后翅的外缘均有黑褐色宽边,前缘为褐色;前翅有 3 条黑褐色条纹,中间 1 条较短;后翅具 2 条黑褐色条纹。雄虫体较小,前翅前缘中央有 1 个略为凹下的黑点,着生 1 丛暗褐色毛;前足胫节略膨大,其上有 1 丛褐毛,静止时前翅和后翅斜展在背部两侧,腹部末端常举起。

2. 卵 卵呈长椭圆形,长为 1 mm,宽为 0.5 mm,周围扁平中央稍隆起,壳薄光滑。卵初产时为灰白色,孵化时为淡褐色。

3. 幼虫 幼虫一般 5 龄,少数 6 龄。幼虫体呈黄绿色、绿色。前胸背板前缘具两黑点,4 龄幼虫前胸背板上两黑点两侧各有 1 个黑点组成弧形斑。中胸和后胸背面各有横列 2 排黑圈,前排 6 个,后排 2 个。腹足趾钩为三序缺环。

4. 蛹 蛹体长为 7~10 mm,呈圆筒形,末端较尖削,有臀刺 8 根。体色初为淡黄色,

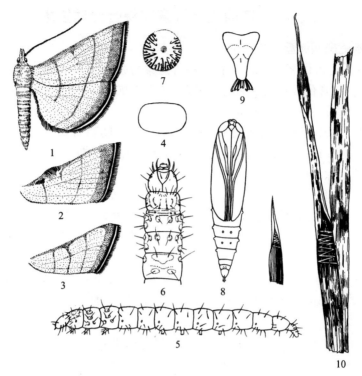

图 9-8 稻纵卷叶螟

1. 雌成虫 2. 雄成虫前翅 3. 显纹稻纵卷叶螟前翅 4. 卵 5. 幼虫 6. 幼虫头部和胸部背面 7. 腹足趾钩 8. 蛹 9. 雌蛾腹部末端 10. 危害状

(仿浙江农业大学)

渐变为黄褐色，羽化前带金黄色。腹足背面后缘多皱纹、突起，近前缘有两根刺毛。第5～6腹节腹面各有1对腹足痕。

二、稻纵卷叶螟的生活史和习性

1. 稻纵卷叶螟的世代和越冬 稻纵卷叶螟在台湾南部、海南岛、云南元江和西双版纳1年发生9～11代，周年危害，无越冬现象；在南岭以南的广东和广西的南部及福建南部1年发生6～8代，此区常年有部分幼虫和蛹越冬；在南岭以北到北纬31°的长江中游沿江南部地区及重庆1年发生5～6代，此区有零星蛹越冬；在长江以北到山东泰沂山区至陕西秦岭一线以南地区1年发生4～5代，此区任何虫态均不能越冬；在泰沂山区到秦岭以北地区，包括华北、东北各地，1年发生1～3代，此区不能越冬。稻纵卷叶螟抗寒力弱，越冬北界为北纬30°左右。

2. 稻纵卷叶螟的迁飞 稻纵卷叶螟是一种具有远距离迁飞特性的昆虫，在我国，春、夏季随偏南气流逐区往北有5个代次的北迁；秋季则随偏北气流向南有3个代次的回迁。第1次北迁在3月中下旬至4月上中旬，虫源由国外的中南半岛和我国的海南岛从南方迁入岭南地区；第2次在4月中下旬至5月中下旬，仍由国外的中南半岛和我国的海南岛等地向岭南和岭北地区迁入；第3次在5月下旬至6月中旬，由岭南地区向岭北及长江中游江南地区迁入，并波及江淮地区；第4次在6月下旬至7月中下旬，由岭北地区向江淮地区迁入，波及华北和东北地区；第5次在7月下旬至8月中旬由江南和岭北地区向江淮地区和北方迁入。此5次北迁分别构成迁入地的第1代或第2代虫源。8月底到11月有3次回迁过程，第1次在8月下旬至9月上中旬，由北方和江淮地区向江南、岭北和岭南迁入；第2次和第3次分别在9月下旬和10月中下旬从江南、岭北、岭南迁出，迁入华南及东南亚地区发生危害，或进入越冬状态。在山区，例如在福建古田有"7月上山，8月下山"的垂直迁飞现象。

3. 稻纵卷叶螟的习性 稻纵卷叶螟的成虫喜群集在生长嫩绿、荫蔽、湿度大的稻田、生长茂密的草丛或甘薯、大豆、棉花等田中；夜间活动，飞行力强，有一定的趋光性，对金属卤素灯趋性较强；需补充营养，常吸食棉花、野苋等植物上的花蜜及蚜虫排泄的蜜露，取食活动在18:00—20:00最盛。

羽化后1~2 d交配，交配多在凌晨3:00—5:00进行。产卵前期为3~4 d，产卵期为5~7 d，前3 d产卵较多；喜产卵在嫩绿、宽叶、矮秆的水稻品种上，分蘖期卵量常大于穗期。卵散产，大多每处1粒，少数2~3粒连在一起；卵大部分集中在中上部叶片上，尤以倒数1~2叶为多。单雌平均产卵量为100粒，最多314粒。雌雄比约为1:1。

卵上午7:00—10:00孵化最多。初孵幼虫先从叶尖沿叶脉来回走动，然后钻入心叶或由蓟马危害形成的卷叶中取食叶肉，致使稻叶出现针尖大的白色透明小点，很少结苞。2龄幼虫开始在叶尖或稻叶的上中部吐丝缀连稻叶成纵向小虫苞，此时称为卷尖期。幼虫在小虫苞内啃食叶肉，余下表皮，受害处呈透明白条状。3龄后开始转苞危害，转苞时间多在19:00—20:00和凌晨4:00—5:00；阴雨天，白天也能转苞。虫苞多为单叶纵卷，管状，4龄后转株频繁，虫苞大、食量大、抗药性强，危害重。1~3龄食量小，占总食量的4.6%；5龄是暴食阶段，食量占总食量的79.5%~89.6%；每幼虫一生可危害5~7叶，危害叶面积达22.57 cm^2。

老熟幼虫经1~2 d预蛹阶段后化蛹。化蛹部位一般在受害株或附近的稻株离地面7~10 cm处，以主茎和有效分蘖的基部叶鞘中为多，其次在无效分蘖的叶片中，少数在稻丛基部或老虫苞中。

26℃时各虫态的历期，卵期为3.9 d，幼虫期为15.2 d，蛹期为6.9 d。成虫平均寿命为7 d左右，长的可达12 d。

三、稻纵卷叶螟的发生与环境的关系

稻纵卷叶螟在我国每年发生的世代数、主害代各地不一，发生量及危害程度各地、各年有异。影响各地发生的主要原因有迁入期、迁入量、气候、食料和天敌。

1. 稻纵卷叶螟的迁入情况 稻纵卷叶螟的迁入期早、迁入量大、峰期长是当年大发生的重要原因。

2. 气候对稻纵卷叶螟的影响 稻纵卷叶螟生长发育的适宜温度为22~28℃，适宜相对湿度为90%以上。成虫在高温（30℃以上）和干旱（相对湿度90%以下）条件下寿命短，产卵量少。初孵幼虫在高温（日最高温35℃以上）或湿度在90%以下死亡率大。相对湿度在60%以下，蛹的羽化率显著降低；蛹期淹水48 h以上时，死亡率高。温暖、高湿、多雨日的天气条件有利于它的发生。

春、夏季北迁主要是由逐渐上升的高温所引起，临界温度为28.2℃；秋季光照逐渐缩短并伴随温度逐渐降低是诱导回迁的主要因素，临界光照长度是13.5 h，温界温度是24℃。上升气流、高空平流气流和下沉气流会直接影响其起飞、降落等迁飞过程。

3. 食料对稻纵卷叶螟的影响 稻纵卷叶螟的发生与品种、生育时期和施肥水平等有着密切的关系。越是多肥嫩绿、叶片下披、生长过旺、密闭、阴湿的稻田产卵越多。氨是引诱稻纵卷叶螟成虫产卵的最重要物质，叶色浓、叶绿素含量高、大量氨基酸的存在是引起稻纵卷叶螟落卵量增加的重要因素。不同水稻品种受害程度，粳稻大于籼稻，矮秆品种大于高秆品种，阔叶品种大于窄叶品种，杂优稻大于常规稻。栽培和施肥的影响表现在：密植比稀植的受害重，施氮肥过多的受害重。不同生育时期受害减产的程度依次是：抽穗期＞分蘖期＞乳熟期。取食补充营养的成虫产卵多，产卵期和寿命都长。幼虫期食物及成虫期补充营养对迁飞有显著的影响。

4. 天敌对稻纵卷叶螟的影响 稻田害虫捕食性天敌绝大多数都是稻纵卷叶螟的天敌，优势种群为稻田蜘蛛，占80％以上。寄生性天敌约有42种，卵寄生天敌有4种，以稻螟赤眼蜂为主，其第3~4代寄生率可达50％~60％；幼虫寄生天敌29种，不少种类可在幼虫进入暴食性高龄前将其致死，最主要的是卷叶螟绒茧蜂，其第3代寄生率为20％~30％，最高可达70％~80％；蛹寄生有9种，重要的有无脊大腿蜂、螟蛉瘤姬蜂等。

四、稻纵卷叶螟的综合治理技术

1. 农业防治 合理施肥，防止前期徒长。抓紧早稻收获，及时暴晒稻草。设置诱集田，进行早培、肥培，并重点防治。选用抗虫品种，例如"黄金波""西海89"等。

2. 药剂防治 抽穗期是防治的关键，生长嫩绿的稻苗是防治的重点对象。施药最佳时期为盛孵期，有利于天敌保护；防治适期为2龄幼虫高峰期。目前常用的杀虫剂对稻纵卷叶螟都有一定效果，可选用氯虫苯甲酰胺、甲维盐、阿维菌素、茚虫威等药剂轮换使用，防止产生抗药性。

3. 生物防治

① 保护天敌，释放寄生蜂。

② 选用生物农药，我国曾用杀螟杆菌、青虫菌等生物农药防治，目前用苏云金芽孢杆菌液与化学农药复配的农药品种较多，可在试验的基础上选用。

第六节 其他常见水稻害虫

其他常见水稻害虫见表9-4。

表9-4 其他常见水稻害虫

种类	分布和危害特点	生活史和习性	防治要点
中华稻蝗 [*Oxya chinensis* (Thunb.)]（直翅目，斑腿蝗科）	遍布国内各稻区，以长江流域发生普遍，危害较重。以成虫、若虫咬食叶片，咬断茎秆和幼芽。水稻被害叶片成缺刻，严重时稻叶被吃光；也能咬坏穗颈和乳熟的谷粒；除危害水稻外，还可危害玉米、高粱、麦类、甘蔗、豆类等多种农作物	1年发生1代，以卵囊主要在稻田田埂、附近草地、荒地、堤岸土中越冬。越冬卵4—5月孵化，若虫发生于5月上中旬至8月上旬；7月下旬至11月中旬为成虫发生期；9月中至10月上旬为产卵盛期。卵多产在与水田交界的荒地、荒湖、草地等处，单雌产卵块1~3个，卵量为100粒左右，产于土下1.5~2.5 cm处	1. 合理围垦荒滩，消灭虫源地 2. 水旱轮作；减少春稻，扩种夏稻 3. 铲除田埂、沟边杂草；结合春耕，打捞浮于水面的卵囊 4. 保护鸟类，放禽啄食 5. 发生严重时，3龄前对稻边杂草地、田埂、田边3 m内施药防治

第九章 水稻害虫

(续)

种 类	分布和危害特点	生活史和习性	防治要点
稻蓟马（*Thrips oryzae* Williams）（缨翅目蓟马科）	全国稻区均有分布。成虫和若虫锉破叶面，造成微细黄白色斑，叶尖两边向内卷折，渐及全叶卷缩枯黄。分蘖初期受害重的稻田，苗不长、根不发、无分蘖，甚至成团枯死。穗期趋向穗苞，扬花时转入颖壳内危害子房，造成空瘪粒。晚稻秧田受害更为严重，常成片枯死，状如火烧	1年发生10～20代或以上，在福建和两广南部终年繁殖危害，世代重叠严重。以成虫和若虫或蛹在各种禾本科作物或杂草的心叶等隐蔽处或土缝内越冬，气温较高时可以活动危害。两性生殖为主，也可进行孤雌生殖，孤雌生殖后代为雄虫。单雌产卵量为100粒左右，卵产于叶脉间组织或穗苞内。适宜生长发育温度为15～25℃；超过28℃时种群数量明显下降	1. 同稻型、同品种集中或成片种植，避免混栽；防除田间杂草；合理施肥，控制无效分蘖 2. 秧田于2～3叶期后的卵孵化高峰施药。本田于秧苗返青后，每丛有2～3龄若虫2.5～3.0头时需进行药剂防治 3. 移栽前可用吡虫啉等相应药剂液浸秧尖，堆闷1～2 h，然后移栽
稻负泥虫 [*Oulema oryzae* (Kuwayama)]（鞘翅目叶甲科）	广泛分布于国内山区稻田，多局部发生，以多山阴凉地区发生最多。危害叶片，成虫将秧叶吃成纵行透明条纹；幼虫咬食叶上表皮和叶肉，残留下表皮；严重时叶片灰白干枯，叶尖逐渐枯萎，全叶枯焦破裂，妨碍营养生长。秧苗期和分蘖初期受害最重	1年发生1代，以成虫在稻田附近背风向阳处杂草丛中或根际土缝内越冬。喜选择生长嫩绿的秧苗产卵，待秧苗长大即飞离或随水漂迁。成虫有假死性，飞翔力弱。初孵幼虫群集卵块周围取食，幼虫于清晨露重时最为活跃，集中于稻叶的正面及叶尖，阳光强烈时则隐蔽于背光处。幼虫除了蜕皮前后外，常背负粪块	1. 冬春防除田间杂草 2. 秧田灌水，捞除成虫 3. 秧田于越冬成虫集中产卵期，本田于幼虫盛孵期进行药剂防治
稻水蝇（*Ephydra macellaria* Egger）（双翅目水蝇科）	在我国分布于新疆、宁夏、内蒙古、河北、辽宁及渤海地区新开垦的稻区等。幼虫栖于水层或稻根附近的泥土中，取食稻根。秧苗至分蘖期受害重，分蘖期后受害轻。是盐碱土水稻苗期的重要害虫，可造成毁灭性灾害	在新疆和内蒙古1年发生4代，世代重叠。以成虫在土块下、田边缝隙中、芦苇等杂草落叶下越冬。4月下旬越冬成虫开始活动，第1代卵产于秧田，幼虫蛆食刚播下的稻种；第2代在本田危害，为主害代；第3～4代迁至田外排水沟、水坑等处。成虫趋光性强，喜在漂浮物多的水面或死水坑水面飞行、追逐、交尾。幼虫喜在pH 7.5～8.0的盐碱水田中生活，pH大于9和小于6.9时不能生存。冬春温暖有利于其越冬，秧田受害重	1. 彻底治理盐碱土 2. 疏通排水渠，填平死水坑，减少滋生场所 3. 推广插秧和旱直播，减少幼虫蛆食机会 4. 稻田勤排灌，降低田水碱度；及时清除水面漂浮物，减少成蝇栖息和产卵 5. 药剂防治选择在移栽前1～2 d集中处理秧苗；本田防治适期为返青后期
稻瘿蚊 [*Pachydiplosis oryzae* (Wood-Mason)]（双翅目瘿蚊科）	在我国以广东、广西、福建及云南发生普遍。受害秧苗初期症状不明显，中期基部膨大，称为大肚秧；愈合的叶鞘后期成管状伸出，称为标葱，极易死亡。分蘖期受害影响最大，受害重的不能抽穗，受害轻的虽能抽穗，但多扭曲而不结实	在华南1年发生6～11代，世代重叠。以1龄幼虫在游草或野生稻上越冬。雌虫具趋光性，卵多产在嫩叶上。初孵幼虫从叶耳或叶舌边缘侵入稻株，再沿叶鞘内壁垂直或螺旋形下行至基部，然后从叶鞘间隙侵至生长点，只有侵至生长点的幼虫才能正常发育	1. 防除田间杂草 2. 选用早熟、分蘖整齐或抗虫的品种；合理施肥，适时晒田，培育壮秧 3. 适时早栽，避免混栽 4. 药剂防治以成虫盛发期处于返青分蘖期的稻田或晚稻秧田为重点，在幼虫盛孵期用药

(续)

种 类	分布和危害特点	生活史和习性	防治要点
稻水象甲 [*Lissorhoptrus oryzophilus* (Kuschel)]（鞘翅目象甲科）	属检疫性害虫，原发地为美国东部，国外主要分布于日本、朝鲜、韩国、加拿大、墨西哥、古巴、多米尼加、哥伦比亚、圭亚那等地；我国于1988年在河北唐山发现，目前在多个省份均有发现。成虫蚕食叶片，幼虫危害水稻根部；危害秧苗时，可将稻秧根部吃光。寄主植物有7科76种	单季稻区1年发生1代，双季稻区可1年发生2代，以成虫在枯枝落叶、土块下或土缝中滞育越冬。在河北唐山，越冬成虫于4月上旬开始活动，趋光性强；5月上中旬为取食盛期，5月中下旬侵入稻田啃食水稻叶片，以稻田边缘虫量最多。成虫产卵于水下的水稻叶鞘组织中；6月下旬至7月上旬为幼虫危害盛期；8月中下旬，成虫迁入越冬场所越冬	1. 调整水稻播种期或选用晚熟品种 2. 产卵期湿润灌溉，确保无积水是控制稻水象甲发生最为关键、有效的方法之一 3. 黑光灯诱杀成虫 4. 越冬代成虫盛发产卵前药剂防治
稻叶毛眼水蝇（*Hydrellia sinica* Fan et Xia）（双翅目水蝇科）	常见于北方稻区和长江中下游，原本是北方稻区水稻秧田期的重要害虫。幼虫潜入水稻叶片组织内取食叶肉致叶片腐烂，轻者水稻生长受阻，重者死苗。水稻插秧后受害，返青期延长，造成"大缓苗"现象，并显著减少分蘖，抽穗期延迟，贪青晚熟	在东北1年发生4～5代，以成虫在水沟边的杂草上越冬。越冬成虫4月末开始活动，5月上旬在水稻秧田及田边杂草上产卵，5月末至6月初为产卵盛期；第1代幼虫危害盛期在6月上中旬。第2代幼虫发生在6月上旬至7月上旬，主要危害直播水稻；7月中旬至9月中旬转移到杂草上繁殖第3～4代。成虫白天活动，趋糖蜜，喜食甜味食物；飞行能力较强。田水深时喜产卵于下垂或平伏水面的叶片上，尤以嫩叶尖端较多；田水浅时卵多产在叶片基部或中间部位	1. 清除田边、沟边、低湿地的禾本科杂草 2. 培育壮秧，浅水勤灌 3. 药剂防治的重点是早稻秧苗和早播早插生长嫩绿的小苗早稻田。施药时期以移栽水稻返青后为宜，喷药前保持田水深5 cm左右，施药1 d后再灌溉
东方毛眼水蝇（*Hydrellia orientalis* Miyagi）（双翅目水蝇科）	分布于安徽、湖南、福建、广西等南方稻区。危害特点与稻叶毛眼水蝇基本相同	生活史和习性同稻叶毛眼水蝇	防治方法同稻叶毛眼水蝇

第七节 水稻害虫综合治理

水稻害虫种类多，我国水稻种植区跨度大，各稻区环境条件差异较大，各种害虫发生危害情况不完全相同，主要防治对象应根据各稻区的具体情况来确定，在防控策略上要统筹规划、合理布局，加强田间管理，创造不利于害虫滋生的环境，最大限度地发挥自然控制作用，减少化学农药的使用，保护农业生态环境。同时，稻田生态系统天敌种类繁多，对水稻害虫有很好的控制作用，优化稻田天敌的生存环境，例如秋冬季在稻田周围堆土，保护天敌，或在春末麦收和夏收期间，田埂堆放稻草、利用寄生蜂保护器，为稻田蜘蛛、寄生蜂等天敌提供栖所和过渡条件。还可通过向稻田生态系引入生物防治生物及其产物和培育选用抗虫耐害的优质高产良种等技术措施进行综合治理。

一、种子处理

正确选栽抗病良种，因地制宜，选用抗病品种和耐病品种。若田块处于常年重病区，就必须选栽高产抗病品种。若处于轻病区或无病区，可以选栽优质高产耐病品种。在选栽感病品种时，要特别注意稻瘟病的防治。选种、晒种及种子进行消毒处理，最好选用包衣种。选种可以采用风选、水选、过筛等方法，剔除病种子、秕谷种子，保留品相较好的种子，为壮苗打下良好基础。将经过筛选的种子置于阳光下暴晒 2 d，利用紫外线杀灭附着在种子表面的细菌，能够防止苗期病害发生，同时也可增强种子活力，促进壮苗。种子消毒采用浸种灵、强氯精等拌种剂。最后进行种子催芽处理，经过催芽后再播种育苗，能促进提早出苗，防止烂秧。

二、秧田防治

秧田时期的工作重点是确保秧苗长势良好，需要加强细节管理，达到培育壮秧的目的。特别要注意病虫害的防治以及烂秧的防控，早稻秧田要加强水肥管理，避免烂秧发生。防治目标害虫主要是针对二化螟第 1 代、稻叶蝉、稻蓟马和中华稻蝗，兼治三化螟第 1 代，用 5% 锐劲特悬浮剂 450～600 mL/hm^2 或 80% 锐劲特水分散粒剂 30 g/hm^2 + 70% 艾美乐水分散粒剂 30～45 g/hm^2，兑水 450 kg 均匀喷雾。

三、返青分蘖至圆秆期防治

返青后加强水肥管理是有效防治病虫害的关键环节，通过水肥控制能使植株生长良好，达到壮苗的目的，提高植株自身的抵抗力，增强对病虫害的抗性。常采用浅水灌溉、多次灌溉的方式，干后再湿、干湿结合的方式进行控水。基肥足施，追肥早施，少量多次，按需施肥，避免因肥水管理不当而造成植株徒长、贪青倒伏，诱发病虫害的发生。这个时期水稻茎叶较嫩，主要防治三化螟第 2 代、稻纵卷叶螟、中华稻蝗、稻飞虱，兼治二化螟第 2 代。用 5% 锐劲特悬浮剂 300～450 mL/hm^2 或 80% 锐劲特水分散粒剂 30 g/hm^2 + 48% 乐斯本乳油 600 mL/hm^2，兑水 450 kg 均匀喷雾。

四、孕穗至灌浆期防治

这个时期是水稻成熟的关键期，以保穗、强植株、施肥增产为主。巧施穗肥，叶面喷肥，预防后期早衰。主要防治害虫有三化螟第 2 代、稻飞虱、稻叶蝉，兼治稻纵卷叶螟和中华稻蝗。用 5% 锐劲特悬浮剂 450～600 mL/hm^2 或 80% 锐劲特水分散粒剂 30 g/hm^2 + 70% 艾美乐水分散粒剂 30～45 g/hm^2，兑水 450～675 kg 均匀喷雾，同时可喷施磷酸二氢钾等叶面肥，有利于水稻增产。

五、收获后期防治

水稻收获后及时处理稻草，犁耙沤田。结合春季整地，打捞浮渣，并集中处理，降低病虫基数。稻茬是许多水稻病虫害的越冬场所，水稻收获后，田间遗留大量的稻茬秸秆，应及时耕地灭茬，直接杀死部分害虫，恶化害虫栖息环境，同时可使暴露于地表的蝗卵被暴晒致死或被天敌取食，或将大量蝗卵埋入土壤深层，使其不能孵化。

思 考 题

1. 试述水稻主要害虫的类别及其成灾特点。

2. 在稻田生态系统中，影响水稻害虫优势种类演替的主要因素有哪些？
3. 试比较分析水稻二化螟、三化螟的危害特点、年生活史和主要习性的异同。
4. 试述二化螟、三化螟的发生与环境条件的关系及综合治理技术。
5. 试比较分析水稻褐飞虱、白背飞虱、灰飞虱的危害特点、年生活史和主要习性的异同。
6. 试述水稻褐飞虱、白背飞虱、灰飞虱发生与环境条件的关系及综合治理技术。
7. 常见危害水稻的叶蝉优势种是什么？试分析稻叶蝉与稻飞虱发生规律的异同点。
8. 试述稻苞虫的种类、分布和危害特点。
9. 试述直纹稻弄蝶的年生活史、主要习性和综合治理技术要点。
10. 试述稻纵卷叶螟的危害特点、年生活史和主要习性。
11. 试分析影响稻纵卷叶螟迁飞的主要因素，并提出综合治理的策略和方法。

第十章 小麦害虫

小麦是我国，尤其是北方地区最重要的粮食作物之一。据统计，全国已知小麦害虫（包括螨类）达237种，分属于11目57科。其中对小麦生产影响较大的重要种类有20多种。由于小麦产区地域辽阔，各地自然地理、农业生态、种植制度各不相同，形成了不同的麦类害虫区系。但从全国总体情况来看，小麦生产中常发灾害性害虫主要是麦蚜，在全国各麦区普遍猖獗发生；其次是北方部分麦区地下害虫和小麦害螨常年发生严重。偶发灾害性害虫主要是小麦吸浆虫和黏虫，其中北方地区黄淮海冬麦区小麦吸浆虫偶发成灾频率较高，长江流域和南方冬麦区黏虫偶发成灾频率较高。除此之外，麦田比较常见的次要害虫有小麦叶蜂、灰飞虱、条斑叶蝉、麦鞘毛眼水蝇、西北麦蜱、小麦皮蓟马等。

地下害虫的发生规律和防治技术前文已经详细叙述，本章重点阐述小麦吸浆虫、麦蚜和小麦害螨的发生规律和防治技术，并对小麦叶蜂、麦秆蝇和麦鞘毛眼水蝇做简要介绍。

第一节 小麦吸浆虫

危害小麦的吸浆虫主要有两种：麦红吸浆虫（*Sitodiplosis mosellana* Gehin）和麦黄吸浆虫（*Contarinia tritici* Kirby），属双翅目瘿蚊科。

小麦吸浆虫是世界性小麦生产中的毁灭性害虫，在亚洲、欧洲、美洲3大洲主要小麦产区均有分布；在我国分布于北纬40°以南，27°以北，由东海岸到东经100°左右之间的广大区域内，但主要发生在北纬31°~35°的黄河、淮河流域冬小麦主产区。麦红吸浆虫与麦黄吸浆虫比较而言，前者多分布在沿江、沿河平原低湿地区，例如陕西关中的渭河流域和泾河流域、河南伊河流域和洛河流域、安徽淮河两岸，以及长江、汉水、嘉陵江沿岸的旱作麦区等，在我国东部长江和黄河流域之间形成了一条自东向西的横带。麦黄吸浆虫主要分布在高原地区和高山地带，例如贵州、四川西部、青海、甘肃、宁夏等地，形成了一条自西北向西南的纵向条带。在西部高原地区的河谷地带则为2种吸浆虫的并发区。

小麦吸浆虫主要危害小麦，以幼虫危害小麦花器和吸食正在灌浆的小麦籽粒的浆液，造成瘪粒而减产，危害严重时几乎造成绝收。此外，小麦吸浆虫也可危害大麦、青稞、黑麦、燕麦等作物及鹅观草等杂草。在我国历史上，小麦吸浆虫曾多次成灾。早在1760年张宗法撰《三农记》中即有记载。近代以来，小麦吸浆虫于20世纪40—50年代和80年代在我国黄淮流域小麦主产区大面积猖獗成灾，对小麦生产造成了严重危害。例如1986年，局部地区最高虫口密度达每公顷141 624万头，为历史上所罕见。近年来，小麦吸浆虫大面积猖獗成灾的势头得到了有效遏制，但局部大发生的现象仍时有发生。例如陕西关中地区 2012 年普遍发生，发生面积超过 $4.87×10^5$ hm² （$7.3×10^6$ 亩），其中达标面积为 $1.67×10^5$ hm² （$2.5×10^6$ 亩），重发面积为 $5.67×10^4$ hm² （$8.5×10^5$ 亩）。特别是进入 21 世纪以来，小麦吸浆虫重灾区北移的现象非常突出，在过去很少发生或从未成灾的河北、河南北部等地发生危害程度明显加重。所以对小麦吸浆虫的监测和防治绝不可掉以轻心。

在危害小麦的两种吸浆虫中，以麦红吸浆虫发生普遍，危害严重，本节予以重点介绍。

一、小麦吸浆虫的形态特征

麦红吸浆虫的形态特征见图 10-1。

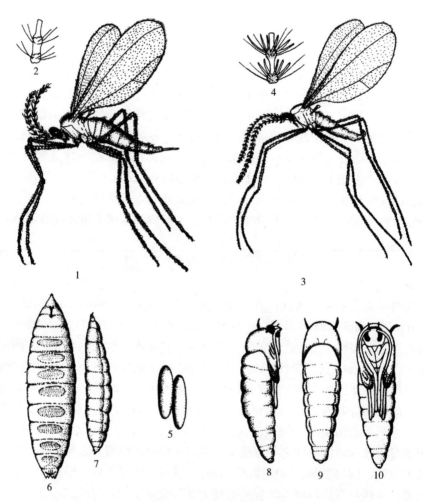

图 10-1　麦红吸浆虫

1. 雌成虫　2. 雌成虫触角的 1 节　3. 雄成虫　4. 雄成虫触角的 1 节　5. 卵　6. 幼虫腹面　7 幼虫侧面　8. 蛹侧面　9. 蛹背面　10. 蛹腹面

（仿西北农学院农业昆虫学教研组）

1. 成虫　雌成虫体长为 2.0～2.5 mm，呈橘红色，密被细毛。头小；复眼大，呈黑色，两复眼在上方愈合；触角具 14 节，各节呈长圆形膨大，上面环生两圈刚毛；前翅薄而透明，并带紫色闪光,具翅脉4条;腹部9节,第9细长,形成伪产卵管。雄虫体稍小;触角比雌虫长,亦为14节,每节两个球形膨大部分除环生1圈刚毛外,还生有1圈环状毛;腹部末端略向上弯曲,交尾器中的抱握器基节内缘和端节均有齿,腹瓣末端稍凹入,阳茎长。

2. 卵 卵呈长椭圆形;长为0.32 mm,约为宽度的4倍;呈淡红色而透明,表面光滑。

3. 幼虫 幼虫体长为2.0~2.5 mm;为扁纺锤形,呈橙黄色。头小,无足而呈蛆状,前胸腹面有一个Y形剑骨片,前端呈锐角凹入,腹末有2对尖形突起。

4. 蛹 蛹体长约为2 mm,呈橙褐色,为裸蛹,头前方有2根白色短毛和1对长呼吸管。

二、小麦吸浆虫的生活史和习性

(一) 小麦吸浆虫的生活史

小麦吸浆虫1年发生1代,以老熟幼虫在土中结圆茧越夏、越冬。翌年早春气候适宜时,破茧为活动幼虫上升土表化蛹、羽化。由于幼虫有多年滞育习性,部分幼虫仍继续处于滞育状态,以致有隔年或多年羽化的现象。据报道,麦黄吸浆虫越冬幼虫在土中存活不超过4~5年,但麦红吸浆虫可达7年以上,甚至12年仍能化蛹、羽化。

麦红吸浆虫的发生期因地区和气候而不同,在同一地区也因年而异,与当地小麦生育时期具有密切的物候联系。在黄淮海地区,越冬幼虫在春季10 cm土壤温度上升到7 ℃左右、小麦进入返青拔节期时开始破茧上升。4月中旬当10 cm土壤温度达15 ℃左右时,小麦进入孕穗期,幼虫陆续在约3 cm的土层中做土室化蛹。蛹期为8~12 d,4月下旬10 cm土壤温度达20 ℃左右时,正值小麦抽穗期,成虫盛发并产卵于抽穗但尚未扬花的麦穗上。卵期为3~5 d,小麦扬花灌浆期往往又与幼虫孵化危害期相吻合。幼虫期为20 d左右,至小麦渐近黄熟,吸浆虫幼虫陆续老熟,遇降雨即离穗落地入土,在6~10 cm深处经3~10 d结圆茧进入滞育。根据陕西关中地区多年历史资料,当地麦红吸浆虫成虫发生盛期常年相对稳定在4月下旬至5月上旬。

(二) 小麦吸浆虫的主要习性

小麦吸浆虫成虫以上午7:00—10:00和下午15:00—18:00羽化最盛。羽化后先在地面爬行一段时间,后爬至小麦叶背面或杂草上隐蔽栖息。成虫畏强光和高温,故以早晨和傍晚活动最盛,大风天、大雨天或晴天中午常藏匿于植株下部。雄虫多在小麦植株下部活动,而雌虫多在高出小麦植株10 cm左右处飞舞,并可借助风力扩散蔓延。成虫羽化的当天即可交尾产卵,已扬花的麦穗由于颖壳闭合,很少着卵。这种对小麦生育阶段有严格选择的产卵习性,常是构成同一地区不同田块和品种间危害轻重之别的主要原因。

卵多散产于外颖背上方,也有少数产于小穗间和小穗柄等处。以麦穗大小而言,中等大小的麦穗上虫量最多,受害最重;较大的麦穗上虫量次之;较小的麦穗上虫量最少,受害最轻。以麦穗的不同部位而言,中部虫量最多,下部次之,上部最少。单雌每次产卵1~3粒,一生可产卵50~90粒。成虫寿命为3~6 d,世代产卵期延续15~20 d。一般雌虫稍多于雄虫,但雄蛹常比雌蛹早1 d羽化。

幼虫孵化后从内颖与外颖间的缝隙侵入,贴附于子房或刚灌浆的麦粒上吸食浆液。被害小麦籽粒的千粒重随虫量增加有规律地下降,当籽粒单粒有虫量为1头、2头、3头、4头时,千粒重分别下降37.16%、58.81%、77.23%和94.86%。越冬幼虫破茧上升土表后若遇长期干旱，仍可入土结茧潜伏。

室内试验表明，越冬幼虫即使在最适宜的温度和湿度条件下，仍有2％左右春季不破茧化蛹。由此看来，多年滞育现象的产生除因环境条件影响外，还很可能与遗传有关，即总有少数个体为遗传基因或激素所控制而多年滞育。

三、小麦吸浆虫的发生与环境的关系

（一）气候对小麦吸浆虫的影响

1. 温度对小麦吸浆虫的影响 早春气温高低影响小麦吸浆虫发生的迟早。早春气温回升早，土壤温度上升快时，小麦吸浆虫发生早；若遇寒流侵袭，则发生期推迟，但小麦的生育时期也同样受到温度的影响，故只要有适合小麦生长发育的温度，也就能满足吸浆虫生长发育的要求。但幼虫耐低温而不耐高温，夏季由于高温干旱，越夏死亡率往往高于越冬死亡率。所以温度对小麦吸浆虫种群数量的影响主要通过影响越夏死亡率而起作用。

2. 湿度对小麦吸浆虫的影响 小麦吸浆虫喜湿怕干，雨水或土壤湿度是影响种群数量变动的关键因子。据试验，幼虫浸入水中20 d仍能存活，但把它混入麦粒中经10 d以上就死亡。春季少雨干旱，土壤含水量在10％以下时，幼虫不化蛹，继续处于滞育状态；土壤含水量低于15％时，成虫很少羽化；土壤含水量为22％～25％时，成虫才大量发生。同样，成虫产卵、幼虫孵化和入侵均需较高的湿度。5月下旬至6月初降雨对老熟幼虫离穗入土有利，否则老熟幼虫被带到麦场，经过日晒碾压，难以生存。据多年资料分析，4月中下旬的降水量与当年的发生程度呈明显的正相关，即雨水充沛、雨日多时，常猖獗发生；否则，不利于其发生。

（二）小麦品种和生育期对小麦吸浆虫的影响

小麦品种对小麦吸浆虫的抗感性差异很大。20世纪50年代推广的"南大2419""西农6028""中农28"和"矮粒多"，60年代推广的"丰产3号"，70年代推广的"阿勃"和"矮丰3号"等抗虫品种，其抗虫性能主要表现在穗形结构和生育时期不利于成虫产卵和幼虫侵入危害。一般芒长多刺、挺直、小穗排列紧密、颖壳厚、护颖大能将外颖脊背遮住、内颖和外颖结合紧密及子房或籽粒的表皮组织较厚的品种，具有明显的抗虫性。由于成虫产卵对小麦生育时期有严格的选择性，故抽穗整齐灌浆快，抽穗盛期与成虫盛发期不遇的品种受害轻；反之受害重。近期的研究结果表明，扬花时内颖与外颖张开角度与危害程度呈极显著的负相关，即随着张开角度增加，危害程度减轻。

（三）耕作栽培对小麦吸浆虫的影响

小麦连作和小麦与玉米轮作的小麦田受害重，水旱轮作或2年3熟（小麦—大豆—棉花）的地区受害轻。冬小麦收获后随即播种作物，因地面有覆盖，能保持一定的湿度，并降低土壤温度，幼虫越夏死亡率低。麦收后耕翻暴晒，则幼虫死亡率高。撒播小麦田郁闭，田间湿度比条播麦田高，温差常比条播麦田小，吸浆虫发生量大。有调查研究表明，近年来小麦吸浆虫重灾区北移与机械化收割有很大的关系。联合收割机作业可将吸浆虫从有虫田块携带到周围无虫田块，同时跨区作业又可将老熟幼虫进行远距离传播，加快了麦红吸浆虫的传播速度。

（四）土壤与地势对小麦吸浆虫的影响

壤土因团粒结构好，土质松软，有相当的保水力和透水性，而且温差小，有利于小麦吸浆虫的生活，因此发生比黏土和砂土重。平地小麦吸浆虫发生常比坡地多，阴坡发生又比阳坡多。在土壤酸碱度方面，麦红吸浆虫适宜发生于碱性土壤，而麦黄吸浆虫则较喜爱酸性土壤。

（五）天敌对小麦吸浆虫的影响

小麦吸浆虫天敌种类较多，以寄生性天敌控制作用较大，目前已知有10多种。其中宽腹姬小蜂、尖腹黑蜂寄生率可达75%，1头寄生蜂足够控制1.5头吸浆虫所产的卵，即虫蜂比达1.5:1时，下年度就不致造成严重危害。幼虫寄生真菌在高温高湿条件下，很容易在幼虫体上寄生致其死亡。捕食小麦吸浆虫成虫的天敌主要有蚂蚁、蜘蛛、蓟马、舞虻等。这些天敌对小麦吸浆虫的发生具有一定的抑制作用。

四、小麦吸浆虫的虫情调查和综合治理技术

（一）小麦吸浆虫的虫情调查方法

参照农业行业标准《小麦吸浆虫测报调查规范》（NY/T 616—2002）和全国农业技术推广服务中心编著的《农作物有害生物测报技术手册》"小麦吸浆虫测报调查方法"进行小麦吸浆虫的虫情调查，要点如下。

1. 虫口密度调查 一般采用5点或10点对角线或Z字形取样，样方大小为10 cm×10 cm×20 cm，或用直径为11.28 cm、高为13 cm的取样器进行取样。每个样点装入一个50目尼龙纱袋中封口，冲洗至无泥土后倒入白瓷盘中检查、计数。根据每样方平均虫口密度可将小麦吸浆虫的发生区划分为5级：2头/样方以下为轻发生区，2～15头/样方为中等偏轻发生区，15～40头/样方为中等发生区，40～90头/样方为中等偏重发生区，90头/样方以上为大发生区。

2. 幼虫发育动态及化蛹进度调查 从3月中下旬小麦返青拔节后开始，选择当地有代表性麦田，每5 d进行1次系统调查。取样方法及样小大小同前，但分3层（0～7 cm、7～14 cm、14～20 cm）分别检查，以确定幼虫上升动态。当淘土始见预蛹时，每隔1 d淘土1次，不分层，每次调查的总虫数不少于30头。当查到的蛹量占总虫数的50%时，立即开始喷药防治。

3. 成虫期调查 调查方法主要有以下3种。

（1）网捕 每天下午18:00—20:00，用捕虫网田间网捕，计数捕获虫数。

（2）观测笼粘捕 在系统观察田内按对角线设置5个观测笼粘捕成虫。笼的长宽为30 cm×30 cm，高为10 cm，笼架用10号铁丝焊接，笼罩用普通纱布缝制，使用时笼顶内侧纱布涂一薄层凡士林，笼架入土3 cm，四周压实，每日下午定时检查记载羽化成虫数。

（3）目测 成虫期用手轻轻将麦株向两侧分开，目测检查起飞虫量。

当平均网捕10复次有成虫10～25头，或观测笼粘捕成虫累计达5头或目测有2～3头成虫起飞时，即为药剂防治适期。

4. 剥穗查幼虫 小麦黄熟期吸浆虫老熟幼虫脱穗入土前，每块田5点取样，每点随机取10穗置于尼龙纱袋中带回室内逐穗逐粒剥查，计数穗粒数及每个籽粒上虫数，估算危害损失及防治效果。

（二）小麦吸浆虫的综合治理技术

小麦吸浆虫生活史历期长，在土壤中隐蔽生活达11个月之久，并具有隔年羽化或多年

滞育的特性。因此小麦吸浆虫的防治，应以种植抗虫品种和改进耕作栽培技术为基本措施，辅以必要的化学药剂防治，实行综合治理。

1. 栽培防治 调整作物布局，实行轮作倒茬、避免小麦连作、麦茬及时耕翻曝晒等。

2. 推广抗虫品种 历史经验证明，选种抗虫品种是从根本上控制小麦吸浆虫危害的最经济有效的措施。较抗虫的品种有安徽淮北种植的"徐州211""马场2号""烟农128"，河南种植的"徐州21号""洛阳851""新乡5809""许06""偃农7664"，陕西种植的"咸农151""武农99"等。

3. 药剂防治

（1）防治指标 调查研究结果表明，在当前的小麦生产条件下，小麦吸浆虫土中幼虫密度小于450万头/hm^2时，对产量似无明显的影响。鉴于此，一般以450万头/hm^2作为参考指标。

（2）防治适期 化蛹盛期和成虫羽化期施药防治，是有效控制小麦吸浆虫危害的关键。但蛹期施药最有效的方法是撒毒土，费工费时，已不适于当前生产的实际。所以抓住成虫羽化期，并尽量与"一喷三防"相结合，及时喷药防治至关重要。

（3）施药次数及适宜药剂 一般情况下，当小麦抽穗50％时正是小麦吸浆虫成虫发生盛期，喷药1次即可控制危害。在小麦吸浆虫发生严重的情况下，分别于抽穗20％和抽穗70％时各喷药1次。由于小麦吸浆虫成虫对药剂很敏感，常用杀虫剂均有很好的防治效果。

4. 生物防治 应保护利用天敌，最大限度地发挥有益生物的自然控制作用。

第二节 麦 蚜

麦蚜俗称腻虫、油汁、蜜虫等。历史上麦蚜是间歇性猖獗的害虫，但自20世纪80年代以来，逐渐演变成小麦生产中常发灾害性害虫。据记载，全世界危害麦类作物的蚜虫有32种（R. L. Blackmann和V. F. Eastop，1985）。在我国已记载危害小麦的蚜虫有12种（朱象三等，1979；张广学，1983），其中以麦长管蚜（*Macrosiphum avenae* Fabricius）、麦二叉蚜［*Schizaphis graminum* (Rondani)］和禾谷缢管蚜（*Rhopalosiphum padi* Linnaeus）发生普遍，危害严重。除此之外，近年来麦无网长管蚜［*Acyrthosiphon dirhodum* (Walker)］、红腹缢管蚜［*Rhopalosiphum rufiabdominalis* (Sasaki)］、菜豆根蚜（*Smynthurodes betae* Westwood）、玉米蚜［*Rhopalosiphum maidis* (Fitch)］在局部地区或某些年份常危害较重，应予以注意并监测其动态。本节以麦长管蚜、麦二叉蚜和禾谷缢管蚜为重点进行阐述。

麦蚜以刺吸口器吮吸麦株茎、叶和嫩穗汁液。麦苗受害轻的叶色发黄，生长停滞，分蘖减少，重的枯萎死亡；穗期受害则麦粒不饱满，品质下降，严重时麦穗干枯不能结实。此外，麦二叉蚜和麦长管蚜在黄河流域及西北麦区还能传播大麦黄矮病毒（BYDV），引起小麦黄矮病的流行，造成比直接刺吸危害更大的损失。

麦长管蚜和麦二叉蚜属于寡食性害虫，寄主植物主要局限于禾本科植物内，除麦类作物外，亦危害玉米、高粱、糜子、雀麦、马唐、看麦娘等禾本科植物。禾谷缢管蚜在北方尚能危害稠李、桃、李、榆叶梅等李属植物。

一、麦蚜的形态特征

麦二叉蚜、麦长管蚜和禾谷缢管蚜的形态特征见表 10-1 和图 10-2。

表 10-1 3 种麦蚜的形态特征

虫态	特征	麦二叉蚜	麦长管蚜	禾谷缢管蚜
有翅胎生雌蚜	体长	1.4～2.0 mm	2.4～2.8 mm	1.6 mm 左右
	体色	头胸部灰黑色,腹部绿色,腹部中央有 1 条深绿色纵纹	头胸部暗绿色或暗褐色,腹部黄绿色至浓绿色,背腹两侧有褐斑 4～5 个	头胸部黑色,腹部暗绿带紫褐色,腹背后方具红色晕斑 2 个
	额瘤	不明显	明显,外倾	略显著
	触角	比体短,第 3 节有 5～8 个感觉孔	比体长,第 3 节有 6～18 个感觉孔	比体短,第 3 节有 20～30 个感觉孔
	前翅中脉	分 2 叉	分 3 叉	分 3 叉
	腹管	圆锥状,中等长,黄绿色	管状,极长,黑色	近圆形,黑色,端部缢缩如瓶颈状
	尾片	圆锥状,中等长,黑色,有 2 对长毛	管状,长,黄绿色,有 3～4 对长毛	圆锥状,中部缢入,有 3～4 对长毛
无翅胎生雌蚜	体长	1.8～2.3 mm	2.3～2.9 mm	1.7～1.8 mm
	体色	淡黄绿色至绿色,腹背中央有深绿色纵线	淡绿色或黄绿色,背侧有褐色斑点	浓绿色或紫褐色,腹部后方有红色晕斑
	触角	为体长的一半或稍长	与体等长或超过体长,黑色	仅为体长的一半

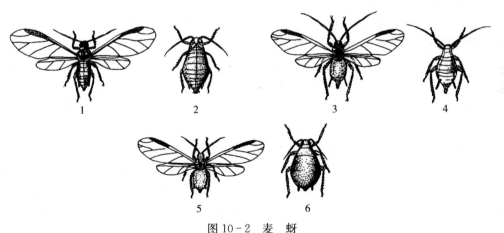

图 10-2 麦 蚜

1. 麦二叉蚜有翅成蚜 2. 麦二叉蚜无翅成蚜 3. 麦长管蚜有翅成蚜 4. 麦长管蚜无翅成蚜 5. 禾谷缢管蚜有翅成蚜 6. 禾谷缢管蚜无翅成蚜

二、麦蚜的生活史和习性

(一) 麦蚜的生活史

麦蚜在北方春麦区 1 年发生 10 代左右,在黄河流域中下游地区 1 年发生 20 代左右,在长江流域及以南地区 1 年发生 30 代左右或更多。其越冬虫态因种类和地区而异。

1. 麦长管蚜的生活史 麦长管蚜是一种迁飞性害虫，春、夏季（3—6月）随小麦生育时期逐渐推迟，由南向北逐渐迁飞，北方麦收后在禾本科杂草上繁殖，秋季（8—9月）再南迁。在1月0℃等温线（大致沿淮河）以北不能越冬，淮河流域以南以成蚜和若蚜在麦田越冬；在华南地区冬季可继续繁殖。在南北各麦区，其生活史周期型属不全周期型。

2. 麦二叉蚜的生活史 麦二叉蚜在北纬36°以北较冷的麦区多以卵在麦苗枯叶上、土缝内或多年生禾本科杂草上越冬，愈向北以卵越冬率愈高，生活史周期型属同寄主全周期型。麦二叉蚜在南方以无翅成蚜和若蚜在麦苗基部叶鞘、心叶内或附近土缝中越冬，天暖时仍能活动取食；在华南地区冬季无越冬期，生活史周期型属不全周期型。

3. 禾谷缢管蚜的生活史 禾谷缢管蚜在北方营异寄主全周期型生活，有明显的世代交替现象，春、夏季危害麦类、玉米、高粱等禾本科作物，秋后产生性蚜，交配后在李属植物上产卵越冬；在南方则营同寄主不全周期型生活，全年在同一科寄主植物上营孤雌生殖，不产生雌雄性蚜，以无翅成蚜和若蚜在麦苗根部、近地面的叶鞘或土缝内过冬。

麦蚜在麦田内多混合发生。我国北方冬麦区秋播麦苗出土后，麦蚜以有翅蚜陆续迁入麦田建立群落，由于气温逐渐下降，种群密度上升缓慢，温度继续下降到发育临界点后，便进入越冬阶段。翌年2—3月小麦返青后麦蚜开始活动危害，以后随气温升高和小麦进入旺盛生长期，繁殖力逐渐增强，种群数量大增。至抽穗前后，麦长管蚜大量迁入，麦蚜进入繁殖盛期，蚜量显著上升，乳熟期达到高峰。因此小麦从播种至收获的整个生长发育期虽遭麦蚜危害，但穗期（抽穗至乳熟）是麦蚜危害的关键时期。小麦成熟前陆续产生有翅蚜飞离麦田。

（二）麦蚜的主要习性

麦长管蚜喜光，耐潮湿，成株期大多分布于麦株上中部叶片正反面，抽穗后集中在穗部危害，遇惊有坠落习性。麦二叉蚜畏光，喜干旱，成株期多分布在中下部叶片背面危害，且耐低温，故早春危害、繁殖早，秋苗受害时间长；而且致害能力强，刺吸时能分泌有毒物质，破坏叶绿素形成黄色枯斑，受害重者常导致全叶黄化枯死。禾谷缢管蚜春季有相当长的一段时期在麦苗下部叶鞘、叶背、根茎部危害，抽穗后部分个体迁移到麦株上部和麦穗上繁殖危害。

麦蚜世代历期在适温范围内，随温度升高而缩短。例如麦二叉蚜完成1个世代，在10℃时为16.8 d，在15℃时为11.3 d，在20℃时为7.2 d，在25℃时为5.2 d。一般无翅成蚜繁殖力强于有翅成蚜，而有翅蚜的发育历期比无翅蚜长。例如麦二叉蚜1头有翅胎生雌蚜在23℃时平均产若蚜43头，1头无翅胎生雌蚜在22~23℃时平均产若蚜52头。

三、麦蚜的发生与环境的关系

（一）气候对麦蚜的影响

麦蚜种类不同，对温度和湿度的要求各异。麦二叉蚜抗低温能力强，胎生雌蚜在5℃时就可以发育和大量繁殖，最适宜温度是15~22℃，温度超过33℃则生长发育受阻。麦长管蚜适温范围为12~20℃，既不耐高温也不耐低温，在7月26℃等温线以南地区不能越夏，在1月0℃以下的地区不能越冬。禾谷缢管蚜在湿度适宜的情况下，30℃左右发育最快，但不耐低温，在1月平均温度为-2℃的地区不能越冬。麦二叉蚜喜干燥，适宜的相对湿度为 35%～67%，大发生地区都位于年降水量 250～500 mm 或以下的地区。麦长管蚜比较喜湿，适宜湿度范围为相对湿度 40%～80%，适宜发生地区年降水量在 500～750 mm，甚至超过 1 000 mm，但小麦生育阶段雨水较少时亦能成灾。禾谷缢蚜则喜高湿，不耐干旱，在年降水量 250 mm 以下的地区一般不能发生。

通常冬暖、春早有利于麦蚜猖獗发生。春季持续干旱是麦二叉蚜猖獗发生的一个重要条件，而春季雨水适宜，对麦长管蚜的种群扩增具有一定的促进作用。

(二) 栽培制度对麦蚜的影响

西北地区纯作春麦区，麦蚜在禾本科杂草上越冬，翌春孵化后即在越冬寄主上繁殖，春小麦出苗后才迁入小麦田危害，麦蚜危害和病毒病流行都受到限制。扩种冬小麦后形成冬春麦混种区，麦蚜由夏寄主迁入秋苗上危害，并传播病毒，成为建立越冬种群和发病中心的基地，翌年春小麦播种出苗后，麦蚜再由冬小麦田迁入春小麦田。由于小麦苗期最易感染病毒病，因此常造成春小麦黄矮病的大流行而严重减产。

同一地区不同地块间蚜害程度常与小麦播种期、施肥、灌水和品种密切相关。一般早播小麦田蚜虫迁入早，越冬基数大，危害重。晚熟品种穗期受害比早熟品种重。麦二叉蚜在缺氮素营养的贫瘠田危害重，而麦长管蚜和禾谷缢管蚜在肥沃、通风不良湿度大的小麦田发生较重。不同小麦品种间受害程度也有一定的差异。近年研究表明，小麦品种的抗蚜性主要表现为抗生性。

(三) 天敌对麦蚜的影响

麦蚜的天敌种类较多，主要类群有瓢虫、草蛉、蚜茧蜂、食蚜蝇、蜘蛛、蚜霉菌等，尤以瓢虫、食蚜蝇和蚜茧蜂最重要。瓢虫、食蚜蝇在小麦乳熟期前后常大量集中于穗部捕食；蚜茧蜂在乳熟期的寄生率常达 20% 左右，高者可达 50% 以上；在夏、秋多雨年份蚜霉菌的寄生率也很高。近年来调查研究认为，影响麦蚜种群数量波动的原因，前期以风雨为主，后期多以天敌为主。

四、麦蚜的虫情调查和综合治理技术

(一) 麦蚜的虫情调查

参照行业标准《小麦蚜虫测报调查规范》(NY/T 612—2002) 或全国农业技术推广服务中心编著的《农作物有害生物测报技术手册》"小麦蚜虫测报调查方法"进行麦蚜的虫情调查，要点如下。

1. 系统调查 根据品种、播种期、地势、作物长势等条件，选择当地有代表性的麦田 2～3 块，每块田对角线随机 5 点取样，每点 50 株 (茎)；当百株 (茎) 蚜量超过 500 头，株 (茎) 间蚜量差异不大时，每点可减至 20 株 (茎)；蚜量特大时，每点可减至 10 株 (茎)。记载有蚜株 (茎) 数、有翅蚜及无翅蚜量，统计平均百株 (茎) 蚜量。从小麦返青拔节期至乳熟期，开始时每 5 d 调查 1 次；当日增蚜量超过 300 头时，每 3 d 调查 1 次。

2. 大田普查 在小麦秋苗期、拔节期、孕穗期、抽穗扬花期、灌浆期各调查 1 次，调查方法同前。

以麦长管蚜为主的小麦产区，百株蚜量 500 头；以禾谷缢管蚜为主的小麦产区，百株蚜量 4 000 头；以麦二叉蚜为主的小麦产区，秋苗期百株蚜量 20 头，拔节初期百株蚜量 30～50 头，孕穗期百株蚜量 100 头；天敌与蚜虫比超过 1∶150，就需进行药剂防治。目前，各地一般均以麦长管蚜发生严重，防治适期一般为小麦扬花期至灌浆期。

（二）麦蚜的综合治理技术

麦蚜的治理首先应明确当地以小麦黄矮病为代表的病毒发生情况，进行分区治理。在黄矮病流行区，为了做到治蚜防病，首先应抓好苗期防治，同时控制穗期危害；非黄矮病流行区，重点是控制扬花期至灌浆期的危害。

1. 农业防治 应清除田内外杂草，早春耙磨镇压，适时冬灌，对杀伤麦蚜防止早期危害有一定的作用。此外，注意选育推广抗蚜耐蚜丰产品种，冬麦区适当迟播，春麦区适当早播，冬春麦混播区冬麦和春麦分别种植，适时集中播种。增施基肥和追施速效肥，促进麦株生长健壮，增强抗蚜能力。

2. 生物防治 应合理选用农药，保护利用天敌；改善农田生态环境，促进天敌繁殖，充分发挥天敌对麦蚜的控制作用；必要时还可人工繁殖，释放或助迁天敌。

3. 药剂防治

（1）种子处理　在小麦黄矮病流行区，种子处理是大面积治蚜防病的有效措施。可选用60%吡虫啉悬乳剂100～200 g，加水7～10 kg，与100 kg小麦种子搅拌均匀，再摊开晾干后播种。或者按照150 g吡虫啉（有效成分），加水1.5～2.0 L拌成糊状，均匀拌在100 kg小麦种子上，注意务必使每粒种子都均匀粘上药剂，于通风处晾干后播种，可控制全生育期小麦蚜虫的危害。

（2）喷药　在黄矮病流行区，如果未进行种子处理，小麦苗期蚜虫发生严重时则要进行喷药防治。穗期结合"一喷三防"，掌握在小麦扬花后麦蚜数量急剧上升期，选用速效、低毒低残留的农药，及时进行防治。常用药剂种类很多，各地根据实际情况选用。

第三节　小麦害螨

危害小麦的害螨主要有麦圆叶爪螨［*Penthaleus major*（Duges）］和麦岩螨［*Petrobia latens*（Muller）］2种。麦圆叶爪螨俗称麦圆红蜘蛛，属蜱螨目叶爪螨科（真足螨科）。麦岩螨俗称麦长腿红蜘蛛，属蜱螨目叶螨科。

麦圆叶爪螨分布于北纬29°～37°，主要发生区在江淮流域的水浇地和低洼麦地，但近年来在黄河流域中下游川地及灌溉麦区也渐趋严重。麦岩螨主要分布于北纬34°～43°，主害区为长城以南、黄河流域及其以北的旱地和山区麦地。

两种害螨均以危害小麦为主。成螨和若螨刺吸小麦叶片、叶鞘的汁液，受害叶表面呈现黄白色小斑点，后期斑点合并成斑块，使麦苗逐渐枯黄，重者可使麦苗整片枯死。麦圆叶爪螨还可危害大麦、豌豆、蚕豆、油菜、紫云英等作物及小蓟、看麦娘等杂草；而麦岩螨尚能危害大麦、棉花、大豆等作物和桃、柳、桑、槐等树木以及多种杂草。

一、小麦害螨的形态特征

小麦害螨的形态特征见图10-3。

（一）麦圆叶爪螨的形态特征

1. 成螨 雌成螨体长为0.65～0.80 mm。背面呈椭圆形，腹背隆起，呈深红色或黑褐色。足为4对，几乎等长，足上密生短刚毛。肛门位于末体部背面。雄螨尚未发现。

2. 卵 卵长为 0.2 mm，呈椭圆形。初产卵为暗红色，后变淡红色。表皮皱缩，外有 1 层胶质卵壳，表面有五角形网纹。

3. 幼螨 幼螨呈圆形；初孵幼螨为淡红色，取食后变为草绿色；具足 3 对，呈红色。

4. 若螨 若螨分前若螨和后若螨 2 个时期；具足 4 对，体色和体形似成螨。

(二) 麦岩螨的形态特征

1. 成螨 雌成螨体长为 0.62～0.85 mm。背面呈阔椭圆形，呈紫红色或绿色，具毛 13 对，足为 4 对，第 1 对与体等长或超过体长，第 2 对和第 3 对足短于体长的 1/2，第 4 对足长于体长的 1/2。雄螨体长约为 0.46 mm。背面呈梨形，背刚毛短，具茸毛。

2. 卵 卵有两种类型：①红色非滞育型卵，长约为 0.15 mm，呈圆球形，表面有 10 多条隆起纵纹；②白色滞育卵，长约为 0.18 mm，呈圆柱形，顶端向外扩张，形似倒放草帽，顶面上有放射状条纹。卵的表面被有白色的蜡质层。

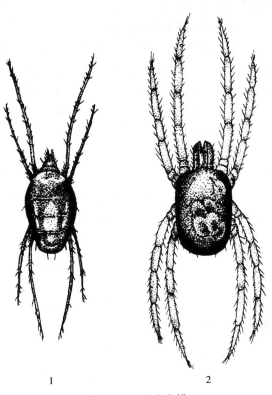

图 10-3 小麦害螨
1. 麦岩螨 2. 麦圆叶爪螨
(仿中国农作物病虫图谱编绘组)

3. 幼螨 幼螨呈圆形，具足 3 对，体长宽皆约为 0.15 mm。初孵幼螨为鲜红色，取食后变暗褐色。

4. 若螨 若螨分第 1 若螨和第 2 若螨 2 个时期，具足 4 对，形似成螨。

二、小麦害螨的生活史和习性

(一) 小麦害螨的生活史

1. 麦圆叶爪螨的生活史 麦圆叶爪螨 1 年发生 2～3 代，以雌成螨和卵在小麦植株或小麦田间杂草上越冬。翌年 2 月下旬雌成螨开始活动并产卵繁殖，越冬卵也陆续孵化。3 月下旬至 4 月中旬初田间虫口密度最大，是危害盛期。通常 4 月中旬末以后田间密度开始减退，至小麦孕穗后期已极少见，田间出现大量越夏卵进入越夏。10 月上旬越夏卵开始孵化，危害秋播小麦苗或田边杂草。11 月上旬出现成螨并陆续产卵，后随气温下降进入越冬阶段。完成 1 代需时 46～80 d，平均为 57.8 d。

2. 麦岩螨的生活史 麦岩螨 1 年发生 3～4 代，以成螨或卵在小麦田土块下、土缝中越冬。翌年 2 月中下旬至 3 月上旬，月平均气温达到 8 ℃以上时，成螨开始活动，越冬卵孵化。田间危害盛期在 4 月中下旬，此时正值小麦孕穗期至始穗期，因而被害较重。5 月上旬以后，气温上升，螨量急剧下降，并产滞育卵越夏。秋苗出土后，越夏卵陆续孵化，在秋苗上一般可完成 1 代，12 月以后即产越冬卵或以成螨越冬。部分越夏卵也能直接越冬。完成 1

代需时 24~46 d，平均为 32.1 d。

（二）小麦害螨的主要习性

麦圆叶爪螨和麦岩螨的共同特点是二者都以成螨和卵越冬，以滞育卵越夏，春、秋两季危害，以春季危害严重；有群集性，在叶背危害，受惊后即落地假死；可借风力、雨水或爬行传播。麦圆叶爪螨性喜阴湿，怕高温干燥，于早晨 6:00—9:00 和下午 16:00—20:00 出现 2 次活动危害高峰，小雨天仍能活动。麦岩螨性喜温暖干燥，一般多在 9:00—16:00 活动，其中以 15:00—16:00 数量最大，对大气湿度较为敏感，遇小雨或露水大时即停止活动。

麦圆叶爪螨至今尚未发现雄螨，营孤雌卵生；卵多集聚成堆或成串产于麦丛分蘖茎近地面处或干叶基部或土块上。麦岩螨主要也营孤雌卵生，但在陕西武功地区小麦上曾发现过极少雄螨，说明部分营两性生殖；卵多数产于硬土块、土缝、砖瓦片、干草棒等基物上，越夏和越冬卵的卵壳上覆有一层白色蜡质物，能耐夏季的高温多湿和冬季的干旱严寒。

三、小麦害螨的发生与环境的关系

（一）气候条件对小麦害螨的影响

麦圆叶爪螨喜高湿畏干燥，麦岩螨喜干燥畏高湿。故在雨水比较多的长江流域和黄淮流域平原川地、水浇地和低洼地，冬春多雨、相对湿度经常在 70% 以上的地区和年份，有利于麦圆叶爪螨发生危害。麦岩螨发生的最适湿度在 50% 以下，冬春干旱少雨的塬地、山区常发生严重。

两种害螨均不耐高温，麦圆叶爪螨在春季旬平均气温上升至 14.7 ℃ 以上时，成螨和若螨密度即迅速下降，而达到 17 ℃ 以上时成虫已全部死亡。相比而言，麦岩螨较耐高温，但当温度达到 22.7 ℃ 以上时，成螨和若螨也趋绝迹，全部以卵越夏。

（二）耕作制度对小麦害螨的影响

小麦害螨在连作麦田及靠近村庄、堤堰、坟地等杂草较多的田块发生重，水旱轮作和麦后耕翻的田块发生轻；推广免耕有加重危害的趋势。

四、小麦害螨的虫情调查和综合治理技术

（一）小麦害螨的虫情调查方法

参照山东省地方标准《小麦红蜘蛛测报调查规范》（DB 37/T 225—1996）或全国农业技术推广服务中心编著的《农作物有害生物测报技术手册》"麦红蜘蛛测报调查方法"进行小麦害螨的虫情调查，要点如下。

1. 系统调查　根据品种、播种期、地势、作物长势等条件，选择当地有代表性的小麦田 2~3 块，每块田对角线随机 5 点取样，每点 33.3 cm 单行长，返青期目测计数，拔节后将 33.3 cm×17 cm 有框固定的白瓷盘或白纸、白塑料布铺在取样点的小麦根际，将小麦苗轻轻压弯拍打，然后计数，可重复数次，记载种类和数量。从返青后开始至抽穗期止，每 5 d 调查 1 次，在 8:00—10:00 或 16:00—18:00 进行。

2. 大田普查　在小麦秋苗期、返青期、拔节期、孕穗期各调查 1 次，调查方法同前。

（二）小麦害螨的综合治理技术

1. 农业防治　结合当地栽培制度，因地制宜地尽可能采用轮作倒茬，避免小麦多年连

作,既有利于作物生长,又可显著减轻小麦害螨危害。小麦收获后浅耕灭茬早深耕,冬春合理进行小麦田灌溉,及时增施速效肥以促进小麦植株恢复生长,也可减轻危害。

2. 药剂防治 在小麦黄矮病流行区结合防蚜避病,于小麦播种时进行种子处理,对小麦害螨也有明显的控制效果。除此之外,也可于小麦害螨初盛期田间喷药进行防治。常用药剂有15%扫螨净乳油2 000倍液、20%哒螨灵可湿性粉剂2 000倍液、20%螨克乳油1 500倍液、73%克螨特乳油2 000~3 000倍液等。

第四节 其他小麦常见害虫

其他小麦常见害虫见表10-2。

表10-2 其他小麦常见害虫

种类	分布和危害特点	发生规律	防治要点
小麦叶蜂(*Dolerus tritici* Chu)(膜翅目叶蜂科)	主要发生于华北、东北、华东和西北东部地区,以幼虫咬食麦叶,从叶的边缘向内咬食成缺刻,或全部吃光仅留主脉;严重发生时仅剩麦穗,使麦粒灌浆不足,影响产量	1年发生1代,以蛹在土中结茧越冬。春季2—3月越冬蛹羽化为成虫,4月中旬是幼虫危害盛期,小麦抽穗后幼虫老熟入土滞育越夏,至9—10月化蛹越冬。成虫白天活动,飞翔力不强,有假死习性。雌虫多产卵于叶背主脉两侧组织中,每叶产卵1~2粒,或6~7粒连成一串,卵期为10 d左右。幼虫共5龄,具假死性。1~2龄幼虫日夜在麦叶上取食;3龄后白天潜伏,傍晚后开始取食;4龄后食叶量大增,可将整株麦叶吃光	1. 秋播前深耕翻土,消灭休眠幼虫或越冬蛹 2. 水旱轮作,具有根治的效果 3. 幼虫3龄前结合防治其他小麦害虫喷药防治
麦秆蝇[*Meromyza saltatrix* (Linnaeus)](双翅目秆蝇科)	我国北部春麦区及部分冬麦区的主要害虫,尤以河北张家口地区、山西北部和内蒙古等春麦区危害严重。幼虫钻蛀麦茎取食幼嫩组织,随幼虫入茎时小麦生育期的不同,造成枯心、烂穗、坏穗和白穗,减产严重	在华北春麦区1年发生2代,以第1代幼虫危害小麦,第2代幼虫危害野生寄主并在其中越冬。在山西南部和陕西关中冬麦区1年发生4代,以第4代幼虫在小麦秋苗中越冬,春季2—3月开始化蛹。越冬代成虫羽化盛期在4月上中旬,第1代幼虫危害返青后的冬小麦,第2~3代幼虫多在冬小麦的无效分蘖、春小麦或野生寄主上危害。第4代幼虫危害秋播麦苗并越冬。成虫清早、中午及晚上栖息于下部叶背,活动时间是在上午10:00至中午和下午14:00—18:00,尤以17:00—18:00为活动、产卵高峰;对糖蜜有较强趋性,喜产卵于具有4~5片叶的麦茎上,拔节末期着卵及幼虫入茎最多;卵多产在叶面距叶基4 mm范围内。幼虫有转株危害习性,老熟后爬到叶鞘上部外层化蛹	1. 选用抗虫良种 2. 越冬代成虫始盛期尚未产卵或初产卵时进行第1次药剂防治。对生育期晚、尚未进入抽穗期、植株生长差、虫口密度仍高的麦田,隔6~7 d后进行第2次药剂防治
麦鞘毛眼水蝇(*Hydrellia chinensis* Qi et Li)(双翅目水蝇科)	分布于青海、甘肃、陕西、四川、贵州等地,以幼虫潜食小麦、大麦和青稞的叶鞘;幼虫孵化后钻入叶肉并转移至叶鞘取食	每年发生代数尚不完全清楚,在陕西和四川1年发生2代。秋苗期在早播小麦田危害,孕穗期主要在迟播小麦田危害;秋季麦苗出土后,成虫即飞往小麦田产卵,产卵盛期在11月上中旬;以幼虫或蛹在叶鞘内越冬。春季羽化成虫的产卵盛期,在四川为3月中下旬,在陕西汉中为4月中下旬。小麦近成熟时以成虫迁至禾本科杂草或随风迁飞至高海拔早播冬小麦区或春小麦区危害。秋季又迁回晚播冬麦区危害。成虫对糖蜜有较强的趋性,同时还具趋嫩绿、喜阴湿等习性。卵95%以上产于叶片基部正面叶脉间。叶嫩质柔、叶宽肉厚、叶脉间宽而凹陷,土壤肥力高、灌溉条件好、植株密度大、蜜源植物丰富,海拔低的麦田受害重,反之则轻	1. 选用抗虫良种 2. 清除田内外开花植物,减少蜜源 3. 合理密植,合理施肥灌水 4. 以穗期药剂防治为主,个别田块或年份,苗期发生严重时也需药剂防治

第五节 小麦害虫综合治理

我国种植小麦的区域辽阔,不同麦区自然地理、农业生境、栽培制度差异较大,害虫种类和发生消长规律各不相同。各地应从当地实际出发,确定2～3种害虫作为重点防治对象,把重点害虫防治贯穿于整个麦田管理的始终。北方冬麦区应以地下害虫、麦蚜、吸浆虫为重点;春小麦区应以麦蚜、麦秆蝇为重点。具体防治技术如下。

一、备耕阶段的小麦害虫综合治理

1. 做好小麦田规划 在冬春麦混种区,尽可能缩减冬小麦面积,或冬小麦与春小麦分别集中种植,从而减轻麦二叉蚜的危害和黄矮病的发生。

2. 合理轮作 小麦田尽可能与其他作物实行轮作,尤其是地下害虫、小麦吸浆虫、小麦害螨、麦根蝽等危害严重的区域,最好与油菜、豌豆、棉花等作物进行轮作。有条件的地方还可实行水稻和小麦轮作,改变麦田环境,创造对害虫不利的条件,抑制危害。

3. 浅耕灭茬 小麦收割后立即用圆盘耙或旋耕机进行浅耕灭茬,对潜伏在浅土层的小麦吸浆虫幼虫、小麦害螨、麦叶蜂幼虫、蛴螬等有很强的杀伤作用。

4. 及时深翻 在伏天尽可能进行深翻,将深层越夏的害虫翻至土表,曝晒致死。

5. 选育抗耐品种 针对当地主要害虫,选育和推广抗耐虫品种是小麦害虫防治最经济、最有效的途径。

二、播种至秋苗阶段的小麦害虫综合治理

1. 适期播种 小麦适当晚播,既防止冬旺,又避过麦蚜、麦秆蝇迁入高峰期,也可减轻地下害虫、害螨的危害。

2. 药剂拌种 仅地下害虫危害严重的地区,大力推广50%辛硫磷乳油或40%甲基异柳磷乳油等触杀作用和胃毒作用的杀虫剂进行拌种。在麦二叉蚜、条斑叶蝉、灰飞虱、小麦害螨等严重发生的地区,则应推广吡虫啉等药剂进行拌种。

3. 秋苗期防治 根据系统调查和普查资料,对麦二叉蚜和小麦害螨等发生严重的田块应及时进行药剂防治。

三、春季返青至拔节阶段的小麦害虫综合治理

春季小麦返青至拔节期小麦田主要是地下害虫和小麦害螨危害严重,特别是北方旱作冬小麦产区地下害虫在局部地区常可造成毁灭性灾害。在黄矮病流行区,还需注意防治麦二叉蚜。

1. 早春碾、耙小麦 早春小麦开始返青后,及时碾、耙小麦可杀死大量麦蚜和小麦害螨。在黄矮病流行区,还应及时喷药防治麦二叉蚜,以免病毒病大发生。

2. 及时防治地下害虫和小麦害螨 在地下害虫危害严重的田块,田间撒施毒土并浅锄,或结合防治小麦害螨,选择既具有触杀作用又具有内吸作用的杀虫剂(例如2%乐果粉、40%氧乐果乳油等)拌毒土撒施,对两类害虫都有较好的防治效果。

四、孕穗和抽穗阶段的小麦害虫综合治理

孕穗和抽穗期是小麦吸浆虫防治的关键时期。孕穗期（小麦吸浆虫化蛹期）防治可撒毒土，抽穗期（小麦吸浆虫成虫盛发期）防治撒毒土、喷雾或喷粉等，同时兼治麦蚜、黏虫和小麦叶蜂等害虫。

五、灌浆阶段的小麦害虫综合治理

小麦灌浆期是麦蚜种群数量急剧增长并达到高峰的时期，在黄矮病流行区和非黄矮病流行区都是麦蚜防治的关键时期，同时也是小麦田天敌（例如各种瓢虫、食蚜蝇、蚜茧蜂等）种群数量最多的时期，既要防治蚜虫，又要保护天敌。所以选择合理的药剂，改进施药方法至关重要。可选用10%吡虫啉可湿性粉剂、3%啶虫醚乳油、50%辟蚜雾可湿性粉剂等药剂进行防治。

思 考 题

1. 麦红吸浆虫和麦黄吸浆虫的分布有何特点？小麦吸浆虫是怎样危害小麦的？
2. 麦红吸浆虫的越冬有何特点？简述麦红吸浆虫发生与小麦生育时期的关系。
3. 小麦吸浆虫的发生区如何划分？影响小麦吸浆虫大发生的主要因素有哪些？
4. 小麦吸浆虫的防治策略是什么？如何进行综合治理？
5. 危害小麦的主要蚜虫种类有哪些？简述麦蚜成灾区的类型及特点。
6. 简述3种主要麦蚜的越冬特点及麦田蚜虫的种群消长动态。
7. 简述麦蚜的防治策略。种子处理防治麦蚜的技术要点是什么？
8. 从地理分布、主要生活史习性等方面简述麦圆叶爪螨和麦岩螨的异同点。
9. 列表比较小麦叶蜂、麦鞘毛眼水蝇和麦秆蝇的发生危害特点。
10. 以地下害虫、小麦蚜虫、小麦吸浆虫和小麦红蜘蛛为防治对象，试设计一个小麦害虫综合治理的技术方案。

第十一章 禾谷类杂粮害虫

禾谷类杂粮通常是指小麦、水稻以外的其他禾本科粮食作物，俗称旱粮，包括玉米、高粱、谷子、糜子、燕麦、大麦、青稞、薏苡等。其中玉米是我国重要的粮食、饲料和工业原料兼用作物，全国种植区分为北方、黄淮海和西南3个优势区。其他禾谷类杂粮属我国特色粮食作物，常与荞麦和杂豆类等并称为小杂粮，大部分属于耐旱耐瘠薄作物，近年来发展较快，其优势区分散在东北、华北、西北和西南半干旱地区。

文献记载的禾谷类杂粮害虫约300种。由于禾谷类杂粮分类地位相近，且种植区集中在东北、华北、西北等地，因此主要害虫的发生危害情况类似。例如在播种期和苗期，普遍遭受蛴螬、蝼蛄、金针虫、二点委夜蛾、拟地甲等地下害虫的危害，地老虎在春季常常危害燕麦、莜麦、黑麦、大麦、青稞以及春玉米和春高粱的幼苗，在土壤干旱的地区耕葵粉蚧对玉米苗期危害较大，在一些地区禾蓟马和稻管蓟马也是玉米苗期的主要害虫。在生长期，黏虫、蝗虫、草地螟等多食性害虫均是这些作物的重要害虫，双斑萤叶甲危害玉米、高粱、谷子、糜子等作物叶片，玉米螟和玉米蚜对玉米、高粱、谷子和薏苡危害均比较严重，条螟、桃蛀螟和棉铃虫常与玉米螟混合发生危害高粱和玉米，二点螟、粟穗螟和粟茎跳甲危害谷子、糜子、高粱和玉米，玉米蚜危害玉米、高粱、谷子、大麦和燕麦，高粱蚜危害高粱和玉米，麦蚜也是燕麦、莜麦、黑麦、大麦、青稞等小杂粮的主要害虫，截形叶螨、二斑叶螨和朱砂叶螨近年来在玉米田也普遍发生危害。

第一节 玉 米 螟

玉米螟俗称玉米钻心虫、箭杆虫，属鳞翅目螟蛾科。我国发生的玉米螟有亚洲玉米螟 [*Ostrinia furnacalis* (Guenée)] 和欧洲玉米螟 [*Ostrinia nubilalis* (Hübner)] 2种。其中以亚洲玉米螟分布最广，在国外分布于亚洲的温带和热带、大洋洲、欧洲、北美洲等地；在我国，除青藏高原外的各地均有分布。欧洲玉米螟在国外分布于欧洲、非洲西北部、北美洲和亚洲西部；在我国，新疆和宁夏为其主要发生区，在内蒙古呼和浩特、宁夏永宁和河北张家口一带与亚洲玉米螟混合发生，但仍然以亚洲玉米螟为主。本节将重点介绍亚洲玉米螟。

亚洲玉米螟寄主植物达21科70多种，主要危害玉米、高粱、谷子、糜子、棉花、大麻、甘蔗、向日葵、甜菜、甘薯等作物，以幼虫蛀茎危害为主，也取食危害嫩叶、花丝和籽粒。亚洲玉米螟蛀茎危害时，破坏茎秆组织，影响养分输送，使植株受损，严重时茎秆易遇风折断；危害嫩叶时，造成叶片支离破碎。

一、玉米螟的形态特征

玉米螟的形态特征见图 11-1。

1. 成虫 雄成虫体长为 10~14 mm，翅展为 20~26 mm，呈黄褐色；前翅内横线为暗褐色波状纹，外横线为暗褐色锯齿状纹，两线之间有 2 个褐色斑，外缘线与外横线间有 1 条宽大的褐色带；后翅淡褐色，亦有褐色横线，当翅展开时与前翅内外横线正好相接。雌成虫体长为 13~15 mm，翅展为 25~34 mm，前翅呈淡黄色，不及雄成虫鲜艳；内横线、外横线和斑纹不如雄成虫明显；后翅黄白色；腹部较肥大。

2. 卵 卵呈扁椭圆形，长为 1.0 mm 左右，宽为 0.8 mm 左右。一般 20~60 粒黏附在一起，排列成鱼鳞状卵块，边缘不整齐。卵初产时为乳白色，后变为黄白色，呈半透明；临近孵化前颜色灰黄，卵粒中央呈现黑点，称为黑点卵块，而被赤眼蜂寄生的卵粒则整个呈漆黑色。

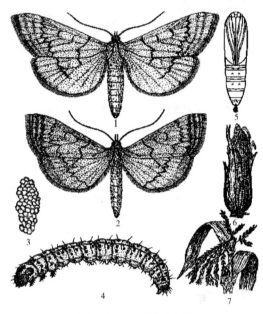

图 11-1 亚洲玉米螟
1. 雌成虫 2. 雄成虫 3. 卵块 4. 幼虫 5. 蛹 6~7. 危害状

（仿华南农业大学）

3. 幼虫 老熟幼虫体长为 20~30 mm。体呈淡褐色，头壳和前胸背板为深褐色，有光泽。体背为灰黄色或微褐色；背线明显，呈暗褐色。中胸和后胸每节具毛片 4 个。腹部第 1~8 节每节具毛片 6 个，前排 4 个较大，后排 2 个较小。腹足趾钩为三序缺环。

4. 蛹 蛹体呈纺锤形，体长为 15~18 mm，呈红褐色或黄褐色。腹部第 1~7 节背面有横皱纹，第 3~7 节具褐色横列小齿，第 5~6 节腹面各有腹足遗迹 1 对。尾端臀棘呈黑褐色，尖端有 5~8 根钩刺缠连于丝上，黏附于虫道蛹室内壁。

二、玉米螟的生活史和习性

（一）玉米螟的生活史

亚洲玉米螟在我国 1 年发生 1~7 代，其中在北纬 45°以北的黑龙江和吉林长白山区及内蒙古、山西北部的高海拔地区 1 年发生 1 代，在北纬 40°~45°的吉林、辽宁及内蒙古大部分地区和河北北部等北方春玉米主产区 1 年发生 2 代，在河南、河北、山东等黄淮海平原春、夏播玉米主产区及北京、天津、山西、陕西、江苏、安徽、四川、湖北和湖南等地 1 年发生 3 代，在浙江、福建、湖北东部、广东西北部和广西北部 1 年发生 4 代，在广西中部、广东曲江和台湾台北 1 年发生 5~6 代，在广西南部和海南 1 年发生 6~7 代；在各地均以末代老熟幼虫在寄主秸秆、穗轴或根茬内越冬。

各个世代和每个世代不同虫态的发生期因地而异。通常情况下，1~3 代区第 1 代卵的盛发期大致在春玉米心叶期，幼虫蛀茎盛期在玉米雌穗抽丝始期。2~3 代区第 2 代卵和幼虫的发生盛期大体在春玉米穗期和夏玉米心叶期。3代区第3代卵和幼虫的发生期在夏玉米穗期。

(二) 玉米螟的主要习性

玉米螟成虫昼伏夜出，有趋光性，飞行力强。越冬代成虫在小麦田潜藏最多，在高粱田次之，而不在玉米田栖息。第1代成虫在谷子田和高粱田较多，玉米田仍然较少。成虫多在晚上羽化，羽化当天即可交配，雄成虫有多次交配习性，多数雌成虫1生只交配1次。雌成虫交配1~2 d后开始产卵，前1~2 d产卵最多，3~4 d后逐渐减少。雌成虫产卵有选择性，在多种寄主作物同时存在的地区，成虫最喜欢在玉米上产卵；对寄主植物的高度也有选择性，在高度低于45 cm的玉米植株上很少产卵。卵一般产于叶片背面，以中脉附近最多。单雌产卵10~20块，共300~600粒。成虫寿命为3~21 d，一般为8~10 d。

卵期一般为3~5 d，低温时卵期延长至6~7 d。卵多集中在上午孵化。

幼虫共5龄，有趋糖、趋触、趋湿和负趋光性，喜欢潜藏取食。幼虫孵化后先群集在卵壳附近，约1 h后开始分散。取食玉米时，初孵幼虫先取食嫩叶，3~4龄后咬食植株其他部位；心叶期则集中在心叶内取食，被害叶长出喇叭口后呈现出不规则的半透明薄膜窗孔、孔洞或排孔，统称花叶；孕穗时心叶中的幼虫集中到植株上部，取食穗苞内未抽出的雄穗；雄穗抽出后大部分幼虫蛀入雄穗柄和雌穗以上的茎秆，造成雄穗及其上部茎秆折断；雌穗膨大或开始抽丝时初孵幼虫喜欢集中在花丝内取食，部分大龄幼虫则向下转移蛀入雌穗着生节及其附近茎节，严重影响雌穗发育和籽粒灌浆，是造成玉米产量损失最严重的时期。幼虫取食高粱时，孕穗前多集中于心叶内取食，造成花叶；孕穗后取食苞叶内的嫩穗；抽穗后取食茎秆和穗茎，使植株和穗茎容易折断。幼虫取食谷子时，在靠近地面处蛀入茎秆，小苗被害造成枯心苗，抽穗前被害则多数不能抽穗，抽穗后被害形成虫伤株，植株易被风吹折断。取食棉花时，低龄幼虫取食叶片，蛀食蕾花引起落蕾；大龄幼虫可蛀入枝条或茎部，造成蛀入处以上部位萎蔫枯死或在蛀孔处折断；幼虫还可蛀入棉铃，引起脱落或影响吐絮。幼虫期的长短受温度和食料影响较大，第1代为25~30 d，其他世代一般为15~25 d，越冬幼虫期长达200 d。

幼虫老熟后多在其取食处化蛹，少数爬出茎秆化蛹。蛹期一般为8~30 d，且受温度的影响较大，以越冬代最长。

三、玉米螟的发生与环境的关系

(一) 气候条件对玉米螟的影响

亚洲玉米螟喜中温高湿，高温干燥限制其发生。温度主要影响其发生代数和发生期，年平均气温越高，年发生代数越多。冬季温暖，春季气温回升早时，越冬幼虫化蛹早。湿度和降雨决定着发生量的多少，春季越冬幼虫恢复活动后，必须取食潮湿秸秆，吸取水分后才能化蛹。成虫羽化后必须饮水才能正常产卵，成虫产卵也需要一定的湿度，相对湿度低于25%时一般不产卵，相对湿度为80%时产卵量达到高峰。玉米心叶期若过于干旱，产在叶片上的卵块往往会脱落死亡。一般早春气候温暖，6—8月降雨均匀，相对湿度达70%以上，是大发生的适宜气象条件。

(二) 寄主植物对玉米螟的影响

寄主植物的种类、分布、长势、生育阶段、品种抗性等与亚洲玉米螟的种群动态密切相关。幼虫取食不同寄主植物的繁殖潜力差别较大，幼虫阶段取食玉米的雌成虫平均产卵量比取食棉花的高 1.0～1.5 倍。在玉米、高粱、谷子的春、夏播混种区发生普遍严重，而在纯作玉米春播区或夏播区则发生程度中等。取食玉米不同组织的幼虫体质量、发育速率和世代历期均有明显差异，例如取食玉米心叶的幼虫发育历期最短，取食穗轴和苞叶的发育历期延长。栽培管理直接影响作物的长势和生育期，出苗早、水肥条件好、生长茂密、植株高大的丰产田着卵量较多。幼虫存活率也与寄主植物生育阶段有关，例如在玉米心叶期取食小苗的幼虫存活率较低，而随着玉米植株的生长幼虫存活率不断提高；在穗期以抽丝授粉期幼虫的存活率最高，其后随着玉米进入乳熟期幼虫的存活率又趋下降。寄主作物品种抗虫性的强弱直接影响幼虫的存活，例如在相同虫口密度下，感虫品种或品系被害重，抗虫品种被害轻。不同类型的玉米被害差异明显，超甜玉米被害最重，其次是糯玉米，普通玉米被害较轻。高粱则以甜高粱和茎秆柔弱的高秆品种被害重，白粒品种和茎秆较坚硬的矮秆品种被害轻。

（三）自然天敌对玉米螟的影响

亚洲玉米螟的自然天敌较多。我国重要的寄生性天敌有赤眼蜂、大螟钝唇姬蜂、腰带长体茧蜂、玉米螟厉寄蝇等，自然寄生率较高，还有一些茧蜂、小蜂、金小蜂等寄生幼虫和蛹。致病微生物以白僵菌和苏云金芽孢杆菌对幼虫的寄生率最高，在吉林越冬代幼虫的僵虫率最高可达 30%～50%。此外，玉米螟微孢子虫是专性寄生物，在田间也可见到。捕食性天敌主要有瓢虫、步甲、螳螂、草蛉、食虫虻、蜘蛛等，捕食玉米螟的卵块和幼虫。

四、玉米螟的虫情调查和综合治理技术

（一）玉米螟的虫情调查

参照行业标准《玉米螟测报技术规范》（NY/T 1611—2008）和全国农业技术推广服务中心编著的《农作物有害生物测报技术手册》"玉米螟测报调查方法"进行玉米螟的虫情调查，要点如下。

1. 越冬基数调查 冬前和冬后各调查 1 次，每年调查时间应相对固定。冬前调查在玉米收获储存秸秆时进行，冬后调查在春季化蛹前进行。调查时选择秸秆储存量较大或集中的地点，选取不同储存类型的玉米秸秆和穗轴，每种储存类型随机取 5 点，每点剖查 20 株（穗），记载活虫数、死虫数和死亡原因。

2. 越冬代化蛹和羽化进度调查 从冬后基数调查时开始进行越冬代化蛹和羽化进度调查，化蛹率达 90% 时结束。在冬前选留的秸秆上进行，每 5 d 调查 1 次，每次剖查到的活虫不少于 30 头，记载活虫或蛹（壳）的数量，统计化蛹率和羽化率。

3. 成虫数量调查 1 代区从 5 月中旬开始，2 代区从 5 月上旬开始，3 代区从 4 月下旬开始，4 代区从 3 月中旬开始，5～7 代区从 3 月上旬开始进行成虫数量调查，至成虫终见为止。可用自动虫情测报灯或性诱剂诱蛾，灯具和诱捕器设置按测报技术规范进行。

4. 卵量调查 卵量调查包括卵量系统调查、卵孵化情况系统调查和卵量普查 3 个方面。选择长势好、种植主栽品种的玉米田 2～3 块，每块田面积不小于 3 333 m^2（5 亩），固定为系统调查田。卵量系统调查在各代成虫始见 5 d 后开始，每 3 d 调查 1 次，至成虫或卵终见日 3 d 后结束。每块田对角线 5 点取样，每点固定调查 20 株，逐叶观察记载正常和被寄生卵块数，每块田用记号笔随机标记 10～30 块卵。卵孵化情况系统调查在各代成虫产卵盛期进行，每 3 d 调查 1 次，观察记载标记卵块的卵粒数和孵化粒数，统计卵孵化率。卵量普查

在系统调查田出现产卵高峰时进行，每县（市、区）选 3～5 个乡镇，每乡镇选 5～10 块有代表性的玉米田，每块田对角线 5 点取样，每点调查 20 株，记载正常和被寄生卵块数、孵化卵块数等。

5. 幼虫和玉米被害情况普查　幼虫和玉米被害情况普查在玉米大喇叭口期、灌浆期和收获前各进行 1 次。每县（市、区）依据不同生态类型、作物布局等，选择玉米种植面积大的 3～5 个乡镇，每乡镇选择有代表性的玉米田 5～10 块，每块田对角线 5 点取样，每点 20 株。在玉米大喇叭口期和灌浆期各调查 1 次被害株率，玉米收获期调查植株茎秆和雌穗等处是否有蛀孔，发现有蛀孔时剖开茎秆和雌穗将幼虫取出。记载幼虫种类和数量。

（二）玉米螟的综合治理技术

亚洲玉米螟的治理应以农业防治为基础，逐步构建以生物防治和诱杀防治为主导、化学防治为补充的玉米田绿色防控技术体系。同时加强高粱、谷子等作物田的防治。

1. 农业防治　大力推广秸秆机械化粉碎还田，减少秸秆储藏，压低虫口基数。科学布局旱粮作物，避免同一地区主要寄主作物播期各异、插花种植，为亚洲玉米螟选择合适寄主提供便利条件。种植抗虫品种是控制螟害的根本措施，应积极培育和引进丰产抗螟品种。

2. 生物防治　春玉米区储藏秸秆量较多时，应于春季越冬代幼虫化蛹前 15 d 进行白僵菌封垛，防控越冬代幼虫。在成虫产卵初期释放赤眼蜂，按 75～150 个/hm² 的密度设置放蜂点，放蜂 15 万～45 万头，利用赤眼蜂灭卵。也可按 60～75 个/hm² 的密度设置"生物导弹"，利用赤眼蜂携带的病毒防控幼虫。在玉米心叶末期喷洒 Bt 制剂，防控心叶中潜藏危害的低龄幼虫。

3. 诱杀防治　有计划安排种植一些早播玉米或谷子、晚播甜玉米等，加强水肥管理，使其生长茂密诱蛾产卵，并适时采取措施集中防治。在越冬代和第 1 代成虫发生期，田间设置频振式杀虫灯、高压汞灯等大量诱杀成虫，可使田间落卵量减少 70%～80%。也可用亚洲玉米螟性诱剂，每隔 20 m 设置 1 个诱捕器，可大量诱杀雄虫，降低卵受精率。也可将亚洲玉米螟性迷向丝按照 465 根/hm² 的密度，均匀投放田间，干扰成虫交配。

4. 化学防治　玉米心叶末期是化学防治的最佳时期。可选用无人机或高秆作物行走式喷雾器撒施颗粒剂或进行药剂喷雾，以提高防治效率。多种杀虫剂对玉米螟都有较好的防治效果，应尽可能选择高效、低毒或微毒的药剂，例如氯虫苯甲酰胺、噻虫嗪等，也可与甲维盐合理复配，兼治蚜虫、叶螨等害虫。

第二节　草地贪夜蛾

草地贪夜蛾 [*Spodoptera frugiperda* (Smith)] 又称为草地夜蛾、秋黏虫，属鳞翅目夜蛾科。草地贪夜蛾是联合国粮食及农业组织（FAO）提出的全球预警的重大农业害虫，被国际应用生物科学中心（CABI）列为全球 2012—2016 年发表科技论文最多的十大植物害虫之一。

草地贪夜蛾原产于美洲热带和亚热带地区，广泛分布于美洲大陆。随着国际贸易活动的日趋频繁，草地贪夜蛾于 2016 年 1 月首次在非洲发现，现已入侵到撒哈拉以南的 44 个非洲国家。2018 年 5 月草地贪夜蛾入侵印度，现已扩散到也门、印度、斯里兰卡、孟加拉国、泰国、缅甸、越南、老挝和中国等西亚、南亚、东南亚和东亚国家。

2018年12月26日普洱市江城县植物保护站在越冬虫害调查时在我国首次发现。截至2019年9月，草地贪夜蛾已在湖南、福建、广东、海南、贵州、广西、安徽、四川、重庆、西藏、江西、上海、河南、江苏、浙江、湖北、陕西、山东、甘肃、山西、宁夏、河北、内蒙古、北京和天津共25个省份发现。

草地贪夜蛾是一种多食性害虫，可危害75科353种植物，最喜危害玉米、水稻、小麦、大麦、高粱、粟、甘蔗、黑麦草、苏丹草等禾本科作物和杂草，也危害十字花科、葫芦科、锦葵科、豆科、茄科、菊科等的棉花、花生、苜蓿、甜菜、洋葱、大豆、菜豆、马铃薯、甘薯、苜蓿、荞麦、燕麦、烟草、番茄、辣椒、洋葱等常见作物，以及菊花、香石竹、天竺葵等多种观赏植物，甚至对苹果、柑橘等也可造成危害。

草地贪夜蛾以幼虫危害玉米等作物的叶片，尤喜欢危害生长点的幼嫩叶片。幼虫常钻在心叶中取食，使叶片展开后呈现孔洞、缺刻等，破烂不堪；也可切（蛀）断幼苗的根茎、蛀食穗部和果实。

一、草地贪夜蛾的形态特征

草地贪夜蛾的形态特征见图11-2。

1. 成虫 成虫体长为12～14 mm，翅展为32～36 mm。雌蛾前翅呈灰褐色至深棕色；环状纹和肾状纹为灰褐色，轮廓线为黄褐色。雄蛾前翅为灰棕色，翅顶角向内有1个大斑，环状纹为黄褐色，外侧自翅前缘至中室有1条浅色带，肾状纹内侧有1个白色楔形纹。

2. 卵 卵呈圆顶型，直径为0.4 mm，高为0.3 mm，初产时为浅绿色或白色，孵化前渐变为棕色。

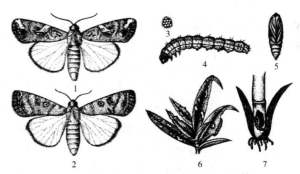

图11-2 草地贪夜蛾
1.雌成虫 2.雄成虫 3.卵块 4.幼虫 5.蛹 6.叶片被害状 7.根茎被害状

3. 幼虫 幼虫共6龄，偶有5龄；初孵时为绿色，渐变成黄色，具黑线和斑点。老熟幼虫体长为35～50 mm，头部具黄白色倒Y形斑，腹部第8节背面4个毛片明显大，排列呈正方形。

4. 蛹 蛹体为椭圆形，呈红棕色，体长为14～18 mm，腹末有臀棘2个。

二、草地贪夜蛾的生活史和习性

（一）草地贪夜蛾的生活史

草地贪夜蛾没有滞育现象，温度和湿度适宜时可周年发生，每年发生多代。例如在中美洲、南美洲、新入侵的非洲大部以及南亚、东南亚和我国的云南、广东、广西、海南等地，均可周年繁殖。

草地贪夜蛾在美洲，冬季在美洲南部越冬，越冬分界线不详；春季随气温升高由南向北迁飞发生。

在28 ℃左右条件下，卵期为2～3 d，幼虫期为14～22 d，蛹期为7～13 d，成虫期为

10 d 左右，平均 30 d 左右可完成 1 个世代。

（二）草地贪夜蛾的主要习性

1. 成虫的生活习性

（1）远距离迁飞习性　在美国，冬季草地贪夜蛾在南部越冬，春季向北迁飞 1 次，扩散到全境，并进入加拿大南部；夏末和秋季，则仅在北部各州发生。1 夜可飞行 100 km 左右，受多种因素的影响，成灾区不确定性大。

（2）产卵习性　在玉米上卵多产于上部几个叶片的正面（国外报道主要产于心叶下部叶片的背面或叶鞘上），每卵块含卵 100～200 粒，有时成 2 层。卵块表面有的有雌虫腹部灰色毛形成的保护层。

2. 幼虫的生活习性

（1）取食分化　根据幼虫对寄主植物的嗜食性，草地贪夜蛾被分为玉米品系和水稻品系两个品系，前者主要取食危害玉米、高粱、甘蔗、谷子和棉花，后者主要取食危害水稻和各种牧草。

两个品系外部形态基本一致，但在性信息素成分、交配行为以及嗜食寄主植物范围等方面具有明显差异。

在非洲，虽然有玉米品系和水稻品系均被发现的报道，但已经报道几乎所有的危害均是发生在玉米上，占 96%～98%；只有 2%～4% 的危害发生在象草、高粱和谷子上。

入侵亚洲（包括印度、缅甸、泰国和中国）的草地贪夜蛾，均被确认为玉米品系（有部分杂合体）。在印度，主要危害玉米，对甘蔗、高粱和谷子也有危害，但未见危害水稻。

（2）成群结队迁移习性　种群数量大时，幼虫如行军状，成群扩散，故又称为秋黏虫。

（3）自相残杀习性　幼虫进入 4 龄后，常见有自相残杀的习性，在群体饲养情况下，密度越大，自相残杀现象越严重。

（4）化蛹习性　幼虫老熟后常在 2～8 cm 深的土中化蛹，也有在果穗或叶腋处化蛹的现象。

三、草地贪夜蛾的发生与环境的关系

（一）气候条件对草地贪夜蛾的影响

草地贪夜蛾适宜发育的温度范围广，为 11～30 ℃；中等偏高的温度最适宜其发生；喜欢湿润的气候，越冬地区温暖潮湿的天气有利于越冬种群的存活。

（二）寄主植物和生育期对草地贪夜蛾的影响

草地贪夜蛾玉米品系和水稻品系两种品系中，除美洲外，入侵非洲和亚洲的均为玉米品系。故玉米的种植情况与草地贪夜蛾的发生危害情况关系极为密切。草地贪夜蛾在我国，只有在云南发现也危害甘蔗，在贵州发现也危害高粱、水稻、甘蔗和薏苡，在广东发现也危害花生，其他地区目前仅发现危害玉米；而且危害玉米时，又以玉米苗期受害严重。

（三）天敌对草地贪夜蛾的影响

在云南发现的草地贪夜蛾天敌昆虫有 3 种寄生蜂、蠋蝽和叉角厉蝽 2 种捕食性蝽类，许多地方均发现白僵菌寄生幼虫，且寄生率很高的现象。这些天敌昆虫和寄生菌对草地贪夜蛾种群具有一定的控制作用。特别是秋季，因天敌寄生或病原致死的死亡率很高。2019 年 9 月 14 日，在陕西杨陵自生玉米苗上，采到的草地贪夜蛾幼虫因白僵菌寄生死亡率高达

40.40%,因寄生蜂寄生死亡率达 16.16%,因其他病原物致死率为 22.22%,合计死亡率达 78.78%。

四、草地贪夜蛾的虫情调查和综合治理技术

(一) 草地贪夜蛾的虫情调查

目前,草地贪夜蛾发生动态的调查以监测为主,采用的方法有以下 3 种。

1. 性诱剂监测 草地贪夜蛾性信息素组分比较复杂,不同地理种群的组分不同,有 7 种和 8 种的报道,美国佛罗里达玉米品系和水稻品系性信息素主要组分中对雄蛾有吸引力的 4 种化合物分别是:(Z)-9-十四烯-1-醇乙酸酯、(Z)-7-十二烯-1-醇乙酸酯、(Z)-11-十六烷基-1-醇乙酸酯和 (Z)-9-十二烯-1-醇乙酸酯,其中第一种组分是主要成分,第二种组分是关键组分,缺之则不能吸引雄虫。

2. 灯光诱测 利用黑光灯、频振式杀虫灯、高压汞灯、高空探照灯等均有较好的诱集效果。

3. 人工田间调查 国外田间调查在玉米苗期采用的是 W 形 5 点取样方法,从进入田间后 5 m 的地方开始,每样点调查 10~20 株玉米,根据有无被害状,记载被害株;玉米抽雄以后采用梯子形 5 点取样法(图 11-3)。

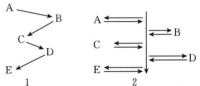

图 11-3 草地贪夜蛾田间调查方法
1. 心叶期的取样方法(W 形) 2. 抽雄后的取样方法(梯子形)

(二) 草地贪夜蛾的防控策略

根据目前掌握的草地贪夜蛾发生规律和危害特点,农业农村部组织专家研究后,将该虫发生区划分为周年繁殖区、迁飞过渡区和重点防范区 3 个区域进行治理。

周年繁殖区是草地贪夜蛾从境外迁入我国的第一站,主要集中在华南和西南地区,应主攻冬春季、兼顾夏秋季,重点采取生物防治、生态调控、理化诱控、药剂处置等综合治理措施。

迁飞过渡区是成虫北迁南回的桥梁地带,主要集中在江南、长江中下游、江淮等地区,要抓住春夏季迁入期,重点采取成虫诱杀和幼虫防治措施。

重点防范区是草地贪夜蛾北迁危害的重点区域,主要在黄淮海及北方等玉米主产区,重点抓好低龄幼虫阶段,开展生物防治和化学防治,将危害控制在最低限度。

(三) 草地贪夜蛾的防控措施

1. 生态调控和天敌保护利用 有条件的地区玉米可与非禾本科作物间作套种,保护农田自然环境中的寄生性天敌和捕食性天敌,发挥生物多样性的自然控制优势,形成生态阻截带。

2. 成虫诱杀技术 在成虫发生期,集中连片使用杀虫灯诱杀,可搭配性诱剂和食诱剂提高诱杀效果。

3. 幼虫防治技术 幼虫防治的关键时期为低龄幼虫期,施药时应注意在清晨或者傍晚无露水时进行,玉米心叶、雄穗和雌穗等部位是草地贪夜蛾最喜欢潜藏和危害的部位,也是施药的重点部位。

宜选用的药剂,生物农药制剂有白僵菌、绿僵菌、苏云金芽孢杆菌、多杀菌素、苦参碱、印楝素等,在卵孵化初期喷施;化学药剂有茚虫威、氯虫苯甲酰胺、乙基多杀菌素、甲

维盐、氟氯氰菊酯、溴氰虫酰胺等,在幼虫孵化盛期喷施。

第三节 条 螟

条螟 [*Proceras venosatus* (Walker)] 又名高粱条螟、甘蔗条螟等,俗称钻心虫、蛀茎虫,属鳞翅目螟蛾科。条螟在国外分布于越南、印度、印度尼西亚、菲律宾、巴基斯坦、斯里兰卡、埃及等国;在我国大多数省份均有发生,在东北、华北、华中和西北等地常与玉米螟混合发生,危害高粱和玉米,以河北、河南等地发生危害最重;在华南主要危害甘蔗,常与二点螟、甘蔗黄螟混合发生。近年来,随着杂交高粱种植面积的扩大,部分地区发生危害有上升趋势。

条螟为多食性害虫,以幼虫钻蛀取食高粱、玉米、甘蔗、谷子、薏苡、大麻等作物的茎秆,也可蛀食番茄、柿子、大豆和向日葵的果实。条螟蛀茎危害时,破坏茎秆组织,造成枯心、枯梢或虫害节,严重时茎秆易遇风折断。条螟蛀果危害时,影响果实的商品价值。

一、条螟的形态特征

条螟的形态特征见图 11-4。

1. 成虫 雌成虫体长为 14 mm 左右,翅展为 32~34 mm;雄成虫体长为 10~14 mm,翅展为 25~30 mm。头部和胸部的背面为淡黄色,复眼为暗黑色。前翅呈灰黄色,翅面有 20 多条暗色纵皱纹,中央有 1 个小黑点;外缘略呈直线,有 7 个小黑点,翅尖下部略向内凹。后翅颜色较淡。腹部和腹足呈黄白色。

2. 卵 卵为扁平椭圆形,长径为 1.5 mm 左右,短径为 0.9 mm 左右,表面有龟甲状纹。卵初产时为乳白色,后变为深黄色,孵化前中央出现小黑点。一般由数粒或十数粒卵呈人字形双行重叠排列成卵块。

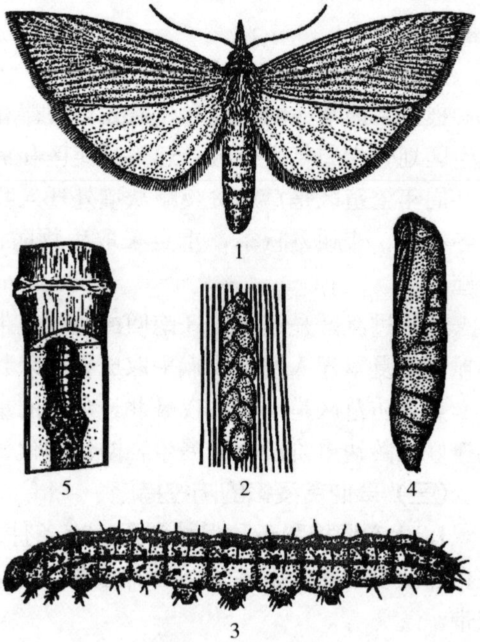

3. 幼虫 老熟幼虫体长为 20~30 mm,呈乳白色至淡黄色,具紫褐色纵纹 4 条;头部呈黄褐色至黑褐色。卵初孵化时为乳白色,上有许多淡红褐色斑连成条纹。幼虫分夏、冬两型,夏型幼虫腹部各节背面有 4 个黑褐色斑点,上生刚毛,排列呈正方形;冬型幼虫越冬前蜕皮 1 次,蜕皮后黑褐色斑点消失,体背面出现 4 条淡紫色纵纹。腹面颜色纯白。腹足趾钩为双序缺环。

图 11-4 条 螟
1. 成虫 2. 卵块 3. 幼虫 4. 蛹 5. 危害状
(仿华南农学院)

4. 蛹 蛹体长为 12~16 mm,呈红褐色或黑褐色,腹部第 5~7 节背面前缘有深色网纹,腹末有 2 对尖锐小突起,尾部较钝,无尾刺。

二、条螟的生活史和习性

(一) 条螟的生活史

条螟在我国1年发生2~5代,其中在辽宁南部、河北、山东、河南和江苏北部1年发生2代,在江西、四川和重庆1年发生3~4代,在广东和台湾1年发生4~5代。在北方,条螟多以老熟幼虫在高粱或玉米秸秆内越冬,少数在玉米穗轴或谷草内越冬;在南方,多以老熟幼虫在甘蔗的枯叶鞘内侧结白色茧越冬。

各个世代的发生期因地而异。在北方,越冬幼虫于5月中下旬开始化蛹,5月下旬至6月上旬为成虫羽化期。在重庆4月下旬为越冬代幼虫化蛹高峰,成虫羽化高峰在5月中旬。在江西4月下旬始见越冬代成虫,在广东汕头3月中旬至4月下旬始见越冬代成虫。在北方7月上中旬开始化蛹,7月中下旬羽化为成虫,第2代卵盛期在8月上中旬。条螟在华北地区和重庆危害玉米的时间一般比玉米螟晚10 d左右。

(二) 条螟的主要习性

条螟的成虫昼伏夜出,有较弱的趋光性;白天多栖息于寄主植物近地面部分的茎叶下,晚上活动,但活动能力比玉米螟差。产卵前期为2~3 d,产卵期为2~4 d。成虫产卵有选择性,喜欢选择高大、嫩绿的植株产卵,高粱和玉米同时存在时,喜欢选择在高粱上产卵。卵多产在叶片背面的基部和中部,少量产在叶片正面和茎秆上。通常每个卵块有卵13~14粒。单雌产卵量为170~1 070粒。成虫寿命为7~10 d。

卵期为5~7 d。卵多集中在上午10:00左右孵化。

幼虫龄期为5~9龄不等,一般为6~7龄。初孵幼虫灵敏活泼,爬行迅速,有群集性。孵化后大部分顺叶片爬至叶腋,再向上钻入心叶内;小部分吐丝下垂落于其他叶片上,再爬入心叶内。从幼虫孵化到爬入心叶群集,一般需5~10 min,最多20 min。由于迅速集中到心叶内,群集取食危害现象明显。初龄幼虫啃食心叶叶肉,留下表皮,呈透明斑点,幼虫稍大后则咬成不规则的小孔。幼虫在心叶内生活10 d左右。在高粱心叶期,幼虫3龄后即可在咬食处的叶腋间蛀入茎内,或在叶腋处继续取食。蛀茎早的幼虫可咬食生长点,造成高粱枯心。可见,条螟与玉米螟的蛀茎习性明显不同,从蛀茎时间看,玉米螟需等到高粱抽穗或玉米抽雄后再蛀入茎内;从蛀茎部位看,条螟的蛀茎部位多在节间的中部,而玉米螟在茎节附近。幼虫在茎内做环状取食茎髓,茎秆被咬空一段,遇风折断如刀割,被害茎秆内常见几条到十几条幼虫在同一孔道内。取食甘蔗则形成枯心、枯梢或虫害节。幼虫期为30~50 d,越冬代则长达200 d以上。

老熟幼虫在取食的茎秆内或叶鞘间结茧化蛹。在北方,越冬代蛹期为10~15 d,第1代蛹期为7~10 d。

三、条螟的发生与环境的关系

(一) 气候条件对条螟的影响

北方常年干旱,若春季降雨较多、湿度较大,则有利于条螟越冬代化蛹和羽化。南方甘蔗田若积水较多,则螟害严重。田间作物生长茂盛、湿度偏高也有利于条螟的发生。卵的孵化也与湿度密切相关,相对湿度为40%时卵孵化率为80%左右,相对湿度为80%时卵孵化率可达93%以上。

（二）寄主植物对条螟的影响

寄主植物与条螟的种群动态密切相关。不同寄主植物被害程度不同，同一寄主作物不同品种的抗虫性也不相同。例如杂交高粱、甜高粱比普通高粱被害重，叶片宽大浓绿、大茎、纤维少的甘蔗品种被害重。高粱与大豆间作有抑制条螟危害的效果。

（三）自然天敌对条螟的影响

条螟的自然天敌主要有赤眼蜂、黑卵蜂、绒茧蜂、螟黑钝唇姬蜂、寄生蝇等寄生性天敌，以及瓢虫、草蛉、步甲、红蚂蚁、蜘蛛等捕食性天敌，对其发生有一定抑制作用。

四、条螟的虫情调查和综合治理技术

（一）条螟的虫情调查

条螟虫情调查方法可参照玉米螟的虫情调查，但考虑到条螟趋光性较弱，成虫数量调查应以性诱剂诱蛾为主，自动虫情测报灯诱蛾为辅。性诱剂诱集条螟应使用含有顺-11-十六碳烯醇乙酸酯、顺-13-十八碳烯醇和顺-13-十八碳烯醇乙酸酯等有效成分的诱芯，诱捕器设置可参考玉米螟的虫情调查进行。

（二）条螟的综合治理技术

条螟的治理应以农业防治和诱杀防治压低发生基数，以生物防治和化学防治控制危害，逐步构建无公害的防控技术体系。

1. 农业防治 考虑到条螟越冬代幼虫多在高粱秆上部，收割时应采取长掐穗的方法，并结合石碌碾压高粱穗，消灭潜藏在穗内的幼虫。甘蔗区应注意清洁蔗田、处理蔗头和低斩收获。秋收后至次年4月之前，应彻底处理高粱和玉米等的秸秆、穗轴和根茬，以及苍耳、龙葵等杂草，消灭其中的越冬幼虫。有目的地选种抗虫品种也可大幅度减轻条螟的发生危害。

2. 生物防治 释放赤眼蜂或使用白僵菌等可参照亚洲玉米螟的防治。在南方甘蔗区，也可释放红蚂蚁捕食条螟幼虫。

3. 诱杀防治 在条螟成虫发生期，可在田间放置性诱捕器大量诱杀雄蛾。按1 500条/hm^2的密度放置剂量为3 mg/条的性诱剂，或采用低空无人机撒施性诱剂微胶囊迷向干扰成虫交配，降低卵的受精率。也可结合其他趋光性害虫诱杀，在田间设置频振式杀虫灯、高压汞灯等诱杀部分成虫。

4. 化学防治 考虑到条螟幼虫龄期稍大立即蛀茎，应以虫情为防治适期标准，不能像防治玉米螟那样，按高粱或玉米的生育时期。药剂种类和施药方法可参考玉米螟的防治，但在高粱田用药时要注意两个方面的问题：①高粱留苗密度较大，单位面积株数较多，用药量应适当加大；②高粱容易发生药害，应注意农药品种选择，并严格按照比例配药，注意搅拌均匀，单株用药量也不能过多。敌百虫和敌敌畏容易造成高粱药害，应严禁使用，使用新药剂时也应首先进行药害试验。

第四节 桃蛀螟

桃蛀螟[*Conogethes punctiferalis* (Guenée)]又名桃蛀野螟、桃蠹螟和桃斑蛀螟，俗称蛀心虫和食心虫，属鳞翅目螟蛾科。桃蛀螟在国外分布于东亚、南亚、东南亚等亚洲大部分地区和澳大利亚等国；在我国主要分布于东北、华北、中南和西南地区，西北和台湾地区也有分布。

桃蛀螟寄主植物达100多种，以幼虫钻蛀危害玉米、高粱、向日葵、大豆、扁豆、甘蔗、棉花、蓖麻、姜等作物和桃、李、杏、梨、苹果、无花果、梅、樱桃、石榴、葡萄、山楂、柿、核桃、板栗、柑橘、荔枝、龙眼、枇杷、杧果、香蕉、菠萝、柚等多种果树。危害玉米时常与玉米螟混合发生，幼虫蛀食茎秆和雌穗，造成空秆、烂穗。桃蛀螟危害向日葵时，幼虫在花盘上蛀食花托和种子，严重时造成花盘腐烂。危害桃树时，幼虫蛀食桃果，使果实不能发育，造成果内充满虫粪或变色脱落，严重时"十桃九蛀"。危害板栗时，幼虫蛀食栗果，蛀孔外有虫粪排出。

一、桃蛀螟的形态特征

桃蛀螟的形态特征见图11-5。

1. 成虫 成虫体长为11~13 mm，翅展为21~28 mm。体呈黄色至橙黄色。头部为圆形，复眼为紫黑色。体和翅表面有豹纹状黑色斑点，其中胸部背面7个，前翅有25~28个，后翅有15~16个。腹部第1节和第3~6节背面各有3个横向排列的斑点，第7节有1个斑点，第2节和第8节无黑斑。雌成虫腹部末端呈圆锥形，末节背面端部有极少的黑色鳞片。雄成虫腹部末端为黑色，有黑色味刷。

2. 卵 卵呈椭圆形，长径为0.6~0.7 mm，短径为0.5 mm左右；表面粗糙，密布细微圆形刻点或网状花纹。卵初产时为乳白色，后渐变为米黄色或浅黄色，孵化前呈橘红色。

3. 幼虫 老熟幼虫体长为17~26 mm。头部和前胸背板呈暗褐色，体背面为暗红色，腹面为淡绿色，背线、亚背线、侧线、气门上线、气门线和气门下线为褐色。中胸、后胸和第1~8腹节各有黑褐

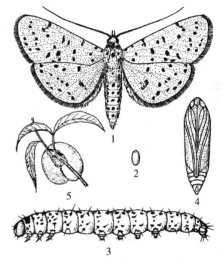

图11-5 桃蛀螟
1. 成虫 2. 卵 3. 幼虫 4. 蛹 5. 危害状
（仿浙江农业大学）

色毛片8个，排成2排，前排6个较大，后排2个较小。腹足趾钩为缺环，二序或三序。

4. 蛹 蛹体呈纺锤形，长为10~14 mm。初化蛹时为淡黄绿色，后渐变为橘红色或深褐色。头部、胸部和腹部第1~8节背面密布细小突起，第5~7腹节前缘有1条由小齿状突构成的突起线。腹部末端有细长卷曲的钩刺6根。

二、桃蛀螟的生活史和习性

（一）桃蛀螟的生活史

桃蛀螟在我国1年发生1~6代，其中在辽宁1年发生1~2代，在河北、山东和新疆1年发生2~3代，在陕西和河南1年发生3~4代，在长江流域1年发生5~6代。各地桃蛀螟多以幼虫结茧越冬，少量以蛹越冬，通常只有5龄老熟幼虫能够度过寒冷的冬季。越冬场所与末代幼虫取食的寄主植物相关，涉及玉米和高粱的秸秆、玉米穗轴、向日葵花盘、板栗

总苞、干僵果和烂果内、储果场、果树老皮缝隙、枝杈和树洞内、树干基部土缝、土块下等场所。

桃蛀螟世代重叠严重,各代发生期因地而异,主害代发生期与取食寄主密切相关。在多数发生区,第1代幼虫主要取食桃、梨、李、石榴等果实;第2代大部分取食中晚熟桃及李等,部分转移到玉米、高粱、蓖麻、板栗上取食;以后各代主要取食夏播玉米、高粱和向日葵、板栗等。在重庆,第3代主要取食柑橘类果实,此后取食晚季玉米、高粱等。

(二)桃蛀螟的主要习性

桃蛀螟成虫昼伏夜出,有趋光性和趋化性;白天及阴雨天静伏于枝叶稠密的叶背、杂草丛中,夜晚飞出取食和交尾,对黑光灯的趋性强于普通灯光。雌成虫需补充营养才能产卵,除取食花蜜外,还可吸食桃、葡萄等成熟果实的汁液,对糖醋酒液有趋性。成虫羽化1 d后开始交尾,产卵前期为2~3 d。产卵期为2~7 d,产卵时间多在21:00—22:00。成虫产卵具有选择性,随寄主种类、品种生育时期不同而不同。高粱早熟品种上产卵较早,晚熟品种产卵较晚;抽穗开花期的高粱和玉米穗、盛花期的向日葵花盘上着卵量较多;晚熟桃类品种着卵量大,水蜜桃着卵量比硬肉桃多,毛桃着卵量比油桃多,枝叶茂密的桃园着卵量大。卵多产在高粱及玉米穗上、向日葵筒状花的蜜腺盘和花萼顶端、果实萼筒内和两果紧靠处及枝叶遮盖的果面或梗洼处等较隐蔽处。卵散产,单雌产卵量为20~60粒,最多169粒。成虫寿命为10 d左右。

卵期一般为4~8 d,温度低时可延长到13 d以上。卵多集中在清晨孵化。

幼虫共5龄。取食玉米时,初孵幼虫经数小时爬行分散到叶鞘内侧和雄穗上;玉米授粉结束后,幼虫开始转移到雌穗顶端取食;玉米灌浆初期雌穗上的虫量达到高峰,群集取食幼嫩籽粒和穗轴,引起穗腐病,造成雌穗烂穗,并有部分大龄幼虫开始蛀茎。取食高粱时,初孵幼虫蛀食幼嫩籽粒,蛀空后转粒危害;3龄后则吐丝结网缀合小穗,严重时整穗籽粒被蛀空。取食桃、苹果、杏、李等核果和仁果时,初孵幼虫先在果梗周围或果实与叶面处吐丝,啃食花丝或果皮,稍大后蛀入果内蛀食果肉,蛀孔较大,从蛀孔处流出黄褐色透明胶液,蛀孔周围及果内留有大量红褐色或黑褐色粒状虫粪。取食板栗时,1~2龄幼虫食害栗刺和有伤口的栗果,3龄后蛀食健果,蛀孔处有虫粪排出;1个栗苞内常有1~3头幼虫取食,但取食幼小栗果或单个栗果的虫数过多时则转果危害。幼虫期为15~30 d,各代幼虫龄期均以5龄最长,越冬幼虫则长达200 d以上。

幼虫老熟后多在玉米或高粱的穗中或叶腋、叶鞘、枯叶、果实的果内、结果枝上及两果相接触处等原取食的地方结茧化蛹。蛹期通常为6~10 d,温度低时可达20 d以上。

三、桃蛀螟的发生与环境的关系

(一)气候条件对桃蛀螟的影响

桃蛀螟属喜湿性害虫。凡多雨高湿年份,特别是4—5月多雨有利于越冬幼虫化蛹和成虫羽化,发生常常较重,而少雨干旱年份发生较轻。冬季温暖有利于越冬幼虫存活,来年发生基数往往较大。温度对桃蛀螟各虫态的发育历期、存活率、蛹体质量、成虫飞行能力和种群繁殖均有显著影响,适宜温度为16~27 ℃,各虫态的发育历期随着温度的升高而逐渐缩短，温度高于31℃时幼虫生长发育受到抑制，低于15℃时5龄幼虫发育停滞。

（二）寄主植物对桃蛀螟的影响

寄主植物的种类、播种期和生育时期与桃蛀螟的种群动态密切相关。不同寄主植物间作套种或连作，同一寄主植物生育期长短不一，均有利于桃蛀螟在寄主间转移，发生危害往往较重。在多种寄主植物并存时，桃蛀螟对不同寄主植物的嗜食性有较大差别，对玉米、高粱、向日葵、蓖麻等有一定的偏好，这些作物田也发生危害较重。由于成虫产卵对作物生育时期有偏好，玉米的抽雄期、灌浆期和乳熟期3个时期，高粱的吐穗期和扬花期，向日葵的开花期和成熟期均是易受害的生育时期。不同寄主植物品种间的抗虫性也有较大差异，例如高粱中的紧穗品种被害程度重于半紧穗品种，散穗型品种被害最轻；板栗中的晚熟油栗型品种抗虫性最强，红光油栗、薄壳大油栗几乎不被害；早熟桃、李很少被害，硬肉桃较水蜜桃被害程度轻，中晚熟桃和李被害最重；柑橘品种中的中熟品种被害最重，早熟和晚熟品种未发现被害；脐橙中的开脐品种比闭脐品种被害重。

（三）自然天敌对桃蛀螟的影响

桃蛀螟的自然天敌主要有绒茧蜂、赤眼蜂、黄眶离缘姬蜂、抱缘姬蜂、广大腿小蜂、川硬皮肿腿蜂、蜘蛛等，对其发生有一定抑制作用。

四、桃蛀螟的虫情调查和综合治理技术

（一）桃蛀螟的虫情调查

桃蛀螟虫情调查方法参照玉米螟的虫情调查。进行性诱剂诱蛾时，应使用含有反-10-十六碳烯醛、顺-10-十六碳烯醛和十六醛等有效成分的诱芯，玉米田诱捕器设置可参考玉米螟的虫情调查进行，在桃园可将诱捕器挂于树上距地面1.2 m处。调查果园落卵量时，从诱捕到第1头成虫开始，每3 d调查1次，选择早熟、中熟、晚熟品种果园，每个果园各调查5~10株，每株查不同方位的果实20~30个。

（二）桃蛀螟的综合治理技术

桃蛀螟的治理应采取"压低虫源、狠防第1代、综合治理"的策略，协调运用农业防治、生物防治、诱杀防治、化学防治等措施，逐步构建绿色防控技术体系。

1. 农业防治 考虑到桃蛀螟寄主较多，且有转换寄主的特点，秋收后至次年4月底前，应彻底处理玉米、高粱、向日葵等秸秆、穗轴和花盘，刮净果树树干上的老翘皮等，消灭各越冬场所内的幼虫。科学布局各种寄主植物，避免在同一地区主要寄主作物和果树相互邻作、插花种植、播种期各异，果园周围不宜大面积种植玉米、向日葵等作物。对于适宜套袋的果树，在初果期及时套袋，可控制幼虫钻蛀危害果实。

2. 生物防治 白僵菌、病原线虫、苏云金芽孢杆菌等生物制剂均可有效防治桃蛀螟幼虫的发生危害。也可按90个/hm²的密度，在距地面1.5 m高的枝干上挂放"生物导弹"，控制板栗园桃蛀螟危害。

3. 诱杀防治 在成虫发生期，田间设置性诱剂、频振式杀虫灯或高压汞灯、糖醋酒液（1.0∶1.5∶0.5）等大量诱杀成虫。果实采收前在树干上束一圈稻草或其他杂草，可诱集部分幼虫和成虫潜藏，然后集中消灭。也可根据雌成虫产卵选择性，在主栽作物田或果园周围种植其他小面积诱集产卵作物，集中处理以压低发生基数。

4. 化学防治 化学防治适期为卵盛期或幼虫孵化初期。多种药剂对桃蛀螟都有较好的防治效果，防治果树桃蛀螟危害或进行绿色防控时，应尽可能选择高效、低毒或微毒的无公害农药，例如氯虫苯甲酰胺、氟虫双酰胺等。

第五节 二 点 螟

二点螟 [*Chilo infuscatellus* (Snellen)] 在北方又称为粟灰螟，在南方又称为甘蔗二点螟，俗称钻心虫、枯心虫、截秆虫等，属鳞翅目螟蛾科。二点螟在国外分布于朝鲜、韩国、日本、印度、巴基斯坦、阿富汗、泰国、越南、缅甸、菲律宾、马来西亚、印度尼西亚等国，在我国的东北平原、华北平原、内蒙古高原、黄土高原、长江中下游平原、东南丘陵地区、四川盆地以及台湾的山地等均有分布。

二点螟为寡食性害虫，在北方主要危害谷子，临近谷田的糜子、玉米、高粱偶有被害。谷子的近缘植物狗尾草和谷莠子为其早春产卵寄主，但因茎秆细瘦，幼虫多转移危害谷子；在南方主要危害甘蔗，偶尔危害玉米。二点螟以幼虫蛀茎危害，谷子苗期被害形成枯心苗，生长后期被害形成白穗或虫伤株，由于茎秆基部被蛀损，遇大风易折断倒伏，造成籽粒秕瘦。甘蔗苗被害也形成枯心苗，成长蔗株被害造成螟害节，常常导致红腐病菌的侵入。

一、二点螟的形态特征

二点螟的形态特征见图 11-6。

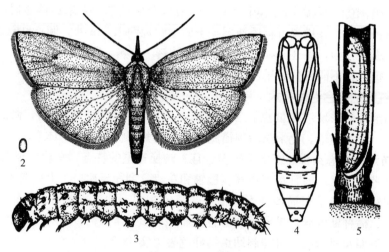

图 11-6 二点螟
1. 成虫 2. 卵 3. 幼虫 4. 蛹 5. 危害状
（仿华南农学院）

1. 成虫 雌成虫体长为 8 mm 左右，翅展为 18 mm 左右；雄成虫体长为 10 mm 左右，翅展为 25 mm 左右。体呈淡黄褐色或灰黄色。前翅略呈长方形，杂有黑褐色鳞片，其上散布有不规则的小黑点，中室顶端和中室下方各有 1 个暗灰色斑点，沿翅外缘有 7 个成列的小黑点，偶尔有 6 个小黑点。后翅为灰白色，外缘淡褐色，中室后缘有 1 列长毛。足为淡褐色，中足胫节上有1对距，后足胫节上有2对距。

2. 卵 卵呈扁平椭圆形，长径为0.8~1.5 mm，短径为0.6~0.8 mm；表面有网状细纹。卵初产时为乳白色，孵化前呈灰黑色。卵粒2~4行排列成鱼鳞状卵块，卵块为扁平状，与玉米螟卵块的主要区别在于卵粒排列松散，重叠部分较少。

3. 幼虫 老熟幼虫体长为15~23 mm。头部为赤褐色或黑褐色，中胸以后为灰白色。体背面有5条紫褐色纵线，其中背线稍细，亚背线和气门上线较粗。每个体节背面的4个毛片排列成梯形。腹足趾钩为三序缺环。

4. 蛹 蛹体略呈纺锤形，长为12~20 mm；呈黄白色至黄褐色，幼虫期的5条纵线仍然存在。第5~7腹节背面前缘有显著的黑褐色波状隆起线，腹部第7节以后突然瘦削，末端平。

二、二点螟的生活史和习性

（一）二点螟的生活史

二点螟在我国1年发生1~6代，其中在山西吕梁和长城以北1年发生1~2代，在黄淮海地区1年发生3代，在珠江流域1年发生4~5代，在海南1年发生6代。二点螟在北方，主要以老熟幼虫在谷茬内越冬，少数在谷草、玉米茬或玉米秆内越冬；在南方，以幼虫或蛹在取食的甘蔗地上或地下茎内越冬，且以地表上下10 cm内较多。

二点螟的发生危害期地区间差异较大。在仅种植春谷的地区，第1代幼虫危害谷苗较重，盛期在6月下旬至7月上旬；第2代在7月下旬至8月上中旬。在种植春谷和夏谷的地区，第1代幼虫危害春谷，盛期在6月下旬；第2代危害夏谷，盛期在8月中下旬。在二年三熟或一年二熟的地区，谷子有春、夏两茬，春谷面积小，夏谷面积大，第1代幼虫集中在早播春谷上危害，盛期在6月上旬；第2~3代则危害晚春谷和夏谷，盛期在7月中旬至8月上中旬。在甘蔗产区，均以第1~2代幼虫危害为主，宿根甘蔗发株初期以第1代幼虫危害最重，春季新植甘蔗苗期受第2代幼虫危害较重；秋季新植甘蔗苗期受第4~5代幼虫危害，但由于高温季节甘蔗生长迅速而被害较轻。

（二）二点螟的主要习性

成虫昼伏夜出，有趋光性。成虫集中在晚上羽化，羽化后即可交配，交配后1 d产卵。成虫产卵有选择性，喜欢在生长旺盛的高大谷苗上产卵，卵松散排列呈块状。在谷田，第1代卵多产于谷苗下部2~5片叶的背面基部，第2~3代卵多产于叶片背面主脉处。在甘蔗田，卵多产于蔗苗下部1~4叶片背面叶鞘附近，叶片正面和叶鞘上也有。单雌产卵量为50~160粒，多的达200粒以上。成虫寿命为5~8 d。

卵期为4~8 d，长者达10 d以上。卵多在午前孵化。

幼虫多为5龄，少数为6龄。初孵幼虫行动活泼，爬行迅速，孵化后很快分散。谷苗上的幼虫多从叶片背面经茎秆爬至茎基部，立即从叶鞘缝隙处蛀入茎内取食，少数随风吐丝下垂至地面，爬至茎基部分蘖节处蛀入谷苗，5 d后造成枯心苗。1~3龄幼虫具有群栖取食的习性，1株茎内常有4~5头幼虫，多的达10头。3龄后转株取食，1头幼虫可转株危害谷苗2~3株。甘蔗苗上的幼虫则爬至近地面的叶鞘内聚集，2龄后蛀入茎内，取食生长点。若取食成长蔗株，多由节间带蛀入，钻蛀成长条状隧道。幼虫期一般为25 d左右，越冬幼虫则长达200 d以上。

幼虫老熟后在取食的枯心苗或茎部的蛀道内化蛹。蛹期一般为8～11 d。

三、二点螟的发生与环境的关系

（一）气候条件对二点螟的影响

干旱环境是二点螟发生的显著地理特征。北方的重发生区多集中在地势高的丘陵地区或少雨干旱的沙丘、岗地和平原，南方也集中在高坡旱地或低洼旱地，潮湿的低洼地和水田则较少发生。成虫产卵、卵的孵化和幼虫化蛹对湿度的要求在75%左右，超过90%则变为限制因素。由于南北方降水量悬殊，在北方降水多、湿度大往往有利于发生，而在南方高温干旱常常发生危害较重。

（二）寄主植物对二点螟的影响

寄主植物品种的抗虫性和易受害生育时期是否与成虫产卵期相遇直接影响二点螟的发生危害程度。品种抗虫性强被害轻，反之被害重，例如植株色浅、茎秆细硬、叶鞘茸毛浓密、分蘖力强和后期早熟的谷子品种抗虫性强，而叶幅宽而下垂、含糖量高、茎秆较软和纤维成分少的甘蔗品种抗虫性弱。谷子拔节期与二点螟产卵盛期吻合则被害较重，迟播谷子在越冬代成虫产卵盛期谷苗小，往往错过危险受害期，着卵量少而被害轻。

（三）自然天敌对二点螟的影响

二点螟的自然天敌较多。寄生性天敌有赤眼蜂、茧蜂、绒茧蜂、寄生蝇等，其中螟甲腹茧蜂为卵和幼虫跨期寄生蜂，在山西北部自然寄生率较高。在福建和台湾等局部地区，红蚂蚁对二点螟的捕食作用较大。

四、二点螟的虫情调查和综合治理技术

（一）二点螟的虫情调查

参照全国农业技术推广服务中心编著的《农作物有害生物测报技术手册》"粟灰螟测报调查方法"进行二点螟的虫情调查，要点如下。

1. 越冬基数调查　春季越冬幼虫化蛹前，选择有代表性的谷田或甘蔗田3～5块，每块田棋盘式10点取样，每点2 m^2，检查谷茬或蔗头内幼虫数。

2. 越冬代发育进度调查　从越冬幼虫化蛹开始进行越冬代发育进度调查，每5 d调查1次，每次剥查谷茬或蔗头内活虫30头左右，记载幼虫数、化蛹数和羽化数，分析化蛹和羽化进度。

3. 成虫发生数量调查　从每代成虫始见开始进行成虫发生数量调查，至成虫终见结束。可用自动虫情测报灯或性诱剂诱蛾。诱虫灯具设置可参考《玉米螟测报技术规范》（NY/T 1611—2008）进行。性诱剂诱蛾应使用含有顺-11-十六碳烯醇等有效成分的诱芯，诱捕器多采用水盆诱捕器。

4. 田间落卵量调查　选择有代表性的谷田或甘蔗田2～3块进行田间落卵量调查，每块田5点取样，谷子田每点查5 m^2，甘蔗田每点查5 m行长。从诱捕到成虫开始，每5 d调查1次，记载落卵量。

5. 发生危害情况调查　取样方法同田间落卵量调查。在每代幼虫发生危害高峰调查1次，记载总茎数、被害茎数、有虫茎数、剥查到的虫数等。

（二）二点螟的综合治理技术

二点螟的治理应根据高产、稳产和农产品质量安全要求，因地制宜地采取以农业防治为基础，诱杀防治为补充，生物防治与化学防治相结合的防治策略。

1. 农业防治 农业防治包括处理越冬寄主、选种抗虫种苗、合理安排播种期、调整种植制度、加强田间管理等。在谷子产区，应在越冬幼虫化蛹羽化前彻底刨烧谷茬，及时处理谷草。在甘蔗产区，应适时斩除秋甘蔗，清除枯叶残茎，处理蔗头或收获前后蔗田浸水。种植抗虫、耐虫的谷子或甘蔗品种，可减轻发生危害程度。合理安排谷子播种期，通过适当晚播，可以将第1代卵盛期与谷子易受害生育时期错开。在螟害严重的谷子产区，缩小春谷面积，扩大夏谷面积。在甘蔗产区，实行高旱地甘蔗与豆科作物轮作，低地甘蔗与水稻轮作，可恶化二点螟的营养条件。在螟卵孵化期进行甘蔗早培土、培浅土，可防止其蛀害甘蔗。

2. 生物防治 按白僵菌菌粉 100 g/m² 用量喷洒在谷草垛上，杀灭越冬幼虫。在谷子产区，从产卵初期开始，分 3~5 次释放赤眼蜂 22.5 万头/hm²。在甘蔗产区，第1、2代产卵期释放赤眼蜂各 2 次，甘蔗伸长期释放赤眼蜂 1~2 次。在南方甘蔗区二点螟卵孵化期，释放 90 万~120 万头/hm² 红蚂蚁，还可兼治其他害虫。

3. 诱杀防治 在谷子集中产区，提前 15~20 d 种植早播谷子诱集田，引诱越冬代或第1代成虫产卵，集中进行防治。成虫发生期田间设置频振式杀虫灯、高压汞灯或性诱剂可大量诱杀成虫。也可在田间大量使用性诱剂迷向干扰成虫交配，降低卵的受精率。

4. 化学防治 卵孵化高峰期是防治关键时期。多种杀虫剂对二点螟有较好的防治效果，应尽可能选择高效、低毒或微毒的药剂。防治苗期危害时，可选用颗粒剂添加一定比例的细土，顺垄撒施在谷苗或甘蔗苗上，使苗及其基部形成约 6 cm 宽的药带。也可按常规用药量进行喷雾防治。

第六节 玉 米 蚜

玉米蚜 [*Rhopalosiphum maidis* (Fitch)] 又名玉米缢管蚜、玉米叶蚜，属半翅目蚜科。玉米蚜为世界性害虫，在国外广泛分布于热带、亚热带和温带地区，在我国主要分布于华北、东北、华东、华中、华南和西南等地。

玉米蚜主要危害玉米。此外，还危害高粱、谷子、小麦、大麦、燕麦、水稻等禾本科作物和马唐、狗尾草、牛筋草、稗、雀稗、看麦娘、狗牙根、李氏禾、芦苇等禾本科杂草。玉米蚜以成蚜和若蚜刺吸寄主植物汁液并排泄蜜露，危害玉米时引起叶片变黄或发红，导致叶面生霉变黑，影响光合作用，严重时造成空棵和秃顶现象，甚至整株枯死。玉米蚜还能传播多种玉米病毒病，造成更严重的危害。

一、玉米蚜的形态特征

玉米蚜的形态特征见图 11-7。

1. 有翅孤雌胎生雌蚜 有翅孤雌胎生雌蚜体呈长卵形，长为 1.8~2.0 mm，呈深绿色或墨绿色。头部为黑色稍亮，复眼为暗红褐色，中额瘤和额瘤稍微隆起。触角具6节，

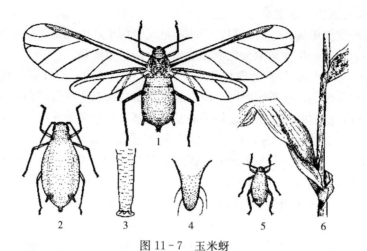

图 11-7 玉米蚜
1. 有翅孤雌胎生雌蚜 2. 无翅孤雌胎生雌蚜 3. 腹管 4. 尾片 5. 若蚜 6. 危害状
（6 为作者图，余仿丁文山）

长度为体长的 1/2；第 3 节有圆形感觉圈 12～19 个，呈不规则排列。翅透明，前翅中脉分叉。足为黑色。腹部第 3 节和第 4 节两侧各有 1 个小黑点。尾片为黑色，两侧各着生刚毛 2 根。

2. 无翅孤雌胎生雌蚜 无翅孤雌胎生雌蚜体呈长椭圆形，长为 1.8～2.2 mm，呈暗绿色。复眼为红褐色。触角较短，为体长的 2/5，第 6 节长为基部的 2.5 倍。中胸腹岔较小，无柄。腹管呈长圆桶形，基部周围有黑色的晕纹，端部收缩。尾片呈圆锥形，中部微收缩。尾片和腹管均为黑色。

二、玉米蚜的生活史和习性

（一）玉米蚜的生活史

玉米蚜在我国 1 年发生 9～26 代，其中在东北 1 年发生 9～11 代，在天津、河北和河南 1 年发生 20 代左右，在浙江和广西等地 1 年发生 20～26 代；在各地均以成蚜和若蚜在小麦和狗尾草、马唐等禾本科杂草的根际、心叶和叶鞘内越冬。

玉米抽雄扬花期是玉米蚜的发生危害盛期。在吉林，每年 5 月底至 6 月初越冬寄主上的有翅蚜迁入玉米田，7 月中下旬达发生高峰，8 月上旬玉米雄穗散粉结束后发生数量急剧减少，8 月中旬产生有翅蚜迁出玉米田。在河南，每年 5 月产生有翅蚜迁往春玉米田，7 月上旬迁入夏玉米田，7 月中下旬夏玉米大喇叭口末期发生数量开始增加，抽雄扬花期达到高峰，8 月中下旬产生有翅蚜迁往其他寄主，10 月迁移到麦田和禾本科杂草上繁殖和越冬。在陕西关中，4 月中旬开始在小麦上活动取食，4 月下旬迁飞到狗尾草等杂草的心叶上繁殖，7 月上旬迁入夏玉米田取食危害，9 月中下旬迁回到狗尾草上，10 月中下旬迁入麦田，11 月下旬至 12 月上旬开始越冬。

（二）玉米蚜的主要习性

玉米蚜主要营孤雌生殖。在温度 23 ℃、相对湿度 60%～80% 条件下，若蚜期为 5 d 左右，成蚜期为 9 d 左右，世代历期为 14～15 d；平均每头雌蚜日产 7～8 头若蚜，一生产蚜量可高达 77 头。

玉米蚜具有群集取食危害的特点，玉米抽雄前期群集于心叶内取食，孕穗期群集于剑叶正反面，抽雄期群集于雄穗上，抽雄后向雄穗下部叶片上转移。玉米扬花期蚜虫数量激增，为发生危害严重时期。在紧凑型玉米上，玉米蚜主要危害雄穗和上部 1～5 片叶，下部叶片被害较轻。

三、玉米蚜的发生与环境的关系

（一）气候条件对玉米蚜的影响

温暖干旱有利于玉米蚜发生危害。玉米蚜的生长发育和繁殖的适宜温度为 15～30 ℃，最适温度为 20～25 ℃，温度低于 10 ℃ 或高于 35 ℃ 则玉米蚜的存活率下降。在适温范围内，随着温度的升高世代历期缩短，在 23～28 ℃ 时仅为 4～5 d，很容易在短期内暴发成灾。适宜玉米蚜发生的相对湿度低于 85%，雨日少、雨量小有利于繁殖危害，而雨日多、雨量大则不利于其发生，暴风雨则有较大的控制作用。

（二）寄主植物对玉米蚜的影响

寄主营养状况与发生危害程度密切相关。玉米抽雄扬花期植株营养丰富，可为玉米蚜繁殖提供良好的营养条件，加之玉米营养生长转向生殖生长后的抗虫能力下降，玉米蚜极易暴发成灾。玉米灌浆后植株开始衰老，营养条件恶化，玉米蚜则开始产生有翅蚜迁出玉米田。此外，不同玉米品种抗蚜性也有较大差异，甜玉米、糯玉米和饲用玉米被害较重，常规玉米中的早熟品种被害较轻。

（三）自然天敌对玉米蚜的影响

玉米蚜的自然天敌较多，常见的有蚜茧蜂、瓢虫、草蛉、食蚜蝇、蜘蛛、蚜霉菌等，特别是瓢虫和蜘蛛是主要的捕食性天敌，对玉米蚜的种群数量变动影响明显。

四、玉米蚜的虫情调查和综合治理技术

（一）玉米蚜的虫情调查

1. 发生消长系统调查 发生消长系统调查从玉米小喇叭口期开始至蜡熟期结束，每 5 d 调查 1 次。选择有代表性的不同类型田和主要品种种植田各 1 块，采用平行线抽样法，每块田 5 行，每行调查 20 株，虫量大时每行调查 5～10 株，定点记载有蚜株数、蚜量、天敌种类和数量。

2. 大田虫情普查 在玉米抽雄至子粒形成阶段进行 1 次大田虫情普查。选择当地有代表性的不同类型田和主要品种种植田 10 块，每块类型田和品种调查块数应根据其占总面积的比例确定。采用平行线抽样法，每块田 5 行，每行调查 5～10 株，检查记载茎叶和穗上的蚜量。

（二）玉米蚜的综合治理技术

玉米蚜的治理应采取农业防治压基数，保护天敌抑发生，化学防治控危害的策略。

1. 农业防治 减少春播禾本科作物种植面积，选种抗虫丰产玉米品种，可有效减轻玉米蚜的发生危害。及时清除田间禾本科杂草，拔除危害中心蚜株，可压低虫源基数。

2. 生物防治 创造有利于天敌繁衍的田间环境，保护利用自然天敌是生物防治玉米蚜的主要措施。当田间天敌与蚜虫比在 1:100 以上时，天敌可以控制玉米蚜发生危害。在有

条件的地方，也可通过释放天敌控制玉米蚜。

3. 诱杀防治 玉米蚜发生初期，在田间插放黄色粘虫板诱杀有翅蚜，可减缓玉米病毒病的传播。

4. 化学防治 在玉米蚜重发区，应推广应用吡虫啉等药剂包衣种子或进行拌种；也可在玉米蚜初发期，开沟埋施农药进行土壤处理。大田防治应把玉米蚜控制在点片发生阶段，玉米抽雄5%或有蚜株率10%～30%时为防治有利时机。在玉米心叶期，可结合防治玉米螟，在心叶内撒施颗粒剂或滴灌药液。在玉米孕穗期人工施药比较困难，可利用自走式高秆作物喷雾机、烟雾机或水雾机等喷施吡虫啉、啶虫脒或吡蚜酮等。

第七节 其他常见禾谷类杂粮害虫

其他常见禾谷类杂粮害虫见表11-1。

表11-1 其他常见禾谷类杂粮害虫

种类	分布和危害特点	生活史和习性	防治要点
高粱蚜 [*Melanaphis sacchari*（Zehntner）]（又名甘蔗蚜、甘蔗黄蚜等，属半翅目蚜科）	在国外分布于东亚、南亚、南部非洲和拉丁美洲；在我国广布各地，是东北、华北、西北等高粱产区间歇性猖獗发生害虫，在福建、江西、广东、广西和台湾等甘蔗产区偶有发生。成蚜和若蚜聚集于叶背，由下向上蔓延，刺吸汁液，排泄蜜露，被害叶片油亮发光，影响光合作用，轻则叶片变红，重则干枯，穗粒不实或不能抽穗，造成严重减产或绝收	在东北1年发生16～20代，以卵在荻草叶片背面或叶鞘内越冬。春季地表温度达10℃左右时越冬卵孵化为干母，在荻草根部取食，以后逐渐移至荻草茎叶上取食繁殖。高粱出苗后产生有翅蚜迁飞到高粱田取食、繁殖和扩散蔓延，高粱12～16片叶时进入猖獗发生阶段。高粱成熟前后产生有翅蚜迁飞到越冬寄主，产卵越冬。有背光性，发生初期多集中在高粱植株下部叶片背面，随后逐步扩散到中上部叶片和穗部。6月中旬至7月下旬气候条件适合时，5～6d繁殖1代，单雌产仔70～180头，可在短期内猖獗发生	1. 种植丰产抗蚜高粱品种，是最经济有效的防治措施 2. 冬春铲除田间地头的荻草等杂草，消灭部分越冬虫源 3. 高粱与大豆间作、小麦与高粱套种，促进天敌种群繁衍，显著减轻蚜虫危害 4. 早期挑治蚜害中心株，孕穗前后有蚜株率达到30%时及时进行全田熏杀或喷药防治
粟茎跳甲（*Chaetocnema ingenua* Baly）（又名粟凹胫跳甲、谷跳甲，俗称土跳蚤等，属鞘翅目叶甲科）	在国外分布于日本、朝鲜等国；在我国分布于东北、华北、西北和华东部分地区。多食性害虫，成虫和幼虫均可危害。成虫取食叶片呈条纹、白色透明状，甚至干枯死亡。幼虫危害幼苗从茎基蛀入，致枯心死亡。幼苗稍大取食嫩叶、顶心，影响生长，形成丛生。发生严重时可造成缺苗断垄，甚至毁种	1年发生1～3代，在黑龙江和辽宁西部1年发生1代，在吉林1年发生1～2代，在陕北、宁夏、山西中北部、河北西北部和内蒙古黄河灌区1年发生2代，在河北中部1年发生3代；以成虫在田间土块或枯草落叶下、土缝内或杂草根际土中越冬。春季越冬成虫恢复活动，各地均以第1代幼虫的危害最大，在黑龙江和吉林的危害盛期在6月下旬至7月上旬，在山西、内蒙古和陕西的危害盛期在6月上旬至7月上旬，在河北的危害盛期在5月中下旬。成虫能飞善跳，有假死习性，白天活动，食叶，寿命长约1年，多次交配，每隔1～4d间断产卵。卵多散产于叶片背面，单雌产卵量为60～120粒。幼虫4龄，老熟后在2～5cm深土中结茧化蛹	1. 结合秋耕整地清除田间残株、枯枝落叶和杂草 2. 避免重茬和适当推迟播种期，使谷子易受害生育时期与成虫盛发期错开 3. 提前7～10d早播部分谷子作为诱集田，引诱成虫产卵，进行集中防治 4. 结合整地，播种前药剂处理土壤或药剂拌种，或成虫发生期及时喷施药剂或顺垄撒施毒土

(续)

种类	分布和危害特点	生活史和习性	防治要点
双斑萤叶甲 [*Monolepta hieroglyphica* (Motschulsky)]（又名双斑长足跗萤叶甲等，属鞘翅目叶甲科）	在国外主要分布于亚洲和俄罗斯的西伯利亚；在我国除海南和青海外，其他各地均有分布，但以半湿润、半干旱的地区发生普遍。多食性害虫，幼虫在土中取食作物及杂草根部。成虫群集自上而下危害，喜食幼嫩叶片或嫩尖。取食叶肉，残留不规则白色网状斑和孔洞，影响光合作用。咬食玉米雌穗花丝，影响授粉；取食灌浆期的籽粒，引起穗腐	在北方1年发生1代，以卵在0~15 cm深土中越冬。春季10 cm地温在12 ℃以上时，越冬卵开始孵化。幼虫在土中取食植物根系，危害不明显。5月底至6月初，成虫陆续羽化出土，持续时间可达90 d以上。6—8月集中转移到玉米、高粱、谷子、豆类、棉花等作物田取食危害。成虫有群集性和弱趋光性，在一株上自上而下取食，日光强烈时常隐蔽在下部叶背或花穗中。受到惊吓后迅速短距离跳跃或飞行。成虫多次交配，产卵前期为15 d左右。卵产于土壤缝隙或地面落叶下，单产或数粒产在一起。单雌产卵量为90~270粒。幼虫3龄，在3~8 cm深土壤中取食植物根系，老熟后在土中做土室化蛹	1. 秋冬季或早春深耕土壤，压低发生基数 2. 铲除田内外杂草，避免喜食寄主作物间作套种 3. 发生严重田块及时灌水，增加田间湿度，降低发生危害程度 4. 点片发生阶段及时进行药剂防治；大面积发生时应实施统防统治，同时应注意田边、地头、渠边等杂草上的防治
耕葵粉蚧 (*Trionymus agrestis* Wang et Zhang)（又称玉米耕葵粉蚧，属半翅目粉蚧科）	在国外分布不详；在我国分布于辽宁、河北、山西、河南和山东等地。寡食性害虫，主要危害禾谷类作物和杂草。若虫群集于幼苗根节或叶鞘基部外侧周围吸食汁液。受害株细弱矮小，叶片变黄，个别的出现黄绿相间的条纹，生长发育迟缓，甚至枯死	在北方1年发生3代，以卵在卵囊内越冬。卵囊多附着于田间残存的玉米根茬、土壤中的秸秆上或杂草的根部。4月中下旬气温达17 ℃左右时，越冬卵开始孵化。4月下旬至6月上旬为第1代发生期，主要危害小麦。6月中旬至8月上旬为第2代发生期，主要危害夏播玉米的幼苗。8月上旬至9月中旬危害玉米或高粱。9月中下旬至10月上中旬雌成虫分泌蜡质形成卵囊，产卵进入越冬。主要营孤雌生殖，单雌产卵量为120~150粒。进行两性生殖时，雄成虫交配后1~2 d死亡；雌成虫交配后2~3 d开始分泌卵囊和产卵，寿命在20 d左右。卵期，越冬代为200 d以上，第1代为13 d，第2代为11 d。初孵若虫先在卵囊内活动1~2 d，然后分散，具有集聚取食危害的习性。若虫老熟后在原危害处结茧，化蛹其中，蛹期为6~8 d	1. 玉米收获后及时深耕灭茬，清除田间残留根茬 2. 避免禾谷类作物连作或轮作；有条件的地方建议水旱轮作 3. 加大灌水增加土壤湿度，恶化耕葵粉蚧的生存条件 4. 药剂种子包衣或拌种；1龄若虫高峰期或玉米6叶期以前，药液灌根或随水浇灌效果很好

第八节　禾谷类杂粮害虫综合治理

一、玉米和高粱害虫综合治理

我国的玉米和高粱核心产区集中在北方。近年来随着秸秆还田和免耕栽培技术的大面积应用，甜玉米、糯玉米、鲜食玉米、青贮玉米和酒用高粱等特用杂粮的发展，有利于害虫发生危害。但这两种作物主要害虫基本相同，绝大多数地区将地下害虫、黏虫、蝗虫、玉米螟和蚜虫作为主治对象；兼治条螟、桃蛀螟、大螟、棉铃虫、蓟马、叶螨等，故将其综合治理技术合并叙述。

在制订综合治理计划时，应结合当地的耕作制度、作物布局、主治害虫与兼治害虫的种类和拟保护的自然天敌等，抓住防治关键时期，采取安全有效、经济简便的系统防控措施，大力推广绿色防控技术，保障玉米或高粱丰产、丰收和优质。

（一）越冬期玉米和高粱害虫的综合治理

越冬期的害虫综合治理，以压低发生基数为重点，主要采取农业防治措施。

1. 合理布局作物　玉米、高粱连作不仅地力损耗大，而且害虫危害严重。应统筹安排，尽可能与双子叶作物轮作和间作，合理布局禾本科作物。

2. 选用抗虫品种　玉米和高粱品种之间对螟虫、蚜虫、蓟马等的抗性有较大差异，应选种适合当地的高产、优质、抗虫品种，并通过精选种子，奠定培育壮苗基础。

3. 清除田间杂草　春播玉米和高粱地应尽可能在冬前进行深翻，破坏害虫的越冬场所。播种前应清除田块周围的寄主杂草，压低越冬虫口基数。

4. 消灭越冬虫源　玉米和高粱秸秆是蛀茎螟蛾和多种害虫的主要越冬场所，在未全面实施秸秆还田的地区，应在越冬螟蛾化蛹前彻底粉碎处理或综合利用秸秆。

（二）播种期和苗期玉米和高粱害虫的综合治理

播种期和苗期的综合治理，以控制地下害虫为重点，保证一播全苗和培育壮苗。

1. 土壤处理　参照地下害虫的防治方法，在播种前用药剂处理土壤。

2. 种子处理　用防治地下害虫的药剂拌种，或直接播种可防治地下害虫的包衣种子。

3. 诱杀防治　有条件的地方可设置大面积诱虫灯阵，大量诱杀地老虎、钻蛀蛾类、金龟甲等。在蚜虫、蓟马重发生区，可在田间设置粘虫黄板诱杀，控制迁入农田的虫量。

4. 苗期施药　苗期施药的目的主要是防治地下害虫、蓟马、蚜虫和局部地区的玉米旋心虫、灰飞虱等，应注意选择适宜农药品种和剂型，针对主要害虫兼治其他害虫。

（三）心叶期至穗期玉米和高粱害虫的综合治理

心叶期至穗期的综合治理，以控制蛀茎蛾类为重点，综合考虑兼治其他害虫。

1. 生物防治　参照玉米螟的防治技术，在田间投放"生物导弹"、释放赤眼蜂或使用白僵菌等微生物农药防治玉米螟、条螟等。

2. 诱杀防治　除了设置大面积诱虫灯阵大量诱杀多种螟蛾和夜蛾外，也可在田间放置性诱剂诱杀蛾类成虫或迷向干扰成虫求偶交配，或将诱食剂滴施于叶片上诱杀多种害虫。

3. 心叶施药　在心叶中撒放生物农药或化学农药颗粒剂，或直接用药液滴灌心叶。应选择杀虫谱较广的杀虫剂，尽可能做到一次施药兼治多种害虫。

4. 大田施药　在蛾类卵孵化盛期，或在蚜虫、叶螨发生严重的田块，可采用无人机、高秆作物行走式喷雾器或热力烟雾机施药，以提高防治效率。

二、谷子和糜子害虫综合治理

谷子和糜子是主要的禾谷类小杂粮，近年来在西北、华北和东北的种植面积不断扩大，已成为许多地区的特色作物。随着栽培管理水平的提高，发生的害虫种类在增加，一些次要害虫上升为主要害虫，从种到收往往有多种害虫交错发生危害。由于这两种作物主要在干旱和半干旱地区种植，主要害虫种类相近，故将其综合治理技术合并叙述。

在制订综合治理计划时，应按照发展特色作物的要求，更加重视农产品质量安全，以无公害或绿色防治技术为主线，尽可能减少化学防治。必须进行化学防治时，应按照无公害或绿色农产品的要求选择药剂，推广主治一种害虫、兼治其他害虫的技术。

（一）越冬期谷子和糜子害虫的综合治理

越冬期是压低发生基数的有利时机，主要采用农业防治措施。

1. 处理越冬寄主 可结合积肥、饲畜、燃料、造纸、酿酒、制醋等秸秆综合利用措施，采取封、碾、铡、压、沤、喂、烧、储、蒸等办法，彻底处理越冬寄主。

2. 破坏越冬场所 在冬季进行平整土地，治山、治沟、治坡、深翻、深刨、改土，彻底铲除杂草丛生的越冬基地；结合秋耕、春耕和冬、春灌溉等，破坏害虫越冬场所。

3. 实行轮作倒茬 做好种植规划，合理安排茬口，有计划地施行谷子或糜子轮作倒茬 3 年以上，减少越冬虫源数量，提高作物抗害、耐害能力。

4. 精选抗虫品种 随着谷子和糜子种植面积的扩大，抗虫材料的筛选和新品种的选育逐渐受到重视，应有目的地选种丰产抗虫品种，并通过精选种子培育壮苗。

（二）播种期和苗期谷子和糜子害虫的综合治理

播种期和苗期的综合治理，以控制地下害虫和蛀苗害虫为主，兼治叶螨、食叶害虫等。

1. 种子处理 播种时应进行药剂拌种或使用药剂包衣种子，主要针对干旱地区发生较重的蝼蛄、金针虫、拟地甲、谷婪步甲等。

2. 调整播种期 北方将播种期推迟到小满前后，可避开第 1 代二点螟、玉米螟和粟茎跳甲等害虫的发生危害高峰，但应注意避免粟秆蝇的危害加重。

3. 诱杀防治 对于具有趋光性的害虫可进行灯光诱杀。适当早播部分谷子或糜子作为诱虫田，可以引诱多种害虫产卵，进行集中防治。

4. 化学防治 间苗至定苗前后若粟茎跳甲、二点螟等害虫种群数量达到防治指标，可顺垄撒施毒土或喷洒低毒、微毒杀虫剂。叶螨严重发生时，应及时喷洒杀螨剂。

（三）成株期谷子和糜子害虫的综合治理

成株期综合治理以控制食叶害虫和蛀茎害虫为主，巧治穗部害虫。

1. 食叶害虫防治 成株期常见的食叶害虫有黏虫、蝗虫、稻纵卷叶螟等，应抓住一种关键害虫，兼治其他害虫，把食叶害虫控制在 3 龄以前。

2. 蛀茎害虫防治 常见的蛀茎害虫有二点螟、玉米螟、粟秆蝇等，应抓住关键害虫的防治适期，尽可能采用隐蔽施药方式。湿度较大的地区，可释放赤眼蜂、喷洒微生物农药等。

3. 穗部害虫防治 常见的穗部害虫有粟穗螟、棉铃虫、粟缘蝽、斑须蝽、双斑萤叶甲等，一般情况下可通过防治食叶害虫和蛀茎害虫兼治，个别害虫发生严重时，可进行药剂喷雾。

思 考 题

1. 我国禾谷类杂粮田发生的主要害虫种类有哪些？
2. 禾谷类杂粮有哪些蛀茎螟蛾？它们的危害特点有哪些异同？
3. 亚洲玉米螟的虫情调查可以为预测预报提供哪些基本依据？
4. 试述处理作物秸秆防控蛀茎螟蛾的理论依据。
5. 试根据玉米螟的发生规律，分析玉米螟的综合治理策略。
6. 条螟和二点螟同为蛀茎害虫，为什么防治适期的确定标准不同？
7. 试述桃蛀螟绿色防控的理论依据。
8. 试述玉米蚜和高粱蚜农业防治的理论依据。

9. 试根据当地玉米和高粱害虫的发生情况制订综合治理方案。
10. 试根据玉米生长中后期害虫发生情况制订专业化统防统治方案。
11. 试述玉米害虫绿色防控关键技术及其理论基础。
12. 试述高粱害虫绿色防控关键技术及其理论基础。
13. 试根据当地谷子和糜子害虫的发生情况制订综合治理方案。
14. 试根据当地禾谷类小杂粮害虫的发生情况制订无公害防治方案。

第十二章 薯类害虫

薯类主要有马铃薯、甘薯、山药、芋头、魔芋等，以块根或块茎为主要收获物。这类作物粮菜饲兼用，且加工用途多、产业链条长，已经成为一些地区的特色经济作物。其中全国马铃薯种植区分东北、华北、西北、西南和南方5个优势区。甘薯在华北、华中、华东和华南均有种植，但还未形成明显的优势区，以黄淮海平原、长江流域和东南沿海种植最多。山药又称为薯蓣，优势区集中在河南焦作，河北、山西、山东、云南和贵州的部分地区也有种植。芋头过去在南方种植较多，近年来开始向北方扩展，优势区包括浙江、福建、山东、广西东北部和云南弥渡。魔芋主要种植于海拔900~1 600 m的高山地区，优势区包括秦巴武陵区和云贵川区。

文献记载的马铃薯害虫有60多种，甘薯害虫有100多种，以地下害虫和食叶类害虫危害最重。由于薯类作物的主要收获物为块根或块茎，蛴螬、蝼蛄、金针虫等地下害虫危害普遍严重，特别是蛴螬、金针虫食害块根或块茎，造成缺刻或孔洞，对产量和品质影响较大。多食性害虫斜纹夜蛾、甜菜夜蛾、蝗虫等可取食危害多种薯类叶片，常在局部地区暴发成灾。马铃薯瓢虫和马铃薯麦蛾主要取食马铃薯叶片，甘薯麦蛾和甘薯叶甲主要取食甘薯叶片，甘薯天蛾取食甘薯和山药叶片，山药叶蜂取食山药叶片，芋单线天蛾取食芋头叶片，这些食叶类害虫大发生时严重影响薯类的光合作用。此外，甘薯蚁象、甘薯长足象和甘薯蠹野螟在南方危害甘薯，桃蚜在一些地区危害马铃薯，棉蚜在一些地区危害芋头。

第一节 马铃薯瓢虫

危害马铃薯的瓢虫有马铃薯瓢虫[*Henosepilachna vigintioctomaculata* (Motschulsky)]和酸浆瓢虫[*Henosepilachna sparsa* (Herbst)]2种，属鞘翅目瓢甲科。其中马铃薯瓢虫又名马铃薯二十八星瓢虫、大二十八星瓢虫，酸浆瓢虫又名茄二十八星瓢虫、小二十八星瓢虫。马铃薯瓢虫是古北区的常见种，在国外分布于俄罗斯、日本、朝鲜半岛、澳大利亚等地，在我国主要分布于华北、东北和西北等北方地区。酸浆瓢虫属印度-马来西亚区的常见种，在我国分布普遍，但以长江以南发生较多。

两种瓢虫均为多食性害虫，主要危害茄科植物，是马铃薯和茄子的重要害虫。此外，马铃薯瓢虫还危害豆科、葫芦科、菊科、十字花科、藜科、禾本科等20多种作物和杂草。成虫和幼虫取食同一植物，均以咀嚼式口器剥食叶片背面叶肉或茄果表皮。取食叶肉时残留下表皮，形成透明密集的条痕，状如箩底，被害叶片常干枯皱缩，严重时植株停止生长或枯萎。茄果表皮被害处常常破裂，组织变硬且粗糙，失去食用价值。

一、马铃薯瓢虫的形态特征

马铃薯瓢虫和酸浆瓢虫的形态特征见图12-1。

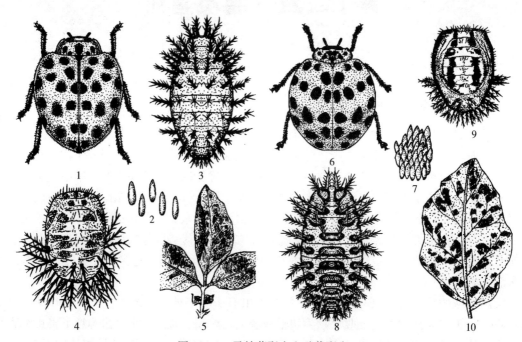

图12-1 马铃薯瓢虫和酸浆瓢虫

1～5. 马铃薯瓢虫（1. 成虫 2. 卵 3. 幼虫 4. 蛹 5. 危害状） 6～10. 酸浆瓢虫（6. 成虫 7. 卵块 8. 幼虫 9. 蛹 10. 危害状）

（仿浙江农业大学）

（一）马铃薯瓢虫的形态特征

1. 成虫 成虫呈半球形；雌成虫体长为6～9 mm，体宽为5～7 mm；雄虫较小；体呈赤褐色，体表密被黄褐色细毛。触角为球杆状，具11节，末3节膨大。前胸背板前缘凹入而前缘角突出，中央有1纵行剑状大黑斑，两侧各有2个小黑斑。每个鞘翅上有14个大黑斑，两个鞘翅共28个黑斑，故又名二十八星瓢虫；两鞘翅会合处有1～2对黑斑互相接触。

2. 卵 卵呈炮弹形，长为1.3～1.4 mm，表面有纵纹。卵初产时为鲜黄色，后变为黄褐色，常常20～30粒堆在一起成卵块，但卵粒排列不太密集，个别卵粒松散而且倾斜。

3. 幼虫 老熟幼虫体呈纺锤形，长为7～9 mm，呈鲜黄色。头部为淡黄色，口器和单眼为黑色。体上生有黑色粗大的枝刺，前胸和第8～9腹节背面各有4个大枝刺，其他腹节背面各有6个大枝刺，枝刺基部有淡黑色环纹。

4. 蛹 蛹体呈椭圆形，长为6～7 mm；呈黄白色，被有棕色细毛。背面隆起，上有黑色斑纹。

（二）酸浆瓢虫的形态特征

1. 成虫 成虫体长为5～8 mm，体宽为4～7 mm，呈黄褐色。前胸背板中央有1条横行双菱形黑斑，该斑后方有1个黑斑，两侧各有2个较大黑斑。每个鞘翅上也有14个大黑斑，但鞘翅基部第 2 列的 4 个黑斑基本在一条直线上，两鞘翅会合处的黑斑不相接触，可区别于马铃薯瓢虫。

2. 卵 卵长为 1.2 mm 左右。卵块中的卵粒排列整齐、紧密。

3. 幼虫 老熟幼虫体长为 7 mm 左右，体呈白色。枝刺呈白色，基部环纹为黑褐色。

4. 蛹 蛹体长为 5 mm 左右，呈淡黄色，背面有黑色斑纹。

二、马铃薯瓢虫的生活史和习性

（一）马铃薯瓢虫的生活史

两种瓢虫的每年发生代数因地而异。马铃薯瓢虫在东北 1 年发生 1~2 代，在华北 1 年发生 2 代，少数 1 年发生 1 代。酸浆瓢虫在南方 1 年发生 4~6 代。两种瓢虫均以成虫在背风向阳的石缝、山洞、杂草、灌木、树洞、树根、屋檐等缝隙中群集越冬，特别是在山区群集越冬比较明显。

在华北和西北地区，马铃薯瓢虫越冬成虫于 5 月中下旬出蛰活动，先在附近的枸杞、龙葵等野生茄科植物上取食，当马铃薯苗高 17 cm 左右时，大部分成虫转移到马铃薯田取食。6 月上中旬为第 1 代卵发生盛期，6 月下旬至 7 月上旬为第 1 代幼虫发生危害盛期，7 月下旬至 8 月上旬为第 1 代成虫发生危害期。8 月中旬为第 2 代幼虫发生危害盛期，9 月中旬出现第 2 代成虫并开始迁移越冬，10 月上旬进入越冬状态。

（二）马铃薯瓢虫的主要习性

两种瓢虫的成虫畏强光，早晚栖息于叶片背面，白天活动取食和交配产卵；有趋光性和假死性，遇惊扰时假死坠地。成虫羽化后 3~4 d 开始交配，一生可交配多次。雌成虫交配后 2~3 d 开始产卵，卵多产于叶片背面，单雌产卵量为 26~931 粒，平均为 300 粒。成虫产卵期可长达 1~2 个月，造成田间各个虫态同时出现，世代重叠现象明显。成虫寿命较长，第 1 代成虫寿命一般为 45 d 左右，越冬代成虫寿命可达 250 d 左右。

卵期通常为 5~11 d，平均为 5~7 d。

幼虫共 4 龄。初孵幼虫群集于叶片背面取食，2 龄以后开始分散取食危害。1~2 龄幼虫食量较小，3~4 龄食量较大。幼虫密度大时，有自相残杀习性。幼虫期为 13~30 d。

幼虫老熟后在原取食处或附近的杂草上化蛹。化蛹时先将腹部末端黏附于叶片上，然后蜕皮化蛹。蛹期为 5~7 d。

三、马铃薯瓢虫的发生与环境的关系

（一）气候条件对马铃薯瓢虫的影响

马铃薯瓢虫喜欢温暖湿润的气候。冬季温暖、雨雪少、隐蔽物多有利于成虫越冬，初冬干燥寒冷常导致越冬成虫大量死亡。早春气温回升快，温度偏高，降水量接近常年或偏多时，第 1 代往往发生较重。适宜的温度为 22~28 ℃，低于 16 ℃ 影响成虫产卵，夏季高温也限制其发生。天气干旱对成虫产卵、卵的孵化和幼虫存活影响较大，暴雨冲刷能显著压低虫口基数。

（二）寄主植物对马铃薯瓢虫的影响

马铃薯瓢虫虽然可以取食危害多种植物，但取食不同植物对其生长发育和繁殖影响较大。其中马铃薯、茄子和番茄 3 种作物和龙葵、曼陀罗 2 种野生植物为其适宜寄主。因此主栽作物田周围其他寄主植物种类多时发生重,马铃薯连作田重于轮作田。此外,寄主作物种植密度大,株行间郁闭,通风透光不好,有利于发生。偏施氮肥,植株生长茂盛时,成虫营养充足,产卵量也较大。

(三) 自然天敌对马铃薯瓢虫的影响

马铃薯瓢虫的自然天敌较多,主要捕食性天敌有草蛉、胡蜂、盲蝽、蜘蛛等,成虫常被白僵菌寄生,幼虫和蛹常被寄生蜂寄生,对其发生有一定的抑制作用。

四、马铃薯瓢虫的虫情调查和综合治理技术

(一) 马铃薯瓢虫的虫情调查

1. 系统调查 从马铃薯出苗开始进行系统调查,到马铃薯收获时结束,每5 d调查1次。选择不同生态区有代表性的马铃薯田3块,每块田不小于667 m²。每块田均采用5点取样,每点调查10~20株,观察有虫株数及卵、幼虫、蛹和成虫的发生数量。

2. 大田普查 结合田间系统调查,在越冬代成虫、第1代幼虫和第1代成虫盛发期选择不同类型田各进行1次大田普查。每块田5点取样,每点10株,调查记载有虫田数、有虫株数和各虫态的发生数量。

(二) 马铃薯瓢虫的综合治理技术

马铃薯瓢虫的治理多采用农业防治、生物防治与化学防治相结合的方法。

1. 农业防治 通过调整作物布局,避免在马铃薯田附近种植其他茄科蔬菜,推广马铃薯与甘蓝、小麦、玉米等非寄主作物轮作,切断田间寄主桥梁。茄科作物收获后及时清除田间的残枝落叶,可避免成虫转移到其他寄主上危害,压低发生基数。

2. 生物防治 应尽量减少使用化学农药或改进施药方式,避免对天敌的杀伤,充分发挥自然天敌的控制作用。在环境湿度较好的地区,可用白僵菌、绿僵菌、苏云金芽孢杆菌等微生物杀虫剂防治幼虫。也可在田间释放瓢虫双脊姬小蜂,控制马铃薯瓢虫的发生危害。

3. 诱杀防治 利用马铃薯瓢虫的趋光性,可在成虫发生期设置黑光灯进行诱杀。春季有计划地提前种植小面积马铃薯作为诱虫田,引诱越冬代成虫集聚产卵,进行集中防治。

4. 化学防治 越冬代成虫盛期是春季防治的最佳时期,不仅可以控制成虫对春薯的危害,还可压低后续世代的发生基数。其他季节当田间卵孵化率达15%~20%时应及时用药防治,可将幼虫控制在分散危害之前。多种杀虫剂对马铃薯瓢虫都有较好的防治效果,应尽可能选择高效、低毒或微毒的药剂,进行药剂喷雾时应重点喷洒在叶片背面。

第二节 马铃薯麦蛾

马铃薯麦蛾 [*Phthorimaea operculella* (Zeller)] 又名马铃薯块茎蛾、烟草潜叶蛾,属鳞翅目麦蛾科。马铃薯麦蛾原产于中美洲和南美洲的北部,曾被多国列为检疫对象,现已传播到世界90多个国家。我国最早报道于1937年,此后不断扩散蔓延,目前已分布于甘肃、陕西、山西、河南、山东、安徽、江西、湖南、湖北、云南、贵州、四川、广西、广东、福建、台湾等地。

马铃薯麦蛾的寄主植物有马铃薯、烟草、茄子、番茄、辣椒、颠茄、曼陀罗、龙葵、酸浆、枸杞、刺蓟、莨菪、洋金花等。幼虫嗜食马铃薯、烟草、番茄、茄子等茄科作物,取食

薯块时，幼虫先在表皮下蛀食，形成弯曲潜道，蛀孔外堆有褐色或白色虫粪，被害薯块常腐烂变质，失去食用价值。取食叶片时，幼虫多沿叶脉蛀入，在上表皮与下表皮间穿蛀叶肉，初呈弯曲隧道状，后逐渐扩大成透亮的大斑，斑内堆有墨绿色虫粪。取食烟苗时，幼虫多从顶芽或茎部蛀入，造成嫩茎或叶芽枯死。

一、马铃薯麦蛾的形态特征

马铃薯麦蛾的形态特征见图 12-2。

1. 成虫 成虫体长为 5.0～6.2 mm，翅展为 14～16 mm，呈灰褐色微而具银灰色光泽。下唇须长，向上弯曲超过复眼，共 3 节，第 1 节短，第 2 节略长于第 3 节。前翅狭长，呈尖叶状，为黄褐或黑褐色，具长缘毛。雌成虫前翅左右合并时，在臀区有显明的黑褐色大斑纹；后翅具翅缰 3 根，前缘基部无毛束；腹末尖细，有马蹄形短毛丛。雄成虫前翅后缘有不明显的黑褐色斑纹 4 个，腹末有向内弯曲的长毛丛；后翅翅尖突出，缘毛甚长，具翅缰 1 根，前缘基部有 1 束长毛。

2. 卵 卵呈椭圆形，长径为 0.5 mm 左右，短径为 0.4 mm 左右。卵初产时呈乳白色，略透明；孵化前呈黑褐色，有紫色光泽。

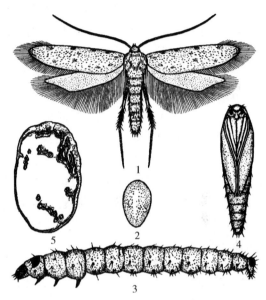

图 12-2 马铃薯麦蛾
1. 成虫 2. 卵 3. 幼虫 4. 蛹 5. 危害状
(5 为作者图，余仿浙江农业大学)

3. 幼虫 老熟幼虫体长为 10～13 mm，呈白色或淡黄色，取食叶肉的幼虫为绿色。头部呈棕褐色，前胸背板和胸足为黑褐色，臀板为淡黄色。腹足趾钩为双序环式，臀足趾钩为双序横带式。

4. 蛹 蛹体呈圆锥形，长为 5～7 mm。体呈棕色，外被灰白色茧，茧外常附有泥土。额唇基缝明显，中央向下突出呈钝圆角形。腹部第 10 节背面中央有 1 个向上弯曲的角状突。尾端中部向内凹入，臀棘短，臀节背面有 8 根横列刚毛。

二、马铃薯麦蛾的生活史和习性

(一) 马铃薯麦蛾的生活史

马铃薯麦蛾在我国 1 年发生 4～9 代，其中在河南、山西、陕西、云南和贵州 1 年发生 4～5 代，在湖南 1 年发生 6～7 代，在四川 1 年发生 6～9 代。在北方的河南、陕西等地幼虫不能越冬，只有少量蛹越冬，可能 1 月 0℃等温线为其越冬北界。在南方各虫态均能越冬，但主要以幼虫在田间残留薯块、残株、落叶、室内储藏的薯块内、烟茬内和挂晒过烟叶的墙壁缝隙中越冬。

各个世代和每个虫态的发生期因地而异。在北方，一般前期发生数量较少，到 7—8 月种群数量迅速增加，以第 3～4 代发生危害最重。在南方，春季越冬代成虫出现后，先在春播马铃薯或烟苗上产卵，幼虫取食春播马铃薯或烟苗；6月春薯收获后，部分幼虫随薯块进入仓库或地窖继续危害，部分转移到烟草上取食，夏季田间烟草常见被害；10月田间烟草上和部分夏藏薯块上的成虫转移到田间秋薯上产卵，幼虫取食危害秋薯；秋薯收获后，部分幼虫随薯块进入仓库、窖内继续危害，部分幼虫则在田间残留的薯块和烟草残株内越冬。

（二）马铃薯麦蛾的主要习性

成虫昼伏夜出，白天潜伏在寄主植株下部、土块间、杂草丛中，夜间活动和产卵，但飞翔力不强，有趋光性。马铃薯麦蛾羽化当天或次日开始交配，有多次交配习性，也可进行孤雌生殖；交配后2 d开始产卵，卵集中在产卵期的前4～5 d产出。卵多散产，少数2～3粒产在一起。在马铃薯田，卵多产于茎基部与泥沙间，少量产于叶柄、茎部和叶面中央。在马铃薯仓库，成虫喜产卵于薯块芽眼、表皮裂口和附有泥土的粗糙表皮附近，以芽眼处最多。在烟田，卵多产于下部叶片背面和茎基部。单雌产卵量为150～200粒，最多达1 000粒以上。成虫寿命为10 d左右，1.5 ℃时可达40 d以上。

卵期为4～20 d。低温会延长卵的发育历期，最长可达1个月以上。

幼虫共4龄。幼虫孵化后，爬行分散。取食叶片时，从叶脉附近蛀入，形成透明泡状隧道；有的则蛀入叶柄和茎秆，但被害茎并不肿大。取食块茎时，初孵幼虫多从芽眼和破裂表皮处蛀入薯块内部，先在表皮下蛀食，形成隧道，逐步蛀入内部。幼虫有转移危害习性，耐饥力强，初孵幼虫耐饥力可达8 d，3龄幼虫则耐饥长达46 d，可随调运材料、工具等远距离传播。幼虫期为7～11 d。

幼虫老熟后由薯块或叶片内爬出，仓库内的幼虫多数在薯堆间或薯块凹陷处、仓库地面、墙缝和地面土缝间结茧化蛹，少数在取食的隧道内化蛹。田间的幼虫入土结茧化蛹，化蛹深度在土表下1～3 cm之间。蛹期为6～20 d。

三、马铃薯麦蛾的发生与环境的关系

（一）气候条件对马铃薯麦蛾的影响

马铃薯麦蛾喜欢温暖干燥的气候条件。夏季少雨干旱往往发生较重，而多雨高湿时发生较轻。幼虫在温度11～39 ℃条件下均能存活，适宜温度为22～26 ℃。温度超过36 ℃时，雌成虫产卵受到抑制。由于不同海拔气温差异较大，马铃薯麦蛾的发生与海拔高度也有一定关系，在山地和丘陵区，海拔570 m以下的烟田发生较重，而海拔在750～950 m或以上的烟田发生较轻。

（二）寄主植物对马铃薯麦蛾的影响

马铃薯麦蛾的主要寄主植物是烟草、马铃薯和茄子，且嗜食烟草，若这3种作物同区域种植，则只危害烟草。在马铃薯与烟草混栽区，由于薯田与烟田相连的情况比较常见，可以为其提供连续的食料供应和良好的越冬场所，常常发生危害比较严重。一般前茬为马铃薯、烟草或附近有马铃薯、茄子、曼陀罗等茄科植物的烟田发生严重，前茬为水稻的烟田发生较轻。此外，田间发生程度与马铃薯仓库的远近有关，距仓库愈近发生愈重。

（三）自然天敌对马铃薯麦蛾的影响

马铃薯麦蛾的幼虫和蛹有许多自然天敌。其中寄生性天敌有茧蜂、绒茧蜂、大腿小蜂、姬蜂等30多种，还有多种捕食性天敌和病原微生物，对其发生有一定抑制作用。

四、马铃薯麦蛾的虫情调查和综合治理技术

(一) 马铃薯麦蛾的虫情调查

马铃薯麦蛾虫情调查目前尚无统一的方法。大田普查和系统调查可参照马铃薯瓢虫的抽样调查方法，重点检查叶片被害情况。也可用自动虫情测报灯或含有反-4,顺-3-十三碳二烯基乙酸酯和反-4,顺-1,顺-10-十三碳三烯基乙酸酯的性诱剂，进行诱蛾观察。进行马铃薯薯块被害情况调查时，应选择当地有代表性的不同储藏场所3~5处，每个场所10点取样，注意兼顾不同堆放部位，每点取20个薯块，用放大镜检查薯块芽眼处或其他凹陷处是否有卵粒、小蛀孔，并剖开检查内部有无潜道或幼虫。

(二) 马铃薯麦蛾的综合治理技术

马铃薯麦蛾的治理应以农业防治为基础，创造不利于发生危害的田间环境，注意田间防治与仓库防治的有机结合，积极采用绿色防控技术。

1. 农业防治 在同一地区，应避免马铃薯、烟草、茄子、辣椒等茄科作物邻作或连作，减少马铃薯麦蛾辗转危害。秋末冬初彻底清除田间茄科作物的残枝、落叶，减少田间越冬虫源。选种丰产抗虫品种，也可减轻危害。结合田间管理，合理灌溉，减少土壤干裂，适当培土覆盖块茎，可以减少成虫在薯块上产卵。马铃薯收获前1~3 d应先采收露土薯块集中处理，已采收的薯块不要在田间堆放过夜，防止幼虫转移。入仓后在薯堆上用麦糠、稻壳、细土或草木灰严密覆盖10~25 cm厚，阻止成虫产卵或堆内羽化的成虫向外逃逸。

2. 生物防治 推广马铃薯与非茄科作物间作套种，不仅可以切断马铃薯麦蛾的寄主链，而且可以丰富自然天敌的食料，有利于发挥天敌的持续调控能力。喷洒苏云金芽孢杆菌、球孢白僵菌、颗粒体病毒和线虫，对马铃薯麦蛾也有一定的防治效果。有条件的地方，可以连续大量释放马铃薯麦蛾点缘跳小蜂控制危害。

3. 诱杀防治 在成虫发生期，田间设置频振式杀虫灯、植物源引诱剂大量诱杀成虫。使用马铃薯麦蛾性诱剂诱捕雄虫，可降低卵受精率。也可使用引诱剂与驱避剂组合干扰成虫交配、产卵。

4. 化学防治 卵孵化盛期为化学防治的最佳时期。多种杀虫剂对马铃薯麦蛾都有较好的防治效果，应尽可能选择高效、低毒或微毒的药剂，特别是在马铃薯收获前、烟苗假植或移栽前用药可收到事半功倍的效果。进行储藏期防治时，可选择具有熏蒸作用的药剂进行熏蒸杀虫，也可入仓时用药液浸泡薯块数秒。

第三节 甘薯麦蛾

甘薯麦蛾（*Brachmia macroscopa* Meyrick）又称为甘薯小蛾、甘薯卷叶虫等，属鳞翅目麦蛾科。甘薯麦蛾在国外分布于日本、朝鲜、印度和欧洲；在我国除新疆、宁夏、青海和西藏等地未见报道外，各地均有分布，但以南方各地发生危害较重。

甘薯麦蛾为寡食性害虫，主要危害甘薯、蕹菜、月光花、牵牛花等旋花科植物。幼虫吐丝卷叶，在其中取食叶肉，留下白色表皮，状似薄膜。幼虫尚能食害嫩茎和嫩梢，发生严重时大部分薯叶被卷食，叶肉几乎被食尽，整片甘薯田呈现"火烧"状，影响甘薯产量。蕹菜被害后不仅影响叶片正常生长，而且严重影响蕹菜品质。

一、甘薯麦蛾的形态特征

甘薯麦蛾的形态特征见图12-3。

1. 成虫 成虫体长为5～7 mm，翅展为15～16 mm。体呈黑褐色，头部和胸部暗褐色。前翅狭长，呈暗褐色或锈褐色；中室内有2个黑褐色小点，内侧的圆，外侧的长，周缘均为灰白色；翅外缘有5个横列小黑点。后翅宽，呈淡灰色，缘毛甚长。

2. 卵 卵呈椭圆形，长径为0.6 mm左右，表面有细的纵横脊纹。卵初产时为灰白色，后变为淡黄褐色。近孵化时端部有1个黑点。

3. 幼虫 老熟幼虫体长为18～20 mm。头稍扁，为黑褐色。前胸背板褐色，两侧为暗褐色，暗褐色部分呈倒八字形纹。中胸至第2腹节背面呈黑色，以后各节为乳白色。亚背线呈黑色，第3～6腹节每节两侧各有1条黑色斜纹。

4. 蛹 蛹体呈纺锤形，长为7～8 mm；头钝尾尖，呈黄褐色，全体散布细长毛。腹部背面第1节与第2节之间、第2节与第3节及第3节与第4节之间中央有深黄褐色的胶状物相连，第4～6节背面近后缘中央有深黄褐色短毛。臀棘末端有钩刺8个，呈圆形排列。

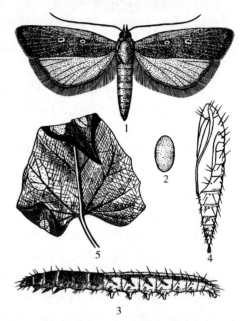

图12-3 甘薯麦蛾
1. 成虫 2. 卵 3. 幼虫 4. 蛹 5. 危害状
（仿浙江农业大学）

二、甘薯麦蛾的生活史和习性

（一）甘薯麦蛾的生活史

甘薯麦蛾在我国1年发生2～9代，其中在辽宁1年发生2代，在陕西1年发生2～3代，在华北1年发生3～4代，在湖北1年发生4～5代，在江西1年发生5～7代，在福建1年发生8～9代；在北方，以蛹在残株落叶下越冬；在南方，多以成虫在田间杂草丛中或室内阴暗处越冬，少数以蛹在残株落叶下越冬。

主要危害世代不同地区有所差异。在北京地区，越冬蛹于6月上中旬开始羽化，第1～3代幼虫的发生期分别在7月、8月和9月，以9月发生数量最多。在湖北武昌，第1～4代幼虫的危害期分别在5月中旬、6月中旬至7月中旬、7月下旬至8月中旬、9月上旬至10月，全年以第3代发生数量最多，危害最重。在浙江，以8—9月发生的世代危害最重。在福建平潭，以7—9月发生的世代危害最重。

（二）甘薯麦蛾的主要习性

成虫昼伏夜出，行动活泼，趋光性强，喜食花蜜；白天潜伏于薯叶背面或茎蔓基部荫蔽处，夜晚飞出交配、产卵。成虫羽化当晚即可交配，次晚即可产卵。卵散产，多产于薯叶背面叶脉间，少数产于新芽和嫩茎上。单雌产卵量为14～128粒，多数为50～100粒。在福建南部，产卵期为7～11 d，雌成虫寿命为13～18 d，雄成虫寿命为11～15 d。

卵期，在气温 18 ℃左右时为 6~7 d，在 29 ℃时为 4~5 d。

幼虫共 4 龄。初孵幼虫仅啃食叶片背面的下表皮和叶肉；2 龄幼虫开始吐丝卷叶，性活泼，受惊即跳跃逃遁。随着虫龄的增加，幼虫食量和卷叶量迅速增加，且常转叶危害，1 头幼虫可取食危害 12 片叶。幼虫期，平均气温 21.3 ℃时为 21~24 d，在 28~29 ℃时为 10~15 d。

幼虫老熟后在卷叶或土缝内化蛹。蛹期为 7~12 d，越冬蛹的蛹期则达 200 d 以上。

三、甘薯麦蛾的发生与环境的关系

（一）气候条件对甘薯麦蛾的影响

高温低湿有利于甘薯麦蛾发生。在气温 25~28 ℃、相对湿度 60%~65% 的条件下，幼虫生长发育最快，成虫繁殖量最大。6—7 月雨后的干旱季节，最容易成灾。当气温上升到 30 ℃以上时，繁殖率即显著下降，甚至有停止繁殖的趋势。

（二）寄主植物对甘薯麦蛾的影响

甘薯品种和生育时期对甘薯麦蛾发生危害的程度影响较大。例如湖北"茶竺芋"甘薯品种，叶片肥厚形似洋梨，被害较重；而"枫杨芋"品种叶片较薄，形似掌状，缺刻较深，不便于幼虫卷叶，被害较轻。甘薯不同生育时期的耐害程度不同，生长前期需要充足的营养供应，若遭受卷叶危害，对产量影响较大；而在生长中后期，薯块开始膨大，已累积一定营养，此时被害，则影响产量较小。

（三）自然天敌对甘薯麦蛾的影响

甘薯麦蛾的自然天敌较多，主要有步甲、茧蜂、小蜂、赤眼蜂、寄蝇、白僵菌等，对其发生有一定的抑制作用。

四、甘薯麦蛾的虫情调查和综合治理技术

（一）甘薯麦蛾的虫情调查

参照全国农业技术推广服务中心编著的《农作物有害生物测报技术手册》"甘薯卷叶蛾测报调查方法"进行甘薯麦蛾的虫情调查，要点如下。

1. 成虫发生数量调查 从越冬代成虫始见期开始，用自动虫情测报灯或性诱剂诱蛾，逐日记载诱捕到的成虫数量。

2. 发生危害情况调查 选择当地有代表性的甘薯或蕹菜田若干，每块田对角线 5 点取样，每点 5 株，调查每株全部叶片，记录总叶数、卷叶数、活虫数。

（二）甘薯麦蛾的综合治理技术

甘薯麦蛾的治理应在农业防治的基础上，采用诱杀成虫压基数，生物防治或化学防治控幼虫的策略，狠抓前期防治，把其控制在卷叶危害之前。

1. 农业防治 甘薯收获后及时处理残株落叶，进行深翻整地，破坏甘薯麦蛾的越冬场所和消灭越冬虫态。

2. 生物防治 保护利用自然天敌，充分发挥其控制作用。在幼虫发生初期，可在田间喷洒苏云金芽孢杆菌、白僵菌等生物制剂。

3. 诱杀防治 可利用成虫的趋光性，在田间设置频振式杀虫灯进行大量诱杀。或用甘薯麦蛾性诱剂诱杀雄成虫，降低卵受精率。

4. 化学防治 幼虫卷叶前为化学防治的最佳时期。多种杀虫剂对甘薯麦蛾都有较好的防治效果，以 16:00—17:00 用药最佳。在叶用甘薯、蕹菜田用药时，应选择低毒、微毒、低残留杀虫剂，并注意用药的安全间隔期。

第四节 其他常见薯类害虫

其他常见薯类害虫见表 12-1。

表 12-1 其他常见薯类害虫

种类	分布和危害特点	生活史和习性	防治要点
甘薯蚁象 (Cylas formicarius Fabricius)（又名甘薯小象、甘薯锥象、甘薯象甲等，俗称甘薯蛆，属鞘翅目蚁象科）	在国外分布于北美洲、大洋洲及东亚、东南亚各国和非洲的马达加斯加，在我国分布于浙江、江西、湖南、福建、台湾、广东、广西、贵州、四川和云南等地，为国际和国内重要检疫对象。成虫和幼虫均可危害，以幼虫危害为主。成虫取食薯块，咬成许多小孔，也可取食幼芽、嫩叶、嫩茎和薯蔓表皮。幼虫蛀食薯块呈弯曲隧道，隧道内充满虫粪，诱致病菌侵入，使受害薯块发生恶臭和苦味	在浙江和贵州 1 年发生 3~4 代，在湖南 1 年发生 4 代，在广西 1 年发生 4~6 代，在福建 1 年发生 5~7 代，在广东和台湾 1 年发生 6~8 代。成虫、幼虫和蛹均可越冬，成虫在薯田或附近各种隐蔽场所越冬，幼虫和蛹在薯块内越冬。春季气温回升后，越冬成虫和幼虫开始活动、取食危害。各地世代重叠明显，均以 7~10 月发生危害最重。成虫善爬行，不善飞翔，有假死性，耐饥力强，趋光性弱，畏阳光，喜干怕湿；白天多潜藏在茎叶荫蔽处，清晨、傍晚或薯田潮湿、下雨后爬出活动。成虫羽化后 2 周才能产卵，卵产于藤头和薯块表皮下，单雌产卵量为 30~200 粒。雄虫寿命为 30~51 d，最长为 82 d；雌虫寿命为 30~50 d，最长为 123 d。幼虫 5 龄，整个幼虫期均在薯块或藤头内生活。幼虫期为 20~33 d，老熟后在蛀入的隧道内化蛹，蛹期为 7~17 d	1. 非疫区禁止从疫区调入种薯、薯苗和薯蔓；疫区甘薯收获后及时清除田间遗株、茎蔓、断藤、落叶等，对有虫薯块进行深埋或销毁处理，消灭田间残虫 2. 甘薯与非寄主作物轮作或水旱轮作；适时中耕培土，防止畦面龟裂和薯块外露，减少成虫在薯块上产卵的机会 3. 使用球孢白僵菌、斯氏线虫等制剂，拌细沙制成菌土，均匀撒施在甘薯藤头周围 4. 按 30 个/hm² 设置性诱剂诱捕器诱杀雄虫；或用药剂浸泡薯蔓或薯块制成毒饵诱杀成虫 5. 扦插时用药剂浸泡薯苗 1 min，取出晾干后立即扦插；或田间发现害状时及时喷药防治
甘薯长足象 [Alcidodes waltoni (Boheman)]（又名甘薯大象虫，俗称薯猴、空心虫、大肚虫等，属鞘翅目象甲科）	在国外分布于日本、越南、斯里兰卡、缅甸，在我国分布于贵州、云南、浙江、四川、广东、广西、福建、台湾等地。多食性害虫，成虫喜食甘薯嫩茎和叶柄，也吃嫩叶，咬成小洞或缺刻；幼虫钻蛀薯蔓，形成虫道和虫瘿。栽插后的薯苗受害严重时，常造成死苗缺株	在福建 1 年发生 1~3 代，在广东 1 年发生 2~3 代。以成虫在岩石、土缝和树皮缝中越冬，少数以老龄幼虫在越冬薯的虫瘿内越冬。在 2 代区，6 月上旬至 7 月下旬为第 1 代幼虫期，7 月上旬至 8 月中旬为第 1 代成虫期；7 月下旬至 9 月中旬为第 2 代幼虫期，9 月下旬第 2 代成虫羽化，12 月中旬进入越冬期。成虫耐饥力强，趋光性弱，善爬行，不善飞，常群集活动，有假死性。多次交配，雌虫经 2~3 次交配才能产卵，卵多产于甘薯茎部或粗大叶柄上。产卵前用口器先咬 1 个小孔，产卵其中，每处 1 粒，单雌产卵量为 7~75 粒。卵期为 3~7 d。幼虫 4 龄，孵化后 3~5 h 蛀入茎内或叶柄，老熟后在虫瘿内化蛹	1. 3 月底前清除薯田内残株和周围旋花科杂草，压低越冬虫源基数 2. 实行甘薯与非寄主作物轮作，可控制发生危害 3. 5—6 月田间湿度大时，使用白僵菌拌细沙制成菌土，均匀撒施于畦面防治成虫和幼虫 4. 薯田或附近种植春大豆或白背野桐，招引成虫集中捕杀。初冬或早春用小鲜薯、鲜薯片或鲜薯蔓制作毒饵，诱杀成虫 5. 参照甘薯蚁象防治方法，药液浸苗或全田喷雾进行防治

(续)

种类	分布和危害特点	生活史和习性	防治要点
甘薯叶甲（*Colasposoma dauricum* Mannerheim）（又名甘薯蓝黑叶甲、甘薯肖叶甲，俗称甘薯猿叶虫、甘薯金花虫、甘薯华叶虫等，属鞘翅目肖叶甲科）	在国外分布于北美洲、大洋洲、东亚、东南亚各国和非洲的马达加斯加；在我国除西藏外，遍布各地，以南方发生危害较重。成虫危害幼苗顶端嫩叶、嫩茎，使顶端折断。幼虫危害薯块，表面产生深浅不同的伤疤，有利于黑斑病、软腐病菌等侵入危害	在南方各地1年1代，多以幼虫在土中做土室越冬，少数在薯块中越冬，个别以成虫越冬。越冬幼虫5—6月化蛹，小麦扬花后成虫陆续羽化出土，交配产卵。幼虫孵化后潜入土中啃食寄主根皮或蛀入根内，秋季土壤温度降至20℃以下时幼虫钻入土层深处越冬。成虫有假死性，耐饥力强，喜食薯苗顶端嫩叶、嫩茎、腋芽和嫩蔓表皮；常在湿润的土表和麦穗下部无叶鞘包围的茎部及枯薯藤等处咬孔产卵，卵堆产，产卵后尾部分泌墨绿色胶状物将孔口封闭。单雌产卵量为35~698粒。幼虫孵化后潜入土中啃食薯块表皮，或蛀食薯块。幼虫期为10个月左右	1. 稻薯轮作、铲除杂草、清洁田园、冬季翻耕，消灭越冬幼虫，降低发生基数 2. 保护利用自然天敌，必要时采用苏云金芽孢杆菌、白僵菌、绿僵菌等生物农药进行防治 3. 整地施肥时撒施毒土进行土壤处理，或在甘薯扦插前，药剂浸泡薯苗。发生危害盛期可顺垄撒施毒土，或喷洒常规药剂防治
甘薯天蛾 [*Herse convolvuli* (Linnaeus)]（又名白薯天蛾、旋花天蛾、甘薯叶天蛾、虾壳天蛾等，属鳞翅目天蛾科）	在国外分布于日本、朝鲜、印度、俄罗斯等国，在我国分布于所有甘薯产区。初孵幼虫潜叶啃害，有的吐丝卷叶并匿居其中啃食，受害叶残留下表皮，轻者叶皱缩或叶脉基部遗留食痕，重者无法展开枯死；也可食成缺刻或孔洞	在辽宁、河北北部、山西和北京1年发生2代，在河北南部、山东和河南1年发生2~3代，在安徽1年发生3~4代，在湖北、湖南、江西、四川和浙江1年发生4代，在福建1年发生4~5代；在各地均以蛹在10 cm深土中越冬，以8—9月幼虫发生数量最多，危害最重。成虫白天潜伏，晚上取食花蜜、交配和产卵；飞翔力强，有强趋光性。卵多散产于叶片背面的边缘，且喜欢选择叶色浓绿、生长茂盛的薯田产卵，单雌产卵量达1 000多粒。幼虫5龄，初孵幼虫先取食卵壳，后爬到叶背取食。食料缺乏时，幼虫常成群迁往邻近薯田取食。幼虫老熟后入土化蛹	1. 冬、春季对薯田多犁多耙，促使越冬蛹死亡。幼虫发生早期，结合甘薯提蔓除草，人工捕杀幼虫 2. 幼虫发生期喷洒杀螟杆菌、Bt乳剂等生物农药进行防治 3. 利用成虫喜食花蜜习性，成虫发生期用糖浆毒饵诱杀。也可在薯田设置频振式杀虫灯、黑光灯、高压汞灯等诱杀成虫 4. 幼虫3龄前是药剂防治的关键时期，及时喷药防治
甘薯蠹野螟 [*Omphisa anastomosalis* (Guenée)]（又名甘薯茎螟、甘薯蠹螟、甘薯根螟等，俗称甘薯蛀心虫、甘薯藤头虫，属鳞翅目螟蛾科）	在国外分布于非洲、美洲和缅甸、印度尼西亚、印度、斯里兰卡、菲律宾、夏威夷群岛和澳大利亚等地，在我国主要发生区在华南地区。幼虫多从叶腋处蛀入茎内，茎蔓受刺激后形成膨大的中空虫瘿，蛀孔外可见成串的颗粒状虫粪。一般1条茎蔓内只有1个虫瘿，有时也可蛀入薯块内危害	在华南1年发生4~5代，以老熟幼虫在冬薯茎内或田间残留的薯块、藤头内越冬。3月上中旬越冬幼虫化蛹，3月中下旬越冬代成虫发生。第1~5代幼虫发生期分别在4月上旬至5月中旬、5月下旬至7月上旬、7月中旬至8月中旬、9月中旬至10月下旬和11月上旬。3月前栽插的春薯和7月中旬前栽插的秋薯被害最重。成虫白天潜伏，夜出活动，趋光性弱。羽化当晚即可交配、产卵，卵多散产于甘薯叶芽、叶柄或茎上，以茎分叉处最多。单雌产卵量为130~240粒。幼虫6龄，老熟后先在虫瘿上咬1个羽化孔，并吐丝形成半透明的丝膜封闭孔口，然后结白色或淡黄色薄茧化蛹	1. 甘薯收获后及时清洁田园，处理坏薯和坏蔓，减少越冬虫口基数 2. 在薯田释放红蚂蚁，捕食虫瘿内的幼虫 3. 成虫发生期将未受精的雌成虫1~2头或性诱剂诱芯装在诱虫器中诱杀雄成虫，降低卵受精率 4. 剪苗栽插前1~2 d，用药剂苗床喷雾或浸泡薯苗1~2 min后扦插，消灭苗土上的卵和初孵幼虫。成虫盛发高峰后5~7 d，大田喷洒药剂，控制幼虫在蛀茎危害之前

第五节 薯类害虫综合治理

一、马铃薯害虫综合治理

马铃薯是我国第五大粮食作物,也是重要的蔬菜和经济作物。近年来随着国家推进马铃薯产业发展政策的实施,种植面积和总产量迅速增加,已成为世界第一生产大国。但随之害虫的发生危害也日趋严重,全国常年害虫发生面积已超过 $1.40×10^6$ hm^2。当前,绝大多数地区将地下害虫、蚜虫、马铃薯瓢虫作为主治对象,兼治马铃薯麦蛾、芫菁、粉虱、蓟马、叶螨、斑潜蝇等。

在制订综合治理计划时,应充分考虑马铃薯主要作为蔬菜和食品、医药等工业原料的特殊性,坚持以农业防治为基础,以调控成虫压基数为重点,科学合理使用化学农药,尽可能采用无公害或绿色防控技术,确保马铃薯产品质量安全。

(一)越冬期马铃薯害虫综合治理

越冬期马铃薯害虫综合治理,以压低发生基数为重点,主要采取农业防治措施。

1. 清洁田园 马铃薯收获后,要彻底清除田间的马铃薯和其他茄科植物的残枝、落叶,集中处理,减少田间越冬虫源。

2. 深翻整地 耕层深厚、土壤疏松有利于马铃薯丰产,前茬作物收获后进行深耕细耙,结合冬春灌水和药剂处理土壤,可杀灭在土壤中越冬的地下害虫等。

3. 精选种薯 应选择品种特征明显、薯形规整、薯皮光滑、皮色鲜艳的块茎作为种薯,奠定培育壮苗基础,增强田间耐害能力。

4. 安排茬口 在马铃薯主产区应严禁种植烟草等茄科作物,前茬作物以谷子、麦类、玉米等最好,其次是高粱和大豆。在蔬菜种植区,前茬最好为葱、蒜、芹菜、胡萝卜、萝卜等。

(二)播种期和苗期马铃薯害虫综合治理

播种期和苗期马铃薯害虫综合治理,以控制刺吸式害虫为重点,阻断马铃薯病毒病的传播。

1. 调整播种期 在蚜虫发生严重的地区,适当提前或推后播种,使马铃薯苗期与蚜虫迁入高峰期错开,可减少蚜虫及其传播的病毒病。

2. 诱杀防治 适当早播部分马铃薯作为诱虫田,可引诱马铃薯瓢虫等多种害虫,进行集中防治。也可在田间设置黄色粘板,诱杀蚜虫、粉虱、斑潜蝇等。

3. 处理土壤 用白僵菌等微生物农药,或选择持效期长的化学农药,在播种时条施或穴施于种薯周围,可控制苗期蚜虫和生长期地下害虫危害。

4. 药剂喷雾 马铃薯苗期若蚜虫、蓟马等发生严重,应及时喷洒化学农药,兼治其他害虫。

(三)发棵期至结薯期马铃薯害虫综合治理

发棵期至结薯期马铃薯害虫综合治理,以控制薯块害虫为重点,确保马铃薯优质高产。

1. 栽培控虫 高温干旱季节应及时灌溉和加强培土,避免马铃薯薯块外露。结合田间管理,清除有虫枝叶,人工捏杀害虫。

2. 诱杀防治 有条件的地方可设置大面积诱虫灯阵,不仅可以大量诱杀金龟甲等地下害虫成虫，而且可以诱杀马铃薯麦蛾等蛾类害虫。

3. 药剂灌根 在地下害虫发生危害严重的地区，可在金龟甲成虫产卵盛期用农药顺垄浇灌，防治低龄蛴螬等。

4. 药剂喷雾 马铃薯瓢虫发生严重时，可在田间喷雾农药，并尽可能选择水乳剂、微乳剂、悬浮剂等环境友好剂型。

二、甘薯害虫综合治理

近年来随着甘薯产品加工业和鲜食、叶用甘薯的迅速发展，种植面积逐步回升，害虫危害表现出加重趋势，且主要害虫的地域差异明显。其中北方以蛴螬、金针虫等地下害虫为主，南方以甘薯蚁象为主，个别年份和个别地区甘薯麦蛾、甘薯天蛾、甘薯叶甲、斜纹夜蛾等食叶害虫和甘薯长足象、甘薯蠹野螟等蛀茎害虫也会暴发成灾。

在制订综合治理计划时，应结合当地主要害虫发生危害情况，以高产、优质、高效为目标，以压低害虫发生基数为重点，把农业防治、诱杀防治、生物防治与化学防治有机结合，大力推广绿色防控技术，保障甘薯产品质量安全。

（一）越冬期甘薯害虫综合治理

越冬期甘薯害虫综合治理，以压低发生基数为重点，主要采取农业防治措施。

1. 清洁田园 甘薯收获后，及时清除田间的残株、落叶，可消灭甘薯蚁象、甘薯麦蛾、甘薯叶甲、甘薯蠹野螟等多种害虫的越冬虫态。

2. 耕翻灌溉 冬、春季深翻整地或秋、冬灌水，可机械杀伤多种害虫和破坏其越冬环境，增大越冬虫态被冻死或被天敌捕食的概率。

3. 合理轮作 实行大面积轮作，在南方不种冬薯，对蛴螬等地下害虫、甘薯蚁象、甘薯叶甲、甘薯蠹野螟等均有较好的控制作用。

（二）苗期和栽插期甘薯害虫综合治理

苗期和栽插期甘薯害虫综合治理，以控制地下害虫为重点，保证栽插薯苗的成活率。

1. 土壤处理 可参照地下害虫的防治方法，整地时撒施生物农药或持效期长的化学农药，可控制苗期和生长期地下害虫危害。

2. 苗床施药 在准备采苗的甘薯田，若害虫较多，应在采苗前进行药剂防治，避免种苗携带害虫进入大田。

3. 药剂浸苗 在甘薯扦插前，用药剂浸苗，可防治甘薯蚁象、甘薯长足象、甘薯蠹野螟等多种害虫。

（三）生长期甘薯害虫综合治理

生长期甘薯害虫综合治理，以控制食叶类害虫为重点，综合考虑兼治其他害虫。

1. 栽培治虫 结合栽培管理人工捕杀幼虫。甘薯膨大期施用过磷酸钙、硫酸镁等肥料，不仅可以提高甘薯的耐害能力，而且可驱避地下害虫。

2. 生物防治 南方可在甘薯田释放红蚂蚁捕食害虫，必须进行害虫防治时提倡使用Bt乳剂、白僵菌、杀螟杆菌等生物农药。

3. 诱杀防治 有条件的地方可设置诱虫灯阵，或放置性诱剂，也可配制毒饵放于田间，大量诱杀地下害虫、蛾类、象甲等害虫成虫。

4. 药剂防治 在食叶害虫幼虫在3龄前或在蛀茎、卷叶害虫开始蛀茎、卷叶前，应抓住有利时机，及时喷洒农药。

三、山药害虫综合治理

山药是传统的中药材和深受人们喜爱的滋补、保健蔬菜，近年来需求量大幅度增加。但随着种植制度的改变和产量水平的提高，害虫危害不断加重。蛴螬、金针虫等地下害虫蛀食块茎，严重影响产量和品质。食叶害虫斜纹夜蛾、甜菜夜蛾、山药叶蜂、金龟甲等食害叶片，严重影响地上部分积累养分。个别年份地老虎、蟋蟀、根蛆咬食苗芽，茶黄螨、叶蝉、粉虱、蚜虫、盲蝽等刺吸叶片汁液，常在局部地区成灾。

在制订综合治理计划时，应充分考虑山药作为中药材和保健蔬菜的特殊性，重点应用无公害或绿色防控技术，尽可能不用或少用化学防治，必须进行化学防治时，应严格按照《农药合理使用准则》(GB/T 8321.7—2002)的要求，选择农药品种和剂型。

(一) 越冬期山药害虫综合治理

越冬期山药害虫综合治理，以压低发生基数为重点，主要采取农业防治措施。

1. 清洁田园 山药采收后及时清除田间的残株、落叶，春季栽插前清除田间及其周围的杂草，可消灭叶螨、叶蝉、粉虱、蚜虫等多种害虫的越冬虫态。

2. 深翻开沟 冬季深翻土地、开沟晾晒，不仅有利于山药地下部分的生长，而且可破坏多种害虫的越冬场所和机械杀伤害虫。

3. 轮作换茬 一般应 3~4 年轮作 1 次。在蔬菜种植区，应避免前茬作物为番茄、茄子、瓜类、芹菜等。在地下害虫重发生区，应避免前茬作物为花生、大豆、马铃薯、甘薯等。

(二) 栽插期和苗期山药害虫综合治理

栽插期和苗期山药害虫综合治理，以控制地下害虫为重点，保证山药种薯出苗率。

1. 处理龙头 栽插前将山药龙头蘸上石灰，放于日光下晒 1~2 d；然后可结合防治线虫，使用高效低毒、持效期长的农药浸泡龙头 10~12 h，以防治苗期害虫。

2. 土壤处理 可参照地下害虫的防治方法，栽插山药时顺沟撒施生物农药或持效期长的化学农药，控制苗期和生长期地下害虫危害。

3. 诱杀防治 苗期地老虎、蟋蟀等害虫严重发生的地区，可参照多食性害虫的防治方法，用糖醋酒液、泡桐叶诱杀地老虎成虫和幼虫，用麦麸或瓜菜毒饵诱杀蟋蟀。

(三) 生长期山药害虫综合治理

生长期山药害虫综合治理，以非化学防治为重点，保障山药产品质量安全。

1. 健身栽培 不施用未充分腐熟的有机肥料，提倡施用农家肥和生物有机肥，合理施用化肥，增施磷钾肥和微量元素肥料，提高山药的抗害、耐害能力。

2. 生物防治 推广山药搭架栽培，为蜘蛛、蟾蜍、蛙、蜥蜴等动物和捕食性昆虫创造良好环境，保护利用自然天敌。也可使用昆虫病毒和其他微生物农药防治害虫。

3. 诱杀防治 利用黑光灯、高压汞灯等大量诱杀金龟甲和斜纹夜蛾、甜菜夜蛾等蛾类成虫，利用粘虫黄板诱杀蚜虫、粉虱、斑潜蝇等。

4. 化学防治 针对不同害虫使用植物源农药或选择性强的无公害化学农药，抓住防治关键时期，把害虫控制在点片发生阶段或暴发危害之前。

第十二章 薯类害虫

思 考 题

1. 我国马铃薯田间发生的主要害虫种类有哪些?
2. 我国甘薯田间发生的主要害虫种类有哪些?
3. 为什么说收获后及时清洁田园是减轻薯类害虫危害的重要措施?
4. 试述马铃薯瓢虫农业防治的理论依据。
5. 为什么烟草与马铃薯邻作有利于马铃薯麦蛾的发生危害?
6. 试述甘薯麦蛾的发生规律与防治的关系。
7. 试述马铃薯害虫综合治理关键技术及其理论基础。
8. 试述甘薯害虫综合治理关键技术及其理论基础。
9. 试结合当地马铃薯种植特点,制订符合农产品质量安全要求的害虫综合治理方案。
10. 试结合当地甘薯种植特点,制订符合农产品质量安全要求的害虫综合治理方案。

第十三章 棉花害虫

我国植棉历史悠久，棉区辽阔，自然条件千差万别，耕作制度十分复杂，棉花害虫种类繁多，危害棉花普遍严重。据相关资料记载，我国已发现棉花害虫有300多种，其中重要的有20种左右。棉花害虫的分布、发生危害的程度与棉区的自然条件以及耕作栽培制度等密切相关。

我国适于植棉的地区大致分布在北纬18°～46°、东经76°～124°之间，即南起海南省三亚市，北至新疆玛纳斯河流域；东起辽河流域、台湾省和长江三角洲沿海地区，西至新疆塔里木盆地西缘的绿洲。我国棉区从北向南可分为辽河流域棉区、西北内陆棉区、黄河流域棉区、长江流域棉区和华南分散棉区等。20世纪80年代以来，随我国农业产业结构的调整，新疆棉花生产飞速发展。目前，基本形成了黄河流域、长江流域和西北内陆3大主产棉区，产量分别占全面棉花产量的37%、22%和41%。各棉区年平均温度、无霜期、年降水量及雨季分布等都有不同，棉花栽培品种也有较大差别，导致棉花害虫发生种类和发生规律有所差别。但总体上看，苗期以棉蚜和地老虎危害较普遍，中后期以棉铃虫、棉叶螨、盲蝽类发生普遍。转基因抗虫棉的推广控制了棉铃虫等鳞翅目害虫的严重危害，但盲蝽类害虫从次要害虫上升为常发性害虫。各地棉花害虫优势种类和发生规律随着棉花品种和栽培措施的改变也有了新的特点。

第一节 棉 蚜

蚜虫俗称腻虫、油汗、蜜虫等。我国危害棉花的蚜虫主要有4种：棉蚜（*Aphis gossypii* Glover）、棉黑蚜（*Aphis atrata* Zhang）、花生蚜（*Aphis craccivora* Koch）（又名豆蚜、苜蓿蚜）和棉长管蚜（*Acyrthosiphon gossypii* Mordviko），均属半翅目蚜科。

棉蚜是世界性分布的害虫，在我国各棉区均有分布和危害，以北方棉区常发而严重。黄河流域棉区是棉蚜发生危害最严重的区域，不仅在棉苗期普遍严重发生，而且有些年份的夏季还会暴发伏蚜，对棉花生产影响很大。近年来棉蚜秋季在西北内陆棉区连年发生蚜虫危害，长江流域棉区危害次之，华南棉区干旱年份发生较重，一般年份较轻。

棉蚜是一种多食性害虫，全世界记载的寄主植物达74科285种。我国已知的常见越冬寄主（第1寄主）有：花椒、木槿、石榴、鼠李、芙蓉、夏至草、车前草、苦荬菜、月季、菊花等，夏季寄主（第2寄主）有棉花、瓜类、麻类、菊科、茄科、豆科、苋科等。

棉蚜危害棉花以成蚜和若蚜群集于棉叶背面和嫩尖上刺吸汁液。由于被害组织细胞受到破坏,致使棉叶正反面生长不平衡,呈现叶片向背面卷曲,棉株矮缩呈拳头状。同时棉蚜在吸食过程中,将唾液注入棉株组织中可使糖化酶和转化酶的活性增加,多糖和二糖大量转化为单糖,破坏了正常代谢,使茎叶中可溶性糖类的储备下降,引起棉株发育不良,植株矮小,叶数和蕾铃数减少,生育期推迟,造成减产和品质下降。棉蚜在吸食过程中,排出大量蜜露,招致霉菌滋生而影响棉株光合作用的正常进行。同时招引蚂蚁取食,影响天敌的活动。棉蚜又是传播多种病毒的媒介,据统计可传播各种作物病毒达60多种,造成更大的危害和损失。

棉黑蚜主要发生于西北内陆棉区,新疆全境都有分布,其中北疆发生比南疆重。其危害与棉蚜相似。

花生蚜分布于我国的长江流域和黄河流域,在棉苗期群集于根部吸食汁液。

棉长管蚜仅分布于新疆。此虫无群集现象,分散于棉株叶背、嫩枝和花蕾上,受害部位出现淡黄色失绿的细小点,叶片不发生卷缩。当虫口密度大时,造成不结铃或落蕾,危害盛期在蕾铃期。

一、棉蚜的形态特征

棉蚜的形态特征见图 13-1。

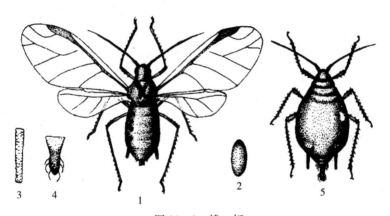

图 13-1 棉 蚜
1. 有翅胎生雌成蚜 2. 越冬卵 3. 腹管 4. 尾片 5. 无翅胎生雌成蚜
(仿浙江农业大学)

1. 干母 干母为越冬受精卵孵化的蚜虫,其体长为 1.6 mm,呈宽卵圆形,体多为暗绿色。触角具 5 节,约为体长之半。尾片常有毛 7 根。

2. 无翅胎生雌蚜 无翅胎生雌蚜体长为 1.5~1.9 mm,呈卵圆形,春、秋季为深绿色,体表具清楚的网纹构造。前胸、腹部第 1 节及第 7 节有缘瘤。触角不及体长的 2/3,第 3~6 节长度比例为 100∶69∶69∶43+94。尾片常有毛 5 根。盛夏常发生小型蚜,俗称伏蚜,触角可见 5 节;尾片有毛 4 根或 5 根;体呈黄色。

3. 有翅胎生雌蚜 有翅胎生雌蚜体长为 1.2~1.9 mm,腹背各节间斑明显。触角第 3~6 节长度比例为 100∶76∶76∶48+128。第 3 节常有次生感觉圈 6~7 个。尾片常有毛 6 根。

4. 有翅性母蚜 有翅性母蚜是当年第 1 代无翅卵生雌蚜的母亲,其体背骨化斑纹更明显。触角第 3 节有次生感觉圈 7~14 个,一般为 9 个;第 4 节次生感受圈为 0~4 个;第 5

节偶有次生感受圈1个。

5. 无翅有性雌蚜 无翅有性雌蚜体长为1.0～1.5 mm；触角具5节；后足胫节膨大，为中足胫节的1.5倍，有多数小圆形的性外激素分泌腺。尾片常有毛6根。

6. 有翅雄蚜 有翅雄蚜体呈长卵形，较小，腹背各节中央各有1条黑横带。触角具6节，第3～5节依次有次生感觉圈33个、25个和14个。尾片常有毛5根。

7. 若蚜 若蚜复眼呈红色，无尾片，共4个龄期。1龄若蚜触角具4节，腹管长宽相等；2龄若蚜触角为5节，腹管长为宽的2倍；3龄若蚜触角也为5节，腹管长为1龄的2倍；4龄若蚜触角具6节，腹管长为2龄的2倍。

8. 卵 卵长为0.5～0.7 mm，呈椭圆形，初产时为橙黄色，后变漆黑色，有光泽。

二、棉蚜的生活史和习性

（一）棉蚜的生活史周期型

棉蚜在辽河流域棉区1年发生10～20代，在黄河流域、长江流域及华南棉区1年发生20～30代。因生活地域和寄主植物种类的差异，其生活史周期型有以下3种类型。

1. 异寄主全周期型 以受精卵在越冬寄主上（木本植物多在冬芽内侧及其附近或树皮裂缝中，草本植物多在根部）越冬。早春卵孵化为干母，营孤雌胎生产下干雌。干雌大部分无翅，仍营孤雌胎生，少数为有翅迁移蚜。干雌的下一代大部分为有翅迁移蚜，成长后迁飞到夏季寄主（棉花、瓜类等）上，称为侨蚜。侨蚜中又可分为有翅侨蚜和无翅侨蚜，在棉田或其他夏季寄主上迁飞和蔓延危害，至晚秋夏季寄主衰老时，侨蚜产生有翅雌性母和无翅雄性母，有翅雌性母迁回越冬寄主，孤雌胎生无翅雌蚜，无翅雄性母在夏季寄主上胎生出有翅雄蚜，长成后飞回越冬寄主，与无翅雌蚜交配产卵越冬。

2. 同寄主全周期型 木槿、花椒既是棉蚜的越冬寄主，又是它的夏季寄主，早春越冬卵孵化后，一部分个体并不迁移，一直都在其上生活，秋末发生1代有性的雌蚜和雄蚜，交配产卵越冬。

3. 不全周期型 在亚热带南部、热带地区及温室中，棉蚜全年营孤雌生殖，不发生雌性卵生蚜和雄蚜，称为不全周期型。

（二）棉蚜在棉田的发生特点

1. 苗蚜 在棉苗出土至现蕾阶段发生的棉蚜常称为苗蚜。苗蚜在黄河流域和辽河流域棉区发生最普遍而严重，在长江流域棉区也较为常发。苗蚜在棉田按其发生消长大体可分为以下3个阶段。

（1）点片发生阶段 在越冬寄主上的棉蚜有翅蚜发生高峰期通常与当地棉苗出土时期相吻合，有翅蚜即陆续迁入棉田。迁入棉田的初期，因虫源基地的远近、迁入数量大小、棉田环境等的差异，棉蚜在棉田中的分布很不均匀，常出现点片发生，这个阶段大体在5月上中旬。

（2）普遍发生严重危害阶段 此阶段一般在5月下旬至6月上旬。由于前阶段点片发生的棉苗上蚜群拥挤，营养恶化，棉蚜通过爬行或有翅蚜的飞翔扩散到全田，蚜口剧增，使棉苗严重受害。

（3）衰亡或绝迹阶段 此阶段一般在6月上旬末至6月中旬。此阶段小麦已黄熟收割，麦田蚜虫天敌无猎物可捕食或寄生，跟随棉蚜大量迁入棉田，迅速控制棉田蚜害，棉蚜虫口急剧下降，甚至达到绝迹的地步。但是在一些喷药频繁的地区或棉田，大量天敌被杀伤，棉蚜产生抗药性，这个时期的蚜害仍有加剧的趋势。

2. 伏蚜 伏蚜是棉蚜种群在盛夏形成的生物型，体型小、色黄、耐高温。在7—8月黄河流域和长江流域棉区常发生蚜群密度急剧增长，有些单株虫口达万头以上。棉株上蚜虫分泌的蜜露如同油腻展布，枝叶卷缩，蕾铃脱落，损失十分严重。一般持续危害20～40 d，常因蚜霉菌的流行而结束危害。

3. 秋蚜 有些地区气候反常，加之施肥、喷药不当，在9—10月的吐絮期，棉田蚜虫虫口密度迅速增长，造成较严重的危害，这就加大性蚜的虫量，增加了越冬卵量。

（三）棉蚜的主要习性

1. 食性 棉蚜各型食性的广度不相同，以干母和干雌的食性最为专化，几乎只能在越冬寄主上生活。迁移蚜和侨蚜的食性十分广，几乎可以在其所有寄主植物上生活。性母和产卵雌蚜的食性更加广，甚至可以在不造成危害的植物上发育繁殖和产卵。成长的雄蚜则不大取食。除性母和产卵雌蚜适应于取食老叶外，其他各型大多数适于取食植物幼嫩部分。

2. 趋黄性 有翅蚜有趋黄色的习性，可用黄盘监测有翅蚜的发生迁飞情况。

3. 繁殖 棉蚜具有极强的繁殖力，这是易造成猖獗发生的内在因素。在一年中只有越冬世代出现两性交配产卵，其余世代都是营孤雌生殖。若蚜出生后，在夏季只经4～5 d，蜕皮4次，即变为成蚜。成蚜再产生若蚜，一生可产仔60多头。

4. 迁飞扩散 生存环境改变时，可诱导棉蚜产生有翅蚜扩散或者迁飞。有翅蚜的产生，主要是受群体拥挤、寄主植物的营养条件、气候等因素的影响。每年棉蚜的迁飞有3～5次，其中迁移蚜迁飞1次，侨蚜迁飞1～3次，有翅雌性母和雄蚜各迁飞1次。

三、棉蚜的发生与环境的关系

（一）气候条件对棉蚜的影响

1. 温度对棉蚜的影响 棉蚜适应温度范围较广，最适生长发育温度为16～22 ℃，超过25 ℃时有抑制作用。在温带，气温在17～28 ℃范围内，随温度的升高发育速度加快，棉蚜种群数量急剧上升，29 ℃以上的高温对发育有抑制作用。棉蚜在北方寒冷地区耐寒性较强，能适应较低温度；在亚热带地区的棉蚜则较耐暑热，适宜较高温度。冬季低温，可大大压低早期棉蚜的发生数量。例如河南安阳1956年和1957年1月份平均温度分别为－3.2 ℃和－4.8 ℃，越冬寄主枝条因受冻害而死亡或发芽推迟，干母缺乏食物，成活率仅0%～1.5%。早春温度的剧烈变化对发育中的胚胎有致命的影响，当旬平均温度上升到5 ℃以上时，部分胚胎幼蚜已经形成，忽遇寒流降温，旬均温度降至2 ℃左右时，干母孵化率较正常年份下降18%～54%。秋季9—10月若气温偏高，有利于蚜口数量上升，引起秋蚜危害，产生性蚜虫口数量密度大，越冬卵量多。

2. 湿度和降雨对棉蚜的影响 棉蚜对湿度适应的范围也较广，苗蚜在相对湿度为47%～81%时，蚜口均急剧增长，其中以58%左右最为适宜。而伏蚜流行时，适宜的相对湿度则为69%～89%，最适为76%左右；相对湿度超过90%时，棉蚜种群即下降。此时高湿对棉蚜不利的另一个因素是导致蚜霉菌流行，可造成蚜群全部覆灭。

3. 气流对棉蚜的影响 春秋季节的风，常使气温下降，从而抑制棉蚜虫口数量增长的速度。在有翅蚜迁飞时期，近地面的微风，有助于有翅蚜迁飞扩散到附近或较远的棉田。遇热空气上升对流运动时，起飞的蚜群借上升气流送至上空，带向远处。遇暴风雨冲刷，则可使棉蚜种群数量显著下降。

（二）天敌因素对棉蚜的影响

棉蚜常见天敌种类主要有多种瓢虫、食蚜蝇、蚜茧蜂、捕食螨、寄生螨等。一般情况下，苗期天敌数量较少，对棉蚜种群数量的增长无明显的抑制作用。但在麦蚜大发生的年份，所诱发的天敌数量多并部分向棉田迁移，棉蚜有些年份在5月下旬至6月中旬蚜茧蜂寄生率达20%，可使棉蚜虫口大幅度下降。6月上中旬，当瓢蚜比达1∶150时，也可有效地控制蚜害。进入蕾铃期以后，如果棉田不喷药或改进施药方式，棉田发生的多异瓢虫、龟纹瓢虫、食虫蜘蛛、小花蝽、草蛉等捕食性天敌足以抑制伏蚜的猖獗发生。但棉田不适当的多次用药，尤其是6—7月为防治棉铃虫等大量用药，大量杀伤天敌，失去自然平衡，会导致伏蚜发生。

（三）食物营养对棉蚜的影响

棉蚜的发生与食物营养有密切关系，尤其是棉株含氮量的多少影响最为明显。试验证明，随着棉田施氮肥量的增加，棉叶内含可溶性氮和蛋白质的含量提高，棉蚜的个体增大，寿命和产仔历期延长，蚜体内的胚胎数及成蚜产仔数增加。

棉花不同品种、不同生育时期的抗蚜性有明显的差异。如果棉叶多毛，则受蚜害轻；如果棉叶毛少，则受害严重。棉花组织中棉酚及鞣质是棉花抗蚜的重要生物化学物质，特别是鞣质的抗蚜作用显得尤其突出，鞣质含量高的棉花品种，无论是对苗蚜还是伏蚜都表现出较强的抗性。

四、棉蚜的虫情调查和综合治理技术

（一）棉蚜的虫情调查方法

参照国家标准《棉蚜测报调查规范》（GB/T 15799—1995）或全国农业技术推广服务中心编著的《农作物有害生物测报技术手册》"棉蚜测报调查方法"进行棉蚜的虫情调查，要点如下。

1. 早春虫源基数调查　在棉花播种前，越冬寄主上棉蚜有翅蚜尚未大量出现时，选择当地代表性越冬寄主，调查记载其上的蚜虫数量。

2. 棉田苗期虫情调查　选择有代表性的棉田2~3块进行系统调查，5点取样，每点20株，每3~5 d调查1次，记载卷叶株数、蚜虫数量及天敌的种类和数量。

3. 棉田伏蚜调查　5点取样，每点查10株，每株选上、中、下3片叶，记载卷叶株数、蚜虫数量及天敌的种类和数量。

棉蚜的预测预报有许多成功经验。黄河流域棉区常根据花椒树上的越冬蚜量预测棉苗期蚜量。在一般年份，4月中旬花椒枝梢上的蚜量与5月中旬棉田单株蚜量紧密相关。在蕾初期，可根据5月下旬至6月上旬的蚜量预测6月中下旬的蚜情。这个阶段天敌也是重要的预测因子，当敌蚜比大于1∶150时，6月中旬蚜害极轻或无蚜害，不需防治。在敌蚜比小于1∶150时，根据百株蚜量和卷叶株率确定是否需要防治。在6月下旬，若蚜口基数较大，伴随有时阴时雨的降温过程，且瓢虫数量较少，常预示着7月中旬的伏蚜大发生。此时应加强田间普查，当棉株下部出现小油点及棉蚜向上转移时，即为伏蚜上升的预兆，要发出预报，及时指导防治。

(二) 棉蚜的综合治理技术

1. 农业防治

(1) 合理作物布局　可采用多种作物条带种植、间作、套种或插花种植，以丰富棉区植物和动物的生态结构，给棉蚜的天敌提供季节性食物和生境。并利用麦类、油类作物上的蚜虫诱来蚜虫天敌，创造天敌自然控制棉蚜的条件。

(2) 选用抗蚜品种　宜选用抗蚜或耐蚜害的棉花品种。

(3) 合理施肥　棉田应配方施肥，不宜过多施用氮肥，尤其是棉苗期更应注意。

(4) 拔除虫株　结合间苗和定苗，注意将有蚜苗拔除并携出田外集中销毁。

2. 化学防治　生产上参考使用的棉花苗蚜防治指标为：2～3叶期卷叶株率为45%，百株有蚜量为4 500头；3叶期以后卷叶株率为50%，百株有蚜量为6 000头。棉花伏蚜的防治指标为：7月上旬一类田平均单株上、中、下3叶有蚜量为686.5头；7月下旬一类田单株3叶有蚜量为258头，二类田为163头，三类田为137～144头。

(1) 播种期防治

① 药剂拌种：有条件的地区应推广统一的包衣种子或选用低毒高效内吸性杀虫剂例如70%噻虫嗪可湿性粉剂进行药剂拌种，也可选用新型杀虫、杀菌剂例如40%噻虫嗪·吡唑醚菌酯·萎锈灵种子处理悬浮剂根据指导用量进行拌种。将棉种先在55～60 ℃温水中浸烫半小时捞出，晾至绒毛发白。然后将稀释30倍的药液均匀地喷洒在棉种上，边喷边搅，混合均匀，然后堆闷6～12 h，待种子将药液全部吸收后再播种。此法可预防棉苗期的蚜害，持效期达1月左右。

② 颗粒剂盖种：用2%吡虫啉缓释粒剂通过沟施处理对苗期棉蚜的防治效果良好。棉花播种时先开沟溜种，然后溜施颗粒剂，再覆土。为了施药均匀，常将颗粒剂与一定量的细土拌和溜施。持效期可达30～40 d。

(2) 苗期防治　当蚜虫数量达到防治指标，而天敌数量又未达到控制指标时，采用喷雾防治。常用药剂有48%乐斯本乳油1 500倍液、20%灭多威乳油1 500倍液、10%吡虫啉可湿性粉剂1 500～2 000倍液、25%喹硫磷乳油1 000倍液等。

(3) 蕾铃期防治　用于苗期喷雾防治棉蚜的药剂和浓度同样适于蕾铃期防治伏蚜。除此之外，当蕾铃期伏蚜发生时，由于温度高，棉株已封行，操作困难，可用敌敌畏拌麦糠熏蒸的方法进行防治。每公顷用80%敌敌畏乳油0.75～1.125 kg，兑水75 L，喷在112.5 kg麦糠上，边喷边搅匀，在16:00后撒于棉田即可。

3. 生物防治

(1) 保护天敌　在蚜虫天敌盛发期尽可能在棉田少施或不施化学农药，避免杀伤天敌，以利于发挥天敌的自然控制作用。

(2) 招引天敌　棉田插种油菜，招引蚜虫天敌，棉蚜大发生时，砍掉油菜让天敌转移至棉株上控制棉蚜。

第二节　棉　铃　虫

棉铃虫［*Helicoverpa armigera* (Hübner)］属鳞翅目夜蛾科实夜蛾亚科，原属实夜蛾属（*Heliothis*）。1965年加拿大昆虫学家Hardwick将实夜蛾属中的17种归为新属棉铃虫属

(*Helicoverpa*)，1993 年 Mitter 变为 18 种。我国有 3 种属于害虫的棉铃虫：棉铃虫［*Helicoverpa armigera*（Hübner）］、烟草夜蛾（烟青虫）［*Helicoverpa assulta*（Guenée）］和西藏棉铃虫（*Helicoverpa tibetensis* Hardwick）。

棉铃虫在全世界有 3 个亚种：*Helicoverpa armigera armigera*（Hübner）、*Helicoverpa armigera conferta*（Walker）和 *Helicoverpa armigera commoni* Hardwick。在我国分布的是指名亚种 *Helicoverpa armigera armigera*（Hübner），主要分布在欧洲南部、亚洲大陆及其附近岛屿，在我国各棉区普遍发生，危害严重。1990—1994 年的 5 年间，棉铃虫在我国黄河流域棉区、西北内陆棉区和长江流域部分棉区连续大发生。特别是 1992 年特大暴发，发生量之大、范围之广、危害损失之重，均为历史上所罕见，造成的直接经济损失超过百亿元。

棉铃虫是一种多食性害虫，寄主植物达 30 多科 200 多种。常见受害作物包括棉花、玉米、小麦、高粱、豌豆、蚕豆、苘子、苜蓿、油菜、芝麻、胡麻、青麻、花生、番茄、辣椒、向日葵等。棉花被棉铃虫危害时，主要是在棉花蕾花铃期的蕾、花、铃受害，花蕾被蛀 2～3 d 后即脱落；柱头和花药被害时，不能受精结铃；青铃可被蛀造成孔洞，影响棉铃生长并诱发病害，造成烂铃，是棉花蕾期、花期、铃期重要的钻蛀性害虫。其次食害棉花嫩叶，造成孔洞或缺刻；取食嫩尖后造成无头棉，严重影响棉花的正常生长发育。

一、棉铃虫的形态特征

棉铃虫的形态特征见图 13-2。

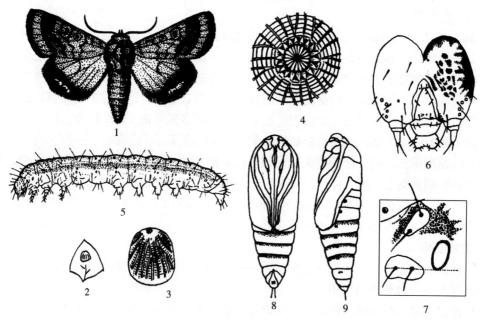

图 13-2 棉铃虫
1. 成虫 2. 卵 3. 卵放大 4. 卵顶部花冠放大 5. 幼虫 6. 幼虫头部正面 7. 幼虫前胸侧面（示前胸气门前 2 根毛基部连线与气门相切） 8. 蛹腹面 9. 蛹侧面
（2、3 仿河南农学院，余仿朱弘复）

1. 成虫 成虫体长为 15～20 mm，翅展为 31～40 mm。雌蛾呈赤褐色，雄蛾为灰绿色。前翅翅尖稍外伸，外缘较直，斑纹较清晰，中横线由肾形斑下斜至翅后缘，末端达环形斑正下方；外横线也很斜，末端达肾形斑正下方；亚缘线锯齿较均匀，与外缘近于平行。后翅呈灰白色，脉纹为褐色，明显；沿外缘有黑褐色宽带，宽带中部2个灰白斑，不靠外缘。

2. 卵 卵为半球形，较高。卵高为0.51~0.55 mm，直径为0.44~0.48 mm。卵孔不明显，伸达卵孔的纵棱有11~13条。纵棱通常为26~29条，有2岔和3岔到达底部。

3. 幼虫 初孵幼虫呈青灰色，末龄幼虫体长为40~50 mm。前胸侧毛组的L_1毛和L_2毛的连线通过气门，或至少与气门下缘相切。体表密生长而尖的小刺。气门上线白斑连成断续的白纹。幼虫体色多变，大致可归纳为淡红色、黄白色、淡绿色、绿色和黄绿色5个类型。

4. 蛹 蛹体呈纺锤形，为赤褐色，长为17~20 mm。腹部第5~7节背面和腹面前缘有7~8排较稀疏的半圆形刻点。腹部末端有1对基部分开的刺。

二、棉铃虫的生活史和习性

（一）棉铃虫的生活史

棉铃虫在我国各棉区，因气候条件的差异，每年发生的世代数各不相同。棉铃虫在北纬40°以北的辽河流域棉区和新疆大部棉区，1年发生3代；在北纬32°~40°的黄河流域棉区和部分长江流域棉区，1年发生4代；在北纬25°~32°的长江流域棉区，1年发生5代；在北纬25°以南地区，1年发生6~7代；在各地一般均以蛹在土中越冬。

由于棉铃虫在全国各地每年发生世代数不同，在棉田严重危害世代也因地而异。在辽河流域和新疆棉区以第2代危害为主；在黄河流域棉区一般以第2代危害最重，第3代次之；在长江流域棉区以第3~4代危害重；在华南棉区则以第3~5代危害重。20世纪90年代，在黄河流域棉区许多地方，棉铃虫出现了不完整的5代或完整的5代现象。例如山东在1992—1993年由于第4代提前发生，致使第4代化蛹率提高，出现了不完整的5代棉铃虫。1994年在山东的聊城、德州、菏泽、济宁和河北饶阳等地出现了完整的5代棉铃虫，致使后期危害加重。

以黄河流域棉区为例，棉铃虫9月下旬至10月中旬老熟幼虫入土至5~15 cm深处筑土室化蛹越冬。次年4月下旬至5月中旬当气温升至15 ℃以上时，越冬代成虫羽化，并产卵。第1代幼虫主要在小麦、豌豆、苜蓿、春玉米、番茄等作物上危害。6月上中旬入土化蛹，6月中下旬第1代成虫盛发，此时棉花进入现蕾期，大量成虫迁入棉田产卵和危害。6月底至7月中下旬为第2代幼虫化蛹盛期，7月下旬至8月上旬第2代成虫盛发，主要集中于棉花上产卵和危害，少量迁至番茄、玉米上产卵、危害，危害盛期在8月中上旬。第3代成虫盛发期在8月下旬至9月上旬，大部分成虫仍在棉花上产卵危害，一部分转移至夏玉米、番茄、辣椒、高粱等作物上产卵、危害，直至9月下旬第4代幼虫开始陆续进入土壤化蛹越冬。

（二）棉铃虫的主要习性

1. 成虫 成虫白天隐蔽静伏，活动、觅食、交尾、产卵多在黄昏和夜间进行，具强趋光性和趋化性。成虫有趋向蜜源植物吸食花蜜作为补充营养的习性。2~3年生的杨树枝对成蛾的诱集能力很强，可利用此习性，在棉田插杨树枝把诱集成虫消灭之。成虫羽化后当晚即可交配，2~3 d后开始产卵，产卵历期为6~8 d；其中以前3 d产卵量最多，占总产卵量的60%以上。每头雌蛾一般可产卵1 000粒左右，最多可达3 000多粒。卵散产，成虫喜产卵于生长茂密、花蕾多的棉花上。在同一地区内，生长好，现蕾早而多的棉田着卵量比生长差、现蕾少的多 1~2 倍,尤其是第 2 代卵量差异最明显。

卵在棉株上的分布主要决定于成虫产卵的选择性,一般喜产卵于嫩尖、嫩叶等幼嫩部分。第 2 代卵的分布较为集中,顶尖和顶 3 嫩叶上的卵量占全株总卵量的 85% 左右。第 3 代卵的分布较为分散,以蕾、花、铃的苞叶上最多,占总卵量的 45% 左右;嫩叶上占 30% 左右;群尖和嫩茎上占 20% 左右。从不同植株高度上卵的分布来看,植株 40 cm 以下的部位卵量极少,仅占 5% 左右;植株 50 cm 以上的中上部卵量占总卵数的 95% 左右。

2. 幼虫 初孵化幼虫先吃掉大部或全部卵壳后,大多数移动到心叶和叶背栖息,当天不食不动。第 2 天多集中在生长点或果枝的嫩尖处,取食嫩叶,这时由于食量小,害状不明显。第 3 天蜕皮后变为 2 龄幼虫,除继续食害生长点的嫩叶外,并开始蛀食幼蕾。3~6 龄幼虫食量加大,除蛀食蕾、花外,还蛀食青铃,尤其是 5~6 龄幼虫进入暴食期,每天可危害 2 个左右蕾铃。每头幼虫一生可取食蕾、花、铃 10 个左右,多者可达 18 个左右。幼虫有转株危害的习性,转移时间多在上午 9:00 及傍晚 17:00 左右,这时施药防治易触及虫体,效果最好。3 龄以上的幼虫具有自相残杀习性,有时也可取食其他鳞翅目幼虫。

老熟幼虫一般在入土化蛹前数小时即停止取食,多从棉株上滚落至地面,仅有少数个体沿着茎秆爬至地表。幼虫入土化蛹多在原落地处 1 m 范围内,寻找较为疏松干燥的土壤钻入,尤其是棉田畦梁处入土化蛹量最多。

三、棉铃虫的发生与环境的关系

(一) 耕作栽培制度对棉铃虫的影响

棉区农业耕作栽培制度的改变,直接关系到棉铃虫食物营养条件和栖息环境的变化,对棉铃虫的存活、繁殖和危害程度等影响很大。棉铃虫嗜食棉花、小麦、豌豆、玉米、高粱等作物,有些棉区这些间作套种,提高了复种指数,改善了水肥条件,棉花和小麦等作物成熟期推迟,既提供了棉铃虫充足的食物营养条件,保证了全年都有寄主可取食危害,又为棉铃虫提供了良好的生境条件。上述条件的变化总的趋势对棉铃虫的发生是有利的。

(二) 气候条件对棉铃虫的影响

棉铃虫适合于偏旱的环境条件下生存。最适温度为 25~28 ℃,适宜相对湿度为 70% 以上。温度一方面影响棉铃虫的生长发育速度,4 月上旬至 6 月上旬的平均温度与第 2 代卵高峰期呈正相关。另一方面,温度影响棉铃虫的存活率和繁殖力,在 15 ℃ 气温下,卵死亡率达 30.5%,幼虫死亡率达 18.43%;在 35 ℃ 高温下卵死亡率可达 44.7%。秋、冬季温度的变化对末代棉铃虫种群数量和越冬基数有显著的影响。秋季气温下降快,低温来临早时,末代棉铃虫卵孵化率降低,越冬虫口数减少,反之则可增加越冬虫口数量。冬季偏高的温度则可大大减少越冬蛹的死亡率。例如河北省 1992 年 1 月下旬和 2 月下旬气温分别较历年偏高 3~5 ℃ 和 5~8 ℃,1993 年也出现了类似的气温,1992 年和 1993 年春季调查表明,棉铃虫越冬蛹存活率 90% 以上,远远高于一般年份的 50%~70%。

棉铃虫要求水分条件较低。北方棉区为棉铃虫常发区,与降水较少有关。适于棉铃虫成虫羽化的土壤含水量为 7.6%,随着土壤含水量增加,成虫羽化率下降,当土壤含水量达 25% 饱和状态时,蛹的死亡率达 93.3%。北方棉区通常情况下,棉田不会出现积水现象,土壤含水量一般都在 10% 左右,有利于幼虫化蛹和成虫羽化。在土壤非常干燥时,遇均匀的小雨,对棉铃虫的入土化蛹和成虫羽化出土也是十分有利的。但大雨和暴雨对棉铃虫卵和初孵幼虫有冲刷作用。长江流域棉区棉铃虫大发生多出现在干旱年份。

(三) 天敌对棉铃虫的影响

棉铃虫的天敌种类很多，寄生性天敌有多种赤眼蜂、姬蜂、茧蜂、拟瘦姬蜂、跳小蜂和多种寄生蝇等，捕食性天敌有多种蜘蛛、草蛉、瓢虫、花蝽、姬猎蝽、胡蜂、螳螂、鸟类等，还有细菌、真菌、病毒等多种微生物。这些天敌对棉铃虫的种群数量有明显的抑制作用，尤其是对卵和初龄幼虫抑制作用更大。

(四) 品种抗虫性对棉铃虫的影响

通过杂交选育或转基因技术获得抗虫性棉花品种。据研究，红叶、光叶、含高棉毒素等特征不利于棉铃虫的产卵、生长发育或繁殖，选育具有这些特征的新品种（系）能较好地抵抗棉铃虫的危害。转 Bt 基因抗虫棉是现代遗传工程的最新成果，其应用对控制棉铃虫的严重猖獗危害起到了重要作用。

四、棉铃虫的虫情调查和综合治理技术

(一) 棉铃虫的虫情调查方法

参照国家标准《棉铃虫测报调查规范》（GB/T 15800—2009）或全国农业技术推广服务中心编著的《农作物有害生物测报技术手册》"棉铃虫测报调查方法"进行棉铃虫的虫情调查，要点如下。

1. 越冬基数调查 选择棉花、玉米、高粱等主要寄主田各 3~5 块，每种寄主田取样不小于 30 m^2，调查越冬蛹基数，然后将调查结果与历年资料比较分析。

2. 蛾量调查

（1）灯光诱蛾 灯光诱蛾调查可选择 20 W 的黑光灯或 450 W 的荧光高压汞灯，设置于视野开阔的地方诱蛾，开灯时间：黄河流域和长江流域棉区一般从 4 月 5 日开始，新疆棉区从 4 月中旬开始，逐日记载诱蛾数。

（2）杨树枝把和性诱剂诱蛾 取 10 枝 2 年生杨树枝条，每枝条长为 67 cm 左右，凉萎蔫后捆成一束，竖立于棉行间，其高度超过棉株 15~30 cm。选择生长较好的棉田 2 块，每块田在 0.13 hm^2 以上，放置 10 束杨树枝把，每日日出之前检查成虫，记载其数量。

使用性诱剂诱蛾时，应采用全国统一诱芯，以规范要求安放，每日早晨检查诱到的雄虫数量，约每 15 d 换 1 次诱芯和盆中的水。

3. 第 1 代幼虫量调查 选择当地第 1 代棉铃虫主要寄主作物，于 5 月中下旬选晴天、微风（小风）的傍晚进行调查。调查方法：条播、小株密植作物以面积为单位，每种类型田调查 2~4 块，每块地取样 10 点，每点 5 m^2；单株、稀植作物以株为单位，每块田调查取样 100~200 株。然后调查并计算幼虫总量。

4. 棉田卵、幼虫数量调查 选择有代表性的一类和二类棉田各 1 块，5 点取样，第 2 代时每点单行定株调查 20 株，第 3~5 代则每点定株调查 10 株。卵调查时，第 2 代查棉株顶端及其以下 3 个果枝上的卵量，第 3 代调查群尖、嫩叶和蕾上的卵量。坚持每天上午调查，每 3 d 调查 1 次，调查后将卵抹掉。记录卵量消长情况。幼虫调查时，北方棉区一般调查第 2~3 代幼虫，南方棉区调查第 2~4 代幼虫，各代分别选择 1 块不施药的棉田，面积不小于 334 m^2，每 3 d 调查 1 次，记录各龄幼虫数量。

（二）棉铃虫的虫情预测

根据调查资料，可对第2代和第3代棉铃虫的发生进行预测。

1. 发生期预测　一般采用历期推算法进行发生期预测。黄河流域棉区根据越冬代黑光灯下的蛾高峰期，向后推50 d即为第2代卵发生高峰，再根据气温变化做适当校正。还可根据4月1日至6月10日的平均气温与第2代棉铃虫卵盛期的回归预测式进行预测。

2. 发生量预测　实践中多用于预测第2代棉铃虫在棉田的发生量。该代发生量主要决定于越冬代的发蛾量和第1代幼虫的发生量，并与同期日平均温度有密切关系。4月11日至5月20日每盏黑光灯诱蛾量（x）、同期日均温（y）、与第2代棉田百株卵量（Z_{xy}）的偏相关回归预测式为

$$Z_{xy}=0.68x+24.53y-340.12$$

棉铃虫进入第3代以后，除了危害棉花以外，还分散到玉米、花生、蔬菜等多种作物上危害，因此一般是根据上一代成虫的发生量和本代卵在棉田的密度，结合温度和湿度条件来预测第3~4代的发生程度。

（三）棉铃虫的综合治理技术

棉铃虫的防治应根据各地情况，抓住主害世代，突出重点防治；不论棉田内外，主治兼治结合；多种措施协调，实施综合治理。在黄河流域棉区，应结合麦田防治麦蚜、麦红吸浆虫等兼治麦田第1代，狠治棉田第2代，严格控制第3代，挑治第4代，从而全面控制棉铃虫的发生危害。

1. 农业防治

（1）深翻冬灌，减少虫源　通过秋后深耕，把越冬蛹翻入深层，破坏其蛹室，加之冬灌，使越冬蛹窒息而死。

（2）麦收后及时中耕灭茬，降低成虫羽化率　据河南汤阴调查，灭茬前每平方米有蛹7.4头，灭茬后降至1.7头，减少77%。

（3）合理调整作物布局　棉花与小麦、油菜、玉米等作物的间作套种或插花种植，丰富棉田天敌资源，维持生态平衡，特别是玉米还可诱集棉铃虫成虫和卵，从而减轻棉铃虫的发生和危害。

（4）结合农事操作，抹卵抓虫灭蛹　棉花生长季节，结合棉田日常管理，人工抹卵抓虫灭蛹。

（5）推广转Bt基因抗虫棉及配套庇护所　实践证明，转Bt基因抗虫棉对棉铃虫等鳞翅目害虫具有明显的控制作用，但一个地区长期种植这种抗虫棉，棉铃虫等能够对Bt杀虫毒素产生抗性。在抗虫棉种植区种植20%左右的非抗虫棉，有利于减缓棉铃虫抗性发展，同时能蓄养天敌，控制其他害虫猖獗危害。

2. 诱杀成虫

（1）灯光诱杀　棉铃虫对黑光灯、高压汞灯有较强的趋性，特别是高压汞灯是近年推广应用较多的一种灯型。据河北省农业科学院和植物保护研究站研究，第1代1盏灯控制半径在250 m左右，第2、3代控制半径在200 m左右，第4代则降为150 m。诱杀区比非诱杀区降低落卵量25%~55%。在中度以下发生年份，每盏灯可控制6.7 hm² 棉田，大发生年每支灯控制4.7 hm² 左右。

（2）杨树枝把诱蛾　第2~3代棉铃虫羽化盛期，取长70 cm左右的杨树枝，每7~8枝

捆成1束，堆沤1～2 d，然后均匀插105～150把/hm²，每天日出前用网袋套住枝把捕捉成虫。6～7 d需更换1次。

（3）性诱剂诱杀　棉铃虫羽化初期，田间放置水盆式诱捕器，盆高于作物约10 cm，每200～250 m²设1个诱捕器，每天早晨捞出死蛾，并及时补足水。

3. 生物防治

（1）保护利用自然天敌　棉铃虫天敌种类很多，尽量减少使用农药和改进施药方式，减少杀伤天敌，发挥自然天敌对棉铃虫的控制作用。

（2）释放赤眼蜂　从棉铃虫产卵初盛期开始，每隔3～5 d释放1次赤眼蜂，连续释放2～3次，每次每公顷22.5万头，卵寄生率可达60%～80%。

（3）喷洒菌类杀虫剂　在初龄幼虫期喷洒含$1.0×10^{10}$活孢子/mL以上的Bt乳剂300～400倍液或棉铃虫核多角体病毒（NPV）1 000～2 000倍液。

4. 化学防治　第2代棉铃虫防治指标可以放宽，高产棉田为36头/百株，中产棉田为12头/百株。低产棉田和第3代防治指标为8头/百株。防治第2代时，药液主要喷洒在棉株上部嫩叶和顶尖上，采取"点点划圈"的喷药方式。防治第3～4代时，药液要喷洒在群尖和幼蕾上，须做到四周打透，采取"划圈点点"的喷药方式。并注意多种药剂交替使用，以避免或延缓棉铃虫抗药性的产生。常用药剂有：50%辛硫磷乳油1 000倍液、25%喹硫磷乳油500倍液、2.5%溴氰菊酯乳油1 000～1 500倍液、10%氯氰菊酯乳油1 000～1 500倍液、5%高效氯氰菊酯乳油1 000～1 500倍液、2.5%功乳油1 000～1 500倍液、1%甲维盐乳油1 500～2 000倍液等。

为了抑制棉铃虫抗药性的发展，可推广使用昆虫生长调节剂和复配制剂。昆虫生长调节剂有5%抑太保（氟啶脲、定虫隆）乳油、5%氟虫脲（卡死克）乳油或水剂、20%除虫脲（灭幼脲1号）悬浮剂等，稀释1 000～2 000倍喷施。除了复配农药有很多种类之外，还有一些新作用机制杀虫剂例如茚虫威防治棉铃虫效果也较好，可根据实际情况选择使用。

第三节　棉　叶　螨

我国棉花上发生的叶螨有5种：朱砂叶螨[*Tetranychus cinnabarinus*（Bois.）]、截形叶螨（*Tetranychus truncatus* Ehara）、二斑叶螨（*Tetranychus urticae* Koch）、土耳其斯坦叶螨[*Tetranychus turkestani*（Ugarov et Nikolski）]和敦煌叶螨（*Tetranychus dunhuangensis* Wang），均属蛛形纲蜱螨目叶螨科。

棉叶螨是世界性棉花害虫，各大洲主要棉产区均有分布。在我国各棉区发生的棉叶螨实际是一个混合种群，且种类组成和优势种在各地也不尽相同。一般认为，朱砂叶螨是我国分布最广泛、危害最严重的种类，其次为截形叶螨和二斑叶螨，三者分布几乎遍及国内各棉区，在长江流域及以北各棉区危害严重，为当地棉花生产中的突出虫害问题之一。土耳其斯坦叶螨在国外分布于中东、俄罗斯和欧美等，在我国仅分布于新疆棉区。敦煌叶螨在国外尚未见报道，在我国仅知分布于甘肃和新疆。土耳其斯坦叶螨和敦煌叶螨除局部地区发生较多外，一般发生较轻。

棉叶螨不仅是棉花的重要害虫，而且也严重危害玉米、高粱、豆类、瓜类、芝麻、红麻、向日葵、茄子、辣椒、烟草、苹果、梨、桃、葡萄以及多种杂草，已知寄主植物有32

科 113 种。棉叶螨危害棉花,以口针刺吸汁液,对寄主组织造成机械伤害;还分泌有害物质进入寄主体内,对植物组织产生毒害作用,导致棉株营养恶化,代谢强度减弱,生理机能失调。棉叶受害后先出现失绿的红斑,继而出现红叶干枯,甚至在叶柄和蕾、花、铃的基部产生离层而脱落,状如火烧,对产量影响甚大。近年来,随农田生态系的变化,棉叶螨的发生危害有加重趋势,需引起高度重视。

现以朱砂叶螨为重点,叙述棉叶螨的一般特点和发生规律。

一、棉叶螨的形态特征

朱砂叶螨的形态特征见图 13-3。

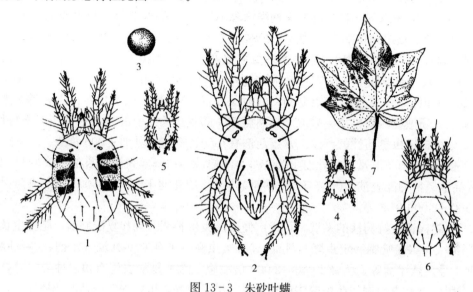

图 13-3 朱砂叶螨
1. 雌成螨 2. 雄成螨 3. 卵 4. 幼螨 5. 第 1 若螨 6. 第 2 若螨 7. 棉叶被害状
(1、2 仿马恩沛等,余仿浙江农业大学)

1. 成螨 朱砂叶螨雌螨体呈椭圆形,长为 0.42～0.56 mm,宽为 0.32 mm,为锈红色或深红色。须肢端感器长为宽的 2 倍,背感器呈梭形;气门沟末端呈 U 形弯曲;背毛共 26 根,其长度超过背毛横列之间的距离;各足爪间突裂开为 3 对针状毛。雄螨体长为 0.35 mm,宽为 0.19 mm;须肢端感器长为宽的 3 倍,背感器稍短于端感器,足 I 跗节爪间突呈 1 对粗爪状,其背面具粗壮的背距;阳具弯向背面形成端锤,端锤背缘形成一个钝角。

2. 卵 卵呈圆球形,直径为 0.13 mm。卵初产时为无色透明或略带乳白色,孵化前呈浅红色。

3. 幼螨 卵初孵的幼螨,体近圆形,长约为 0.15 mm,呈浅红色而稍透明,具足 3 对。

4. 若螨 若螨分第 1 若螨和第 2 若螨,幼螨蜕皮为第 1 若螨,再蜕皮即为第 2 若螨。若螨均具 4 对足。体呈椭圆形,体色变深,体侧出现深色斑点。第 2 若螨仅雌螨具有。

二、棉叶螨的生活史和习性

(一)棉叶螨的生活史

棉叶螨 1 年发生代数因地区而异,在北方棉区 1 年发生 12～15 代,在长江流域棉区 1

年发生18～20代，在华南棉区1年发生20代以上。棉叶螨于10月中下旬由棉田迁至干枯的棉叶、棉秆、杂草根际、土块、树皮缝隙等处，雌性成螨开始吐絮结网，聚集成堆越冬，通常以间作套种棉田内和靠近棉田的渠边、路边杂草根际越冬虫口密度最大。次年2月中旬至3月初，5日平均气温达6℃时，越冬成虫开始活动取食，3月上中旬气温达7～8℃时开始产卵；3月底气温达10℃以上时，卵开始孵化；4月底至5月初出现第1代成虫。第1～2代棉叶螨主要在豌豆、扁豆、小麦、苜蓿、苕子、草木樨、夏至草、旋花、紫花地丁等越冬寄主上生活。5月上中旬至6月初大部分越冬寄主衰老时，棉叶螨陆续迁到棉苗上危害。5月上中旬气温较低时，繁殖速度缓慢，棉苗受害较轻；此时如果气温较高，雨水少，湿度低，就会繁殖迅速，且造成灾害。一般年份，在6月下旬至7月上旬的繁殖速度最快，7月中下旬常达全年危害的最高峰。通常6—8月是棉叶螨的发生危害盛期，大量虫口随时都可以从豆类、芝麻、夏玉米、瓜类、茄类及多种杂草上迁入棉田造成危害。直到9月中旬气温下降，棉株衰老，棉叶螨逐渐转移到秋播作物和杂草上危害，并准备越冬。

棉叶螨的个体发育随不同季节的温度变化，其发育历期长短差异很大。据观察，5—8月完成1个世代，当平均温度依次为18.5℃、21℃、26℃和28℃时，历期分别为21.5 d、15 d、8.9 d和7 d。

（二）棉叶螨的主要习性

棉叶螨主要营两性生殖，田间常见雌雄性比为3～5∶1，雌成螨也可以不经交配而孤雌卵生，但所繁殖的后代均为雄螨。交配历时为1～2 min。刚蜕皮的雌成螨具有多次交配习性，但老熟雌螨未见交配现象。雌螨日夜均可产卵，以白天产卵居多。卵散产于叶背或所吐的丝网上，每天可产卵1～18粒，平均为7.2粒，每头雌螨可产卵188～206粒。卵的孵化率很高，一般为91.0%～98.6%。

幼螨和若螨共蜕皮2～3次，每次蜕皮前要经16～19 h的静伏，不食不动。蜕皮时间为2～3 min，蜕皮后随即可活动和取食。

棉叶螨的扩散和迁移主要靠爬行、吐丝下垂或借风力，也可随水流扩散，在食料不足时，常有成群迁移的习性。

三、棉叶螨的发生与环境的关系

（一）耕作制度对棉叶螨的影响

棉叶螨是一种多食性害虫，而且大多在枯枝落叶下或作物、杂草根际越冬。近年来间作套种迅速发展，特别是棉田套种小麦、玉米、豆类、芝麻、薯类等作物，为其转移危害提供了便利条件。

（二）温度和湿度对棉叶螨的影响

棉叶螨喜高温干燥条件，在26～30℃时发育速度最快，繁殖力最强。发育上限温度为42℃。适宜相对湿度为75%以下，尤其是35%～55%的相对湿度更加有利。因此高温干燥的年份或季节，是棉叶螨猖獗成灾的重要条件。

6—8月的降水量和降雨强度对棉叶螨影响很大。降水量大（多雨地区为200 mm以上，少雨地区为100 mm以上）、降雨强度大时对棉叶螨有抑制作用，尤其是暴雨袭击对棉叶螨的杀伤力更大。

(三) 天敌对棉叶螨的影响

已知棉叶螨的天敌有多种草蛉、深点食螨瓢虫、塔六点蓟马、横纹蓟马、长毛钝绥螨、拟长刺钝绥螨、食螨瘿蚊、小花蝽、姬猎蝽、草间小黑蛛、三突花蛛等。据四川资料，每株棉苗平均有棉叶螨91.6头时，接种6头塔六点蓟马若虫，10 d后棉叶螨数量下降67.5%，15 d后下降93.25%；每株棉苗平均有叶螨56.5头时，若不接种塔六点蓟马（作对照），10 d后则增加266.72%。因此棉田过多施药常引起棉叶螨的再猖獗，主要原因是杀伤了天敌。

(四) 棉叶结构和生理特性对棉叶螨的影响

凡棉叶下表皮厚度超过棉叶螨口针长度的棉花品种或棉叶单位面积细胞个数多、结构紧密的品种，不适于棉叶螨的取食和危害；在棉叶细胞渗透压为0.67 MPa (6.61 atm)时，有利于它的取食；当渗透压提高到1.37 MPa (13.61 atm)时，它的发育即受到抑制。通过合理施用氮、磷、钾肥料能提高棉叶细胞的渗透压，减轻棉叶螨的危害。

棉株营养不良，生长瘦弱时，体内渗透压虽无改变，但其体内含物质转变为可溶性糖类，有利于棉叶螨的生存和繁殖。

(五) 棉田周围环境对棉叶螨的影响

凡靠近沟渠、道路、井台、坟地、村庄、菜园、玉米、高粱、豆类等处的棉田，由于杂草丛生、虫源发生多，或有利于棉叶螨在寄主之间相互转移，棉叶螨发生早而多。

四、棉叶螨的虫情调查和综合治理技术

(一) 棉叶螨的虫情调查方法

参照全国农业技术推广服务中心编著的《农作物有害生物测报技术手册》"棉花叶螨测报调查方法"进行棉叶螨的虫情调查，要点如下。

1. 春季虫源基数调查 4月中旬选择背风向阳的豌豆、小麦、油菜等作物田块，或夏至草、紫花地丁等杂草较多的地块各2~3块，以33 cm×33 cm为单位，5点取样，查明单位样方内成螨、幼螨、若螨和卵的总数，参考当年2月下旬至4月底气温状况做出初步判断。如果每单位样方内早春基数达150头以上，3月下旬至4月上旬气温为9℃以上，或3—4月平均气温12℃以上，当年可能严重发生。

2. 棉田发生动态调查 如果春季气温高，5月间棉田就有棉叶螨发生的可能。从5月上旬开始，每5~10 d进行1次棉田叶螨发生动态调查，每次5点取样，每点10~20株。苗期全株检查，现蕾后查上、中、下3叶，分别记载成螨、幼螨、若螨和卵数，计算出每株虫口数，结合气象情况，做出发生和防治预报。

(二) 棉叶螨的综合治理技术

1. 越冬防治

(1) 合理布局、轮作倒茬 棉田尽可能不连作，合理安排轮作的作物和间作套种的作物，避免叶螨在寄主间相互转移危害。

(2) 棉田深翻冬灌 秋作物收获后及时深翻，既可杀死大量越冬棉叶螨，又可减少其杂草寄主。在冬季进行冬灌也能有效地压低越冬基数。

(3) 铲除杂草，减少虫源 晚秋和早春结合积肥，铲除沟渠边、路边、井台边、坟边的杂草，减少虫源。

2. 种子处理 使用包衣种子，除可预防棉蚜外，对5月上中旬侵入棉田的棉叶螨控制

效果良好,特别是麦棉套种,或棉油、棉豆间作的棉田,更需做好棉种处理工作。

3. 棉田施药 棉田常用药剂有:50%硫黄胶悬剂 400 倍液、50%乐斯本乳油 1 000~1 500 倍液、50%克螨特乳油 2 000 倍液、20%灭扫利乳油 2 000~3 000 倍液、15%哒螨灵乳油 2 000~3 000 倍液等。

第四节 棉红铃虫

棉红铃虫[*Pectinophora gossypiella*(Saunders)]属鳞翅目麦蛾科,在世界各产棉国都有分布,危害严重,在俄罗斯、保加利亚、罗马尼亚、匈牙利等被列为对外检疫对象。棉红铃虫在我国除西北内陆棉区的新疆和甘肃的河西走廊没有发现外,其他各棉区都有发生。

棉红铃虫是棉花蕾期、花期和铃期的重要害虫,主要危害棉花的蕾、花和铃,尤其是在青铃上危害最多。幼蕾受害后不久即脱落;中大型蕾受害后仍能开花,但因幼虫吐丝缠绕花瓣,被害花冠扭曲,花瓣不能正常展开;子房被蛀食会造成落花。青铃受害,嫩籽被破坏,纤维发育不良,造成烂铃或僵瓣。棉籽受害食去种仁,造成空壳或双连籽。在我国,棉红铃虫一直在长江流域棉区危害最重,常年损失率达 15%~30%;其次是黄河流域棉区,在 20 世纪 40—50 年代损失率达 10%~20%,60 年代至 70 年代初期由于实行箔架晒花和集体储花,发生很轻;70 年代后期以来有所回升,仍需予以重视。

棉红铃虫是一种多食性害虫,文献记载的寄主植物有 8 科 77 种;在我国除危害棉花属植物外,还在秋葵、红麻、洋绿豆和木槿上发现。

一、棉红铃虫的形态特征

棉红铃虫的形态特征见图 13-4。

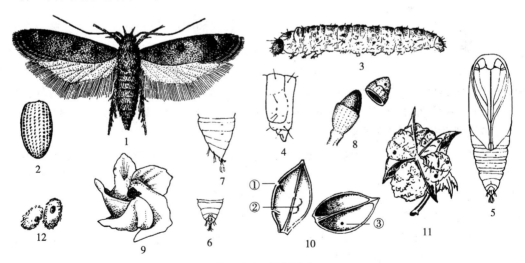

图 13-4 棉红铃虫

1. 成虫 2. 卵 3. 幼虫 4. 幼虫第 3 腹节 5. 雌蛹腹面 6. 雄蛹腹部末端腹面 7. 蛹腹部末端侧面(示臀棘和角刺) 8. 花蕾被害状(示剖开后幼虫在内食害) 9. 花被害状(示花瓣为幼虫吐丝缠缀,不能张开) 10. 铃壳内被害状(①虫道 ②突起 ③羽化孔) 11. 僵瓣铃 12. 被害种子

(仿浙江农业大学)

1. 成虫 成虫体呈棕黑色，长为 6.5 mm，翅展为 12 mm。触角呈棕色，基节有 5～6 根栉毛。前翅为尖叶形，呈暗褐色，从翅基到外缘有 4 条不规则的黑褐色横带。后翅为菜刀形，呈银灰色。雄蛾具翅缰 1 根，雌蛾具翅缰 3 根。

2. 卵 卵呈长椭圆形，长为 0.4～0.6 mm，宽为 0.2～0.3 mm。表面呈花生壳状，初产时为乳白色，孵化前变为粉红色。

3. 幼虫 老熟幼虫体长为 11～13 mm，头部为红褐色，上颚呈黑色，具 4 短齿。前胸及腹部末节背板为黑色，体为白色，体背各节有 4 个浅黑色毛片，毛片周围为红色，粗看好像全体红色，实际各斑不相连。腹足趾钩为单序缺环。

4. 蛹 蛹体长为 6～9 mm，宽为 2～3 mm，呈淡红褐色，尾端尖，末端有短而向上弯曲的钩状臀棘，周围有钩状细刺 8 根；蛹茧为灰白色，呈椭圆形，柔软。

二、棉红铃虫的生活史和习性

（一）棉红铃虫的生活史

棉红铃虫每年发生代数因地而异，在我国由北向南 1 年发生 2～7 代，大致可分为以下 4 个类型。

1. 2 代区 此区在北纬 40°以北，包括辽宁与河北北部棉区，有效繁殖天数为 70 d 左右，1 年只能发生 2 代。

2. 2～3 代区 此区在北纬 34°～40°，包括黄河流域大部分棉区，有效繁殖天数为 80～100 d，1 年可发生 2～3 代。

3. 3～4 代区 此区在北纬 26°～34°的长江流域棉区，有效繁殖天数为 120～140 d，1 年发生 3～4 代。

4. 5～7 代区 此区在北纬 18°～26°的华南棉区，有效繁殖天数在 240 d 以上，一般 1 年发生 5 代，多的可达 7 代。

各地不论发生代数多少，均以老熟幼虫结茧在仓库的墙缝、屋顶、棉籽堆、晒花工具和棉柴、枯铃中越冬，其中以储花库中越冬虫量最多。5 月底 6 月初气温升到 20 ℃ 以上时，越冬幼虫陆续开始化蛹，6 月上中旬成虫开始羽化。其越冬代成虫的出现时间大体上与各地棉花的现蕾期相吻合。幼虫期，第 1 代平均为 14 d，第 2 代为 20～25 d，越冬滞育幼虫则为 180～270 d。蛹历期为 8～12 d。成虫寿命为 10～14 d。全世代历期一般为 32～33 d。

（二）棉红铃虫的主要习性

1. 成虫 成虫羽化后当天夜晚就能交配，但以第 3 天交配的最多。雌蛾交配后第 2 天开始产卵，大部分卵（80%～86%）在羽化后 3～8 d 产下。每头雌蛾一般产卵量为数 10 粒到 100 多粒，最多可达 500 多粒。第 1 代卵集中产于棉株顶芽及上部果枝嫩芽、嫩叶和幼蕾苞叶上，占总卵量的 62.5%；少数产于嫩茎、叶柄及老叶上。卵期为 4～6 d。

2. 幼虫 幼虫孵化后就可蛀食花蕾，在蕾冠上留下针孔大的蛀孔，幼虫在花蕾内取食花药、花粉，如果花蕾较小，则花蕊被吃光而脱落；如果花蕾大，则虽被害仍能开花，但花瓣往往被幼虫所吐的丝缠住不能完全张开，形成玫瑰花状。第 1 代成虫羽化时棉株已开始结铃，卵大部产于棉株下部青铃上，占全株总卵量的 70.3%。幼虫孵化后，在 2 h 内钻入棉铃。大部分幼虫从棉铃基部入侵，蛀入铃壳后在铃壳内壁潜行一段，形成虫道后再侵害棉絮、棉籽。第 3 代卵多产在棉株中上部青铃上。1 头幼虫只侵害 1 个蕾、花或铃，但往往 1

个棉铃内有几头幼虫同时危害。棉铃较小时1头幼虫能侵害2~3室，危害棉籽7~8粒；棉铃较大时1头幼虫只能侵害1室，危害棉籽1~3粒，幼虫老熟后随棉花的采收分散到越冬场所越冬。

三、棉红铃虫的发生与环境的关系

（一）温度和湿度对棉红铃虫的影响

棉红铃虫繁殖的适宜温区为20~35℃，相对湿度在60%以上；对低温比较敏感，在冬季最低温度达到−16℃，1月平均气温在−5℃的地区不能越冬。越冬滞育幼虫的冰点为−8.7℃，幼虫在结冰点以下很快就死亡，因此棉红铃虫适于高温高湿的环境条件下发生。

在自然条件下，5—6月雨水过多，温度低，棉株小，卵易被雨水冲刷，发生轻。7—8月多雨，增高田间湿度，有利于红铃虫发生危害。8—9月多雨，常造成严重危害损失。

（二）越冬基数对棉红铃虫危害的影响

棉红铃虫第1代发生数量和危害程度与越冬虫口数量、越冬后存活率和羽化率有很大的关系，第1代的发生量又与当年第2代和第3代的发生量有关。因此做好越冬防治，压低越冬基数，是控制红铃虫危害的有效途径之一。

（三）棉花生育状况对棉红铃虫的影响

越冬代棉红铃虫成虫能否顺利繁殖，与发蛾期的食料供应关系极大，发蛾期若与显蕾期吻合，不仅早期能繁殖危害，而且后期因棉铃出现早，危害加重。如果发蛾期遇干旱或低温多雨，棉株生育期推迟，早羽化的成虫产的卵所孵出的幼虫因食料缺乏而死亡，发生数量少。因此早播早发的棉田是第1代红铃虫防治的重点田。第2代发生时以结铃多、生长好的棉田为重点防治田；第3代则以迟发迟熟田为防治的重点田。

（四）越冬虫源远近对棉红铃虫的影响

一般靠近棉仓、轧花厂、收花站、棉秸堆、棉籽榨油厂等越冬场所附近的棉田受害重，这种现象在早期尤为明显。

（五）天敌对棉红铃虫的影响

棉红铃虫的主要天敌有棉红铃虫金小蜂、棉红铃虫黑茧蜂、黄茧蜂、小花蝽等，通常情况下对其种群数量有一定的抑制作用。

四、棉红铃虫的虫情调查和综合治理技术

（一）棉红铃虫的虫情调查和预测预报方法

参照国家标准《棉红铃虫测报调查规范》（GB/T 15801—1995）或全国农业技术推广服务中心编著的《农作物有害生物测报技术手册》"棉红铃虫测报调查方法"进行棉红铃虫的虫情调查，要点如下。

1. 越冬基数调查 选择不同类型棉田，查籽花和枯铃内含虫量。前者按收花时间3次取样，每次取1 kg籽花；后者每块田取100个枯铃检查幼虫数。

2. 棉田发生期预测预报

（1）第1代预报 收集越冬幼虫500~1 000头，分别放入小指形管中，当日平均温度达18℃时，每日检查1次。当越冬幼虫化蛹率达20%、50%和80%左右时，加上当地越冬

代的蛹期（一般为13 d），即为越冬代成虫羽化始期、羽化盛期和羽化末期，即可依此做出预报。再加产卵前期2～3 d，提出棉田的防治适期。

(2) 第2代预报　根据第1代卵高峰到第2代卵高峰期的期距（南通为30～35 d，安庆为45～48 d，江陵为34～40 d，简阳为40～50 d），预报第2代卵高峰期。也可调查第1代虫花预报第2代防治适期，即选早发棉田、中发棉田和晚发棉田各1块，从开始出现虫花起，每天上午查虫害花数，根据虫花最多的1天推算第2代防治适期。

(3) 第3代预报　具体方法同第2代的期距法，但期距时间比第2代缩短5～10 d。

（二）棉红铃虫的综合治理技术

1. 越冬防治

(1) 帘架晒花除虫　利用幼虫背光、怕热习性，通过帘架晒花使幼虫落地，并放鸡啄食或人工扫除处理，连续晒5 d，可消灭90%以上。

(2) 棉仓灭虫　在储花前用石灰或泥浆刷平棉仓墙面，填平缝隙，再喷2.5%溴氰菊酯2 000倍液，或50%辛硫磷1 000倍液，防止幼虫上爬。

(3) 棉仓释放棉红铃虫金小蜂　于3月下旬至4月下旬日平均温度达14 ℃以上时放蜂，每储籽花5 000 kg，放蜂1 000头即可收到良好的效果。

(4) 低温存放　榨油的棉籽大垛存放时，间隔3.3～5.0 m设通风道，以利冷空气的渗透，并在4月底前榨完。留种用的棉籽在冷处存放。越冬幼虫常因冬季的自然低温而大量死亡。据研究，在−15 ℃低温时，2 h棉红铃虫100%被冻死。北方地区冬季采取自然低温存放的方法可以消灭种子中的棉红铃虫越冬幼虫。

(5) 工具处理　凡收、晒、运、储过籽花的所有工具，均应清除潜藏在工具内的棉红铃虫，并用开水浸烫或熏蒸处理。

2. 农业防治　调节播期，控制棉花生长发育进度，可有效地控制棉红铃虫的危害。可从两个方面进行：①促使棉花早熟，使棉花在第3代棉红铃虫发生时棉铃已处于老熟阶段，不利于棉红铃虫的取食，减轻危害程度；②延迟播种期来推迟棉花的现蕾，使棉株上无足够适合棉红铃虫的食料，从而大幅度地抑制第1代棉红铃虫的虫口密度。

3. 诱蛾灭卵

(1) 种植诱集植物　可在棉仓、村庄附近种苘麻、蜀葵等，诱集成虫产卵，集中消灭。

(2) 黑光灯诱蛾　每6.7 hm^{2}设20 W黑光灯1盏，诱杀成虫，减少产卵。

(3) 高斯性诱剂诱蛾　实践经验证明，每公顷设置45盆诱捕器就能起到较好的防治效果。

4. 药剂防治　据研究，棉红铃虫的防治指标，第2代为当日百株卵量68粒或百铃有幼虫20～30头，第3代为当日百株卵量200粒或百铃有幼虫40～60头。喷雾防治常用药剂有：90%晶体敌百虫1 000倍液、80%敌敌畏乳油2 000倍液、50%辛硫磷乳油1 000倍液、5%高效氯氰菊酯乳油1 500～2 000倍液、20%氰戊菊酯乳油1 500～2 000倍液等。各时期均可用Bt可湿性粉剂（或乳剂）1.5～2.3 kg/hm^2，用水稀释1 000倍喷雾；也可用5%抑太保（氟啶脲）乳油1 000～2 000倍液，还可选用30%安打（茚虫威）水分散粒剂99～132 g/hm^2、1%甲维盐乳油150～225 g/hm^{2}于低龄幼虫盛发期喷雾。

在发蛾高峰期，每公顷用80%敌敌畏乳油750 g，兑水37.5 kg，再混细土300～375 kg，于傍晚撒施，可兼治伏蚜等其他害虫。

第五节 棉盲蝽

危害棉花的盲蝽种类很多，重要的有5种：绿盲蝽（*Lygus lucorum* Meyer-Dur）、中黑盲蝽（*Adelphocoris suturalis* Jackson）、苜蓿盲蝽［*Adelphocoris lineolatus*（Goeze）］、三点盲蝽（*Adelphocoris fasiaticollis* Reuter）和牧草盲蝽［*Lygus pratensis*（Linnaeus）］，均属半翅目盲蝽科。

危害棉花的5种盲蝽都是多食性的昆虫，寄主十分广，尤以绿盲蝽分布最广，在全国各棉区均发生危害较重，其重要的寄主植物有28科97种。棉盲蝽以成虫和若虫刺吸棉株营养，造成蕾铃大量脱落，导致破头破叶和枝叶丛生。棉株不同生长期被害后表现害状不同，子叶期被害，顶芽焦枯变黑，长不出主干，称为枯顶；真叶出现后，顶芽被刺伤而枯死，不定芽丛生而成多头棉；或顶芽被刺，顶芽展开后为破叶，称为破头疯；幼叶被害，叶展开为破叶，称为破叶疯；幼蕾被害后，由黄变黑，形似荞麦粒，经2～3 d脱落；中型蕾被害后，苞叶张开称为张口蕾，不久即脱落；幼铃被刺后，轻则伤口呈水渍状斑点，重则僵化脱落，顶心和旁心受害，枝叶丛生疯长，称为扫帚苗。据资料，蕾铃脱落中有80%为盲蝽所造成。

一、棉盲蝽的形态特征

棉田常见5种盲蝽各虫态形态特征见表13-1和图13-5。

表13-1 常见5种棉盲蝽的形态特征

虫态	特征	绿盲蝽	中黑盲蝽	苜蓿盲蝽	三点盲蝽	牧草盲蝽
成虫	体长	5.0 mm左右	6.0～7.0 mm	7.5 mm	7.0 mm左右	5.5～6.0 mm
	触角	比体短	比体短	比体长	与体等长	比体短
	体色	绿色	褐色	黄褐色	黄褐色	黄绿色
	其他特征	前胸背板上有黑色小刻点，前翅绿色，膜质部暗灰色	前胸背板中央有2个稍小黑圆点，小盾片与爪片的大部分黑褐色	前胸背板后缘有2个黑色圆点，小盾片中央有T形黑纹	前胸背板后缘有1条黑色横纹，前缘有2个黑斑，小盾片与两个楔片呈明显的3个黄绿色三角形斑	前胸背板有橘皮状刻点，侧缘黑色，后缘有2条黑纹，中部有4条纵纹，小盾片黄色，中央黑褐色下陷
卵	长	约1.0 mm	约1.2 mm	约1.3 mm	约1.2 mm	约1.1 mm
	其他特征	卵盖奶黄色，中央凹陷，两端突起，无附属物	卵盖有黑斑，边上有1个丝状附属物，向内弯曲	卵盖平坦，黄褐色，边上有1个指状突起	卵盖上有扦形丝状体	卵盖边缘有1个向内弯曲柄状物，卵盖中央稍下陷
若虫	形态特征	初孵时，全体绿色，复眼红色。5龄若虫体鲜绿色，眼灰色，身上有许多黑色绒毛，翅芽尖端蓝色，达腹部第4节，腺囊口为1条黑色横纹	全体绿色。5龄时深绿色，眼紫色，腹部中央色浓	初孵时全体绿色。5龄时黄绿色，眼紫色，翅芽超过腹部第3节，腺囊为八字形	5龄若虫全体黄绿色，密披黑色绒毛。翅芽末端黑色，达腹部第4节。腺囊口横扁圆形，前缘黑色，后缘稍淡	初孵若虫黄绿色，5龄若虫绿色。在前胸背板中央两侧、小盾片中央两侧及第3～4腹节间各有1个圆形黑斑

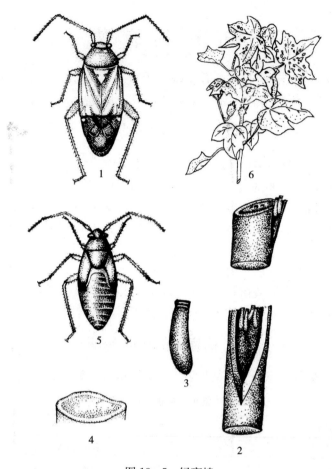

图 13-5 绿盲蝽
1. 成虫 2. 苜蓿茬内的越冬卵 3. 卵放大 4. 卵盖顶面 5. 5龄若虫 6. 危害状
（仿朱弘复、孟祥玲等）

二、棉盲蝽的生活史和习性

（一）棉盲蝽的生活史

棉盲蝽每年发生代数随种类和地区变化较大，即是同一种在同一地区，发生世代数也常有差异。例如绿盲蝽在山西南部运城1年发生4代，在陕西泾阳和河南安阳1年发生5代，在湖北襄阳1年发生6代，在江西南昌1年发生6～7代。在河南安阳虽以5代为主，但同时存在3代及4代现象。

5种棉盲蝽的生活史的比较见表13-2。

表13-2 5种棉盲蝽的生活史特点

种类	发生代数	越冬虫态及主要场所	危害代别	危害期		
				侵入棉田时间	危害盛期	迁出棉田时间
绿盲蝽	3～5	卵；残茬、枯铃壳、土中	2、3、4	6月上中旬	7月上中旬	8月中下旬

(续)

种类	发生代数	越冬虫态及主要场所	危害代别	危害期		
				侵入棉田时间	危害盛期	迁出棉田时间
三点盲蝽	3	卵；刺槐、杨、柳、桃、杏等的树皮内	1、2、3	4月下旬至5月上旬	6月上旬至7月下旬	8月上旬
中黑盲蝽	4	卵；苜蓿、杂草茬内	2、3	5月中下旬	6月中旬至7月下旬	8月上旬
苜蓿盲蝽	4	卵；苜蓿、棉秆、杂草茎秆内	2、3	5月下旬	6月下旬至7月下旬	8月上旬
牧草盲蝽	4	成虫；杂草、树皮裂缝内	2、3	5月下旬	6月中旬至8月中旬	8月中下旬

（二）棉盲蝽的主要习性

棉盲蝽成虫昼夜均可活动，飞翔力强，行动活泼；夜间有趋光性，常在黑光灯下诱到大量成虫；白天怕阳光照射，喜在较阴湿处活动取食。产卵部位随寄主种类而异，在苜蓿上多产在蕾间隙内，在棉花上多产在幼叶主脉、叶柄、幼蕾或苞叶的表皮下。产卵方式为聚产，排列呈一字形。各种盲蝽都以第1代产卵最多，其中绿盲蝽每雌平均产卵可达302粒，以后逐代产卵减少。

三、棉盲蝽的发生与环境的关系

（一）温度和湿度及雨水对棉盲蝽的影响

温度是影响棉盲蝽发生期和发生量的重要因素。棉盲蝽适宜温度为20～35 ℃，春季低温常使越冬卵延期孵化；夏季高温达45 ℃以上时，大量死亡。同时，棉盲蝽喜潮湿环境，相对湿度为80%以上最适于繁殖危害。当温度25 ℃条件下，植物体内含水量达78%～85%时，卵的孵化率最高；当含水量在50%以下时，卵不能完成发育常因失水干瘪而死。一般6—8月降雨偏多年份，有利于发生危害。

（二）棉田环境对棉盲蝽的影响

靠近棉盲蝽越冬寄主和早春繁殖寄主的棉田，发生早而重。

（三）棉株生育状况对棉盲蝽的影响

凡密植田、棉株高大茂密、生长嫩绿、含氮量高的棉花，受害严重。

（四）天敌对棉盲蝽的影响

已发现棉盲蝽的捕食性天敌有蜘蛛10多种、姬猎蝽1种、小花蝽1种和草蛉2种，卵寄生天敌有缨翅缨小蜂、盲蝽黑卵蜂和柄缨小蜂，对盲蝽有一定的抑制作用。

四、棉盲蝽的虫情调查和综合治理技术

（一）棉盲蝽的虫情调查方法

参照全国农业技术推广服务中心编著的《农作物有害生物测报技术手册》"棉盲蝽测报调查方法"进行棉盲蝽的虫情调查，要点如下。

1. 目测法 棉花等大田作物调查时一般采用对角线5点取样，每点调查10株，每个小

区或田块共计调查50株。枣、葡萄等早春寄主果树调查，每点调查30 cm长的果枝20个。调查过程中，通过快速目测直接调查植物上盲蝽若虫的数量。

2. 盆拍法 对于杂草以及紫花苜蓿等密集寄主植物，难于用目测法进行虫情调查，可以用盆拍法。采用5点随机取样，每点拍10盆。将30 cm×40 cm的白瓷盆置于植株下部，用力拍打植株中上部使盲蝽落入白瓷盆内，对盆内的若虫进行快速计数。每次调查时，同时记录被调查植株的占地面积，以此推算单位面积盲蝽种群密度。

对于成虫，还可以采用灯光诱集法和色斑诱集法进行调查。

（二）棉盲蝽的综合治理技术

棉盲蝽治理的重点是防治早发、杂草多及与枣园、树林相邻的棉田。采用昆虫性诱剂诱杀绿盲蝽成虫。化学防治防治指标，第2代为百株5头，第3代为百株10头，第4代为百株20头（陆宴辉和吴孔明，2008）。当达到防治指标时实施药剂防治，施药时间应在上午9:00前或下午16:00后，由田边向内施药。

棉盲蝽的防治药剂种类较多，可选用苦参碱等植物源杀虫剂、烯啶虫胺、噻虫嗪、氟啶虫胺腈等。

第六节 其他常见棉花害虫

其他常见棉花害虫见表13-3。

表13-3 其他常见棉花害虫

种 类	分布和危害特点	生活史和习性	防治要点
棉蓟马（Thrips tabaci Lindeman）[又称为烟蓟马、葱蓟马，与花蓟马Frankliniella intonsa (Trybom)和黄蓟马Thrips flavus Schrank混合发生]（缨翅目蓟马科）	各棉区均有发生，但以西北棉区和黄河流域棉区危害最重，长江流域棉区偏北部分的干旱年份发生亦重。多食性害虫，寄主范围很广。主要危害棉花叶片和生长点。子叶被害后加厚，真叶被害后变厚变脆，叶背沿叶脉出现银白色斑点。幼苗刚出土时生长点被害后成为无头棉，很快死亡；1~2片真叶时生长点被害，形成无主茎的多头棉	1年发生6~10代，以成虫和若虫潜伏在土缝、土块、枯枝落叶及未收获的葱、蒜的叶鞘内越冬，或以蛹在土内越冬。春季棉苗出土时即迁飞到棉苗上危害。5月中旬至6月上旬危害最重。7月中旬后因棉株高大不适危害，迁出棉田。成虫怕强光而白天多在叶腋或缝隙处取食；对蓝色光源有趋性。主要行孤雌生殖，卵散产于植物叶或茎组织内	1. 在棉田中设置蓝色粘虫板诱杀成虫 2. 做好早春寄主上的防治工作，避免转移危害 3. 发生盛期用5%啶虫脒可湿性粉剂2 500倍液、10%吡虫啉可湿性粉剂2 000倍液等喷雾防治
鼎点金刚钻（Earias cupreoviridis Walker）[与翠纹金刚钻Earias fabia Stoll、埃及金刚钻Earias insulana (Boisduval)常混合发生]（鳞翅目夜蛾科）	广布全国各棉区，由北向南逐渐加重。除危害棉花外，可危害多种锦葵科植物。幼虫钻蛀棉花嫩头、蕾、花及铃，造成断头，侧枝丛生，蕾、花、铃脱落或腐烂	1年发生3~7代，以蛹在茧内越冬，越冬场所分散。在长江流域棉区1年发生5代，各代幼虫发生盛期，第1代为5月下旬至6月上旬，第2代为7月中旬至8月上旬，第3代为8月中下旬，第4代为9月上中旬，第5代为10月上中旬。成虫昼伏夜出，有趋光性。卵散产于棉株顶端的嫩叶、嫩茎及花蕾上。幼虫孵化后吐丝借风力分散，在嫩茎或铃、蕾上入侵危害。3龄前幼虫转移危害频繁	1. 进入越冬后及时处理棉秆、枯铃、落叶，消灭越冬蛹 2. 早春于田边种植蜀葵、黄秋葵、冬葵等诱集成虫产卵，集中防治，减轻棉田危害 3. 幼虫低龄和转株危害时及时喷药防治，着重喷洒嫩头、蕾、幼铃

(续)

种　类	分布和危害特点	生活史和习性	防治要点
棉小造桥虫 [Anomis flava (Fabricius)]（又称为棉夜蛾、步曲、弓弓虫等）（鳞翅目夜蛾科）	在国外主要分布于东南亚、非洲和大洋洲；在我国除西北内陆棉区外，其他各棉区均有发生，尤以黄河流域棉区和长江流域棉区危害较重。初孵幼虫仅食叶肉，3～4龄造成孔洞或缺刻，5～6龄则食尽叶片只残留粗的叶脉，有时还能食害花蕾和幼铃	1年发生3～6代。在河南南阳1年发生4代，各代成虫发生盛期，第1代为5月下旬，第2代为7月上旬，第3代为8月上旬，第4代为8月下旬。6～8月多雨年份，发生重。越冬情况各地记载不一，推测可能为迁飞性害虫，尚有待证实。成虫昼伏夜出，晚19:00—23:00活动最盛，有趋光性。5～6龄幼虫进入暴食期，食量占总食量的87.3%	1. 收花后及时清洁田园，清除越冬蛹 2. 成虫发生期利用黑光灯、树枝把诱杀成虫 3. 幼虫3龄前药剂防治，使用药剂同其他鳞翅目害虫防治
棉大卷叶螟 (Sylepta derogata Fabricius)（鳞翅目螟蛾科）	在国外分布于日本、朝鲜、菲律宾、越南、缅甸、印度尼西亚、马来亚、印度、澳大利亚和俄罗斯的西伯利亚；在我国除新疆、青海、宁夏及甘肃西部外，其他各棉区均有发现，以淮河以南，特别是长江流域发生较多。多食性害虫，以幼虫卷叶危害	1年发生4～6代，以老熟幼虫在棉秆或地面卷叶中越冬。第1代幼虫在其他寄主上危害；第2代有少量迁入棉田。全年以8月中旬到9月初是危害盛期。成虫昼伏夜出，晚21:00—22:00活动最盛，有趋光性。卵散产于叶背。1～2龄幼虫聚集于叶背取食；3龄后分散，吐丝将叶片卷成喇叭筒形在内取食，虫粪也排泄其中。幼虫老熟后化蛹于卷叶内	1. 冬、夏结合积肥清除田边、沟边杂草 2. 选用叶片多毛、毛长的品种 3. 棉田集中连片种植，适时早播，促进早发早熟 4. 药剂防治同其他鳞翅目害虫防治

第七节　棉花害虫综合治理

棉花害虫不仅种类多、危害重，而且在棉花从播种到收获的各个阶段都有害虫的危害。但在不同生育时期的害虫种类、发生数量、危害部位有明显的差异。

一、越冬期棉花害虫的综合治理

冬春季节，棉花害虫多处于越冬或活动初期，是它们生活周期中的薄弱环节，也是预防棉花害虫危害的有利时机，要采取一切可行措施，压低虫口基数，为全年防治打好基础。

1. 注重农业防治　合理安排作物布局，实行轮作倒茬，清除棉田枯枝落叶，采取深翻冬灌等农田措施，均能有效控制害虫辗转危害或减少越冬虫源。棉田与小麦、油菜等夏熟作物插花种植或条带种植有利于蓄养天敌，并向棉田转移，控制棉田害虫。

2. 提倡帘架晒花，利用低温灭虫　冬前进行帘架晒花，可促使红铃虫幼虫脱棉落地，冬季低温能直接将其冻死。

3. 仓库释放天敌　3—4月可向储花库释放棉红铃虫金小蜂，控制越冬棉红铃虫虫口基数。

二、播种期棉花害虫的综合治理

棉花播种至出苗期，如果在用绿肥压青田或施未经腐熟有机肥的棉田，常招引大量种蝇产卵。在棉花播种后至出苗阶段，因种蝇的幼虫取食棉花种子和幼芽致使种子和幼芽腐烂，造成缺苗断垄。此期主要预防棉蚜、棉叶螨、棉盲蝽、地老虎等害虫。

1. 选用抗虫良种　选用对棉铃虫等有抗性的转 Bt 抗虫棉或其他优良抗虫品种，采用"庇护所"策略延缓棉铃虫等对 Bt 的抗性发展。

"庇护所"是在美国、澳大利亚等国家田间应用比较成功的抗性治理策略之一，即种植户必须种植一定比例的非转基因抗虫棉或其他作物作为棉铃虫的庇护所，可以在转基因棉田中设立 4% 面积的常规棉且不使用杀虫剂；或 80% 的转 Bt 抗虫棉与 20% 的使用农药的常规棉同时种植。在我国黄河流域和长江流域抗虫棉区实施的"零庇护所策略"，农田结构多样地种植玉米、小麦、大豆、花生等寄主作物可培育敏感的棉铃虫，从而起到天然庇护所作用。

2. 药剂拌种或盖种　可用 70% 噻虫嗪拌种用水分散粉剂按照每 100 kg 种子 315～420 g 的用药量处理，或 40% 噻虫嗪·吡唑醚菌酯·萎锈灵拌种用悬浮剂按照每 100 kg 种子 300～400 g 的用药量处理，对棉蚜虫的控制效果好，有效控制期都超过播种后 30 d，基本可控制整个苗期的蚜虫危害，也可兼治其他苗期病虫害。

也可选 2% 吡虫啉缓释粒剂每公顷 22.5～37.5 kg 通过沟施盖种，至播种后 30 d，田间防治效果仍高达 97% 以上，基本可控制整个苗期蚜虫、种蝇及其他地下害虫的早期危害。

3. 棉田播种油菜繁瓢控蚜　每隔 8～12 行，在棉行间插播 1 行甘蓝型油菜，在繁殖菜蚜的同时招引繁殖瓢虫等天敌，让其转移控制棉蚜。

4. 清除田内和田边杂草　棉苗出土前，清除田内和田边杂草，预防地老虎和棉叶螨的危害。

5. 苜蓿地喷药消灭盲蝽　在 4 月下旬当苜蓿地棉盲蝽孵化完毕时，喷 50% 氟啶虫胺腈水分散粒剂 1 000～1 500 倍液。

在发现棉叶螨有可能由单株发展成点片时，应做到发现 1 株打 1 圈，发现 1 点打 1 片，药剂可选用 15% 哒螨灵乳油等对天敌杀伤作用小的专用杀螨剂 1 000～1 500 倍液防治，以保护棉田天敌。或采用 99% 矿物油 200 倍加 1.8% 阿维菌素 2 000 倍液，或加 5% 噻螨酮乳油 1 500 倍液喷雾，或加 43% 联苯肼酯悬浮剂 2 000 倍液。每 7 d 防治 1 次，连续防治 2～3 次。

为避免棉叶螨抗药性发展，可多种药剂交替使用，常用的药剂有丁氟螨酯、联苯肼酯、乙螨唑、噻螨酮、螺螨酯、阿维菌素、克螨特等。

三、苗期棉花害虫的综合治理

苗期是指出苗后至现蕾前的阶段。这个阶段常年发生且危害严重的虫害是：小地老虎幼虫截断幼茎，棉盲蝽和烟蓟马危害破坏棉苗生长点造成"公棉花"或多头棉，棉蚜危害造成卷叶、棉苗停滞生长；其次有蝼蛄、金针虫、蛴螬等危害地下部分；棉叶螨有时造成红叶干枯死亡。在长江流域棉区有时蜗牛、野蛞蝓危害棉苗也较严重。苗期的主要防治对象是棉蚜、棉蓟马和地老虎。

1. 培育键苗壮苗　利用各种条件，保证定植棉苗健壮生长。及时破除土壤板结，适时间苗、定苗，及时将病、虫苗带出田外深埋等都是有力措施。

2. 诱杀地老虎　当地老虎幼虫处于 1～2 龄盛期时，利用地老虎幼虫对泡桐树叶具有趋性的习性，可取较老的泡桐树叶，用清水浸湿后，于傍晚放在田间，每公顷放 1 200～1 800 片，第 2 天日出前掀开树叶，捕捉幼虫，效果很好。也可采用毒饵法诱杀，取 90% 晶体敌百虫 1 kg，先用少量热水溶解后，再加水 10 kg，均匀地喷洒在 100 kg 炒香的饼粉或麦麸上，拌匀后于傍晚顺垄撒在作物根部，每公顷用 75 kg 左右，防治效果很好。

3. 以瓢治蚜 在 5 月中旬从麦田、油菜田、苜蓿田扫捕瓢虫向棉田转移，控制蚜害。

4. 喷药治蚜 用吡虫啉、噻虫嗪等农药防治，兼治其他害虫。

四、蕾铃期棉花害虫的综合治理

蕾铃期指开始现蕾至结铃阶段，一般是 6 月中旬至 8 月。蕾铃期的主要害虫有棉铃虫、棉红铃虫、棉叶螨、棉蚜等，其中以棉铃虫和棉红铃虫危害最重，幼虫蛀食蕾、花、铃，造成大量脱落或僵瓣。棉叶螨危害造成红叶、干枯脱落。有些年份伏蚜大发生，造成卷叶、油腻。此外，在蕾花铃初期，棉盲蝽危害嫩头、嫩叶及幼蕾，造成破头烂叶和落蕾。这个阶段是棉株营养生长和生殖生长并进阶段，害虫危害对棉花产量和品质影响极大，所以是防治成败的关键。

蕾铃后期，第 4 代棉铃虫和第 3 代棉红铃虫在晚熟棉田蛀食花蕾或青铃仍较严重；局部地区棉小造桥虫常大发生而将叶片食尽。其次还有棉大卷叶螟、棉叶蝉在有些地方也造成较严重的危害。

蕾铃期主要防治对象为棉铃虫、棉盲蝽、棉叶螨、棉尖象甲、伏蚜、棉红铃虫、棉小造桥虫等。

1. 诱蛾灭虫 用杨树枝把或黑光灯可诱到大量棉铃虫、棉红铃虫、造桥虫、棉尖象甲等害虫，在发生初盛期至盛末期可以使用此法。

2. 释放赤眼蜂 在棉铃虫产卵初盛期至盛末期放赤眼蜂 2～3 次，每次每公顷释放 15 万～22.5 万头。

3. 喷细菌农药或昆虫病毒制剂 此法主治棉铃虫和棉红铃虫，兼治小造桥虫和其他鳞翅目害虫。

4. 及时喷药防治 当害虫达防治阈值时，根据主要害虫种类，选用适宜药剂及时防治。

思 考 题

1. 简述我国棉区的划分及各棉区的主要害虫种类。
2. 简述棉蚜的危害特点（寄主和危害状）及在棉田的发生特点。
3. 棉蚜的生活周期型有哪些类型？简述棉蚜在我国北方棉区的年生活史。
4. 影响棉蚜大发生的主要因素有哪些？怎样采用拌种和盖种技术防治棉蚜？
5. 简述棉铃虫在我国各棉区的成灾特点（主害世代、危害程度）和危害棉花的危害状特点。
6. 简述棉铃虫在黄河流域棉区的年生活史特点。
7. 以黄河流域棉区为例，试设计棉铃虫的综合治理方案。
8. 危害棉花的害螨有哪些种类？其分布及危害有何特点？
9. 影响棉叶螨大发生的主要因素有哪些？
10. 棉红铃虫在我国的分布有何特点？影响其分布的主要因素是什么？
11. 简述棉红铃虫的危害特点及关键防治技术措施。
12. 危害棉花的盲蝽有哪些种类？简述其危害状特点及影响大发生的主要因素。

第十四章 油料作物害虫

　　油料作物包括大豆、油菜、花生、向日葵、芝麻等，是加工植物油脂的重要原料。其中大豆主产于我国北方，以东北、内蒙古、河北、河南、陕西等地种植面积较大。油菜主产于长江流域和西北地区，以湖北、湖南、安徽、江苏、四川、内蒙古、甘肃、青海等地种植面积较大。花生在南方和北方均有种植，北方主产于山东、河南和河北，南方主产于四川、广东、广西等地。向日葵主产于东北、华北、西北的半干旱和轻盐碱地区，其中油用向日葵以内蒙古、新疆和山西种植较多。芝麻种植区域较广，以河南、湖北、安徽和江西种植面积较大。

　　文献记载的大豆害虫有230多种，油菜害虫近120种，花生害虫近130种，芝麻害虫近30种。油料作物的地下害虫发生危害较为普遍，其中蛴螬是大豆和花生的重要害虫，局部地区也危害向日葵；金针虫在西北地区常常危害大豆；蝼蛄和金针虫在黄淮海地区常常危害花生；地老虎对大豆、花生、向日葵和芝麻苗期危害较大，拟地甲和蒙古灰象在西北主要危害大豆和向日葵。由于油料作物种类较多，生长期的主要害虫因地而异，但各地多以蚜虫、蛀果、蛀茎和食叶害虫危害最大。大豆蚜和花生蚜分别危害大豆和花生，甘蓝蚜和萝卜蚜是油菜的重要害虫，桃蚜除危害油菜外也是芝麻的主要害虫。蛀果害虫，蛀食大豆籽粒的主要有大豆食心虫和豆荚螟，蛀食向日葵花盘的主要有向日葵斑螟、棉铃虫和桃蛀螟，蛀食芝麻蒴果的主要有芝麻荚野螟。蛀茎害虫主要有钻蛀大豆茎秆的豆秆黑潜蝇和钻蛀油菜茎秆的靛蓝龟象。食叶害虫中，取食大豆叶片的主要有豆天蛾、黑点银纹夜蛾和坑翅夜蛾，取食大豆和花生叶片的主要有锯角豆芫菁，取食油菜叶片的主要有潜叶蝇、菜蛾、菜粉蝶和黄条跳甲，取食芝麻叶片的主要有芝麻鬼脸天蛾；多食性食叶害虫草地螟近年来也危害大豆和向日葵，斜纹夜蛾和甜菜夜蛾常在局部地区危害油菜、花生和芝麻。

第一节　蚜虫类

　　危害油料作物的蚜虫较多，但不同油料作物的主害蚜虫有所不同。本节重点介绍大豆蚜（*Aphis glycines* Matsmura）、甘蓝蚜［*Brevicoryne brassicae*（Linnaeus）］和花生蚜（*Aphis craccivora* Koch），它们均属半翅目蚜科。大豆蚜在国外分布于东亚、东南亚、南亚、俄罗斯东部地区、美国、加拿大、澳大利亚、肯尼亚等；在我国分布于各大豆产区，以东北、河北、河南、山东、内蒙古等地发生危害普遍。甘蓝蚜为世界广布种，在我国分布于北方各地区。花生蚜在国外分布于东南亚、中亚、欧洲、大洋洲、北美洲和南美洲；在我国各地均有分布，以山东、河南、河北等花生主产区发生危害普遍。

大豆蚜的寄主包括鼠李科植物及大豆、黑豆和野生大豆等豆科植物，是大豆的重要害虫。甘蓝蚜的寄主为十字花科植物，但喜欢取食危害叶上多蜡少毛的甘蓝型油菜、甘蓝、花椰菜等。花生蚜的寄主有200多种植物，除取食危害花生外，还危害豌豆、菜豆、豇豆、扁豆、苜蓿、紫云英、苕子等豆科作物和刺槐、紫穗槐、国槐等豆科木本植物以及荠菜、地丁等杂草。3种蚜虫均以成蚜和若蚜刺吸寄主植物幼嫩部位的汁液，发生严重时茎叶上布满蚜虫，被害叶片发黄卷缩，嫩茎生长发育不良。蚜虫取食过程中大量分泌蜜露布满叶面，常导致霉菌繁殖而引发霉污病。蚜虫还是植物病毒的重要传播媒介，其中大豆蚜传播大豆花叶病毒和烟草、菜豆、马铃薯、花生等作物的多种植物病毒，甘蓝蚜传播多种十字花科植物病毒，花生蚜主要传播花生花叶病毒。由蚜虫传播病毒病所造成的损失，常常比蚜害本身危害还重。

一、油料作物蚜虫的形态特征

油料作物蚜虫的形态特征见图14-1。

（一）大豆蚜的形态特征

1. 有翅孤雌胎生雌蚜 有翅孤雌胎生雌蚜体呈长卵形，长为1.2~1.6 mm，为淡黄色或黄绿色。触角与体等长，呈淡黑色，第3节有感觉圈3~8个，一般为5~6个，排成1列。尾片呈黑色，为圆锥形，中部稍缢缩，两侧各有毛2~4根。腹管为黑色，呈圆筒形。

2. 无翅孤雌胎生雌蚜 无翅孤雌胎生雌蚜体呈卵圆形，长为1.6 mm左右，为淡黄色至黄绿色。触角短于体长。尾片呈圆锥形，近中部稍缢缩，两侧各有毛3~4根。腹管为黑色，呈长圆筒形，基部稍宽。

（二）甘蓝蚜的形态特征

1. 有翅孤雌胎生雌蚜 有翅孤雌胎生雌蚜体长为2.2 mm左右，全身覆盖有白色蜡粉。头部和胸部为黑色，无额瘤。触角第3节有感觉圈37~50个，不规则排列。腹部为浅黄绿色，背面有几条暗绿色横纹，两侧各有5个黑点。尾片呈圆锥形，两侧各有毛3根。腹管较短，呈淡黑色，中部稍膨大，近末端收缩呈花瓶状。

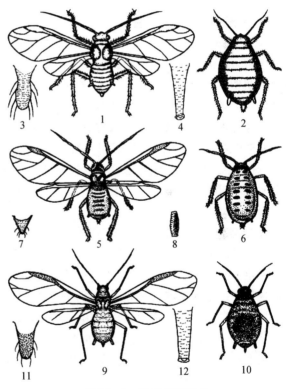

图14-1 油料作物蚜虫
1~4. 大豆蚜（1. 有翅孤雌胎生雌蚜 2. 无翅孤雌胎生雌蚜 3. 尾片 4. 腹管） 5~8. 甘蓝蚜（5. 有翅孤雌胎生雌蚜 6. 无翅孤雌胎生雌蚜 7. 尾片 8. 腹管） 9~12. 花生蚜（9. 有翅孤雌胎生雌蚜 10. 无翅孤雌胎生雌蚜 11. 尾片 12. 腹管）
（1~2仿中国农业科学院，3~4仿张广学，余仿西北农学院）

2. 无翅孤雌胎生雌蚜 无翅孤雌胎生雌蚜体长约为2.5mm，呈暗绿色，全身覆盖有白色蜡粉。复眼为黑色，无额瘤。触角第3节无感觉圈。尾片和腹管与有翅孤雌胎生雌蚜相似。

（三）花生蚜的形态特征

1. 有翅孤雌胎生雌蚜 有翅孤雌胎生雌蚜体长为1.6～1.8 mm，翅展为6 mm左右，呈黑色或墨绿色，有光泽。触角第1～2节为黑褐色，第3～6节为黄白色，第3节上有3～8个感觉圈，排列成行。足的各节末端和跗节为暗黑色，其余为黄白色。腹部第1～6节背面有硬化条斑。尾片细长，明显上翘，基部稍缢缩，两侧各有毛3根。腹管为黑色，具瓦状纹。

2. 无翅孤雌胎生雌蚜 无翅孤雌胎生雌蚜体长为1.8～2.0 mm，呈黑色、紫黑色或墨绿色。触角为暗黄色，各节端部呈黑色，第3节上无感觉圈。第1～6腹节背面膨大隆起，节间界限不清。腹管和尾片与有翅孤雌胎生雌蚜相似。

二、油料作物蚜虫的生活史和习性

（一）油料作物蚜虫的生活史

1. 大豆蚜的生活史 大豆蚜在我国1年发生10～22代；在东北、华北和山东以受精卵在鼠李枝条上的芽侧或缝隙中越冬，在华北也有在牛膝上越冬的报道；生活史为典型的异寄主全周期型，寄主分为冬寄主和夏寄主两类。春季气温高于10℃时，越冬卵孵化为干母，取食鼠李等冬寄主的萌芽，并孤雌胎生1～3代。5月中下旬鼠李开花期，产生有翅蚜迁飞到大豆等夏寄主上，孤雌胎生繁殖危害。6月下旬至7月中旬在大豆田扩散蔓延，进入发生危害盛期。7月下旬田间种群数量下降，并出现淡黄色小型大豆蚜。8月下旬至9月上旬，一部分孤雌胎生雌蚜产生有翅性母蚜迁回到越冬寄主，并胎生无翅产卵雌蚜；另一部分在大豆上胎生有翅雄蚜，迁回到越冬寄主。9月中下旬，雌蚜与雄蚜在冬寄主上交配，产卵越冬。

2. 甘蓝蚜的生活史 甘蓝蚜在北京、河北、山东、山西、内蒙古等北方地区1年发生10多代，以卵在油菜、晚甘蓝、球茎甘蓝、冬萝卜、冬白菜等寄主上越冬；在冬季温暖的南方1年发生20代左右，全年进行孤雌胎生而不产卵越冬。在北方，越冬卵翌年4月孵化，先在越冬寄主嫩芽上取食和繁殖，而后产生有翅蚜迁飞到其他油菜田或已经定植的甘蓝苗上，继续取食和繁殖。甘蓝蚜在东北和新疆以6—7月发生数量最多，在其他地区以春末夏初和秋季发生危害最重。甘蓝蚜在北方，10月初产生性蚜，交尾产卵于油菜或留种蔬菜植株上越冬，少数成蚜和若蚜可在菜窖中越冬；在南方，以春末夏初和秋季发生数量最多，危害最重；在华中的高海拔地区则在5月下旬和7月各有1次发生高峰。

3. 花生蚜的生活史 花生蚜在我国1年发生20～30代，以无翅胎生雌蚜、若蚜和少量卵在避风向阳处的苜蓿等宿根性豆科植物和荠菜、地丁等草本植物上越冬；在华南地区可终年繁殖危害，无明显越冬现象。在北方，3月上中旬气温回升到10℃时，越冬蚜虫开始在越冬寄主上取食繁殖，4月中下旬产生有翅蚜，迁飞到附近的豌豆、刺槐、紫穗槐和杂草上繁殖；5月中下旬迁入花生田取食繁殖，5—7月在花生、蚕豆、菜豆和豆科绿肥上发生数量较多，特别是花生开花结荚期达发生危害高峰。7月下旬田间蚜量迅速下降，9月花生收获前产生有翅蚜，迁飞到其他豆科植物上越冬。9月底至10月初，少数蚜虫产生性蚜，交配产卵越冬。在南方，花生蚜在4—5月危害春花生，在9—10月危害秋花生。

（二）油料作物蚜虫的主要习性

油料作物蚜虫的成蚜和若蚜均具有聚集吸食植株嫩绿部位汁液的特点。例如大豆蚜在大豆苗期主要聚集于顶部叶片的背面取食，始花期开始聚集到中部叶片和嫩茎上取食，盛花期常聚集在顶叶或侧枝生长点、花和幼荚上取食。甘蓝蚜在油菜苗期喜欢聚集于嫩叶和叶片背面取食，开花结荚期常聚集于新形成的花蕾、花梗、荚果等处取食。花生蚜在花生苗期多聚集于顶端心叶和嫩叶背面取食，花生开花后则聚集于嫩叶、嫩芽、花柄和果针上取食。油料作物蚜虫的有翅成蚜还对黄色表现出显著趋性，而对银灰色则有忌避反应。

油料作物蚜虫的发生危害具有短期内暴发成灾的特点。在油料作物生长期，各种蚜虫主要营孤雌生殖，生长发育快，世代周期短，繁殖能力强。例如大豆蚜在26℃时，无翅成蚜和有翅成蚜平均每头分别产仔58和38头，若蚜共4个龄期，5 d即可发育为成蚜；每代历期随温度而变化，为2~16 d。在15~20℃时，甘蓝蚜无翅成蚜平均每头产仔40~60头。在15~31℃时，花生蚜世代历期为8.56~24.43 d，平均每头成蚜产仔15.8~48.2头。因此一旦环境条件适宜，田间蚜虫种群数量往往在短时间内迅速增加，造成普遍发生危害。

三、油料作物蚜虫的发生与环境的关系

（一）气候条件对油料作物蚜虫的影响

温暖干旱有利于油料作物蚜虫的发生危害。其发生的适宜温度，大豆蚜为15~25℃，甘蓝蚜为20~25℃，花生蚜为16~25℃，适宜相对湿度为50%~80%。春末夏初若气候温暖，雨水适中，则有利于蚜虫的发生。7—8月气温高于28℃或相对湿度在80%以上时，蚜虫发生数量较少。此外，在蚜虫发生期，若遇大风暴雨能将蚜虫击落，引起大量死亡。

（二）寄主植物对油料作物蚜虫的影响

寄主植物的种类、分布、抗性等与蚜虫发生危害程度密切相关。例如大豆蚜必须通过寄主转换才能完成年生活史，越冬寄主鼠李分布广、数量多的地区，大豆蚜发生期较早，发生危害期较长。甘蓝型油菜和甘蓝种植较多的地区，有利于甘蓝蚜发生；而白菜型油菜、白菜和萝卜种植较多的地区，有利于桃蚜和萝卜蚜等其他油菜蚜虫的发生。邻近有刺槐、紫穗槐、国槐、豌豆等桥梁寄主的花生田，花生蚜发生危害往往较重。不同油料作物品种的抗蚜性不同，一般木质素含量高、豆荚无毛的大豆品种抗大豆蚜，绿叶甘蓝品种一般比红叶品种对甘蓝蚜的抗性强，茎叶多毛的花生品种对花生蚜抗性较强。

（三）自然天敌对油料作物蚜虫的影响

油料作物蚜虫的自然天敌种类较多，瓢虫、草蛉、食蚜蝇、蜘蛛是常见的捕食性天敌，蚜茧蜂是蚜虫体内的重要寄生蜂，湿度大时蚜霉菌可引起蚜虫罹病死亡，这些天敌对油料作物蚜虫种群数量动态影响较大。

四、油料作物蚜虫的虫情调查和综合治理技术

（一）油料作物蚜虫的虫情调查

大豆蚜虫情与发生动态调查参考黑龙江省地方标准《大豆蚜测报调查规范》（DB 23/T 1117—2007）进行，各地可根据当地实际，适当修改。油菜蚜和花生蚜虫情调查参照全国农业技术推广服务中心编著的《农作物有害生物测报技术手册》"油菜蚜虫与病毒病测报调查

方法"和"花生蚜虫预测预报方法"进行，要点如下。

1. 基数调查 大豆蚜以卵越冬，11月上旬或翌年4月上中旬调查1次越冬卵量，每地选择10~20个点，每点选取背风向阳和迎风背阴等处的鼠李10株，每株剪取1年生枝条2~3个，仔细检查枝条腋芽上或缝隙间的卵量。油菜田蚜虫发生基数调查在油菜出苗或定植后进行，每10 d调查1次，共3~4次，每次调查选择有代表性油菜田3块，每块田对角线5点取样，每点5株，记载有蚜株数，并每点选取1株油菜，调查有翅蚜和无翅蚜数量。大豆蚜发生基数调查在11—12月或翌年3月上中旬调查1次，选择当地主要越冬寄主植物或早春寄主植物，调查有蚜株数。

2. 种群动态系统调查 大豆蚜系统调查在6—8月进行，每5 d调查1次，选择当地有代表性的不同类型大豆田各1块，每块田对角线5点取样，每点固定10株，调查心叶和顶部3个叶片上的全部蚜量和天敌数量。油菜蚜系统调查在油菜苗期至角果发育期进行，每5 d调查1次，选择当地有代表性的油菜田3块，每块田固定5点，每点固定10株，调查有蚜株数，并每点选取2株油菜，调查有翅蚜和无翅蚜数量及天敌数量。花生蚜系统调查在花生苗期至成熟期进行，每5 d调查1次，选择靠近越冬寄主的早播花生田10块，每块田对角线5点取样，每点固定20墩，调查墩数、有蚜墩数、总蚜量和天敌数量。此外，也可在油料作物田设置诱虫黄板，系统观察有翅蚜的迁飞扩散情况。

3. 大田虫情普查 大田虫情普查，大豆蚜在6月下旬至7月中旬发生危害盛期进行1次，油菜蚜在油菜苗期、抽薹现蕾期和开花结荚期各进行1次，花生蚜在花生开花结荚期进行1次。选择当地有代表性的油料作物田5~10块，取样调查方法同系统调查。

（二）油料作物蚜虫的综合治理技术

油料作物蚜虫的治理应根据高产、稳产和农产品质量安全要求，因地制宜采取以农业防治压低发生基数，保护利用自然天敌控制危害，化学防治把蚜虫控制在点片发生阶段和扩散传毒之前。

1. 农业防治 开展越冬寄主防治、选种抗蚜品种、合理布局作物、发展间作套种等是控制油料作物蚜虫发生危害的基础措施。例如鼠李开花前开展蚜虫防治，可压低大豆蚜发生基数；花生播种前清除田间及其附近的杂草，可减少花生蚜迁入花生田。选种"油研7号""黔油18""渝黄1号"等抗蚜油菜品种，可控制油菜蚜发生危害；避免十字花科作物连作或混作，油菜和蔬菜育苗应远离油菜大田、十字花科菜田、留种菜田以及桃园、李园等，以减少油菜蚜辗转危害和传播病毒。大豆与玉米按4∶1的比例间作套种，或播种时大豆与玉米按种子量的9∶2同穴混播，不仅有利于大豆丰产，且可控制大豆蚜危害。

2. 生物防治 利用生物多样性理论，创造有利于天敌繁衍的田间环境，保护利用自然天敌是生物防治油料作物蚜虫的主要措施。例如大豆与甜葫芦、香瓜、烟草、玉米等作物进行多样性间作种植，在大豆蚜发生高峰期，单作豆田益害比为1∶65，多样性种植区的大豆田益害比为1∶26~42，与单作大豆田相比间作田大豆蚜种群数量降低40.7%~83.5%。在花生田，当田间天敌与蚜虫比在1∶40以上时，可以控制花生蚜发生危害。此外，蚜虫大发生时，也可选用蚜霉菌等生物制剂进行防治。

3. 诱杀防治 蚜虫发生初期，在田间悬挂黄色粘虫板可大量诱杀有翅蚜，减少病毒病的传播。

4. 化学防治 在大豆蚜、花生蚜重发区，应推广应用吡虫啉、噻虫嗪等药剂包衣种子或进行拌种。大田防治可供选择的药剂较多,应尽可能选用高效、低毒、微毒和对天敌安全的药剂。防治时应按照防治指标,注意把蚜虫控制在点片发生阶段和迁飞扩散之前。大豆蚜防治指标为有蚜株率5%～10%或百株蚜量1 500～3 000头;油菜蚜虫防治指标为苗期蚜株率10%或每株蚜量1～3头,抽薹期蚜株率20%或每蕾虫量2～5头,开花结荚期蚜株率10%;花生蚜防治指标为开花期每墩花生有蚜20～30头或有蚜墩率达20%～30%。

第二节　大豆食心虫

大豆食心虫[*Leguminivora glycinivorella* (Matsumura)]又名大豆蛀荚蛾,俗称豆荚虫、小红虫等,属鳞翅目小卷蛾科。大豆食心虫在国外分布于日本、朝鲜、蒙古和俄罗斯;在我国分布于长江以北大豆产区,分布南限在北纬33°左右,以辽宁、吉林、黑龙江、山东、安徽、河南、河北等地发生危害较重。

大豆食心虫为单食性害虫,主要取食危害大豆,也取食野生大豆和苦参;以幼虫钻蛀豆荚,咬食豆粒,影响大豆产量和品质。

一、大豆食心虫的形态特征

大豆食心虫的形态特征见图14-2。

1. 成虫　成虫体长为5～6 mm,翅展为12～14 mm,呈暗褐色或黄褐色,雄成虫色较淡。前翅呈灰色、黄色或褐色杂生,外缘近顶角处稍向内凹陷,沿前缘有10条左右黑紫色短斜纹与黄褐色纹相间,外缘内侧中央为银灰色,有3条纵列紫褐色斑点。雌成虫腹末较尖,雄成虫腹末较钝。

2. 卵　卵呈扁椭圆形,长径为0.5 mm左右;初产时为乳白色,后变为黄色或橘红色,孵化前变为紫黑色。

3. 幼虫　老熟幼虫体长为8～10 mm,呈鲜红色,非骨化部分为淡黄色或橙黄色。唇基约为头长的3/5。腹足趾钩为单序全环,靠近腹部中线的趾钩稍长。腹部第7～8节背面有1对紫色小斑者为雄虫。

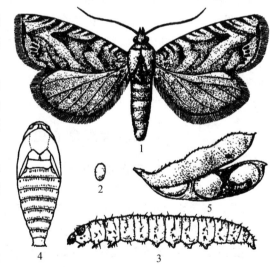

图14-2　大豆食心虫
1. 成虫　2. 卵　3. 幼虫　4. 蛹　5. 危害状
(1仿徐庆丰等,余仿河南农学院)

4. 蛹　蛹体呈长纺锤形,长为5～7 mm,为红褐色或黄褐色,羽化前呈黑褐色。喙不超过前足腿节。腹部第2～7节背面的前缘和后缘均有小刺,第8～10节各有1列较大的刺。腹部末端有短刺8根。

二、大豆食心虫的生活史和习性

(一)大豆食心虫的生活史

大豆食心虫为专性滞育昆虫,在我国各地均1年发生1代,以末龄幼虫在土中做茧越冬。

各虫态发生期北部偏早,南部偏晚。在辽宁朝阳,越冬幼虫7月中旬至8月初化蛹,7月下旬至8月下旬为成虫羽化期,8月中下旬为幼虫蛀荚盛期,9月上旬老熟幼虫脱荚入土越冬。在安徽阜阳,7月下旬越冬幼虫开始化蛹,成虫盛发期在8月中旬,8月下旬为成虫产卵高峰期,9月初为幼虫蛀荚盛期,9月下旬以后老熟幼虫脱荚入土越冬。

(二) 大豆食心虫的主要习性

成虫多在午前羽化,飞翔力弱,有趋光性。成虫羽化后由越冬场所飞往豆田,次日黄昏交配,此时在田间可见到成团飞舞的现象。成虫上午多潜伏在豆叶背面或茎秆上,午后15:00—16:00开始活动,17:00—19:00或日落前2 h左右活动最盛。雌成虫在交配后的次日开始产卵,卵多产在豆荚上,少数产在叶柄、侧枝和主茎上。成虫产卵有明显选择性,3~5 cm长的豆荚上着卵量最多,2 cm以下的豆荚着卵量较少;嫩绿荚上着卵量较多,老熟荚上着卵较少;荚毛多的品种比荚毛少的着卵量多,极早熟或过晚熟的品种比常规品种着卵量少。雌成虫产卵期为5 d左右,单雌产卵量为80~200粒。成虫寿命为8~10 d。

卵期为6~7 d。

幼虫共4龄。初孵幼虫行动敏捷,在豆荚上爬行寻找蛀入点,爬行时间一般不超过8 h。钻蛀前先吐丝结成细长的白色薄丝网,在网中咬食豆荚表皮并穿孔蛀入荚内,蛀入孔多在豆荚边缘合缝附近。幼虫入荚后先蛀食豆荚组织,然后蛀食豆粒,将豆粒咬成沟状或咬食大半,1头幼虫可食害2个豆粒。取食危害20~30 d后幼虫老熟,在豆荚边缘咬孔脱出,脱荚时间以10:00—14:00最多。幼虫脱荚后入土于3~8 cm处做茧越冬。大豆收割前是幼虫脱荚的高峰,部分未脱荚的幼虫则随收获物进入场院,在附近脱荚入土越冬。越冬幼虫在次年化蛹前,咬破土茧上升到土表。

越冬幼虫在土表3 cm以内化蛹,蛹期为10~15 d。

三、大豆食心虫的发生与环境的关系

(一) 气候条件对大豆食心虫的影响

大豆食心虫的发生与温度、湿度、降雨等气候因子关系密切。成虫产卵最适宜温度为20~25 ℃,最适相对湿度为95%,高温干燥和低温多雨均不利于成虫产卵。卵在温度20~30 ℃、相对湿度70%~100%时均能正常发育,若相对湿度低于40%,则卵的孵化受到抑制。温度还影响荚内幼虫的发育,例如东北地区8—9月气温低,大豆贪青晚熟时,常造成幼虫发育迟缓,脱荚幼虫少且越冬死亡率高。降雨直接影响土壤湿度进而影响化蛹和羽化,适宜土壤含水量为10%~30%,低于10%时则有不良影响。北方7—9月雨水多,土壤湿度大时,有利于化蛹和成虫出土,也有利于幼虫脱荚入土;少雨干旱则对其发生不利。在成虫发生盛期若连降大雨,则影响成虫活动,产卵量减少。

(二) 寄主植物对大豆食心虫的影响

不同大豆品种抗虫性差异明显。豆荚有毛的大豆品种着卵量较多,裸生型无荚毛的着卵量极少,荚毛直立的比弯曲的着卵量多。荚皮硬、隔离层细胞横向紧密排列的大豆品种,幼虫蛀入困难,死亡率较高;而隔离层细胞纵向稀疏排列的品种,幼虫入荚死亡率低。不同大豆品种结荚期早晚、结荚期是否集中等也与被害轻重有密切关系。此外,耕作制度可改变大豆的生长发育状况,进而影响大豆食心虫的发生,一般大豆连作比轮作被害重,单作比混间作被害重。

(三) 自然天敌对大豆食心虫的影响

大豆食心虫的天敌较多，如步甲、猎蝽、花蝽、蜘蛛等捕食性天敌，寄生卵的赤眼蜂，寄生幼虫的姬蜂、茧蜂等，白僵菌也可侵染大豆食心虫幼虫，对压低其种群密度有一定作用。

四、大豆食心虫的虫情调查和综合治理技术

(一) 大豆食心虫的虫情调查

参照国家标准《大豆食心虫测报调查规范》(GB/T 19562—2004)和全国农业技术推广服务中心编著的《农作物有害生物测报技术手册》"大豆食心虫测报调查方法"进行大豆食心虫的虫情调查，要点如下。

1. 虫源基数调查 大豆收获前，在当地主栽品种防治田和未防治田中随机各划出 1 000 m²，按对角线 5 点取样，每点割取 1 m² 大豆植株，逐荚剥查被害荚数和脱荚虫孔数。然后，分别从防治田和未防治田的大豆混样中取出 1 000 个豆粒，调查虫食率。

2. 冬后存活率调查 冬前选择 1 块条件接近大田，且容易看管的场所，将 70 cm×70 cm×20 cm 的木框埋入土中，埋深为 10 cm。选取代表当地土壤类型的豆田，取 0~10 cm 表层土壤填入木框内，稍微拍实，表面与地表等高，作为调查圃。在秋季幼虫脱荚入土前，选主栽品种未防治田，参照虫源基数调查方法割取大豆植株，堆放在塑料布上晾晒 3~5 d，采集脱荚幼虫，取 100 头幼虫接入调查圃的木框内。翌年越冬幼虫上移化蛹前，将调查圃木框内的土壤按 0~2 cm、2~4 cm、4~6 cm 和 6~10 cm 分层过孔径 1 mm 的筛，记载死亡虫茧数和空虫茧数，计算越冬幼虫存活率。

3. 化蛹羽化进度调查 制作 50 cm×36 cm×30 cm 的化蛹箱和羽化箱各 1 个，上、下用 0.2 mm 孔径的纱网罩住。参照冬后存活率调查的方法埋入调查圃，各接入 50 头幼虫。翌年春季大豆播种后，将化蛹箱和羽化箱移到大田，埋入土中 10 cm，并去除上部纱网，加盖拱形纱罩。化蛹箱的调查从幼虫上移化蛹时开始，每 5 d 调查 1 次；调查时将化蛹箱内湿土层以上的表土轻轻铲入孔径 1 mm 的筛中，用水冲洗检查夏茧数和上移幼虫数；当连续 2 次筛不到虫茧时，将箱内所有土壤过筛，记载活虫数、活茧数和死虫数、死茧数。羽化箱的调查从发现成虫时开始，每天观察记载 1 次羽化箱纱罩内的成虫数量，并将纱罩内的成虫取出。

4. 田间成虫消长调查 固定 2 块种植当地主栽大豆品种而邻近上年豆茬田的豆田，每块田面积不少于 0.5 hm²，每块田对角线 5 点取样，每隔 20 垄设 1 个样点，每点长 100 m、宽两垄，做好标记。在成虫发生期每天 16:00—18:00 调查 1 次，用 1 m 长的棍棒轻轻拨动样点内的豆株，目测被惊动起飞的成虫数量。并用捕虫网采集成虫 20 头，分别记载雌成虫和雄成虫数量。也可在田间悬挂性诱捕器，放置含反-8，反-10-十二碳二烯醇乙酸酯和反-10-十二碳烯醇乙酸酯等性信息素组分的诱芯，系统诱捕雄成虫。

(二) 大豆食心虫的综合治理技术

大豆食心虫的治理应以农业防治为基础持续压低发生基数，逐步构建以生物防治和诱杀防治为主导、化学防治为补充的绿色防控技术体系。

1. 农业防治 种植抗虫或耐虫品种是控制大豆食心虫危害最经济有效的方法，但抗虫品种有一定地域性，应因地制宜选种虫害率低、丰产性好的品种。避免大豆重茬、迎茬，并注意新种豆田与上年豆茬田间隔 1 000~1 500 m 或以上。水利条件较好的地区，可进行水旱

轮作,能够有效压低发生基数。大豆收获后及时清理田间落荚和枯叶,进行秋翻整地。化蛹和羽化期进行中耕,破坏越冬场所,可机械杀伤土中的幼虫和蛹。

2. 生物防治 成虫产卵盛期,按 150 个卵卡/hm² 或 30 万～45 万头蜂/hm² 的密度,人工释放赤眼蜂以蜂灭卵。秋季幼虫脱荚前,按 22.5 kg/hm² 的白僵菌粉用量,拌细土或草木灰 200 kg,均匀撒在豆田垄台上和垄沟内,可使脱荚落地幼虫患病死亡。

3. 诱杀防治 结合大豆田其他害虫防治,设置频振式杀虫灯或高压汞灯,可诱杀部分成虫。在成虫初发期,按 30～45 个/hm² 的密度设置性诱捕器,可大量诱杀雄成虫,降低卵受精率。

4. 化学防治 应抓住成虫盛发期和卵孵化盛期 2 个关键时期,把幼虫控制在蛀荚危害之前。成虫发生高峰期可见蛾量达 40 头/100 m² 时,选用敌敌畏等具有熏蒸作用的药剂,拌麦麸或用玉米穗轴等作为载体,撒放于田间垄沟中熏蒸防治成虫;或喷施大豆食心虫干扰驱避剂,影响成虫交配和产卵。成虫产卵高峰期田间卵量达 4 粒/百荚时,应及时喷洒具有触杀作用的药剂防治卵和初孵幼虫,重点在大豆的结荚部位施药。

第三节 豆荚螟

豆荚螟（*Etiella zinckenella* Treitschke）又称为豆荚斑螟,俗称蛀豆虫、红虫、豆瓣虫等,属鳞翅目螟蛾科。豆荚螟在国外分布于朝鲜、日本、泰国、印度、斯里兰卡、印度尼西亚、俄罗斯、欧洲、美洲和大洋洲;在我国分布于华北、华东、华中和华南,以黄河流域、淮河流域和长江流域的大豆产区发生危害最重。

豆荚螟为寡食性害虫,寄主植物有大豆、绿豆、豌豆、菜豆、扁豆、刺槐、苦参、苕子等 20 余种豆科植物;以幼虫蛀入豆荚食害豆粒,被害豆粒残缺不全,严重时大部分豆粒被吃光,豆荚内常充满虫粪,影响大豆产量和品质。

一、豆荚螟的形态特征

豆荚螟的形态特征见图 14-3。

1. 成虫 成虫体长为 10～12 mm,翅展为 20～24 mm,体呈灰褐色。雄成虫触角基部有灰白色毛丛。前翅狭长,呈灰褐色,杂有深褐色和黄白色鳞片,前缘自肩角到翅尖有 1 条白色纵带,近翅基部 1/3 处有 1 条金黄色横带。后翅呈黄白色,沿外缘为褐色。

2. 卵 卵呈椭圆形,长径为 0.5～0.8 mm,表面密布网状纹;初产时呈乳白色,后为淡红色,孵化前变暗红色。

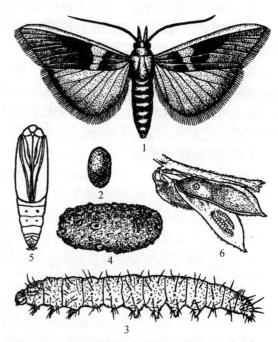

图 14-3 豆荚螟
1. 成虫 2. 卵 3. 幼虫 4. 土茧 5. 蛹 6. 危害状
（1、5 仿西北农学院,余仿河南农学院）

3. 幼虫 老熟幼虫体长为 14～18 mm，呈紫红色，腹面和胸部背面两侧为青绿色。前胸背板中央有黑色人字形纹，两侧各有 1 个黑斑，后缘中央有 2 个小黑斑。背线、亚背线、气门线、气门下线明显。腹足趾钩为双序全环。

4. 蛹 蛹体呈纺锤形，长为 9～10 mm。初化蛹呈淡绿色，后变为黄褐色。触角和翅芽长达第 5 腹节后缘，腹部末端有钩刺 6 个。

二、豆荚螟的生活史和习性

（一）豆荚螟的生活史

豆荚螟在我国 1 年发生 2～8 代，其中在山东、陕西和辽宁 1 年发生 2～3 代，在河南、湖北、湖南和安徽 1 年发生 4～5 代，在广东和广西 1 年发生 7～8 代；在各地均以老熟幼虫在寄主作物田或晒场周围 5～6 cm 深的土壤中结茧越冬。

在 2～3 代区，越冬幼虫 4 月中旬开始化蛹，4 月下旬至 5 月上旬为成虫盛发期；6 月中下旬为第 1 代幼虫发生期，主要危害刺槐和柽柳；第 2 代幼虫盛发期在 7 月下旬至 8 月上旬，主要危害春大豆；第 3 代幼虫盛发期在 8 月中旬至 9 月中旬，主要危害夏大豆；9 月下旬幼虫开始脱荚入土越冬。在 4～5 代区，4 月上中旬为越冬幼虫化蛹盛期，4 月中旬至 5 月中旬越冬代成虫陆续羽化出土，5 月下旬至 6 月中旬为第 1 代幼虫发生期，主要危害豌豆、绿豆、苕子等；第 2 代幼虫盛发期在 7 月上中旬，危害春播大豆、绿豆、柽麻等；第 3 代幼虫盛发期在 8 月上中旬，危害晚播春大豆和夏大豆；第 4 代幼虫于 9 月下旬入土化蛹；部分发生早的第 5 代幼虫发生于 9 月下旬至 10 月下旬，危害晚播夏大豆和秋大豆；10—11 月幼虫老熟后脱荚入土越冬。

（二）豆荚螟的主要习性

成虫昼伏夜出，白天潜藏于豆株或杂草丛中，傍晚开始活动，有弱趋光性，可进行短距离飞翔。成虫羽化当日即可交配，雌成虫交配后 2～3 d 开始产卵。卵单粒散产，大豆结荚前卵多产在幼嫩叶柄、花柄、嫩芽或嫩叶背面，大豆结荚后卵多产在中上部豆荚上。在豆科绿肥或豌豆田，卵多产在花苞或残留的雄蕊内。单雌平均产卵量为 88 粒，最多 226 粒。产卵期为 5.5 d，最长的为 8 d。

卵期为 3～6 d，卵孵化时间多在早晨 6:00—9:00。

幼虫共 5 龄。初孵幼虫先在叶面爬行 1～3 h，或吐丝悬垂到其他枝的荚上，然后在荚上结 1 个白色薄丝囊并藏于其中，经 6～8 h 蛀入豆荚内。幼虫入荚后蛀入豆粒危害，1 头幼虫可食害 4～5 个豆粒，并可转荚危害 1～3 次。幼虫老熟后在荚上咬孔，脱荚入土。幼虫期为 9～12 d。豆荚螟的危害状与大豆食心虫相似，但豆荚螟的蛀入孔和脱荚孔多在豆荚中部，脱荚孔圆而大，而大豆食心虫的蛀入孔和脱荚孔多在豆荚的侧边近合缝处，脱荚孔呈长椭圆形，较小。

幼虫脱荚入土后，吐丝结茧并化蛹其中，蛹期为 20 d 左右。

三、豆荚螟的发生与环境的关系

（一）气候条件对豆荚螟的影响

适温干旱有利于豆荚螟发生危害。在适温条件下，湿度对雌成虫产卵量影响较大，适宜产卵的相对湿度为 70%，低于 60% 或过高，产卵量显著减少。降雨影响土壤湿度，进而影响豆荚螟的发生，当土壤处于饱和湿度或绝对含水量30.5%以上时，越冬幼虫不能存活；土壤湿度25%或绝对含水量12.6%时，化蛹率和羽化率均较高。因此壤土地发生重，黏土地发生轻；高岗地发生重，低洼地发生轻。此外，冬季低温往往引起越冬幼虫大量死亡。

（二）寄主植物对豆荚螟的影响

豆荚螟的早期世代常发生在比大豆开花结荚早的其他豆科植物上，而后转入豆田。若中间寄主面积大、生长期长、距离大豆田近，则大豆田虫源多，发生危害较重。同一地区，春、夏、秋不同播种期的大豆与其他豆科作物插花种植，有利于不同世代转移危害。不同大豆品种被害程度差异很大，结荚期长的品种较结荚期短的被害重，荚毛多的品种比荚毛少的被害重。此外，大豆幼荚期若与成虫产卵期吻合则被害重。

（三）自然天敌对豆荚螟的影响

豆荚螟的天敌有多种赤眼蜂，还有小茧蜂、姬蜂等，幼虫和蛹也常遭受细菌、真菌等病原微生物的侵染，对其发生危害有一定抑制作用。

四、豆荚螟的虫情调查和综合治理技术

（一）豆荚螟的虫情调查

参照全国农业技术推广服务中心编著的《农作物有害生物测报技术手册》"豆荚螟测报调查方法"进行豆荚螟的虫情调查，要点如下。

1. 田间成虫消长调查　固定2块种植当地主栽大豆品种的豆田，大豆开花7~10 d后开始进行成虫调查，豆荚老熟变绿时结束，每天调查1次。每块田调查面积为100 m²，用捕虫网均匀网捕50网次，记载总虫数。也可参照大豆食心虫的调查方法，目测被惊飞的成虫数量。或在田间悬挂性诱捕器，系统诱捕雄成虫。

2. 田间落卵量调查　选择1~2块植株比较稀疏的豆田，从大豆形成籽粒但未膨大的刀片荚开始进行田间落卵量调查，到豆荚变为黄绿色时结束，每3 d调查1次。每块田5点取样，每点调查上部和中部的豆荚各20个，记载花萼下的卵数和豆荚内的幼虫数。

（二）豆荚螟的综合治理技术

豆荚螟的治理应强化农业防治的基础地位，压低害虫发生基数，适时采用生物防治或化学防治把幼虫控制在蛀荚危害之前。

1. 农业防治　合理轮作倒茬，避免大豆与其他豆科作物或紫云英、苕子等豆科绿肥连作或邻作。在水源方便的地区，积极发展水旱轮作。在豆荚螟发生危害严重的地区，应有目的地选种早熟丰产、结荚期短、豆荚毛少或无毛的大豆品种，降低螟害程度。根据当地大豆栽培情况适当调整播种期，使大豆的结荚期与豆荚螟的产卵期错开。

2. 生物防治　成虫产卵始盛期可参照大豆食心虫的防治技术，在田间人工释放赤眼蜂，或投放赤眼蜂与病毒组合的"生物导弹"。幼虫老熟脱荚入土化蛹前，若田间湿度较大，可按45 kg/hm²的白僵菌粉用量，拌细土或草木灰均匀撒于地表，防治落地入土幼虫。

3. 诱杀防治　结合大豆田其他害虫防治，设置频振式杀虫灯或高压汞灯，可诱杀部分成虫。也可在成虫初发期用性诱剂大量诱杀雄成虫，降低卵受精率。

4. 化学防治　成虫盛发期或卵孵化初期为化学防治有利时机。当大豆初荚期幼虫蛀荚率达6%以上时，应及时用药防治成虫、卵或初孵幼虫。若豆荚螟发生危害较重，在幼虫老熟脱荚入土前，可在豆田地面喷洒药剂，毒杀落地入土幼虫。

第四节 豆秆黑潜蝇

豆秆黑潜蝇[*Melanagromyza sojae* (Zehntner)]又名豆秆蝇,俗称豆秆穿心虫,属双翅目潜蝇科。豆秆黑潜蝇在国外分布于日本、印度、埃及和大洋洲;在我国分布于各大豆和豆科蔬菜产区,以黄淮海地区发生危害最重。

豆秆黑潜蝇为寡食性害虫,寄主植物除大豆外,还有绿豆、菜豆、赤豆、豇豆、野生大豆、苜蓿、田菁等多种豆科植物。豆秆黑潜蝇以幼虫钻蛀潜食豆类的叶柄、分枝和主茎,影响植株水分和养分的输导。苗期受害时,植株受刺激而细胞增生,根茎部肿大,叶片萎蔫发黄,植株矮化;重者茎秆中空,叶片脱落,豆株死亡。成株期受害时,髓部呈褐色并充满虫粪,茎秆易折断;严重时植株长势弱,花、叶、荚过早脱落,分枝和结荚量显著减少,形成大量秕荚,豆粒扁小,对产量影响较大。

一、豆秆黑潜蝇的形态特征

豆秆黑潜蝇的形态特征见图14-4。

1. 成虫 成虫体长为2.4~2.6 mm,呈黑色,具蓝绿色光泽。复眼为暗红色,中颜脊窄,呈线状。触角具3节,第3节钝圆,触角芒长度为触角长度的3倍。前翅为膜质而透明,有淡紫色金属闪光,亚前缘脉在到达前缘脉之前与第1径脉靠拢而弯向前缘。径中横脉位于第2中室中央。腋瓣具黄白色缘缨。平衡棒为黑色。中足胫节具后鬃1~3根。

2. 卵 卵呈椭圆形,长径为0.30~0.35 mm,为乳白色,稍透明。

3. 幼虫 老熟幼虫体长为3~4 mm,呈淡黄白色。口器为黑色,口钩端齿尖锐,下缘有1齿。前气门呈冠状突起,具6~9

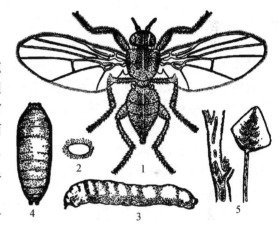

图14-4 豆秆黑潜蝇
1. 成虫 2. 卵 3. 幼虫 4. 蛹 5. 危害状
(仿钱庭玉等)

个椭圆形气门裂;后气门为深灰棕色,呈烛台形,边缘有5~9个气门裂。

4. 蛹 蛹体呈长椭圆形,长为2~3 mm,呈淡褐色而半透明。前气门呈黑褐色,为三角形,向两侧伸出,相距较远。后气门为烛台形,相距较近,中央柱状突为黑色。

二、豆秆黑潜蝇的生活史和习性

(一)豆秆黑潜蝇的生活史

豆秆黑潜蝇在我国1年发生2~13代,其中在辽宁北部1年发生2~3代,在辽宁大连1年发生3~5代,在山东和河南1年发生4~5代,在浙江1年发生6代,在福建1年发生6~7代,在广西1年发生13代;主要以蛹在大豆和其他寄主植物的根茬、秸秆中越冬。

翌年春季越冬蛹羽化时期各地不同。在黄淮海地区,6月上旬越冬蛹开始羽化,6月中旬为越冬代成虫发生盛期；7月上旬为第1代幼虫盛期，第1代成虫始见期在7月上旬，盛期在7月下旬；第2代幼虫盛期在7月下旬至8月上旬，成虫始见期在8月上旬，盛期在8月中旬；第3代幼虫盛期在3月下旬；第1~3代幼虫相继危害春大豆和夏大豆，第4~5代世代重叠，危害晚播大豆、赤豆、豇豆等。在福建，3月下旬至4月初越冬代成虫羽化产卵；第1代和第2代的幼虫盛期分别在4月中下旬和5月中下旬，主要危害春大豆；第3代幼虫盛期在6月下旬至7月上旬，主要危害豇豆；第4代幼虫盛期在8月上中旬，危害秋大豆幼苗；第5代和第6代世代重叠，发生于9—11月，危害秋大豆、四季豆等；第7代幼虫盛期在11月下旬至12月上旬，主要危害豌豆，幼虫老熟后在危害处化蛹越冬。

（二）豆秆黑潜蝇的主要习性

成虫多在白天活动，喜欢吮吸花蜜，夜晚、阴雨天或大风时栖息于豆株下部叶片背面或豆田杂草心叶内。在叶片上活动时，常以腹部末端刺破豆叶表皮，以口器吮吸汁液，被害嫩叶正面边缘常出现密集的小白点和伤孔，严重时叶片枯黄凋萎。成虫一生可交配2~3次，交配1 d后开始产卵。卵多产于植株中上部叶片背面主脉附近的表皮下。产卵时雌蝇用腹末刺破表皮，产卵于伤口内，并用黑褐色黏液封闭伤口，使产卵处呈现出黑褐色斑点。单雌产卵量为7~9粒，多者近400粒。成虫寿命为3~4 d，有的长达14 d以上。

卵期为3~4 d，卵的自然孵化率较高。

幼虫共3龄。初孵幼虫先在叶片背面表皮下潜食叶肉，形成小隧道，后经主脉蛀入叶柄，再向下蛀入分枝和主茎，最后蛀食髓部和木质部。潜道蜿蜒曲折，1头幼虫蛀食的隧道长达17~35 cm。每株豆秆中有幼虫2~5头，多的达12头。幼虫主要在豆秆中下部蛀食，以距地面20~30 cm的主茎内最多。幼虫期为17~21 d。

幼虫老熟后先在危害处向外咬1个圆形羽化孔，然后在孔的内部上方化蛹。蛹期为5~10 d，越冬蛹的蛹期则长达270 d以上。

三、豆秆黑潜蝇的发生与环境的关系

（一）气候条件对豆秆黑潜蝇的影响

气候条件特别是降水量的多少，对越冬蛹的滞育和羽化有明显影响。在黄淮海地区，5月下旬至6月上旬的旬降水量在30 mm以上时，越冬蛹的滞育率低，第1代虫源数量多，发生危害偏重，反之则发生较轻；6月下旬至7月上旬降水量大于40 mm时，第2代幼虫发生量大，危害夏大豆严重。在福建，秋末冬初高温干旱，有利于豆秆黑潜蝇大发生。

（二）寄主植物对豆秆黑潜蝇的影响

不同豆类及其不同品种的被害程度不同，主要寄主作物的种植格局也与发生程度密切相关。荷兰豆和甜豌豆茎秆质地脆嫩，被害较重；而菜豆和大豆茎秆质地坚硬，被害较轻。春播大豆品种若结荚有限，分枝较少，节间较短，主茎较粗，一般被害较轻；夏播大豆品种若前期生长较快，出苗较早，则被害较轻。播种期的影响与豆秆黑潜蝇选择寄主营养生长期和花期产卵的习性有关，凡播种早、幼苗生长快的夏大豆，能忍耐幼虫的蛀茎，被害较轻；而播种晚，幼苗期到初花期与成虫盛发期相遇，蛀入幼虫量多，则被害较重。在同一地区，春、夏、秋不同熟期的豆科作物混杂种植，可为豆秆黑潜蝇提供连续不断的食料供应，容易猖獗暴发。

(三) 自然天敌对豆秆黑潜蝇的影响

目前已发现的豆秆黑潜蝇天敌有豆秆蝇瘿蜂、豆秆蝇茧蜂、长腹金小蜂、两色金小蜂等，对夏秋季节发生的豆秆黑潜蝇寄生率较高，自然抑制作用明显。

四、豆秆黑潜蝇的虫情调查和综合治理技术

(一) 豆秆黑潜蝇的虫情调查

1. 发生情况系统调查 从大豆出苗开始进行发生情况系统调查，到成熟收获前结束，每5d调查1次。选择当地有代表性的大豆田，每块田5点取样，每点10~20株，调查被害叶片、叶柄、分枝和主茎数量。并每点选取5株，剥查主茎内的幼虫、蛹和蛹壳数量以及蛀食隧道数，测量隧道长度。

2. 成虫消长情况调查 田间始见成虫时开始进行成虫消长情况调查，至成虫终见期结束。选择当地有代表性的大豆田，每块田5点取样，每点10 m²，每天6:00—8:00仔细目测栖息在叶面上的成虫数，或用直径为33 cm，长为57 cm的捕虫网在叶片表面来回扫网，每点10复次，统计落网成虫数。

3. 大田被害情况普查 在大豆收获前1~2 d，选择当地不同类型大豆田若干，每块田5点取样，每点选取10株大豆，剥查主茎内的隧道数，测量隧道长度，进行大豆测产。

(二) 豆秆黑潜蝇的综合治理技术

豆秆黑潜蝇的治理应贯彻"控前压后"的策略，以压低发生基数为基础，以控制主害代危害为重点，积极采用无公害或绿色防控技术，持续控制其发生危害。

1. 农业防治 大豆收获后，及时清除田间的豆秆和根茬；越冬代成虫羽化前，进行深翻整地，消灭越冬寄主，减少越冬虫源。合理布局豆科作物，避免春、夏、秋不同熟期的豆科作物混杂种植；注意轮作换茬，可与玉米、谷子、甘薯、花生等非寄主作物轮作。选种丰产抗虫品种或适期早播，将大豆易受害生育时期与豆秆黑潜蝇产卵盛期错开。加强保健栽培，增施基肥、磷肥和钾肥，促进豆株早发，提高耐害能力。

2. 生物防治 适当推迟豆秆处理时间，或将豆秆置于网笼中，保护利用自然天敌。

3. 诱杀防治 按红糖：醋：白酒：水＝75：100：25：100的比例配制糖醋酒液，在成虫发生期大量诱杀成虫。

4. 化学防治 若大豆营养生长期和花期成虫发生数量达到10~15头/50网次，应立即进行防治。考虑到豆秆黑潜蝇属钻蛀性害虫，应选择持效期长、内吸性好的药剂。

第五节 菜　蛾

菜蛾 [*Plutella xylostella* Linnaeus (Curtis)] 又名小菜蛾、方块蛾，俗称小青虫、吊丝虫、两头尖等，属鳞翅目菜蛾科。菜蛾在国外分布于80多个国家和地区，为世界性重要害虫；在我国各地均有分布，但以长江中下游地区发生危害最重。

菜蛾主要危害十字花科植物，以花椰菜、球茎甘蓝、芥菜、芫菁、白菜、萝卜、油菜等被害最重，也可取食白芥、大蒜芥、碎米芥、播娘蒿、紫罗兰等十字花科杂草。菜蛾以幼虫取食危害寄主叶片，初孵幼虫可潜入叶片组织内取食叶肉；2龄后啃食下表皮和叶肉，留存上表皮，形成许多透明斑点；3~4龄幼虫将叶片食成孔洞或缺刻，严重时可将叶片吃光，

仅留主脉。菜蛾危害油菜时，还食害嫩茎、幼荚和籽粒，影响油菜产量。

一、菜蛾的形态特征

菜蛾的形态特征见图14-5。

1. 成虫 成虫体长为6~7 mm，翅展为12~15 mm，体呈灰黑色，头部和胸部背面为灰白色。触角为褐色，上有白色斑纹。翅为狭长形，缘毛很长。前翅中央有3度曲折的黄白色波状纹，静止时两翅覆盖于体背呈屋脊状，黄白色波状纹合并成3个连续的菱形斑纹。后翅为银灰色。

2. 卵 卵为扁平椭圆形，长径为0.5 mm左右，短径为0.3 mm左右。卵初产时为乳白色，后变为淡黄色，表面光滑，有光泽。

3. 幼虫 老熟幼虫体长为10~12 mm，呈淡绿色。头部黄褐色。前胸背板上有2个由褐色小点组成的U形纹。腹足趾钩为单序缺环，臀足后伸超过腹部末端。

4. 蛹 蛹体长为5~8 mm，体色有

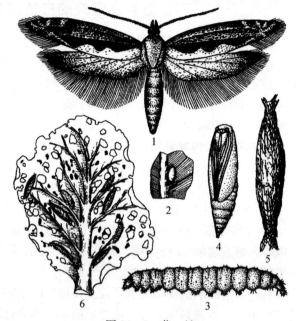

图14-5 菜 蛾
1. 成虫 2. 卵 3. 幼虫 4. 蛹 5. 茧 6. 危害状
（仿中国农业科学院）

黄白色、粉红色、黄绿色、绿色、灰黑色等变化；无臀棘，肛门附近有钩刺3对，腹末有小钩4对。蛹外有稀疏的白色丝茧。

二、菜蛾的生活史和习性

（一）菜蛾的生活史

菜蛾在我国1年发生3~19代，其中在东北、华北北部和西北大部1年发生3~4代，在河北1年发生4~5代，在河南1年发生6代，在长江流域1年发生9~14代，在广东和广西1年发生17代，在台湾1年发生18~19代；在黄河流域及其以北地区，主要以蛹在菜田残枝落叶下越冬；在长江中下游及其以南地区，终年可见各虫态，无明显越冬现象。

全年发生危害盛期因地而异。北方除新疆7—8月发生严重外，其他地区均以4—6月发生危害严重，主要危害春油菜。在南方，则春、秋两季发生危害较重，但以秋季虫口密度最大，夏季一般发生较轻。

（二）菜蛾的主要习性

成虫昼伏夜出，有趋光性；白天隐藏于植株荫蔽处或杂草丛中，日落后开始活动，以晚上19:00—23:00活动最盛。成虫羽化后即可交配，有多次交配习性。雌成虫交配后当晚即可产卵，卵多散产于叶片背面近叶脉的凹陷处，少数产在叶片正面或叶柄上。成虫产卵对寄

主植物有选择性,一般选择含有异硫氰乙酸酯类化合物的植物产卵,芥菜汁液对其产卵有引诱作用。产卵期,在 20 ℃时为 11 d 左右,在 28 ℃时仅为 5~6 d。单雌平均产卵量为 248 粒,最高可达 500 多粒。雄成虫寿命为 10~16 d,雌成虫寿命为 6~14 d,越冬代成虫寿命可长达 3 个月以上。

卵期为 3~11 d。

幼虫共 4 龄。初孵幼虫先潜食叶片组织,稍后退出潜道,啃食叶肉,2 龄后幼虫行动活泼,遇惊时就扭动身体、倒退,或吐丝下垂逃逸。幼虫有背光性,多群集在心叶中和叶片背面,甚至在脚叶上取食。幼虫期为 6~27 d。

幼虫老熟后在叶片背面或地面枯叶下结薄茧化蛹,蛹期为 6~14 d,越冬蛹的蛹期则在 200 d 以上。

三、菜蛾的发生与环境的关系

(一) 气候条件对菜蛾的影响

菜蛾对温度的适应能力较强,在 10~40 ℃范围内均可以生存繁殖。但生长发育最适温度为 20~30 ℃,当温度高于 30 ℃或低于 8 ℃,而相对湿度高于 90%时,发生数量下降。夏季暴雨冲刷,对卵和幼虫损伤较大。在多雨年份,旬降水量大于 90 mm,对菜蛾种群数量抑制作用明显。因此在我国大部分地区,菜蛾主要在春末夏初和秋季发生危害严重。

(二) 寄主植物对菜蛾的影响

菜蛾以十字花科植物为寄主,幼虫最嗜食甘蓝型油菜和芥菜。不同品种抗虫性不同,与叶片表面的蜡质和化学成分有关。十字花科作物连作,早熟品种、中熟品种和晚熟品种插花种植,常常使寄主植物周年不断,有利于发生危害。

(三) 自然天敌对菜蛾的影响

菜蛾的自然天敌种类较多。卵寄生性天敌主要是赤眼蜂,幼虫寄生天敌主要有菜蛾绒茧蜂和姬蜂,幼虫到蛹期的跨期寄生蜂有菜蛾啮小蜂等。捕食性天敌有蚂蚁、草蛉、瓢虫、食蚜蝇、步甲、蜘蛛等。在潮湿季节,虫霉菌、昆虫病毒也感染幼虫。

四、菜蛾的虫情调查和综合治理技术

(一) 菜蛾的虫情调查

可参考《十字花科蔬菜病虫害测报技术规范 第 3 部分 小菜蛾》(GB/T 23392.3—2009)和全国农业技术推广服务中心编著的《农作物有害生物测报技术手册》"十字花科蔬菜小菜蛾测报调查方法"进行菜蛾的虫情调查,要点如下。

1. 越冬虫源基数调查 在菜蛾进入越冬前调查 1 次越冬虫源基数。选择当地不同类型油菜田各 1 块,每块田对角线 5 点取样,每点 10 株,由下至上翻看叶片,记载卵、幼虫和蛹的数量。

2. 成虫发生数量调查 在油菜生长季节,可用自动虫情测报灯或含有 (Z) - 11 -十六碳烯醛和 (Z) - 11 -十六碳烯醇乙酸酯活性成分的性诱剂诱蛾,灯具和诱捕器设置按十字花科蔬菜病虫害测报技术规范进行。

3. 田间发生虫量调查 冬前系统调查从油菜出苗或移栽定植后开始,到菜蛾进入越冬结束;春季系统调查从菜蛾出蛰开始,到油菜收获结束,每 5 d 调查 1 次。选择当地有代表性的油菜田1~2块,每块田对角线5点取样,苗期每点固定10株,成株期每点固定5株,翻看记载叶片上的卵、幼虫和蛹的数量。大田普查选择当地有代表性的油菜田若干,在菜蛾发生危害高峰期进行,取样调查方法同系统调查。

(二) 菜蛾的综合治理技术

菜蛾的治理应强化农业防治,发展生物防治和诱杀防治等绿色防控技术。必须进行化学防治时,应注意选择农药品种和轮换交替用药,加强抗药性治理。

1. 农业防治 油菜收获后,及时清除田间的残株、枯叶。秋季油菜播种前,应铲除田间、田边和路边的十字花科植物,压低虫口基数。避免油菜与十字花科蔬菜连作,切断食物桥梁,可压低秋季危害程度。在十字花科作物田,间作套种适量的茄科作物,有驱避成虫产卵的作用。

2. 诱杀防治 利用成虫的趋光性,在田间设置频振式杀虫灯、高压汞灯等,大量诱杀成虫。应用人工合成的菜蛾性诱剂,将诱芯置于水盆诱捕器上诱杀雄成虫。也可在求偶交配期,田间放置性诱剂诱芯进行迷向干扰。其中诱捕法诱芯作用距离为10~15 m,迷向法作用距离为5 m左右。

3. 生物防治 在自然天敌发生量较大的田块,应注意合理用药,保护利用蜘蛛、绒茧蜂、啮小蜂等天敌种群。也可人工饲养绒茧蜂等,释放到田间。目前应用于小菜蛾防治的微生物菌剂主要有苏云金芽孢杆菌、白僵菌、核型多角体病毒、小卷蛾线虫、异小杆线虫等。

4. 化学防治 菜蛾世代历期较短,在南方世代重叠严重,已对多种类型的农药产生抗性。因此应根据当地抗药性情况,慎重选择药剂,注意轮换交替用药,避免常年连续使用一种药剂。施药适期应掌握在卵孵化盛期至2龄幼虫期,重点在叶片背面和心叶施药,以提高防治效果。

第六节 其他常见油料作物害虫

其他常见油料作物害虫见表14-1。

表14-1 其他常见油料作物害虫

种类	分布和危害特点	生活史和习性	防治要点
豆天蛾 (*Clanis bilineata* Walker) (俗称豆虫、牛鼻栓等,属鳞翅目天蛾科)	在国外分布于朝鲜、日本和印度;在我国除西藏外,各地均有分布,以黄河流域发生危害最重。以幼虫取食大豆叶,低龄幼虫吃成网孔和缺刻;5龄进入暴食阶段,食量占幼虫期总食量的90%。发生严重时,可将豆株吃成光秆,使之不能结荚	在淮河以北1年发生1代,在长江流域和华南1年发生2代;以老熟幼虫在豆田及其附近土中越冬。在1代区,越冬幼虫在6月中上旬化蛹,7月中下旬羽化为成虫,7月下旬至8月上旬为产卵盛期,幼虫盛发期在7月下旬至8月下旬,幼虫老熟后入土越冬。在2代区,5月上旬至10月上旬均可见到成虫,第1代幼虫发生期在5月下旬至7月上旬,主要危害春播大豆;第2代幼虫发生期在7月下旬至8月上旬,主要危害夏播大豆;9月中旬幼虫老熟后入土越冬。成虫昼伏夜出,傍晚活动,有趋光性,飞翔力强,喜食花蜜。卵多散产于豆株上部叶片背面,单雌产卵量为200~450粒。卵期为4~8 d,幼虫孵化后取食叶片,有转株危害习性。幼虫共5龄,老熟后入土化蛹,蛹期为11~20 d。	1. 大豆收获后及时秋耕、冬灌,降低越冬基数 2. 避免豆科作物连作;选种成熟晚、秆硬、皮厚的抗虫品种 3. 结合农事操作,人工捕捉幼虫 4. 田间设置频振式杀虫灯、高压汞灯等诱杀成虫 5. 幼虫期喷洒100亿/g苏云金芽孢杆菌800倍液 6. 幼虫3龄前当田间幼虫数量达5~10头/百株时,及时喷药防治

(续)

种类	分布和危害特点	生活史和习性	防治要点
黑点银纹夜蛾［Argyrogramma agnata (Staudinger)］（又名银纹夜蛾、豆步曲、大豆造桥虫等，属鳞翅目夜蛾科）	在国外分布于俄罗斯、日本和朝鲜；在我国各大豆、花生、蔬菜产区均有分布，以黄淮海和长江流域发生数量较多。初孵幼虫先隐蔽于叶片背面剥食叶肉，被害叶片呈纱网状。3龄后食害上部嫩叶成孔洞。4～5龄进入暴食期	在河北和山西北部1年发生2代，在山东、河南和陕西1年发生5代，世代重叠；以蛹在枯叶下或土缝中越冬。在5代区，第1代幼虫在4月下旬至6月下旬危害春季蔬菜和豌豆，第2代幼虫在6月中旬至7月中旬危害春大豆和部分早播夏大豆，第3代幼虫在7月下旬到8月中旬危害夏大豆，第4代幼虫在8月中旬至9月中旬危害夏大豆，第5代幼虫在9月上旬至10月中旬危害秋季蔬菜。其中，以第3代幼虫发生数量最多。成虫昼伏夜出，趋光性强，趋化性弱，喜欢在生长茂密的豆田产卵，卵多散产在豆株上部叶片背面。卵期为3～6 d。幼虫共5～6龄。幼虫有避光性，在白天强光下活动较弱，早晨和傍晚活动最盛，阴天可整日活动取食。幼虫老熟后在叶片背面结茧化蛹，蛹期为7～11 d，越冬蛹的蛹期则达200 d以上	1. 避免春大豆与夏大豆混栽，提倡同类型作物大面积连片种植 2. 成虫发生期田间设置频振式杀虫灯、高压汞灯等诱杀成虫 3. 幼虫发生期喷洒青虫菌、Bt乳剂、核型多角体病毒等生物农药，也可释放黑瘤姬蜂等天敌昆虫防治幼虫 4. 当豆田虫量达50头/百株时，幼虫3龄前及时喷药防治
锯角豆芫菁（Epicauta gorhami Marseul）（又名豆白条芫菁、豆芫菁等，属鞘翅目芫菁科）	在国外分布于日本、朝鲜、欧洲和北美洲；在我国分布于河北、河南、陕西、山西、山东、江苏、江西、浙江、湖南、湖北、四川、贵州、广东、福建、台湾等地。杂食性害虫，成虫为植食性，蚕食多种植物的叶片和花瓣；幼虫为肉食性，以蝗卵为食	在河北、河南、山东等地1年发生1代，在湖北、江西、福建等地1年发生2代；以5龄幼虫在土中越冬。春季越冬幼虫继续发育至6龄后化蛹。在1代区，6月下旬至8月中旬为成虫发生盛期。在2代区，第1代成虫在5—6月危害春播大豆；第2代成虫在8月中旬危害夏播大豆，9月下旬至10月上旬转移到其他寄主上取食危害。成虫有群集性，羽化后4～5 d交配，雄虫可交配3～4次，雌成虫仅交配1次。单雌产卵量为400～500粒。幼虫孵化后以蝗虫卵为食，若无蝗虫卵则因饥饿死亡，幼虫较多则自相残杀。幼虫共6龄，老熟后在土中化蛹	1. 秋收后或冬季深翻土地，消灭越冬幼虫 2. 成虫发生期用网捕杀或木板拍杀（注意避免接触虫体，以免引起皮肤过敏） 3. 成虫发生量较大时，田间喷洒药剂进行防治
菜粉蝶［Pieris rapae (Linnaeus)］（又名菜白蝶、白粉蝶，幼虫俗称菜青虫，属鳞翅目粉蝶科）	在国外广泛分布于世界各地；在我国各地均有分布，以华东、华中和华南发生危害最重。寡食性害虫，尤喜食十字花科叶面少毛多蜡的植物。幼虫咬食叶片，2龄前仅啃食叶肉，残留表皮；3龄后蚕食叶片成孔洞或缺刻，严重时叶片全部被吃光，只残留粗叶脉和叶柄	1年发生3～12代；在东北、北京和宁夏1年发生3～4代，在河北、河南和陕西1年发生4～5代，在山东1年发生5～6代，在华中和华东1年发生7～8代，在湖南1年发生8～9代，在广东1年发生12代。在华南地区各虫态均可越冬，在其他地区以蛹在田内外各种隐蔽场所越冬。越冬蛹羽化持续时间长达1个月以上，世代重叠严重。在东北以7—9月发生危害最重，在华北以5—6月和8—9月发生危害最重，在长江以南以4—6月和9—11月发生危害最重。成虫昼出夜伏，喜食花蜜；羽化后数小时开始交配产卵。卵散产于叶片背面，有时也产于叶片正面或叶柄上。单雌产卵量为300～500粒。初孵幼虫先取食卵壳，行动迟缓，不活泼。幼虫共5龄，老熟后在植株下部老叶背面或叶柄处化蛹；末代老熟幼虫则四处爬行寻找化蛹场所	1. 作物收获后及时清除田间的枯叶、残株和杂草，消灭其中隐藏的幼虫和蛹 2. 春季油菜开花结荚期尽量避免在油菜田使用广谱性杀虫剂，以保护利用天敌 3. 喷洒苏云金芽孢杆菌或青虫菌菌粉、Bt乳剂、菜粉蝶颗粒体病毒制剂，或释放寄生性天敌 3. 1～3龄幼虫盛发期药剂防治。由于世代极不整齐，每代高峰期需连续用药2～3次

(续)

种类	分布和危害特点	生活史和习性	防治要点
黄曲条跳甲 [*Phyllotreta striolata* (Fabricius)]（又名黄条跳甲，俗称狗蚤虫、跳蚤虫、地蹦子等，属鞘翅目叶甲科）	在国外分布于亚洲、欧洲和美洲；在我国各地均有发生，以南方各地发生危害较重。成虫和幼虫均可危害，成虫咬食寄主植物叶片；幼虫危害根部，蛀食根皮成许多弯曲的虫道，也能蛀入根内危害	1年发生2～8代，其中在东北和西北1年发生2～3代，在华北1年发生4～5代，在华东1年发生4～6代，在华中1年发生5～7代，在华南1年发生7～8代；在长江以北以成虫在残株落叶下、土缝或杂草中越冬，在长江以南无越冬现象。春季10℃以上时越冬成虫开始活动、取食。4月上旬开始产卵，以后世代重叠。10—11月气温下降，成虫开始越冬。全年以春末夏初和秋季发生危害较重。成虫善跳跃，高温季节多在早晚活动，中午躲在叶背或土中潜伏；具有趋光性和趋黄、趋嫩绿习性。成虫寿命为30～80 d，最长可达1年。卵多产在湿润的表土下、植物根须上或根部附近土粒上。卵聚产成块，每块有卵20多粒。单雌产卵量数十粒至数百粒不等。幼虫共3龄，生活在土中，老熟后在3～7 cm深的土壤中筑土室化蛹	1. 清除田间杂草、落叶、残株，深翻整地，消灭越冬成虫 2. 避免十字花科作物连作 3. 按$70×10^9$条/hm^2的用量，傍晚喷施斯氏线虫或异小杆线虫于根部周围土壤 4. 成虫发生期在田间设置频振式杀虫灯、高压汞灯，或按750张/hm^2的密度悬挂粘虫黄板进行诱杀 5. 油菜播种时药剂拌种，移栽时发现根部有虫时可用药液浸渍根部15 min，或春季成虫产卵之前喷药防治
靛蓝龟象 (*Ceuthorhynchus asper* Roelofs)（又名油菜茎象甲、油菜象鼻虫等，属鞘翅目象甲科）	在国外分布于日本；在我国分布于各油菜区，但以西北地区发生危害较重。主要危害油菜及其他十字花科植物。幼虫在茎秆内蛀食成隧道，受害茎肿大或扭曲变形，直至崩裂，严重影响生长、分枝及结荚，甚至全株枯死	在西北地区1年发生1代，以成虫在土缝中越冬。早春油菜返青时越冬成虫出土活动。油菜返青抽薹期为成虫产卵高峰期。幼虫孵化后蛀茎取食危害，老熟后由茎中钻出，入土结茧化蛹。油菜成熟前成虫羽化。油菜收获后，成虫潜入土中越夏。秋季越夏结束，再迁入新植油菜田取食菜苗。秋末气温下降后入土越冬。成虫昼夜均可活动取食，飞翔力较强，有假死性。卵多产于油菜主茎上，产卵时先用喙在幼嫩茎表面蛀1个小孔，然后将卵产于其中，每孔1粒卵。单雌产卵量为3～7粒，多的20粒以上。卵期为10 d左右。幼虫共3龄，在茎内上下蛀食，将茎内蛀成隧道，常常10～20头幼虫生活在一起。幼虫期为25～35 d，老熟后逐渐移到茎秆下部向外蛀孔，从孔口或茎秆开裂处钻出，落地入土筑土室化蛹。蛹期为20 d左右	1. 避免油菜以及其他十字花科作物连作 2. 冬季或早春灌溉时，在田间保水1～2 d，能使大部分越冬成虫窒息死亡 3. 成虫发生期田间设置频振式杀虫灯、高压汞灯，或悬挂粘虫黄板和性诱剂，诱杀成虫 4. 早春成虫出土至产卵前，田间喷洒药剂，也可在油菜根际撒施毒土。药剂防治重点是植株中下部
豌豆彩潜蝇 [*Chromatomyia horticola* (Goureau)]（又名豌豆潜叶蝇、豌豆植潜蝇、油菜潜叶蝇等，属双翅目潜蝇科）	在国外分布于非洲、美洲、大洋洲、欧洲和亚洲；在我国除西藏外，各地均有发生。多食性害虫，以幼虫在叶片组织中潜食叶肉，形成迂回曲折的隧道，仅留上下表皮，严重时全叶枯萎	1年发生3～18代，其中在宁夏1年发生3～4代，在辽宁1年发生4～5代，在华北1年发生5代，在江西1年发生12～13代，在福建1年发生13～15代，在广东1年发生18代；在淮河以北以蛹在被害叶片内越冬，在长江以南至南岭以北以蛹越冬为主，在华南无越冬现象；在各地均以3月下旬至5月下旬为发生危害盛期，6月至7月在瓜类和杂草上取食，8月以后转移到萝卜、白菜苗上取食，10月至11月转移到油菜、豌豆田繁殖危害。成虫能爬善飞，多在晴朗的白天活动取食。雌成虫交配后1～2 h开始产卵，卵多产在幼嫩叶片背面边缘。产卵时用产卵器刺破叶片表皮，将卵产在叶肉组织内，产卵处呈灰白色的点状斑痕。单雌产卵量为45～90粒。卵期为5～11 d。幼虫共3龄，孵化后即潜入叶片组织取食，蛀食叶肉形成虫道。幼虫期为5～15 d，老熟后在虫道末端将叶表皮咬破成羽化孔，然后化蛹于虫道内。蛹期为8～16 d	1. 油菜、豆类等喜食作物与非喜食作物轮作倒茬 2. 喷洒苏云金芽孢杆菌等生物农药，或在卵期释放姬小蜂等天敌昆虫 3. 用3%红糖液或甘薯、胡萝卜煮液配制毒饵，或用黄色粘板或粘蝇纸诱杀成虫 4. 成虫盛发期喷药防治成虫

(续)

种类	分布和危害特点	生活史和习性	防治要点
向日葵斑螟 [*Homoeosoma nebulella* (Denis et Schiffermüller)]（又名欧洲向日葵螟、葵螟等，属鳞翅目螟蛾科）	在国外分布于法国、伊朗、西班牙等欧亚国家；在我国分布于黑龙江、吉林、辽宁、新疆、内蒙古等向日葵产区。1～2龄幼虫取食筒状花、种子和萼片边缘，3龄后沿葵花籽实排列缝隙蛀食花盘和种子，并在花盘上吐丝结网，粘连虫粪和碎屑，被害花盘多腐烂发霉，降低产量和品质	在东北和内蒙古1年发生1～2代，在新疆1年发生2～3代，以老熟幼虫在土壤中结茧越冬。在东北7月上旬越冬幼虫破茧化蛹，7月下旬至8月上旬为成虫羽化高峰，8月中旬为幼虫危害盛期，8月下旬老熟幼虫入土越冬，少数幼虫在9月上旬化蛹和羽化出成虫，并出现第2代幼虫。在新疆，越冬代成虫5月中旬开始羽化，第1代幼虫发生于7月上旬，第2代幼虫发生于8月中旬，幼虫老熟后少部分入土越冬，大部分幼虫化蛹和羽化，出现第3代幼虫危害至9月中旬，老熟后入土结茧越冬。成虫飞翔力较强，趋光性较弱。雌成虫交配当天即可产卵，卵多散产于花盘上的开花区内。单雌产卵量为200～300粒。幼虫共4龄，老熟后脱盘落地，入土化蛹或吐丝结茧越冬	1. 选种抗螟向日葵品种，适当调整播种期，使向日葵开花期与成虫产卵盛期错开 2. 秋季深翻土壤，结合冬灌，杀伤越冬幼虫 3. 向日葵田周围种植荷蒿等菊科植物，引诱成虫产卵，集中防治。或在成虫发生期设置频振式杀虫灯、高压汞灯，或放置性诱剂诱捕器，诱杀成虫 4. 成虫产卵期田间释放赤眼蜂，或喷洒苏云金芽孢杆菌等生物农药 5. 幼虫孵化高峰期对花盘喷药防治，将幼虫控制在蛀食以前
芝麻鬼脸天蛾（*Acherontia styx* Westwood）（又名芝麻天蛾、茄天蛾、人面天蛾等，属鳞翅目天蛾科）	在国外分布于日本、马来西亚、印度、阿富汗、伊朗和斯里兰卡；在我国分布于河南、山东、山西、陕西、山西、湖北、四川、江西、江苏、浙江、广东、贵州、台湾等地。以幼虫取食嫩叶、嫩茎和蒴果，发生严重时可将叶片全部吃光	在河南和湖北1年发生1代，在广西、广东和江西1年发生2代，在广东以南1年发生3代；在各地均以蛹在6～10 cm深的土室内越冬。在1代区，6月上旬出现成虫，6月中下旬产卵，7月中下旬为幼虫发生期，8月上旬至9月上旬老熟幼虫入土化蛹越冬。在2代区，7月中下旬为第1代幼虫发生期，9月为第2代幼虫发生期。成虫昼伏夜出，飞翔力弱，趋光性强。卵散产于芝麻叶片正面或背面。初龄幼虫夜间活动，随着龄期增大食量逐步增加，老龄幼虫昼夜取食，短时间内可将整株叶片吃光；具有转株取食危害习性，老熟后入土筑土室化蛹	1. 芝麻收获后及时秋耕、冬灌，降低越冬基数 2. 结合农事操作，人工捕捉幼虫或蛹 3. 成虫发生期在田间设置频振式杀虫灯、高压汞灯等诱杀 4. 幼虫3龄前及时喷药防治

第七节　油料作物害虫综合治理

一、大豆害虫综合治理

我国是大豆的原产地，主要害虫种类因地而异。东北春播大豆区以大豆食心虫和大豆蚜为常发性重要害虫，个别地区或个别年份叶螨、蛴螬、草地螟、地老虎、蒙古灰象甲等发生危害也较严重；黄淮海夏播大豆区以豆秆黑潜蝇和大豆蚜为常发性重要害虫，个别地区或个别年份大豆食心虫、豆荚螟、豆天蛾、黑点银纹夜蛾、坑翅夜蛾、蛴螬、油葫芦等发生危害也较严重；南方大豆产区比较分散，发生普遍的是豆荚螟、锯角豆芫菁、二条叶甲、稻绿蝽、大豆毒蛾等也较常见。

在制订综合治理计划时，应结合当地主要害虫发生危害情况，综合考虑大豆补偿能力较强的特点，以压低害虫发生基数为重点，以保护利用天敌为补充，把农业防治、生物防治、诱杀防治与化学防治有机结合，大力推广绿色防控技术，保障大豆丰产和优质。

（一）备耕期大豆害虫的综合治理

1. 秋翻整地灭茬　秋收后及时翻耕土地、精耕细耙和清洁田园，不仅有利于大豆丰产，而且可有效压低越冬虫口基数，减少地下害虫和苗期害虫的发生。

2. 合理安排茬口　坚持大面积轮作是切断害虫食物链和减轻危害的基础措施。进行水旱轮作，能有效控制蛴螬、大豆食心虫、豆荚螟、豆天蛾等害虫的发生。

3. 选种抗虫品种　针对大豆食心虫、豆荚螟、豆秆黑潜蝇等钻蛀性害虫，因地制宜地选种高产、优质、抗虫或耐虫品种，可从根本上控制害虫的危害。

（二）播种期和苗期大豆害虫的综合治理

1. 间作套种　推广玉米与大豆间作套种或同穴混播，不仅可以提高复种指数和种植收益，而且能显著减轻多种大豆害虫的发生危害。

2. 处理种子　播种时用药剂拌种或使用药剂包衣种子，可防治地下害虫的危害，兼治蚜虫、豆根蛇潜蝇等多种苗期害虫，且有利于保护天敌，是较为有效的防治措施。

3. 适时用药　大豆苗期蚜虫、豆秆黑潜蝇等害虫发生严重时，应及时喷洒药剂进行防治，并注意选择对天敌安全的药剂或错开天敌活动高峰施药。

（三）生长期和结荚期大豆害虫的综合治理

1. 适时灌溉　提高土壤和空气湿度，改善田间微气候环境，能增加害虫感染白僵菌、蚜霉菌等微生物天敌的概率，且有利于寄生性和捕食性天敌的栖息和存活。

2. 招引天敌　在豆田按 1 个/10 m² 的密度，挖 12 cm×12 cm×12 cm 的小坑，并覆盖秸秆或杂草，可有效招引步甲、蜘蛛、蟾蜍等天敌栖息，增加豆田自然天敌数量。

3. 生物防治　针对不同害虫采用不同的生物农药，对于蛀荚害虫，应在脱荚入土前在地面喷洒微生物农药；对于钻蛀性害虫，应在幼虫孵化盛期用药。

4. 诱杀防治　田间设置诱虫灯阵大量诱杀趋光性害虫，可显著降低蛾类的田间落卵量。蚜虫发生量大时，在春季迁入豆田前设置粘虫黄板诱杀，可推迟大豆蚜的发生高峰。

5. 合理用药　按照主治一种害虫兼治其他害虫的原则，选择高效、低毒或微毒的无公害农药，当主要害虫达到防治指标时立即进行防治。

二、油菜害虫综合治理

我国是世界上最大的油菜生产国。油菜按播种期可分为冬播油菜和春播油菜，其中冬播油菜主产区在长江流域，春播油菜主产区在西北地区。两大产区的油菜蚜虫、菜蛾、菜粉蝶、黄曲条跳甲和潜叶蝇均为主要害虫，西北地区的靛蓝龟象也发生危害较重。但由于这些害虫也是十字花科蔬菜的主要害虫，在我国多作为蔬菜害虫进行研究，而将防治技术引用于油菜生产。

在制订综合治理计划时，应充分考虑油菜害虫春、秋两季发生危害严重的特点，抓住影响当地油菜生产的关键害虫，以农业防治为基础压低发生基数，发挥自然天敌的控制作用，将生物防治、诱杀防治与化学防治有机结合，大力推广无公害和绿色防控技术。

（一）备耕期油菜害虫的综合治理

1. 及时清洁田园　油菜收获后及时清除田间的残株、落叶，可压低菜蛾、菜粉蝶、黄曲条跳甲、潜叶蝇等多种害虫的发生基数。

2. 合理布局作物　做好种植区划，将油菜产区和蔬菜产区安排在不同的区域，避免与十字花科作物连作或混作,切断寄主食物链。

3. 选种抗虫品种 特别是针对油菜蚜虫发生危害日趋严重的情况,已经筛选出了一些丰产性较好的抗蚜品种,应结合当地自然条件有目的地选种。

(二)播种期和苗期油菜害虫的综合治理

1. 喷药封锁 春播油菜产区,多数害虫在早春从田外迁移至油菜田,可在油菜子叶期前于田边四周喷 10~20 m 宽的药带,从而减少害虫迁入,推迟发生危害高峰。

2. 隐蔽施药 油菜播种或移栽时,选择内吸性药剂拌种或沟施、穴施于栽植沟内,可控制多种苗期害虫危害,且对天敌比较安全。

3. 药剂喷雾 冬播油菜产区抓住关键害虫,选择兼治效果好的药剂,进行叶面喷雾。春播油菜产区应选择对天敌安全的药剂,选择合适的施药时间和施药方法。

(三)开花结荚期油菜害虫的综合治理

1. 生物防治 针对不同害虫,选择苏云金芽孢杆菌、白僵菌、昆虫病毒、昆虫线虫等生物农药,抓住防治关键时期用药。

2. 诱杀防治 可在田间设置粘虫黄板,大量诱杀蚜虫、黄曲条跳甲、潜叶蝇等。菜蛾抗药性较强的地区,可设置大面积诱虫灯阵,或用性诱剂诱杀。

3. 化学防治 考虑到油菜也是重要的蜜源作物,必须进行药剂防治时,应选择对蜜蜂和天敌安全的药剂,主治关键害虫,兼治多种害虫,尽量减少用药次数和用药量。

三、花生害虫综合治理

花生是优质油料和保健食品,也是我国具有明显国际竞争优势的大宗农产品,近年来种植面积迅速增加,已成为我国第一大油料作物。花生害虫种类较多,但常年发生危害最严重的是蛴螬和花生蚜,个别年份叶螨、蓟马等刺吸式口器害虫和斜纹夜蛾、甜菜夜蛾、棉铃虫等多食性害虫也会在局部地区暴发成灾。

在制订综合治理计划时,应紧紧围绕蛴螬和花生蚜两种关键害虫设计治理方案,兼治其他次要害虫。应以农业防治为基础,优先使用生物防治和诱杀防治技术,尽可能减少化学药剂的应用。必须进行药剂防治时,应选择无公害农药,确保花生产品质量安全。

(一)备耕期花生害虫的综合治理

1. 冬春深耕细耙 通过机械杀伤、日光曝晒、天敌捕食等杀死蛴螬、金针虫等地下害虫和在土中越冬的甜菜夜蛾、棉铃虫等。

2. 清除越冬寄主 在多数花生产区,花生蚜以卵在宿根性豆科植物上越冬,清除其越冬寄主,可减少越冬虫源,推迟苗期蚜虫发生。

3. 科学轮作倒茬 有水浇条件的地区实行小麦、玉米与花生 2 年 3 茬轮作或水旱轮作,无水浇条件的地区实行花生与谷子隔年轮作,对减少蛴螬数量有明显的效果。

4. 合理使用基肥 使用的有机肥必须充分腐熟,避免使用未腐熟肥料招引金龟甲、金针虫等地下害虫。

(二)播种期和苗期花生害虫的综合治理

1. 种子处理 花生播种时用持效期长的药剂拌种、使用药剂包衣种子或在播种沟内撒施长效颗粒剂,可防治越冬代蛴螬,并兼治蚜虫及其他苗期害虫。

2. 生物防治 花生播种时在播种沟内撒施 2% 白僵菌粉剂 15 kg/hm^2,或小杆线虫 0.5

万~1.0万条/穴或7万~14万条/m²，控制蛴螬危害。

3. 诱杀防治 使用粘虫黄板诱杀蚜虫、蓟马等。在花生田边和地头种植蓖麻，或在花生田内按150~180穴/hm²的密度插花种植蓖麻或苘麻，诱集金龟甲，并集中防治。

4. 喷洒药剂 花生苗期蚜虫、蓟马、叶螨等害虫发生严重时，选用高效、低毒或微毒药剂进行喷雾，麦茬花生田应避免伤害自然天敌。

(三) 开花结果期花生害虫的综合治理

1. 诱杀防治 在大面积花生种植区设置诱虫灯阵，大量诱杀金龟甲、斜纹夜蛾、甜菜夜蛾、棉铃虫等趋光性害虫，压低发生基数。

2. 沟施药剂 在蛴螬等地下害虫发生严重的田块，采用隐蔽施药方法，于花生开花扎针盛期顺垄开沟，撒施农药，覆土后浇水。

3. 喷洒药剂 蚜虫、叶螨和食叶性蛾类发生严重时，及时在大田喷洒高效、低毒或微毒药剂，主治一种害虫，兼治其他害虫。

思 考 题

1. 我国大豆田发生的主要害虫种类有哪些？
2. 我国油菜田发生的主要害虫种类有哪些？
3. 我国花生田发生的主要害虫种类有哪些？
4. 不同油料作物蚜虫的发生规律有何异同？
5. 为什么大豆食心虫的化学防治有利时机是成虫盛发期和卵孵化盛期？
6. 简述豆荚螟农业防治的理论依据。
7. 为什么豆秆黑潜蝇发生危害程度与大豆品种和种植制度关系密切？
8. 大豆抗虫育种有哪些最新进展？
9. 油菜蚜虫、菜蛾、菜粉蝶的发生危害盛期为什么多在春、秋两季？
10. 菜蛾抗药性有哪些发展？目前菜蛾抗药性治理有哪些措施？
11. 合理轮作为什么能减轻大豆、油菜、花生等油料作物害虫的危害？
12. 试述大豆害虫综合治理的关键技术及其理论基础。
13. 试述油菜害虫综合治理的关键技术及其理论基础。
14. 试述花生害虫综合治理的关键技术及其理论基础。
15. 试结合当地油料作物特点，制订不同油料作物的害虫综合治理方案。

第十五章 烟草害虫

烟草是烟草工业的主要原料，根据植物学性状，栽培烟草常见有2种：①普通烟草（*Nicotiana tabacum* Linn.），又称为红花烟，全国各地均有种植；②黄花烟（*Nicotiana rustica* Linn.），在甘肃、新疆、黑龙江等地种植。两种栽培烟草均为茄科烟草属植物。按照栽培调制方法和工业用途不同，栽培烟草可分为6种类型：烤烟、晒烟、晾晒、白肋烟、香料烟和黄花烟。

栽培烟草整个生长期间，植株的每个部分都有害虫危害，叶片烤制储藏或运输期间也会遭到害虫危害。我国的烟草田间害虫有100多种，据福建调查，储存烟草害虫13种。烟草害虫按危害特点，分为以下类型。

（1）地下害虫　地下害虫危害烟根部或靠近地面的茎部，造成缺苗断垄。主要地下害虫包括蝼蛄、地老虎、金针虫和蛴螬。

（2）刺吸害虫　刺吸害虫刺吸或锉吸烟草叶片或嫩芽、嫩茎，普遍发生的是烟蚜、烟蓟马和斑须蝽，南方还有烟草盲蝽。刺吸害虫危害烟草，不仅直接造成损伤，有的还传播病毒病。例如烟蚜传播烟草花叶病、烟草蚀纹病、烟草马铃薯Y病毒病、烟草马铃薯X病毒病以及烟草环斑病，蚜虫传毒引起的危害与经济损失往往比直接刺吸危害还大。

（3）食叶害虫　食叶害虫咬食叶片，留下缺刻或造成千疮百孔，甚至将叶片食尽，影响光合作用。主要害虫食叶害虫有烟青虫、棉铃虫、斜纹夜蛾、甘蓝夜蛾等夜蛾科幼虫，蟋蟀、短额负蝗等直翅目成虫和若虫，日本黑绒金龟甲等鞘翅目成虫。

（4）钻蛀害虫　钻蛀害虫钻入烟草茎秆而引起茎秆变形，或潜蛀叶片而引起叶片枯死。例如烟草潜夜蛾（马铃薯块茎蛾）、南美斑潜蝇、美洲斑潜蝇等幼虫潜入叶片取食叶肉组织或使整叶枯死；烟蛀茎蛾蛀食烟茎和侧芽，受害部位肿大。

（5）种实害虫　种实害虫取食烟草花、果实和种子，在烟草留种田造成危害，例如烟草夜蛾幼虫等。

（6）储运害虫　烟叶烤制成后，储藏或运输期间也常遭到害虫危害，主要是烟草甲、烟草粉斑螟、大谷盗等。

为保证烟叶的优质高产，以及成品烟叶储藏或运输的安全，必须进行害虫防治。

第一节　烟　　蚜

烟蚜［*Myzus persicae* (Sulzer)］又称为桃蚜，属半翅目蚜科，是世界上分布最广的蚜虫之一，在亚洲、北美洲、欧洲、非洲均有分布，在我国分布遍及各地。

烟蚜寄主范围广，除危害烟草外，还取食十字花科、蔷薇科、豆科等10多科的170多种植物，是典型的多食性昆虫。据在陕西观察（袁锋等，1994），迁飞到烟田的蚜虫有6种，但在只有烟蚜能在烟草上建立种群，造成危害。所以烟田附近有桃园、油菜田时，烟蚜迁入早，发生危害重。

烟蚜对烟草的危害，包括直接与间接两个方面。直接危害是成蚜和若蚜刺吸烟株汁液，影响烟株正常生长发育；分泌蜜露，污染叶片，引起霉菌滋生，影响烟草产量和品质。蚜害可使烟碱和还原糖含量明显下降，总氮量和蛋白质含量升高，影响烤烟的香气、味感及燃烧性。烟蚜的间接危害是传播病毒病。它是多种病毒病的媒介，传播烟草花叶病、烟草蚀纹病、烟草环斑病、烟草马铃薯Y病毒病和烟草马铃薯X病毒病，导致烟株严重矮化，烟叶褪绿或形成坏死斑，对叶片产量和品质影响很大，造成严重的经济损失。

一、烟蚜的形态特征

烟蚜的形态特征见图15-1。

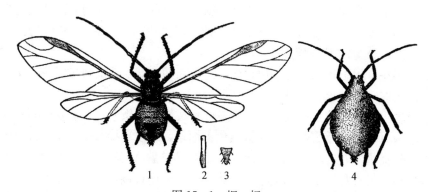

图15-1 烟 蚜

1～3.有翅孤雌胎生雌蚜（1.成虫 2.腹管 3.尾片） 4.无翅孤雌胎生雌蚜

（仿浙江农业大学）

1. 有翅孤雌胎生雌蚜 有翅孤雌胎生雌蚜体长为2mm左右。头部为黑色，额疣显著，内向倾斜。复眼为赤褐色。触角为黑色，共6节，第3节上有1列感觉孔，共6～17个；第5节端部和第6节基部各有感觉圈1个。胸部为黑色，腹部呈绿色、黄绿色、褐色或赤褐色。在腹部背面的中部有1个黑色大斑，在其两侧各有小黑斑1列。腹管呈圆柱形，但中后部稍膨大，在末端处明显缢缩，端部为黑色。尾片为黑色，比腹管短，呈圆锥形，中部缢缩，具有3对侧毛。

2. 无翅孤雌胎生雌蚜 无翅孤雌胎生雌蚜体长也为2mm左右，但较肥大，呈近似卵圆形，体色有的为绿色或黄绿色，有的为橘红色或褐色。额疣、腹管与有翅孤雌胎生雌蚜相似。体侧有较显著的乳突。触角共6节，呈黑色；第3节无感觉孔，基部为淡黄色；第5节末端与第6节基部各有1个感觉孔。尾片较尖，中央处不像有翅孤雌胎生雌蚜那样缢缩，两侧也各有长毛3根。

3. 无翅产卵雌蚜 无翅产卵雌蚜体长1.5～2.0mm，呈赤褐色或灰褐色。头部额疣向外方倾斜。触角共 6 节，末端色暗。足跗节为黑色，后足的胫节较宽大。腹管端部略有缢缩。

4. 有翅雄蚜 有翅雄蚜与有翅孤雌胎生蚜相似，但体型较小，腹背黑斑较大。触角的第 3～5 节都生有感觉圈，数目很多。

5. 卵 卵呈长椭圆形，长径约为 0.44 mm，短径约为 0.33 mm，初产时为黄绿色，后变黑色，有光泽。

二、烟蚜的生活史和习性

烟蚜的每年发生代数因地而异，据河南许昌烟草试验场研究，在许昌地区 1 年可发生 24～28 代，在烟草上发生 15～17 代，自烟苗开始，整个生长季节中，都有烟蚜危害。烟蚜以孤雌胎生方式繁殖，各代发育期最短的为 3 d，最长的为 17 d，平均为 6～8 d；一般在 6—7 月的早烟上发生严重。若虫或成虫多密集在烟株上部的叶片背面及心叶吸取汁液，也可危害花蕾、花及嫩果。秋季发生有翅蚜，迁飞到油菜及十字花科蔬菜上繁殖危害。10 月产生有翅性母和雄蚜，性母迁飞到桃树上，以孤雌胎生方式产生无翅产卵雌蚜，与迁来的雄蚜交尾，产卵越冬。但有部分烟蚜仍生活于蔬菜上，产生无翅孤雌胎生蚜越冬。桃树上的越冬卵在春季 2—3 月孵化为干母（第 1 代），经 27 d 左右产生干雌（第 2 代），干雌经 10 d 以上，产生有翅迁移蚜（第 3 代），飞到烟草上繁殖危害。

烟蚜在山东、安徽及东北烟区，都以卵在桃树上越冬；在广东、云南等地，终年以孤雌胎生方式进行繁殖，秋季自烟地迁移到油菜或十字花科蔬菜上繁殖危害。春季烟苗出土或移栽后，烟蚜又迁到烟株上繁殖危害。在河南烟区，烟草上的烟蚜来源于桃树，蔬菜上的烟蚜不能在烟草上生活与繁殖。

烟蚜的寄主多，同一地区有部分烟蚜终年在桃树或其他果树上繁殖，也有部分烟蚜终年在蔬菜上繁殖。

有翅烟蚜对黄色有趋性，可利用黄皿诱集法，观察烟蚜的迁飞规律。

三、烟蚜的发生与环境的关系

烟蚜一般适宜在气候高爽干旱的地方繁殖。温度在 24～28 ℃，湿度适中，宜于烟蚜的繁殖。当温度高于 29 ℃ 或低于 6 ℃，相对湿度在 80% 以上或在 40% 以下时，对烟蚜繁殖不利。在贵州烟区，有些烟地所处地势较高，虽正值夏季高温季节，烟蚜也往往能大量发生，危害严重。夏末秋初，经久旱后遇雨初晴时，烟蚜常可大量发生，但遇暴雨，能使蚜量降低。在云南烟区，温度和湿度适宜，烟蚜能终年繁殖不断。

不同种与品种的烟草烟碱含量不同，烟蚜发生差异大。例如意大利 "Grauca" 烟草品种烟碱含量高，不受烟蚜危害；兰州黄花烟草烟碱含量达 7%，蚜害较为轻微；普通红花烟草烟碱含量仅 2%～3%，蚜害很重。

烟蚜的天敌种类很多，对烟蚜的种群数量有一定控制作用。常见的天敌有异色瓢虫、七星瓢虫、龟纹瓢虫、二色瓢虫等瓢虫，以及中华草蛉、大草蛉、叶色草蛉、丽草蛉等草蛉，还有食蚜蝇等。烟蚜的主要寄生蜂是烟蚜茧蜂（*Aphidius gifuensis* Ashmead），在河南、山东、陕西等地，5 月中下旬大量迁入烟田，可抑制正在上升的烟蚜种群数量。

四、烟蚜的虫情调查和综合治理技术

（一）烟蚜的虫情调查方法

参照行业标准《烟草害虫预测预报调查规程》（YC/T 340.1—2010）第 2 部分进行烟蚜的虫情调查，要点如下。

对烟蚜的调查，一般采用挂牌定点或黄板诱集的方法。平行于垄向放置黄板，农事操作简单、方便，为最佳放置方向。

（二）烟蚜的综合治理技术

对烟蚜的治理，应充分发挥农业栽培措施的作用，积极保护和利用天敌，选用高效、低毒、低残留的农药，把蚜虫控制在传毒之前和点片发生阶段。

1. 农业防治

① 合理规划田园。烟苗育种地和烟草移栽田应选择距离十字花科作物田及桃园远的田块，以减少烟蚜传入和传播烟草病毒病。

② 选用抗蚜耐蚜品种。

③ 及时打顶抹杈，减少蚜虫数量。

2. 银灰膜驱蚜和黄板诱杀　利用银灰色反光塑料薄膜覆盖苗床，可驱逐蚜虫。在烟草团棵期，在平行于烟垄的方向设置高出垄体 50～60 cm 的黄色粘虫板，具有一定的防蚜控蚜效果。

3. 药剂防治　烟田药剂防治烟蚜可用 5% 啶虫脒可湿性粉剂、2.5% 高效氯氟氰菊酯乳油、10% 吡虫啉水分散粒剂等杀虫剂喷雾防治。

4. 保护利用天敌　在北方烟区 7 月下旬后，结合打顶抹杈消灭烟株幼嫩部位的蚜虫，保护利用天敌，特别是蚜茧蜂控制蚜害。打顶可消灭 50% 的蚜量，抹杈 1 次可消灭 25% 的蚜量，打顶抹杈后，如烟田蚜茧蜂等天敌多，可停止施药。如果天敌数量少，喷药应注意喷到烟株中上部叶片上，下部叶片不喷药。一方面因下部叶片上蚜量少，另一方面可作为天敌栖息活动的空间。

第二节　烟草夜蛾

烟草夜蛾［*Helicoverpa assulta* (Guenée)］又名烟青虫，属鳞翅目夜蛾科，在国外分布于亚洲、非洲和大洋洲，在我国遍及各地。

烟草夜蛾主要取食危害烟草和辣椒，其次是番茄、南瓜、曼陀罗、颠茄、酸浆、龙葵等茄科和葫芦科植物，以及棉花、玉米、高粱、麻、大豆、豌豆、扁豆等作物。

烟草苗期至旺长期，烟草夜蛾幼虫集中取食危害顶部心叶和嫩叶，形成窗斑、孔洞、缺刻和无头苗，严重时仅剩叶脉。留种株现蕾后，幼虫蛀食花、蕾和蒴果，有时还蛀食嫩茎，造成上部枯死。

一、烟草夜蛾的形态特征

烟草夜蛾的形态特征见图 15-2。

1. 成虫　成虫体长为 15～18 mm，翅展为 27～35 mm。身体背面及前翅，雌蛾为棕黄色，雄蛾为淡灰黄绿色；腹面为淡黄色。复眼为暗绿色。前翅的斑纹清晰，内横线、中横线和外横线均为波状的细纹；环状纹位于内横线与中横线间，呈黑褐色；中横线的上半部分叉，褐色的肾状纹即位于分叉间；外横线外方有 1 条褐色宽带，沿外缘有 1 列黑点，缘毛为黄色。后翅近外缘有 1 条黑色宽带。

2. 卵 卵为扁球形，表面具有长短相间排列的纵棱，不伸达底部，卵中部纵棱有 23～26 根，在近花冠边缘处纵棱有 8～11 根，纵棱间有横纹，但不明显。初产卵为乳白色，后变为黄绿色，至孵化前变为紫褐色。

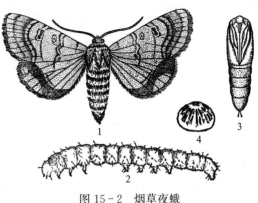

图 15-2 烟草夜蛾
1. 成虫 2. 幼虫 3. 蛹 4. 卵
（仿浙江农业大学）

3. 幼虫 成熟幼虫体长为 31～41 mm，头部为黄褐色；体色多变化，一般夏季为绿色或青绿色，秋季为红色或暗褐色；体背常散生有白色小点；胸部每节有黑色毛片 12 个；腹部除末节外，每节有黑色毛片 6 个。位于前胸气门前的 1 对刚毛基部的连线不穿过气门。

4. 蛹 蛹体长为 16 mm 左右，呈浓褐色，在腹部的第 5～7 节密生小点刻，排列成圆形或半圆形。在腹端处有 2 刺，2 刺的基部似相连。

二、烟草夜蛾的生活史和习性

烟草夜蛾在东北地区 1 年发生 2 代，在河北 1 年发生 2～3 代，在河南和山东 1 年发生 3～4 代，在安徽、云南、贵州及上海 1 年发生 4～5 代；在四川 1 年发生 4～6 代，第 1～4 代幼虫主要危害烟草，第 5 代幼虫危害扁豆，第 6 代幼虫危害豌豆。世代重叠现象较重。

据中国科学院烟草研究所（1962）报道，山东地区各代幼虫发生盛期，第 1 代为 6 月下旬至 7 月上旬，第 2 代为 7 月下旬至 8 月中旬，第 3 代为 8 月下旬至 9 月上旬，第 4 代为 9 月中旬至 10 月中旬。第 4 代幼虫 10 月上中旬入土化蛹越冬，但也有以第 3 代幼虫于 8 月下旬至 9 月上旬化蛹越冬的。烟草夜蛾各代各虫态历期随温度高低而有不同，卵期和幼虫期均以第 2 代为最短，平均分别为 2.8 d 和 11.4 d，而以第 4 代为最长，平均分别为 4 d 和 22.3 d；越冬代蛹期为 200～270 d，其余各代的蛹期平均为 14～17.2 d。第 1～3 代的全世代历期平均为 30 d 左右；越冬代历期长达 8～9 月。

成虫白天潜伏在烟叶背面或杂草丛中，夜晚活动；吸取花蜜为补充营养，对糖蜜的趋性强，趋光性较弱。卵多产在烟株中上部叶片正面的叶脉处，也可产在嫩芽、嫩茎、花或果上，一般为散产，有时可见 3～4 粒产在一起。植株茂密的烟田产卵率高，最多可产卵 1 000 粒以上。其成虫期一般为 5～7 d，产卵期为 4～5 d。

初龄幼虫能日夜活动危害。3 龄后，白天藏身于隐蔽处，夜间及清晨活动取食，喜在烟株顶部咬食嫩叶成小孔或缺刻，受害严重的叶片仅留叶脉。幼虫也可蛀食花蕾、嫩果、嫩茎，花蕾及嫩果常被蛀空，幼虫即藏身其中。嫩茎被蛀后，其上部茎片常见枯萎。幼虫蜕皮4~6次，一般为5次。幼虫有假死性及自相残杀习性。

幼虫老熟后，即钻入土中做土茧化蛹。

三、烟草夜蛾的发生与环境关系

烟草夜蛾在烟田的种群数量变动与虫源基数、气候、寄主植物、天敌等因素有关。

（一）温度对烟草夜蛾的影响

温度影响发育历期、成虫的寿命和繁殖力。成虫寿命在20~36 ℃范围内，20 ℃时最长（17.05 d），36 ℃时仅4.36 d。24~28 ℃时产卵量较高，36 ℃时不产卵。

（二）湿度和降水量对烟草夜蛾的影响

据赵兵等（1995）报道，在山东沂水，第2代幼虫盛发期与第3代发蛾高峰期，平均温度26 ℃、相对湿度80%时，蛾量大，卵量多，孵化率高，幼虫危害重；而27 ℃、相对湿度70%以下，不利于成虫发生。据花保祯等（1996）在陕西的研究，烟青虫比棉铃虫喜欢潮湿。

（三）光照对烟草夜蛾的影响

光周期变化影响烟草夜蛾的滞育。据谢立辉（1996）研究，安徽凤阳种群的临界光周期在20 ℃和26 ℃条件下分别为13 h 11 min和12 h 4 min。光的波长影响成虫趋光性。烟草夜蛾对单色光的趋性反应在波长333~365 μm范围内，趋光反应曲线的高峰值在333 μm处，用350 μm分别与405 μm和436 μm组合，诱蛾量比单色光（对照）提高1.4倍和1.2倍，而350 μm与578 μm、625 μm、656 μm的不同组合，诱蛾量比对照显著减少（丁岩钦，1974，1978）。

（四）寄主植物和品种对烟草夜蛾的影响

幼虫取食不同寄主植物影响生长发育和死亡率。在28 ℃条件下的世代发育历期，取食辣椒时为25.9 d，取食烟草时为31.3 d；幼虫与化蛹死亡率，取食辣椒时分别为2.8%~11.3%和1.4%~15.3%，而取食烟草时分别为21.4%~35.2%和4.5%~11.1%。室内观察，烟草夜蛾产卵时对辣椒、烟草、番茄、玉米、紫苏、茄子等无偏嗜性，但幼虫择食性明显，嗜食顺序为：辣椒>烟草>番茄、玉米、茄子>紫苏。

杨效文（1994，1996）观察了50个烟草品种（类型）的自然抗虫性，发现差异明显。高抗的有"大黄金""亮黄"等，高感的有"佛光""NC95"等。同一品种在不同年份抗性不同，这在品种抗虫性鉴定中应予以注意。

（五）天敌对烟草夜蛾的影响

烟草夜蛾常见的天敌是棉铃虫齿唇姬蜂、瓢虫、姬蜂等昆虫和多种蜘蛛，还有棉铃虫核型多角体病毒和烟草夜蛾核型多角体病毒等病原微生物。在河南许昌等地，六索线虫（*Hexamermis* sp.）对烟青虫种群数量也有一定抑制作用。

（六）栽培制度和栽培方式对烟草夜蛾的影响

一般烟草与辣椒、小麦、花生间作或套种，烟株上的虫量多，烟草受害率高。在豫西，覆盖地膜的烟田，烟青虫发生早，数量大，受害重。和不覆盖地膜的田块相比，覆盖地膜田块烟草夜蛾第2代卵始见期早4~7 d，百株卵量高1.29倍，幼虫量高1.08倍，第3代百株卵量高1.13倍，幼虫量高0.87倍（李定旭，1996）。

四、烟草夜蛾的虫情调查和综合治理技术

(一) 烟草夜蛾的虫情调查方法

参照行业标准《烟草害虫预测预报调查规程》(YC/T 340.2—2010) 第 2 部分进行烟草夜蛾的虫情调查。一般采用灯诱、性诱、食诱等方法。生产实践中,可根据田间实际情况,选择适当的调查方法。

(二) 烟草夜蛾的综合治理技术

对烟草夜蛾的治理,应充分发挥农业栽培措施的作用,积极保护利用天敌,选用高效、低毒、低残留农药或生物农药,把烟草夜蛾幼虫危害控制在经济损害允许水平之下。

1. 农业措施

① 合理规划田园,烟草田远离辣椒田、番茄田等田块,在烟草夜蛾危害严重地区,避免烟草与辣椒、小麦等套种或间作。

② 选用优质高产抗虫耐虫品种。

③ 结合冬春耕地,消灭越冬蛹,压低越冬虫源基数。

2. 捕杀幼虫 自烟草移栽还苗后开始,于阴天,或晴天的早晨 6:00—9:00,检查烟苗心叶处,发现有新鲜的虫孔或黑绿色鲜虫粪时,捕杀幼虫。

3. 生物防治 保护和利用天敌,发挥天敌的控制作用。在烟草夜蛾幼虫孵化盛期到低龄期施用,有效含量为每毫升 100 亿孢子的 Bt 制剂的 200~300 倍液,每 5 d 喷施 1 次,共 2~3 次,防治效果较好。

4. 化学防治 烟草夜蛾类害虫防治适期为 2 龄幼虫期,掌握田间幼虫发生规律,在 2~3 龄期间进行化学防治,应选择高效、低毒的农药进行。可用 5% 甲维盐水分散粒剂 500 倍液、15% 茚虫威乳油 1 500 倍液进行喷施,防治时间在每天上午 10:00 以前或下午 16:00 以后。

第三节 其他常见烟草害虫

其他常见烟草害虫见表 15-1。

表 15-1 其他常见烟草害虫

种类	分布和危害特点	生活史和习性	防治要点
烟蛀茎蛾 [Phthorimaea heliopa (Loew)](鳞翅目麦蛾科)	分布于东洋区、古北区、非洲区和澳洲区;在我国分布于湖南、福建、广东、广西、贵州、云南、台湾、安徽、陕西等地。幼虫孵化后即潜入烟叶组织内,沿中脉蛀入茎部,造成大肚烟或大脖子烟,受害植株矮小,顶端叶片细小成簇状	1年发生 3~6 代,以幼虫或和蛹越冬。在广西柳州,第 1 代幼虫发生于 4—5 月,第 2 代幼虫发生于 5 月中旬到 6 月底,第 3 代幼虫发生于 7 月,第 4 代幼虫发生于 8—9 月。成虫昼伏夜出,有弱趋光性。卵多散产于烟叶背面。幼虫在茎内生活,老熟后结薄茧于烟草茎内化蛹	1. 烟草采收结束后及时而彻底地处理烟秆并翻耕烟田 2. 采用网罩或漂浮育苗阻止蛀茎蛾危害;拔除苗床上的有虫苗 3. 成虫产卵盛期喷药防治

(续)

种类	分布和危害特点	生活史和习性	防治要点
斑须蝽[*Dolycoris baccarum*（Linn.）]（半翅目蝽科）	分布于亚洲、北美洲、欧洲和非洲；在我国各地均有分布。成虫和若虫刺吸嫩叶、嫩茎汁液。茎叶被害后，出现黄褐色斑点，严重时叶片卷曲，嫩茎凋萎，影响生长发育	1年发生1~4代，以成虫在田间杂草、枯枝落叶、植物根际越冬。在河南许昌，越冬成虫4月初开始活动，5月上中旬为第1代卵盛期，6月中旬为第1代成虫盛发期，第2代和第3代的卵盛发期分别出现在6月中旬和7月中旬，第3代成虫取食一段时间后进入越冬状态。成虫有假死性和弱趋光性，羽化后当日或次日开始刺吸取食，3 d后开始交配产卵。卵多产在中上部叶片正面、嫩尖和花萼上，聚产成块，单层，排成2~3行。初孵若虫聚集于卵壳周围，2龄开始分散危害	1. 烟苗移栽前或收获后，清除田间及四周杂草 2. 与非茄科作物轮作 3. 合理密植，增加田间通风透光度 4. 虫口密度较大，危害严重时及时喷药防治
烟盲蝽[*Cyrtopeltis tenius*（Reuter）]（半翅目盲蝽科）	分布于东洋区和古北区，在国外见于日本、缅甸、印度、尼泊尔、斯里兰卡、地中海沿岸国家、阿尔及利亚等；在我国见于河北、内蒙古、甘肃以南各地。以成虫和若虫危害烟草叶片、蕾和花，受害叶失绿变黄，品质下降，蕾、花受害易脱落，影响种子质量	1年发生3~5代，以成虫越冬。在贵州，4月下旬至5月上旬越冬代成虫出现，5月中下旬出现第1代若虫，6月中至8月中旬发生第2代，7月下旬至10月上旬发生第3代，8月上旬至10月上旬发生第4代，10月中旬开始直到翌年1月发生第5代；世代重叠。成虫主要在叶背活动，遇惊扰即飞。羽化次日交尾，昼夜均可交尾，有多次交尾习性。卵散产于叶片背面主脉或叶柄表皮下。若虫多在叶背活动取食	1. 秋冬季铲除野生宿主，消灭越冬寄主 2. 发生期喷药防治

第四节　烟草害虫综合治理

我国烟草栽植地域辽阔，不同地区自然地理、农业生态环境、栽培制度各异，导致各大烟草栽植区害虫种类及田间发生规律存在较大差异，害虫的综合治理措施也应该因地制宜。

我国广大烟田，不同烟区虽然昆虫区系组成有所不同，但主要害虫种类基本一致，只是发生时间和代数有所差异。主要防治对象，苗床期是蛴螬和蝼蛄，大田期是烟蚜、烟草夜蛾、棉铃虫和小地老虎。根据烟田周围环境，还须警惕短额负蝗、烟蛀茎蛾、斑须蝽、黑绒金龟子等造成局部严重危害。在烟草害虫综合治理中，应及时采用与特殊色谱、天敌及有益微生物产品、生物源杀虫剂及害虫信息素等相关的杀虫或驱避技术，实现绿色防控。

一、苗床期烟草害虫综合治理

1. 苗床及营养土的处理　苗床育苗选用未种过烟的肥沃疏松土壤，加入充分腐熟的厩肥。最好用隔年厩肥，勿用易招引蛴螬的生粪。营养土育苗时，在下种前10 d，将过筛的细土及充分腐熟的有机肥，用福尔马林（含40%甲醛）50~80倍液喷洒，边喷边翻动，至土肥湿润，然后堆起，用塑料薄膜覆盖3 d后去膜，将土肥摊开，晾晒7 d，使福尔马林气味挥发散尽，再喷洒50%辛硫磷乳剂500倍液，或40%乐斯本乳油500倍液，搅拌均匀，然后制钵育苗。

2. 结合苗床管理及时防虫，避免大面积危害　苗床中出现蝼蛄或其危害状时，可在苗床内施用毒饵诱杀。毒饵配制用90%敌百虫晶体1份，加水5~10份，拌在100份碾碎炒香的油渣粉或其他诱饵中，每公顷每次用毒饵15.0~22.5 kg。一旦发现烟蛀茎蛾的危害，剔除消灭有虫危害的烟株。

3. 防控传毒蚜虫　苗床揭膜即有烟蚜进入时，可利用银灰色反光塑料薄膜覆盖苗床，驱逐蚜虫；也可设置高出烟苗50~60 cm的黄色粘虫板诱杀入侵烟蚜。虫量明显增加时可施用2.5%三氟氰菊酯乳剂2 000~2 500倍液或2.5%溴氰菊酯乳剂3 000倍液。起苗移栽前1 d，按上法再喷药1次，做到带药移栽。

二、大田烟草害虫综合治理

1. 烟田选择　选择和小麦、玉米、豆类等非茄科或十字花科作物轮作3年以上，加强通风透光，最好选择距村庄、桃园、油菜田、十字花科蔬菜田500 m以上的田块作为烟田，减少烟蚜及其所传病毒病的来源。

2. 移栽前防治地下害虫　根据调查，对蛴螬达30 000头/hm^2、金针虫达45 000头/hm^2、蝼蛄达12 000头/hm^2的田块，结合秋耕或春耕整地，用毒土处理土壤。或结合春天整地做垄，用50%辛硫磷乳油1 000倍液，随犁后顺沟喷布，每公顷用药液450 kg，喷后盖土做畦覆膜。

3. 移栽还苗期防治传毒蚜虫　在烟草花叶病、蚀纹病等蚜传病毒病严重的地区，烟苗定植后5~7 d，有翅烟蚜迁入烟田时，可喷施2.5%三氟氰菊酯乳剂2 500倍液，或2.5%溴氰菊酯乳剂3 000倍液，或20%氰戊菊酯乳剂1 500~2 000倍液，必要时每隔7 d喷1次，共喷2~3次，及时控制传毒烟蚜；或用5%吡虫啉乳油2 000~3 000倍液喷雾，药效期可达30 d。

4. 适时防治地老虎和金针虫　烟草定植后，5月上旬在地老虎或金针虫危害严重的田块，可结合防蚜向烟株周围地面喷药，杀死地老虎、金针虫等地下害虫。如果地老虎幼虫已进入4龄，可用敌百虫毒饵于傍晚施于田间进行防治。

5. 定植早期及时人工挑治局部害虫　结合田间管理，检查发现烟蛀茎蛾造成的大脖子株时，控杀幼虫或用竹签杀死幼虫。麦收前后，注意斑须蝽由麦田转入烟田危害，结合田间管理控杀卵块和未分散的若虫。虫量多时可喷药防治。

6. 烟草旺长期防治烟蚜和烟草夜蛾，兼治其他害虫　6—7月是烟蚜和烟草夜蛾主要危害时期，斑须蝽、短额负蝗也进入烟田，这时应抓紧田间调查，当平均单株蚜量达100头时，应及时防蚜，可用50%抗蚜威可湿性粉剂2 000倍液。当烟草夜蛾有虫株率达10%时，可选用50%辛硫磷乳剂1 000倍液、2.5%三氟氰菊酯2 500倍液、生物农药苏云金芽孢杆菌可湿粉剂（100亿活芽孢/g）300~400倍液，可以2种以上药剂混用，兼治多种害虫。

7. 烟株生长后期及时彻底打顶抹杈，防治害虫，保护利用天敌　结合打顶抹杈，摘除有烟蚜、斑须蝽、烟蛀茎蛾、烟盲蝽危害的组织，集中销毁，减少田间虫量。这时烟田烟蚜茧蜂、草蛉、瓢虫数量上升，应尽量少用广谱性杀虫剂，喷药主要喷在烟株中上部蚜虫等栖息的部位，以保护利用天敌防治害虫。当烟蚜茧蜂数量多时，可停止喷药，充分发挥烟蚜茧蜂对烟蚜的控制作用。

8. 烟叶采收后及时彻底处理烟秆和烟茬　烟叶采收后，及时彻底清除烟秆、烟茬及残留物，集中烧掉或浸于水中，消灭越冬虫源。

思 考 题

1. 烟蚜刺吸取食带来哪些危害？烟蚜防治在烟草病虫害综合治理中重要性何在？
2. 烟草夜蛾危害烟草的特点是什么？影响烟草夜蛾田间种群数量的主要因子是什么？
3. 烟蛀茎蛾危害烟草的特点是什么？怎样进行防治？
4. 斑须蝽和烟盲蝽危害烟草的特点是什么？
5. 试以自己家乡或熟知的烟区为例，制订烟草害虫综合治理技术策略和措施。

第十六章 药用植物害虫

我国药用植物资源极其丰富，《中国药用植物志》《中药志》《药材学》《中药大辞典》《全国中草药汇编》《中华人民共和国药典》等多种药物专著收载的药用植物达5 000多种。在这些药用植物中，临床常用的有700多种，其中300多种以人工栽培为主。每种药用植物在生长过程中均有害虫危害，遗憾的是对药用植物害虫的调查研究资料甚少，目前仅对一些栽培历史悠久、面积大的药用植物（例如人参、枸杞、红花、甘草等）害虫开展了一些研究，远远不能满足药用植物害虫科学、高效、无公害防治的要求。这里仅对几种主要药用植物的常见害虫予以简要介绍。

红花（*Carthamus tinctorius* L.）为一年或二年生菊科草本植物，在我国栽培历史悠久，范围广泛。目前，全国有25个省份均有栽培，其中河南、新疆、四川、浙江等地为主要产区。自魏至今的1 700多年间，河南省作为红花主要产区而保持至今。危害红花的害虫主要有红花指管蚜［*Uroleucon gobonis*（Matsumura）］、红花潜叶蝇［*Pegomya hyoscyami*（Panzer）］等。

枸杞（*Lycium* sp.）为茄科多分枝灌木，野生种分布于我国河南、河北、山西、陕西、宁夏、甘肃、青海、内蒙古以及东北、西南、华中、华南和华东各地，宁夏、甘肃和青海等西部地区是我国枸杞的著名产地。枸杞害虫种类较多，除地下害虫外，危害地上部的害虫主要有枸杞蚜虫（*Aphis* sp.）、枸杞瘿螨［*Aceri macrodonis*（Keifer）］、枸杞木虱（*Poratrioza sinica* Yang et Li）、枸杞实蝇［*Neoceratitis asiatica*（Beeker）］、枸杞负泥虫（*Lema decempunctata* Gebler）、卷叶蛾、蛀果蛾等。

人参（*Panax ginseng* C. A. Mey.）为五加科多年生草本植物。我国人参的主要产地在东北地区，危害人参的害虫主要是蛴螬、金针虫、蝼蛄、地老虎等地下害虫。此外还有甘草萤叶甲（*Diorhabda tarsalis* Weise）、甘草枯羽蛾（*Marasmarcha glycyrrihzavora* Zheng et Qin）、黄翅茴香螟（*Loxostege palealis* Schiffermüller et Denis）、茴香凤蝶（*Papilio machaon* L.）、马兜铃凤蝶（*Sericinus montelus* Gray）等食叶类害虫。

本章重点介绍红花指管蚜、枸杞负泥虫、甘草萤叶甲和马兜铃凤蝶，其他常见害虫以列表形式简要介绍。对于危害人参等药用植物的蛴螬、金针虫等地下害虫，危害多种药用植物的黏虫、地老虎等多食性害虫，在前面有关章节已介绍，本章不须赘述。

第一节 红花指管蚜

红花指管蚜［*Uroleucon gobonis*（Matsumura）］亦称为红花蚜虫、牛蒡黑蚜虫等，俗称腻虫，属半翅目蚜科，在我国的红花主要栽培区都有分布，而以辽宁、吉林、黑龙江、河北、山东、江苏、四川和浙江等地危害较为严重；以无翅胎生蚜群集于红花嫩梢上吸食汁液，造成叶片卷缩，植株生长缓慢甚至停滞生长，严重影响红花的产量和品质。

一、红花指管蚜的形态特征

红花指管蚜的形态特征见图 16-1。

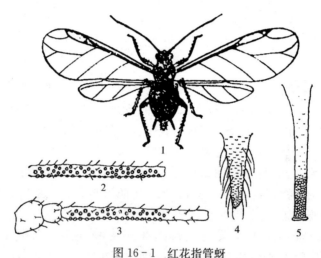

图 16-1 红花指管蚜
1. 有翅蚜 2. 有翅蚜触角第 3 节 3. 无翅蚜触角 4. 尾片 5. 腹管
（仿张广学）

1. 无翅胎生雌成蚜　无翅胎生雌成蚜体为卵圆形或椭圆形，体长为 2 mm 左右，呈赤褐色，具黑色斑纹。头为黑褐色，复眼为浓赤色，喙长不达后足基节；触角具 6 节，细长，约为 3.3 mm，为体长的 1.5 倍，第 3 节长为 1 mm，有圆形感觉圈 35~48 个。腹管为长圆筒形，末端 1/4 具网状纹，其余部分具覆瓦状纹，长是尾片的 1.8 倍。尾片呈圆锥形，为黑色，有曲毛 13~19 根，尾板半圆形有毛 8~14 根。

2. 有翅胎生雌成蚜　有翅胎生雌成蚜体为卵圆形，体长为 1.5 mm 左右，呈赤褐色，具黑色斑纹。头为黑色，复眼为淡红色，喙长达后翅基部；触角具 6 节，比体略长，第 3 节具有圆形感觉圈 75~90 个。翅透明，翅脉为黄褐色，翅痣为黄色。腹部肥大，背面各节中央和两侧具有黑色斑纹。腹管为近圆筒形，末端 1/3 处具网状纹，其余部分具覆瓦状纹。尾片近圆锥形，有 3 对长毛。

二、红花指管蚜的生活史和习性

（一）红花指管蚜的生活史

红花指管蚜在东北地区 1 年发生 10~15 代，以卵或若虫在牛蒡、蓟类等野生菊科植物根际附近越冬；在浙江一带 1 年可发生 20~25 代，以无翅胎生雌蚜在红花幼苗和野生菊科植物上越冬。在吉林，春季卵孵化为干母后，开始孤雌胎生繁殖后代，5 月中下旬产生有翅蚜，开始春季迁飞，随即加害刚出土的红花幼苗，一般红花指管蚜的越冬卵量较少，这样就形成了红花指管蚜早期田间点片发生的特点。自 6 月上中旬开始至 7 月中旬是红花指管蚜在田间的盛发期，红花植株上的红花指管蚜数量急剧增长，并且绝大多数的蚜量群聚在红花植株的顶叶和嫩茎上，严重时田间有蚜株率发展迅速，可高达100%，往往形成由点而遍及全田。7月中下旬以后由于营养条件和气温的不适，使红花指管蚜在红花的寄生部位由集中在端部嫩茎处转为分散到植株的中下部的叶背面。到8月下旬至9月上中旬产生有翅蚜并交尾产卵越冬。

（二）红花指管蚜的主要习性

无翅胎生雌蚜表现强烈的趋嫩习性，绝大多数的蚜量群聚在红花植株的顶叶和嫩茎上；1头孤雌胎生雌蚜可繁殖48~72头仔蚜。

在吉林，有翅蚜迁飞出现3~4次高峰。第1次发生在田间红花刚出土（5月中下旬），第2次发生在红花孕蕾前后（6月中下旬），第3次出现于红花孕显蕾后期至开花初期（6月下旬至7月上中旬），第4次出现于红花采收末期至种子成熟中后期（8月中旬至9月上中旬）。

三、红花指管蚜的发生与环境的关系

（一）气候条件对红花指管蚜的影响

1. 温度对红花指管蚜的影响 据胡长效等（2008）的研究结果，在10~30℃范围内，红花指管蚜的发育速率随着温度的升高而加快；当温度超过34℃时，发育速率减慢（表16-1）。红花指管蚜平均产蚜量在10~26℃范围内随温度上升而增多；但30℃时又迅速降低，34℃恒温下不能发育至成蚜（表16-2）。红花指管蚜适宜的繁殖温度在26℃左右。

表16-1 不同温度条件下红花指管蚜若蚜发育历期

温度（℃）	发育历期（d）						
	1龄	2龄	3龄	4龄		全若虫期	
				有翅型	无翅型	有翅型	无翅型
10	4.145 9	4.325 3	4.520 8	7.082 2	6.075 3	23.094 7	22.123 9
14	2.558 9	2.850 6	3.023 0	3.438 8	3.582 9	14.367 8	14.044 9
18	1.911 7	2.159 4	2.207 0	3.092 1	2.433 1	11.098 8	11.098 8
22	1.492 3	1.666 4	1.754 2	2.322 9	1.882 5	8.992 8	8.333 3
26	1.274 2	1.399 0	1.527 2	1.711 7	1.605 7	7.530 1	7.002 8
30	1.118 1	1.918 5	1.243 2	1.552 5	1.300 6	5.920 7	5.851 4
34	1.346 2	1.420 0	1.458 2	1.701 8	1.546 2	7.024 4	6.788 1

表16-2 不同温度下红花指管蚜的繁殖情况

温度（℃）	平均产蚜量（头）	产蚜历期（d）	日产蚜数（头）	产蚜高峰（产仔后时间d）
10	23.3	14.2	1.78	6
14	35.5	16.4	2.16	5
18	42.2	19.3	2.19	5
22	54.8	24.7	2.22	4
26	65.2	27.1	2.41	3
30	22.9	17.5	1.31	2
34	—	—	—	—

另据吴寿兴（1982）的研究报道，在日平均气温为 21.4～24.0 ℃时，相对湿度为 65%～70%时最适合其大量繁殖，为全年的最高峰。据观察，蚜虫迁飞扩散在气温为 22.4～25.8 ℃时最多，气温超过 26.6 ℃时则较少。高温高湿、高温低湿和低温高湿环境都对红花指管蚜活动生长不利。

2. 降雨对红花指管蚜的影响 小雨对红花指管蚜种群影响不明显，而中到大雨及暴雨则影响较大。据 1981 年 6 月在长春郊区调查，降雨前调查平均百株蚜数为 1 241 头，连续两天降雨后百株蚜数为 437 头，蚜虫相对减少率达 64.8%。

3. 风向对红花指管蚜的影响 红花指管蚜的发生与春、夏季的风向似有一定关系。据调查观察，红花指管蚜最早发生在红花田的西南方向，其次为东南方向，而西北和东北方向发生少且晚，这与迁飞蚜因顺风对迁飞有利有一定关系。

（二）天敌对红花指管蚜的影响

红花指管蚜的天敌种类很多，最常见的种类有龟纹瓢虫、异色瓢虫、七星瓢虫、十三星瓢虫、草蛉、食蚜蝇等。其中以异色瓢虫和龟纹瓢虫在田间发生数量较为普遍，数量较多且对蚜虫的杀伤能力最强，其次为草蛉类。据室内饲养观察，龟纹瓢虫 1 头成虫 1 昼夜取食红花指管蚜 35～49 头，1 头食蚜蝇幼虫 1 昼夜取食红花指管蚜 25～30 头。

（三）寄主植物对红花指管蚜的影响

红花指管蚜在红花植株上的垂直分布规律与红花植株的部位、高度，特别是红花的不同生育状况具有明显的差异。红花孕蕾期 80% 以上的蚜量集中在顶梢嫩茎处，红花开花中后期，红花指管蚜由于红花组织逐渐木质化而开始向红花中下部叶背处转移危害。

不同品种类型的红花受害株率与蚜量有明显的差异，不同株行距的地块，蚜虫发生程度也有一定的差异。

（四）地势和垄向对红花指管蚜的影响

凡红花生长在较高坡地且砂性较强的地块蚜虫发生较重，相反，低洼黏重地块蚜虫发生稍轻。此外，红花栽培于东西垄向者，蚜虫发生早且危害稍重，而南北垄向者发生稍轻。

四、红花指管蚜的综合治理技术

1. 农业防治 选择栽培抗蚜性品种，避免东西垄向栽培，提高管理水平，可显著提高红花植株的抗蚜水平。

2. 生物防治 保护和利用自然天敌，对田间蚜虫种群数量有很好的控制作用。

3. 药剂防治 田间发生危害严重时，必须进行化学防治，应掌握在苗期和开花前进行施药。可选用 10% 吡虫啉可湿性粉剂、1.8% 阿维菌素乳油或 3% 啶虫脒乳油 1 000 倍喷雾，或用 3% 阿啶达乳油 2 000～3 000 倍喷雾。也可选择复配药剂 4% 阿维•啶虫脒乳油 1 000 倍液或 1.8 阿维•高氯乳油 1 500 倍液喷雾防治。

第二节 枸杞负泥虫

枸杞负泥虫（*Lema decempunctata* Gebler）别名背粪虫、十点叶甲，属鞘翅目叶甲科，在我国分布于东北、内蒙古、宁夏、新疆、甘肃、山东、山西、四川等干旱、半干旱地区，在国外分布于日本、朝鲜、俄罗斯等。该虫为暴食性食叶害虫，食性单一，成虫和幼虫均危害枸杞叶片，以3龄以上幼虫危害最严重。幼虫移动性差，具有群集性危害特点，多以寄主为中心呈辐射状向四周扩散，危害率达80%以上。

一、枸杞负泥虫的形态特征

枸杞负泥虫的形态特征见图16-2。

1. 成虫 雌成虫体长为5.0~6.1 mm，宽为2.0~3.2 mm左右；雄虫体长为5.1~5.6 mm，宽为2.0 mm左右。头部为黑色，呈椭圆形；触角具11节，呈黑色棒状，第2节为球形；复眼硕大突出于两侧；头部具粗密刻点，头顶中部略凹，中央有纵沟，呈黑色。前胸背板及小盾片为蓝黑色，具金属光泽，小盾片舌形，末端较直。鞘翅为黄褐或红褐色，近基部稍宽，端部圆形，具粗大纵列刻点；鞘翅两侧各有5个近圆形黑斑，排列成两纵行，外缘内侧有3个黑斑较小，位于肩胛、1/3处和2/3处。腹面呈蓝黑色，有光泽，中胸和后胸的刻点较密。足为黄褐色或红褐色，基节、腿节端部及胫节基部呈黑色，胫端、跗节及爪为黑褐色。

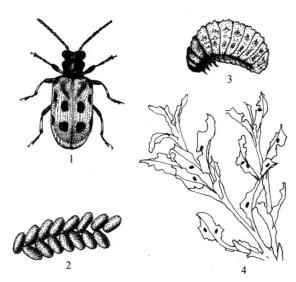

图16-2 枸杞负泥虫
1. 成虫 2. 卵块 3. 幼虫 4. 危害状
（史树森原图）

2. 卵 卵为浅黄色，呈长椭圆形或圆柱形，长约为1 mm，直径为0.5 mm。卵粒间由黏液相连呈人字形排列，形成卵块。初产卵为浅黄色，孵化前呈黄褐色。

3. 幼虫 幼虫为寡足型，呈黄褐色或灰绿色，体长为1~7 mm；头为黑色，有金属光泽；侧单眼具4个，前胸背板为黑色，中间分离；胸足具3对；腹节背部具两列短毛，腹面具1对吸盘；肛门向上开口，背负其排泄物。

4. 蛹 蛹为离蛹，呈浅黄色，长约为5 mm，宽为2.5~3.0 mm，腹部末端具2根臀棘刺，蛹体表面包裹灰白色棉絮状茧。

二、枸杞负泥虫的生活史和习性

（一）枸杞负泥虫的生活史

枸杞负泥虫的每年发生世代数因地而异，在东北1年发生2~5代，在山东1年发生5代，在内蒙古1年发生3~5代，在新疆1年发生4~5代，有世代重叠现象；以成虫或蛹在土缝中越冬。

在黑龙江，越冬代成虫于4月中旬出土活动，5月上旬达到出土盛期，出蛰日平均温度在5℃以上，土壤化冻平均深度为15 cm，成虫出土大量聚集在刚发出嫩芽的枸杞枝条上取食补充营养，成虫多在午后出土并在3 d内交尾、产卵，单雌平均产卵量为90粒，卵期为8~10 d，5月中旬幼虫出现，8月上旬为第1代幼虫危害盛期，9月中旬为第2代幼虫的危害盛期，9月下旬以老熟幼虫在土中越冬。成虫期和产卵期较长，越冬虫态不同是造成世代重叠的主要原因，各虫态历期因世代不同有一定差异。

（二）枸杞负泥虫的主要习性

该虫为暴食性，在枸杞生长过程中均可危害，主要取食枸杞叶片，成虫和幼虫均嚼食叶片，幼虫背负自己的排泄物，故称为负泥虫。幼虫共4龄，以3~4龄幼虫危害最重。被害叶片残缺不全，严重时全部被食光，仅剩主脉，并在被害枝叶上到处有排泄的粪便，对叶片、果实造成污染，影响枸杞品质和产量。成虫具假死性，稍遇振动，立即蜷缩触角及足，坠落地面。成虫多次交尾。成虫与幼虫世代交替危害，早春越冬代成虫大量聚集在嫩芽危害，导致枸杞不能正常抽枝发叶。枸杞负泥虫多以成虫在枸杞根际附近土层下越冬，卵多产在嫩叶背面，呈人字形排列。幼虫老熟后入土3~5 cm，吐白丝，黏合土粒结成棉絮状茧，茧中化蛹。

三、枸杞负泥虫的发生与环境的关系

（一）温度对枸杞负泥虫的影响

温度是影响枸杞负泥虫生长发育最主要的环境因子。在16~36 ℃的范围内，枸杞负泥虫各虫态的发育历期随温度的升高而缩短。枸杞负泥虫的发育起点温度与有效积温见表16-3。

表16-3 枸杞负泥虫的发育起点温度与有效积温（银川，2006）

发育期	发育起点温度（℃）	有效积温（d·℃）
卵期	7.8±2.2	88.4
1龄幼虫	8.0±1.4	57.4
2龄幼虫	8.0±2.8	53.4
3龄幼虫	8.1±2.7	53.7
1~3龄幼虫期	7.6±2.1	138.3
预蛹期	8.1±0.9	71.3
蛹期	9.3±3.0	65.9
产卵前期	8.2±3.2	126.8
全世代	7.7±1.9	526.8

（二）栽培管理对枸杞负泥虫的影响

徐林波（2007）研究发现，枸杞负泥虫发生危害与土壤性质、栽培管理措施等因素有关。土壤碱性强（pH 7.8~8.5）、透气性差、板结的地块发生较重；施肥量少、植株密植地块发生严重；通透性好、施肥合理的土壤上发生较轻。

四、枸杞负泥虫的虫情调查和综合治理技术

（一）枸杞负泥虫的虫情调查方法

枸杞负泥虫的田间调查一般采用定点调查法。从当地越冬成虫出土开始，每7 d调查1次，至10月20日调查结束。采用5点取样法，在4个方向固定5株进行观察，每次每株在东、南、西、北4个方向各随机取5个枝条，共取100个枝条，统计有虫（卵、幼虫、成

虫）的枝条数。观察记录卵、孵化期、幼虫及成虫数量等。

（二）枸杞负泥虫的综合治理技术

1. 农业防治 结合农事操作，可在冬季成虫或老熟幼虫越冬后清理树下的枯枝落叶及杂草，早春清洁田园，人工铲除生长于田埂、地头的野生枸杞，消除虫源基数。春、秋两季修剪整枝，减少害虫越冬基数和滋生场所。夏季也要适时耕翻铲园，清除杂草。合理施肥，注重氮、磷、钾等营养元素的均衡。早春和晚秋亦可灌水灭虫。

2. 物理防治 利用成虫假死性和飞行能力较差以及幼虫群聚性等习性，进行人工捕杀。产卵期摘除着卵叶片带出田外杀灭。

3. 生物防治 根据负泥虫体背经常覆盖虫粪特性，使用昆虫病原线虫进行防治。金龟子绿僵菌 IPPCAAS2029 菌株对 1～2 龄幼虫防治效果显著，致病力较强。幼虫期时也可释放皱长凹姬蜂（*Diaparsis multiplicator* Aubert）和民权长凹姬蜂（*Diaparsis minquanensis* Sheng et Wu），寄生率可达 30% 左右。成虫期可采用绿色威雷 800～1 000 倍液防治，灭虫率可达 85% 以上。兴安升麻植株 70% 乙醇提取液对枸杞负泥虫的成虫和幼虫亦有较好的防治效果。

4. 化学防治 合理使用化学农药，幼虫期可选用 2.5% 鱼藤酮乳油 800 倍液、1.3% 苦烟乳油 1 000 倍液、1.8% 阿维菌素乳油 1 000 倍液等，喷洒防治；0.5% 印楝素乳油亦是较理想杀虫剂。视虫情共喷 3～5 次，间隔 10 d 左右。

50% 辛硫磷乳油 4 000 mL/hm² 加适量的水，拌成毒土，撒入枸杞园中，中耕，可灭杀越冬出土成虫。枸杞开花期时应避免使用高毒农药，可选用 10% 烟碱乳油 900～1 200 倍液、0.2% 苦参碱水剂或 1% 苦参碱可溶性液剂 100～300 倍液，喷雾，着重喷洒叶背。注意药剂间轮换使用，并严格按说明书要求浓度施用，注意保护天敌。

第三节　甘草萤叶甲

甘草萤叶甲（*Diorhabda tarsalis* Weise）亦称甘草叶甲、跗粗角萤叶甲，属鞘翅目叶甲科，在国外分布于西伯利亚东南部，在我国分布于宁夏、甘肃、内蒙古、新疆、吉林和黑龙江。甘草萤叶甲是一种危害甘草叶部的主要害虫，在宁夏、甘肃、内蒙古、吉林等地人工种植甘草上危害严重，给甘草生产造成重大损失。

甘草萤叶甲食性单一，在宁夏引黄灌区危害甘草有逐年加重趋势。危害开始时局部田块受害呈点片火烧状，以后随着虫口基数的累积，危害范围逐年扩大并最后导致全田发生。尤其越冬成虫与第 1 代幼虫危害更为严重，常使甘草幼苗被成虫啃食而无法生长，田间只看见被啃食后的甘草芽，呈黑色秃茎，少数生长的植株只剩茎秆。大发生时田间虫口密度最高每株可达百余头，严重影响甘草光合作用，造成当年甘草生长量下降而大幅度减产。

一、甘草萤叶甲的形态特征

甘草萤叶甲的形态特征见图 16-3。

1. 成虫 成虫体长为 5.0～7.0 mm，宽为 2.5～3.0 mm，呈长卵圆形，为黄褐色。触角具 11 节，着生白色微毛，第 5 节之后为黑褐色。复眼为黑褐色，头顶密布刻点，有中沟和1个三角形或方形黑斑。前胸背板刻点较粗且稀，中线有1个黑色纵斑，纵斑两侧凹陷，近前缘有细纵沟，侧缘及后缘扁薄而圆滑。小盾板为半圆形，有刻点。鞘翅呈黄褐色，中缝为黑褐色。腹面密布黄色细毛，腹板基部为黑褐色。足为黄褐色，跗爪节为黑褐色，爪钩具副齿。雌虫腹部甚膨大，露出翅外达4节，产卵期尤为明显；背板呈黑褐色，为长方形。雄虫明显小于雌虫，而腹部末节中央具1个小缺刻。

2. 卵 卵呈椭圆形，长为0.1 mm，宽为0.7 mm；初产时呈淡黄色，以后逐渐为橘黄色，表面微皱。卵块堆积呈球形，直径为3.0～3.5 mm。

3. 幼虫 幼虫共3龄。老熟幼虫体长为6～8 mm，体呈黄色，头呈黄褐色，中缝为深褐色，背中线为黑色，口器为黑褐色，额基两侧各有黑褐色小斑。前胸盾板为黄褐色，生有白丛毛；中胸和后胸两侧各有黑色弯纹，背中线为黑褐色；各体节背面有黄色毛斑5个，上生白刺毛丛；体侧毛斑突出。气门呈黑色。胸足为黄褐色，腹端有1个吸附泡突。

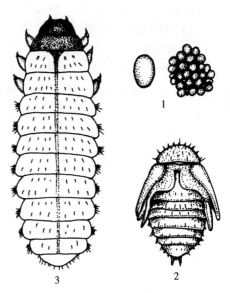

图16-3 甘草萤叶甲
1. 卵及卵块 2. 蛹 3. 幼虫
（仿杨彩霞等）

4. 蛹 蛹体长为5.5 mm。初化蛹呈黄色，背面有4行淡色刺毛；老熟时复眼为黑褐色。

5. 土茧 土茧为近圆形，直径为7 mm，由丝粘土粒而成，质地松软。

二、甘草萤叶甲的生活史和习性

（一）甘草萤叶甲的生活史

甘草萤叶甲1年发生3代，以成虫在土缝中越冬。翌年4月下旬越冬成虫开始活动，取食甘草新叶补充营养，5月中旬后成虫交配产卵，6月中下旬田间同时能见到各种虫态；有世代重叠现象，各代发生情况见表16-4。各虫态历期，卵期为9～12 d，幼虫期为18～22 d，蛹期为6 d左右，成虫寿命为30～50 d，完成1代需33～40 d。9月中旬以后成虫开始寻找越冬场所并进入越冬状态。

表16-4 甘草萤叶甲年生活史（1995—1996，宁夏银川）

世代	10月至翌年3月			4月			5月			6月			7月			8月			9月			10月		
	上	中	下	上	中	下	上	中	下	上	中	下	上	中	下	上	中	下	上	中	下	上	中	下
越冬代	(+)	(+)	(+)	(+)	(+)	+	+	+	+	+														
第1代								●	●	●	●													
										—	—	—												
										○	○	○												
												+	+	+										

（续）

世代	10月至翌年3月			4月			5月			6月			7月			8月			9月			10月		
	上	中	下	上	中	下	上	中	下	上	中	下	上	中	下	上	中	下	上	中	下	上	中	下
第2代									•	•														
											–	–	–											
														○	○	○								
														+	+	+								
第3代																•	•	•						
																–	–	–						
																		○	○	○			
																					(+)	(+)	(+) (+)

注：•代表卵，—代表幼虫，○代表蛹，+代表成虫，(+)代表越冬成虫。

（二）甘草萤叶甲的主要习性

1. 成虫 成虫白天活动，早晨 9:00 以后开始取食叶片，受惊时落地假死；有群聚习性；田间寄主贫乏时，常见数十头成虫爬在其他野生植物叶背暂栖；有近距离迁飞的习性，可造成危害范围进一步扩展。成虫交尾后，雌虫寻找产卵场所，雄虫数日后死亡。雌虫多次产卵，卵产在甘草叶面或根部，每卵块有卵 30~80 粒。

2. 幼虫 卵孵化整齐。初龄幼虫为黑褐色，群集取食，以后随龄期、食量的增加而分散危害，末龄幼虫以蜕皮粘连于叶片或芽上化蛹，或在甘草根部土内做茧化蛹。

三、甘草萤叶甲的发生与环境的关系

（一）温度对甘草萤叶甲的影响

甘草萤叶甲各虫态（龄）在不同温度下的发育历期见表 16-5。卵发育历期受温度影响显著，从 21 ℃时的 13.87 d 缩短为 30 ℃时的 7.46 d，缩短了近一半；世代历期从 21 ℃时的 57.23 d 缩短为 30 ℃时的 28.27 d，比 21 ℃时提前完成发育近 1 个月。可见，在 21~30 ℃温度范围内，温度越高，发育速率越快，完成 1 个虫期或世代所经历的时间越短。

表 16-5 不同温度下甘草萤叶甲各虫态（龄期）的发育历期（d）

虫态（龄期）	温度（℃）				
	21	23	25	27	30
卵	13.87	11.54	9.96	8.37	7.46
1 龄幼虫	6.52	6.03	4.85	4.06	3.21
2 龄幼虫	5.49	4.95	4.13	3.77	2.98
3 龄幼虫	5.33	5.16	4.52	3.91	3.20
幼虫	17.34	16.14	13.50	11.74	9.39
蛹	9.35	7.24	5.49	4.75	4.13
产卵前期	16.67	14.13	10.92	8.51	7.29
世代	57.23	49.05	39.87	33.37	28.27

甘草萤叶甲各虫态（龄）的发育起点温度和有效积温见表16-6。试验表明，产卵前期的发育起点温度最高，为14.78℃；蛹期、1龄幼虫、卵期、2龄幼虫的发育起点温度依次递减，3龄幼虫的发育起点温度最低，为9.69℃；幼虫期所需有效积温最高，为176.11 d·℃；卵期和产卵前期所需有效积温次之；蛹期所需有效积温最低，为63.67 d·℃。完成1个世代的发育起点温度为12.65℃。

表16-6 甘草萤叶甲各虫态（龄期）的发育起点温度和有效积温

虫态（龄期）	发育起点温度（℃）	有效积温（d·℃）	发育起点温度标准误（℃）	有效积温标准误（d·℃）	线性回归方程	R^2
卵	11.25	136.77	0.91	8.70	$v=0.007\,1t-0.075\,4$	0.989 7
1龄幼虫	13.56	53.70	1.10	4.89	$v=0.018\,2t-0.242\,1$	0.975 7
2龄幼虫	11.04	57.66	1.20	4.78	$v=0.017\,0t-0.183\,4$	0.979 8
3龄幼虫	9.69	66.22	1.98	8.31	$v=0.014\,4t-0.128\,3$	0.955 2
幼虫	11.77	176.11	1.33	16.84	$v=0.005\,6t-0.062\,8$	0.975 1
蛹	13.98	63.67	0.94	5.15	$v=0.015\,4t-0.212\,0$	0.980 8
产卵前期	14.78	108.82	0.82	8.20	$v=0.009\,1t-0.133\,8$	0.983 2
世代	12.65	492.75	0.63	23.88	$v=0.002\,1t-0.994\,2$	0.994 2

（二）降雨对甘草萤叶甲的影响

早春干旱少雨不利于甘草萤叶甲的发生。据张志科等1995—1996年对宁夏不同地区的调查结果，引黄灌区由于生态环境适宜，甘草萤叶甲危害程度逐年上升，而干旱山区虫口密度则很小，发生危害轻微。其主要原因是山区早春干旱少雨，甘草萌发较晚，减少了甘草萤叶甲早春的虫口基数。

四、甘草萤叶甲的虫情调查和综合治理技术

（一）甘草萤叶甲的虫情调查方法

根据杨志科等（2005）的研究结果，甘草萤叶甲的成虫在田间分布既符合核心分布又符合负二项分布，幼虫属于负二项分布。成虫和幼虫在田间甘草上呈聚集分布。

田间调查成虫、幼虫发生密度可采用Z字形取样法或分行取样法。

（二）甘草萤叶甲的综合治理技术

1. 农业防治 有条件的地方，秋季应进行灌溉以杀死成虫，对来年甘草生长十分有利。

2. 药剂防治 对人工甘草2年种植田，5月中下旬对越冬代与第1代成虫和幼虫进行药剂防治。可选用2.5%高效氯氰菊酯乳油2 000倍液、2.5%功夫乳油3 000～4 000倍液、80%敌敌畏乳油800～1 000倍液、50%辛硫磷乳油1 000～1 500倍液。

第四节　马兜铃凤蝶

马兜铃凤蝶（*Sericinus montelus* Gray）也称为丝带凤蝶、软尾凤蝶，属鳞翅目凤蝶科，

是马兜铃的主要害虫;以幼虫危害叶片、嫩茎和幼果,猖獗危害能吃光整个植株叶片、嫩茎和幼果,仅剩光秆,严重影响植株的正常生长。马兜铃凤蝶在我国分布于东北、华北、西北等马兜铃产地,仅危害马兜铃和北马兜铃。

一、马兜铃凤蝶的形态特征

马兜铃凤蝶的形态特征见图 16-4。

图 16-4 马兜铃凤蝶
1. 雌成虫 2. 雄成虫
(仿程惠珍等)

1. 成虫 马兜铃凤蝶为中型蝶类,雌雄异型。雌虫体长为 20 mm 左右,翅展为 50～57 mm。雄虫体长为 20～23 mm,翅展为 55～60 mm,体呈黑色,触角短,翅很薄,尾状突起细长。复眼附近及胸侧有红色毛,腹部腹面有 1 条红线及黄白斑纹。翅的斑纹雌雄与春夏型均不相同,从色泽上分,雄蝶翅基色淡,雌蝶翅基色深,雌雄区别明显。夏型大,尾状突起长,雄蝶翅呈淡黄白色,前翅中室中央、横脉上、翅顶角及各翅室有黑色斑纹,后翅从前缘到臀角有弧形黑斑,臀角附近有红色区及蓝色斑点;雌蝶翅呈黑色,有断续黄色斑带,形成黑白相间的斜形带纹,前翅中室附近有一个 W 形的黄斑,后翅从前缘到臀角有弧形的红色斑带及蓝色斑纹,外缘有 5 个黄色半月形斑。春型较小,尾状突起较短,雄蝶前翅和后翅亚缘带上有红色点,雌蝶翅的斜形带纹显黑色。

2. 卵 卵为高馒头状,顶部稍突起,直径为 0.75 mm 左右;初产时为乳白色,渐变为黄白色,孵化前变成黑色,有珍珠光泽。

3. 幼虫 老熟幼虫体长为 25～27 mm,体呈黑色,有无色次生毛,从前胸至腹部第 9 节每节有枝刺状突起物 2 对,第 9 腹节有 1 对;其中以前胸中间 1 对最长,呈黑色,基部有黄色环,形似触角;后胸中间 1 对次长,颜色、形状皆与前胸突起物相似。其余各节突起为黄色,基部色深,端部色浅。臀板中间为黑色,两边及后缘为黄色。

4. 蛹 蛹呈圆柱形,体长为 17～20 mm,全体为黄褐色至黑褐色,腹部及体背颜色较浅,胸部颜色较深,头部下唇须位置有 1 对叶状突起,触角上有 1 列黑色小点,翅基部和胸背部向后隆起,胸腹两侧可见到黑色气门 7 对。腹部最末 5 节背面有刺状突起物,前两节各

2对,后3节各1对,刺状突起的顶端为黑色,腹部侧面有2对较小的刺状突。腹部末端长有20~30个臀棘。

二、马兜铃凤蝶的生活史和习性

(一) 马兜铃凤蝶的生活史

马兜铃凤蝶1年发生3~4代,以蛹在枯叶下、土缝处或表土内越冬。越冬蛹翌年4月中旬开始羽化,4月下旬至5月上旬为越冬代成虫羽化盛期。由于越冬代成虫发生期参差不齐,时间长达1个月以上,因此造成世代重叠现象。第1~3代成虫的发生期分别为6月中旬、7月中旬和8月中旬。5月中下旬羽化的越冬代成虫,由于其发生期迟,致使以后各代发生期相应推迟,第1代成虫发生盛期为6月下旬,第2代成虫发生盛期为7月末至8月初,9月初有部分第3代的蛹不再羽化而进入越冬(表16-7)。完成1代需35~45 d。

表16-7 马兜铃凤蝶年生活史 (1979—1980,河北)

世代	1—3月			4月			5月			6月			7月			8月			9月			10—12月		
	上	中	下	上	中	下	上	中	下	上	中	下	上	中	下	上	中	下	上	中	下	上	中	下
越冬代	θ	θ	θ	θ	θ	θ	θ																	
							+	+	+	+	+													
第1代							•	•	•	•	•													
										—	—													
										△	△	△	△											
											+	+	+											
第2代													•	•	•									
																△	△	△	△					
																+	+	+	+					
第3代																	—	—	—					
																				θ	θ	θ	θ	θ	θ	θ	θ	θ

注:•代表卵,—代表幼虫,△代表蛹,θ代表越冬蛹,+代表成虫。

第1代卵历期为15~20 d,因4月中下旬气温较低,且气候变化大,以后随气温升高,卵历期逐渐缩短。第2~4代的卵历期为7~9 d;成虫寿命为2~6 d;幼虫期为14~15 d,第4代即8月末至9月初孵化的幼虫,因气温降低,幼虫期可长达1个月左右;发生代蛹历期为7~8 d。

(二) 马兜铃凤蝶的主要习性

1. 成虫 成虫在晴天白天活动十分频繁,早晚及阴雨天栖息在杂草丛中及马兜铃的藤叶上。成虫多数白天羽化,早晨露水未干前交尾最盛,此时成虫活动力低,极易捕捉。4月下旬至5月上旬为第1代卵盛期,卵产于刚出土的嫩茎上,往往靠近土面,不容易被发现。以后各代的卵均产在马兜铃的叶片、嫩茎及幼果上,通常30~50粒产在一起。

卵的孵化整齐，一般在同一天产的卵在一天内孵化完毕。越冬代成虫每雌产卵量比发生代少，这可能由于越冬蛹经过一个寒冷的冬天，体内能量消耗多，并且在第1代成虫发生期，蜜源植物少，成虫不能得到充足的营养补充，而其他各代成虫的发生期，正值蜜源植物丰富之时，成虫补充营养充足，有利其生殖生长，平均每雌产卵量几乎是越冬代的3倍。

2. 幼虫 刚孵化的幼虫先停留在卵壳上，然后集中到嫩叶、嫩茎上危害，先啃食表皮后咬穿成孔洞。1～3龄的幼虫有群集习性；3龄以后分散危害，此时食量猛增，密度大时可将马兜铃植株吃成光秆。幼虫有假死习性，一遇惊动，臭Y腺随即分泌臭味，幼虫蜷曲并滚落地面。3龄后的幼虫有群集迁移危害的习性，马兜铃植株被吃光后就群集迁移至附近植株上取食危害。高龄幼虫有向高处爬的习性，尤其是老熟幼虫在化蛹前夕，爬向植株顶部或篱笆顶部吐丝做茧化蛹。秋后，蛹随枯枝落叶掉入田间进入越冬状态。

三、马兜铃凤蝶的发生与环境的关系

冬天暴露于土表，无枯枝落叶覆盖的蛹死亡率很高；翻土、春灌对越冬蛹的羽化不利。越冬蛹比发生代蛹个体略小，体色较深且体表坚硬。越冬蛹的羽化率在67.2%左右。

四、马兜铃凤蝶的综合治理技术

（一）农业防治

1. 清理园田 冬季清除枯枝落叶。10月下旬后，马兜铃逐渐回苗，及早处理枯藤落叶，消灭越冬蛹，减少虫源基数。

2. 耕作管理 春季翻土灌溉。在4月上旬进行春灌翻土，也可消灭大量越冬蛹，减少虫源基数。

3. 人工防除 在马兜铃整个生长期，都要经常检查枝叶，将所发现的卵块连同叶片剪下来，深埋或烧掉。采用人工摘蛹办法，也可以有效地控制虫害的发生。

（二）生物防治

中国凤蝶赤眼蜂（*Trichogramma sericini* Pang et Chen）是马兜铃凤蝶的卵寄生蜂，寄生率一般可达20%以上；非越冬代蛹被寄生蜂寄生率一般在20%～30%，越冬蛹寄生率可达40%。瓢虫、螳螂、蜘蛛等也可捕食其幼虫和成虫。因此有意识地保护和利用自然天敌，对控制马兜铃凤蝶的危害有积极意义。

（三）化学防治

一般在成虫盛期向后推10 d左右喷药，也可结合田间虫口密度调查于幼虫3龄前喷药。常用药剂有20%溴氰菊酯乳油2 000倍液、50%敌敌畏乳油1 000倍液和90%敌百虫晶体800～1 000倍液。

第五节 药用植物其他常见害虫

药用植物害虫除上述4种外，还有其他常见害虫10多种，其分布与危害特点、生活史及主要习性和综合治理技术见表16-8。

表 16-8 药用植物其他常见害虫

种类	分布和危害	生活史和习性	防治要点
枸杞蚜虫 (Aphis sp.) (半翅目蚜科)	分布于全国各地,是枸杞生产中的灾害性害虫。成蚜和若蚜群集于枸杞嫩梢、叶背及叶基部,刺吸汁液,严重影响枸杞开花结果及生长发育	在宁夏1年发生20代左右,以卵在枸杞树干缝隙和芽眼处越冬。3月下旬越冬卵开始孵化为干母,5月中旬出现第1次发生高峰,夏季高温导致密度下降,8月中旬后蚜量再次上升,9—10月出现第2次发生高峰。9月下旬开始出现性蚜,交尾并产卵于枸杞树干缝隙和芽眼处。10月上中旬为产卵盛期,11月中旬以卵越冬	1. 春季统一清园,清理修剪下来的残、枯、病、虫枝条,集中于园外烧毁 2. 蚜虫暴发初期用黄色粘虫板捕杀有翅蚜,人工修剪或抹除带蚜虫的枝条 3. 保护天敌,发挥天敌的控制作用 4. 药剂防治,应注意枸杞蚜虫易产生抗药性,宜交替和轮换用药
枸杞柰实蝇 [Neoceratitis asiatica (Beeker)] (双翅目实蝇科)	分布于宁夏、青海、西藏、新疆等地区,以幼虫蛀果危害,是枸杞产区的重要害虫	在宁夏1年发生3代,以蛹在土中越冬。第1代成虫于5月中旬至6月中旬发生,第2代成虫于7月上旬至8月上旬发生,第3代成虫于8月中旬至9月中旬发生,9月中旬以后越冬。成虫无趋光性,羽化后2～5 d内交尾,卵产在落花后5～7 d幼果的种皮上。幼虫生活在果内,老熟后在接近果柄处脱果落地,寻找松软的地面或缝隙钻入土内3～10 cm处化蛹	1. 采果期每隔5～7 d结合采果,摘取蛆果,并集中销毁 2. 土壤拌药杀死越冬蛹和初羽化成虫于土中
红花潜叶蝇 [Pegomya hyoscyami (Panzer)] (双翅目花蝇科)	分布于东北、西北、华北和江苏、湖南等地,以幼虫潜入叶内取食叶肉,残留表皮	在吉林1年发生3～4代,以蛹在土壤5 cm深处越冬。翌年春季成虫羽化,6月中旬至7月上旬是红花田间发生危害盛期。属兼性滞育昆虫;成虫产卵于寄主叶片背面,一般为20多粒呈扇形排列在一起。幼虫共3龄,老熟幼虫在土中化蛹	1. 及时清除田内外的杂草和残枝落叶,摘除受害叶片,集中处理,减少虫源 2. 冬春耕翻土壤,杀死越冬蛹,降低越冬虫口基数 3. 诱杀成虫 4. 产卵盛期至卵孵化初期药剂防治
赤条蝽 [Graphosoma rubrolineata (Westwood)] (半翅目蝽科)	除西藏未见报道外,其余各省份均有发生。成虫和若虫常栖息在寄主植物的叶片、花蕾及嫩荚上吸取汁液,影响植株正常生长,或引起种子减产	在各地均1年发生1代,以成虫在田间枯枝落叶、杂草丛中、石块下、土缝里越冬。在吉林,每年6月中旬出现越冬成虫,7月中旬交尾产卵,7月下旬若虫孵化,9月中下旬成虫开始越冬。成虫白天活动,不善飞,爬行缓慢,有假死性。卵产于寄主枝叶及嫩荚上,成2行排列整齐。初龄若虫群集,2龄后逐渐分散。若虫共5龄,亦有假死性	1. 冬季清除田间枯枝落叶及杂草,沤肥或烧掉 2. 成虫和若虫危害盛期药剂防治
甘草枯羽蛾 (Marasmarcha glycyrrihzavora Zheng et Qin) (鳞翅目羽蛾科)	分布于宁夏等地。幼虫食害甘草嫩梢、叶片,造成孔洞或缺刻,也可取食甘草幼嫩豆荚,使豆荚呈缺口或孔洞	在宁夏1年发生3代,以蛹在枯枝落叶中越冬。翌年4月成虫开始羽化,5月中下旬为第1代幼虫危害盛期,6月下旬至7月上旬是第2代幼虫危害盛期,8月中下旬是第3代幼虫危害期,8月末老熟幼虫陆续化蛹越冬。成虫多在白天活动,趋光性不强,卵散产于甘草叶面及植株顶部。幼虫活动缓慢,老熟后幼虫化蛹于甘草豆荚间	一般年份虫口密度不大,重发年份可在局部地区造成严重危害。重点在第2代幼虫危害阶段进行喷药防治

第十六章 药用植物害虫

(续)

种类	分布和危害	生活史和习性	防治要点
黄翅茴香螟 (*Loxostege palealis* Schiffermüller et Denis) (鳞翅目螟蛾科)	分布于东北、华北各地。幼虫特别喜食小茴香果实，还可危害防风、独活、白芷等伞形科药用植物	在吉林1年发生1代，以老熟幼虫在土中约4 cm深处做茧越冬。6月上中旬越冬幼虫开始化蛹，6月下开始羽化，羽化盛期在7月中下旬，7月下至8月上旬为产卵盛期，8月下旬老熟幼虫开始入土做茧越冬。成虫昼伏夜出，趋光性不明显，傍晚较为活跃，进行交尾。卵产于茴香的花梗上，呈覆瓦状排列。幼虫孵化后即在寄主植物的花序上活动取食，并吐丝结网，白天栖息其中，取食时头部探出网外，有转移危害习性和假死性	一般虫量较少，零星发生时可不单独采取防治措施。数量较多时在幼龄幼虫期喷洒常用杀虫剂
咖啡透翅天蛾 [*Cephonodes hylas* (L.)] (鳞翅目天蛾科)	分布在江西、湖南、湖北、广西等地。幼虫取食寄主叶片，严重危害时使叶片只残留主脉和叶柄，有时把花蕾、嫩枝食光，造成光秆或枯死。主要危害山枝子、栀子、咖啡及茜草科植物等	从湖北到广西1年发生2~6代，以蛹在表土层内越冬。在湖北宜昌1年发生2代，翌年5月末成虫开始羽化，第1代卵在6月上旬出现，幼虫高峰期在6月下旬至7月上旬；第2代卵在8月中旬出现，9月中旬老熟幼虫开始化蛹越冬。成虫飞翔能力强，有趋光性。卵产于寄主幼嫩叶片正面和反面以及嫩茎上。初孵幼虫取食卵壳，4龄前幼虫取食蜕下的皮；幼虫有自相残杀的习性。幼虫老熟后入土吐丝做土室化蛹，若土壤板结，则在地上吐丝缀枯枝落叶做室	1. 秋冬或早春翻耕土壤，消灭越冬蛹。幼虫危害期人工捕杀幼虫 2. 喷施苏云金芽孢杆菌制剂，不仅防治效果优异，还可保护天敌 3. 必要时喷洒化学药剂进行防治
山茱萸蛀果蛾 [*Carposina coreana* Kim (=*Asiacarposina cornusvora* Yang)] (鳞翅目蛀果蛾科)	分布在河南、浙江、陕西等的茱萸主产区，以幼虫蛀果危害	在黄淮地区1年发生1代，以老熟幼虫在土壤中结茧越冬。翌年7月中旬开始出土化蛹，成虫于8月上旬开始出现，8月中旬始见幼虫，持续危害寄生果实，10月上旬幼虫相继脱果入土越冬。成虫昼伏夜出，交尾呈一字形。卵散产于叶背主脉两侧茸毛处。初孵幼虫大约1 d后开始寻果蛀入危害，幼虫有吐丝缀果和转果危害习性。老熟幼虫脱果入土结茧越冬	1. 清除落果，减少入土越冬的幼虫基数 2. 冬季土壤封冻前结合垦复、修台田耕翻树盘，致越冬幼虫死亡 3. 越冬幼虫出土前药剂处理土壤 4. 成虫羽化产卵期树冠喷洒药剂
茴香凤蝶 (*Papilio machaon* L.) (鳞翅目凤蝶科)	分布很广，在我国几乎遍布全国各地。幼虫危害伞形花科植物例如茴香等，以叶及嫩枝为食	在东北1年发生2~3代，以蛹越冬。在辽宁，越冬成虫5月上中旬出现，第1代成虫于6月下旬至7月上旬出现，第2代成虫于8月上中旬出现；9月下旬第3代幼虫化蛹。第3代蛹少数羽化出蛾，多数进入越冬状态。成虫白天活动，卵单产在寄主植物的花和叶芽上。幼虫共5龄，初孵幼虫有取食卵壳的习性。幼虫白天静伏于寄主叶或茎上，多不活动，夜间取食。幼虫老熟后在寄主的叶片或茎上化蛹	1. 冬季铲除田间及周围的寄主和其他杂草，减少越冬蛹 2. 零星发生时人工捕杀或者结合防治其他害虫 3. 幼虫数量多时采用常用药剂进行防治
姜弄蝶 [*Udaspes folus* (Gramer)] (鳞翅目弄蝶科)	在我国分布广泛，北起河南，南至台湾、海南、广东、广西、云南等地。主要危害蘘荷、姜、姜花、艳山姜等植物	在江苏南通1年发生4代，有世代重叠现象，以蛹在地表枯枝落叶上或房屋屋檐下越冬。越冬代成虫一般出现在4月上旬，一般5月中下旬出现第1代成虫，到7月初出现第2代成虫，9月上中旬出现第3代成虫。成虫多于凌晨羽化，嗜食花蜜。卵单粒散产于寄主嫩叶上，1头雌成虫能产20~35粒卵。初孵幼虫于叶缘吐丝缀叶做苞并藏匿其中取食，随虫龄增加，筒状叶苞也不断增大，幼虫隐藏其中，爬出叶苞取食，有转叶危害习性	1. 冬季清洁田园，烧毁枯枝落叶，消灭越冬的滞育蛹；及时清理残叶，减少虫源 2. 人工摘除虫苞 3. 幼虫发生密度较大时，于幼龄幼虫期喷药防治，间隔7~10 d，喷药2次可有效控制危害

(续)

种类	分布和危害	生活史和习性	防治要点
山栀子绿灰蝶 [*Artipe eryx* (L.)]（鳞翅目灰蝶科）	分布于华南等地。以第1~2代幼虫危害最严重，引起大量落花落果	在广州地区1年发生7代，以老熟幼虫在较干燥的土中或石缝、枯叶残叶中越冬。翌年3月中旬化蛹，3月末至4月上旬羽化，4月上中旬出现幼虫危害花蕾。5月上旬出现第1代成虫，此后大约每月完成1代，至10月中旬第7代老熟幼虫越冬。成虫白天活动，非常活泼。卵散产于花蕾的萼片、子房及果实上。幼虫孵化后在花蕾、果实上来回不停地爬行，寻找适宜的位置后开始取食，边蛀边吐残屑、边拉粪便，将残屑和粪便堆积在蛀孔周围。幼虫行动迟缓，昼夜取食，经3龄化蛹。1条幼虫一般要取食2~5个花果	1. 结果期和冬季结合田间管理，清除虫果、落果并集中烧毁，减少虫源 2. 山栀子现蕾期、初花期、盛花期、幼果期分别喷施1次药剂保花保果

第六节 药用植物害虫综合治理

药用植物种类繁多，栽培方式各异，对其害虫治理应根据药用植物具体栽培模式和区域环境特点，采取针对性技术措施进行有效综合治理，同时还要充分考虑农产品投入所产生的农药等有害物质残留等问题，保证药用植物产品优质、绿色、无公害。药用植物害虫发生与防治，因其种植目的和栽培模式及环境特征与其他农作物存在差异，对其开展害虫综合治理的策略和方法与一般农作物亦有所不同。在制订药用植物害虫综合治理计划时，应结合当地主要害虫发生危害情况，综合考虑各种药用植物栽培特点，以压低害虫种群基数为基础，充分发挥农业防治、物理防治、生物防治等绿色防控技术的作用，同时与化学药剂防治有机结合，灵活把握防治指标，将害虫的危害控制在经济损害允许水平以下。

本节内容仅根据害虫对药用植物危害部位及危害方式，分地下害虫、刺吸害虫和食叶害虫，简要介绍各类害虫综合治理的策略和主要方法。

一、药用植物地下害虫综合治理

药用植物地下害虫发生的种类与其他农作物相同或相似，主要是蛴螬、金针虫、蝼蛄、地老虎等，其治理亦应根据虫情，因地因时制宜，将各项绿色防治措施协调运用，将害虫危害控制在经济损害允许水平以下。具体防治技术参见本书第七章的相关内容。

二、药用植物刺吸害虫综合治理

药用植物刺吸害虫主要包括蚜虫类、介壳虫类、飞虱类、叶蝉类、粉虱类、木虱类、蝽类、蓟马类、螨类等。该类害虫以刺吸式口器从植物组织中吸取汁液，造成植物营养损失，发育受阻，出现畸形生长、早衰、甚至死亡。其中蚜虫等在危害过程中排泄蜜露覆盖在植物表面，影响植物的光合作用、呼吸作用和蒸腾作用。同时蚜虫还是多种植物病毒的传播媒介，导致病毒病流行而造成更大的危害。这类害虫大多属于r类害虫，具有较强的繁殖能力，在环境适宜时可短时间内暴发成灾。针对这类害虫的发生危害特点，在以农业防治为基础，充分发挥自然控制作用的同时，在害虫大发生时，及时采用内吸性药剂防治，做到各种措施的协调、综合运用,有效控制其危害。

(一)蚜虫类害虫综合治理技术

1. 防治策略 对蚜虫的防治一般要求"消灭在点片发生阶段",即消灭在迁飞扩散之前,才可达至治虫防病的目的。进行预测时,每2~3 d调查1次,也可利用黄皿、黄板诱蚜进行预测,根据有翅蚜的消长确定迁飞高峰。蚜虫的防治不应单纯依赖于化学农药,而应采取多种有效措施,通过生态调控,解决蚜害问题。

2. 综合治理技术

(1)农业防治

① 选用抗性品种:选用抗蚜或耐蚜害的品种。

② 实施间作套种:合理的间作既有利于天敌的发生和繁殖,又有利于作物的生长。

③ 加强田间管理:结合施肥,清除杂草,清洁田园,及时处理残株败叶,可有效降低蚜虫种群数量。

(2)生物防治

① 利用自然天敌:蚜虫的天敌资源非常丰富,尤其是瓢虫、食蚜蝇、草蛉、蚜茧蜂、蜘蛛类的种类多、数量大,对蚜虫种群的控制作用显著。在蚜虫天敌盛发期尽可能在田间少施或不施化学农药,避免杀伤天敌,有利于发挥天敌的自然控制作用。

② 利用病原微生物:利用蚜霉菌等真菌和半知菌可防治多种蚜虫。

(3)物理防治

① 黄板诱蚜:利用大部分蚜虫对黄色具有正趋性,可在田间设置黄色粘虫板进行诱杀。

② 银灰膜驱蚜:利用蚜虫对银灰色的负趋性,在田间、苗床上铺设或吊挂银灰色薄膜,可驱避多种蚜虫,预防病毒病。

(4)药剂防治 在药用植物生长期间,可选用10%吡虫啉可湿性粉剂、1.8%阿维菌素乳油或3%啶虫脒乳油1 000倍液喷雾,或用3%阿啶达乳油2 000~3 000倍液喷雾。也可选择复配药剂4%阿维·啶虫脒乳油1 000倍液或1.8阿维·高氯乳油1 500倍液喷雾防治。

(二)其他刺吸害虫综合治理技术

其他刺吸害虫综合治理可参考蚜虫类害虫综合治理。

三、药用植物食叶害虫综合治理

药用植物食叶害虫主要包括蝶类、蛾类、叶蜂类、蝗虫类和一些甲虫类等。该类害虫均具咀嚼式口器,蚕食叶片形成缺刻或孔洞,严重时常将叶片吃光,仅剩枝条、叶柄或主叶脉。它们通常营裸露生活。这类害虫繁殖力强,往往有主动迁移、迅速扩大危害的能力,因而常形成间歇性暴发危害。

(一)农业防治

1. 清除田间杂草 精耕细作,铲除杂草,有利于药用植物的生长发育,而且可减少食叶害虫的虫源基数。

2. 作物合理布局 将药用植物与其他农作物、果树、蔬菜等合理间套作,既有利于最大限度地利用光、水、气等自然资源和土壤肥力,又可以避免食叶害虫在不同喜食作物之间辗转危害。

3. 加强田间管理 农田小气候对食叶害虫的发生影响很大。通过合理密植和施肥灌水,减少农田郁闭度,形成不利于害虫发生的小气候环境,控制害虫的发生。

(二) 生物防治

1. 保护利用自然天敌 食叶害虫绝大多数种类裸露生活,自然天敌种类多,数量大,有效保护和利用自然天敌,对控制害虫危害具有一定的作用。

2. 推广使用生物农药 Bt乳剂、病毒制剂及其他微生物农药和植物源农药在虫口密度较低时使用,不仅可以控制虫害,而且对天敌和环境安全,对人畜无害。

(三) 物理防治

1. 灯光诱杀 可利用黑光灯诱杀鳞翅目蛾类害虫。

2. 糖醋酒诱杀 可根据某些害虫趋糖醋酒的习性进行诱杀。

(四) 药剂防治

1. 施药适期 在准确预测预报的基础上,严格掌握防治适期和防治指标,将害虫控制在初发阶段。鳞翅目害虫防治施药应在幼虫3龄前。

2. 药剂选择 为防止农药残留超标而影响中药材品质,在选择用药时应根据害虫种类尽量选择低毒、低残留药剂。例如防治鳞翅目害虫可选择20%氯虫苯甲酰胺(康宽)悬浮剂等。

思 考 题

1. 简述红花指管蚜的分布和危害特点。
2. 阐述环境条件与红花指管蚜发生危害的关系。
3. 简述枸杞负泥虫的主要习性。
4. 如何有效防治枸杞负泥虫。
5. 简述甘草萤叶甲发生危害的特点。
6. 如何有效防治甘草萤叶甲?
7. 简述马兜铃凤蝶的主要习性。
8. 如何有效防治马兜铃凤蝶?
9. 简述蚜虫类害虫的防治策略。
10. 阐述食叶害虫发生危害特点。

第十七章 储粮害虫

第一节 储粮害虫概述

储粮害虫（是一种仓储害虫）种类繁多，全世界已知有490多种，我国已记载的有254种。近年来随着国际贸易和国际交流的发展，一些我国原来没有的害虫，例如巴西豆象等传入我国，而且还有进一步增加的趋势。在我国分布广泛、危害较重的储粮害虫有玉米象、麦蛾、谷蠹、长角扁谷盗、锯谷盗、赤拟谷盗、杂拟谷盗、大谷盗、印度谷螟、粉斑螟、米黑虫、粉螨等；菜豆象、巴西豆象、四纹豆象、大谷蠹和谷斑皮蠹为进境植物检疫对象。

一、储粮害虫的类别

储粮害虫依其取食储粮的形态特点可以分为3类：①危害完整粮粒的害虫，例如玉米象、谷蠹、麦蛾、大谷盗、豆象类及一般蛾类幼虫，这类害虫称为初期性害虫；②危害损伤粮粒、碎屑、粉末的害虫，例如锯谷盗、拟谷盗类、扁谷盗类等，这类害虫称为后期性害虫；③危害完整或损伤粮粒，兼食粮食中腐败尘埃杂物和虫尸、虫粪等的害虫，例如黑菌虫、黄粉虫、黑粉虫、露尾虫、皮蠹类、蛛甲等。

二、储粮害虫的生物学特性

储粮害虫因为长期生活在仓库生态环境中，它们的生物学特性也与一般害虫不同，表现了以下特点。

1. 耐干性 储粮含水量很低，储粮害虫不仅可以在其中生存和繁殖，而且种群数量很大，绝大多数储粮害虫在谷物含水量为8%以上就可发生危害，其中谷斑皮蠹能生活于含水量为2%的食物中。

2. 耐热性 与常见的农林害虫相比，储粮害虫生活的仓库温度常高于自然农林田地，部分储粮害虫甚至能在40～45℃的环境下生存。

3. 耐寒性 储粮害虫最适发育温度为18～35℃，但玉米象、杂拟谷盗、谷象等能忍受−1～−2℃的低温，麦蛾能忍受−6～−10℃甚至更低的温度，越冬的锯谷盗、谷斑皮蠹、印度谷螟等在−6～−10℃的低温下其存活率不受显著影响。

4. 耐饥性 储粮害虫耐饥力较强，其中大谷盗能耐饥2年，皮蠹类能耐饥3～4年，谷斑皮蠹的休眠体幼虫能耐饥8年。

5. 繁殖力强 储粮害虫在适宜环境下，绝大多数终年不断繁殖；成虫繁殖时间长，有的达 2~3 年之久；雌虫产卵量大，卵孵化率高；在适宜条件下世代周期短。

这些特性使它们的种群数量在短时间内能达到较大的密度。

三、储粮害虫的危害方式

储粮害虫的取食危害方式可分为如下 4 种类型：①蛀食，例如玉米象、谷蠹、豆象类、麦蛾等幼虫在粮粒内蛀食；②剥食，例如印度谷螟、一点谷螟等幼虫喜食粮粒的胚部，再剥食外皮，内部则较少食害；③侵食，一般甲虫均自外往内侵食粮粒；④缀食，一般蛾类幼虫均喜吐丝将粮粒连缀，匿伏其中食害。

储粮害虫除以上述方式取食造成直接经济损失外，还可使粮粒发热、湿度增高引起发霉、变质、变味、变色、变臭、遗留虫尸、虫粪碎屑、增加破碎率、降低发芽率、降低营养价值等，引起间接经济损失。

据估计，世界范围内仓库害虫造成的损失为 5%~10%。苏联 Н. Г. Берим（1986）报告，世界不同国家谷物和谷物制品储藏期间的损失高达 9%~50%。我国农业部组织的一次调查表明，农村储粮因虫害造成的损失率为 6.5%~11.45%。

第二节 玉米象

玉米象（*Sitophilus zeamais* Motschulsky）属鞘翅目象甲科，分布于全世界，我国各地都有发生。成虫食害稻谷、大米、小麦、玉米、高粱、大麦、黑麦、燕麦、荞麦、花生仁、豆类、大麻种子、干果、面条、谷粉、面粉、米粉、面包等，其中以小麦、玉米、糙米及高粱受害最重。幼虫只在粮粒内危害，是储粮最主要的初期性害虫。玉米象危害造成的质量损失在 3 个月里为 11.25%，在 6 个月里为 35.12%；危害后还能使粮食发热及水分增高，引起粮食发霉变质。

除玉米象外，同属鞘翅目象甲总科象甲科的米象［*Sitophilus oryzae*（Linnaeus）］和谷象［*Sitophilus granarius*（Linnaeus）］在部分地区常与玉米象混合发生。

一、玉米象的形态特征

玉米象的形态特征见图 17-1。

1. 成虫 成虫体长（由喙基至腹部末端）为 2.5~4.5 mm，体呈圆筒形，全体为暗褐色。喙前伸，基部较宽，长与宽之比至少为 4：1，背面有隆起线。雌虫的喙比雄虫细长而较弯，刻点不如雄虫显著。触角为膝状，共 8 节。前胸背板前缘较后缘狭，上有圆形刻点。翅两侧缘近于平行，翅面有数条纵凹纹，纹间有纵列相连的小圆点。两翅基部及末端各有橙黄褐色或赤褐色近圆形斑 1 个。后翅发达。

2. 卵 卵呈长椭圆形，长为 0.65~0.70 mm，宽为 0.28~0.29，为乳白色，半透明，一端稍圆大，一端逐渐狭小并着生 1 个帽状圆形小隆起。

3. 幼虫 老熟幼虫体长为 2.5~3.0 mm，呈乳白色，肥大，多横皱纹。背面隆起。腹面较平直，胸部与腹部间微凹入。头小，为淡褐色，略呈楔形。口器呈黑褐色。上颚有明显的尖长的端齿 2 个。胸足退化。腹部各节上侧区不分叶，各着生 2 根刚毛；下侧区分为上、中、下 3 叶，均无刚毛。第 1~3 腹节背面被皱纹分为明显的 3 区。

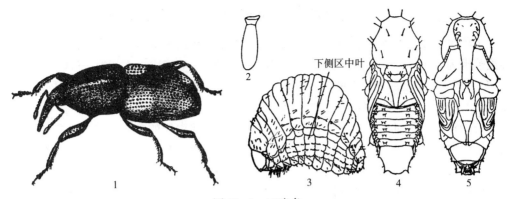

图 17-1 玉米象
1. 成虫 2. 卵 3. 幼虫 4. 蛹的背面 5. 蛹的腹面
(仿浙江农业大学)

4. 蛹 蛹体长为 3.5~4.0 mm，呈近椭圆形。初化蛹时呈乳白色，后变为褐色。头部呈圆形，喙伸达中足基节。前胸背板上有 8 对小突起，其上各生有褐色刚毛 1 根。腹部共 10 节，以第 7 节为最大；背面近左右侧缘处各有 1 个小突起，上生 1 根褐色刚毛。腹末有肉刺 1 对。

二、玉米象的生活史和习性

玉米象在甘肃和东北 1 年发生 1~2 代，在山东 1 年约发生 2 代，在江苏、浙江及陕西关中 1 年发生 3~4 代，在湖北 1 年发生 5 代，在广东 1 年发生 7 代。在温度 25 ℃、相对湿度 70%，用小麦饲养时，成虫产卵前期为 4 d，卵期为 4 d，幼虫期为 22 d（1 龄 4 d，2 龄 4 d，3 龄 4 d，4 龄 10 d），蛹期为 14 d，从卵发育到成虫共需 40 d 以上。一般情况下，卵期为 3~16 d，幼虫期为 13~28 d，前蛹期为 1~2 d，蛹期为 4~12 d，成虫寿命为 54~311 d；完成 1 代需 21~58 d。

气温下降到 15 ℃ 以下时，成虫潜伏在仓库内潮湿黑暗的各种缝隙处越冬；如果仓库内干燥，则迁到仓库外附近砖石下、垃圾堆、杂草根际越冬。在仓库外越冬的成虫，翌年春天又回到仓库中去。成虫多分布在粮堆上层活动，粮堆中下层数量很少。成虫羽化后 1~2 d 便在晚上交尾，交尾后平均经过 5 d 即开始产卵。雌虫产卵时，先用口器在粮粒一端咬 1 个与喙等长的卵窝，然后在窝内产卵 1 粒，并分泌黏液封闭窝口。每雌每天产卵 3 粒，最多 10 粒；一生平均产卵 150 粒，最多可达 570 粒。卵一般集中产在上层离粮面 7 cm 以内，幼虫孵化后即在粮粒内蛀食，并逐渐深入内部。被害粮粒常被蛀成一个空壳。幼虫老熟后即在粮粒内化为前蛹，前蛹再蜕皮 1 次化为蛹。成虫羽化后，在粮粒内停留约 5 d 才蛀孔外出。成虫也咬食粮粒，有假死性、趋温性。实验室研究表明，玉米象对湿度的选择，羽化初期表现为负趋湿性，24 h 后则表现为正趋湿性。成虫对玉米、小麦、大米的提取物有趋性；喜向上爬，遇光则向黑暗处藏躲，喜在黑暗处活动，能飞翔。成虫在粮堆内随粮温变化而迁移，春末夏初气温达 15 ℃ 时，越冬成虫大多数在离粮面 30 cm 的上层或向阳面粮温较高的部位活动；夏季及初秋当气温达 30 ℃ 以上，粮堆上层及向阳面粮温超过成虫适温时，即大批转向粮堆下层、背阴面或其他比较通风阴凉部位活动；秋凉后又转入粮堆中层或向阳面粮温较高处。

该虫食性很广，最喜危害淀粉类种子。在相同生活条件下，雌虫耐饥力比雄虫强，寿命亦长。

三、玉米象的发生与环境的关系

玉米象可活动的温度范围为 13~38 ℃，适宜温度为 24~30 ℃，最适温度为 28 ℃。产卵温度范围为 10~35 ℃；卵及幼虫的发育起点温度为 11 ℃；成虫在低温-5 ℃下经 4 d、高温 50 ℃下经 1 h 即死亡。适宜的粮食含水量为 10%~20%，相对湿度为 90% 以上；粮食含水量低于 9% 时停止产卵，低于 8% 即不能生活。

不同的粮食品种对玉米象的抗性有差异。小麦籽粒蛋白质的含量与对玉米象的抗性呈正相关，可溶性糖的含量与抗性亦呈正相关，而氨基态氮含量与抗性呈负相关。稻谷品种中开裂率大、千粒重大、谷粒宽、颖毛少的有利于玉米象产卵、取食；直链淀粉含量高的抗性低，粗蛋白含量和脂肪含量高者抗性强。玉米粒酚类物质含量高者抗性强；储藏方式与抗性亦有关，带苞储藏的玉米棒较脱苞的受害轻。

玉米象的常见天敌有米象金小蜂、食虫蝽、蜘蛛等。

第三节 麦 蛾

麦蛾 (*Sitotroga cerealella* Olivier) 属鳞翅目麦蛾科，为世界性大害虫，在我国各地均有分布，尤以长江以南各地发生普遍，危害亦较重。幼虫蛀食麦粒、稻谷、玉米、高粱、荞麦以及禾本科杂草种子，受害籽粒大部分被蛀空，尤其是小麦、稻谷受害最重，受害稻、麦的质量损失可达 60%~80%，为我国 3 大仓库害虫（玉米象、谷蠹和麦蛾）之一。

一、麦蛾的形态特征

麦蛾的形态特征见图 17-2。

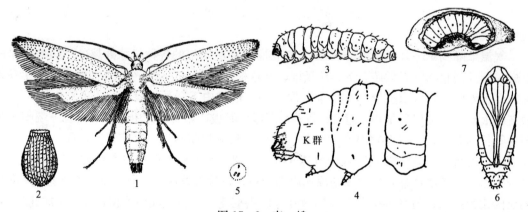

图 17-2 麦 蛾
1. 成虫 2. 卵 3. 幼虫 4. 幼虫头部、前胸、中胸和腹部 5. 幼虫第 6 腹节右腹足趾钩 6. 蛹 7. 危害状
(仿浙江农业大学)

1. 成虫 成虫体长为 4.0~6.5 mm，翅展为 12~15 mm；体呈黄褐色或淡褐色。复眼为黑色。前翅为竹叶形，呈淡黄色；后翅为菜刀形，呈银灰色，外缘凹入致翅尖突出，后缘毛特长，与翅面等宽。雌蛾腹部比雄蛾粗。

2. 卵 卵呈扁平椭圆形，长为 0.5~0.6 mm，一端较小且平截，表面有纵横凹凸条纹；

初产时呈乳白色，后变为淡红色。

3. 幼虫 老熟幼虫体长为 5~8 mm。幼虫初孵时呈淡红色，2 龄后变为淡黄白色，老熟时变为乳白色。头小。胸部较肥大，向后逐渐细小。刚毛呈乳白色，微小。胸足极短小。腹足及臀足退化呈肉质突，各生极微小褐色趾钩 1~3 个。雄虫腹部第 5 节背面中央有紫黑色斑 1 对（睾丸）。

4. 蛹 蛹体长为 4~6 mm，细长，全体呈黄褐色。翅狭长，伸达第 6 腹节。腹末圆而小，疏生灰白色微毛，两侧及背面各有 1 褐色刺突。

二、麦蛾的生活史和习性

麦蛾在温暖的地方一般 1 年发生 4~6 代，在寒冷的地方 1 年发生 2~3 代，在炎热的地方或仓库内可 1 年发生 12 代；以老熟幼虫在粮粒中越冬。幼虫老熟时，在对着胚乳的一端凿一个圆形的羽化孔，这个孔留薄薄一层和外界隔开，孔的周围有彼此相间隔的咬穿和未咬穿的部分，化蛹前结白色薄茧。成虫多在早晨羽化，羽化后 1 d 交尾，交尾多在早晨及黄昏进行，交尾后 1~2 d 开始产卵，每雌产卵量为 63~124 粒。成虫具趋光性，飞行力强，可达数千米，但在仓库内一般不做长距离飞行。仓库内的各代成虫都有部分飞到田间产卵于禾本科作物和杂草上的习性。卵多数产于接近黄熟的籽粒上，随着收获带入仓库内危害。仓库内的卵多数产于粮堆表层 20 cm 内的粮粒的沟缝中，尤以表层 7 cm 内最多。卵多集产，每粒粮着卵 10~20 粒。幼虫孵化后从谷粒胚部或损伤处蛀入，每粒粮通常含虫 1 头，每粒玉米含幼虫 2~3 头。幼虫共 4 龄，可转粒危害。

在 30 ℃、70% 相对湿度下，用面粉饲养，各虫态的平均历期，卵期为 3 d，幼虫期为 24 d，蛹期为 5 d，完成 1 个世代需 33 d。成虫寿命最长为 38 d，雄虫平均寿命为 13.61 d，雌虫平均寿命为 13.38 d。

三、麦蛾的发生与环境的关系

麦蛾对温度的适应性特别强，在 20~36 ℃、相对湿度 25%~100%、谷物含水量 8%~24% 时可正常发育，适宜时迅速繁殖，发育起点温度为 6.58 ℃，全世代有效积温为 620.20 d·℃。20 ℃ 以下发育缓慢。成虫于 43 ℃ 下经 42 min 死亡，幼虫、蛹和卵 44 ℃ 下经 6 h 死亡。10 ℃ 以下卵不能孵化，-17 ℃ 下幼虫经 25 h 死亡。谷物含水量低于 8%、相对湿度低于 25% 时幼虫不能生存。

谷物品种对麦蛾抗性有差异，常规稻比杂交稻抗性强；谷物裂颖率高的品种能引诱初孵幼虫定位，并有利于幼虫蛀入；粗蛋白含量高的品种抗性亦强。此外，谷物外壳的机械破损有利于麦蛾幼虫的蛀入危害。

第四节 谷 蠹

谷蠹 [*Rhizopertha dominica* (Fabricius)] 属鞘翅目长蠹科，别名为谷长蠹，分布于全世界，在我国除吉林、辽宁、新疆、宁夏、西藏等地缺记载外其余各地都有分布。成虫、幼虫危害禾谷类作物、豆类作物、粉类、干果、各种植物种子、竹、木材、皮革、豆饼、药材等，其中以稻谷、小麦受害最烈。

一、谷蠹的形态特征

谷蠹的形态特征见图 17-3。

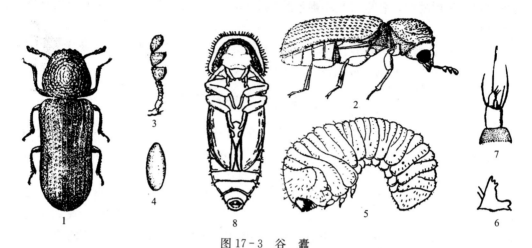

图 17-3 谷 蠹
1. 成虫背面 2. 成虫侧面 3. 成虫触角 4. 卵 5. 幼虫 6. 幼虫上颚 7. 幼虫触角 8. 蛹的腹面
(仿浙江农业大学)

1. 成虫 成虫体长为 2.3~3.0 mm，呈细长圆筒形，为暗褐色至暗赤褐色，略有光泽。头大而被前胸背板掩盖。复眼为圆形，呈黑色。触角为暗黄褐色，共 10 节，第 8~10 节扁平膨大呈片状，第 8~9 两节呈三角形，第 10 节呈长卵形。前胸背前方略小，后方略大，中央隆起，表面着生许多小瘤突，呈同心圆排列，前缘尤多。鞘翅细长，呈圆筒形，末端向后下方斜削，两侧缘平行且包围腹侧。足粗短，各具胫距 2 个。

2. 卵 卵长为 0.4~0.6 mm，呈长椭圆形，为乳白色，一端较大，一端略尖而微弯，略带褐色。

3. 幼虫 老熟幼虫体长为 2.5~3.0 mm，近蛴螬形。头小，呈三角形，为黄褐色。口器为黑褐色，上颚有小齿 3 个。无眼，触角短小共 4 节，第 1 节粗大，第 2 节端部生有小乳状突及刚毛 4 根。胸部和腹部为乳白色，共 12 节，前部较肥大，中部略细，后部较粗而弯向腹面。足细小，呈灰褐色。全体疏生淡黄色细毛。

4. 蛹 蛹体长为 2.5~3.0 mm，头部向下，前胸背近圆形。腹部可见 7 节。鞘翅及后翅伸达第 4 腹节。自第 5 腹节以下略向腹面弯曲。腹部末节狭小，着生分节的小刺突 1 对，雌蛹的为 3 节，雄蛹的为 2 节。前胸背板及腹部两侧均着生黄褐色细毛。

二、谷蠹的生活史和习性

谷蠹一般 1 年发生 2 代，在广东可 1 年发生 4 代；以成虫在发热的粮粒内或成虫蛀入仓库底部及四周的木板内越冬。室内越冬死亡率较大，为 90.4%。成虫亦可飞到仓库周围树皮下越冬。成虫飞翔力强，具趋光性。翌年 4 月，当气温上升至 13 ℃左右时，成虫开始活动，交尾产卵，卵散产或 2~3 粒粘在一起。卵多产于粮粒裂隙间，亦可产于碎屑中、包装物上或壁缝内。单雌产卵量为 52~412 粒。卵孵化率通常为 100%。幼虫孵出后先在粮粒间爬行，然后从胚部蛀入粮粒内危害，1粒粮内可有幼虫1~2头。蛀入粮粒的幼虫可在其中完成发育、化蛹，羽化后在粮粒上咬一个缺口外出。幼虫亦可生活于粮粒间侵食粮粒外表，稍长大后再蛀入粮粒，也可终生生活于碎粮中并完成发育且可在其中化蛹。第1代成虫发生于7月中旬，第2代成虫发生于8月下旬至9月上旬。

谷蠹喜温、耐干燥、具趋温群聚性，由此常引起粮堆局部发热，多分布于粮堆中下层。恒温34℃条件下饲养，各虫态的发育历期，卵期为4~7 d，幼虫期为20~31 d，蛹期为3~17 d。成虫寿命约1年。

三、谷蠹的发生与环境的关系

谷蠹的发育温度范围为18~38℃，最适温度为32~36℃。幼虫的龄数和世代历期皆受温度和湿度的影响，低温低湿时幼虫龄数多，世代历期长；高温高湿时幼虫龄数少，世代历期短。幼虫通常有3~8个龄期，以3或4个龄期居多；世代历期为22.5~226.6 d。发育起点温度和世代有效积温受相对湿度的显著影响。相对湿度为45%、65%和85%时，发育起点温度分别为20.1℃、18℃和17.8℃，平均世代有效积温分别为798.8 d·℃、674.8 d·℃和642.5 d·℃。谷蠹不耐低温，在0.6℃下只能生存7 d，在0.6~2.2℃下生存不超过11 d；耐干，谷物含水量在9%以上时可进行正常生命活动，当相对湿度低于40%、粮食含水量低于9%时，卵不能孵化，各发育历期不能完成。裂颖率高、受损率高的稻谷籽粒受害重。谷蠹的主要天敌有黄色食虫椿象。

第五节 印度谷螟

印度谷螟（*Plodia interpunctella* Hübner）属鳞翅目斑螟科，分布于全世界；在我国除西藏未有记载外，其余各地都有分布，华北及东北地区危害特别严重。幼虫食害玉米、大米、小麦、豆类、油菜籽、花生、其他谷物、干果、米面制品、奶粉、糖果、香料、生药材、昆虫标本等，其中以禾谷类、豆类、油菜籽及谷粉被害最烈。被害粮食常结成块状并被幼虫排出的带臭味的粪便污染，以致储粮的质量和品质都遭受到损失。此外，在北京郊区，印度谷螟在新鲜枣果上危害，但室外只能繁殖1代。

一、印度谷螟的形态特征

印度谷螟的形态特征见图17-4。

1. 成虫 雌蛾体长为5~9 mm，翅展为13~16 mm；雄蛾体长为5~6 mm，翅展为14 mm。头部呈灰褐色，腹部呈灰白色。头顶复眼间有1个伸向前下方的黑褐色鳞片丛。下唇须发达，伸向前方。前翅为狭长形，内半部约2/5为黄白色，外半部约3/5为亮棕褐色，并带有铜色光泽。后翅为灰白色，半透明。

2. 卵 卵呈椭圆形，长约为0.3 mm，呈乳白色，一端尖，一端稍凹，表面粗糙，有许多小粒状突起。

3. 幼虫 老熟幼虫体长为10~13 mm，呈淡黄白色，腹部背面带淡粉红色。头部为黄褐色。前胸背板及臀板为淡黄褐色。体呈圆筒形，中间稍膨大。头部每边有单眼5~6个

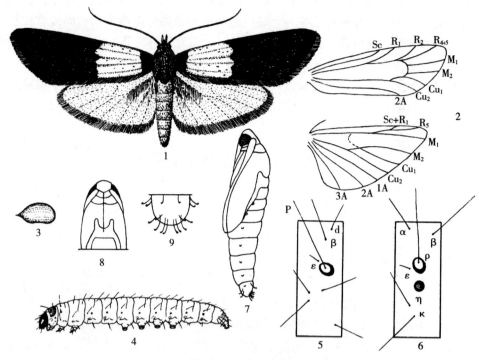

图 17-4 印度谷螟

1. 成虫　2. 成虫前翅和后翅脉　3. 卵　4. 幼虫　5. 幼虫胴部第 2 节毛位　6. 幼虫胴部第 11 节毛位　7. 蛹的侧面　8. 蛹头胸部的背面　9. 蛹的腹末背面

(仿陈耀溪)

(第 1 单眼与第 2 单眼有时愈合)。上颚有齿 3 个，中间 1 个最大。腹足趾钩为双序全环。雄虫胴部第 8 节背面有 1 对暗紫色斑点。

4. 蛹　蛹体长约为 6 mm，呈细长形，为橙黄色，背部稍带淡褐色。前翅部分带黄绿色。复眼为黑色。腹部常稍弯向背面。腹末着生尾钩 8 对，其中以末端近背面的 2 对最为接近、最长。

二、印度谷螟的生活史和习性

此虫通常 1 年发生 4~6 代，在温暖地区 1 年可发生 7~8 代，在辽宁南部 1 年发生 3~4 代；以幼虫在包装物、屋柱、板壁等的缝隙中越冬，少数在粮粒间越冬。越冬时，幼虫喜吐丝结网群集在一起。越冬幼虫翌春化蛹，成虫羽化后即交配产卵，成虫具趋光性。雌虫多在夜间产卵，单雌产卵量为 39~275 粒，平均为 152.3 粒。卵多产在粮粒表面、包装物的缝隙中，亦可产在幼虫吐丝结成的网上。幼虫孵化后先蛀食粮粒胚部，再剥食外皮，较少蛀食粮粒内部，而对花生仁和玉米粒则喜蛀入胚部危害。初发生时多在粮堆上半部及表面危害，以后延及内部及下半部。幼虫有吐丝结网习性，常在粮面吐丝结网或缀粮粒成块，潜伏其中并排出大量粪便，粪呈红色、有臭味，致粮严重污染发霉变质。幼虫老熟后爬离粮堆到仓库内各种缝隙中吐丝结茧化蛹，少数仍在被其丝缀成的粮块中化蛹。该虫世代重叠严重，同一时期可发现卵、幼虫、蛹和成虫。

一般情况下的各虫态历期，卵为2～11 d，幼虫为22～35 d，蛹为7～14 d。成虫寿命为8～14 d。

三、印度谷螟的发生与环境的关系

该虫生长发育的适温范围为24～30 ℃，幼虫在高温48.8 ℃中6 h死亡。卵、幼虫、蛹、成虫在不同低温下的致死时间分别为：−3.9～−1.1 ℃，90 d；−6.7～−3.9 ℃，28 d；−9.4～−6.7 ℃，8 d；−12.2～−9.4 ℃，5 d。

第六节　其他常见储粮害虫

储粮害虫虽然种类很多，但以前述玉米象、麦蛾和谷蠹发生危害最为严重，被称为我国3大储粮害虫，印度谷螟也较常见。除此之外，其他储粮害虫往往发生较少，或者局部环境条件下危害严重，发生较多的种类见表17-1。

表17-1　其他常见储粮害虫

种类	分布和危害	生活史和习性
赤拟谷盗 [*Tribolium castaneum* (Herbst)] （鞘翅目拟步甲科）	分布于全世界，在我国各地都有发生。食性广，能危害100多种农作物种子及其加工品，尤以小麦受害为重。成虫有臭腺，能分泌臭液，污染被害物而产生腥霉臭味	在东北地区1年发生1～2代，在中原及南方各地1年发生4～5代。以成虫群集于仓库内粮袋、围席及缝隙内越冬。成虫喜黑暗，有假死性和群集性，飞翔力弱。羽化后1～3 d开始交配，交配后3～8 d开始产卵，产卵期可长达170 d以上。单雌产卵量为500多粒，最多为1 000粒以上。卵散产于粮粒表面或裂缝内以及碎屑中，附有黏液，碎屑黏附其上，不易发现。幼虫共5～8龄，孵出后即在粉屑中取食，老熟后即在粉屑中化蛹。一般情况下各虫态历期，卵期为3～9 d，幼虫期为25～80 d，蛹期为4～14 d；世代历期为32～103 d
豌豆象 [*Bruchus pisorum* (Linnaeus)] （鞘翅目豆象科）	世界性害虫，在我国大部分地区有分布。抗日战争时期随日本侵略军马料传入我国，是国内检疫对象。只危害豌豆，被害豆粒质量损失可达60%	1年发生1代，以成虫在储藏豆粒内、室内各种缝隙、田间作物遗株、树皮下、砖石下越冬。越冬成虫4月上旬至5月上旬豌豆开花结荚时飞到豌豆田取食花粉、花蜜，并交配产卵。成虫飞行力强，有假死性，5月中旬为产卵盛期。单雌产卵量为150多粒，最高可达730粒。卵散产于豌豆嫩荚上，多是2粒重叠，以植株中部着卵最多，下部次之。幼虫孵化后自卵壳底部直接钻入豆荚，豆粒种皮上可见一个黑色针尖大小的蛀入孔。重叠的卵只有一个可以孵化并蛀入荚内。豌豆成熟时幼虫尚未老熟，随收获的豆粒进入仓库并在豆粒内继续取食发育，收获后半月左右，是幼虫大量取食阶段，可将豆粒蛀空。幼虫共4龄，成熟后在豆粒内化蛹羽化。各虫态历期，卵期为5～18 d，幼虫期为28～42 d，蛹期为10～15 d，成虫寿命为300 d以上
蚕豆象 (*Bruchus rufimanus* Boheman) （鞘翅目豆象科）	世界性害虫，在我国大部分地区有分布。只危害蚕豆，被害豆被食空，易发霉变黑	1年发生1代，成虫羽化后大多数驻留豆粒中越冬，少数可从豆粒中爬出在仓库或其他室内的各种缝隙中或田间作物遗株、杂草、石隙内越冬。春季蚕豆开花前，越冬成虫开始活动，飞翔力强，耐饥力强，飞至蚕豆田取食豆叶、豆荚、花、花粉等，并交配产卵。单雌产卵量为90多粒。卵散产于豆荚表面，一般每荚着卵2～6粒，最多可达44粒。幼虫孵化后自卵壳底部蛀入，被蛀豆荚上有黑色小蛀孔。每粒豆可蛀入1～6头虫，最多可达28头，但最多3～4头能完成发育。幼虫共4龄，2龄或3龄时随收获蚕豆进入仓库，在豆内继续危害。化蛹前将豆皮咬成一薄皮小圆圈形羽化孔后，即在豆内化蛹。一般情况下各虫态历期，卵期为9～24 d，幼虫期为70～103 d，蛹期为6～16 d，完成1个世代约120 d。成虫寿命为212 d，最长达295 d

(续)

种类	分布和危害	生活史和习性
绿豆象（*Callosobruchus chinensis* Linnaeus）（鞘翅目豆象科）	世界性害虫，在我国大部分地区有分布。多食性害虫，可危害多种豆类，以绿豆、小豆和豇豆受害最重	1年发生多代，在南方最多可1年发生11代，成虫、幼虫和蛹皆可越冬。春季气温回升后越冬幼虫在豆粒内化蛹、羽化。成虫善飞，具假死性和趋光性，交尾后在仓库内产卵于豆粒上，每豆平均着卵3～5粒。部分成虫飞到豆田产卵于嫩荚上，每荚上产卵4～5粒。单雌产卵量为70～80粒。幼虫孵出后即蛀入豆粒内危害。田间危害的幼虫随收获的豆粒又回仓库内继续危害，直至越冬。各虫态历期，卵期为4～15 d，幼虫期为13～34 d，蛹期为3～18 d，世代历期为20～67 d。雌虫寿命为4～25 d，雄虫寿命为5～33 d
锯谷盗 [*Oryzaephilus surinamensis* (Linnaeus)]（鞘翅目锯谷盗科）	分布于全世界；在我国除吉林、宁夏和西藏未发现外，其他各地均有分布。多食性害虫，对所有植物性储藏物及其产品均可危害，尤喜食粮食碎屑、粉末等，为粮食储藏过程中重要的后期性害虫	在北方1年发生2～3代，在重庆1年发生5代；主要以成虫群集于仓库内各种缝隙、隐蔽处越冬或在仓库外砖石下、木片、杂物中越冬，次年春暖时爬回粮堆中交尾、产卵。卵散产或集产，多产于粮食碎屑内或粮粒上。成虫能飞，爬行很快，有向上爬行群集于粮堆高处的习性。幼虫一般4龄，孵出后危害碎粮、粮粒胚部或钻入有蛀孔的粮粒内取食，行动活泼，老熟后在碎屑中化蛹。各虫态历期，卵期为3～7 d，幼虫期为12～75 d，蛹期为6～12 d；成虫寿命为140～996 d，最长可达3年多
大谷盗 [*Tenebroides mauritanicus* (Linnaeus)]（鞘翅目谷盗科）	世界性分布；在我国除西藏和宁夏外，其余各地均有发生。主要危害小麦、大麦、稻谷、玉米、面粉和薯干，也危害油料、豆类、药材、干果等	1年发生1～2代，成虫和幼虫皆可在仓库内的木板、蛀屑及各种缝隙中越冬。春季随气温升高，越冬成虫交尾、产卵；越冬幼虫化蛹，5—6月羽化，交尾产卵。卵单粒或成块产于粮粒间隙、粉屑或各种缝隙内。幼虫共4～5龄，喜食粮粒胚部，老熟后蛀入木板或在各种缝隙中做蛹室化蛹。成虫和幼虫性凶残，既危害粮食亦能捕食仓库内其他昆虫或自相残杀。耐饥力强，在4.4～10 ℃下成虫可断食184 d，幼虫可断食24个月。最适发育温度为27～28 ℃。各虫态历期，卵期为15～17 d，幼虫期为250～300 d，蛹期为22～25 d，成虫寿命为1～2年
长角扁谷盗 [*Cryptolestes pusillus* (Schönherr)]（鞘翅目扁甲科）	广泛分布于世界温带和热带地区，在我国普遍分布。常发生于面粉厂、米厂的加工车间、原料库、成品库，在酒厂曲库内发生也很严重。成虫和幼虫主要危害稻谷、麦类、油菜籽、豆类等已破碎和受损伤的籽粒及其加工品，也可危害酒曲、糕点、干菜、干果、药材等	1年发生3～6代；以成虫在较干燥的碎粮、粉屑、地脚粮、尘芥或仓壁缝隙内越冬。春季气温升高后，越冬成虫产卵于粮库中残屑、粉末表层5 mm内或缝隙中，产卵期为115～125 d。成虫善飞翔，幼虫危害碎粮及粉屑，喜食种子胚部，老熟后吐丝缀粉屑成白色薄茧，化蛹于其中。成虫羽化后，在茧中静止数天才开始活动。最适发育温度和相对湿度分别为32 ℃和90%，夏天完成1个世代需时24～27 d
粉斑螟 [*Cadra cautella* (Walker)]（鳞翅目斑螟蛾科）	世界性害虫，在我国各地均有分布。幼虫危害大米、玉米、麦类、高粱、各种粉类、豆类、花生、干果及中药材，食性很广，往往与印度谷螟混合发生	1年通常发生4代，第1代发生于5月，第2代发生于7月，第3代发生于8月，第4代发生于9月；以幼虫在包装物、仓库内的各种缝隙及阴暗角落处越冬。越冬幼虫有群集做茧的习性，翌春化蛹羽化、交尾、产卵。卵散产于粮粒表面或包装物的缝隙中，初孵幼虫以成虫尸体及碎粮、粉屑为食，稍大后即吐丝连缀粉屑及粮粒成长巢，藏匿于其中食害。幼虫爬行时有吐丝成网的习性，老熟后在包装物、仓库内的各种缝隙或粮堆中做薄茧化蛹。温度20 ℃、相对湿度50%～70%时，以小麦饲养完成1代需64 d。该虫抗寒力弱，0 ℃下经1周各虫态全部死亡

(续)

种类	分布和危害	生活史和习性
腐食酪螨 [*Tyrophagus putrescentiae* (Schrank)]（粉螨亚目粉螨科）	世界性害虫，在我国各地普遍发生，亚热带和温带地区发生严重，是最重要的储粮害螨。喜食含脂肪及蛋白质多的食物，除危害储粮外还危害鱼、肉等动物类干腊储藏食品。还能在室外落叶层、土表、垃圾以及老鼠、雀鸟巢穴中生活。可引起人患谷痒症，患者皮肤出现皮疹，奇痒难忍或胸部发闷	1年发生多代，主要以成螨和休眠体在粮堆表面、碎屑中及仓脚下越冬。温度23℃、相对湿度85%时，2～3周即可完成1代。雌雄交配产卵，卵孵化后经幼螨、第1若螨、第3若螨变为成螨；条件恶劣时，如低温、低湿等，第1若螨可变为休眠体，称为第2若螨。休眠体皮壳很硬，为静止期，对不良环境抗性强，一旦条件适合休眠体即蜕化为第3若螨。活动期皆可危害，蛀食胚部或由伤口侵入粮粒内，被害粮往往发霉变质。喜群集，数量多时往往在粮堆表积成薄层形如尘末；繁殖适温为24～25℃，45℃时经1 h死亡；喜湿，粮食含水量低于12%即不能繁殖，故干燥粮食很少发生，梅雨季节多发。可借助风力、老鼠、昆虫和人的衣服、鞋袜及仓用工具传播

第七节 储粮害虫调查方法

粮食储藏方式通常有包装堆垛和散装两种，虫情调查时可根据不同储藏方式、害虫的生活习性采取相应的抽样检查方法。

一、现场检查

现场检查适用于各种储藏方式。观察仓库和其他储粮场所及周围环境仓储害虫的发生情况，对隐蔽性害虫（例如玉米象、豆象和螨类）同时要抽取样品带回室内检查。

抽样数量：种用粮100件以下取样1份，101～500件取样2份，501～3 000件取样3份，3 000件以上取样4份；非种用粮1 000件以下取样1份，1 001～3 000件取样2份，3 001～5 000件取样3份，5 001～10 000件取样4份，10 001～20 000件取样5份，每增加20 000件递增1份。

每份取样品质量为500～1 500 g。

二、抽　　查

抽查适用于包装储藏。

1. 抽查数量　500件以下抽查3～5件，501～1 000件抽查6～10件，1 001～3 000件抽查11～20件，3 000件以上每增加500件递增1件。

2. 检查方法　根据情况需要可采取拆包检查（每件筛检样品1 kg）、倒包检查（整件倒出检查包装内外仓库害虫情况，并每件筛检样品2 kg）、抽样检查（对粮垛中下层不能搬运的包件可进行抽样筛检）。

三、选点抽样

选点抽样适用于散装粮。

1. 选点方法　根据粮食种类和堆存方式不同可采用对角线、棋盘式或随机方式取样。

2. 取样数量　100 t以下选点5～10个，101～200 t选点11～15个，201～500 t选16～

20个，501 t以上每增加100 t递增1点。每点取样品1 kg以上。

四、检出方法

1. 筛检法　即用多层筛将害虫筛出计数。

2. 隐蔽性害虫检出法　隐蔽性害虫有的十分微小（例如螨类），有的在粮粒内蛀食不能筛出（例如象甲），可采用布鲁德（Бруда）检出法（适用于米象、玉米象）、相对密度检出法、佛兰金（Frankenfeld）检出法、灯光透视法等。必要时亦可用剖粒检查法，但费时费工。

第八节　储粮害虫综合治理

储粮害虫综合治理必须认真贯彻"预防为主，综合治理"的方针和"安全、经济、有效、卫生"的原则。综合治理就是要将一切可行的防治方法统一于防治计划之中，把各种防治方法有机地结合起来，拟订系统的综合治理措施，主动、积极、全面地开展虫害防治工作，有效控制或消灭储粮害虫，并力求避免或减少防治措施本身对经济、社会等方面造成不良后果。每种防治措施都有各自的优越性，也有其一定的局限性。因此综合治理必须使各种防治方法互相协调，取长补短，因时、因地、因仓制宜，优先选择能起预防作用，安全、经济、有效、卫生，并兼治多种害虫的防治方法。储粮害虫的综合治理通常采用的方法有检疫防治、清洁卫生防治、物理机械防治、生物防治、化学防治等。

一、植物检疫

各种储粮害虫都有一定的原发地。随着人类经济活动，特别是国际、国内贸易的发展，包括粮食在内的商品交流十分频繁，从而为储粮害虫的传播蔓延创造了条件。至今还有许多储粮害虫在中国尚未发现，或传播的范围不大，所以必须以国家法律法令的形式，防止危险性储粮害虫由国外传入国内，或由国内局部地区传播蔓延到其他地区。

根据1992年农业部发布的《中华人民共和国进境植物检疫危险性病虫杂草名录》，将进境检疫性有害生物分为一类和二类。在此名录中属于一类的储粮害虫有菜豆象 [*Acanthoscelides obtectus* (Say)] 和谷斑皮蠹（*Trogoderma granarium* Everts）；属于二类的储粮害虫有鹰嘴豆象 [*Callosobruchus alalis* (Fabricius)]、灰豆象 [*Callosobruchus phaseali* (Gyllenhal)]、大谷蠹 [*Prostephanus truncates* (Horn)] 和巴西豆象 [*Zabrates subfasciatus* (Boheman)]。根据1995年农业部发布的《全国植物检疫对象名单》，涉及储粮害虫的有谷斑皮蠹（*Trogoderma granarium* Everts）、菜豆象 [*Acanthoscelides obtectus* (Say)] 和四纹豆象 [*Callosobruchus maculatus* (Fabricius)]。

二、清洁卫生防治

清洁卫生防治是贯彻"预防为主，综合治理"方针的基本措施，是巩固和发展无虫螨、无霉变、无鼠雀、无事故的"四无粮仓"的基础，对限制害虫发生发展，提高储粮品质和卫生标准，维护人民身体健康都具有重要作用。

清洁卫生防治的范围非常广泛，包括仓外环境、仓房、工具和储粮本身的清洁卫生。仓外环境是指仓房一定距离内容易隐藏害虫和不清洁的地方，例如地面、沟渠、杂草、瓦砾、垃圾、杂物等，都应彻底清扫、消毒。仓房四壁、天花板、地脚、门窗、通风口以及各种工具、围席、麻袋等都容易藏匿害虫，应打扫干净。入库新粮要求晒干扬净，入库后应尽快平整粮面，必要时在粮面使用防护剂处理，以防感染害虫。不同品种的粮食、新粮与陈粮、干粮与湿粮、虫粮与无虫粮等应严格分开储存。仓库四周要定期喷洒布设防虫带，门窗、通风口和粮食进出口要安装防鼠板或防鼠网。清洁卫生防治应贯穿在粮食收获、脱粒、整晒、入库、储藏、调运、加工、销售等各个环节中，如果某个环节或某个方面不能保持清洁卫生，害虫就有可能乘机侵入和蔓延危害，造成防治工作的被动。由此可见，清洁卫生工作涉及面广，工作量大，必须建立健全仓库的清洁卫生制度，全面而经常地开展清洁卫生工作，为建设无虫螨、无霉变、无鼠雀、无事故的"四无粮仓"奠定扎实的基础。

三、物理机械防治

(一) 高温杀虫

1. 日光暴晒 除大米、花生仁、豆类、粉类外，其余粮食都可以暴晒，暴晒多在夏季高温季节进行，晒粮时先使晒场地面晒热，然后铺上粮食，厚度以不超过 10 cm 为宜。经常翻动，粮温晒到 48 ℃以上并保持 2 h，同时要检查害虫死亡情况，小麦、大麦等可于晒后趁热入仓密闭储藏，以收到杀死粮粒内和粮堆内各期害虫和螨类。

2. 烘干杀虫 对高水分的粮食，在入仓前应进行烘干以便安全储藏，预防害虫发生。如果粮食已感染仓储害虫，也可直接烘干杀灭。近年来用微波和远红外线处理，烘干粮食，取得了丰富的经验。

微波是一种电磁波。用微波处理，含水分和脂肪成分的粮食吸收微波的能量，转化为热能，使粮温升高，达到干燥和杀灭害虫的目的。这种方法安全、有效、简便、无残毒。我国深圳动植物检疫所、江苏无锡粮仓等单位于 20 世纪 70 年代后期开始用国产箱式微波加热器进行灭虫处理。谷物在箱体内经微波处理 3 min，粮温达 57 ℃，害虫全部死亡，粮食得到干燥。

远红外线是利用波长在 150 nm 以上的远红外线照射谷物，能使谷物内部分子运动加剧，迅速转变为热能，使粮温升高、水分蒸发，达到干燥谷物和杀灭害虫害螨的目的。

利用各种加热方法和机械，处理染虫粮和高水分粮时，注意烘干机出口时的温度应控制在 50 ℃左右（玉米和小麦不得超过 50 ℃），烘干时间以 12～30 min 为宜。

3. 蒸汽杀虫法 常用双轨式蒸汽灶来进行高温蒸汽处理仓储工具和包装器材中的害虫，但不能用于处理粮食。

(二) 低温杀虫

1. 自然低温的利用 北方寒冷地区，冬季晴天将粮食搬至晒场薄摊冷冻；或把仓库门窗打开降低仓温，并维持一段时期，皆可有效杀死或抑制害虫的发生。自然低温储藏包括地上自然低温环境和地下储藏，例如河南地下仓深入地下 10 m，储藏小麦，粮堆中下层温度终年维持于 14～15 ℃，有效抑制了玉米象等害虫的生长发育，150 d 后害虫死亡。

2. 机械降温 一类是利用机械通风降低仓温；另一类是机械制冷使仓温降低并维持低温起到抑虫保鲜的目的。

(三) 气调防治

气调防治就是人为改变粮堆中的气体成分（氧气、二氧化碳和氮等）和含量，造成不利于害虫的环境达到抑制或杀死害虫的目的。当粮堆氧气浓度降至1%以下，二氧化碳浓度增至50%～70%或以上时，害虫和微生物都难以生存。

1. 自然缺氧 密封粮仓，由于粮食及其中各种生物的呼吸不断消耗仓中有限的氧气、二氧化碳浓度不断增加，达到自然缺氧的目的。影响自然缺氧因素较多，例如粮食的种类、含水量、密闭时间等。通常干燥粮食密闭时间适当延长，水分高的只宜短期密闭。

2. 微生物辅助缺氧 一般籼稻含水量低，自然缺氧较难，可利用微生物的强烈呼吸作用，大量耗氧，造成缺氧。用于辅助缺氧的微生物通常有酵母菌、黑曲霉、木霉等。菌种的选择要求安全无害，繁殖快，呼吸强度大，取材容易，培养方便。目前多采用笼接法，降氧笼长、宽、高各100 cm左右，其内接种微生物。降氧笼与粮堆用通风管连接。每50 t粮食放笼2个。

3. 抽气充二氧化碳或氮气 用真空泵抽出密闭粮食中的空气再补充二氧化碳，使粮堆二氧化碳的浓度达到并维持在60%～70%。一般每5 000 kg粮食需7～8 kg二氧化碳。另外亦可充氮使粮堆氧气浓度降至1%以下。

4. 分子筛富氮脱氧 分子筛即人工合成的一种泡沸石，是一种高效能、高选择性的吸附剂，加热去水后形成许多孔径均匀、固定的微孔，能将直径比其孔径小的物质分子吸附到其内部，故称为分子筛。目前，通常采用0.5 nm分子筛将粮堆中的氧脱去，使氮含量达96%以上。

此外还有鲜树叶脱氧法、抽氧后充入燃烧后的缺氧空气法等脱氧法。

(四) 电离辐射

可采用 ^{60}Co 等放射性同位素照射粮食。1968年土耳其利用 ^{60}Co 处理粮食，每小时处理30～50 t。目前土耳其、荷兰、加拿大、美国等的辐射储粮已达到实用阶段。西南农业大学等单位曾利用γ射线防治粗足粉螨和印度谷螟。目前采用电离辐射防治储粮害虫的方法还不够普及，有待进一步试验和推广应用。

(五) 紫外光诱捕储粮害虫

据四川省粮食学校研究，用220 V、20 W、波长为66.5～400 nm的黑光灯，安装上漏斗口与粮面平行进行诱捕试验。在储粮场所能诱捕各类活动期的储粮害虫（包括螨类），特别是对常见的种类（例如玉米象、豌豆象、咖啡象、麦蛾等）有较好的诱捕效果。可利用黑光灯进行虫情预测预报。据观察，对锯谷盗、裸蛛甲的诱捕效果差。

(六) 机械治虫

利用风车、溜筛、电动筛和净粮机可除去粮食中的杂质和部分害虫，例如用风车可将稻谷中的麦蛾成虫全部去除。以上机械的缺点是不能去除蛀入粮粒内的害虫，还可能损伤籽粒，影响种子发芽或易被害虫侵蚀。有的粮库利用害虫习性设计诱虫器具诱杀害虫有一定效果，如用诱虫竹筒诱杀玉米象。

四、化学防治

使用化学药剂是储粮害虫综合治理的一项重要措施，具有杀虫迅速、高效等优点，其缺点是对人畜有毒，污染粮食，易引起害虫产生抗药性。但只要正确使用，仍可保证人畜和粮食的安全。目前应用于防治储粮害虫的化学药剂有防护剂、熏蒸剂和植物性杀虫剂，这里介绍前两种。

（一）防护剂

防护剂包括具有胃毒作用或触杀作用的化学药剂和不具直接毒杀作用的惰性粉制剂。后者以硅藻土、黏土、骨粉、磷矿石、氧化钙等为原料制成粉剂，混入储粮中，害虫在爬行过程中身体上黏附粉末，通过摩擦破坏表皮结构，加剧害虫体表水分蒸发造成死亡，或堵塞气门造成害虫窒息。我国在20世纪中叶曾开展惰性粉的研究与应用，对储粮害虫有一定的防治效果，但一般用量较多，同时增加了储粮中的杂质而未能大面积推广。目前常用作储粮防护剂的化学药剂主要是有机磷杀虫剂、拟除虫菊酯类杀虫剂和氨基甲酸酯类杀虫剂。代表性的化学防护剂主要有以下种类。

1. 马拉硫磷 马拉硫磷（malathion）可用于各种原粮、油料及种子，也可用于空仓、器材、运输工具和喷布防虫带，北方粮库用量一般为10～20 mg/kg（有效成分），南方粮库为20～30 mg/kg，施药的粮食须间隔1个月后才能加工食用。

2. 杀螟硫磷 杀螟硫磷（fenitrothion）对谷象、锯谷盗、锈赤扁谷盗的防治效果最好，最低有效剂量为0.25～0.50 mg/kg；对玉米象的最低有效剂量为0.50～0.75 mg/kg；对米象和赤拟谷盗的最低有效剂量为1～2 mg/kg；而对谷蠹的最低有效剂量则为15～20 mg/kg。杀螟硫磷是目前国际上仓库害虫对马拉硫磷产生抗性的国家选择的代用品种之一。

3. 甲基嘧啶硫磷 甲基嘧啶硫磷（pirimiphos-methyl）的进口商品名为安得利，我国的产品称为保安定，又称为虫螨磷，用于小麦、稻谷、玉米等各种原粮和种子的防虫，对多种储粮螨类均有较高防治效果，也可用于空仓、器材杀虫或布设防虫线，但不得用于各种成品粮，对种子发芽率无不良影响。用药量一般为5～10 mg/kg，折合50%保安定乳油10～20 mg/kg；空仓和器材杀虫一般为0.5 g/m^2。甲基嘧啶硫磷适用于高温高湿地区的粮食长期储藏，是目前国际上替代马拉硫磷的主要品种之一。

4. 生物苄呋菊酯 生物苄呋菊酯（bioresmethrin）对谷蠹特别有效，用1 mg/kg剂量加增效醚10 mg/kg，可有效控制谷蠹达9个月；用4 mg/kg剂量加增效醚20 mg/kg，可保护小麦不受谷蠹、谷象、米象、锯谷盗、印度螟和粉斑螟侵害达1年之久。

5. 溴氰菊酯 用于储粮保护的溴氰菊酯（deltamethrin）商品名为凯安保。一般用量为0.75～1.00 mg/kg，是对仓库害虫防治效果最好的一种人工合成的拟除虫菊酯类农药，对谷蠹的防治有特效。溴氰菊酯的残效期较长，粮食拌药后，不仅可很快杀死现有的害虫，而且还可抑制其后代的发生。为了增加溴氰菊酯的药效和减少有效成分的用量，常加入10倍的增效醚，有效用量可降低到0.25～0.50 mg/kg。

6. 保粮安 保粮安也称为溴马合剂，其主要组分为防虫磷69.3%、溴氰菊酯0.7%和增效醚7%，其余为乳化剂和溶剂。保粮安可用于小麦、稻谷、玉米等各种原粮储藏期的害虫防治，也可用于空仓、器材杀虫和布设防虫线，但一般不得用于各种成品粮。用药量一般为10～20 mg/kg，安全间隔期为6～8个月或以上。

7. 保粮磷 保粮磷又称为杀溴合剂，是由1%杀虫松、0.01%溴氰菊酯和填充剂制成的微胶囊剂，可用于小麦、稻谷、玉米等各种原粮和种子的储藏期害虫防治，也可用于空仓、器材杀虫和布设防虫线，但一般不得用于各种成品粮。使用量一般为每吨粮食400 g，持效期可达1年以上。

8. 硅藻土 硅藻土（diatomaceous earth）是一种地质沉积物，由许多大约在2千万年前生活在海水或淡水中含硅单细胞生物即硅藻和其他藻类的遗骸沉积在海底或淡水湖泊底形成的化石，经挖掘、碾碎、碾磨而得的白色粉末。硅藻土的颗粒很容易被粗糙的体表所黏附，其颗粒对昆虫的角质层有擦伤作用，并能吸附昆虫体表的蜡层和护蜡层的脂类化合物，使昆虫体内水分过度蒸发而死亡。在美国、加拿大、澳大利亚等国登记使用的硅藻土至少有20种；在我国，Protect-It™（保粮安85%粉剂）于1998年获准登记。Protect-It™系我国与加拿大合作研制的强化硅藻土，在小麦中施用100～200 mg/kg对锈赤扁谷盗、赤拟谷盗、米象、谷蠹有高效，在谷物含水量14%或以下时，其活性更为理想。

（二）熏蒸剂

当储粮已经发生害虫，或害虫潜藏而不易发现、不易接触，用一般药剂防治不能立即收效时，便可使用熏蒸剂防治。熏蒸的对象主要是虫粮，也可用于空仓、加工厂、包装器材的消毒。熏蒸剂有气体、液体和固体3种剂型。气体剂型如将溴甲烷压缩在钢瓶内成液态，使用时启动开关便可气化喷出。液体熏蒸剂在使用时进行适量喷洒，或在仓库内悬挂蘸有药剂的布条，然后挥发成气体，例如敌敌畏。固体熏蒸剂在我国目前生产的有片剂、粉剂和丸剂，使用后它们与空气接触，吸收空气中的水分而产生毒气，例如磷化铝。下面介绍几种用于储粮害虫防治的熏蒸剂。

1. 磷化铝 使用磷化铝（phosphine）熏蒸散装粮时，密闭良好的仓库每吨粮食用药3～5片，一般密闭的粮仓每吨粮食用药5～7片，密闭较差的粮仓每吨粮食可用药15片。施用后一般密闭5～7 d。施药方法有多种，如果粮堆厚度不足3 m，可采用粮面施药的方式，即施药点分布在粮面，点间距离不小与1.3 m，每个点先铺上麻袋，再垫上旧报纸或搁置不易燃烧的器皿，使用粉剂厚度不超过0.5 cm，片剂相互间不要接触、重叠，施药后用塑料薄膜密闭粮面；如果粮堆厚度超过3 m，先将药片或药粉用小布袋或透气的纸或塑料薄膜包装，再用投药器分层均匀地把药片或药粉袋投入粮堆内的中层和下层；袋装粮可在袋内投药，也可在袋间投药。无论采用哪种方式，施药人员都应戴防毒面具和橡皮手套或塑料手套，注意防燃防爆；用药后都应密封粮面和仓库。密闭熏蒸结束后，要清除磷化铝的残留物，对粮仓通风换气，经检测磷化氢气体处于安全浓度后才能进入仓库内工作。检查浓度的简单方法是：把滤纸条放在3%～5%的硝酸银溶液中浸透，取出，置于被检查处，如果空气中含有磷化氢，则滤纸变为黑色，若滤纸在7 s之内变为黑色，即表示空气中的磷化氢浓度能引起人体中毒。长期使用磷化铝可能引起害虫产生抗性，可结合高二氧化碳和低氧使用，降低磷化氢用量，其增效作用十分明显。

2. 硫酰氟 硫酰氟（sulfuryl fluoride）一般用于防治木材中的白蚁，以及竹木制品、毛呢料、文史档案、动植物标本、烟草等的害虫，用量一般为每立方米体积60 g，熏蒸24 h。也可用于粮食熏蒸，以40～45 g/m³用量熏蒸粮食2～7 d，对谷蠹、米象、赤拟谷盗的成虫、幼虫和蛹有100%的杀灭效果。美国近年生产的熏蒸剂Profume，是一种含硫酰氟的广谱性熏蒸剂，能杀虫、杀鼠和其他的无脊椎动物，因无色无味、比溴甲烷更易被有害生物吸收而被认为是一种在技术和经济上比溴甲烷更好的替代药剂，已有美国、德国、法国、英国等20多个国家先后登记使用。硫酰氟残留较高，不适宜用于含有高蛋白、高脂肪的粮食和食品，也不适于熏蒸鲜果、蔬菜及活体植物。

3. 环氧乙烷 环氧乙烷（ethylene oxide）是适合于低温下使用的熏蒸剂，有良好的杀虫、杀菌作用，对虫卵也有较好的毒杀效果；可用于熏蒸原粮、成品粮，但不能用于种子。一般用药量为 15～30 g/m³，密闭 48 h。

4. 其他熏蒸剂 我国曾经使用过的熏蒸剂还有溴甲烷、氯化苦、二氯乙烷等。近年来，新研究出用甲酸乙酯、氧硫化碳防治储粮害虫效果较好。

五、生物防治

生物防治是仓储害虫防治发展的一个重要方向。它的优点在于能够有效控制仓储害虫暴发，对人畜安全，减少对储粮和环境的污染，降低防治费用。但它也有一定的局限性，主要是对仓储害虫的控制不如化学防治那样迅速、简便和稳定。因此在采用生物防治措施时，应与其他防治方法相配合，做到相互协调，取长补短。

广义的生物防治包括了天敌昆虫、病原微生物、昆虫信息素、生物调节剂、遗传防治、抗虫品种以及植物性杀虫剂的利用等。

（一）利用天敌昆虫

仓储害虫的天敌昆虫包括捕食性和寄生性两大类。它们对仓储害虫种群的抑制起着积极的、有时不易为人们所察觉的作用。分布在我国福建、广东等地的仓库、加工厂里的仓双环猎蝽，捕食赤拟谷盗、锯谷盗、玉米象、谷蛾、麦蛾等多种仓储害虫的卵、幼虫和蛹，能有效控制这些害虫的猖獗危害。1980 年华中农学院从美国佐治亚州引进黄色花蝽（*Xylocoris flavipes*）取得成功，并相继引进到湖南、四川、贵州等地，该种天敌对难于防治的谷蠹，其控制效果可高达 80%～90%。在湖北、广东、广西、湖南等地的粮食中发现了一种与黄色花蝽相近的天敌黄冈花蝽（*Xylocoris* sp.），其捕食效果并不低于黄色花蝽。

在美国发现一种具有生物防治潜力的寄居性捕食螨麦草蒲螨（*Pyomotes tritici*）。它至少可以寄居捕食赤拟谷盗、大眼锯谷盗、烟草甲、粉斑螟和印度螟蛾 5 种仓储害虫。该螨可用烟草甲的蛹饲养，将附有大量怀孕雌螨的蛹接入印度螟蛾的饲料中，经 2～8 周，印度螟蛾的各虫态全部死亡。此外，普通肉食螨在储粮中能大量捕食其他螨类，可以明显压低粗脚粉螨的种群密度，据报道，在春、秋季节按 1∶100～1 000 的比例将普遍肉食螨引进粮堆表面，即可有效控制粗脚粉螨及有害嗜鳞螨的危害。

对于寄生性天敌昆虫，我国对麦蛾茧蜂研究较多。该蜂在厦门 1 年可繁殖 10 代，主要寄主为烟草粉螟和印度螟蛾的幼虫。米象金小蜂和赤眼蜂对四纹豆象、绿豆象的卵寄生率很高，国外已进入应用阶段。

（二）利用病原微生物

引起仓储害虫感病死亡的病原微生物包括细菌、真菌、病毒、原生动物、立克次体等几大类。它们侵入仓储害虫的途径通常有两种：①由口器经消化道侵入，例如大多数细菌、病毒及立克次体，这些病原微生物可随排泄物排出，使粮食污染并成为再侵染源；②由仓储害虫的体壁或气孔侵入，例如大多数真菌和某些线虫。由于不同的侵入途径，病原物诱发仓储害虫疾病的作用形式分别与化学杀虫剂中的胃毒剂和接触剂有相似之处，但其侵染过程和作用机制不同。

目前已发现有数百种细菌与昆虫疾病有关，但最有利用价值的是芽孢杆菌属中的某些种类。其中苏云金芽孢杆菌（*Bacillus thuringiensis*，Bt）在仓储害虫防治上应用最广。苏云金芽孢杆菌在昆虫体内产生 α 外毒素、β 外毒素、γ 外毒素和 δ 内毒素，对仓储鳞翅目害虫有良好的防治效果，但对鞘翅目害虫防治效果较差。目前，世界各地已分离出苏云金芽孢杆菌的 12 个血清型和 20 个变种。它们对人畜安全，不会对储藏物和环境造成伤害。因此苏云金芽孢杆菌在仓储害虫防治上的应用前景十分广阔。

用于仓储害虫防治的病毒主要是颗粒体病菌。仓储害虫主要通过口服而发病，也能通过寄生蜂产卵而发病的。仓储害虫感染颗粒病毒后，体内的脂肪体的体积膨大，最后细胞膜破裂，病毒颗粒进入血液，死亡尸体释放出病毒颗粒后继续感染其他害虫。用颗粒体病毒防治印度螟蛾十分有效。用含 $3.2×10^7$/mg 颗粒体的病毒，每千克小麦加入 1.87 mg 可使印度螟蛾幼虫的死亡率达 100%。

真菌是唯一可穿透仓虫体壁而侵染的病原微生物。目前世界已有多种真菌制剂用于仓储害虫防治。例如用球孢白僵菌（*Beauveria bassiana*）处理玉米，可免遭玉米象危害至少 6 个月，用该菌与苏云金芽孢杆菌等比例混合处理谷象，其死亡率高达 83%。

寄生于仓储害虫体内的病原原生动物也为数颇多。例如在地中海螟蛾体内已发现有多形簇虫、裂簇虫、微粒子虫、单孢虫等侵染。在美国曾发现怀氏微粒子虫（*Nasema whitei*）侵染赤拟谷盗，斑皮蠹裂簇虫（*Mattesia trogodermae*）侵染多种斑皮蠹。对于病原原生动物的研究还处于初步阶段，对其在生产上如何利用和对人畜的毒性问题亟待解决。

（三）利用昆虫信息素

用于仓储害虫监测和防治上的昆虫信息素主要包括性信息素和聚集信息素两类。前者一般由雌性分泌，吸引雄性交配；后者一般由雄性分泌，诱集同种昆虫聚集活动、交配、取食。信息素在仓储害虫防治上的应用，主要是用于监测害虫的发生和用迷向法破坏雌雄间的通信，或将信息素用于捕杀器中，或配合其他病原微生物直接防治仓储害虫。目前已有 35 种仓储害虫的信息素被鉴定，其中有一半的可以人工合成为类似物，并已有许多商品化系列产品。上海有关单位曾用合成的信息素，以诱捕器方式置于储藏瓜子、竹笋、山楂等农产品的杂货仓库中，每个诱捕器有性信息素 10～50 mg 时，8—11 月诱集的印度螟蛾成虫达 5.8 万多头，未放置捕杀器的仓库，其印度螟蛾种群密度比放置捕杀器的高 8.4 倍。

（四）利用生长调节剂

昆虫生长调节剂被称为第三代杀虫剂。根据其作用性质可分为保幼激素类似物、蜕皮激素类似物和几丁质合成抑制剂几类。

保幼激素类似物已开发利用的如烯虫酯（蒙 515，altosid 或 methoprene）、烯虫乙酯（蒙 512，ahozar 或 hydroprene）等。在粮食中施用 5 mg/kg 的烯虫酯，即可有效防治印度螟蛾、烟草螟蛾、锯谷盗、赤拟谷盗；10 mg/kg 可有效防治粉斑螟蛾及杂拟谷盗。据报道，用烯虫酯防治烟草甲和粉斑螟，防治效果可长达 2 年，防治锯谷盗亦可保持防治效果 3～5 月。澳大利亚政府已同意在粮食中使用烯虫酯，世界卫生组织和联合国粮食及农业组织均对其注册作为粮食保护剂。

蜕皮激素类似物如 RH5849（dibenzoyl hydrazines）、RH5992（tebufenozide）等，能有效防治印度螟蛾，用量为 5 mg/kg 时能抑制幼虫生长，用量为 50 mg/kg 时幼虫死亡率达 100%。

几丁质合成抑制剂如灭幼脲，对谷蠹、锯谷盗、谷象、赤拟谷盗及烟草甲有效。据报道，用 0.2 mg/kg 灭幼脲处理小麦，米象和谷蠹几不产生后代。几丁质合成抑制剂有希望成为重要的谷物保护剂，因为它对谷物蛀食性害虫有效，还能杀死低龄幼虫，能使谷物损失降低到很低水平。

---- 思 考 题 ----

1. 列举10种我国主要储粮害虫的名称及其在分类体系中所属的目、科名称。
2. 依其危害储粮的形态特点，简述储粮害虫的类别及危害特点。
3. 试述储粮害虫的主要生物学特性。
4. 根据储粮害虫的取食危害方式，试述其类型。
5. 试述玉米象的危害特点、生活史和习性及影响其种群动态的主要因素。
6. 试述麦蛾的危害特点、生活史和习性及影响其种群动态的主要因素。
7. 试述谷蠹的危害特点、生活史和习性及影响其种群动态的主要因素。
8. 试述印度谷螟的危害特点、生活史和习性及影响其种群动态的主要因素。
9. 简要叙述储粮害虫的调查方法。
10. 论述储粮害虫的综合治理。

主要参考文献

白树雄,张聪,闫占峰,等,2014. 玉米田蚜虫种群的空间动态. 应用昆虫学报(3):661-667.
白旭光,2008. 储藏物害虫与防治.2版. 北京:科学出版社.
包云轩,等,2015. 中国稻纵卷叶螟发生特点及北迁的大气背景. 生态学报,35(11):3519-3533.
彩万志,庞雄飞,花保祯,等,2011. 普通昆虫学.2版. 北京:中国农业大学出版社.
蔡邦华,蔡晓明,黄复生,2017. 昆虫分类学.2版. 北京:化学工业出版社.
蔡磊,等,2016. 稻飞虱迁飞种群的上灯行为节律研究. 应用昆虫学报,53(3):604-611.
曹赤阳,等,1991. 红铃虫防治理论研究与实践. 南京:江苏科学技术出版社.
曹阳,魏雷,赵会义,等,2015. 我国绿色储粮技术现状与展望. 粮油食品科技,23(增刊):11-14.
曾娟,杜永均,姜玉英,等,2015. 我国农业害虫性诱监测技术的开发和应用. 植物保护,41(4):9-15.
曾士迈,1996. 植保系统工程导论. 北京:中国农业大学出版社.
柴伟纲,谌江华,孙梅梅,等,2014. 不同性诱剂和诱捕器对大豆豆荚螟的诱捕效果. 浙江农业科学,7(1):1063-1064.
陈新,贺钟麟,张运慈,1990. 细毛蝽 Dolycoris bacarum 在烟田的发生与为害特点的初步研究. 河南农业大学学报,24(4):464-471.
陈凤玉,1985. 烟盲蝽 Cyrtopeltis tenuis(Reuter)生活史及生活习性的研究. 西南农业大学学报(4):88-92.
陈继光,宋显东,王春荣,等,2016. 玉米田机械收获、整地对玉米螟虫源基数影响调查研究. 中国植保导刊,36(6)44-47.
陈杰林,1988. 害虫防治经济学. 重庆:重庆大学出版社.
陈永林,2000. 中国的飞蝗研究及其治理的主要成就. 昆虫知识,37(1):50-58.
成卓敏,2008. 新编植物医生手册. 北京:化学工业出版社.
程东美,张志祥,徐汉虹,等,2002. 莳萝素类似物对几种蔬菜害虫的拒食作用. 华中农业大学学报,21(4):343-346.
程媛,韩岚岚,于洪春,等,2016. 性诱剂、赤眼蜂和化学药剂协同防治大豆食心虫的研究. 应用昆虫学报,53(4):752-758.
崔金杰,陈海燕,赵新华,等,2007. 棉花害虫综合治理研究历程与展望. 棉花学报,19(5):385-390.
崔景岳,李广武,李仲秀,1996. 地下害虫防治. 北京:金盾出版社.
戴长春,赵奎军,樊东,等,2015. 东北地区大豆蚜优势天敌昆虫对大豆蚜分期调控分析. 中国生物防治学报,31(4):487-494.
丁丽丽,赵冰梅,吴文忠,等,2015. 热力烟雾机施药防治玉米中后期主要害虫的效果. 中国植保导刊,35(8):59-61.
丁岩钦,1981. 昆虫种群数学生态学原理与应用. 北京:科学出版社.
丁岩钦,1993. 论害虫种群的生态控制. 生态学报,13(2):99-106.
董立,马继芳,郑直,等,2010. 我国谷子害虫种类初步调查. 河北农业科学,14(11):50-53.

杜艳丽,郭洪梅,孙淑玲,等,2012.温度对桃蛀螟生长发育和繁殖的影响.昆虫学报,55(5):561-569.

杜玉宁,张宗山,沈瑞清.枸杞负泥虫的发育起点温度和有效积温.昆虫知识,2006,43(4):474-476.

段云,蒋月丽,苗进,等,2013.麦红吸浆虫在我国的发生、危害及防治.昆虫知识,(11):1359-1366.

方敦煌,黄学跃,秦西云,等,2017.云南烟草病虫害绿色防控实践与思考.中国植保导刊,37(10):76-79.

戈峰,1998.害虫生态调控的原理与方法.生态学杂志,17(2):38-42.

戈峰,2008.昆虫生态学原理与方法.北京:高等教育出版社.

管致和,1996.植物医学导论.北京:中国农业大学出版社.

郭郛,陈永林,卢宝康,1991.中国飞蝗生物学.济南:山东科学技术出版社.

郭建青,张洪刚,王振营,何康来,2013.光周期和温度对亚洲玉米螟滞育诱导的影响.昆虫学报,56(9):996-1003.

郭井菲,何康来,王振营,2014.玉米对钻蛀性害虫的抗性机制研究进展.中国生物防治学报,(6):807-816.

郭予元,2015.中国农作物病虫害.3版.北京:中国农业出版社.

郭予元,1998.棉铃虫研究.北京:中国农业出版社.

韩岚岚,王坤,李东坡,等,2016.马铃薯-大豆、玉米-大豆邻作对大豆田主要刺吸式害虫以及其他害虫的种群动态影响.应用昆虫学报,53(4):723-730.

韩松,刘爱芝,郭小奇,等,2016.新烟碱类药剂不同施药方式对油菜蚜虫的防控效果及其安全性.河南农业科学,45(1):80-83.

郝亚楠,张箭,龙治任,等,2014.小麦品种(系)对麦红吸浆虫抗性指标筛选与抗性评价.昆虫学报,57(11):1321-1327.

洪芳,宋赫,安春菊,2016.昆虫变态发育类型与调控机制.应用昆虫学报,53(1):1-8.

胡代花,杨晓伟,冯俊涛,等,2014.大豆食心虫性信息素的研究及应用进展.农药学学报,16(3):235-244.

胡国文,等,1996.我国褐飞虱迁入始见期的分析.昆虫知识,33(5):262-264.

胡长效,朱静,彭兰华,等,2007.红花田红花指管蚜及其天敌生态位研究.河南农业科学(5):66-70.

胡志凤,孙文鹏,丛斌,等,2013.亚洲玉米螟生物防治研究进展.黑龙江农业科学(10):145-149.

花保祯,袁锋,杨从军,等,1996.烟青虫和棉铃虫在陕西烟区的地理分布及成因分析.中国烟草学报,3(2):8-11.

黄燕嫦,易帝炜,宋子伟,等,2016.螟黄赤眼蜂的个体发育.环境昆虫学报,38(3):457-462.

惠军涛,杨非,徐平印,等,2011.豆秆黑潜蝇发生规律与综合治理措施初探.陕西农业科学,57(1):126.

江幸福,张蕾,程云霞,等,2014.我国黏虫发生危害新特点及趋势分析.应用昆虫学报,51(6):1444-1449.

姜玉英,李春广,曾娟,等,2014.我国黏虫发生概况:60年回顾.应用昆虫学报,51(4):890-898.

姜玉英,刘杰,曾娟,等,2018.棉铃虫种群调查及测报技术.应用昆虫学报,55(1):132-137.

蒋春廷,赵彤华,王兴亚,等,2010.关于花生蚜 *Aphis craccivora* 的生物学和生态学的研究进展.辽宁农业科学,30(6):38-40.

金建德,沈波,刘益云,等,2018.智能型膜分离制氮机横向充氮气调储粮实仓应用研究.粮油仓储科技通讯,(3):16-20.

来有鹏,2016.青海春油菜小菜蛾对9种常用农药的抗药性测定.青海大学学报,34(5):9-14.

冷本好,王飞,齐艳梅,2016.储粮害虫防治现状及问题讨论.粮油仓储科技通讯(4):34-38.

李德智，娄延霞，陈义昆，连国云，刘志刚，张泽华，2012. 东亚飞蝗雄性生殖系统组织结构观察及三维可视化数字模型. 应用昆虫学报，49（1）：248-254.

李典谟，戈峰，1996. 害虫综合治理现状、问题及发展趋势//张芝利，朴永范，吴钜文. 中国有害生物综合治理论文集. 北京：中国农业出版社：34-38.

李典谟，戈锋，等，1999. 我国农业重要害虫成灾机理和控制研究的若干科学问题. 昆虫知识，37（6）：373-376.

李芳功，杨芳，冯振群，2013. 昆虫诱食剂与农药混用防治小菜蛾的效果. 中国植保导刊，33（7）：52-54.

李光博，曾士迈，李振岐，1990. 小麦病虫草鼠综合治理. 北京：中国农业科技出版社.

李国元，邓青云，华光安，等，2005. 红栀子园两种主要害虫咖啡透翅天蛾和茶长卷叶蛾生物学特性及防治. 昆虫知识，42（4）：400-403.

李立涛，马继芳，董立，等，2011. 二点委夜蛾的形态、为害及防控，31（8）：22-25.

李隆术，朱文炳，2009. 储藏物昆虫学. 重庆：重庆出版社.

李娜，张娟，刘永健，等，2015. 新疆北部棉铃虫寄主来源与转基因棉区庇护所评估. 生态学报，35（19）：6280-6287.

李世功，刘爱芝，刘素梅，1994. 麦蚜与天敌相互关系研究及麦蚜防治指标初探. 植物保护学报，21（1）：15-18.

李新民，刘春来，刘兴龙，等，2014. 作物多样性对大豆蚜的控蚜效应. 应用昆虫学报，51（2）：406-411.

李怡萍，刘惠霞，袁锋，等，2010. 昆虫纲八个常见目肺结构的普遍性验证. 昆虫学报，53（1）：110-117.

李怡萍，刘惠霞，袁锋，等，2009. 黏虫和棉大卷叶螟幼虫体内肺结构的存在与功能验证. 昆虫学报，52（12）：1298-1306.

蔺国仓，任向荣，杨净，等，2016. 亚洲玉米螟绿色防控技术集成与应用. 中国植保导刊，36（6）：30-32.

刘宝生，等，2013. 新药剂环氧虫啶对稻飞虱的杀虫活性和田间效果. 西南农业学报，26（1）：155-158.

刘辉，李克斌，尹姣，等，2008. 群居型和散居型东亚飞蝗雌成虫飞行肌的超微结构. 昆虫学报，51（10）：1033-1038.

刘健，赵奎军，2012. 中国东北地区大豆主要食叶害虫空间动态分析. 中国油料作物学报，34（1）：69-73.

刘巨元等，1997. 内蒙古仓库昆虫. 北京：中国农业出版社.

刘丽霞，单月明，刘春琴，等，2017. 用于蛴螬防治的Bt土壤颗粒剂筛选. 中国生物防治学报，33（1）：70-78.

刘万才，黄冲，刘杰，2016. 韩国农作物有害生物监测预警建设的经验. 世界农业（5）：59-67.

刘万才，刘杰，钟天润，2015. 新型测报工具研发应用进展与发展建议. 中国植保导刊，35（8）：40-42.

刘影，胜振涛，李胜，2008. 保幼激素的分子作用机制. 昆虫学报，51（9）：974-978.

刘玉素，卢宝廉. 东亚飞蝗消化系统的解剖和组织构造. 昆虫学报，1955，5（3）：245-260.

刘玉素，卢宝廉. 东亚飞蝗生殖系统的解剖和组织构造. 昆虫学报，1959，9（1）：1-11.

刘芸，阮传清，刘波，等，2013. 温度对小菜蛾成虫繁殖和寿命的影响. 中国农学通报，29（12）：190-193.

娄永根，程家安，2011. 稻飞虱灾变机理及可持续治理的基础研究. 应用昆虫学报，48（2）：231-232.

陆近仁，虞佩玉，1957. 东亚飞蝗的骨骼肌肉系统Ⅰ：头部. 昆虫学报，7（1）：1-19.

陆近仁，虞佩玉，1964. 东亚飞蝗的骨骼肌肉系统Ⅱ：胸部. 昆虫学报，13（4）：510-535，13（5）：715-736.

陆俊姣，董晋明，任美凤，等，2017. 山西临汾冬小麦-夏玉米轮作田地下害虫种群在土壤中的迁移规律. 昆虫学报，60（9）：1046-1059.

陆宴辉，曾娟，姜玉英，等，2014. 盲蝽类害虫种群密度与危害的调查方法. 应用昆虫学报，51（3）：848-852.

鹿金秋，王振营，何康来，等，2010. 桃蛀螟研究的历史、现状与展望. 植物保护，36（2）：31-38.

罗礼智，李光博，曹雅忠，1996. 草地螟第3个猖獗危害周期已经来临. 植物保护，22（5）：50-51.

罗小红，李飞澎，罗俊，2015. 不同药剂对烟蚜的田间防效研究. 湖南农业科学（11）：32-35.

马彬，金志明，蒋旭初，等，2018. 储粮害虫在线监测技术的研究进展. 粮食储藏，47（2）：27-31.

马川，康乐，2013. 飞蝗的种群遗传学与亚种地位. 应用昆虫学报，50（1）：1-8.

马继芳，董立，郑直，等，2010. 华北平原甜高粱蛀茎螟虫为害的初步研究. 河北农业科学，14（4）：55-56，59.

马继盛，罗梅浩，等，2007. 中国烟草昆虫. 北京：科学出版社.

孟宪佐，2000. 我国昆虫信息素研究与应用的进展. 昆虫知识，37（2）：75-83.

农业部种植业管理司，农业部农药检定所，2015. 新编农药手册.2版. 北京：中国农业出版社.

庞雄飞，梁广文，1995. 害虫种群系统的控制. 广州：广东科技出版社.

齐国俊，仵均祥，2002. 陕西麦田害虫与天敌彩色图鉴. 西安：西安地图出版社.

秦玉川，2009. 昆虫行为学导论. 北京：科学出版社.

邱睿，王海涛，李成军，等，2016. 烟草病虫害绿色防控技术研究进展. 河南农业科学，45（11）：8-13.

屈西峰，等，1992. 中国棉花害虫预测预报标准、区划和方法. 北京：中国科学技术出版社.

全国农牧渔业丰收计划办公室，1996. 重大病虫害综合治理技术. 北京：经济科学出版社.

全国农业技术推广服务中心，2006. 农作物有害生物测报技术手册. 北京：中国农业出版社.

全国小地老虎科研协作组，1990. 小地老虎越冬与迁飞规律的研究. 植物保护学报，7（4）：337-342.

任顺祥，刘同先，杜予州，等，2014. 蔬菜粉虱的系统调查与监测技术. 应用昆虫学报，51（3）：859-862.

陕西省棉花研究所，西北农学院，陕西省植物保护研究所，1982. 棉花害虫与天敌. 西安：陕西科学技术出版社.

商鸿生，2017. 植物检疫学.2版. 北京：中国农业出版社.

沈平，武玉花，梁晋刚，等，2017. 转基因作物发展及应用概述. 中国生物工程杂志，37（1）：119-128.

沈佐锐，2009. 昆虫生态学及害虫防治的生态学原理. 北京：中国农业大学出版社.

史树森，崔娟，徐伟等，2013. 几种药剂对夏大豆田暗黑鳃金龟幼虫防治效果评价. 农药，52（12）：909-911.

史树森，崔娟，徐伟，等，2014. 温度对大豆食心虫卵和幼虫生长发育的影响. 中国油料作物学报，36（2）：250-255.

宋丽花，温晓东，赵书文，等，2016. 忻州市谷田病虫害的发生与绿色防控措施. 中国农技推广，32（1）：50-52.

宋瑞芳，夏阳，韦凤杰，等，2017. 绿色防控技术在我国烟叶生产中的应用. 江西农业学报29（5）：66.

孙科，胡长效，2007. 红花田红花指管蚜空间分布及抽样技术研究. 江西农业学报，19（7）：36-37.

孙鬼，李建平，张强，等，2014. 生物杀虫剂对大豆蚜的室内毒力及田间药效的筛选研究. 应用昆虫学报，51（2）385-391.

孙雪梅，张治，张谷丰，等，2004. 姜弄蝶在襄荷上的发生规律及防治. 昆虫知识，41（3）：261-262.

唐涛，等，2016. 不同类型杀虫剂对水稻二化螟及稻纵卷叶螟的田间防治效果评价. 植物保护，42（3）：222-228.

涂小云，夏勤雯，陈超，等，2015. 中国亚洲玉米螟发育历期的地理变异. 生态学报，35（2）：324-332.

王佛生，师文兴，张景翰，1993. 小麦叶蜂越冬新情况. 植物保护，19（2）：52.
王厚振，华尧楠，牟吉元，1999. 棉铃虫预测预报与综合治理. 北京：中国农业出版社.
王华弟，等，1997. 水稻三化螟预测预报与防治对策研究. 中国农业科学，30（3）：14-20.
王继红，张帆，李元喜，2011. 烟粉虱寄生蜂种类及繁殖方式多样性. 中国生物防治学报，27（1）：115-123.
王文强，解海翠，张天涛，等，2015. 我国东北地区亚洲玉米螟种群发生动态与寄主植物来源. 植物保护学报，42（6）965-969.
王荫长，1980. 小地老虎与黏虫发蛾期同步现象的探讨. 植物保护学报，7（4）：247-251.
王荫长，2004. 昆虫生理学. 北京：中国农业出版社.
魏鸿钧，张治良，王荫长，1989. 中国地下害虫. 上海：上海科学技术出版社.
巫国瑞，等，1997. 褐飞虱和白背飞虱灾害的长期预测. 中国农业科学，30（4）：25-29.
吴福桢，黄荣祥，孟庆祥，等，1963. 枸杞实蝇的研究. 植物保护学报，2（4）：387-398.
吴福桢，孟庆祥，1963. 枸杞实蝇的分布-为害-生活习性和防治方法. 植物保护学报（4）：35-37.
吴钜文，彩万志，侯陶谦，2003. 中国烟草昆虫种类及害虫综合治理. 北京：中国农业科学技术出版社.
吴孔明，郭予元，2000. 我国20世纪棉花害虫研究的主要成就及展望. 昆虫知识，37（1）：45-49.
吴孔明，陆宴辉，王振营，2009. 我国农业害虫综合治理研究现状与展望. 昆虫知识，46（6）：831-836.
吴寿兴，1982. 红花蚜 *Maerosiphum gobonis* Matsumura 的发生及防治研究. 吉林农业大学学报，2：11-16, 39.
吴寿兴，1963. 吉林左家地区黄翅茴香螟的初步研究. 植物保护学报，3：276.
吴志刚，李文欣，赵紫华，等，2017. 中国储粮害虫 DNA 条形码鉴定系统研究. 中国农业大学学报，22（5）：82-89.
仵均祥，李长青，成卫宁，等，2005. 一种改进的小麦吸浆虫淘土调查方法及其效果. 昆虫知识，42（1）：93-96.
仵均祥，2016. 农业昆虫学：北方本. 3版. 北京：中国农业出版社.
武予清，苗进，巩中军，等，2015. 小麦吸浆虫的生物学、生态学及防治研究进展. 应用昆虫学报（6）：1450-1458.
武予清，等，2011. 麦红吸浆虫的研究与防治. 北京：科学出版社.
肖亮，武天龙，2013. 大豆抗蚜虫研究进展. 中国农学通报，29（36）：326-333.
熊伟，2015. 黄板不同放置高度和方向对烟蚜诱集效果的影响. 山西农业科学，43（8）：1010-1012.
徐蕾，许国庆，陈彦，等，2014. 近5年国内大豆、花生主要虫害的生物防治研究进展. 中国植保导刊，34（5）：15-19.
徐劭，1983. 药用植物害虫——马兜铃凤蝶 *Pachliopta aristolochiae* Fabr. 的初步研究. 河北农业大学学报，6（3）：9-11.
徐树方，徐国淦，袁锋，2001. 中国烟草害虫防治. 北京：科学出版社.
许向利，李艳红，李怡萍，等，2012. 小麦不同生育期地下害虫为害程度与其虫口密度的关系. 植物保护学报，39（5）：385-389.
颜珣，郭文秀，赵国玉，等，2014. 昆虫病原线虫防治地下害虫的研究进展. 环境昆虫学报，36（6）：1018-1024.
杨彩霞，郑哲民，秦鸿雁，等，1997. 甘草新害虫——甘草枯羽蛾的初步研究（鳞翅目：羽蛾科）. 西北农业学报，6（2）：1-4.
杨芳，李锋，刘志强，等，2002. 枸杞蚜虫为害枸杞花蕾防治指标研究初报. 宁夏农林科技，2：20-21.
杨硕，石洁，张海剑，等，2015. 桃蛀螟为害夏玉米果穗对产量的影响. 植物保护学报，42（6）：991-996.

杨亚军，等，2015. 中国水稻纵卷叶螟防控技术进展. 植物保护学报，42（5）：691-701.
尹文英，宋大祥，杨星科，等，2008. 六足动物（昆虫）系统发生的研究. 北京：科学出版社.
尤民生，刘雨芳，侯有明，2004. 农田生物多样性与害虫综合治理. 生态学报，24（1）：117-122.
袁锋，冯纪年，李茂辉，1994. 烟草为害的经济损失研究. 昆虫学报，37（4）：440-445.
袁锋，花保祯，雷辉先，等，1997. 陕西省烟田昆虫区系调查与分类体系. 西北农业大学学报，25（2）：27-36.
袁锋，仵均祥，花保祯，等，2003. 麦红吸浆虫的灾害与成灾规律Ⅰ. 灾害出现的空间格局与周期性. 西北农林科技大学学报（自然科学版），31（5）：96-100.
袁锋，花保祯，仵均祥，等，2003. 麦红吸浆虫的灾害与成灾规律Ⅱ：灾害出现的影响因子与控制. 西北农林科技大学学报（自然科学版），31（6）：43-48.
袁锋，袁向群，2006. 六足总纲系统发育研究进展与新分类系统. 昆虫分类学报，28（1）：1-12.
袁锋，张雅林，冯纪年，等，2006. 昆虫分类学. 2版. 北京：中国农业出版社.
袁锋，2004. 小麦吸浆虫成灾规律与控制. 北京：科学出版社.
岳明，赵楚涵，栗雪，等，2016. 佳木斯地区枸杞负泥虫生物学特性及其防治. 生物灾害科学，39（3）：158-161.
翟保平，张孝羲，2000. 水稻重大害虫灾变规律及其预警：回顾与展望. 昆虫知识，37（1）：41-44.
张广学，1996. 从人类与自然协调共存谈害虫的自然控制//张芝利，朴永范，吴钜文. 中国有害生物综合治理论文集. 北京：中国农业出版社：10-15.
张国庆，唐婷，秦玉川，等，2015. 小菜蛾性信息素控释技术研究与应用. 中国植保导刊，35（1）：24-28.
张宏宇，2009. 城市昆虫学. 北京：中国农业出版社.
张华文，刘宾，王海莲，等，2016. 种植密度对高粱产量和桃蛀螟危害的影响. 山东农业科学，48（2）：49-52.
张箭，刘养利，田旭涛，等，2014. 七种杀虫剂对小麦吸浆虫和麦蚜防治效果研究. 应用昆虫学报，（2）：548-553.
张美翠，尹姣，李克斌，等，2014. 地下害虫蛴螬的发生与防治研究进展. 中国植保导刊，34（10）：20-28.
张青文，2007. 有害生物综合治理学. 北京：中国农业大学出版社.
张青文，高希武，蔡青年，1996. 棉铃虫综合治理新技术. 北京：中国农业大学出版社.
张青文，刘小侠，2013. 农业入侵害虫的可持续治理. 北京：中国农业大学出版社.
张文丹，刘磊，渠成，等，2015. 不同杀虫剂对花生蚜毒力及拌种控制效果研究. 花生学报，（1）：29-33.
张孝羲，2011. 昆虫生态及预测预报. 3版. 北京：中国农业出版社.
张衍干，黄吉，施伟迪，等，2016. 不同玉米品种对玉米蚜的抗性及其与瓢虫的联合控害作用. 浙江农业学报，28（5）：815-819.
张芝利，朴永范，吴钜文，1996. 中国有害生物综合治理论文集. 北京：中国农业出版社.
张治科，杨彩霞，高立原，2004. 甘草萤叶甲发育起点温度与有效积温的研究. 宁夏大学学报（自然科学版），25（2）：164-166.
张柱亭，段立佳，类成平，等，2015. 亚洲玉米螟越冬关键生物控制因子研究. 中国生物防治学报，31（6）：946-949.
赵曼，田体伟，李为争，等，2015. 玉米蚜在8个玉米品种（系）上取食行为的比较分析. 中国农业科学，48（8）：1538-1547.
赵善欢，2000. 植物化学保护. 3版. 北京：中国农业出版社.
赵秀梅，张树权，李青超，等，2014. 黑龙江省玉米穗期主要害虫发生概况及防治对策. 中国植保导刊，

34（11）：37-39．

赵云彤，王克勤，范书华，等，2015．大豆食心虫性诱剂与生物防治适期研究．中国植保导刊，35（2）：29-32．

赵志模，2001．农产品储运保护学．北京：中国农业出版社．

郑乐怡，归鸿，1999．昆虫分类．南京：南京师范大学出版社．

中国科学技术协会，中国植物保护学会，2008．2007—2008年植物保护学学科发展报告．北京：中国科学技术出版社．

中国科学院动物研究所，1979．中国主要害虫综合治理．北京：科学出版社．

中国农业百科全书总编辑委员会昆虫卷编辑委员会．中国农业百科全书（昆虫卷）．北京：农业出版社，1990．

中国农业科学院植物保护研究所，2015．中国农作物病虫害．3版．北京：中国农业出版社．

中国农业科学院植物保护研究所，1996．中国农作物病虫害．2版．北京：中国农业出版社．

周淑香，鲁新，王振营，等，2016．对不同世代亚洲玉米螟进行化学防治的效果比较．植物保护，42（4）：226-229．

周尧，王思明，夏如冰，2004．二十世纪中国的昆虫学．北京：世界图书出版公司．

朱敏，等，1997．全球气候异常（ENSO事件的发生）对我国褐飞虱大发生的影响．中国农业科学，30（5）：1-5．

朱平阳，等，2015．提高稻飞虱卵期天敌控害能力的稻田生态工程技术．中国植保导刊，35（7）：27-32．

D J 霍恩，1991．害虫防治的生态学方法．刘铭汤，邵崇斌，马希汉，等译．陕西杨凌：天则出版社．

GULLAN P J, CRANSTON P S, 2009. 昆虫学概论. 彩万志，花保桢，宋敦伦，等译. 北京：中国农业大学出版社．

CHEN YONGLIN, 1999. The locust and grasshopper pest of China. Beijing: China Forestry Publishing House.

GOULD F, 1998. Sustainability of transgenic insecticidal cultivars: integrating pest genetics and ecology. Annual review of entomology, 43 (1): 701-726.

LOCKE M, 1998. Caterpillars have evolved lungs for hemocyte gas exchange. Journal of insect physiology, 44 (1): 1-20.

MARC J KLOWDEN, 2013. Physiological systems in insects. 3rd ed. New York: Academic Press.

MISOF B, LIU SHANLIN, ZHOU XIN, et al, 2014. Phylogenomics resolves the timing and pattern of insect evolution. Science, 236 (6210): 763-767.

NATIONAL RESEACH COUNCIL, 1996. Ecologically based pest management (EBPM): new solutions for new century. Washington: National Academy Press.

PRICE P W, 2000. Insect ecology. 4th ed. New York: John Wiley & Sons.

SNODGRASS R F, 1997. Principles of insect morphology. New York: McGaw-Hill Book Company.

STEWART A J A, NEW T R, 2009. Insect conservation biology. Berlin: Springer Netherlands.

图书在版编目（CIP）数据

农业昆虫学/仵均祥，袁锋主编．—5版．—北京：中国农业出版社，2020.12（2024.6重印）
面向21世纪课程教材　普通高等教育农业农村部"十三五"规划教材　全国高等农林院校"十三五"规划教材　全国高等农林院校教材经典系列　全国高等农业院校优秀教材
ISBN 978-7-109-27382-5

Ⅰ.①农… Ⅱ.①仵… ②袁… Ⅲ.①农业害虫—昆虫学—高等学校—教材　Ⅳ.①S186

中国版本图书馆CIP数据核字（2020）第185249号

农业昆虫学
NONGYE KUNCHONGXUE

中国农业出版社出版
地址：北京市朝阳区麦子店街18号楼
邮编：100125
责任编辑：李国忠
版式设计：王　晨　责任校对：沙凯霖
印刷：中农印务有限公司
版次：1981年11月第1版　2020年12月第5版
印次：2024年6月第5版北京第3次印刷
发行：新华书店北京发行所
开本：787mm×1092mm　1/16
印张：24.75
字数：580千字
定价：59.00元

版权所有·侵权必究
凡购买本社图书，如有印装质量问题，我社负责调换。
服务电话：010-59195115　010-59194918